JISUANJI WANGLUO YU DUOMEITI JISHU YANJIU

计算机网络与多媒体技术研究

主　编　章　冲　焦青亮　马雪芬
副主编　许天然　白玉峰　宋琳琳　李　艳

中国水利水电出版社
www.waterpub.com.cn

内 容 提 要

本书较为详细地探讨了计算机网络与多媒体技术。全书共11章，主要内容包括绪论、局域网与广域网技术、无线网络技术、计算机网络互联技术、计算机网络接入技术、计算机网络安全与管理技术、下一代网络关键技术、多媒体数据压缩编码技术、多媒体通信网络技术、多媒体数据库及检索技术、多媒体网络技术及应用研究等。

图书在版编目（CIP）数据

计算机网络与多媒体技术研究 / 章冲，焦青亮，马雪芬主编. -- 北京 : 中国水利水电出版社，2014.9（2022.10重印）
ISBN 978-7-5170-2418-7

Ⅰ. ①计… Ⅱ. ①章… ②焦… ③马… Ⅲ. ①计算机网络—研究②多媒体技术—研究 Ⅳ. ①TP393②TP37

中国版本图书馆CIP数据核字(2014)第199917号

策划编辑：杨庆川　责任编辑：杨元泓　封面设计：崔　蕾

书　名	计算机网络与多媒体技术研究
作　者	主　编　章　冲　焦青亮　马雪芬 副主编　许天然　白玉峰　宋琳琳　李　艳
出版发行	中国水利水电出版社 （北京市海淀区玉渊潭南路1号D座 100038） 网址：www.waterpub.com.cn E-mail：mchannel@263.net（万水） sales@mwr.gov.cn 电话：(010)68545888(营销中心)、82562819（万水）
经　售	北京科水图书销售有限公司 电话：(010)63202643、68545874 全国各地新华书店和相关出版物销售网点
排　版	北京鑫海胜蓝数码科技有限公司
印　刷	三河市人民印务有限公司
规　格	184mm×260mm　16开本　25印张　640千字
版　次	2015年4月第1版　2022年10月第2次印刷
印　数	3001-4001册
定　价	86.00元

凡购买我社图书，如有缺页、倒页、脱页的，本社发行部负责调换

前　　言

21 世纪是以网络为核心的信息化时代，依靠完善的网络实现了信息资源的全球化，网络技术已成为信息化时代的标志性技术。在人类社会向信息化发展的过程中，计算机网络技术正以空前的速度发展着。

随着信息化进程的不断加速，多媒体技术也得到了快速发展，它是信息技术的重要发展方向之一，同时也是推动计算机新技术发展的强大动力。信息化浪潮下的多媒体技术，充分体现了科技带给人们的震撼，让信息传递成为高效、快捷的代名词。

由于计算机网络与多媒体技术均是一门多学科交叉技术，因此，为了更为系统地掌握计算机网络与多媒体技术特编写了此书。

本书将“计算机网络与多媒体技术”合并在一起进行研究，其主要原因在于：计算机网络与多媒体技术是当今计算机科学与技术领域中发展最快、应用最广的技术之一，最能反映计算机技术的最新发展成果；同时，计算机网络与多媒体技术密不可分，多媒体通过网络实现了真正意义上的应用，网络由于多媒体通信的需求而得到了飞速的发展。

全书共分 11 章：第 1 章为绪论，是对计算机与多媒体技术的概述；第 2～7 章为计算机网络技术部分，主要内容包括局域网与广域网技术、无线网络技术、计算机网络互联技术、计算机网络接入技术、计算机网络安全与管理技术、下一代网络关键技术等；第 8～11 章为多媒体技术部分，主要内容包括多媒体数据压缩编码技术、多媒体通信网络技术、多媒体数据库及检索技术、多媒体网络技术及应用研究等。

本书的编写力图体现以下特点：

(1)结构安排合理，语言通俗易懂。

(2)取材精选，内容新颖。

(3)重点突出，注重实用价值。

(4)理论与实践紧密结合。

全书由章冲、焦青亮、马雪芬担任主编，许天然、白玉峰、宋琳琳、李艳担任副主编，并由章冲、焦青亮、马雪芬负责统稿，具体分工如下：

第 6 章第 4 节、第 10 章、第 11 章：章冲(河南科技大学)；

第 1 章、第 3 章第 1 节～第 2 节、第 8 章：焦青亮(黑河学院)；

第 2 章、第 3 章第 3 节～第 4 节：马雪芬(荆楚理工学院)；

第 6 章第 5 节、第 7 章：许天然(琼州学院)；

第 6 章第 1 节～第 3 节：白玉峰(内蒙古民族大学计算机科学与技术学院)；

第 4 章：宋琳琳(内蒙古民族大学计算机科学与技术学院)；

第 5 章、第 9 章：李艳(内蒙古民族大学计算机科学与技术学院)。

本书在编写过程中，参考了大量有价值的文献与资料，吸取了许多人的宝贵经验，在此向这些文献的作者表示敬意。由于计算机网络与多媒体技术是一门迅速发展的学科，新知识、新方法、新技术不断涌现，加之编者自身水平有限，书中难免有错误和疏漏之处，敬请广大读者和专家给予批评指正。

编　者

2014 年 6 月

目　　录

第1章 绪 论

1.1 计算机网络的定义与功能

1.1.1 计算机网络的定义

计算机网络是为满足应用的需要而发展起来的，从其本质上说，它以资源共享为主要目的，并且发挥分散的各不相连的计算机之间的协同功能。据此，对计算机网络可做如下定义：将处于不同地理位置，并具有独立计算能力的计算机系统经过传输介质和通信设备相互连接，在网络操作系统和网络通信软件的控制下，实现资源共享的计算机的集合。

通常来说，计算机网络是一个复合系统，它是由各自具有自主功能而又通过各种通信手段相互连接起来以便进行信息交换、资源共享或协同工作的计算机组成的。

从上面的描述中可以看出以下三重含义：

①一个计算机网络中包含了多台具有自主功能的计算机，所谓具有自主功能是指这些计算机离开了网络也能独立运行与工作。

②这些计算机之间是相互连接的(有机连接)，所使用的通信手段可以形式各异，距离可远可近，连接所用的媒体可以是双绞线(如电话线)，同轴电缆(如闭路有线电视所用的电缆)或光纤，甚至还可以是卫星或其他无线信道，信息在媒体上传输的方式和速率也可以不同。

③计算机之所以要相互连接是为了进行信息交换，资源共享或协同工作。

从概念上说，计算机网络由通信子网和资源子网两部分构成，如图 1-1 所示。

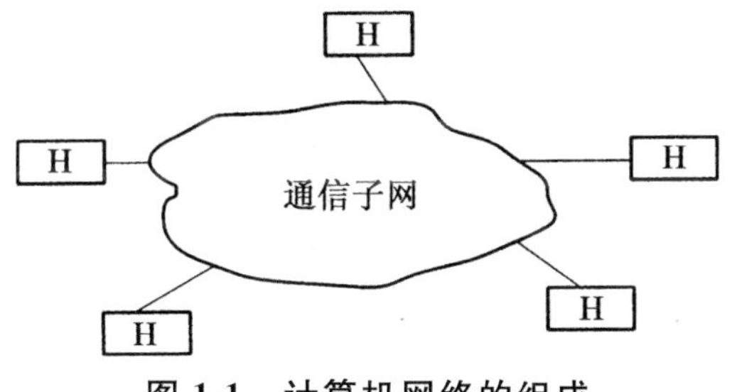

图 1-1 计算机网络的组成

图 1-1 中的资源子网由互联的主机或提供共享资源的其他设备组成。而通信子网负责计算机间的数据传输。通信子网覆盖的地理范围可以是很小的局部区域，也可以是很大的区域。通信子网中除了包括传输信息的物理媒体外，还包括诸如转发器、交换机之类的通信设备。

通过通信子网互联在一起的计算机负责运行对信息进行处理的应用程序，它们是网络中信息流动的源和宿，这些计算机负责向用户提供可供共享的硬件、软件和信息资源，构成资源子网。

通常将通信子网和资源子网分离开来，使得这两部分可以单独规划与管理，简化整个网络的设计和管理。在近程局部范围内，一个单位可同时拥有通信子网和资源子网，在远程广域范围内,通信子网可以由政府部门或电信经营公司拥有,它们向社会开放服务。拥有计算机资源的单位可以通过申请接入通信子网,成为计算机网络中的成员,使用网络提供的服务。

对计算机网络的概念,不同的书中有不同的定义,但不管怎样都离不开以下几个基本要素:

①两台以上的计算机。

②连接计算机的线路和设备。

③实现计算机之间通信的协议。

④按协议制作的软件、硬件。

1.1.2 计算机网络的功能

计算机网络是计算机技术与通信技术相结合的产物,它的应用范围不断扩大,功能也不断增强,主要包括以下几个方面:

1. 资源共享

资源共享是计算机网络的一个非常重要的功能,所有计算机网络建设的核心目的都是为了实现资源共享。资源共享是推动计算机网络产生和发展的源动力之一。无论是第一代面向终端的计算机网络,还是后来的第二代、第三代网络都将方便、高效地共享分布资源作为设计和追求的目标。

共享的资源包括硬件资源和软件资源。例如,在一个公司里只需要安装一台打印机,然后将这台打印机设置成网络打印机,那么在网络上的其他用户就都可以使用这台打印机了,这是一个典型的硬件设备通过网络实现资源共享的例子。另外,在某些大的公司里可能会有一些数据库服务器,公司的重要数据都会放在这些服务器上,那么公司里经过授权的员工都可以通过网络访问服务器上的数据,就像使用他们的本地数据一样,这是一个典型的软件资源共享的例子。可见,实现了资源共享一方面可以避免硬件设备的重复购置,提高设备的利用率,降低系统成本;另一方面又避免了软件研制上的重复劳动,数据的重复存储,方便集中管理,减少运行的成本。

2. 提高信息系统的可靠性

组成计算机网络的计算机网络系统具有可靠的处理能力。计算机网络中的计算机能够彼此互为备用,一旦网络中某台计算机出现故障,故障计算机的任务就可以由其他计算机来完成,不会出现单机故障使整个系统瘫痪的现象,增加了计算机网络系统的安全可靠性。例如,如果网络中的一台计算机或一条线路如果出现故障,可以通过其他无故障线路传送信息,并在其他无故障的计算机上进行处理,包括对不可抗拒的自然灾害也有较强的应付能力,例如,战争、地震、水灾等可能使一个单位或一个地区的信息处理系统处于瘫痪状态,但整个计算机网络中其他地域的系统仍能工作,只是在一定程度上降低了计算机网络的分布处理能力。

3. 负荷均衡及分布(协同)处理

负荷均衡是指将网络中的工作负荷均匀地分配给网络中的各计算机系统。当网络上某台主机的负载过重时,通过网络和一些应用程序的控制和管理,可以将任务交给网络上其他的计算机去处理,充分发挥网络系统上各主机的作用。

分布处理将一个作业的处理分为三个阶段:提供作业文件;对作业进行加工处理;把处理结

果输出。在单机环境下,上述三步都在本地计算机系统中进行。在网络环境下,根据分布处理的需求,可将作业分配给其他计算机系统进行处理,以提高系统的处理能力,高效地完成一些大型应用系统的程序计算以及大型数据库的访问等。

4. 实时控制和综合处理

利用计算机网络,可以完成数据的实时采集、实时传输、实时处理和实时控制,这在实时性要求较高或环境恶劣的情况下非常有用。另外,通过计算机网络可将分散在各地的数据信息进行集中或分级管理,通过综合分析处理后得到有价值的数据信息资料。利用网络完成下级生产部门或组织向上级部门的集中汇总,可以使上级部门及时了解情况。

5. 其他用途

利用计算机网络可以进行文件传送,作为仿真终端访问大型机,在异地同时举行网络会议,进行电子邮件的发送与接收,在家中办公或购物,从网络上欣赏音乐、电影、体育比赛节目等,还可以在网络上和他人进行聊天或讨论问题等。

1.2 计算机网络的分类

现在计算机网络被广泛地使用,已经出现了多种形式的计算机网络,根据网络的分类不同,同一种网络,会有各种各样的说法,例如是局域网、总线网,或者是Ethernet(以太网)及NetWare网等。因此,研究网络的分类有助于更好地理解计算机网络。计算机网络的分类方法很多,下面介绍几种主要的分类方法。

1.2.1 按网络的传输技术分

按网络采用的传输技术对网络进行分类是一种很重要的方法,因为网络所采用的传输技术决定着网络的主要技术特点。在通信技术中,通信通道的类型有广播通信通道和点对点通信通道,显然,网络要通过通信通道完成数据传输任务所采用的传输技术也只能有两类,即广播方式与点对点方式。故而,相应的计算机网络也可以分为以下两类。

1. 广播式网络

在这种网络结构中,所有节点都连在一条信道上。每个网络节点发送的信息可由网络中的所有其他节点接收,但只有目的地址是本站地址的信息才被节点接收下来,否则,不予理睬。这种网络有共享性支持,有访问控制信息。

2. 点对点式网络

在这种网络结构中,通信子网内的每一条信道的两端都连到一对网络节点上。如果网络中任意两个节点之间没有直接相连的信道,则它们之间的通信必须间接地通过其他节点。当信息通过中间节点时,先由中间节点接收并存储起来,待其输出线有空时,再转发到下一个节点。

1.2.2 按网络的覆盖范围分

计算机网络根据其覆盖的地理范围进行分类,可以很好地反映不同类型网络的技术特征。由于网络覆盖的地理范围不同,它们所采用的传输技术也就不同,因而形成了不同的网络技术特点与网络服务功能。

按覆盖的地理范围进行分类,计算机网络可以分为3类,即局域网(Local Area Network,LAN)、城域网(Metropolitan Area Network,MAN)和广域网(Wide Area Network,WAN)。

1. 局域网

局域网用于将有限范围内(如一个实验室、一幢大楼、一个校园)的各种计算机、终端与外部设备互联成网。局域网按照采用的技术、应用范围和协议标准的不同可以分为共享局域网与交换局域网。局域网技术发展非常迅速,并且应用日益广泛,是计算机网络中最为活跃的领域之一。

从局域网应用的角度看,局域网的技术特点主要表现在以下几个方面。

①局域网覆盖有限的地理范围,它适用于机关、校园、工厂等有限范围内的计算机、终端及各类信息处理设备联网的需求。

②局域网提供高数据传输速率(10Mb/s~10Gb/s)、低误码率的高质量数据传输环境。

③局域网一般属于一个单位所有,易于建立、维护和扩展。

④从介质访问控制方法的角度,局域网可分为共享介质式局域网与交换式局域网两类。

局域网可以用于个人计算机局域网、大型计算设备群的后端网络与存储区域网络、高速办公室网络、企业与学校的主干网络。

2. 城域网

城市地区网络常简称为城域网。城域网是介于广域网与局域网之间的一种高速网络。城域网设计的目标是要满足几十千米范围内的大量企业、机关、公司的多个局域网互联的需求,以实现大量用户之间的数据、语音、图形与视频等多种信息的传输功能。

随着Internet应用的发展,Internet接入技术使得城域网在概念、技术与网络结构上都发生了非常大的变化,宽带城域网的概念逐渐取得了传统意义上的城域网的地位,是目前研究、应用与产业发展的一个重要的领域。

3. 广域网

广域网也称为远程网。它所覆盖的地理范围从几十千米到几千千米。广域网覆盖一个国家、地区,或横跨几个洲,形成国际性的远程网络。广域网的通信子网主要使用分组交换技术。广域网的通信子网可以利用公用分组交换网、卫星通信网和无线分组网。它将分布在不同地区的计算机系统互联起来,达到资源共享的目的。

随着网络技术的发展,LAN和MAN的界限越来越模糊,各种网络技术的统一,已成为发展的趋势。

1.2.3　按网络的控制方式分

按网络的控制方式来分类，计算机网络可分为集中式网络、分散式网络和分布式网络三种。

1. 集中式计算机网络

集中式计算机网络的处理和控制功能都高度集中在一个或少数几个节点上，这些节点是网络处理和控制中心，所有的信息流都必须经过这些节点之一。而其余的大多数节点则只有较少的处理和控制功能。星型网和树型网都是典型的集中式网络。

2. 分散式计算机网络

分散式计算机网络的每台计算机之间都独立自主，特点是它的某些集中器或复用器具有一个交换功能，网络结构变为星型网与格状网的混合。

显然，分散式网络的可靠性提高了。其结构如图 1-2 所示。

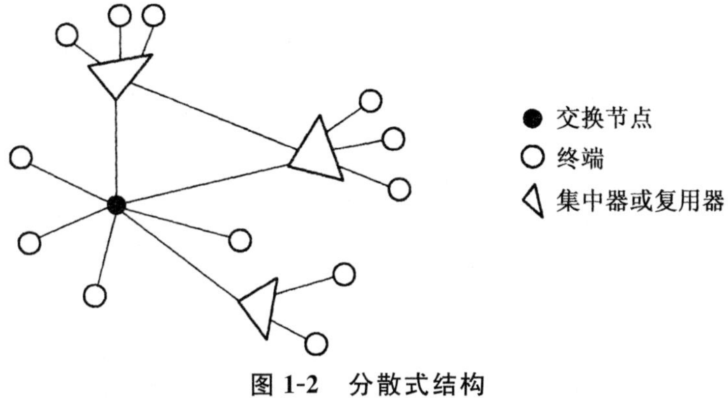

图 1-2　分散式结构

3. 分布式计算机网络

分布式计算机网络中不存在一个处理和控制中心，网络中的任意一个节点都至少和另外两个节点相连接，因此，分布式网络也称为格状网络（分组交换网络、网状网络都属分布式网络）。它是网络发展的方向。

分布式计算机网络的特点：信息从一个节点到达另一个节点时可能有多条路径，同时网络中的各个节点均以平等地位相互协调工作和交换信息，并可共同完成一个大型任务；这种网络具有信息可靠性高、可扩充性强及灵活性好等优点。

目前的大多数广域网中的主干网，就设计成分布式的控制方式，并采用较高的通信速率以提高网络性能，而对大量非主干网，为了降低建网成本，则仍采用集中控制方式及较低的通信速率。

1.2.4　按网络的交换方式分

按网络的交换方式分类分为电路交换网、报文交换网、分组交换网和混合交换网。

1. 电路交换网

电路交换方式是在用户开始通信前，先申请建立一条从发送端到接收端的物理信道，并且在双方通信期间始终占用该信道。

交换这一概念最早来自于电话系统。电话网中使用电路交换方式，它以电路连接为目的。具体作用过程是这样的：当用户打电话时，首先摘下话机拨号，拨号完毕，交换机就知道用户要与谁通话。于是交换机就把双方的线路连接起来，通话开始。当通话结束，交换机将双方的线路断开，为双方各自开始一次新的通话做好准备。因此，电路交换就是在通信时建立电路，通信完毕时拆除电路。至于通信过程中，双方是否传送信息，传送什么信息，都与交换系统无关。

2. 报文交换网

报文交换方式是把要发送的数据及目的地址包含在一个完整的报文内，报文的长度不受限制。报文交换采用存储—转发原理，每个中间节点要为途经的报文选择适当的路径，使其能最终到达目的端。

3. 分组交换网

分组交换方式是在通信前，发送端先把要发送的数据划分为一个个等长的单位(即分组)，这些分组逐个由各中间节点采用存储—转发方式进行传输，最终到达目的端。由于分组长度有限，可以比报文更加方便地在中间节点机的内存中进行存储处理，其转发速度大大提高。

4. 混合交换网

混合交换是指同时采用电路交换和分组交换两种交换方式。混合交换采用了时分复用技术，将宽带网络按照适当的比例在两种交换方式中进行动态的分配，使之得到充分利用。

1.2.5 按网络的使用范围分

计算机网络包括数据传输和交换(转接)系统，根据网络中数据传输和交换系统的所有权，可分为公用网和专用网两种。

1. 公用网

公用网可由政府机构或企业投资建设、拥有和管理。公用网是向用户提供公用数据通信服务的计算机网络，网络内的传输和交换装置可租给任何部门和单位使用，即可连接众多的计算机和终端。

2. 专用网

专用网可由某个组织建设、拥有和管理，用于本组只内部的数据通信和资源共享。有些专用网有自己的体系结构，是某一领域专用的，不允许其他部门和单位使用。但是，目前大多数专用网络仍是租用电信部门的传输线路或信道。专用网对外部用户的访问一般都加以严格限制，如军队系统、银行系统的网络都属于专用网。

1.3 计算机网络的拓扑结构

计算机网络设计的第一步就是要解决在给定计算机的位置及保证一定的网络响应时间、吞吐量和可靠性的条件下，通过选择适当的线路、线路容量、连接方式，使整个网络的结构合理，并且成本低廉。为了应付复杂的网络结构设计问题，人们引入了网络拓扑的概念。

拓扑学是几何学的一个分支，它是从图论演变过来的。拓扑学首先把实体抽象成与其大小、形状无关的点，用连接实体的线路之间的几何关系表示网络结构，反映网络中各实体间的结构关系。

拓扑结构设计是建设计算机网络的第一步，也是实现各种网络协议的基础，它对网络性能、系统可靠性与通信费用都有重大影响。计算机网络拓扑结构主要是指通信子网的拓扑构型。

网络的拓扑结构是抛开网络物理连接来讨论网络系统的联接形式，网络中各站点相互联接的方法和形式称为网络拓扑。拓扑结构图给出网络服务器、工作站的网络配置和相互间的连接方式，它的结构主要有总线型拓扑结构、星型拓扑结构、环型拓扑结构、树型拓扑结构、网状拓扑结构等。

1.3.1　总线型拓扑结构

总线型拓扑结构采用一条单根的通信线路(总线)作为公共的传输通道，所有的节点都通过相应的接口直接连接到总线上，并通过总线进行数据传输。

例如，在一根电缆上连接了组成网络的计算机或其他共享设备(如打印机等)，如图1-3所示。由于单根电缆仅支持一种信道，因此，连接在电缆上的计算机和其他共享设备共享电缆的所有容量。连接在总线上的设备越多，网络发送和接收数据就越慢。

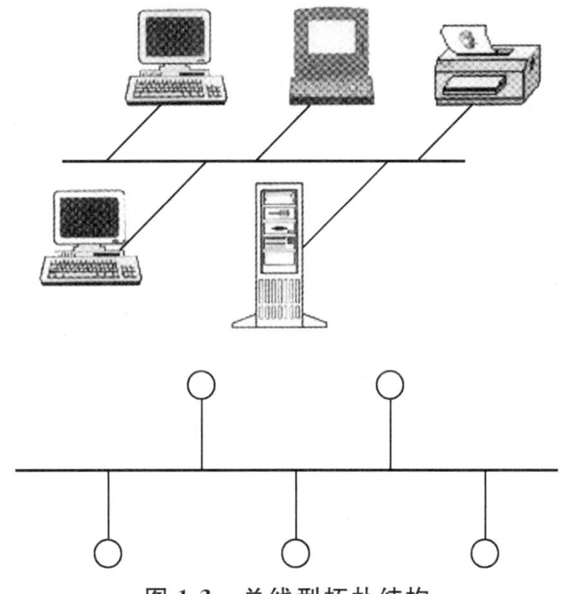

图1-3　总线型拓扑结构

总线型网络使用广播式传输技术，总线上的所有节点都可以发送数据到总线上，数据沿总线传播。但是，由于所有节点共享同一条公共通道，所以在任何时候只允许一个站点发送数据。当一个节点发送数据，并在总线上传播时，数据可以被总线上的其他所有节点接收。各站点在接收数据后，分析目的物理地址再决定是否接收该数据。粗、细同轴电缆以太网就是这种结构的典型代表。

1.3.2 星型拓扑结构

星型拓扑结构的每个节点都由一条点对点链路与中心节点(公用中心交换设备,如交换机、集线器等)相连,如图 1-4 所示。

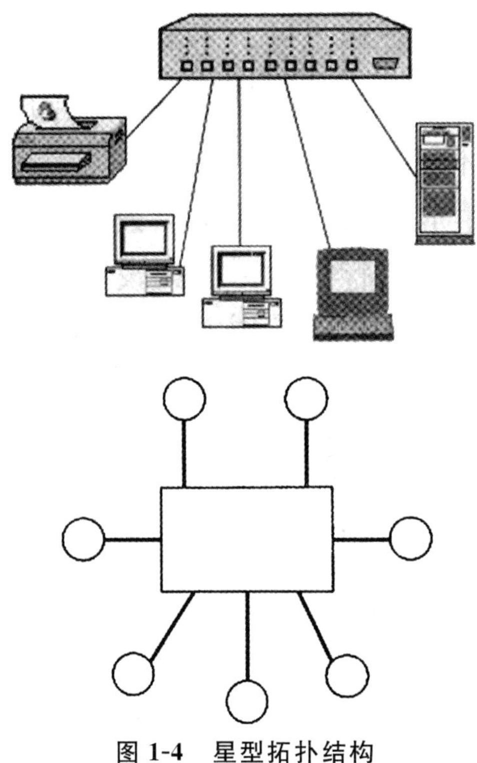

图 1-4 星型拓扑结构

星型网络中的一个节点如果向另一个节点发送数据,首先将数据发送到中央设备,然后由中央设备将数据转发到目标节点。信息的传输是通过中心节点的存储转发技术实现的,并且只能通过中心节点与其他节点通信。

1.3.3 环型拓扑结构

环型拓扑结构是各个网络节点通过环接口连在一条首尾相接的闭合环型通信线路中,如图 1-5 所示。

在环型拓扑结构中,设备被连接成环。每个节点设备只能与它相邻的一个或两个节点设备直接通信。如果要与网络中的其他节点通信,数据需要依次经过两个通信节点之间的每个设备。

环型网络既可以是单向的也可以是双向的。单向环型网络的数据绕着环向一个方向发送,数据所到达的环中的每个设备都将数据接收经再生放大后将其转发出去,直到数据到达目标节点为止。双向环型网络中的数据能在两个方向上进行传输,因此,设备可以和两个邻近节点直接通信。

环型拓扑结构有两种类型,即单环结构和双环结构。令牌环(Token Ring)是单环结构的典型代表,光纤分布式数据接口(FDDI)是双环结构的典型代表。

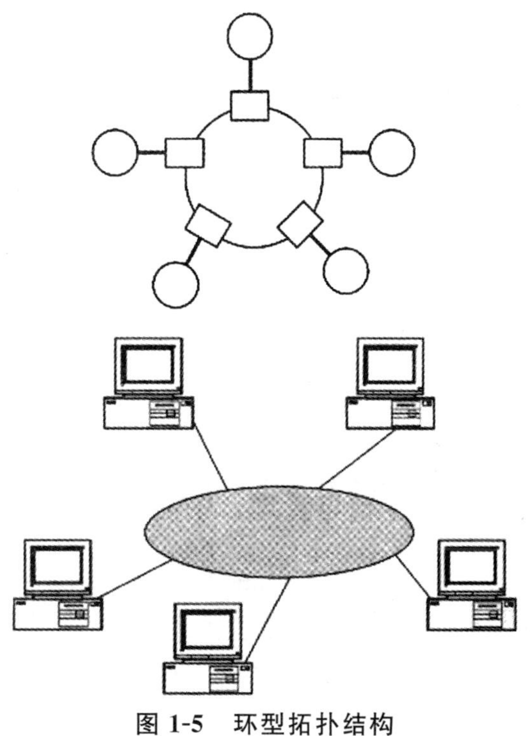

图 1-5 环型拓扑结构

1.3.4 树型拓扑结构

树型拓扑结构，也称星型总线拓扑结构，是从总线型和星型结构演变来的。网络中的节点设备都连接到一个中央设备(如集线器)上，但并不是所有的节点都直接连接到中央设备，大多数的节点首先连接到一个次级设备，次级设备再与中央设备连接。图 1-6 所示的是一个树型结构网络。

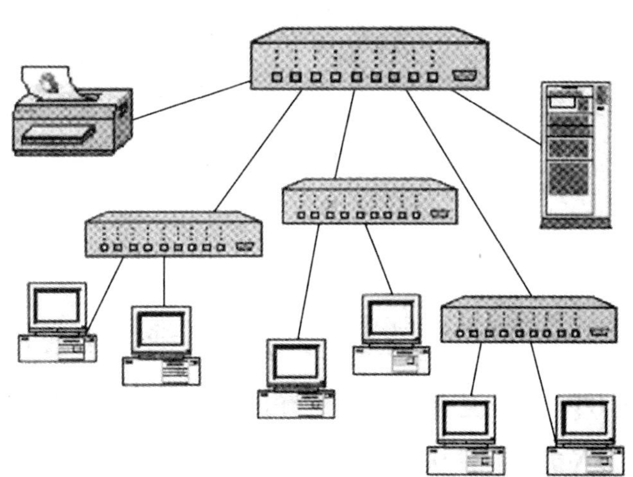

图 1-6 树型结构网络

树型拓扑结构有两种类型，一种是由总线型拓扑结构派生出来的，它由多条总线连接而成，如图 1-7(a)所示；另一种是星型结构的变种，各节点按一定的层次连接起来，形状像一棵倒置的树，故得名树型结构，如图 1-7(b)所示。在树型结构的顶端有一个根节点，它带有分支，每个分支还可以再带子分支。

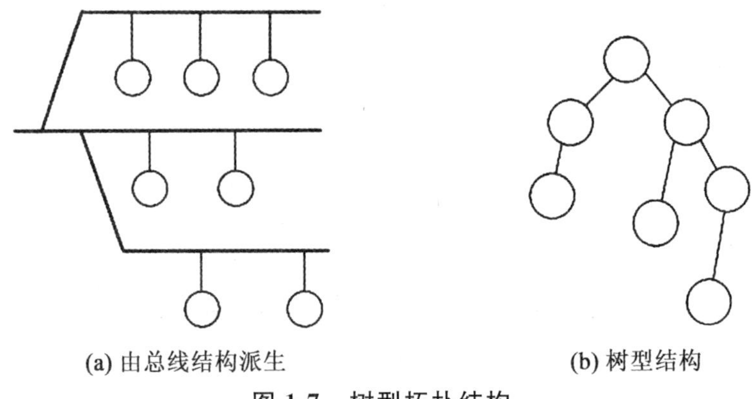

(a) 由总线结构派生　　(b) 树型结构

图 1-7　树型拓扑结构

1.3.5　网状拓扑结构

网状拓扑结构是指将各网络节点与通信线路连接成不规则的形状，每个节点至少与其他两个节点相连，或者说每个节点至少有两条链路与其他节点相连，如图 1-8 所示。

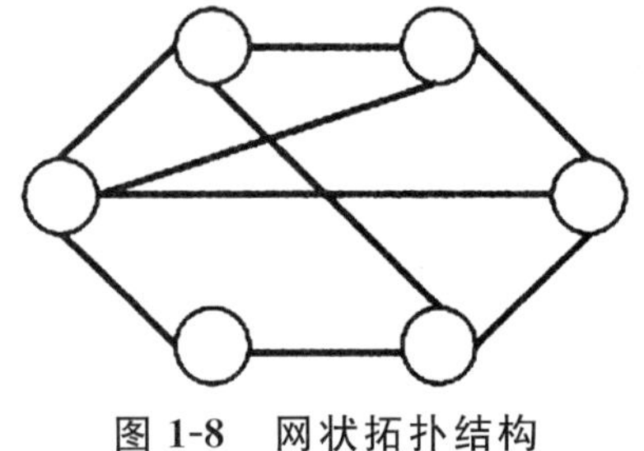

图 1-8　网状拓扑结构

大型互联网一般都采用这种结构，如我国的教育科研网 CERNET、Internet 的主干网都采用网状结构。

1.4　媒体与多媒体

1.4.1　媒体

1. 媒体和媒介

媒体(Media)就是事物之间实现信息交流的中介，简单地说，就是信息的载体，也称为媒介。在事物之间交流时，毕竟要借助于各种各样的形式，包括最基本的“说话”。多媒体就是多重媒体的意思，可以理解为直接作用于人体感官的文本、图形、图像、音频、视频、动画等各种媒体的统称，即多种信息载体的表现形式和传递方式。近年来，可触摸媒体高速发展，各种设备中广泛应用了触摸屏、触摸板等技术。

通常所说的报纸刊物、广播、电视、互联网络、移动网络等，这些词汇中，分别列举出了信息传递的发展过程,这些都可以称为信息传递的通道,即媒介。对于媒体和媒介,人们往往不易于理解其差异。

通常,在传播学中,传播媒介有两种含义:第一,它是指传递信息的手段、方式或载体,如语言、文字、报纸、书刊、广播、电视、电话、电报等;第二,它是从事信息采集、加工、制作和传播的社会组织即传媒机构,如报社、出版社、电台、电视台等。

细分起来,如果是指传播活动的手段、方式或载体,那么一般就用"媒介"这个词;如果是指传播活动的组织、机构或人员,那么一般就用"媒体"这个词。

照此说法,可以认为,媒体即为媒介的一部分。前述"报纸刊物"中"媒体"指的是组织或机构;而广播、电视等中"媒体"则是指"传播活动的手段、方式或载体",应当说是"媒介"。不过人们在指称多种"传播活动的手段、方式或载体"时,并未沿用"媒介"一词,而是约定俗成地称为"多媒体"了。

2. 媒体的类型

现代科技的发展给媒体赋予了许多新的内涵,根据国际电信联盟电信标准局 ITU-T(原国际电话电报咨询委员会 CCITT)建议的定义,将媒体划分为以下 5 种类型。

(1)感觉媒体

感觉媒体是只能直接作用于人的听觉、视觉、嗅觉、味觉和触觉等感觉器官,使人直接产生感觉的一类媒体。例如,声音、图像、文字、气味、味道和物体的质地、形状、温度等。

(2)表示媒体

表示媒体是指为了能更有效地加工、处理和传输感觉媒体而人为研究、构造出来的一类媒体。例如,商品的条形码、电报码、计算机中使用的文本编码和各种图像编码等都属于表示媒体。常见的表示媒体可概况为对声音、文字、图像、动画、视频等信息的数字化编码表示。简言之,表示媒体就是感觉媒体的数字化代码。

(3)表现媒体

表现媒体是指感觉媒体和用于通信的电信号之间的转换媒体,又分为输入表现媒体,如键盘、鼠标、光笔、话筒、扫描仪、摄像机等,输出表现媒体,如显示器、音响、打印机和绘图仪等。

(4)存储媒体

存储媒体是指用于存放媒体以便于计算机进行加工、处理和调用的物理实体。常用的存储媒体有磁盘、磁带、CD-ROM 等。

(5)传输媒体

传输媒体是指用于通信的信息载体,用来将表示媒体从一处传输到另一处。例如,电话线、电缆、光纤、电磁波和红外线等。

1.4.2 多媒体

"多媒体"(Multimedia),从字面上理解就是"多种媒体的综合",相关的技术也就是"怎样进行多种媒体综合的技术"。

多媒体目前还没有一个统一而严格的定义。不同的研究目的从不同角度对多媒体给出了不同的解释。因而,有些人可能会问"电视既有声音,又有图像,能否算多媒体?"可视图文算不算多媒体?"、"各种家电的组合算不算多媒体?"、"各种彩色画报算不算多媒体?"、"以前计算机也有图形、图像，为什么不称为多媒体?”、“多媒体究竟是指媒体多? 还是指处理多媒体的系统?”等。事实上，“多媒体”常常是指信息表示媒体的多样化，常见的形式有文字、图形、图像、声音、动画、视频等。那些可以承载信息的程序、过程或活动也是媒体。现在所谓的“多媒体”实际上不是指多媒体信息本身，而是指处理和应用它的一套技术。“多媒体”常作为“多媒体技术”的同义语。而且，多媒体技术往往与计算机技术联系在一起，这是因为计算机的数字化及交互处理能力极大地推动了多媒体技术的发展。

1. 多媒体特性

多媒体具有以下几个特性：

(1)多样性

多样性是相对于计算机而言的，指的就是信息媒体的多样化，有人称之为信息多维化。把计算机所能处理的信息空间范围扩展和放大，而不再局限于数值、文本或是被特别对待的图形或图像，这是计算机变得更加人性化所必须具备的条件。

人类对于信息的接收和产生主要在5个感觉空间内，即视觉、听觉、触觉、嗅觉和味觉，其中前三者占了95%以上的信息量。借助于这些多感觉形式的信息交流，人类对于信息的处理可以说是得心应手。但是，计算机以及与之相类似的一系列设备，都远远没有达到人类处理信息能力的水平。在信息处理的传统过程中不得不忍受着种种变态：信息只能按照单一的形态才能被加工处理，只能按照单一的形态才能被理解。计算机在许多方面需要把人类的信息进行变形之后才可以使用，例如，将中文变换成某种代码才能输入计算机。可以说，在信息交互方面计算机还处于初级水平。

多媒体就是要把机器处理的信息多样化或多维化，使之在信息交互的过程中，具有更加广阔和更加自由的空间。多媒体的信息多维化不仅仅指输入，还指输出。但输入和输出并不一定都是一样的。对于应用而言，前者称为获取(Capture)，后者称为表现(Presentation)。如果两者完全一样，这只能称为记录和重放，从效果上来说并不是很好。如果对其进行变换、组合和加工，亦即我们所说的创作或综合，就可以大大丰富信息的表现力和增强效果。这些创作与综合也不仅仅局限在对信息数据方面，也包括对设备、系统、网络等多种要素的重组和综合，目的都是能够更好地组织信息、处理信息和表现信息，从而使用户更全面、更准确地接受信息。

(2)交互性

多媒体的第二个关键特性是交互性。长久以来，人们在很多情况下已经习惯于被动地接收信息，例如，看电视、听广播。多媒体系统将向用户提供交互式使用、加工和控制信息的手段，为应用开辟更加广阔的领域，也为用户提供更加自然的信息存取手段。

交互可以增加对信息的注意力和理解力，延长信息在头脑中保留的时间。但在单向的信息空间中，这种接收的效果和作用就很差，只能“使用”所给的信息，很难做到自由地控制和干预信息的获取和处理过程。多媒体信息在人机交互中的巨大潜力，主要来自于它能提高人对信息表现形式的选择和控制能力，同时也能提高信息表现形式与人的逻辑和创造能力结合的程度。多媒体信息比单一信息对人具有更大的吸引力，它有利于人对信息的主动探索而不是被动地接收。在动态信号与静态信号之间，人更倾向于前者。多媒体信息所提供的种类丰富的信息源恰好能够满足人在这个方面的需要。

当交互性引入时，“活动”本身作为一种媒体便介入到了数据转变为信息、信息转变为知识的过程之中。因为数据能否转变为信息取决于数据的接收者是否需要这些数据，而信息能否转变为知识则取决于信息的接收者能否理解。借助于交互活动，我们可以获得我们所关心的内容，获取更多的信息，例如，对某些事物进行选择，有条件地找出事物之间的相关性，从而获得新的信息内容。对某些事物的运动过程进行控制可以获得某种奇特的效果，例如，倒放、慢放、快放、变形和虚拟等，从而激发学生的想象力、创造力，制造出各种讨论的主题。在某些娱乐性应用中，用户可以改变故事的结局，从而使用户介入到故事的发展过程之中。即使是最普遍的信息检索应用，用户也可以找出想读的书籍、想看的电视节目，可以快速跳过不感兴趣的部分，可以对某些所关心的内容进行编排、插入书评等，从而改变现在使用信息的方法。

可以想象，交互性一旦被引入到用户的活动之中，将会带来多大的作用。从数据库中检寻出某人的照片、声音及文字材料，这是多媒体的初级交互应用；通过交互特性使用户介入到信息过程中(不仅仅是提取信息)，才达到了中级交互应用水平。当我们完全地进入到一个与信息环境一体化的虚拟信息空间自由遨游时，这才是交互式应用的高级阶段，这就是虚拟现实。人机交互不仅仅是一个人机界面的问题，对于媒体的理解和人机通信过程可以看成是一种智能的行为，它与人类的智能活动有着密切的关系。

(3)集成性

多媒体系统充分体现了集成性的巨大作用。事实上，多媒体中的许多技术在早期都可以单独使用，但作用十分有限。这是因为它们是单一的、零散的，如单一的图像处理技术、声音处理技术、交互技术、电视技术和通信技术等。但当它们在多媒体的旗帜下集合时，一方面意味着技术已经发展到了相当成熟的程度；另一方面，也意味着各种技术独自发展不再能满足应用的需要。信息空间的不完整，例如，仅有静态图像而无动态视频，仅有语音而无图像等，都将限制信息空间的信息组织，限制信息的有效使用。同样，信息交互手段的单调性、通信能力的不足、多种设备和应用的人为分离，也会制约应用的发展。因此，多媒体系统的产生与发展，既体现了应用的强烈需求，也顺应了全球网络的一体化、互通互联的要求。

多媒体的集成性主要表现在两个方面，一是多媒体信息媒体的集成，二是处理这些媒体的设备与设施的集成。首先，各种信息媒体应该能够同时地、统一地表示信息。尽管可能是多通道的输入或输出，但对用户来说，它们就都应该是一体的。这种集成包括信息的多通道统一获取，多媒体信息的统一存储与组织，以及多媒体信息表现合成等各方面。因为多媒体信息带来了信息冗余性，可以通过媒体的重复、使用别的媒体，或是并行地使用多种媒体的方法消除来自于通信双方及环境噪声对通信产生的干扰。由于多种媒体中的每一种媒体都会对另一种媒体所传递信号的多种解释产生某种限制作用，所以多种媒体的同时使用可以减少信息理解上的多义性。总之，不应再像早期那样，只能使用单一的形态对媒体进行获取、加工和理解，而应注意保留媒体之间的关系及其所蕴含的大量信息。其次，多媒体系统是建立在一个大的信息环境之下的，系统的各种设备与设施应该成为一个整体。从硬件来说，应该具有能够处理各种媒体信息的高速及并行的处理系统、大容量的存储、适合多媒体多通道的输入输出能力及外设、宽带的通信网络接口，以及适合多媒体信息传输的多媒体通信网络。对于软件来说，应该有一体化的多媒体操作系统、各个系统之间的媒体交换格式、适合于多媒体信息管理的数据库系统、适合使用的软件和创作工具以及各类应用软件等。

多媒体中的集成性应该说是在系统级的一次飞跃。无论是信息、数据，还是系统、网络软硬件设施，通过多媒体的集成性构造出支持广泛信息应用的信息系统，1+1>2 的系统特性将在多媒体信息系统中得到充分的体现。

(4)实时性

实时性是指在人的感觉系统允许的情况下进行多媒体信息的处理和交互。多媒体信息中的音频信息和视频信息都是与时间密切相关的，在加工、存储和播放它们时，需要充分考虑时间特性，这就决定了多媒体技术必须支持实时处理。例如，在播放视频和音频文件时，应该保证视频图像和声音是同步的和连续的，这就是多媒体信息的实时性。实时性对存取数据的速度、解压缩的速度以及最后的播放的速度提出了很高的要求。对于具有时间要求的媒体进行处理时，不能保证实时性，就没有任何应用价值。

2. 多媒体元素

多媒体中的媒体元素是指多媒体应用中可显示给用户的媒体形式，主要有文本、图形、图像、声音、视频和动画等。这些媒体元素有各自的特点和性质，不同类型的媒体元素有机地结合与互补，才能充分发挥多媒体集成的优势。

(1)文本

文本是指各种文字，包括各种字体、尺寸、格式及色彩的文本。在多媒体应用系统中适当地组织使用文字可以使显示的信息更容易理解。多媒体应用中使用较多的是带有段落格式、字体格式、边框等格式信息的文字。这些文字可以先使用文本编辑软件(如 Word、WPS 等)，或使用图形图像制作软件将文字编辑处理成图片，再输入到多媒体应用程序中，也可以直接在多媒体创作软件中进行制作。

(2)图形

图形是指用计算机绘图软件绘制的从点、线、面到三维空间的各种有规则的图形，如直线、矩形、圆、多边形以及其他可用角度、坐标和距离来表示的几何图形。

在图形文件中只记录生成图的算法和图上的某些特征点，因此也称矢量图。通过读取这些指令并将其转换为屏幕上所显示的形状和颜色而生成图形的软件通常称为绘图程序。在计算机还原输出时，相邻的特征点之间用特定的诸多段小直线连接就形成曲线。若曲线是一条封闭的图形，也可靠着色算法来填充颜色。

图形的最大优点在于可以分别控制处理图中的各个部分，如在屏幕上移动、旋转、放大、缩小、扭曲而不失真，不同的物体还可在屏幕上重叠并保持各自的特性，必要时仍可分开。因此，图形主要用于表示线框型的图画、工程制图、美术字等。绝大多数 CAD 和 3D 造型软件使用矢量图形来作为基本图形存储格式。

微机上常用的矢量图形有 .3ds(用于 3D 造型)、.dxf(用于 CAD)、.wmf(用于桌面出版)等。图形技术的关键是图形的制作和再现，图形只保存算法和特征点，所以，相对于图像的大数据量来说，它占用的存储空间也就较小，但在屏幕每次显示时，它都需要经过重新计算。另外，在打印输出和放大时，图形的质量较高。

(3)图像

图像是指由输入设备捕捉的实际场景画面，或以数字化形式存储的任意画面。静止的图像可用矩阵点阵图来描述，矩阵的每个点称为像素(pixel)，整幅图像就是由一些排成行列的像素点组成的，故图像也称为位图。

位图中的位用来定义图中每个像素点的颜色和亮度。对于灰度图常用 4 位(16 种灰度等级)或8位(256种灰度等级)表示该点的亮度。若是彩色图像,R(红)、G(绿)、B(蓝)三基色每色量化8位,则称彩色深度为24位,可以组合成2^{24}种色彩等级,即真彩色。若只是黑白图像,每个像素点只用1位表示,则称为二值图。

位图图像适合于表现比较细致,层次和色彩比较丰富,包含大量细节的图像,如自然景观、人物等。由像素矩阵组成的图像可用画位图的软件(如Photoshop)获得,也可用彩色扫描仪扫描照片或图片来获得,还可用摄像机、数字照相机拍摄或帧捕捉设备获得数字化帧画面。

图形与图像在多媒体中是两个不同的概念,其主要区别如下:

①构造原理不同:图像的基本元素是图元,如线、点、面等元素;图像的基本元素是像素,一幅位图图像可考虑为由一个个像素点组成的矩阵。

②数据记录方式不同:图形存储的是画图的函数;图像存储的则是像素的位置信息和颜色信息以及灰度信息。

③处理操作不同:矢量图形由运算关系支配,因此,可以分别控制、处理图中的各个部分,如在屏幕上移动、旋转、放大、缩小、扭曲而不失真。图像像素点之间无内在联系,所以在放大与缩小时,部分像素点会丢失或被重复添加而导致图像的失真。

④处理显示速度不同:图形的显示过程是根据图元顺序进行的,它使用专门软件将描述图形的指令转换成屏幕上的形状和颜色,其产生需要计算时间。图像是将对象以一定的分辨率分辨以后将每个点的信息以数字化方式呈现,可直接快速在屏幕上显示。

⑤数据量不同:图像数据量大,不便于保存和传送,因此,要采用数据压缩算法。图像数据量则相对较小。

⑥表现力不同:图形描述轮廓不很复杂,色彩不很丰富的对象,如几何图形、工程图纸、CAD、3D造型软件等。图像能表现含有大量细节(如明暗变化、场景复杂、轮廓色彩丰富等)的对象,如照片、绘图等。通过图像软件可进行复杂图像的处理以得到更清晰的图像或产生特殊效果。

随着计算机技术的进步,图形与图像之间的界限已越来越小,这主要是由于计算机处理能力的提高。

(4)声音

声音也叫音频,是指在20Hz~20kHz频率范围的连续变化的声波信号。对声音可进行录制、存储、播放与合成。音频是数字化音频文件,包括波形声音、语音和音乐。

①波形声音。波形声音即指数字化的声音,它表示了声音的瞬时幅度,存储的数据文件占有较大的空间。其存储文件格式主要有WAV文件、VOC文件等。

②语音。人的声音不仅是一种波形,而且还有内在的语言、语音学的内涵,可以利用特殊的方法进行抽取,通常把它也作为一种媒体。

③音乐。音乐是符号化了的声音,这种符号就是乐曲。MIDI(Musical Instrument Digital Interface)是数字音乐的国际标准。MIDI文件是其存储的文件格式。

MIDI信息实际上是一段音乐的描述,当MIDI信息通过一个音乐或声音合成器进行播放时,该合成器对一系列的MIDI信息进行解释,产生出相应的一段音乐或声音。MIDI文件紧凑,所占用空间小。通常,MIDI文件是数字化声音文件的1/1000~1/200。

(5)视频

视频是由单独的画面序列组成,这些画面以每秒超过24帧的速率连续地投射在屏幕上,使观察者产生平滑连续的视觉效果。计算机中的视频信息是数字的,可以通过视频卡将模拟视频信号转变成数字视频信号,进行压缩,存储到计算机中。播放视频时,通过硬件设备和软件将压缩的视频文件进行解压。视频标准主要有NTSC制和PAL制两种。NTSC标准为30fps,每帧525行。PAL标准为25fps,每帧625行。常用视频文件格式有AVI、MPG、MOV等。

(6)动画

动画是采用计算机动画设计软件创作,由若干幅图像进行连续播放而产生的具有运动感觉的连续画面。动画的连续播放既指时间上的连续,也指图像内容上的连续,即播放的相邻两幅图像之间内容相差不大。动画压缩和快速播放也是动画技术要解决的重要问题,其处理方法有多种。计算机设计动画方法有以下两种:

①造型动画:是对每一个运动的物体分别进行设计,赋予每个对象一些特征,如大小、形状、颜色等,然后用这些对象构成完整的帧画面。造型动画每帧由图形、声音、文字、调色板等造型元素组成,控制动画中每一帧的图元表演和行为的是由制作表组成的脚本。

②帧动画:是由一幅幅位图组成的连续的画面,就像电影胶片或视频画面一样,要分别设计每个屏幕显示的画面。

计算机制作动画时,只要做好关键帧画面,其余的中间画面都可以由计算机内插来完成,节省了人力物力,同时也提高了工作效率。在各种媒体的创作系统中,创作动画的软硬件环境都是较高的,它不仅需要高速的CPU和大容量的内存,而且制作动画的软件工具也比较复杂、庞大。

1.5 多媒体技术的应用及发展趋势

1.5.1 多媒体技术的应用

多媒体技术的应用领域非常广泛,几乎遍布各行各业以及人们生活的各个角落。由于多媒体技术具有直观、信息量大、易于接受和传播迅速等显著的特点,因此,多媒体应用领域的拓展十分迅速。近年来,随着国际互联网的兴起,多媒体技术也渗透到国际互联网上,并随着网络的发展和延伸,不断地成熟和进步。

1. 教育与培训

在教育中应用多媒体技术对于提高教学质量和普及教育效果不容忽视。多媒体技术使教育的表现形式更加多样化,可以实现计算机辅助教学和交互式远程教学等。

计算机辅助教学是在教学过程中使用音频、动画、视频以及图像等多媒体手段来辅助教学。它将改变传统的教学方式,将使教学过程变得生动形象,学生可以获得更多的感性认识,扩大课堂传授知识的信息量,提高学生的学习兴趣,通过计算机辅助教学来取得更好的教学效果。

交互式远程教学是伴随计算机网络技术发展起来的一种全新的教育模式,学习者不再为选择上什么样的大学而发愁,他们只需一台多媒体计算机并和Internet互联,就可以足不出户进行学习,从而实现真正意义上的大众化教育。

同时,教材也将发生巨大的变化,不再是过去传统的纸质教材,而是图、文、声、像并茂的多媒体教材,甚至可以是多媒体教学软件,它具有生动形象、人机直接交流、即时反馈等特点,可以根据学生的水平差异采取相应的教学方案,根据反馈信息为学生提供及时的教学指导,从而创造出生动逼真的教学环境。教师根据情况随时可以修改程序，不断补充新的教学内容。由于多媒体计算机有人机对话功能，使师生关系发生了实质性的变化，改变了以教师为中心的教学方式，学生在学习中可以充当更为主动的角色，可以自行调整学习内容和学习进度，取得良好的学习效果。多媒体教学软件就像一位家庭教师，可以带给学生更大的信息量，实现因材施教的个别化教学。

在职业培训、技能培训等各种各样的培训中，多媒体技术也将发挥巨大的作用。传统的培训一般是由教师讲解示范，然后学员亲自动手实践。这样做，一是培训成本比较高，尤其是对于机械操作技能一类的培训，不仅需要消耗大量的原材料，而且容易出现操作失误而对学员造成伤害；而多媒体培训系统的出现，不仅可以有效降低成本和减少不必要的伤害，而且多媒体生动活泼的教学内容和自由的学习方式，可以有效提高学员的学习兴趣，培训的效果自然提高。

世界各国的教育学家们正努力研究利用先进的多媒体技术改进教育与培训，以多媒体计算机为核心的现代教育技术使教学手段丰富多彩，使计算机辅助教学(CAI)如虎添翼。多媒体教育对于改革教学思想和教学内容，实现学习多元化、主体化和社会化，全面提高教学质量有重大意义。因此，多媒体技术广泛用于普及教育、高等专业教育及职业培训等各个方面。

2. 办公自动化

采用了先进的数字影像和多媒体计算机技术，把文件扫描仪，图文传真机，文件资料微缩系统和通信网络等现代化办公设备综合管理起来，将构成全新的办公自动化系统，成为新的发展方向。办公自动化是用先进的计算机技术，尽可能充分地利用信息资源，提高生产、工作的效率和质量，辅助决策，求取更好的经济效益。一般来说，一个较完整的办公自动化系统，应当包括信息采集、信息加工、信息传输和信息保存4个环节。办公自动化一般可分为事务型、管理型和决策型3个层次。事务型为基础层，包括文字处理、个人日程管理、行文管理、邮件处理、人事管理、资源管理，以及其他有关机关行政事务处理等；管理型为中间层，包含事务型、管理型系统，是支持各种办公事务处理活动的办公系统与支持管理控制活动的管理信息系统相结合的办公系统；决策型为最高层，它以事务型和管理型办公系统的大量数据为基础，又以其自有的决策模型为支持。决策层办公系统是上述系统的再结合，具有决策或辅助决策功能的最高级系统。

多媒体技术在办公自动化中的应用非常广泛。采用系统综合设备，如计算机局域网、广域网、图像处理专用系统、语音传真、秘书系统、多功能多媒体工作站和综合业务数字网等，实现办公一体化，综合处理语音、数据、文字和图像等，使系统有机地集成起来，可使办公业务更加现代化。多媒体技术的出现，极大地改善了人机交互界面，提供各种灵活方便的输入手段，使得计算机使用起来更加简单。其中，电视会议系统实现了通过计算机网络进行面对面的交谈，满足人们在办公室召开实时会议的需求；各种多媒体数据的存储和查询打破了单一的文本信息存储的局面，提供了丰富生动的信息表达方式，人们能够方便地进行各种图、文、声并茂的信息处理；各种光笔、扫描和录音等多媒体输入方式简化了信息输入计算机的难度，且使办公自动化系统中包含多样化的信息，使信息处理更为丰富、生动，也将提高办公自动化信息处理的应用范围和价值。

3. 多媒体通信

多媒体计算机+电视+网络将形成一个极大的多媒体通信环境，它不仅改变了信息传递的面貌，带来通信技术的大变革，而且计算机的交互性、通信的分布性和多媒体的现实性相结合，将构成继电报、电话、传真之后的第四代通信手段，向社会提供全新的信息服务。

(1)多媒体通信信息服务

多媒体通信技术可以把电话、电视、图文传真、音响和摄像机等各类电子产品与计算机融为一体，由计算机完成音频、视频信号采集，压缩和解压缩，音频、视频的特技处理，完成多媒体信息的网络传输，音频播放和视频显示，形成新一代的家电类消费，建立提供全新的多媒体通信信息服务。日本电报电话公司提出的“可视的、智能的和个人的服务模式”，可在展示器上显示高清晰度的单画面、多画面和三维立体图像。在商务、娱乐和家庭等诸方面和不同场合提供以图像通信为主、带有声音的全新方式的通信服务。随着这些技术的发展，可视电话、视频会议和家庭间的网上聚会交谈等方式日趋普及并将大有可为。

(2)远程信息服务

由多媒体通信和分布式系统相结合的分布式多媒体计算机系统，使远程信息服务(如远程多媒体信息的编辑、获取和传输同步)成为可能。其中，在计算机支持下协同工作已进入实用阶段。目前，在远程教育系统中，中央电视大学和各高等院校都在重点建设电视大学和网络学院，以解决异地城市和边远地区的教育质量，以及进行专业文化的普及提高。多媒体通信可以采用计算机网、公用通信网、广播电视网，也可以采用卫星发射和接收，这样只要能接收到卫星频道的地方，就可以接受一流学校优秀教师的现场教学。但要解决边远地区的远程教学，还有待于通信网络的普及和技术的提高。

(3)远程医疗

在远程医疗会诊系统中，利用多媒体会议系统，与病人面对面地交谈，进行远程咨询和检查，从而进行远程会诊，甚至在远程专家指导下进行复杂的手术，并可在医院与医院之间，甚至国与国之间的医疗系统建立信息通道，实现信息共享。国外已在不同网络，如 ISDN、Internet 以及 ATM 和公用电话网上实现远程医疗。目前的瓶颈问题是网络的带宽和开销，这些问题需要进一步解决。

(4)系统监控及监测

在多媒体监控及监测系统中，已有不少企业为了提高效率，减少人员开销，实行无人管理，即采用监控、监测系统，定期采集仪器仪表数据，一旦发现问题，采用自动控制或人工干预。例如，电力系统对电厂、变电站的管理，以及石油、化工行业中一些部门的管理。另外，一些部门由于工作需要也进行实时监护，如海关、银行出纳和大型运动会比赛，以及一些危险部门的管理监控，如核能的监控、水下作业的监控等。

(5)多媒体会议

多媒体会议系统是多媒体通信网络的重要应用之一。通过计算机远程参加会议或交流，以可视化的、实时的、交互的形式实现在不同地理位置上人们的多媒体资源共享和信息交流，体现超越空间的多点通信、群体的“面对面”的协同工作特点。多媒体会议技术在远程教育、远程医疗、经济或军事决策、金融服务等方面的广泛应用，将大大地为人们节省时间、空间与费用，提高工作效率。目前在 ISDN 网上一般按 H.320 标准协议规范，局域网按标准 H.323 协议规范，而公用电话网则按 H.324 标准协议规范。现在推出的多媒体会议系统实用产品，是完全按照标准协议规范的多媒体会议系统，例如，我国已建立了国家会议电视骨干网，在全国安装了几百个会议系统点。

(6)多媒体视频点播

多媒体视频点播交互系统是一种为用户提供不受时空限制浏览和播放多媒体信息的人机交互应用系统，也是网络多媒体技术的重要应用之一，有着较好的经济效益、社会效益和广阔的应用前景，近年来我国出现了有线电视连网热潮，大到北京、上海、天津等大城市，小到县城、乡镇企业，目前我国已建立有线电视台 600 多座，有线电视用户约几千万户。视频点播系统的主要功能是在一个小区中，用户坐在家里的计算机或电视机(机顶盒)前，不需要从电视频道上收看电视节目，而通过遥控器和菜单任意点播视频点播系统中的电影、电视和新闻，并可随意切换、重复点播，用户能够控制快进与快退，向前与向后查看，开始、暂停、取消或移到别的场景，这为用户提供了极大的方便。视频点播系统还可以提供交互式远程教育、交互广告、电视采购、视频游戏以及数据信息服务。

(7)军事通信

在军事通信中还可利用多媒体技术使现场信息及时、准确地传给指挥所，同时指挥所根据现场情况正确地判断形势，将命令信息反馈回去并实施实时的控制与指挥。多媒体通信将成为部队的野外训练、作战及通信联络的一个很好的工具。

4. 多媒体电子出版物

电子出版物是多媒体技术应用的一个重要方面。多媒体电子出版物的内容包括教育、学术研究、医疗资料、科技知识、文学参考、地理文物、百科全书、字典词典、检索目录、电子期刊、电子新闻报纸、电子手册与说明书、电子公文或文献、电子图画、广告和休闲娱乐等电子声像制品。电子出版物现在已经相当普及，其出版数量也已相当惊人。计算机大容量存储技术以及信息高速公路为人们提供了方便快捷的信息处理、存储和传递方式，它是解决信息爆炸的一条出路。由于信息高科技技术日新月异地发展，电子出版物也属于发展中的概念，目前尚无十分明确的定义。我国新闻出版署对电子出版物曾有过如下定义：“电子出版物系指以数字代码方式将图、文、声、像等信息存储在磁、光、电介质上，通过计算机或类似设备阅读使用，并可复制发行的大众传播媒体”。从最新的发展看，电子出版物可以说是利用计算机产生，并以数字代码的形式将多种媒体信息存储于光、磁介质上。电子出版物不仅包括只读光盘这种有形载体，还包括计算机网络上传播的无形载体网络电子出版物。网络出版物与光盘出版物的编辑制作大体相似，完成后被存储在网络上某些服务器的硬磁盘中，在因特网上发行。用户通过计算机上网连入网络服务器，在阅读出版物的同时，还可以得到各种服务，如在线检索、在线字典查询等。由于采用交互式阅读方式，用户可以参与出版物的研讨，与作者和其他读者交流观点。及时向出版者反馈信息以使出版物更适合读者的要求。网络出版物具有内容丰富、可实时交互、不受地理因素限制和可重复使用等特点。目前国内外许多报纸都有其相应的网络电子版，如人民日报、解放日报和中国青年报等。

电子出版物的制作过程包括信息材料的组织、记录、制作、复制、传播，最后到读者阅读和使用。电子出版物打破了传统的以纸张为载体传递信息的局限性，改变了传统图书的发行、阅读、收藏和管理等方式，使传统印刷出版行业发生质的改变，它标志着人类社会开始进入无纸出版的新时代，将会对人类文化历史、艺术和科学产生巨大的影响。

多媒体电子出版物是一种存储在光盘上的电子图书，它具有以下优点：

①储容量大，一张光盘可以存储几百本长篇小说。

②媒体种类多，可以集成文本、图形、图像、动画、视频和音频等多媒体信息。

③运输与携带方便，检索迅速，可长期保存，不会出现纸面出版物那样变色、虫蛀和粉化等现象。

④及时传播，经由计算机网络可立即发行到国内外各地。

⑤价格低廉，成本是普通图书的几分之一，甚至几百分之一。

5. 商业广告宣传

多媒体系统声像图文并茂，用作宣传自然、时尚。目前，在因特网上广泛使用的多媒体应用之一就是产品广告和促销服务。电视和杂志广告常常在显著位置刊登厂商的网址。许多公司发现，通过在因特网上提供产品信息，它们能够进入另一个全球市场，花费很少的额外投资，加强现有的广告功效。在在线产品目录和小册子中增添多媒体内容，可使用户对产品产生兴趣，从而增加销售量和产品知名度。例如，有的汽车经销两次销售汽车时提供从软件产品到汽车的“虚拟试用”，由于多媒体技术的交互性，同时又具有动画、视频演示、声音播放和用户操作响应的功能，非常有利于在潜在客户的电脑屏幕上表演产品的优良特性。无论用 QuickTime VR 交互式电影展示汽车内部情况，还是显示允许掀开车篷和观察车内部的交互式镜头，都可能使消费者在购买的时候更倾向于该公司的产品。

商品经济对广告的需求越来越大，高质量的多媒体二维动画广告在电视上已经越来越多，广告效果也越来越好。因此，利用多媒体来制作广告，便于编辑、模拟播放和修改，能充分表达设计有的创意，已成为广告设计名普遍采用的方式之一。

6. 公共服务

多媒体信息咨询公共服务可以在机场、码头、车站，旅游胜地、娱乐中心和连锁店、展览馆等公开的场所，使用多媒体技术编制的各种图文并茂的软件，开展商业销售、旅行导游等各种宣传活动。使用者可与多媒体系统交互，获取感兴趣的各种信息，例如，使用多媒体计算机浏览旅游景点、各地名胜古迹、旅游风光介绍、旅游路线导引；再如，浏览商情信息、商品介绍、商业行情、商业广告、查询服务、产品广告演示及商品贸易交易等方面信息。例如，房地产公司使用多媒体技术可以不用把客户带到现场，通过计算机屏幕演示楼房的外貌、内部结构、室内装修、周围环境、配套设施和交通等信息，通过语言解说，引导客户如身临其境般观看建筑物现场的各个角落，从而对所购楼房有一个直观的了解。

此外，各公司、企业、学校、部门甚至个人都可以建立自己的信息网站，用大量的各种媒体资料详细地介绍自己的历史、实力、成果和需求等信息，以进行自我展示并提供信息服务。还能在网上展示公司的科研技术力量和研究动态，并公布自己的年度经营业绩，随时报告公司的股票行情等。如世界著名的几大石油公司都在网上公布自己的经营业绩和股票行情，在网上发布公司最新产品的性能、价格等信息。国内外的大学一般都有自己的网站，介绍各学科的专业、研究成果、课程计划和导师信息等。还可以通过因特网加入众多的讨论区、BBS 公告板系统，任何人都可发布信息，实时交流讨论，为人类社会提供一个全新的交流和交友方式。

7. 影视娱乐

影视作品和游戏产品是多媒体对算机应用的一个重要方面。近年来,随着多媒体技术的不断发展,伴随着娱乐层次的提高,面向家庭娱乐的多媒体软件琳琅满目,价廉物美的游戏产品将倍受人们欢迎,音乐、影像和游戏光盘给人们以更高品质的娱乐享受,对启迪儿童的智慧,丰富成年人的娱乐活动大有益处,特别是计算机和网络游戏由于具有多种媒体感官刺激并使游戏靠通过与计算机的交互而身临其境,画面形象逼真,声音悦耳动听,真正达到娱乐趣味性的效果,受到年轻人的欢迎。

此外,还可以使用不同节目的多媒体软件,在家中利用多媒体计算机学习各种生活技能或发展业余爱好和丰富学习内容。例如,学习烹调和家庭的卫生保健,学习修理家用电器和房屋的装潢,欣赏名人名曲名画,以提高艺术修养,寓教于乐,提高生活质量。

1.5.2 多媒体技术的发展趋势

目前,多媒体技术正向网络化、智能化、标准化、多领域融合和虚拟现实等几个方向发展。

1. 网络化

随着宽带网络的快速发展,网络传输速度和质量快速提高,各种基于网络的多媒体系统,例如,可视电话系统、点播系统、电子商务、远程教学和医疗等得到迅速发展。

多媒体通信网络环境的研究和建立将使多媒体从单机单点向分布、协同多媒体环境发展,在世界范围内建立一个可全球自由交互的通信网。对该网络及其设备的研究和网上分布应用与信息服务研究将是热点。

未来的多媒体通信将朝着不受时间、空间、通信对象等方面的任何约束和限制的方向发展,其目标是“任何人在任何时刻与任何地点的任何人进行任何形式的通信”。人们将通过多媒体通信迅速获得大量信息,反过来又以最有效的方式为社会创造更大的利益。

2. 智能化

未来的多媒体系统会具有越来越高的智能性,可以与人类进行自然的交互,系统本身不仅能主动感知用户的交互意图,还可以根据用户的需求做出相应的反应。目前正在研究的图像理解、语音识别、全文检索、基于内容处理的多媒体系统是使多媒体系统智能化的主要手段。

3. 标准化

多媒体标准仍是研究的重点。各类标准的研究将有利于产品规范化,应用更方便。因为以多媒体为核心的信息产业突破了单一行业的限制,涉及到诸多行业,而多媒体系统集成特性对标准化提出了很高的要求,所以必须开展标准化研究,它是实现多媒体信息交换和大规模产业化的关键所在。

4. 多领域融合

多媒体技术正在向各个技术领域渗透,如自动控制系统、人机交互系统、人工智能系统、仿真系统等,几乎所有的具有人机界面的应用技术领域都离不开多媒体技术的支持。这些相关技术在发展过程中创造出许多新的概念，产生了许多新的观点，正在为人们所接受，并成为研究课题之一。

5. 虚拟现实

多媒体技术与外围技术构造的虚拟现实研究仍在继续进展。多媒体虚拟现实与可视化技术需要相互补充，并与语音、图像识别、智能接口等技术相结合，建立高层次虚拟现实系统。

多媒体技术总的发展趋势是具有更好、更自然的交互性，更大范围的信息存取服务，为未来人类生活创造出一个在功能、空间、时间及人与人交互方面更完善的崭新世界。

第 2 章　局域网与广域网技术

2.1　局域网概述

2.1.1　局域网的定义与特点

1. 局域网的定义

局域网(Local Area Network,LAN)是计算机网络的一种,它既具有一般计算机网络的特征,又具有自己的特征。为了完整的给出局域网的定义,通常使用两种方式。第一种是功能上的定义,将局域网定义为一组台式计算机和其他设备,在有限的地理范围内,通过传输媒体以允许用户相互通信和共享计算机资源的方式互联在一起的系统。这种局域网适用于公司、机关、校园、工厂等。另外一种是技术上的定义,由特定类型的传输媒体(如电缆、光缆和无线媒体)和网络适配器互联在一起的计算机,并受网络系统监控的系统。

2. 局域网的特点

不论是功能性定义还是技术性定义,总的来说,与广域网(Wide Area Network,WAN)相比,局域网具有以下的特点。

(1)较小的地域范围

局域网仅用于办公室、机关、工厂、学校等内部联网,其范围没有严格的定义,但一般认为距离为 0.1～25km。而广域网的分布是一个地区,一个国家乃至全球范围。

(2)高传输速率和低误码率

局域网传输速率一般为 10～1000Mb/s,万兆位局域网也已推出。而其误码率一般在 10^{-11}～10^{-8}之间。

(3)局域网一般为一个单位所建

局域网在单位或部门内部控制管理和使用,而广域网往往是面向一个行业或全社会服务。局域网一般是采用同轴电缆、双绞线等建立单位内部专用线,而广域网则较多租用公用线路或专用线路,如公用电话线、光纤、卫星等。

(4)局域网与广域网侧重点不完全一样

局域网侧重共享信息的处理,而广域网一般侧重共享位置准确无误及传输的安全性。

2.1.2　局域网的分类与组成

1. 局域网的分类

按网络的通信方式,局域网可以分为 3 种:对等网、客户机/服务器网络、无盘工作站网。

(1)对等网

对等网络非结构化地访问网络资源。对等网络中的每一台设备可以同时是客户机和服务器。网络中的所有设备可直接访问数据、软件和其他网络资源,它们没有层次的划分。

对等网主要针对一些小型企业,因为它不需要服务器,所以对等网成本较低。它可以使职员之间的资料免去用软盘复制的麻烦。

(2)客户机/服务器网络

通常将基于服务器的网络称为客户机/服务器网络。网络中的计算机划分为服务器和客户机。这种网络引进了层次结构,它是为了适应网络规模增大所需的各种支持功能设计的。

客户机/服务器网络应用于大中型企业,利用它可以实现数据共享,对财务、人事等工作进行网络化管理,并可以进行网络会议。它还提供强大的 Internet 信息服务,如 FTP、Web 等。

(3)无盘工作站网

无盘工作站顾名思义就是没有硬盘的计算机,是基于服务器网络的一种结构。无盘工作站利用网卡上的启动芯片与服务器连接,使用服务器的硬盘空间进行资源共享。

无盘工作站网可以实现客户机/服务器网络的所有功能,在它的工作站上,没有磁盘驱动器,但因为每台工作站都需要从"远程服务器"启动,所以对服务器、工作站以及网络组建的需求较高。由于其出色的稳定性、安全性,因此,一些对安全系数要求较高的企业常常采用这种结构。

2. 局域网的组成

局域网一般由服务器、工作站、网络接口设备、传输介质 4 个部分组成。

(1)服务器

运行网络操作系统(NOS),提供硬盘、文件数据及打印机共享等服务功能,是网络控制的核心。从应用来说,配置较高的兼容机都可以用作服务器,但从提高网络的整体性能,尤其是从网络的系统稳定性来说,选用专用服务器更好。

服务器分为文件服务器、打印服务器、数据库服务器,在 Internet 上,还有 Web、FTP、E-mail 等专用服务器。

目前常见的 NOS 主要有 NetWare、Linux、UNIX 和 Windows NT/2000/2003 Server 4 种,朝着能支持多种通信协议、多种网卡和工作站的方向发展。

(2)工作站

工作站可以有自己的操作系统,能独立工作。通过运行工作站网络软件,访问服务器共享资源,常见的有 DOS 工作站、Windows 系列工作站。

(3)网络接口设备

网络接口设备将工作站式服务器连到网络上,实现资源共享和相互通信,数据转换和电信号匹配。包括网卡和接口设备。网卡的主要性能指标有速率(10Mb/s、100Mb/s、10/100Mb/s 自适应、1000Mb/s)和传输介质接口类型。

(4)传输介质

目前常用的传输介质有双绞线、同轴电缆、光纤等,室内布线常用 5 类及超 5 类双绞线,而楼与楼之间用光纤连接。

2.1.3 局域网的体系结构

局域网络出现不久,其产品的数量和品种迅速增多。为了使不同厂商生产的网络设备之间具有兼容性、互换性和互操作性，以便让用户更灵活地进行设备选型，国际标准化组织开展了局域网的标准化工作。美国电气与电子工程师协会 IEEE(Institute of Electrical and Electronic Engineers)于 1980 年 2 月成立了局域网络标准化委员会(简称 IEEE 802 委员会)，专门进行局域网标准的制定。经过多年的努力，IEEE 802 委员会公布了一系列标准，称为 IEEE 802 标准。

1. 局域网的参考模型

IEEE 802 标准所描述的局域网参考模型与 OSI 参考模型的关系如图 2-1 所示。局域网参考模型只对应于 OSI 参考模型的数据链路层与物理层，它将数据链路层划分为两个子层：逻辑链路控制(Logical Link Control，LLC)子层与介质访问控制(Media Access Control，MAC)子层。

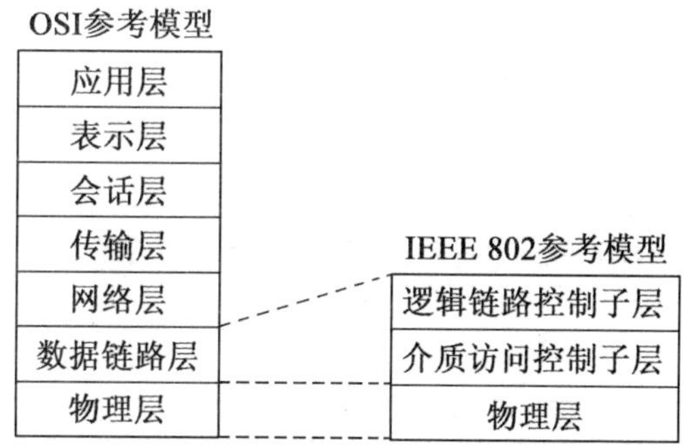

图 2-1　IEEE 802 参考模型与 OSI 参考模型的对应关系

(1)物理层

物理层涉及通信在信道上传输的原始比特流，它的主要作用是确保二进制位信号的正确传输，包括位流的正确传送与正确接收。这就是说，物理层必须保证在双方通信时，一方发送二进制“1”，另一方接收的也是“1”，而不是“0”。

(2)逻辑链路控制子层

逻辑链路控制(LLC)是数据链路层的一个功能子层。它构成了数据链路层的上半部，与网络层和 MAC 子层相邻。LLC 在 MAC 子层的支持下向网络层提供服务。可运行于所有 802 局域网和城域网协议之上的数据链路协议被称为逻辑链路控制(LLC)。LLC 子层与传输介质无关，它独立于介质访问控制方法，隐藏了各种 802 网络之间的差别，向网络层提供一个统一的格式和接口。LLC 子层的作用是在 MAC 子层提供的介质访问控制和物理层提供的比特服务的基础上，将不可靠的信道处理为可靠的信道，确保数据帧的正确传输。LLC 子层的具体功能包括：数据帧的组装与拆卸、帧的收发、差错控制、数据流控制和发送顺序控制等功能，并为网络层提供两种类型的服务：面向连接服务和无连接服务。

(3)介质访问控制子层

介质访问控制(MAC)也是数据链路层的一个功能子层。MAC 构成了数据链路层的下半部，它直接与物理层相邻。MAC 子层主要制定管理和分配信道的协议规范，换句话说，就是用来决定广播信道中信道分配的协议属于 MAC 子层。MAC 子层是与传输介质有关的一个数据链路层的功能子层，它的主要功能是进行合理的信道分配，解决信道竞争问题。它支持在 LLC 子层中完成介质访问控制功能，为竞争的用户分配信道使用权，并具有管理多链路的功能。MAC 子层为不同的物理介质定义了介质访问控制标准。目前，IEEE 802 已制定的介质访问控制标准有著名的带冲突检测的载波监听多路访问(CSMA/CD)、令牌环(Token Ring)和令牌总线(Token Bus)等。介质访问控制方法决定了局域网的主要性能，它对局域网的响应时间、吞吐量和网络利用率等都有十分重要的影响。

2. IEEE 802 标准

1980 年 2 月 IEEE 成立了专门负责制定局域网标准的 IEEE 802 委员会。该委员会开发了一系列局域网和城域网标准，最广泛使用的标准是以太网家族、令牌环、无线局域网、虚拟网等。IEEE 802 委员会于 1984 年公布了五项标准 IEEE 802.1～IEEE 802.5，随着局域网技术的迅速发展，新的局域网标准不断被推出，新的吉位以太网技术目前也已标准化。

IEEE 802 委员会为局域网制定的一系列标准，统称为 IEEE 802 标准。IEEE 802 标准之间的关系如图 2-2 所示。IEEE 802 标准主要包括：

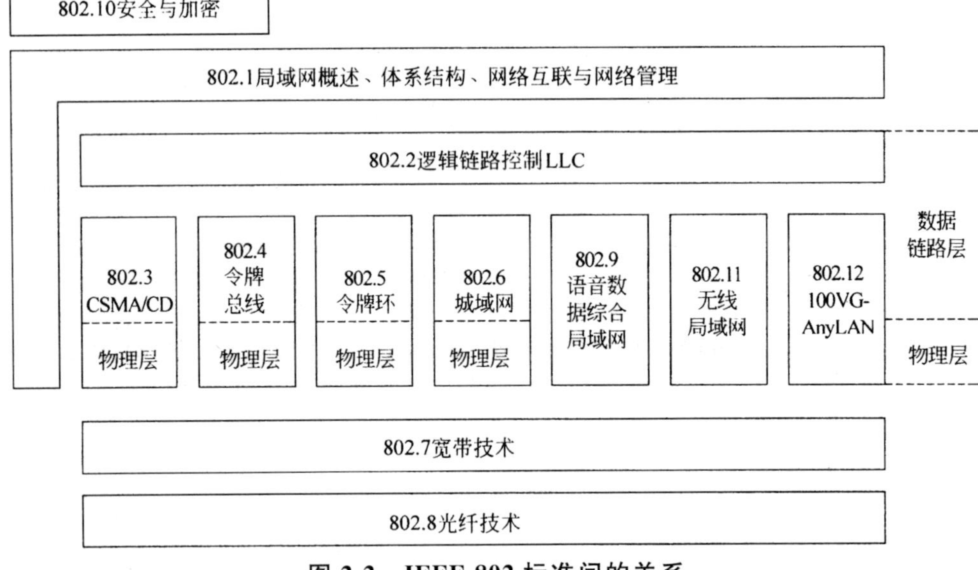

图 2-2　IEEE 802 标准间的关系

①IEEE 802.1A 概述和系统结构，IEEE 802.1B 寻址，网络管理和网际互联。

②IEEE 802.2 逻辑链路控制。

③IEEE 802.3 CSMA/CD 总线访问控制方法及物理层技术规范。

④IEEE 802.4 令牌总线访问控制方法及物理层技术规范。

⑤IEEE 802.5 令牌环网访问控制方法及物理层规范。

⑥IEEE 802.6 城域网访问控制方法及物理层技术规范。

⑦IEEE 802.7 宽带技术。

⑧IEEE 802.8 光纤技术(FDDI 在 802.3、802.4、802.5 中的使用)。

⑨IEEE 802.9 综合业务数字网(ISDN)技术。

⑩IEEE 802.10 局域网安全技术。

⑪IEEE 802.11 无线局域网。

⑫IEEE 802.12 新型高速局域网(100Mb/s)。

2.1.4　局域网的传输介质与方式

1. 局域网的传输介质

常用的传输介质包括双绞线、同轴电缆和光导纤维，另外，还有通过大气的各种形式的电磁传播，如微波、红外线和激光等。

(1)双绞线

双绞线是把两根绝缘铜线拧成有规则的螺旋形。双绞线的抗干扰性较差，易受各种电信号的干扰，可靠性差。若把若干对双绞线集成一束，并用结实的保护外皮包住，就形成了典型的双绞线电缆。把多个线对扭在一块可以使各线对之间或其他电子噪声源的电磁干扰最小。

用于网络的双绞线和用于电话系统的双绞线是有差别的。

双绞线主要分为两类，即非屏蔽双绞线(Unshielded Twisted-Pair，UTP)和屏蔽双绞线(Shielded Twisted-Pair，STP)。

EIA/TIA 为非屏蔽双绞线制定了布线标准，该标准包括 5 类 UTP。

①1 类线。可用于电话传输，但不适合数据传输，这一级电缆没有固定的性能要求。

②2 类线。可用于电话传输和最高为 4Mb/s 的数据传输，包括 4 对双绞线。

③3 类线。可用于最高为 10Mb/s 的数据传输，包括 4 对双绞线，常用于 10BaseT 以太网。

④4 类线。可用于 16Mb/s 的令牌环网和大型 10BaseT 以太网，包括 4 对双绞线。其测试速度可达 20Mb/s。

⑤5 类线。可用于 100Mb/s 的快速以太网，包括 4 对双绞线。

双绞线使用 RJ-45 接头连接计算机的网卡或集线器等通信设备。

(2)同轴电缆

同轴电缆是由一根空心的外圆柱形的导体围绕着单根内导体构成的。内导体为实芯或多芯硬质铜线电缆，外导体为硬金属或金属网。内外导体之间有绝缘材料隔离，外导体外还有外皮套或屏蔽物。

同轴电缆可以用于长距离的电话网络，有线电视信号的传输通道以及计算机局域网络。50Ω 的同轴电缆可用于数字信号发送，称为基带；75Ω 的同轴电缆可用于频分多路转换的模拟信号发送，称为宽带。在抗干扰性方面，对于较高的频率，同轴电缆优于双绞线。

有 5 种不同的同轴电缆可用于计算机网络，如表 2-1 所示。

表 2-1　同轴电缆的类型

电缆类型	网络类型	电缆电阻/端接器(Ω)
RG-8	10Base5 以太网	50
RG-11	10Base5 以太网	50
RG-58A/U	10Base2 以太网	50
RG-59U	ARCnet，有线电视网	75
RG-62A/U	ARCnet	93

(3)光缆

它是采用超纯的熔凝石英玻璃拉成的比人的头发丝还细的芯线。光纤通信就是通过光导纤维传递光脉冲进行通信的。一般的做法是在给定的频率下以光的出现和消失分别代表两个二进制数字,就像在电路中以通电和不通电表示二进制数一样。

光导纤维导芯外包一层玻璃同心层构成圆柱体,包层比导芯的折射率低,使光线全反射至导芯内,经过多次反射,达到传导光波的目的。每根光纤只能单向传送信号,因此,光缆中至少包括两条独立的导芯,一条发送,另一条接收。一根光缆可以包括二至数百根光纤,并用加强芯和填充物来提高机械强度。

光导纤维可以分为多模和单模两种。

①只要到达光纤表面的光线入射角大于临界角,便产生全反射,因此,可以由多条入射角度不同的光线同时在一条光纤中传播,这种光纤称为多模光纤。

②如果光纤导芯的直径小到只有一个光的波长,光纤就成了一种波导管,光线则不必经过多次反射式的传播,而是一直向前传播,这种光纤称为单模光纤。

在使用光导纤维的通信系统中采用两种不同的光源:发光二极管(LED)和注入式激光二极(ILD)。发光二极管当电流通过时产生可见光,价格便宜,多模光纤采用这种光源。注入式激光二极管产生的激光定向性好,用于单模光纤,价格昂贵。

光纤的很多优点使得它在远距离通信中起着重要作用,光纤有如下优点。

①有较大的带宽,通信容量大。

②传输速率高,能超过千兆位/秒。

③传输衰减小,连接的范围更广。

④不受外界电磁波的干扰,因而电磁绝缘性能好,适宜在电气干扰严重的环境中应用。

⑤光纤无串音干扰,不易被窃听和截取数据,因而安全保密性好。

目前,光缆通常用于高速的主干网络。

(4)无线介质

通过大气传输电磁波的三种主要技术是:微波、红外线和激光。这三种技术都需要在发送方和接收方之间有一条视线通路。

由于这些设备工作在高频范围内(微波工作在300MHz～300GHz),因此,有可能实现很高的数据的传输率。

在几公里范围内,无线传输有每秒几兆比等的数据传输率。

红外线和激光都对环境干扰特别敏感,对环境干扰不敏感的要算微波。微波的方向性要求不强,因此,存在着窃听、插入和干扰等一系列不安全问题。

2. 局域网的传输方式

局域网中使用的传输方式有基带和宽带两种。基带用于数字信号传输,常用的传输介质有双绞线或同轴电缆。宽带用于无线电频率范围内的模拟信号的传输,常用同轴电缆。表2-2给出了这两种传输方式的比较。

表 2-2　基带、宽带传输方式比较

基　带	宽　带
数字信号传输	模拟信号的传输(需用 Modem)
全部带宽用于单路信道传输	使用 FDM 技术,多路信道复用
双向传输	单向传输
总线型拓扑	总线型或树型拓扑
距离达数公里	距离达数十公里

(1)基带系统

使用数字信号传输的 LAN 定义为基带 LAN。数字信号通常采用曼彻斯特编码传输,介质的整个带宽用于单信道的信号传输,不采用频分多路复用技术。数字信号传输要求用总线型拓扑,因为数字信号不易通过树型拓扑所要求的分裂器和连接器。基带系统只能延伸数公里的距离,因为信号的衰减会引起脉冲减弱和模糊,以致无法实现更大距离上的通信。基带传输是双向的,介质上任意一点加入的信号沿两个方向传输到两端的端接器(即终端接收阻抗器),并在那里被吸收,如图 2-3 所示。

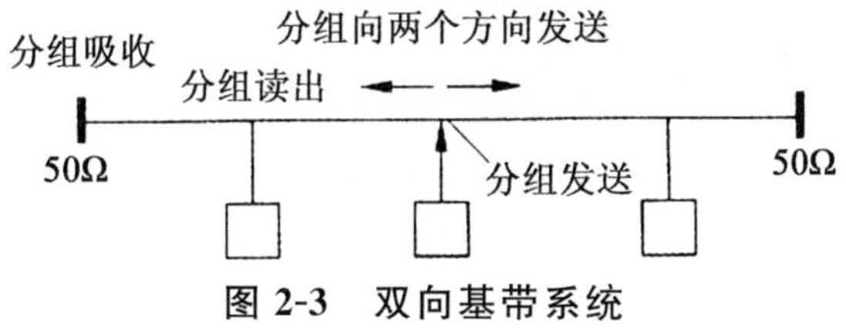

图 2-3　双向基带系统

总线 LAN 常采用 50Ω 的基带同轴电缆。对于数字信号来说,50Ω 电缆受到来自接头插入容抗的反射不那么强,而且对低频电磁噪声有较好的抗干扰性。最简单的基带同轴电缆 LAN 由一段无分支的同轴电缆构成,两端接有防反射的端接器,推荐的最大长度为 500m。站点通过接头接入主电缆,任何两接头间的距离为 2.5m 的整倍数,这是为了保证来自相邻接头的反射在相位上不致于叠加。推荐的最多接头数目为 100 个,每个接头包括 1 个收发器,其中包含发送和接收用的电子线路。

为了延伸网络的长度,可以采用中继器。中继器由组合在一起的两个收发器组成,连到不同的两段同轴电缆上。中继器在两段电缆间向两个方向传送数字信号,在信号通过时将信号放大和复原。因而,中继器对于系统的其余部分来说是透明的。由于中继器不做缓冲存储操作,所以并没有将两段电缆隔开,因此,如果不同段上的两个站同时发送的话,它们的分组将互相干扰(冲突)。为了避免多路径的干扰,在任何两个站之间只允许有 1 条包含分段和中继器的路径。IEEE 802 标准中,在任何两个站之间的路径中最多只允许有 4 个中继器,这就将有效的电缆长度延伸到 2.5km。图 2-4 是一个具有 3 个分段和两个中继器的基带系统例子。

双绞线基带 LAN 用于低成本、低性能要求的场合,比绞线安装容易,但往往限制在 1km 以内,数据速率为 1Mb/s～10Mb/s。

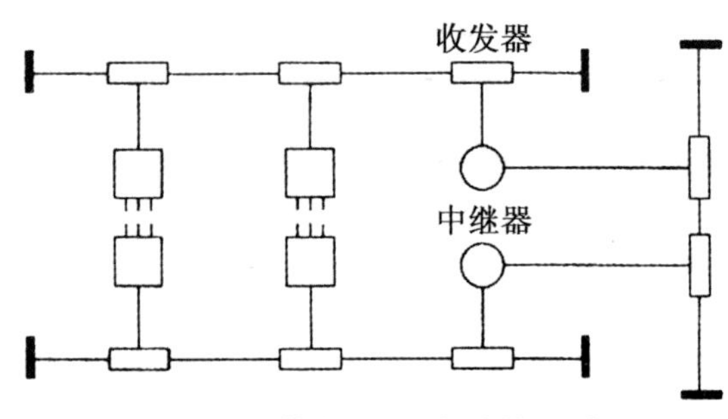

图 2-4　带中继器的基带系统

(2)宽带系统

在 LAN 范围内,宽带一般用于传输模拟信号,这些模拟载波信号工作在高频范围(通常为10MHz～400MHz),因而可用 FDM 技术把宽带电缆的带宽分成多个信道或频段。宽带系统采用总线型/树型拓扑结构,可以达到比基带大得多的传输距离(达数十千米),因为携带数字数据的模拟信号,在噪声和衰减损失数据之前,可以传播较长的距离。

宽带同基带一样,系统中的站点是通过搠头接入电缆的。但是,与基带不同的是宽带本质上是一种单方向传输的介质,加到介质上的信号只能沿一个方向传播。这种单向性质,意味着只有处于发送站"下游"的站点才能收到发送站的信号。因此,需有两条数据路径,这些路径在网络的端头处接在一起。对于总线型拓扑,端头就是总线的一端;对于树型拓扑,端头是具有分枝的树根。所有站沿一条数据路径(入径)向端头传输,在端头接收到的信号,再沿另一条数据路径(出径)离开端头传输,所有的站点都在出径上接收。

2.2　以太网

2.2.1　以太网概述

以太网(Ethernet)是基于总线型的广播式网络,采用 CSMA/CD 介质访问控制方法,在已有的局域网标准中,它是最成功的局域网技术,也是当前应用最广泛的一种局域网。以太网最早是1975 年由美国 Xerox(施乐)公司研制成功,以历史上表示传播电磁波的以太(Ether)命名的网络。以太网最初采用总线型结构,用无源介质(如同轴电缆)作为总线来传输信息,现在也采用星型结构。以太网费用低廉,便于安装,操作方便,因此得到广泛应用。

从它的应用领域来看,以太网不仅是局域网的主流技术,而且采用以太网技术组建城域网也已成熟。在我国以太网技术正在进入家庭联网领域。所以无论从计算机网络发展的历史,还是从网络技术未来发展的前景看,都不难得出这样的结论:以太网技术是极为重要的,它不仅是局域网和城域网的主流技术,而且以太网技术在广域网的应用方面也将发挥它的作用。

1. 以太网的产生与发展

我们今天所知道的以太网是 Xerox 公司创立的,1973 年 Xerox 公司的工程师 Metcalfe 将它们建立的局域网络命名为以太网(Ethernet),其灵感来自"电磁辐射是可以通过发光的以太来传播的"这一想法。1980 年 DEC、Intel 和 Xerox 三家公司公布了以太网蓝皮书,也称为 DIX(三家公司名字的首字母)版以太网 1.0 规范。

在 DIX 开展以太网标准化工作的同时,世界性专业组织 IEEE 组成一个定义与促进工业 LAN 标准的委员会,并以办公室环境为主要目标,该委员会名叫 802 工程。DIX 集团虽已推出了以太网规范,但还不是国际公认的标准,所以在 1981 年 6 月,IEEE 802 工程决定组成 802.3 分委员会,以产生基于 DIX 工作成果的国际公认标准。一年半以后,即 1982 年 12 月 19 日,19 个公司宣布了新的 IEEE 802.3 草稿标准。1983 年该草稿最终以 IEEE 10Base-5 形式面世。802.3 与 DIX 以太网 2.0 在技术上是有差别的,不过这种差别甚微。今天的以太网和 802.3 可以认为是同义词。紧接着出现的技术是细缆以太网,定为 10Base-2,它比 10Base-5 所使用的粗缆技术有很多优点:不需要外加收发器和收发器电缆,价格便宜,且安装和使用更为方便。

接着发生的两件大事使得以太网再度掀起高潮:一是 1985 年 Novell 开始提交 NetWare,这是一个专为 IBM 兼容个人计算机联网用的高性能操作系统;二是 10Base-T,一个能在无屏蔽双绞线上全速以 10Mb/s 运行的以太网。它使结构化布线成为可能,用单根线将每节点连到中央集线器上(这是对传统星型结构的突破)。这样显然在安装、排除故障、重建结构上有许多优点,从而使安装费用和整个网络的成本下降。

在 20 世纪 80 年代末,有以下三个市场因素驱动网络基础结构向前发展。

①越来越多的 PC 加入到网络之中,导致网络流量水平上扬。

②市场上 PC 的销量越来越大,速度也越来越快。

③大量以太网 LAN 正在进行连接。由于以太网的共享介质技术能使这些不同的 LAN 连接起来,从而导致信息流量猛增。这些需求导致了快速型以太网和交换式以太网的产生。100Base-T 以太网已列为 IEEE 802 标准,千兆以太网已有产品陆续上市。

2. 以太网的体系结构

以太网只涉及 OSI 的物理层和数据链路层,它和 OSI 参考模型的关系如图 2-5 所示。

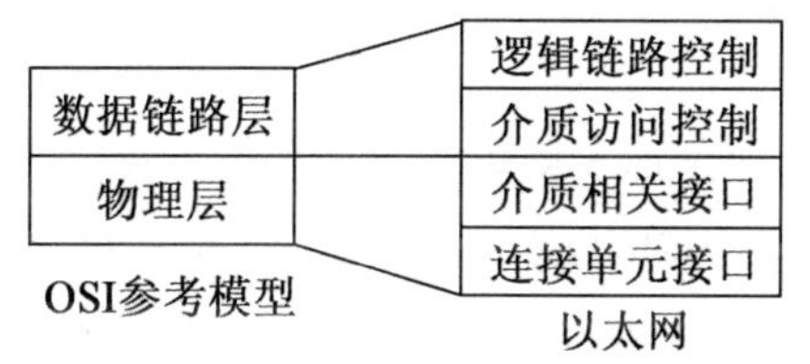

图 2-5　以太网和 OSI 参考模型的对照

以太网结构中,数据链路层被分割为两个子层,即介质访问控制子层(MAC)和逻辑链路控制子层(LLC)。这是因为在传统的数据链路控制中缺少对包含多个源地址和多个目的地址的链路进行访问管理所需的逻辑控制,因此,在 LLC 不变的情况下,只需改变 MAC 便能够适应不同的介质和访问方法,LLC 与介质材料相对无关。

除数据链路层分割为两个子层外,物理层确定了两个接口,即介质相关接口(MDI)和连接单元接口(AUI)。MDI 随介质而改变,但不影响 LLC 和 MAC 的工作。AUI 是在粗缆 Ethernet 的收发器电缆,在细缆和 10Base-T 情况下,AUI 已不复存在。

2.2.2　传统以太网

目前,以太网的数据率已达到每秒百兆比特、吉比特甚至 10 吉比特,因此,通常用“传统以太网”来表示最早进入市场的10Mb/s的以太网。

(1)10Base-5

10Base-5是总线型粗同轴电缆以太网(或称标准以太网)的简略标识符,是基于粗同轴电缆介质的原始以太网系统。目前由于10Base-T技术的广泛应用,在新建的局域网中,10Base-5很少被采用,但有时10Base-5还会用作连接集线器(Hub)的主干网段。

10Base-5的含义是:“10”表示传输速率为10Mb/s;“Base”是Baseband(基带)的缩写,表示10Base-5使用基带传输技术;“5”指的是最大电缆段的长度为5×100m。10Base-5标准中规定的网络指标和参数见表2-3。

表2-3 几种以太网络的指示和参数

参数	网络			
	10Base-2	**10Base-5**	**10Base-T**	**10Base-F**
网段最大长度	185m	500m	100m	2000m
网络最大长度	925m	2500m	4个集线器	2个光集线器
网站间最小距离	0.5m	2.5m		
网段的最多节点数	30	100		
拓扑结构	总线型	总线型	星型	星型
传输介质	细同轴电缆	粗同轴电缆	3类UTP	多模光纤
连接器	BNC-T	AUI	RJ-45	ST或SC
最多网段数	5	5	5	3

10Base-5网络所使用的硬件有:

①带有AUI插座的以太网卡。它插在计算机的扩展槽中,使该计算机成为网络的一个节点,以便连接入网。

②50Ω粗同轴电缆。这是10Base-5网络定义的传输介质。

③外部收发器。两端连接粗同轴电缆,中间经AUI接口由收发器电缆连接网卡。

④收发器电缆。两头带有AUI接头,用于外部收发器与网卡之间的连接。

⑤50Ω终端匹配器。电缆两端各接一个终端匹配器,用于阻止电缆上的信号散射。

(2)10Base-2

10Base-2是总线型细同轴电缆以太网的简略标识符。它是以太网支持的第二类传输介质。10Base-2使用50Ω细同轴电缆作为传输介质,组成总线型网。细同轴电缆系统不需要外部的收发器和收发器电缆,减少了网络开销,素有“廉价网”的美称,这也是它曾被广泛应用的原因之一。目前由于大部分新建局域网都使用10Base-T技术,安装细同轴电缆的已不多见,但是在一个计算机比较集中的计算机网络实验室,为了便于安装、节省投资,仍可采用这种技术。

10Base-2中10Base的含义与10Base-5完全相同。“2”指的是最大电缆段的长度为2×100m(实际是185m)。10Base-2标准中规定的网络指标和参数见表2-3。根据10Base-2网络的总体规模,它可以分割为若干个网段,每个网段的两端要用50Ω的终端匹配器端接,同时要有一端接地。

10Base-2 网络所使用的硬件有：

①带有 BNC 插座的以太网卡(使用网卡内部收发器)。它插在计算机的扩展槽中，使该计算机成为网络的一个节点，以便连接入网。

②50Ω 细同轴电缆。这是 10Base-2 网络定义的传输介质。

③BNC 连接器。用于细同轴电缆与 T 型连接器的连接。

④50Ω 终端匹配器。电缆两端各接一个终端匹配器，用于阻止电缆上的信号散射。

(3)10Base-T

1990 年，IEEE 802 标准化委员会公布了 10Mb/s 双绞线以太网标准 10Base-T。该标准规定在无屏蔽双绞线(UTP)介质上提供 10Mb/s 的数据传输速率。每个网络站点都需要通过无屏蔽双绞线连接到一个中心设备 Hub 上，构成星型拓扑结构。

10Base-T 双绞线以太网系统操作在两对 3 类无屏蔽双绞线上，一对用于发送信号，另一对用于接收信号。为了改善信号的传输特性和信道的抗干扰能力，每一对线必须绞在一起。双绞线以太网系统具有技术简单、价格低廉、可靠性高、易实现综合布线和易于管理、维护、易升级等优点。正因为它比 10Base-5 和 10Base-2 技术有更大的优越性，所以 10Base-T 技术一经问世，就成为连接桌面系统最流行、应用最广泛的局域网技术。

与采用同轴电缆的以太网相比，10Base-T 网络更适合在已铺设布线系统的办公大楼环境中使用。因为在典型的办公大楼中，95%以上的办公室与配电室的距离不超过 100m。同时，10Base-T 网络采用的是与电话交换系统相一致的星型结构，可容易地实现网络线与电话线的综合布线。这就使得 10Base-T 网络的安装和维护简单易行且费用低廉。此外，10Base-T 采用了 RJ-45 连接器，使网络连接比较可靠。10Base-T 标准中规定的网络指标和参数见表 2-3。

10Base-T 网络所使用的硬件有：

①带有 RJ-45 插座的以太网卡。它插在计算机的扩展槽中，使该计算机成为网络的一个节点，以便连接入网。

②3 类以上的 UTP 电缆(双绞线)。这是 10Base-T 网络定义的传输介质。

③RJ-45 连接器。电缆两端各压接一个 RJ-45 连接器，一端连接网卡，另一端连接集线器。

④10Base-T 集线器。

(4)10Base-F

10Base-F 是 10Mb/s 光纤以太网，它使用多模光纤作为传输介质，在介质上传输的是光信号而不是电信号。因此，10Base-F 具有传输距离长、安全可靠、可避免电击的危险等优点。由于光纤介质适宜连接相距较远的站点，所以 10Base-F 常用于建筑物间的连接。它能够构建园区主干网，并能实现工作组级局域网与主干网的连接。10Base-F 标准中规定的网络指标和参数见表 2-3。因为光信号传输的特点是单方向，适合于端—端式通信，因此，10Base-F 以太网络呈星型结构。

光纤的一端与光收发器(光 Hub)连接，另一端与网卡连接。根据网卡的不同，光纤与网卡有两种连接方法：

①把光纤直接通过 ST 或 SC 接头连接到可处理光信号的网卡(此类网卡是把光纤收发器内置于网卡中的)上。

②通过外置光收发器连接，即光纤外收发器一端通过 AUI 接口连接电信号网卡，另一端通过 ST 或 SC 接头与光纤连接。

采用光/电转换设备也可将粗、细电缆网段与光缆网段组合在一个网中。

2.2.3 高速局域网

传统以太网(Ethernet)的数据传输速率是 10Mb/s,若局域网那个中有 N 个节点,那么每个节点平均能分配到的带宽为(10/ N)Mb/s。随着网络规模的不断扩大,节点数目的不断增加,平均分配到各节点的带宽将越来越少,这使得网络效率急剧下降。解决得办法是提高网络的数据传输速率,把速率达到或超过 100Mb/s 的局域网成为高速局域网。

1. 快速以太网

1993 年,IEEE 802 委员会将 100Base-T 的快速以太网定为正式的国际标准 IEEE 802.3u,作为对 IEEE 802.3 的补充。它是一个很像标准以太网,但比它快 10 倍的以太网,故称为快速以太网(Fast Ethernet)。100Base-T 的网络拓扑结构和工作模式类似于 10Mb/s 的星型拓扑结构,介质访问控制仍采用 CSMA/CD 方法。100Base-T 的一个显著特点是它尽可能地采用了 IEEE 802.3 以太网的成熟技术,因而很容易被移植到传统以太网的环境中。

100Base-T 和传统以太网的不同之处在于物理层。原 10Mb/s 以太网的附属单元接口由新的媒体无关接口所代替,接口下采用的物理媒体也相应地发生了变化。为了方便用户网络从 10Mb/s 升级到 100Mb/s,100Base-T 标准还包括有自动速度侦听功能。这个功能使一个适配器或交换机能以 10Mb/s 和 100Mb/s 两种速度发送,并以另一端的设备所能达到的最快速度进行工作。同时也只有交换机端口才可以支持双工高速传输。

IEEE 802.3u 新标准还规定了以下 3 种不同的物理层标准。协议结构如图 2-6 所示。

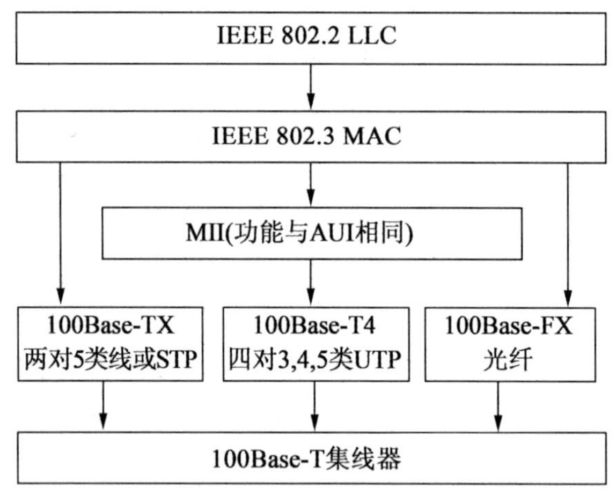

图 2-6 快速以太网的协议结构

100Base-TX:支持两对五类非屏蔽双绞线(UTP)或两对一类屏蔽双绞线(STP)。一对五类 UTP 或一对一类 STP 用于发送,而另一对双绞线用于接受。因此,100Base-TX 是一个全双工系统,每个节点可以同时以 100Mb/s 的速率发送与接收数据。

100Base-T4:支持四对三类非屏蔽双绞线,其中三对用于数据传输,一对用于冲突检测。

100Base-FX:支持二芯的多模或单模光纤。100Base-FX 主要是用于高速主干网,从节点到集线器的距离可以达到 2km,它是一种全双工系统。

2. 千兆位以太网

10Mb/s 和 100Mb/s 以太网在 20 世纪 80 年代和 90 年代主宰了网络市场，现在千兆位以太网已经向我们走来，有人预测，它会在 21 世纪独领风骚。现在，千兆位以太网标准 IEEE 802.3z 已顺利进入标准制定阶段，1996 年 7 月，IEEE 802.3 工作组成立了 802.3z 千兆位以太网特别小组。它的主要目标是制定一个千兆位以太网标准，其协议结构如图 2-7 所示，这项标准的主要任务如下：

①允许以 1000Mb/s 的速度进行半双工和全双工操作。

②使用 802.3 以太网帧格式。

③使用 CSMA/CD 访问方式，提供为每个冲突域分配一个转发器的支持。

④使用 10Base-T 和 100Base-T 技术，提供向后兼容性。

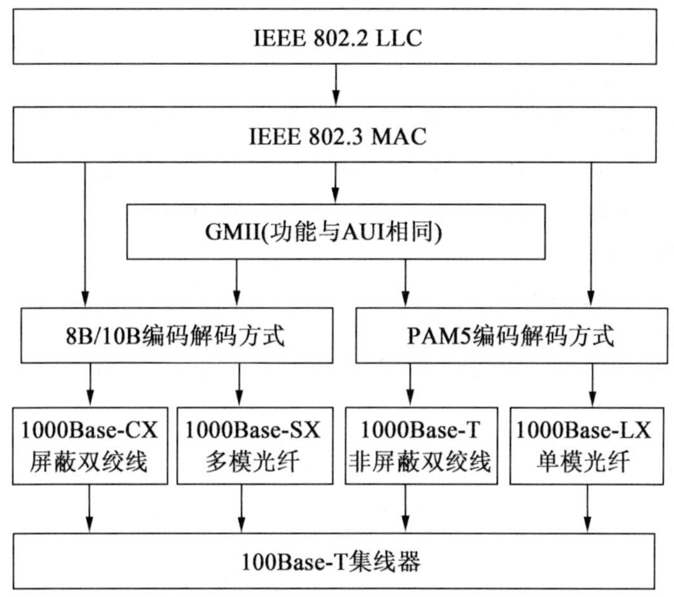

图 2-7　千兆位以太网的协议结构

在连接距离方面，特别小组确定了三个具体目标：最长 550m 的多模式光纤链接；最长 3km 的单模式光纤链接以及至少为 25m 的基于铜缆的链接。目前，IEEE 正积极探索可在 5 类非屏蔽双绞线（UTP）上支持至少 100m 连接距离的技术。

千兆位以太网将显著增加带宽，并通过与现有的 10/100Mb/s 以太网标准的向后兼容能力，提供卓越的投资保护。目前各大网络公司都在推出自己的千兆以太网技术。

1000Base-T 标准可以支持多种传输介质。目前，1000Base-T 有以下四种有关传输介质的标准。

①1000Base-T。1000Base-T 标准使用的是 5 类非屏蔽双绞线，双绞线长度可以达到 100m。

②1000Base-CX。1000Base-CX 标准使用的是屏蔽双绞线，双绞线长度可以达到 25m。

③1000Base-LX。1000Base-LX 标准使用的是波长为 1300nm 的单模光纤，光纤长度可以达到 3000m。

④1000Base-SX。1000Base-SX 标准使用的是波长为 850nm 的多模光纤，光纤长度可以达

到 300～550m。

3. 万兆位以太网

随着网络应用的快速发展，高分辨率图像、视频和其他大数据量的数据类型都需要在网上传输，促使对带宽的需求日益增长，并对计算机、服务器、集线器和交换机造成越来越大的压力。

1999 年 3 月开始，经过 3 年多的工作，IEEE 协会在 2002 年 6 月 12 日，批准了 10Gb/s 以太网的正式标准——802.3ae，全称是“10Gb/s 工作的介质接入控制参数、物理层和管理参数”。万兆位以太网是在以太网技术的基础上发展起来的，是一种“高速”以太网技术，它适用于新型的网络结构，能够实现全网技术统一。这种以太网采用 IEEE 802.3 以太网介质访问控制(MAC)协议、帧格式和帧长度。万兆位以太网与快速以太网和千兆以太网一样，是全双工的，因此，它本身没有距离限制。它的优点是减少了网络的复杂性，兼容现有的局域网技术并将其扩展到广域网，同时有望降低系统费用，并提供更快、更新的数据业务。

不过，因为工作速率大大提高，适用范围有了很大的变化，所以它与原来的以太网技术相比也有很大的差异，主要表现在物理层实现方式、帧格式和 MAC 的工作速率及适配策略方面。

10Gb/s 局域以太网物理层的特点是：支持 802.3 MAC 全双工工作方式，允许以太网复用设备同时携带 10 路 1Gb/s 信号，帧格式与以太网的帧格式一致，工作速率为 10Gb/s。

10Gb/s 局域网可用最小的代价升级现有的局域网，并与 10/100/1000Mb/s 兼容，使局域网的网络范围最大达到 40km。

10Gb/s 广域网物理层的特点是采用 OC-192c 帧格式在线路上传输，传输速率为 9.58464Gb/s，所以 10Gb/s 广域以太网 MAC 层必须有速率匹配功能。当物理介质采用单模光纤时，传输距离可达 300km；采用多模光纤时，可达 40km。10Gb/s 广域网物理层还可选择多种编码方式。

在帧格式方面，由于万兆位以太网实质是高速以太网，因此，为了与以前的所有以太网兼容，必须采用以太网的帧格式承载业务。为了达到 10Gb/s 的高速率，并实现与骨干网无缝连接，在线路上采用 OC-192c 帧格式传输。

万兆位以太网标准包括 10GBase-X、10GBase-R 和 10GBase-W3 种类型。10GBase-X 使用一种特紧凑包装，含有 1 个较简单的 WDM 器件、4 个接收器和 4 个在 1300nm 波长附近以大约 25nm 为间隔工作的激光器，每一对发送器/接收器在 3.125Gb/s 速度(数据流速度为 2.5Gb/s)下工作；10GBase-R 是一种使用 64B/66B 编码(不是在千兆以太网中所用的 8B/10B)的串行接口，数据流为 10.000Gb/s，因而产生的时钟速率为 10.3Gb/s；10GBase-W 是广域网接口，与 SONETOC-192 兼容，其时钟为 9.953Gb/s，数据流为 9.585Gb/s。

万兆位以太网最主要的特点包括：

①保留 802.3 以太网的帧格式。

②保留 802.3 以太网的最大帧长和最小帧长。

③只使用全双工工作方式，彻底改变了传统以太网的半双工的广播工作方式。

④使用光纤作为传输介质(而不使用铜线)。

⑤使用点到点链路，支持星型结构的局域网。

⑥数据率非常高，不直接和端用户相连。

⑦创造了新的光物理介质相关(PMD)子层。

总之，万兆位以太网技术基本上承袭了过去的以太网、快速以太网及千兆以太网技术，因此，在用户普及率、使用的方便性、网络的互操作性及简易性上都占有很大的引进优势。在升级到万兆位以太网解决方案时，用户无需担心既有的程序或服务是否会受到影响，因此，升级的风险是非常低的。这不仅在以往的以太网升级到千兆以太网中得到了体现，同时在未来升级到万兆位以太网，甚至 4 万兆(40Gb/s)、10 万兆(100Gb/s)以太网时，都将是一个明显的优势，这也意味着未来一定会有广阔的市场前景。

4. 其他高速局域网

(1)光纤分布式数据接口(FDDI)

光纤由于其众多的优越特性，在数据通信中得到了日益广泛的应用。用光纤作为媒体的局域网技术主要是光纤分布数据接口 (Fiber Distributed Data Interface，FDDI)。FDDI 以光纤作为传输媒体，它的逻辑拓扑结构是一个环，更确切地说是逻辑计数循环(Logical Counter Rotating Ring)，它的物理拓扑结构可以是环型、带树型的环或带星型的环。

FDDI 的数据传输速率可高达 100Mb/s，覆盖的范围可达几公里。FDDI 可以在主机与外设之间、主机与主机之间、主干网与 IEEE 802 低速网之间提供高带宽和通用目的的互联。FDDI 采用了 IEEE 802 体系结构，其数据链路层中的 MAC 子层可以执行在 IEEE 802 标准定义的 LLC 操作。

(2)高性能并行接口(HIPPI)

高性能并行接口 (High-Performance Parallel Interface，HIPPI)主要用于超级计算机与一些外围设备(如海量存储器、图形工作站等)的高速接口。1987 年设计的 HIPPI 的数据传送标准是 800Mb/s。这是因为对于 1024×1024 像素的画面，若每个像素使用 24bit 的色彩编码和每秒 30 个画面，则总的数据率为 750Mb/s。之后，又制定了 1600Mb/s 和 6.4Gb/s 的数据率标准，HIPPI 是一个 ANSI 标准。

2.3　交换式局域网与虚拟局域网

2.3.1　交换式局域网

在传统的共享介质局域网中，所有节点共享一条公共通信传输介质，不可避免将会有冲突发生。随着局域网规模的扩大，网中节点数的不断增加，每个节点平均能分配到的带宽越来越少。因此，当网络通信负荷加重时，冲突与重发现象将大量发生，网络效率将会急剧下降。为了克服网络规模与网络性能之间的矛盾，人们提出将共享介质方式改为交换方式，从而促进了交换式局域网的发展。

1. 交换式局域网的结构

交换式局域网是指以数据链路层的帧或更小的数据单元(信元)为数据交换单位，以交换设备为基础构成的网络。

提高网络效率、减少拥塞有多种方案，如利用网桥/路由器将现有网络分段，采用快速以太网等，而利用交换机的交换式网络技术则被广为使用。以太网交换机也称为以太网络交换机，具体到设备,就是交换式集线器或称交换机。它的功能与网桥相似,但速度更快。交换机提供多端口,通常拥有一个共享内存交换矩阵,用来将LAN分成多个独立冲突段并以全线速度提供这些段间互连。数据帧直接从一个物理端口送到另一个物理端口,在用户间提供并行通信,允许多对用户同时进行传送,例如,一个24端口交换机可支持24个网络节点的两对链路间的通信。这样实际上达到了增加网络带宽的目的。这种工作方式类似于电话交换机,其连接方式为星型方式,如图2-8所示。

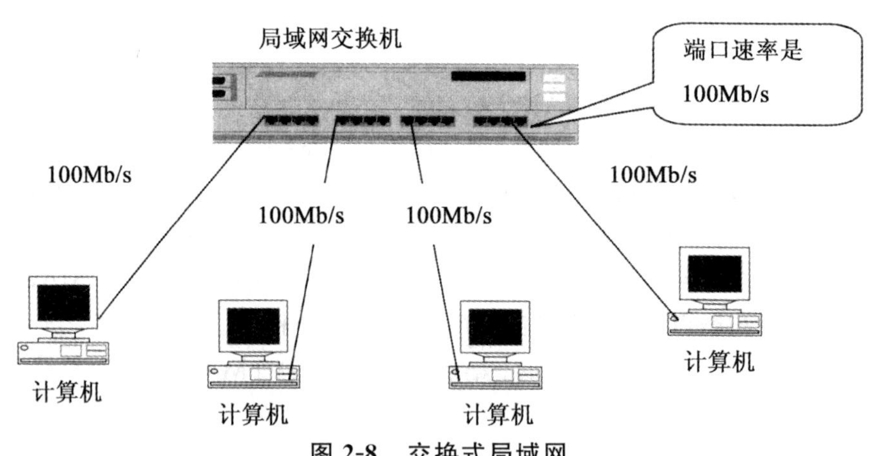

图 2-8 交换式局域网

交换式局域网的核心设备是局域网交换机,局域网交换机可以在它的多个端口之间建立多个并发连接。典型的交换式局域网是交换式以太网,它的核心部件是以太网交换机。以太网交换机可以有多个端口,每个端口可以单独与一个节点连接,也可以与一个共享介质式的以太网集线器(Hub)连接。如果一个端口只连接一个节点,那么这个节点就可以独占10Mb/s的带宽,这类端口通常被称作"专用10Mb/s端口";如果一个端口连接一个以太网集线器,那么这个端口将被以太网中的多个节点所共享,这类端口被称为"共享10Mb/s端口"。典型的交换式以太网的结构如图2-9所示。

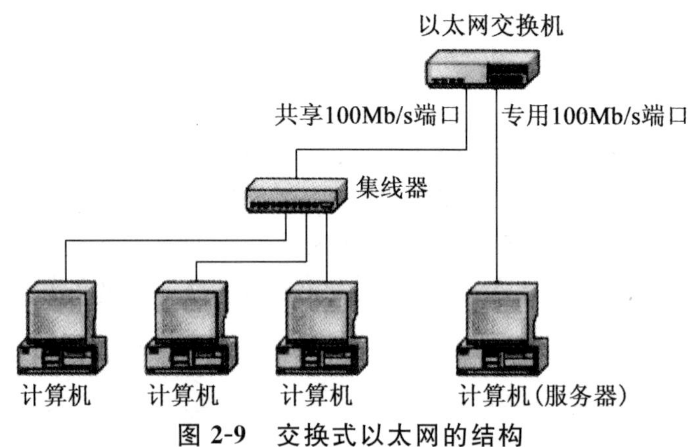

图 2-9 交换式以太网的结构

2. 交换式局域网的特点

交换式局域网主要有如下几个特点:

(1)独占传输通道,独占带宽

允许多对站点同时通信。共享式局域网中,在介质上是串行传输,任何时候只允许一个帧在介质上传送。交换机是一个并行系统,它可以使接入的多个站点之间同时建立多条通信链路(虚连接),让多对站点同时通信,所以交换式网络大大地提高了网络的利用率。

(2)灵活的接口速度

在共享式网络中,不能在同一个局域网中连接不同速率的站点(如 10Base-5 仅能连接 10Mb/s 的站点)。而在交换网络中,由于站点独享介质,独占带宽用户可以按需配置端口速率。在交换机上可以配置 10Mb/s、100Mb/s 或者 10Mb/s/100Mb/s 自适应的端口,用于连接不同速率的站点,接口速度有很大的灵活性。

(3)高度的可扩充性和网络延展性

大容量交换机有很高的网络扩展能力,而独享带宽的特性使扩展网络没有带宽下降的后顾之忧。因此,交换式网络可以构建一个大规模的网络,如大的企业网、校园网或城域网。

(4)易于管理、便于调整网络负载的分布,有效地利用网络带宽

交换网可以构造"虚拟网络",通过网络管理功能或其他软件可以按业务或其他规则把网络站点分为若干个逻辑工作组,每一个工作组就是一个虚拟网(VLAN)。虚拟网的构成与站点所在的物理位置无关。这样可以方便地调整网络负载的分布,提高带宽利用率。

(5)交换式局域网可以与现有网络兼容

如交换式以太网与以太网和快速以太网完全兼容,它们能够实现无缝连接。

(6)互联不同标准的局域网

局域网交换机具有自动转换帧格式的功能,因此,它能够互联不同标准的局域网,如在一台交换机上能集成以太网、FDDI 和 ATM。

3. 局域网交换机的工作原理

典型的局域网交换机是以太网交换机。以太网交换机可以通过交换机端口之间的多个并发连接,实现多节点之间数据的并发传输。这种并发数据传输方式与共享式以太网在某一时刻只允许一个节点占用共享信道的方式完全不同。

(1)以太网交换机的工作过程

典型的交换机结构与工作过程如图 2-10 所示。

图 2-10 中的交换机有 6 个端口,其中端口 1、4、5、6 分别连接了节点 A、节点 B、节点 C 和节点 D。于是,交换机"端口/MAC 地址映射表"就可以根据以上端口与节点 MAC 地址的对应关系建立起来。

当节点 A 需要向节点 C 发送信息时,节点 A 首先将目的 MAC 地址指向节点 C 的帧发往交换机端口 1。交换机接收该帧,并在检测到目的 MAC 地址后,在交换机的"端口/MAC 地址映射表"中查找节点 C 所连接的端口号。一旦查到节点 C 所连接的端口号 5,交换机将在端口 1 与端口 5 之间建立连接,将信息转发到端口 5。

与此同时,节点 D 需要向节点 B 发送信息。于是,交换机的端口 6 与端口 4 也建立一条连接,并将端口 6 接收到的信息转发至端口 4。

这样,交换机在端口 1 至端口 5 和端口 6 至端口 4 之间建立了两条并发的连接。节点 A 和节点 D 可以同时发送信息,接入交换机端口 5 的节点 C 和接入交换机端口 4 的节点 B 可以同时

接收信息。根据需要，交换机的各端口之间可以建立多条并发连接。交换机利用这些并发连接，对通过交换机的数据信息进行转发和交换。

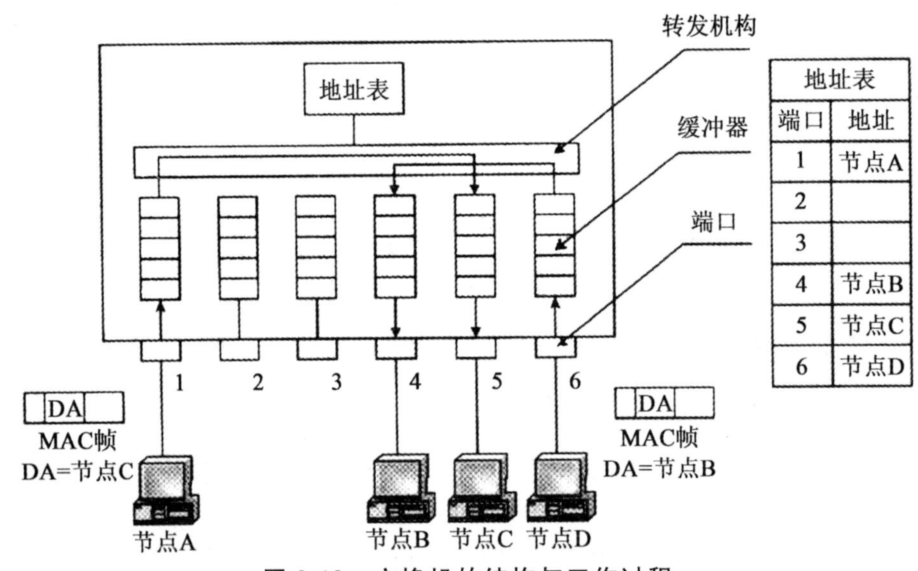

图 2-10　交换机的结构与工作过程

(2)交换机的帧转发方式

以太网交换机的帧转发方式可以分为以下三类。

①直接交换方式。在直接交换方式中，交换机只要接收并检测到目的地址字段，立即将该帧转发出去，而不管这一帧数据是否出错。帧出错检测任务由节点主机完成。这种交换方式的优点是交换延迟时间短；缺点是缺乏差错检测能力，不支持不同输入输出速率的端口之间的帧转发。

②存储转发交换方式。在存储转发方式中，交换机首先完整的接收发送帧，并先进行差错检测。如果接收帧是正确的，则根据帧目的地址确定输出端口号，然后再转发出去。这种交换方式的优点是具有帧差错检测能力，并能支持不同输入输出速率的端口之间的帧转发，缺点是交换延迟时间将会增长。

③改进直接交换方式。改进的直接交换方式则将二者结合起来，它在接收到帧的前 64 字节后，判断以太网帧的帧头字段是否正确，若是正确的则转发出去。此方法对于短的以太网帧来说，其交换延迟时间与直接交换方式比较接近；而对于长的以太网帧来说，由于它只对帧的地址字段与控制字段进行了差错检测，因此交换延迟时间将会减少。

(3)地址学习

以太网交换机利用“端口/MAC 地址映射表”进行信息的交换，因此，“端口/MAC 地址映射表”的建立和维护显得相当重要。一旦地址映射表出现问题，就可能造成信息转发错误。那么，交换机中的“端口/MAC 地址映射表”是怎样建立和维护的呢？这里有两个问题需要解决，一是交换机如何知道哪台计算机连接到哪个端口；二是当计算机在交换机的端口之间移动时，交换机如何维护地址映射表。显然，通过人工建立交换机的地址映射表是不切实际的，交换机应该自动建立地址映射表。

通常，以太网交换机利用“地址学习”法来动态建立和维护“端口/MAC 地址映射表”。以太网交换机的地址学习是通过读取帧的源地址并记录帧进入交换机的端口进行的。当得到 MAC 地址与端口的对应关系后，交换机将检查地址映射表中是否已经存在该对应关系。如果不存在，交换机就将该对应关系添加到地址映射表；如果已经存在，交换机将更新该表项。因此，在以太网交换机中，地址是动态学习的。只要这个节点发送信息，交换机就能捕获到它的 MAC 地址与其所在端口的对应关系。

在每次添加或更新地址映射表的表项时，添加或更改的表项被赋予一个计时器。这使得该端口与 MAC 地址的对应关系能够存储一段时间。如果在计时器溢出之前没有再次捕获到该端口与 MAC 地址的对应关系，该表项将被交换机删除。通过移走过时的或老化的表项，交换机维护了一个精确且有用的地址映射表。

(4)生成树协议

生成树协议(Spanning Tree Protocol,STP)是网桥或交换机使用的协议，在后台运行，用于阻止网络第二层上产生回路(Loop)。STP 一直监视着网络，找出所有的链路并关闭多余的链路，保证不产生回路。

STP 首先选择一个根网桥，这个根网桥将决定网络拓扑。对任何一个已知网络，只能有一个根网桥。根网桥端口是指定端口，指定端口运行在转发状态。转发状态的端口收发信息。如果在网络中还有其他交换机，都是非根网桥。到根网桥代价最小的端口称为指定端口，它们收发信息。代价由链路带宽决定。

被确定到根网桥有最小代价路径的端口称为指定端口，也称为转发端口，和根网桥端口一样，也运行在转发状态。网桥上的其他端口称为非指定端口，不收发信息，处于阻塞(Block)状态。

①生成树端口状态。生成树端口状态有以下四种状态：

· 阻塞。不转发帧，监听 BPDU(网桥之间必须要进行一些信息的交流，这些信息交流单元就称为配置消息 BPDU,Bridge Protocol Data Unit)。当交换机启动后，所有端口默认状态下处于阻塞状态。

· 监听。监听 BPDU，确保在传送数据帧之前网络上没有回路。

· 学习。学习 MAC 地址，建立过滤表，但不转发帧。

· 转发。能在端口上收发数据。

交换机端口一般处于阻塞或转发状态。

②收敛。收敛发生在网桥和交换机状态在转发和阻塞之间切换的时候。在这段时间内不转发数据帧。所以，收敛的速度对于确保所有设备具有相同的数据库来说是很重要的。

2.3.2　虚拟局域网

1. 虚拟局域网概述

VLAN(Virtual Local Area Network)即虚拟局域网，虽然 VLAN 所连接的设备来自不同的网段，但是相互之间可以进行直接通信，如同处于一个网段当中。它是一种将局域网内的设备逻辑地而不是物理地划分为一个个网段从而实现虚拟工作组的新兴技术。IEEE 于 1999 年颁布了用以标准化 VLAN 实现方案的 802.1q 协议标准草案。

VLAN 技术允许网络管理者将一个物理的 LAN 逻辑地划分成不同的广播域(或称虚拟

LAN,即VLAN),每一个VLAN都包含一组有着相同需求的计算机工作站,与物理上形成的LAN有着相同的属性。但由于它是逻辑地而不是物理地划分,所以同一个VLAN内的各个工作站无需被放置在同一个物理空间里,即这些工作站不一定属于同一个物理LAN网段。如图2-11所示,显示了虚拟局域网的物理结构与逻辑结构的对比。一个VLAN内部的广播和单播流量都不会转发到其他VLAN中,从而有助于控制流量、减少设备投资、简化网络管理、提高网络的安全性。

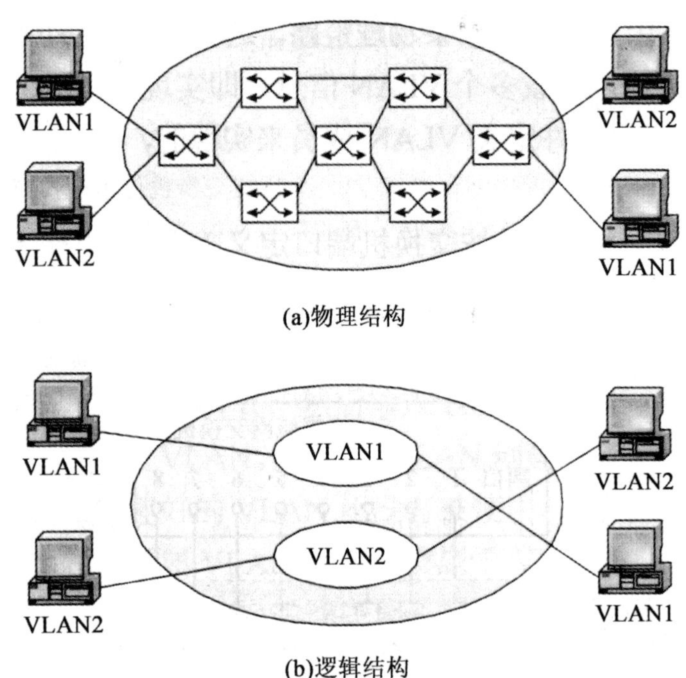

图2-11　虚拟局域网的物理结构与逻辑结构

VLAN是为解决以太网的广播问题和安全性而提出的一种协议,它在以太网帧的基础上增加了VLAN头,用VLAN ID把用户划分为更小的工作组,限制不同工作组间的用户二层互访,每个工作组就是一个虚拟局域网。虚拟局域网的好处是可以限制广播范围,并能够形成虚拟工作组,动态管理网络。

2. 虚拟局域网的特点

在使用带宽、灵活性、性能等方面,虚拟局域网都显示出很大优势。虚拟局域网的使用能够方便地进行用户的增加、删除、移动等工作,提高网络管理的效率。它具有以下特点。

(1)减少了因网络成员变换带来的开销

使用虚拟局域网最大的特点就是能够减少网络中用户的增加、删除、移动等工作带来的隐含开销。

(2)提高网络访问的速度

虚拟局域网在同一个虚拟局域网成员之间提供低延迟、线速的通信,其能够在网络内划分网段或者微网段,提高网络分组的灵活性。VLAN技术通过把网络分成逻辑上的不同广播域,使网络上传送的包只在与位于同一个VLAN的端口之间交换。这样就限制了某个局域网只与同一个 VLAN 的其他局域网互相连，避免浪费带宽，从而消除了传统网络的固有缺陷，即数据帧经常被传送到并不需要它的局域网中。这也改善了网络配置规模的灵活性，尤其是在支持广播/多播协议和应用程序的局域网环境中，会遭遇到如潮水般涌来的包。而在 VLAN 结构中，可以轻松地拒绝其他 VLAN 的包，从而大大减少网络流量。

(3)减少了路由器的使用

在没有路由器的情况下，使用 VLAN 的可支持虚拟局域网的交换机可以很好地控制广播流量。在 VLAN 中，从服务器到客户端的广播信息只会在连接在虚拟局域网客户机的交换机端口上被复制，而不会广播到其他端口，只有那些需要跨越虚拟局域网的数据包才会穿过路由器，在这种情况下，交换机起到路由器的作用。因为在使用 VLAN 的网络中，路由器用于连接不同的 VLAN。

(4)虚拟工作组

虚拟工作组就是完成同一任务的不同成员不必集中到同一办公室中，工作组成员可以在网络中的任何物理位置通过 VLAN 联系起来，同一虚拟工作组产生的网络流量都在工作组建完毕，也可以减少网络负担。虚拟工作组也能够带来巨大的灵活性，当有实际需要时，一个虚拟工作组可以建立起来，当工作完成后，虚拟工作组又可以很简单地予以撤除，这样无论是网络用户还是管理员使用虚拟局域网都是最理想的选择。

(5)有效地控制网络广播风暴

控制网络广播风暴的最有效的方法是采用网络分段的方法，这样，当某一网段出现过量的广播风暴后，不会影响到其他网段的应用程序。网络分段可以保证有效地使用网络带宽，最小化过量的广播风暴，提高应用程序的吞吐量。使用交换式网络的优势是可以提供低延时和高吞吐量，但是增加了整个交换网络的广播风暴。使用 VLAN 技术可以防止交换网络的过量广播风暴，将某个交换端口或者用户定义给特定的 VLAN，在这个 VLAN 中的广播风暴就不会送到 VLAN 之处相邻的端口，这些端口不会受到其他 VLAN 产生的广播风暴的影响。

(6)有利于网络的集中管理

网络管理员可以对虚拟局域网的划分和管理进行远程配置，如设置用户、限制广播域的大小、安全等级、网络带宽分配、交通流量控制等工作都可以在工作室完成，还可以对网络使用情况进行监视的管理。

(7)安全性大大提高

不使用虚拟局域网时，网络中的所有成员都可以访问整个网络的其他所有计算机，资源安全性没有保证，同时加大了产生广播风暴的可能性。使用 VLAN 后，根据用户的应用类型和权限划分不同的虚拟工作组，可以对网络用户的访问范围以及广播流量进行控制，使网络安全性能大大提高。

3. 虚拟局域网的划分方法

有多种方式可以划分 VLAN，比较常见的方式是根据端口、MAC 地址、网络层和 IP 组播进行划分。

(1)按端口来划分 VLAN

许多 VLAN 厂商都利用交换机的端口来划分 VLAN 成员。被设定的端口都在同一个广播域中。例如，一个交换机的 1、2、3、4、5 端口被定义为虚拟网 A，同一交换机的 6、7、8 端口组成虚拟网 B，这样做允许各端口之间的通信，并允许共享型网络的升级。但是这种划分模式将虚拟网限制在了一台交换机上。

第2代端口VLAN技术允许跨越多个交换机的多个不同端口划分VLAN,不同交换机上的若干个端口可以组成同一个虚拟网。

以交换机端口来划分网络成员,其配置过程简单明了。根据端口来划分VLAN的方式是最常用的一种方式。

(2)按MAC地址划分VLAN

根据每个主机的MAC地址来划分,即对每个MAC地址的主机都配置它属于哪个组。这种划分方法的最大优点就是当用户物理位置移动时,即从一个交换机换到其他的交换机时,VLAN不用重新配置,所以,可以认为这种根据MAC地址的划分方法是基于用户的VLAN,这种方法的缺点是初始化时,所有的用户都必须进行配置,如果有几百个甚至上千个用户的话,配置是非常累的。而且这种划分的方法也导致了交换机执行效率的降低,因为在每一个交换机的端口都可能存在很多个VLAN组的成员,这样就无法限制广播包了。另外,对于使用笔记本电脑的用户来说,他们的网卡可能经常更换,这样,VLAN就必须不停地配置。

(3)按网络层划分VLAN

根据每个主机的网络层地址或协议类型(如果支持多协议)划分,虽然这种划分方法是根据网络地址,比如IP地址,但它不是路由,与网络层的路由毫无关系。

这种方法的优点是用户的物理位置改变了,不需要重新配置所属的VLAN,而且可以根据协议类型来划分VLAN,这对网络管理者来说很重要,还有,这种方法不需要附加的帧标签来识别VLAN,这样可以减少网络的通信量。缺点是效率低,因为检查每一个数据包的网络层地址是需要消耗处理时间的(相对于前面两种方法),一般的交换机芯片都可以自动检查网络上数据包的以太网帧头,但要让芯片能检查IP帧头,需要更高的技术,同时也更费时。当然,这与厂商的实现方法有关。

(4)按IP组播划分VLAN

IP组播实际上也是一种VLAN的定义,即认为一个组播组就是一个VLAN,这种划分的方法将VLAN扩大到了广域网,因此,这种方法具有更大的灵活性,而且也很容易通过路由器进行扩展,当然这种方法不适合局域网,主要是效率不高。

各种划分VLAN的方法所达到的效果也不尽相同。现在许多厂家已经着手在各自的网络产品中融合众多虚拟局域网的方法,以便使网络管理员能够根据实际情况选择一种最适合当前需要的途径。如一个使用TCP/IP和NetBIOS协议的网络可以在原有IP子网的基础上划分VLAN,而IP网段内部又可以通过MAC地址进一步进行VLAN的划分,有时网络用户和网络共享资源可以同时属于多个虚拟局域网。

2.4 广域网技术

2.4.1 广域网的概念与组成

1. 广域网的概念

广域网并没有严格的定义,通常是指覆盖范围可达一个地区、国家甚至全球的长距离网络。

它将不同城市、省区甚至国家之间的 LAN、MAN 利用远程数据通信网连接起来的网络，可以提供计算机软、硬件和数据信息资源共享。因特网就是最典型的广域网，VPN 技术也可以属于广域网。

在广域网内，节点交换机和它们之间的链路一般由电信部门提供，网络由多个部门或多个国家联合组建而成，规模很大，能实现整个网络范围内的资源共享和服务。广域网一般向社会公众开放服务，因而通常被称为公用数据网(Public Data Network，PDN)。

传统的广域网采用存储转发的分组交换技术构成，目前帧中继和 ATM 快速分组技术也开始大量使用。

随着计算机网络技术的不断发展和广泛应用，一个实际的网络系统常常是 LAN、MAN 和 WAN 的集成。三者之间在技术上也不断融合。

广域网的线路一般分为传输主干线路和末端用户线路，根据末端用户线路和广域网类型的不同，有多种接入广域网的技术。使用公共数据网的一个重要问题就是与它们的接口，拥有主机资源的用户只要遵循通信子网所要求的接口标准，提出申请并付出一定的费用，都可接入该通信子网，利用其提供的服务来实现特定资源子网的通信任务。

与覆盖范围较小的局域网相比，广域网具有以下特点。

①覆盖范围广，可达数千甚至数万公里。

②广域网没有固定的拓扑结构。

③广域网通常使用高速光纤作为传输介质。

④局域网可以作为广域网的终端用户与广域网相连。

⑤广域网主干带宽大，但提供给终端用户的带宽小。

⑥数据传输距离远，往往要经过多个广域网设备转发，延时较长。

⑦广域网管理、维护困难。

对照 OSI 参考模型，广域网技术主要位于底层的 3 个层次，分别是物理层、数据链路层和网络层。图 2-12 列出了一些经常使用的广域网技术与 OSI 参考模型之间的对应关系。

<table>
<tr><th colspan="2">OSI层</th><th></th><th>WAN规范</th></tr>
<tr><td colspan="2">Network Layer(网络层)</td><td rowspan="4"></td><td>X.25 PLP</td></tr>
<tr><td rowspan="5">DataLink Layer
(数据链路层)</td><td rowspan="3">LLC</td><td>LAPB</td></tr>
<tr><td>Frame Relay</td></tr>
<tr><td>HDLC</td></tr>
<tr><td rowspan="2">MAC</td><td rowspan="3">SMDS</td><td>PPP</td></tr>
<tr><td>SDLC</td></tr>
<tr><td colspan="2">Physical Layer
(物理层)</td><td>X.21Bis
EIA/TIA-232
EIA/TIA-449
V.24 V.35
HSSI G.73
EIA-530</td></tr>
</table>

图 2-12　广域网技术与 OSI 参考模型的对应关系

2. 广域网的组成

广域网是由一些节点交换机以及连接这些交换机的链路组成的。节点交换机执行数据分组的存储和转发功能，节点交换机之间都是点到点的连接，并且一个节点交换机通常与多个节点交换机相连，而局域网则通过路由器与广域网相连。如图 2-13 所示，S 是指节点交换机，R 是指路由器。

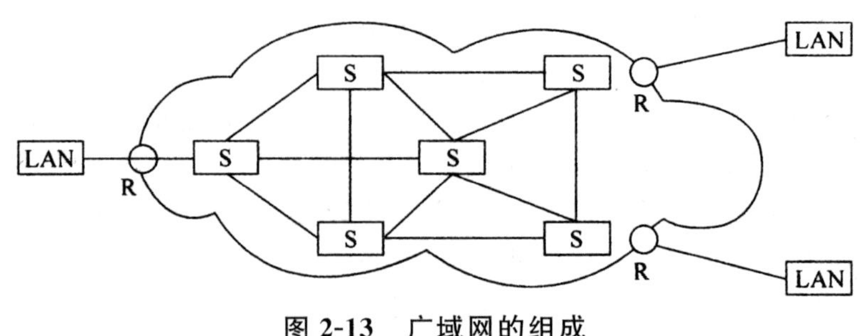

图 2-13　广域网的组成

2.4.2　广域网提供的服务

广域网提供的服务主要有面向无连接的网络服务和面向连接的网络服务。

1. 面向无连接的网络服务

面向无连接的网络服务的具体实现就是数据报服务，其特点如下。

①在数据发送前，通信的双方不建立连接。

②每个分组独立进行路由选择，具有高度的灵活性。但也需要每个分组都携带地址信息，而且，先发出的分组不一定先到达，没有服务质量保证。

③网络也不保证数据不丢失，用户自己来负责差错处理和流量控制，网络只是尽最大努力将数据分组或包传送给目的主机，称为尽最大努力交付。

2. 面向连接的网络服务

面向连接的网络服务的具体实现是虚电路服务，其特点如下。

①在数据发送前要建立虚拟连接，每个虚拟连接对应一个虚拟连接标识，网络中的节点交换机看到这个虚拟连接标识，就知道该将这个分组转发到那个端口。

②建立虚拟连接要消耗网络资源。但是，虚拟连接的建立相当于一次就为所有分组进行了路由选择，分组只需要携带较短的虚拟连接标识，而不用携带较长的地址信息。不过，如果虚电路中有一段故障，则所有分组都无法到达。

③虚电路服务可以保证按发送的顺序收到分组，有服务质量保证。而且差错处理和流量控制可以选择是由用户负责还是由网络负责。

3. 两种服务的比较

计算机网络上传送的报文长度，一般较短。如果采用 128 个字节为分组长度，则往往一次传送一个分组就够了。在这种情况下，用数据报既迅速，又经济。如果用虚电路服务，为了传送一个分组而建立和释放虚拟连接就显得太浪费网络资源了。

两种服务的根本区别在于由谁来保证通信的可靠性。虚电路服务认为，网络作为通信的提供者，有责任保证通信的可靠性，网络来负责保证可靠通信的一切措施，这样，用户端就可以做得很简单。数据报服务认为，网络应在任何恶劣条件下都可以生存。同时，多年实践证明，不管网络提供的服务多么可靠，用户仍需要负责端到端的可靠性。不如干脆由用户负责通信的可靠性，以简化网络结构。虽然网络出了差错由主机来处理要耗费一定时间，但由于技术的进步使网络出错的机率越来越小，所以让主机负责端到端的可靠性不会给主机增加很大的负担，反而利于更多的应用在简单网络上运行。

采用数据报服务的广域网的典型代表是 Internet，而采用虚电路服务的广域网主要有 X.25 网络、帧中继网络和 ATM 网络。

2.4.3　广域网中的数据交换技术

在早期的广域网中，数据通过通信子网的交换方式分为两类，即线路交换方式和存储转发交换方式。分组交换技术在实际应用中，又可分为两类，即数据报方式和虚电路方式。

1. 线路交换方式

线路交换方式与电话交换方式的工作过程很类似。两台计算机通过通信子网进行数据交换之前，首先要在通信子网中建立一个实际的物理线路连接。典型的线路交换方式的工作过程如图 2-14 所示。

线路交换方式的通信过程分为以下三个阶段。

(1)线路建立阶段

如果主机 A 要向主机 B 传输数据，首先要通过通信子网在主机 A 与主机 B 之间建立线路连接。主机 A 首先向通信子网中节点 A 发送“呼叫请求包”，其中含有需要建立线路连接的源主机地址与目的主机地址。节点 A 根据目的主机地址，根据路选算法，如选择下一个节点为 B，则向节点 B 发送“呼叫请求包”。节点 B 接到呼叫请求后，同样根据路选算法，如选择下一个节点为节点 C，则向节点 C 发送“呼叫请求包”。节点 C 接到呼叫请求后，也要根据路选算法，如选择下一个节点为节点 D，则向节点 D 发送“呼叫请求包”。节点 D 接到呼叫请求后，向与其直接连接的主机 B 发送“呼叫请求包”。主机 B 如接受主机 A 的呼叫连接请求，则通过已经建立的物理线路连接“节点 D-节点 C-节点 B-节点 A”，向主机 A 发送“呼叫应答包”。至此，从“主机 A-节点 A-节点 B-节点 C-节点 D-主机 B”的专用物理线路连接建立完成。该物理连接为此次主机 A 与主机 B 的数据交换服务。

(2)数据传输阶段

在主机 A 与主机 B 通过通信子网的物理线路连接建立以后，主机 A 与主机 B 就可以通过该连接实时、双向交换数据。

(3)线路释放阶段

在数据传输完成后，就要进入路线释放阶段。一般可以由主机 A 向主机 B 发出“释放请求包”，主机 B 同意结束传输并释放线路后，将向节点 D 发送“释放应答包”，然后按照节点 C-节点 B-节点 A-主机 A 次序，依次将建立的物理连接释放。这时，此次通信结束。

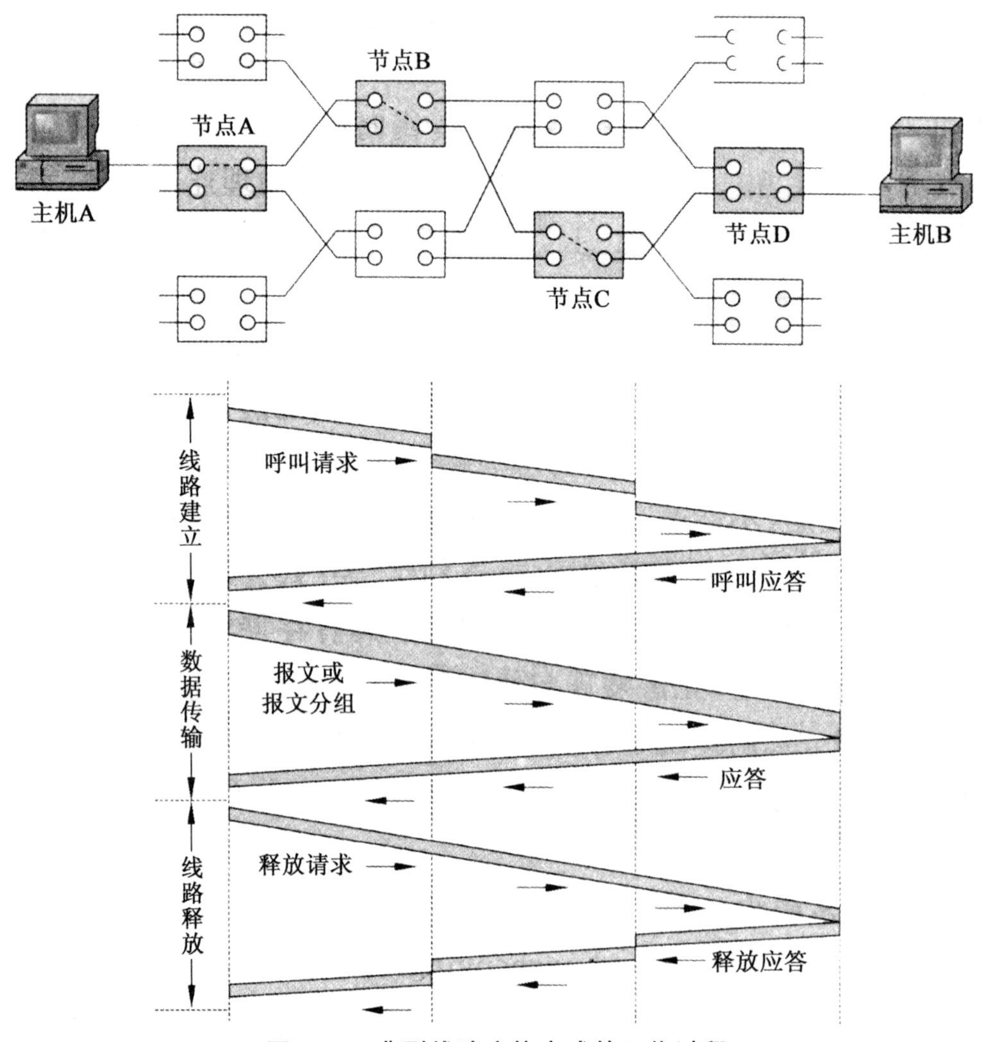

图 2-14　典型线路交换方式的工作过程

2. 存储转发方式

在进行线路交换方式研究的基础上，人们提出了存储转发交换方式。

存储转发交换方式与线路交换方式的主要区别表现在以下两个方面：发送的数据与目的地址、源地址、控制信息按照一定格式组成一个数据单元(报文或报文分组)进入通信子网；通信子网中的节点是通信控制处理机，它负责完成数据单元的接收、差错校验、存储、路选和转发功能。

存储转发交换方式可以分为两类：报文交换与报文分组交换。因此，在利用存储转发交换原理传送数据时，被传送的数据单元相应可以分为两类：报文与报文分组。

如果在发送数据时，不管发送数据的长度是多少，都把它当作一个逻辑单元，那么就可以在发送的数据上加上目的地址、源地址与控制信息，按一定的格式打包后组成一个报文。另一种方法是限制数据的最大长度，典型的最大长度是 1000 或几千比特。发送站将一个长报文分成多个报文分组，接收站再将多个报文分组按顺序重新组织成一个长报文。

报文分组通常也被称为分组。报文与报文分组结构的区别如图 2-15 所示。

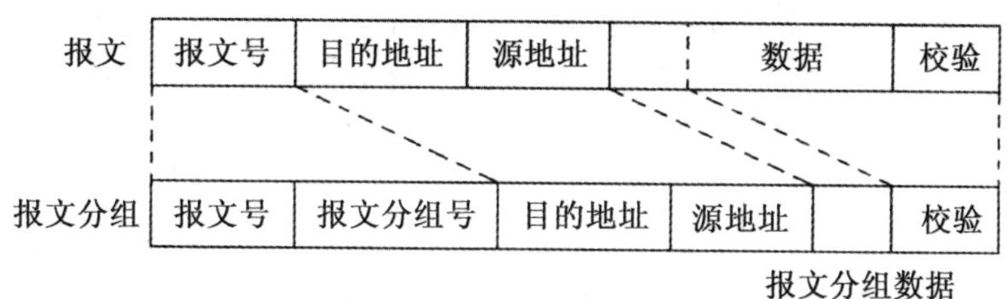

图 2-15　报文和报文分组结构

由于分组长度较短，在传输出错时，检错容易并且重发花费的时间较少，这就有利于提高存储转发节点的存储空间利用率与传输效率，因此，成为当今公用数据交换网中主要的交换技术。目前，美国的 TELENET、TYMNET 以及中国的 CHINAPAC 都采用了分组交换技术。这类通信子网称为分组交换网。

3. 数据报方式

数据报是报文分组存储转发的一种形式。与线路交换方式相比，在数据报方式中，分组传送之间不需要预先在源主机与目的主机之间建立“线路连接”。源主机所发送的每一个分组都可以独立地选择一条传输路径。每个分组在通信子网中可能是通过不同的传输路径，从源主机到达目的主机。典型的数据报方式的工作过程如图 2-16 所示。

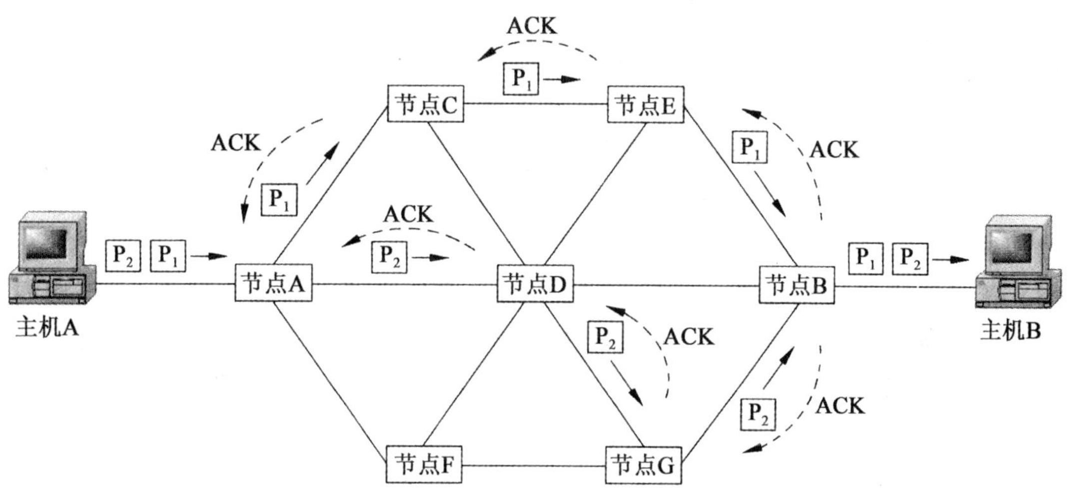

图 2-16　典型的数据报方式的工作过程

数据报方式的工作过程可以分为以下三个步骤：

①源主机 A 将报文 M 分成多个分组 P_1，P_2，…，P_n，依次发送到与其直接连接的通信子网的通信控制处理机 A(即节点 A)。

②节点 A 每接收一个分组均要进行差错检测，以保证主机 A 与节点 A 的数据传输的正确性；节点 A 接收到分组 P_1，P_2，…，P_n 后，要为每个分组进入通信子网的下一节点启动路选算法。由于网络通信状态是不断变化的，分组 P_1 的下一个节点可能选择为节点 C，而分组 P_2 的下一个节点可能选择为节点 D，因此，同一报文的不同分组通过子网的路径可能是不同的。

③节点 A 向节点 C 发送分组 P_1 时，节点 C 要对 P_1 传输的正确性进行检测。如果传输正确，节点 C 向节点 A 发送正确传输的确认信息 ACK；节点 A 接收到节点 C 的 ACK 信息后，确

认 P_1 已正确传输，则废弃 P_1 的副本。其他节点的工作过程与节点 C 的工作过程相同。这样，报文分组 P_1 通过通信子网中多个节点存储转发，最终正确地到达目的主机 B。

4．虚电路方式

虚电路方式试图将数据报方式与线路交换方式结合起来，发挥两种方法的优点，达到最佳的数据交换效果。虚电路方式在分组发送之前，需要在发送方和接收方建立一条逻辑连接的虚电路。典型的虚电路方式的工作过程如图 2-17 所示。

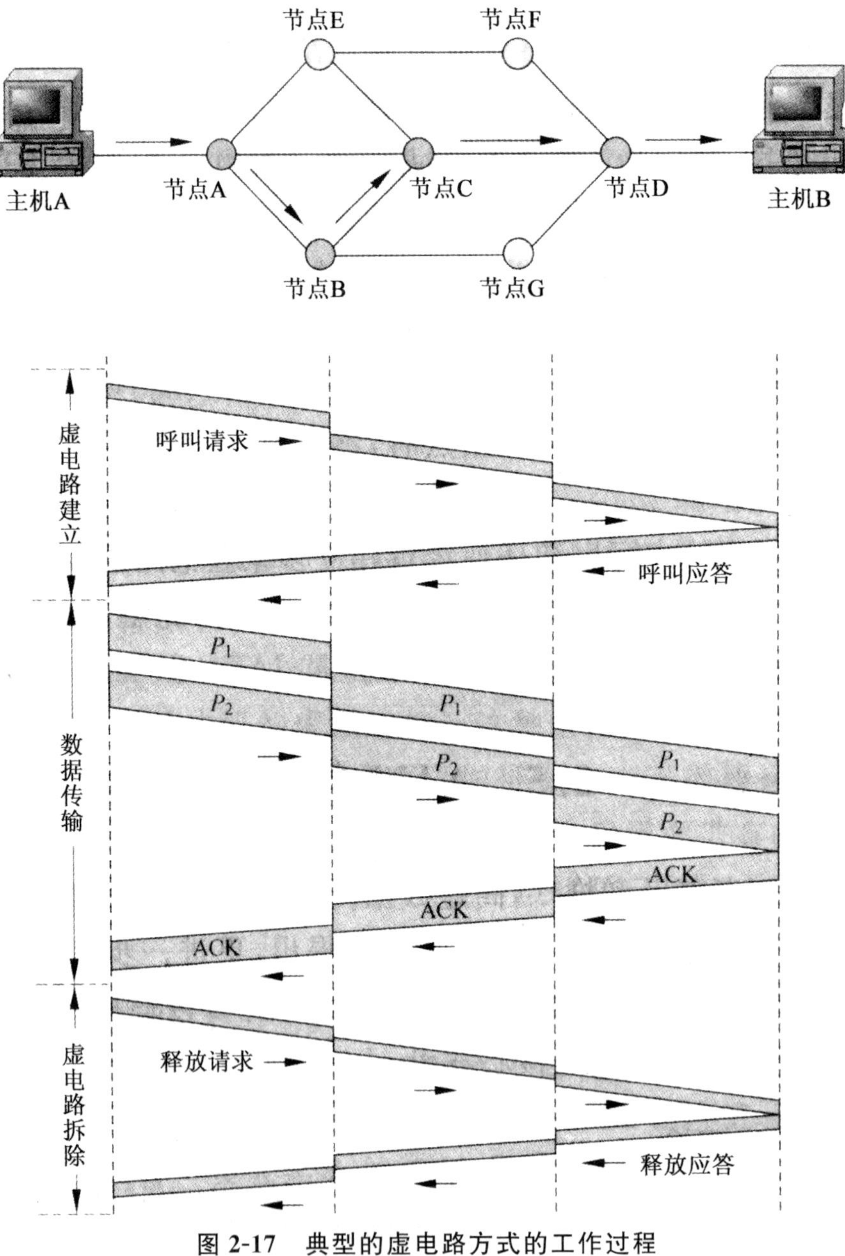

图 2-17　典型的虚电路方式的工作过程

虚电路方式的工作过程可以分为以下三个阶段：

(1)虚电路建立阶段

在虚电路建立阶段，节点 A 启动路选算法选择下一个节点(如节点 B)，向节点 B 发送呼叫请求分组；同样，节点 B 也要启动路选算法选择下一个节点。依此类推，呼叫请求分组经过节点 A-节点 B-节点 C-节点 D，发送到目的节点 D。目的节点 D 向源节点 A 发送呼叫接收分组，至此虚电路建立。

(2)数据传输阶段

在数据传输阶段，虚电路方式利用已建立的虚电路，逐站以存储转发方式顺序传送分组。

(3)虚电路拆除阶段

在虚电路拆除阶段，将按照节点 D-节点 C-节点 B-节点 A 的顺序依次拆除虚电路。

2.4.4　广域网实例

1. 公用电话交换网(PSTN)

公用电话交换网(Public Switch Telephone Network，PSTN)，也被称为“电话网”，是人们打电话时所依赖的传输和交换网络。PSTN 是一种以模拟技术为基础的电路交换网络，在众多的广域网互联技术中，通过 PSTN 进行互联所要求的通信费用最低，但其数据传输质量及传输速率也最差最低，同时 PSTN 的网络资源利用率也比较低。

通过公用电话交换网可以实现以下功能：

①拨号接入 Internet、Intranet 和 LAN。

②实现两个或多个 LAN 之间的互联。

③实现与其他广域网的互联。

PSTN 提供的是一个模拟的专用信息通道，通道之间经由若干个电话交换机节点连接而成，PSTN 采用电路交换技术实现网络节点之间的信息交换。当两个主机或路由器设备需要通过 PSTN 连接时，在两端的网络接入点(即用户端)必须使用调制解调器来实现信号的调制与解调转换。从 OSI/RM 的 7 层模型的角度来看，PSTN 可以看成是物理层的一个简单的延伸，它没有向用户提供流量控制、差错控制等服务。而且，由于 PSTN 是一种电路交换的方式，因此，一条通路自建立、传输直至释放，即使它们之间并没有任何数据需要传送时，其全部带宽仅能被通路两端的设备占用。因此，这种电路交换的方式不能实现对网络带宽的充分利用。尽管 PSTN 在进行数据传输时存在一定的缺陷，但它仍是一种不可替代的联网技术。

PSTN 的入网方式比较简单灵活，通常有以下几种选择方式。

(1)通过普通拨号电话线入网

只要在通信双方原有的电话线上并接 Modem，再将 Modem 与相应的入网设备相连即可。目前，大多数入网设备(如 PC)都提供有若干个串行端口，在串行口和 Modem 之间采用 RS-232 等串行接口规范进行通信。如图 2-18 所示。

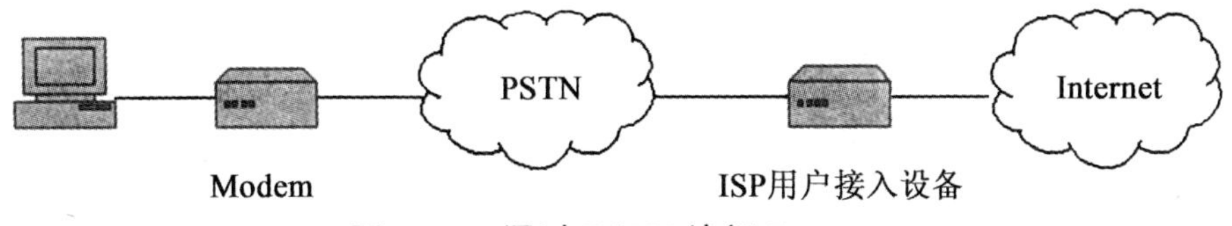

图 2-18　通过 PSTN 访问 Internet

这种方法在家庭环境中使用很方便，只要由连接到家庭的电话线，购买一个 Modem，并向当地电信局申请一个 Internet 帐号，就可以拨号来连接到 Internet。

Modem 的数据传输速率最大能够提供到 56kb/s。这种连接方式的费用比较经济，收费价格与普通电话的费率相同，适用于通信不太频繁的场合(如家庭用户入网)。

(2)通过租用电话专线入网

与普通拨号电话线方式相比，租用电话专线可以提供更高的通信速率和数据传输质量，但相应的费用也较前一种方式更高。使用专线的接入方式与使用普通拨号线的接入方式没有太大区别，但是省去了拨号连接的过程。通常，当决定使用专线方式时，用户必须向所在地的电信部门提出申请，由电信部门负责架设和开通。

2. 综合业务数字网(ISDN)

由于公共电话网络(PSTN)对于非话音业务传输的局限性，因此，并不能满足人们对数据、图形、图像乃至视频图像等非话音信息的通信需求，而电信部门所建设的网络基本上都只能提供某种单一的业务，比如用户电报网、电路交换数据网、分组交换网以及其他专用网等。尽管花费大量的资金和时间建设的上述专用网在一定程度上解决了问题，但是上述这些专用网由于通信网络标准不统一，仍然无法满足人们对通信的需求。因此，20 世纪 70 年代初，欧洲国家的电信部门开始试图寻找新技术来解决问题，这种新技术就是综合业务数字网，其英文全称是 Integrated Services Digital Network，即 ISDN。

(1)ISDN 的连接结构

ISDN 是在数字电话网的基础上，实现用户到用户的全数字连接，使用单一的网络、统一的用户——网络结构，为用户提供广泛形式的综合业务。

ISDN 的基本连接结构如图 2-19 所示。

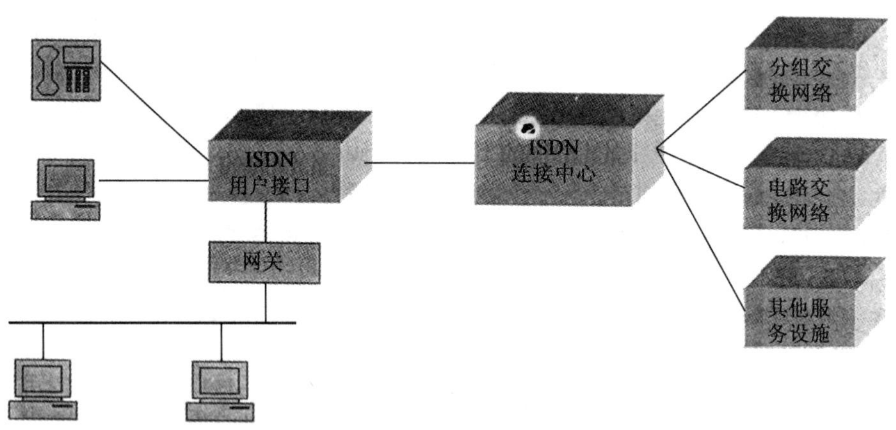

图 2-19　ISDN 的基本连接结构

由图 2-19 可见，ISDN 将与现有的各种专用或公用通信网络互连，并连接一些服务设施(如计算智能更新、数据库等)，向用户开放综合的电信业务、数据处理业务等。

通过 ISDN，可以用电路交换和分组交换的方式为用户提供多种信号传输方式和传输速率的访问服务。

通过 ISDN 有两种方式接入 Internet，一种是基本速率接入方式，它提供给用户 128kb/s 的带宽。另一种是基群速率接入方式，用户实际能得到 1920kb/s 的带宽。我国 ISDN 网的建设，大多是在 PSTN 基础上叠加建网，即在 PSTN 交换机上增扩 ISDN 功能，所以 ISDN 接入可以像普通电话线接入方式一样简便廉价。

(2)ISDN 的通道

根据 CCITT 建议，在用户-网络接口处向用户提供的通路有以下类型：

①B 通路：64kb/s，供传递用户信息用。

②D 通路：16kb/s 或 64kb/s，供传输信令和分组数据使用。

③H_0 通路：384kb/s，供传递用户信息用(如立体声节目、图像和数据等)。

④H_{11} 通路：1536kb/s，供传递用户信息用(如高速数据传输、会议电视等)。

⑤H_{12} 通路：1920kb/s，供传递用户信息用(如高速数据传输、图像和会议电视等)。

ISDN 是由两个 B 通道和一个 D 通道组成，即基本接口为 2B＋D。每个 B 通道可提供 64kb/s 的语音或数据传输，用户不但可以同时绑定两个通道以 128k 的速率上网，也可以在以 64k 上网的同时在另一个通道上打电话。ISDN 是数字的多路复用用户线路，它分为 N-ISDN(窄带 ISDN)与 B-ISDN(宽带 ISDN)，N-ISDN 线路的传输速率为 160kb/s，B-ISDN 线路的传输速率为 155.52Mb/s。

(3)ISDN 的特点

①综合性。ISDN 用户只需接入一个网络，就可进行各种不同方式的通信业务，用户在接口上可连接多个通信终端。

②多路性。一条 ISDN 可至少提供两路传输通道，用户可同时使用两种以上不同方式的通信业务。

③高速率。ISDN 能够提供比普通市内电话高出几倍的通信速度，最高可以达 128kb/s，为用户上网、传输数据和使用可视电话提供了方便。

④方便性。ISDN 可提供许多普通电话无法实现的附加业务，如来电号码显示、限制对方来电、多用户号码等。

3. 分组交换网(X.25)

数据通信网发展的重要里程碑是采用分组交换方式，构成分组交换网。与电路交换网相比，在分组交换网的两个站之间通信时，网络内不存在一条专用物理电路，因此不会像电路交换那样，所有的数据传输控制仅仅涉及到两个站之间的通信协议。在分组交换网中，一个分组从发送站传送到接收站的整个传输控制，不仅涉及到该分组在网络内所经过的每个节点交换机之间的通信协议，还涉及到发送站、接收站与所连接的节点交换机之间的通信协议。国际电信联盟电信标准部门 ITU-T 为分组交换网制定了一系列通信协议，世界上绝大多数分组交换网都采用这些标准。其中最著名的标准是 X.25 协议，它在推动分组交换网的发展中做出了很大的贡献。人们把分组交换网简称为 X.25 网。

使用 X.25 协议的公共分组交换网诞生于 20 世纪 70 年代，它是一个以数据通信为目标的公共数据网(PDN)。在 PDN 内，各节点由交换机组成，交换机间用存储转发的方式交换分组。

X.25 能接入不同类型的用户设备。由于 X.25 内各节点具有存储转发能力，并向用户设备提供了统一的接口，从而能够使得不同速率、码型和传输控制规程的用户设备都能接入 X.25，并能相互通信。

X.25 协议是数据终端设备(DTE)和数据电路终接设备(DCE)之间的接口规程。

X.25 网络设备分为数据终端设备(Data Terminal Equipment,DTE)、数据电路终接设备(DCE)和分组交换设备(PSE)。X.25 协议规定了 DTE 和 DCE 之间的接口通信规程。

X.25 使得两台 DTE 可以通过现有的电话网络进行通信。为了进行一次通信,通信的一端必须首先呼叫另一端,请求在它们之间建立一个会话连接;被呼叫的一端可以根据自己的情况接收或拒绝这个连接请求。一旦这个连接建立,两端的设备可以全双工地进行信息传输,并且任何一端在任何时候均有权拆除这个连接。

X.25 是 DTE 与 DCE 进行点到点交互的规程。DTE 通常指的是用户端的主机或终端等,DCE 则常指同步调制解调器等设备。DTE 与 DCE 直接连接,DCE 连接至分组交换机的某个端口,分组交换机之间建立若干连接,这样,便形成了 DTE 与 DCE 之间的通路。在一个 X.25 网络中,各实体之间的关系如图 2-20 所示。

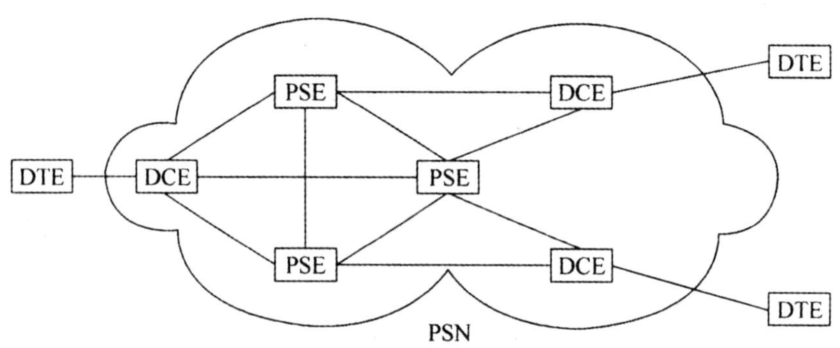

DTE 数据终端设备(Data Terminal Equipment)
DCE 数据电路终端设备(Data Circuit-terminating Equipment)
PSE 分组交换设备(Packet Switching Equipment)
PSN 分组交换网(Packet Switching Network)

图 2-20 X.25 网络模型

(1)X.25 的组成

X.25 分组交换网主要由分组交换机、用户接入设备和传输线路组成。

①分组交换机。分组交换机是 X.25 的枢纽,根据它在网中所在的地位,可分为中转交换机和本地交换机。其主要功能是为网络的基本业务和可选业务提供支持,进行路由选择和流量控制,实现多种协议的互联,完成局部的维护、运行管理、故障报告、诊断、计费及网络统计等。

现代的分组交换机大都采用功能分担或模块分担的多处理器模块式结构来构成。具有可靠性高、可扩展性好、服务性好等特点。

②用户接入设备。X.25 的用户接入设备主要是用户终端。用户终端分为分组型终端和非分组型终端两种。X.25 根据不同的用户终端来划分用户业务类别,提供不同传输速率的数据通信服务。

③传输线路。X.25 的中继传输线路主要有模拟信道和数字信道两种形式。模拟信道利用调制解调器进行信号转换,传输速率为 9.6kb/s、48kb/s 和 64kb/s,而 PCM 数字信道的传输速率为 64kb/s、128kb/s 和 2Mb/s。

(2)X. 25 的分层

X. 25 协议按照 OSI 参考模型的结构,定义了从物理层到分组层共三层的内容,如图 2-21 所示。X. 25 第三层(分组层)规程描述了分组层所使用分组的格式和两个三层实体之间进行分组交换的规程。X. 25 第二层(链路层)规程也称为平衡型链路访问规程(Link Access Procedure, Balanced,LAPB),LAPB 定义了 DTE 与 DCE 之间交互的帧的格式和规程。X. 25 第一层(物理层)则定义了 DTE 与 DCE 之间进行连接时的一些物理电气特性。

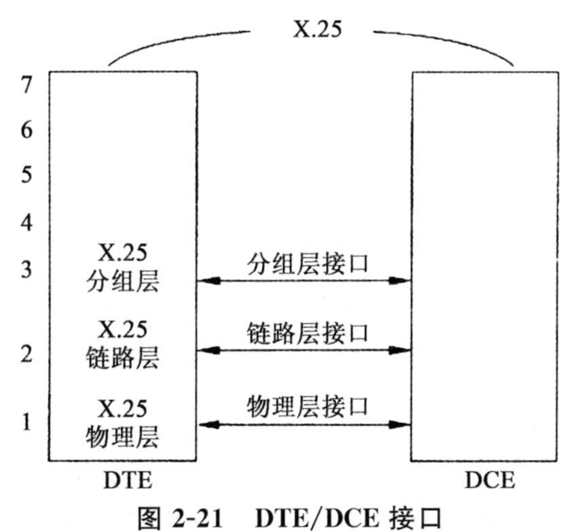

图 2-21 DTE/DCE 接口

①X. 25 的物理层。X. 25 协议的物理层规定采用 X. 21 建议。X. 21 建议规定如下:

· 机械特性:采用 ISO 4903 规定的 15 针连接器和引线分配,通常使用 8 线制。
· 电气特性:平衡型电气特性。
· 同步串行传输。
· 点到点全双工方式。
· 适用于交换电路和租用电路。

由于 X. 21 是为数字电路使用而设计的,如果是模拟线路(如地区用户线路),X. 25 建议还提供了另一种物理接口标准 X. 21 bis,它与 V. 24/RS 232 兼容。

②链路层。链路层具备以下几个功能:

· 差错控制,采用 CRC 循环冗余校验,发现出错时自动请求重发功能。
· 帧的装配和拆卸及帧同步功能。
· 帧的排序和对正确接收的帧的确认功能。
· 数据链路的建立、拆除和复位控制功能及流量控制功能。

X. 25 的链路规程是要在物理层提供的双向信息输送管道上实施信息传输的控制,它所面对的是二进制串行比特流,它并不关心物理层采用何种接口方式输送这些比特流。

X. 25 的链路层规定了在 DTE 和 DCE 之间的线路上交换帧的过程。从分层的观点来看,链路层好像是给 DTE 的分组层接口和 DCE 的分组层接口之间架设了一道桥梁。DTE 的分组层和 DCE 的分组层之间可以通过这座桥梁不断传送分组。

国际标准规定的 X. 25 链路层 LAPB 采用高级数据链路控制规程(HDLC)的帧结构,并且是它的一个子集。它通过置异步平衡方式(SABM)命令要求建立链路。建立链路只需要由两个站中的任意一个站发送 SABM 命令,另一站发送 UA 响应即可以建立双向的链路。

虽然 LAPB 是作为 X.25 的第二层被定义的,但是,作为独立的链路层协议,您可以直接使用 LAPB 承载非 X.25 的上层协议进行数据传输。图 2-22 描述了 LAPB、X.25、X.25 交换三者之间的关系。

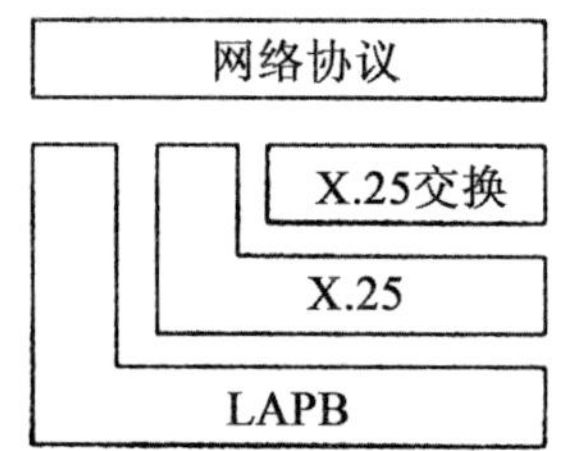

图 2-22　LAPB、X.25 与 X.25 交换的关系

③分组层。分组层对应于 OSI/RM 中的网络层,它利用链路层提供的服务在 DTE-DCE 接口交换分组,将一条逻辑链路按统计时分复用 STDM 方式划分为多个逻辑子信道,允许多台计算机或终端同时使用高速的数据通道,以充分利用逻辑链路的传输能力和交换机资源。

4. 数字数据网(DDN)

数字数据网(Data Network,DDN)是一种利用数字信道提供数据信号传输的数据传输网,也是面向所有专线用户或专用网用户的基础电信网。它为专线用户提供中、高速数字型点对点传输电路,或为专用网用户提供数字型传输网通信平台。

DDN 由数字通道、DDN 节点、网管控制和用户环路组成。由 DDN 提供的业务又称为数字业务 DDS。

DDN 的传输媒介有光缆、数字微波、卫星信道以及用户端可用的普通电缆和双绞线,DDN 主干及延伸至用户端的线路铺设十分灵活、便利,采用计算机管理的数字交叉(PXC)技术,为用户提供半永久性连接电路。

DDN 实际上是我们常说的数据租用专线,有时简称专线。它也是近年来广泛使用的数据通信服务,我国的 DDN 网称为 ChinaDDN。ChinaDDN 一般提供 N×64kb/s 的数据速率,目前最高为 2Mb/s。它由 DDN 交换机和传输线路(如光缆和双绞线)组成。现在,中国教育科研网(CERNET)的许多用户就是通过 ChinaDDN 实现跨省市连接的。

DDN 具有以下几个特点:

①DDN 是同步数据传输网,不具备交换功能。但可根据与用户所订协议,定时接通所需路由(这便是半永久性连接概念)。

②传输速率高,网络时延小。由于 DDN 采用了同步转移模式的数字时分复用技术,用数据信息根据事先约定的协议,在固定的时间段以预先设定的通道带宽和速率顺序传输,这样只需按时间段识别通道就可以准确地将数据信息送到目的终端。由于信息是顺序到达终端,免去了目的终端对信息的重组,因此,减小了时延。目前 DDN 可达到的最高传输速率为 155Mb/s,平均时延不大于 450μs。

③DDN 为全透明网。DDN 是任何规程都可以支持,不受约束的全透明网,可支持网络层以及其上的任何协议,从而可满足数据、图像、声音等多种业务传输的需要。

5. 帧中继(FR)

在 20 世纪 80 年代后期,许多应用都迫切要求提高分组交换服务的速率。然而 X.25 网络的体系结构并不适合于高速交换。可见需要研制一种支持交换的网络体系结构。帧中继(Frame Relay,FR)就是为这一目的而提出的。帧中继网络协议在许多方面非常类似于 X.25。

帧中继的协议结构如图 2-23 所示。

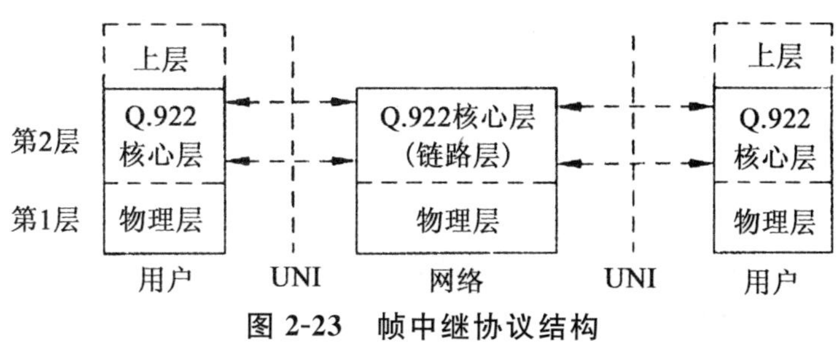

图 2-23　帧中继协议结构

(1)帧中继的特点

①高效。帧中继在 OSI 的第二层以简化的方式传送数据,仅完成物理层和链路层核心层的功能,简化节点机之间的处理过程,智能化的终端设备把数据发送到链路层,并封装在帧的结构中,实施以帧为单位的信息传送,网络不进行纠错、重发、流量控制等,帧不需要确认,就能在每个交换机中直接通过。一些第二、三层的处理,如纠错、流量控制等,留给智能终端去处理,从而简化了节点机之间的处理过程。

②经济。帧中继采用统计复用技术(即宽带按需分配)向客户提供共享的网络资源,每一条线路和网络端口都可以由多个终端按信息流共享,同时,由于帧中继简化了节点之间的协议处理,将更多的带宽留给客户数据,客户不仅可以使用预定的带宽,在网络资源富裕时,网络允许客户数据突发占用为预定的带宽。

③可靠。帧中继传输质量好,保证网络传输不容易出错,网络为保证自身的可靠性,采取了 PVC 管理和拥塞管理,客户智能化终端和交换机可以清楚了解网络的运行情况,不向发生拥塞和已删除的 PVC 上发送数据,以避免造成信息的丢失,保证网络的可靠性。

(2)帧中继提供的服务

帧中继是面向连接的方式,它的目标是为局域网互联提供合理的速率和较低的价格。它可以提供点对点的服务,也可以提供一点对多点的服务。它采用了两种关键技术,即虚拟租用线路和"流水线"方式。

①虚拟租用线路。所谓虚拟租用线路是与专线方式相对而言的。例如,一条总速率 640kb/s 的线路,如果以专线方式平均地租给 10 个用户,每个用户最大速率为 64kb/s,这种方式有两个缺点:一是每个用户速率都不可以大于 64kb/s;二是不利于提高线路利用率。采用虚拟租用线路的情况就不一样了,同样是 640kb/s 的线路租给十个用户,每个用户的瞬时最大速率都可以达到 640kb/s,也就是说,在线路不是很忙的情况下,每个用户的速率经常可以超过 64kb/s,而每个用户承担的费用只相当于 64kb/s 的平均值。

②"流水线"方式。所谓的"流水线"方式是指数据帧只在完全到达接收节点后再进行完整的差错校验,在传输中间节点位置时,几乎不进行校验,尽量减少中间节点的处理时间,从而减少了

数据在中间节点的逗留时间。每个中间节点所做的额外工作就是识别帧的开始和结尾,也就是识别出一帧新数据到达后就立刻将其转发出去。X.25 的每个中间节点都要进行繁琐的差错校验、流量控制等,这主要是因为它的传输介质可靠性低所造成的。帧中继正是因为它的传输介质差错率低才能够形成“流水线”工作方式。

(3)帧中继适用场合

①局域网间互联。帧中继可以应用于银行、大型企业政府部门的总部与其他地方分支机构的局域网之间的互联,远程计算机辅助设计(CAD),计算机辅助制造(CAM),文件传送,图像查询业务,图像监视及会议电视等。

②组建虚拟专用网。帧中继只能使用通信网络的物理层和链路层的一部分来执行其交换功能,有着很高的网络利用率,利用它构成的虚拟专用网,不但具有高速和高吞吐量,其费用也相当低。

③电子文件传输。由于帧中继使用的是虚拟电路,信号通路及带宽可以动态分配,特别适用于突发性的使用,因而它在远程医疗、金融机构及 CAD/CAM 的文件传输、计算机图像、图表查询等业务方面有着特别好的适用性。

6. 异步传输模式(ATM)

ATM 技术问世于 20 世纪 80 年代末,是一种正在兴起的高速网络技术。国际电信联盟(ITU)和 ATM 论坛正在制定其技术规范。ATM 被电信界认为是未来宽带基本网的基础。与 FDDI 和 100Base-T 不同,是一种新的交换技术——异步传输模式(Asynchronous Transfer Mode ,ATM),也是实现 B-ISDN 的核心技术,也是目前多媒体信息的新工具。ATM 网络被公认为是传输速率达 Gb/s 数量级的新一代局域网的代表。

(1)ATM 的体系结构

在 ATM 交换网络中,称为端点的用户接入设备通过用户—网络接口(UNI)连接到网络中的交换机,而交换机之间是通过网络—网络接口(NNI)连接的。图 2-24 给出了 ATM 网络的例子。

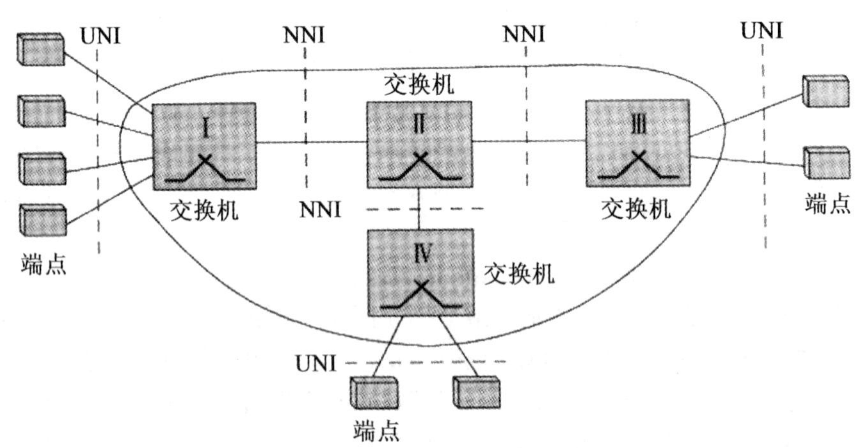

图 2-24　ATM 网络的体系结构

(2)ATM 的入网方式

ATM 的一般入网方式如图 2-25 所示,与网络直接相连的可以是支持 ATM 协议的路由器或装有 ATM 卡的主机，也可以是 ATM 子网。在一条物理链路上，可同时建立多条承载不同业务的虚电路，如语音、图像和文件的传输等。

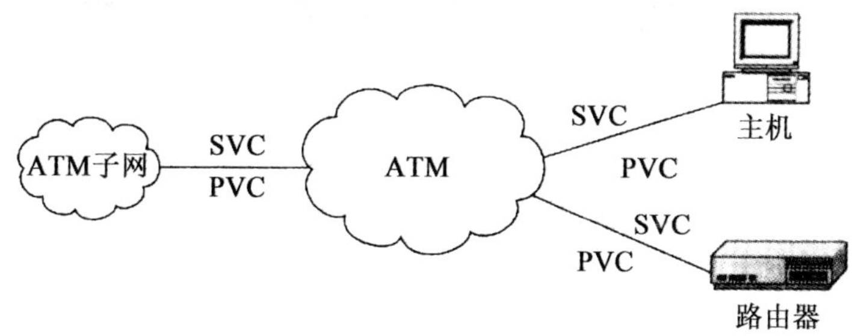

图 2-25　ATM 的入网方式

(3)ATM 的特点

ATM 可用于广域网(WAN)、城域网(MAN)、校园主干网、大楼主干网以及连到台式机等。ATM 与传统的网络技术，如以太网、令牌环网、FDDI 相比，有很大的不同，归纳起来具有以下几个特点：

①ATM 是面向连接的分组交换技术，综合了电路交换和分组交换的优点。

②ATM 允许声音、视频、数据等多种业务信息在同一条物理链路上传输，它能在一个网络上用统一的传输方式综合多种业务服务。

③ATM 提供质量保证 QoS 服务。ATM 为不同的业务类型分配不同等级的优先级，如为视频、声音等对时延敏感的业务分配高优先级和足够的带宽。

④ATM 是极端灵活和可变的带宽而不是固定带宽。不同于传统的 LAN 和 WAN 标准，ATM 的标准被设计成与传送的技术无关。为了提高存取的灵活性和可变性，ATM 支持的速率一般为 155Mb/s～24Gb/s，现在也有 25Mb/s 和 50Mb/s 的 ATM。ATM 可以工作在任何一种不同的速度、不同的介质上和使用不同的传送技术。

⑤交换并行的点对点存取而不是共享介质，交换机对端点速率可作适应性调整。

⑥以小的、固定长的信元为基本传输单位，每个信元的延迟时间是可预计的。

⑦通过局域网仿真(LANE)，ATM 可以和现有以太网、令牌环网共存。由于 ATM 网与以太网等现有网络之间存在着很大差异，所以必须通过 LANE、MPOA 和 IP Over ATM 等技术，它们才能结合，而这些技术会带来一些局限性，如影响网络性能和 QoS 服务等。

ATM 目前的不足之处是设备昂贵，并且标准还在开发中，未完全确定。另外，因为它是全新的技术，在网络升级时几乎要换掉现行网络上的所有设备。因此，目前 ATM 在广域网中的应用并不广泛。

第3章 无线网络技术

3.1 无线网络概述

3.1.1 无线网络的发展史

不可否认，性能与便捷性始终是IT技术发展的两大方向标，而产品在便捷性的突破往往来得更加迟缓，需要攻克的技术难关更多，也因此而更加弥足珍贵。事实上，数字无线通信并不是一种新的思想。早在1901年的时候，意大利物理学家Guglielmo Marconi演示了从轮船向海岸发送无线电报的试验，在试验中他使用了Morse Code(莫尔斯编码，用点和划来表示二进制数字)。经过不断地发展和完善，现代的数字无线系统的性能已经非常强大了，但是其基本的思想并没有变化。

无线网络的历史起源可以追溯到五十年前的第二次世界大战期间，当时美国陆军采用无线电信号做资料的传输。他们研发出了一套无线电传输科技，并且采用相当高强度的加密技术，得到美军和盟军的广泛使用。这项技术让许多学者得到了一些灵感，在1971年时，夏威夷大学的研究员创造了第一个基于封包式技术的无线电通讯网络。这被称为Aloha的网络，可以算是相当早期的无线局域网络(WLAN)。它包括了7台计算机，它们采用双向星型拓扑横跨四座夏威夷的岛屿，中心计算机放置在瓦胡岛上。从这时开始，无线网络可说是正式诞生了。

从20世纪70年代到90年代早期，人们对无线连接的需求日益增长，但这种需求只能通过一些少量的基于专利技术的昂贵硬件来实现，而且不同制造商的产品之间没有互操作性和安全机制，性能与当时标准的10Mb/s有线以太网相比还有很大差距。

IEEE 802.11标准是无线网络发展过程中的重要里程碑，同时也是Wi-Fi这一强大且公认的品牌发展的起点。IEEE 802.11系列标准为设备制造商和运营商提供了一个通用的标准，使他们更关注于无线网络产品及业务的开发，它对无线网络的贡献可以与一些最基本的支撑技术相媲美。

1990年，IEEE正式启用了802.11项目，无线网络技术逐渐走向成熟，IEEE 802.11(WIFI)标准诞生以来，先后有802.11a、802.11b、802.11g、802.11e、802.11f、802.11h、802.11i、802.11j等标准制定或者酝酿，现在，为实现高宽度、高质量的WLAN服务，802.11n不久也将问世。

在过去的十年里，从IEEE 802.11标准的最初版本演变的各种各样的Wi-Fi标准得到了广泛的关注，与此同时，其他的无线网络技术也经历着相似的历程。1994年公布了第一个IrDA(Infrared Data Association，红外数据协会)标准，同一年Ericsson开始了移动电话及其附件之间互联的研究，这项研究使得蓝牙(Bluetooth)技术在1999年被IEEE 802.15.1工作小组采纳。

在这一快速发展过程中，无线网络技术的种类已能满足各种数据速率(低速和高速)、各种工作距离(近和远)、各种功率消耗(低和极低)的所有要求。

3.1.2 无线网络的特点

相对于有线网络而言，无线网络具有安装便捷、使用灵活、利于扩展和经济节约等优点。具体可归纳以下几点。

(1)移动性强

无线网络摆脱了有线网络的束缚，可以在网络覆盖的范围内的任何位置上网。无线网络完全支持自由移动，持续连接，实现移动办公。

(2)带宽流量大

适合进行大量双向和多向多媒体信息传输。在速度方面，802.11b的传输速度可提供可达11Mb/s数据速率，而标准802.11g无线网速提升五倍，其数据传输率将达到54Mb/s，充分满足用户对网速的要求。

(3)有较高的平安性和较强的灵活性

由于采用直接序列扩频、跳频、跳时等一系列无线扩展频谱技术，使得其高度平安可靠；无线网络组网灵活、增加和减少移动主机相当轻易。

(4)维护成本低

无线网络尽管在搭建时投入成本高些，但后期维护方便，维护成本比有线网络低50%左右。

3.1.3 无线网络的分类

无线网络是无线设备之间以及无线设备与有线网络之间的一种网络结构。无线网络的发展可谓日新月异，新的标准和技术不断涌现。

1. 按覆盖范围分

由于覆盖范围的不同，无线网络可以分为4类：无线局域网、无线个域网、无线城域网和无线广域网。

(1)无线局域网

无线局域网(Wireless Local Area Network，WLAN)一般用于区域间的无线通信，其覆盖范围较小。代表技术是IEEE 802.11系列。数据传输速率为11～56Mb/s，甚至更高。

(2)无线个域网

无线个域网(Wireless Personal Area Network，WPAN)的无线传输距离在10m左右，典型的技术是IEEE 802.15(WPAN)和BlueTooth，数据传输速率在10Mb/s以上。

(3)无线城域网

无线城域网(Wireless Metropolitan Area Network，WMAN)主要是通过移动电话或车载装置进行的移动数据通信，可以覆盖城市中大部分的地区。代表技术是2002年提出的IEEE 802.20，主要研究移动宽带无线接入(Mobile Broadband Wireless Access，MBWA)技术和相关标准的制定。该标准更加强调移动性，它是由IEEE 802.16的宽带无线接入(BroadBand Wireless Access，BBWA)发展而来的。

(4)无线广域网

无线广域网(Wireless Wide Area Network，WWAN)主要是通过移动通信卫星进行数据通信的网络，其覆盖范围最大。代表技术有3G，以及未来的4G等，数据传输速率在2Mb/s以上。

由于3GPP和3GPP2的标准化工作日趋成熟，一些国际标准化组织（如ITU）将目光瞄准了能提供更高无线传输速率和灵活统一的全IP网络平台的下一代移动通信系统，一般称为后3G、增强型IMT-2000（Enhanced IMT-2000）、后IMT-2000（System Beyond IMT-2000）或4G。

2. 按应用角度分

从无线网络的应用角度看，还可以划分为无线传感器网络、无线Mesh网络、无线穿戴网络、无线体域网等，这些网络一般是基于已有的无线网络技术，针对具体的应用而构建的无线网络。

（1）无线传感器网络

无线传感器网络（Wireless Sensor Networks，WSN）是当前在国际上备受关注的、涉及多学科高度交叉、知识高度集成的前沿热点研究领域。它综合了传感器技术、嵌入式计算技术、现代网络及无线通信技术、分布式信息处理技术等，能够通过各类集成化的微型传感器协作地实时监测、感知和采集各种环境或监测对象的信息，这些信息通过无线方式被发送，并以自组多跳的网络方式传送到用户终端，从而实现物理世界、计算世界以及人类社会三元世界的连通。

无线传感器网络以最少的成本和最大的灵活性，连接任何有通信需求的终端设备，采集数据，发送指令。若把无线传感器网络的各个传感器或执行单元设备视为“种子”，将一把“种子”（可能100粒，甚至上千粒）任意抛撒开，经过有限的“种植时间”，就可从某一粒“种子”那里得到其他任何“种子”的信息。作为无线自组双向通信网络，传感网络能以最大的灵活性自动完成不规则分布的各种传感器与控制节点的组网，同时具有一定的移动能力和动态调整能力。

（2）无线Mesh网络

无线Mesh网络（无线网状网络）也称为“多跳（Multi-hop）”网络，它是一种与传统无线网络完全不同的新型无线网络，是由无线Ad Hoc网络顺应人们无处不在的Internet接入需求演变而来。

在传统的无线局域网（WLAN）中，每个客户端均通过一条与AP相连的无线链路来访问网络，用户要想进行相互通信，必须首先访问一个固定的接入点（AP），这种网络结构被称为单跳网络。而在无线Mesh网络中，任何无线设备节点都可以同时作为AP和路由器，网络中的每个节点都可以发送和接收信号，每个节点都可以与一个或者多个对等节点进行直接通信。这种结构的最大好处在于：如果最近的AP由于流量过大而导致拥塞的话，那么数据可以自动重新路由到一个通信流量较小的邻近节点进行传输。以此类推，数据包还可以根据网络的情况，继续路由到与之最近的下一个节点进行传输，直到到达最终目的地为止。

实际上，Internet就是一个Mesh网络的典型例子。例如，当人们发送一份E-mail时，电子邮件并不是直接到达收件人的信箱中，而是通过路由器从一个服务器转发到另外一个服务器，最后经过多次路由转发才到达用户的信箱。在转发的过程中，路由器一般会选择效率最高的传输路径，以便使电子邮件能够尽快到达用户的信箱。因此，无线Mesh网络也被形象地称为无线版本的Internet。

与传统的交换式网络相比，无线Mesh网络去掉了节点之间的布线需求，但仍具有分布式网络所提供的冗余机制和重新路由功能。在无线Mesh网络里，如果要添加新的设备，只需要简单地接上电源就可以了，它可以自动进行配置，并确定最佳的多跳传输路径。添加或移动设备时，网络能够自动发现拓扑变化，并自动调整通信路由，可以获取最有效的传输路径。

(3)无线穿戴网络

无线穿戴网络是指基于短距离无线通信技术(蓝牙和ZigBee技术等)与可穿戴式计算机(Wearcomp)技术、穿戴在人体上、具有智能收集人体和周围环境信息的一种新型个域网(PAN)。可穿戴计算机为可穿戴网络提供核心计算技术,以蓝牙和ZigBee等短距离无线通信技术作为其底层传输手段,结合各自优势组建一个无线、高度灵活、自组织,甚至是隐蔽的微型PAN。可穿戴网络具有移动性、持续性和交互性等特点。

(4)无线体域网

无线体域网(BAN)是由依附于身体的各种传感器构成的网络。通过远程医疗监护系统提供及时现场护理(POC)服务,是提升健康护理手段的有效途径。在远程健康监护中,将BAN作为信息采集和及时现场护理(POC)的网络环境,可以取得良好的效果,赋予家庭网络以新的内涵。借助BAN,家庭网络可以为远程医疗监护系统及时有效地采集监护信息;可以对医疗监护信息预读,发现问题,直接通知家庭其他成员,达到及时救护的目的。

3.1.4 无线网络技术的多样性

目前,无线网络的传输速率和传输距离都有了很大提高。从20kb/s的ZigBee到超过500Mb/s的超宽带,无线网络传输的数据速率已超过四个数量级;从5cm的近场通信(Near Field Communication,NFC)到超过50km的WiMAX及Wi-Fi,无线网络传输的传输距离则超过六个数量级。无线网络的发展可谓日新月异,新的标准和技术不断涌现。缘于无线网络技术的不断发展,作者在此对无线网络技术的多样性进行简单探讨。

为了能够无限拓展无线网络的能力,许多企业、研究院所和工程师个人充分运用了各种引人注目的技术,如跳频扩频和低密度奇偶校验码(Low Density Parity Check Codes,LDPC)等,为推动无线网络的发展做出了很大的贡献。其中,跳频扩频技术是在二战期间由一位女演员和一名作曲家发明的,它是蓝牙射频传输的基础。低密度奇偶校验码是在1963年发明的,它实现了高效率数据传输方面的重大突破,在尘封40年后,被证明是实现吉比特数量级无线网络的关键技术之一。

另外,各种技术通过结合运用得到了更好的发挥。例如,在20世纪80年代用于数字广播的正交频分复用(Orthogonal Frequency Division Multiplexing,OFDM)技术与现在的超宽带无线电技术相结合,用于超过7GHz的无线电频谱上,其发射功率小于美国通信委员会(Federal Communication Commission,FCC)噪声限制。同时,OFDM技术与多载波码分多址(Code Division Multiple Access,CDMA)技术的结合也成为实现吉比特数量级无线网络的关键技术。

如今的无线网络逐渐摒弃那些相对简单的技术,不断寻求新技术,从而来满足数据传输速率不断增长的要求。新技术要求更能缩短每个比特的传输时间、同时使用载波的幅度和相位来传输数据、利用更宽无线电带宽(如超宽带)、多次使用同一空间的多个路径进行同时传输的空间分集等。

3.2 无线局域网技术

随着Internet应用的迅猛发展,以及便携机、PDA(Personal Data Assistant)等移动智能终端的使用的日益增长,给广大用户提供了诸多便利(可随时随处自由接入Internet、能享受更多的业务、安全且有保障的网络),成为发展的必然。在接入速率和适应环境上与3G技术互为补充的无线局域网(Wireless Local Area Network,WLAN)迅猛发展,成为新一代高速无线接入网络。

3.2.1 无线局域网的发展史

无线局域网是计算机间的无线通信网络。相比有线通信悠久的历史,无线网络的历史并不长,特别是充分发挥无线通信的"可移动"特点的无线局域网是20世纪90年代以后才出现的事情。

1971年,夏威夷大学投入运行的AlohaNet首次将网络技术和无线通信技术结合起来。为了使分散在4个岛上的7个校区里的计算机能与主校区的中心计算机进行通信,AlohaNet通过星型拓扑将中心计算机和远程工作站连接起来,提供双向数据通信。远程工作站之间也能通过中心计算机相互通信。当时的数据传输速率为9.6kb/s。

20世纪80年代以后,美国和加拿大的一些业余无线电爱好者、无线电报务员开始尝试着设计并建立了终端节点控制器,将各自的计算机通过无线发报设备连接起来,所以,业余无线电爱好者使用无线联网技术,要比无线网络商业化早得多。

那时,无线计算机网络采用无线媒体仅仅是为了克服地理障碍,或是为了免除布线的烦恼,使网络安装简单、使用方便,而对网络中节点的移动能力并不重视。然而,进入20世纪90年代以后,随着功能强大的便携式电脑的普及使用,人们可以在办公室以外的地方随时使用携带的计算机工作,并希望仍然能够接入其办公室的局域网,或能够访问其他公共网络。这样,支持移动计算能力的计算机网络就显得越来越重要了。

1985年,美国联邦通信委员会(FCC)授权普通用户可以使用ISM频段,从而把无线局域网推向了商业化。FCC定义的ISM频段为:902～928MHz、2.4～2.4835GHz、5.725～5.85GHz三个频段。1996年中国无线电管理委员会开放了2.4～2.4835GHz频段。ISM频段为无线电网络设备供应商提供了所需的频段,只要发射机功率的带外辐射满足无线电管理机构的要求,则无需提出专门的申请就可使用ISM频段。

IEEE 802工作组负责局域网标准的开发。1990年11月,IEEE成立了802.11委员会,开始制定无线局域网标准。1997年6月26日,IEEE 802.111标准制定完成,1997年11月26日正式发布。

IEEE 802.11无线局域网标准的制定是无线局域网发展历史中的一个重要里程碑。承袭IEEE 802系列,IEEE 802.11规范了无线局域网络的媒体访问控制(Medium Access Control,MAC)层和物理(Physical,PHY)层。特别是由于实际无线传输的方式不同,IEEE在统一的MAC层下面规范了各种不同的实体层,以适应当前的情况及未来的技术发展。

IEEE 802.11标准使得各种不同厂商的无线产品得以互连。另外,标准使核心设备执行单芯片解决方案,降低了采用无线技术的代价。IEEE 802.11标准的颁布,使得无线局域网在各种有移动要求的环境中被广泛接受。1998年,各供应商已经推出了大量基于IEEE 802.11标准的无线网卡及访问结点。

1999年,IEEE 802.11工作组又批准了IEEE 802.11的两个分支:IEEE 802.11a和IEEE 802.11b。IEEE 802.11a扩充了无线局域网的物理层,规定该层使用5GHz频段,采用正交频分复用(OFDM)调制数据,传输速率为6～54Mb/s。这样的速率既能够满足室内的应用,也能够满足室外的应用。IEEE 802.11b是IEEE 802.11标准物理层的另一个扩充,规定采用2.4GHz ISM频段,调制方式采用补偿编码键控(CCK)。它的一个重要特点是,多速率机制的媒体访问控制(MAC)

确保当工作站之间距离过长或干扰太大、信噪比低于某一个门限的时候，传输速率能够从 11Mb/s 自动降低到 5.5Mb/s，或者根据直接序列扩频技术调整到 2Mb/s 或 1Mb/s。

3.2.2　无线局域网的特点

1. 无线局域网的优点

与传统有线局域网相比，WLAN 具有以下几个优点。

(1)移动性和灵活性

WLAN 利用无线通信技术在空中传输数据，摆脱了有线局域网的地理位置束缚，用户可以在网络覆盖范围内的任何位置接入网络，并且可在移动过程中对网络进行不间断的访问，体现出极大的灵活性。目前的 WLAN 技术可以支持最远 50km 的传输距离和最高 90km/h 的移动速度，足以满足用户在网络覆盖区域内享受视频点播、远程教育、视频会议、网络游戏等一系列宽带信息服务。

(2)安装便捷

传统有线局域网的传输媒介主要是铜缆或光缆，布线、改线工程量大，通常需要破墙掘地、穿线架管，线路容易损坏，网中的各节点移动不方便。WLAN 的安装工作快速、简单，无需开挖沟槽和布线，并且组建、配置和维护都比较容易。通常，只需要安装一个或多个接入点设备，就可建立覆盖整个区域的局域网络。

(3)易于进行网络规划和调整

对于有线网络来说，办公地点或网络拓扑的改变通常意味着重新建网、布线，费时、费力且需要较大的资金投入。而无线网络设备可以随办公环境的变化而轻松转移和布置，有效提高了设备的利用率并保护用户的设备投资。

(4)故障定位容易、维护成本低

据相关统计，尽管目前构建 WLAN 需投入的资金要比构建有线局域网高 30%左右(主要是部署无线网卡和无线 AP 的费用)，但是由于后期维护方便，WLAN 的维护成本要比有线局域网低 50%左右。因此，对于经常移动、增加和变更的动态环境来说，WLAN 的长远投资收益更加明显。在有线局域网中，由于线路连接不良而造成的网络中断往往很难查明，检修线路需要付出很大的代价。WLAN 则很容易定位故障，只需更换故障设备即可恢复网络连接。

(5)易于扩展

WLAN 可以以一种独立于有线网络的形式存在，在需要时可以随时建立临时网络，而不依赖有线骨干网。WLAN 组网灵活，可以满足具体的应用和安装需要。WLAN 比传统有线局域网提供更多可选的配置方式，既有适用于小数量用户的对等网络，也有适用于几千名移动用户的完整基础网络。在 WLAN 中增加或减少无线客户端都非常容易，通过增加无线 AP 就可以增大用户数量和覆盖范围，可以很快地从只有几个用户的小型局域网扩展到支持上千用户的大型网络，并且能够提供节点间“漫游”等有线局域网无法实现的特性。

(6)网络覆盖范围广

WLAN 具体的通信距离和覆盖范围视所选用的天线不同而有所不同：定向天线可达到 5km～50km；室外的全向天线可覆盖 15km～20km 的半径范围；室内全向天线可覆盖 250m 的半径范围。

2. 无线局域网的缺点

WLAN 并非完美无缺，也有许多面临的问题需要解决，这些局限性实际上也是 WLAN 必须克服的技术难点。这些局限性有些是低层技术方面的问题，需要 WLAN 设计者在研发过程中加以考虑；有些则是应用层面的问题，需要使用者在应用时加以克服和注意。

(1)可靠性

有线局域网的信道误比特率可优于 10^{-9}，这样就保证了通信系统的可靠性和稳定性。WLAN 采用无线信道进行通信，而无线信道是一个不可靠信道，存在着各种各样的干扰和噪声，从而引起信号的衰落和误码，进而导致网络吞吐性能的下降和不稳定。此外，由于无线传输的特殊性，还可能产生“隐藏终端”、“暴露终端”和“插入终端”等现象，影响系统的可靠性。

(2)带宽与系统容量

由于频率资源有限，WLAN 的信道带宽远小于有线网的带宽：由于无线信道数有限，即使可以复用，WLAN 的系统容量通常也要比有线网的容量小。因此，WLAN 的一个重要发展方向就是提高系统的传输带宽和系统容量。

(3)兼容性与共存性

兼容性包括多个方面：WLAN 要兼容现有的有线局域网；兼容现有的网络操作系统和网络软件；多种 WLAN 标准的兼容，如 IEEE 802.11b 对 IEEE 802.11 的兼容，IEEE 802.11g 对 IEEE 802.11b 的兼容；不同厂家 WLAN 产品间的兼容。

共存性也包括多个方面：同一频段的不同制式或标准的无线网的共存，如 2.4GHz 频段的 WLAN 和蓝牙系统的共存；不同频段、不同制式或标准的无线网的共存(多模共存)，如 2.4GHz 频段的 WLAN 和 5.8GHz 频段 WLAN 的共存，WLAN 与 GPRS 系统的共存等。

(4)覆盖范围

WLAN 的低功率和高频率限制了其覆盖范围。为了扩大覆盖范围，需要引入蜂窝或微蜂窝网络结构，或者通过中继与桥接等其他措施来实现。

(5)干扰

外界干扰可对无线信道和 WLAN 设备形成干扰，WLAN 系统内部也会形成自干扰；同时，WLAN 系统还会干扰其他无线系统。因此，在 WLAN 的设计与使用时，要综合考虑电磁兼容性能和抗干扰性能，并采用相应的措施。

(6)安全性

WLAN 的安全性有两方面的内容：一个是信息安全，即保证信息传输的可靠性、保密性、合法性和不可篡改性；另一个是人员安全，即电磁波的辐射对人体健康的损害。

因为信道的封闭性，在有线网络中存在着固有的安全保障。但在 WLAN 中，鉴于无线电波不能局限于网络设计的范围内，因此，有被偷听和被恶意干扰的可能性。目前，WLAN 系统中存在着一些安全漏洞。无线电管理部门应规定 WLAN 能够使用的频段，规定发射功率和带外辐射等各项技术指标。

(7)节能管理

由于 WLAN 的终端设备是便携设备，如笔记本计算机、PDA(个人数字助理)等，为了节省电池的消耗，延长设备的使用时间和提高电池的使用寿命，网络应具有节能管理功能。当某站不处于数据收发状态时，应使机内收发处于休眠状态，当要收发数据时，再激活收发信机。

(8)多业务与多媒体

现有的WLAN标准和产品主要面向突发数据业务,而对于语音业务、图像业务等多媒体业务的适宜性很差,需要开发保证多业务和多媒体的服务质量的相关标准和产品。

(9)移动性

WLAN虽然可以支持站的移动,但对大范围移动的支持机制还不完善,也还不能支持高速移动。即使在小范围的低速移动过程中,性能还要受到影响。

(10)小型化、低价格

这是WLAN能够实用并普及的关键所在。这取决于大规模集成电路,尤其是高性能、高集成度技术的进步。可喜的是,目前3GHz以下砷化镓MMIC(微波单片集成电路)的技术已相当成熟,已具备了生产小型、低价格WLAN射频单元的技术能力。

尽管WLAN技术仍有许多不足之处,但其先天的优势和良好的发展前景是不容置疑的。无线网络的主要优点是安装便捷、便于调整用户数量或更改网络结构以及可提供无线覆盖范围内的全功能漫游服务,在这些方面,无线网络弥补了传统有线网络的不足。

3.2.3　无线局域网的分类

无线局域网的分类方法有很多,下面介绍几种主要的分类方法。

1. 按频段的不同分

按频段的不同来分,可以分为专用频段和自由频段两类。其中不需要执照的自由频段又可分为红外线和无线电(主要是2.4GHz和5GHz频段)两种。再根据采用的传输技术进一步细分,如图3-1所示。

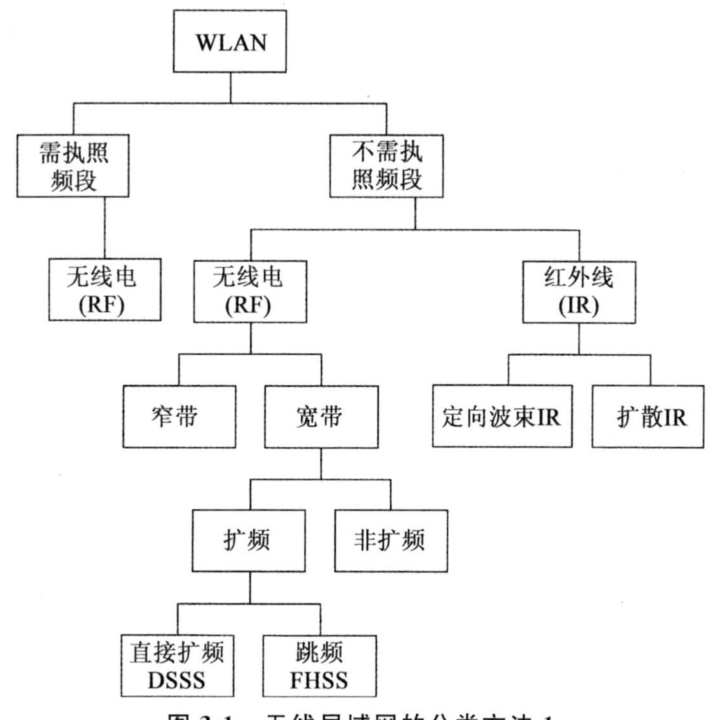

图3-1　无线局域网的分类方法1

2. 按业务类型的不同分

根据业务类型的不同来分,可以分为面向连接的业务和面向非连接的业务两类。面向连接的业务主要用于传输语音等实时性较强的业务,一般采用基于 TDMA 和 ATM 的技术,主要标准有 HiperLAN2 和蓝牙等。面向非连接的业务主要用于传输高速数据,通常采用基于分组和 IP 的技术,这类 WLAN 以 IEEE 802.11x 标准最为典型。当然,有些标准可以适用于面向连接的业务和面向非连接的业务,采用的是综合语音和数据的技术,如图 3-2 所示。

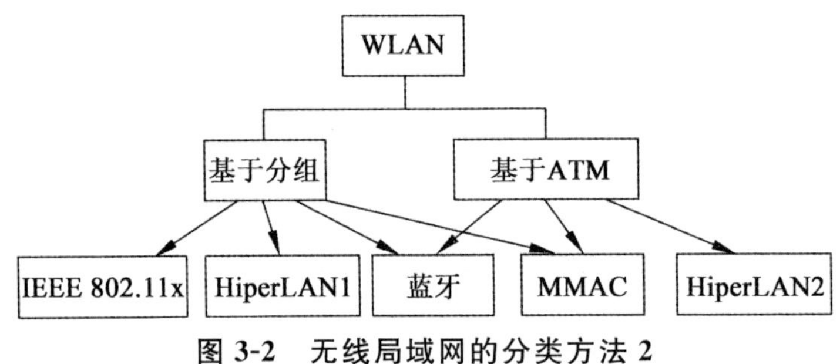

图 3-2 无线局域网的分类方法 2

此外,按网络拓扑和应用要求的不同,还可以分为 PeertoPeer(对等式)、Infrastructure(基础结构式)和接入、中继等。

3.2.4 无线局域网的物理结构

无线局域网的物理组成或物理结构如图 3-3 所示,它主要包括以下几个部分:站(Station,STA)、无线介质(Wireless Medium,WM)、基站(Base Station,BS)或接入点(Access Point,AP)和分布式系统(Distribution System,DS)等。

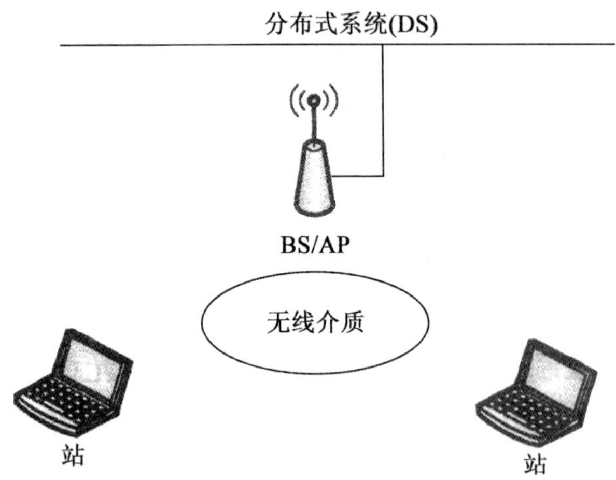

图 3-3 无线局域网的物理结构

1. 站(STA)

站(点)也称主机或终端,是 WLAN 的最基本组成单元。网络就是进行站间数据传输的,通常把连接在 WLAN 中的设备称为站。站在 WLAN 中通常用作客户端,它是具有无线网络接口的计算设备。它包括以下几部分：

(1)终端用户设备

终端用户设备是站与用户的交互设备。这些终端用户设备可以是台式计算机、便携式计算机和掌上电脑等，也可以是其他智能终端设备，如PDA等。

(2)无线网络接口

无线网络接口是站的重要组成部分，它负责处理从终端用户设备到无线介质间的数字通信，一般采用调制技术和通信协议的无线网络适配器(无线网卡)或调制解调器(Modem)。无线网络接口与终端用户设备之间通过计算机总线(如PCI)或接口(如RS-232、USB)等相连，并由相应的软件驱动程序提供客户应用设备或网络操作系统与无线网络接口之间的联系。

(3)网络软件

网络操作系统(NOS)、网络通信协议等网络软件运行于无线网络的不同设备上。客户端的网络软件运行在终端用户设备上，它负责完成用户向本地设备软件发出命令，并将用户接入无线网络。当然，对WLAN的网络软件有其特殊的要求。

WLAN中的站之间可以直接相互通信，也可以通过基站或接入点进行通信。在WLAN中，站之间的通信距离由于天线的辐射能力有限和应用环境的不同而受到限制。

通常把WLAN所能覆盖的区域范围称为服务区域(Service Area,SA)，而把由WLAN中移动站的无线收发信机及地理环境所确定的通信覆盖区域称为基本服务区(Basic Service Area,BSA)。考虑到无线资源的利用率和通信技术等因素，BSA不可能太大，通常在100m以内，也就是说同一BSA中的移动站之间的距离应小于100m。

2. 无线介质(WM)

无线介质是无线局域网中站与站之间、站与接入点之间通信的传输媒介。这里所说的介质为空气。空气是无线电波和红外线传播的良好介质。

通常，由无线局域网物理层标准定义无线局域网中的无线介质。

3. 无线接入点(AP)

无线接入点(简称接入点)类似蜂窝结构中的基站，是WLAN的重要组成单元。无线接入点是一种特殊的站，它通常处于BSA的中心，固定不动。其基本功能有以下几种：

①作为接入点，完成其他非AP的站对分布式系统的接入访问和同一BSS中的不同站间的通信关联。

②作为无线网络和分布式系统的桥接点完成WLAN与分布式系统间的桥接功能。

③作为BSS的控制中心完成对其他非AP的站的控制和管理。

无线接入点是具有无线网络接口的网络设备，至少要包括以下几部分。

①与分布式系统的接口(至少一个)。

②无线网络接口(至少一个)和相关软件。

③桥接软件、接入控制软件、管理软件等AP软件和网络软件。

无线接入点也可以作为普通站使用，称为AP Client。WLAN中的接入点也可以是各种类型的，如IP型的和无线ATM型的。无线ATM型的接入点与ATM交换机的接口为移动网络与网络接口(MNNI)。

4. 分布式系统(DS)

环境和主机收发信机特性能够限制一个基本服务区所能覆盖区域的范围。为了能覆盖更大的区域,就需要把多个基本服务区通过分布式系统连接起来,形成一个扩展业务区(Extended Service Area,ESA),而通过DS互相连接起来的属于同一个ESA的所有主机构成了一个扩展业务组(Extended Service Set,ESS)。

分布式系统(Wireless Distribution System,WDS)就是用来连接不同基本服务区的通信通道,称为分布式系统媒体(Distribution System Medium,DSM)。分布式系统媒体可以是有线信道,也可以是频段多变的无线信道。这为组织无线局域网提供了充分的灵活性。

通常,有线DS系统与骨干网都采用有线局域网(如IEEE 802.3)。而无线分布式系统使用AP间的无线通信(通常为无线网桥)将有线电缆取而代之,从而实现不同BSS的连接,如图3-4所示。分布式系统通过入口(Portal)与骨干网相连。无线局域网与骨干网(通常是有线局域网,如IEEE 802.3)之间相互传送的数据都必须经过Portal,通过Portal就可以把无线局域网和骨干网连接起来,如图3-5所示。

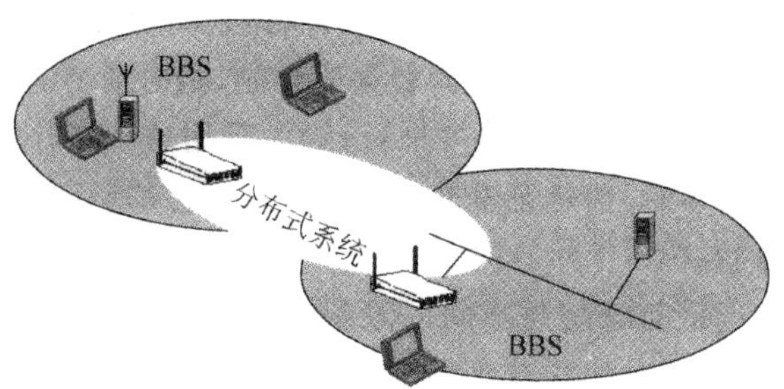

图3-4 无线分布式系统

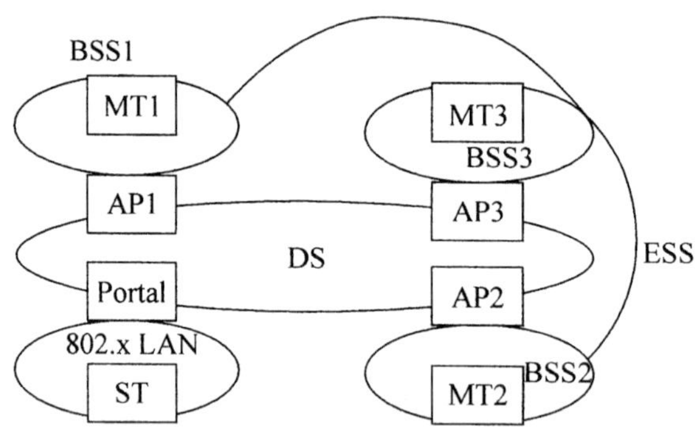

图3-5 Portal与WLAN拓扑

3.2.5 无线局域网标准

为了确保在网络中使用不同厂商网络设备的兼容,必须使用统一的业界标准,这样才能推动无线网络的发展。

1. IEEE 802.11 标准

IEEE 802.11 是 IEEE 于 1997 年颁布的无线网络标准，当时规定了一些诸如介质接入控制层功能、漫游功能、保密功能等。而随着网络技术的发展，IEEE 对 802.11 进行了更新和完善使很多厂商对无线网络设备的开发和应用有了进一步的提高。IEEE 802.11 标准分为 802.11b、802.11a、802.11g 等几种。

(1)IEEE 802.11b 标准

IEEE 802.11b 标准定义的工作频率为 2.4GHz，采用跳频扩频技术，最大传输速率为 11Mb/s，室内传输距离为 30m～100m，室外为 100m～300m。因为价格低廉，IEEE 802.11b 标准的产品被广泛使用。其升级版本为 IEEE 802.11b＋，支持 22Mb/s 数据传输速率。IEEE 802.11b＋还能够根据情况的变化，在 11Mb/s、5.5Mb/s、2Mb/s、1Mb/s 的不同速率之间自动切换。

(2)IEEE 802.11a 标准

IEEE 802.11a 标准使用 5GHz 的频段，采用跳频展频技术，数据传输速率可达到 54Mb/s。由于 IEEE 802.11b 的最高数据传输速率仅达到 11Mb/s，这就使在无线网络中的视频和音频传输存在很大问题，这就需要提高基本数据传输速率，相应的发展出 IEEE 802.11a 标准。

(3)IEEE 802.11g 标准

IEEE 802.11g 标准是于 2003 年 6 月推出的新标准，结合了 IEEE 802.11b 标准支持的 2.4GHz 工作频率和 IEEE 802.11a 标准的 54Mb/s 的传输速率，这样在兼容 IEEE 802.11b 标准的基础上拥有了高速率，使原有的 802.11b 和 802.11a 两种标准的设备都可以在同一网络中使用。IEEE 802.11g 是目前主流的无线局域网标准。它提供了高速的数据通信带宽，较为经济的成本，并提供了对原有主流无线局域网标准的兼容。

(4)IEEE 802.11i 标准

IEEE 802.11i 标准是专门用于加强无线局域网安全的标准。因为无线局域网的“无线”特点，致使任何进入此网络覆盖区的用户都可以轻松地以临时用户身份进入网络，给网络带来了不安全因素。为此，IEEE 802.11i 标准专门就无线局域网的安全性方面做了明确规定，如加强用户身份论证制度，并对传输的数据进行加密等，很好地解决了现有无线网络的安全缺陷和隐患。安全标准的完善，无疑将有利于推动无线局域网应用。

2. 蓝牙技术

蓝牙(IEEE 802.15)是一项新标准。对于 IEEE 802.11 标准来说，它的出现不是为了竞争而是相互补充。“蓝牙”是一种极其先进的大容量近距离无线数字通信的技术标准，其目标是实现最高数据传输速度 1Mb/s(有效传输速率为 721kb/s)、最大传输距离为 10cm～10m，通过增加发射功率可达到 100m。蓝牙比 IEEE 802.11 更具移动性，例如，IEEE 802.11 限制在办公室和校园内，而蓝牙却能把一个设备连接到局域网和广域网，甚至支持全球漫游。此外，蓝牙成本低、体积小，可用于更多的设备。“蓝牙”最大的优势还在于，在更新网络骨干时，如果搭配“蓝牙”架构进行，可使整体网络的成本比铺设线缆低。

3. HomeRF 标准

HomeRF 主要为家庭网络设计，是 IEEE 802.11 与数字无绳电话标准的结合，旨在降低语音数据成本，建设家庭语音、数据内联网。HomeRF 也采用了扩频技术，工作在 2.4GHz 频带，能同步支持 4 条高质量语音信道。但目前 HomeRF 的传输速率只有 1Mb/s～2Mb/s。

3.3 无线个域网与蓝牙技术

3.3.1 无线个域网的系统构成

当今时代，由于外围设备逐渐增多，用户不仅要在自己的计算机上连接打印机、扫描器、调制解调器等外围设备，有时还要通过 USB 接口将数码相机中的像片传输并存储到硬盘中去。不可否认，这些新技术的新用途给用户带来新体验，但是频繁地插拔某一接口、在计算机上缠绕无序的各种接线等也造成了很多不便。此外，企业内部各部门工作人员之间的信息传递对现代化企业中信息传送的移动化提出了更高的要求。在一间不大的办公室里组成有线局域网以实现信息和设备共享十分必要，无线个域网（Wireless Personal AreaNetwork，WPAN）的产生很好地解决了密密麻麻的布线问题。

WPAN 系统通常都由以下 4 个层面构成。

（1）应用软件和程序

该层面由驻留在主机上的软件模块组成，控制 WPAN 模块的运行。

（2）固件和软件栈

该层面管理链接的建立，并规定和执行 QoS 要求。这个层面的功能常常在固件和软件中实现。

（3）基带装置

该层面负责数据传送所需的数字数据处理，其中包括编码、封包、检错和纠错。基带还定义装置运行的状态，并与主控制器接口（Host Controller Interface，HCI）交互作用。

（4）无线电

该层面链接经 D/A（数—模）和 A/D（模—数）变换处理的所有输入/输出数据。它接收来自和到达基带的数据，并且还接收来自和到达天线的模拟信号。

3.3.2 无线个域网的分类

无线个域网（WPAN）的应用范围越来越广泛，涉及的关键技术也越来越丰富。通常人们按照传输速率将无线个域网的关键技术分为三类：低速 WPAN（LR-WPAN）技术、高速 WPAN 技术和超高速 WPAN 技术。

1. 低速 WPAN（LR-WPAN）

IEEE 802.15.4 包括工业监控和组网、办公和家庭自动化与控制、库存管理、人机接口装置以及无线传感器网络等。低速 WPAN 就是以 IEEE 802.15.4 为基础，为近距离联网设计的。

由于现有无线解决方案成本仍然偏高，而有些应用无需 WLAN，甚至不需要蓝牙系统那样的功能特性，LR-WPAN 的出现满足了市场需要。LR-WPAN 可以用于工业监测、办公和家庭自动化、农作物监测等方面。在工业监测方面，主要用于建立传感器网络、紧急状况监测、机器检测；在办公和家庭自动化方面，用于提供无线办公解决方案，建立类似传感器疲劳程度监测系统，用无线替代有线连接 VCR(盒式磁带像机)、计算机外设、游戏机、安全系统、照明和空调系统;在农作物监测方面,用于建立数千个 LR-WPAN 节点装置构成的网状网,收集土地信息和气象信息,农民利用这些信息可获取较高的农作物产量。

与 WLAN 和其他 WPAN 相比,LR-WPAN 具有结构简单、数据率较低、通信距离近、功耗低等特点,可见其成本自然也较低。

除了上述特点外,LR-WPAN 在诸如传输、网络节点、位置感知、网络拓扑、信息类型等其他方面还有独特的技术特性。表 3-1 所示为 LR-WIPAN 的技术特性。

表 3-1　LR-WIPAN 技术特性

技术特性	基本要求
原始数据率(kb/s)	2～250
通信距离	一般为 10m,性能折中可增至 100m
电池寿命	电池寿命取决于工作,有些应用电池在无电的情况下(如功率为零的情况)也能工作
位置感知	可选
传输时延(ms)	10～50
网络节点	最多可达 65534 个(实际数字根据需要来确定)
网络拓扑结构	星型或网状网
业务类型	以异步数据为主,也可支持同步数据
工作温度(℃)	－40～＋85
工作频率(GHz)	2.4
调制方式	开关键控(OOK)或振幅键控(ASK),扩频
复杂性	相对较低

2. 高速 WPAN

在 WPAN 方面,蓝牙(IEEE 802.15.1)是第一个取代有线连接工作在个人环境下各种电器的 WPAN 技术,但是数据传输的有效速率仅限于 1Mb/s 以下。2003 年 8 月 6 日,IEEE 正式批准了 IEEE 802.15.3 标准,这一标准是专为在高速 WPAN 中使用的消费和便携式多媒体装置制定的。IEEE 802.15.3 支持 11～55Mb/s 的数据率和基于高效的 TDMA 协议。物理层运行在 2.4GHz ISM 频段,可与 IEEE 802.11、IEEE 802.15.1 和 IEEE 802.15.4 兼容,而且能满足其他标准当前无法满足的应用需求。按照 IEEE 802.15.3 建立的 WPAN 拥有高达 55Mb/s 以上的数据传输速率。

首先,高速 WPAN 适合大量多媒体文件、短时间内视频流和 MP3 等音频文件的传送。利用高速 WPAN 传送一幅图片只需 1s 时间。表 3-2 中列出的其他 WLAN 和 WPAN 技术主要用于数据和语音传输,而高速 WPAN 还用于视频或多媒体传输,如摄像机编码器与 TV/投影仪/个人存储装置间的高速传送,便携式装置之间的计算机图形交换等。

其次,在个人操作环境中,高速 WPAN 能在各种电器装置之间实现多媒体连接。高速 WPAN 传送距离短,目前界定的数据率为 55Mb/s。网络采用动态拓扑结构,采用便携式装置能够在极短的时间内(小于 1s)加入或脱离网络。

表 3-2 高速 WPAN 与 WLAN 性能比较

	WLAN			WPAN	
标准类型	802.11a	802.11g	HyperLAN2	蓝牙	802.15.3
工作频率(GHz)	5	2.4	5	2.4	2.4
传输速率(Mb/s)	54	54	54	小于 1	大于 55
通信距离(m)	100	100	150	10	10
成本	高	适中	高	低	适中
主要应用	数据	数据	数据	语音、数据	语音、数据、多媒体
支持范围	全球	全球	欧洲	全球	全球
视频信道	5	2		0	5
功率	高	适中	高	很低	低
调制技术	OFDM	DSSS	OFDM	FHSS	FHSS

3. 超高速 WPAN

在人们的日常生活中,随着无线通信装置的急剧增长,人们对网络中各种信息传送提出了速率更高、内容更快的需求,而 IEEE 802.15.3 高速 WPAN 渐渐的不能满足这一需求。

随后,IEEE 802.15.3a 工作组提出了更高数据率的物理层标准,用以替代高速 WPAN 的物理层,这样就形成了更强大的超高速 WPAN 或超宽带(UWB)WPAN。超高速 WPAN 可支持 110~480Mb/s 的数据率。

IEEE 802.15.3a 超高速 WPAN 通信设备工作在 3.1~10.6GHz 的非特许频段,EIRP 为 −41.3dBW/MHz。它的辐射功率低,低辐射功率可以保证通信装置不会对特许业务和其他重要的无线通信产生严重干扰。表 3-3 所示为室内和手持式系统的工作频率和 EIRP(有效各向同性辐射功能)要求,可见,在超高速 WPAN 装置中使用的工作频段不同,其 EIRP 值各不相同。

表 3-3 室内和手持式系统的工作频率和 EIRP 要求

频率范围(MHz)	室内和手持式系统 EIRP(dBW)
960~1610	−75.3/−75.3
1610~1900	−53.3/−63.3
1900~3100	−51.3/−61.3
3100~10600	−41.3/−41.3
10600 以上	−51.3/−61.3
频段中的峰值辐射功率	平均辐射功率 60dB 以上
最大传输时间	10s

3.3.3　无线个域网的技术标准

无线个域网是随着短距离无线移动网络技术的发展而产生的，用于解决同一地点终端和终端间的连接，一般为主设备单元和几个从设备单元构成一个网络，而无需任何中央管理装置，还能够将一组互联的设备中的一个或多个设备连入更广阔的 LAN 或者互联网，是当前发展最迅速的领域之一。目前 IEEE 研究的无线个域网技术标准主要集中在 IEEE 802.15 系列，是目前最为权威的无线个域网标准。

无线个域网（WPAN）和无线分布式感知/控制网络（WDSC）中的网络设备可能会由不同的公司进行开发生产，所以一个统一的协议或标准显得尤其重要。1998 年，IEEE 802.15 工作组成立，起初叫无线个域网研究组，1995 年变更为 IEEE 802.15-WPAN 工作组。它专门从事 WPAN 标准化工作，其任务就是开发一套适用于无线个域网通信的标准。目前，IEEE 802.15 工作组下设共有 7 个工作组，其组织结构如图 3-6 所示。

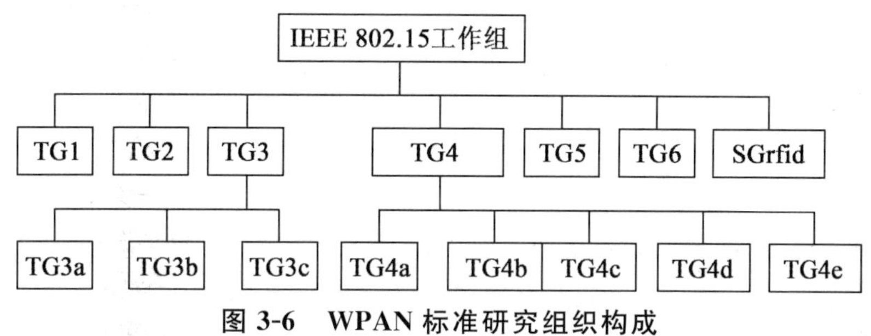

图 3-6　WPAN 标准研究组织构成

TG1 任务组负责制定 IEEE 802.15.1，是基于蓝牙 1.1 标准演变而来，在目前大多数蓝牙器件中采用的都是这一版本。IEEE 802.15.1 本质上只是蓝牙底层协议的一个正式标准化版本，大多数标准制定工作仍由 SIG 完成，其成果由 IEEE 批准。IEEE 802.15.1 工作在 2.4GHz 的 ISM 频带，这是世界范围内可以开放使用的波段，提供 1Mb/s 的数据传输率。新的版本 IEEE 802.15.1a 对应于蓝牙 1.2，它包括某些 QoS 增强功能，并完全后向兼容。

TG2 任务组负责制定 IEEE 802.15.2，负责建模和处理 WPAN 与 WLAN 在公用 ISM 频段内无线设备的共存问题。IEEE 802.15.2 定义了两种机制，分别是合作机制与非合作机制。

TG3 任务组负责制定 IEEE 802.15.3，IEEE 802.15.3 也称为 WiMedia，它规范了高速 WPAN 的物理层与 MAC 层，物理层可采用 QPSK、DQPSK、16QAM、32QAM 和 64QAM 调制方式，支持的数据速率分别为 11Mb/s、22Mb/s、33Mb/s、44Mb/s 和 55Mb/s。这种高速 WPAN 也由几个数据设备（DEV）组成，其中一个 DEV 充当本网的协调器（PNC）。PNC 利用 beacon 消息为本网提供基本时序，并负责管理功率模式、QoS 要求以及接入控制。这种高速 WPAN 主要用于解决数字摄像机、数字电视机、数字照相机、MP3 播放机、打印机、投影仪和笔记本电脑等便携式消费电器的高速互连问题。为了加强对更高速率的 WPAN 技术的研究，IEEE 802.15 工作组先后成立了 IEEE 802.15 TG3a 任务组、IEEE 802.15 TG3b 任务组和 IEEE 802.15 TG3c 任务组。目前，多数厂商倾向于 IEEE 802.15.3a，IEEE 802.15.3a 拓展了 802.15.3 物理层使用的频段，所以又称这种 WPAN 为超宽带（UWB）高速个域网。UWB 使用 3.1～10.6GHz 频段，每一无线信道占用的带宽甚至可以大于 500MHz，这样 UWB 系统可以低的发射功率获得大的吞吐量。生产 802.15.3a 产品的厂商成立了 WiMedia 联盟，其任务是对设备进行测试和贴牌，以保证标准的一致性。

TG4 任务组负责制定的 IEEE 802.15.4，也称 ZigBee 技术，主要任务是低功耗、低复杂度、低速率的 WPAN 标准制定，该标准定位于低数据传输速率的应用。这个任务组研究低于 200kb/s 数据传输率的 WPAN 应用，先后发展了 TG4a、TG4b、TG4c、TG4d、TG4e 5 个分支机构。

TG5 任务组负责制定 IEEE 802.15.5，研究无线网状网(WMN)技术在 WPAN 中的应用。

TG6 任务组主要研究国家医疗管理机构批准的人体内部无线通信技术，目前还处于标准的研究制定阶段。

SGrfid 任务组负责研究 RFID 技术在 WPAN 中的应用。

3.3.4 蓝牙技术

随着计算机网络和移动电话技术的迅猛发展，人们越来越迫切需要发展一定范围内的无线数据与语言通信。现在，便携的数字处理设备已成为人们日常生活和办公的必需品，这些设备包括笔记本电脑、个人数字助理、外围设备、手机和客户电子产品等。这些设备之间的信息交换还大都依赖于电缆的连接，使用非常不方便。蓝牙就是为了满足人们在个人区域的无线连接而设计的。

1. 蓝牙技术的特点

蓝牙技术利用短距离、低成本的无线连接代替了电缆连接，从而为现存的数据网络和小型的外围设备接口提供了统一的连接。它具有优越的技术性能，具体如下所示。

(1)开放性

“蓝牙”是一种开放的技术规范，该规范完全是公开的和共享的。为鼓励该项技术的应用推广，SIG 在其建立之初就奠定了真正的完全公开的基本方针。与生俱来的开放性赋予了蓝牙强大的生命力。从它诞生之日起，蓝牙就是一个由厂商们自己发起的技术协议，完全公开，并非某一家独有和保密。只要是 SIG 的成员，都有权无偿使用蓝牙的新技术，而蓝牙技术标准制定后，任何厂商都可以无偿地拿来生产产品，只要产品通过 SIG 组织的测试并符合蓝牙标准后，产品即可投入市场。

(2)通用性

蓝牙设备的工作频段选在全世界范围内都可以自由使用的 2.4GHz 的 ISM(工业、科学、医学)频段，这样用户不必经过申请便可以在 2400～2500MHz 范围内选用适当的蓝牙无线电设备。这就消除了“国界”的障碍，而在蜂窝式移动电话领域，这个障碍已经困扰用户多年。

(3)短距离、低功耗

蓝牙无线技术通信距离较短，蓝牙设备之间的有效通信距离大约为 10～100m，消耗功率极低，所以更适合于小巧的、便携式的、由电池供电的个人装置。

(4)无线“即连即用”

蓝牙技术最初是以取消连接各种电器之间的连线为目标的。主要面向网络中的各种数据及语音设备，如 PC、PDA、打印机、传真机、移动电话、数码相机等。蓝牙通过无线的方式将它们连成一个围绕个人的网络，省去了用户接线的烦恼，在各种便携式设备之间实现无缝的资源共享。任意“蓝牙”技术设备一旦搜寻到另一个“蓝牙”技术设备，马上就可以建立联系，而无需用户进行任何设置，可以解释成“即连即用”。

(5)抗干扰能力强

ISM 频段是对所有无线电系统都开放的频段,因此,使用其中的某个频段都会遇到不可预测的干扰源,例如,某些家电、无绳电话、汽车库开门器、微波炉等,都可能是干扰。为此,蓝牙技术特别设计了快速确认和跳频方案以确保链路稳定。跳频是蓝牙使用的关键技术之一。建立链路时,蓝牙的跳频速率为 3200 跳/s;传送数据时,对应单时隙包,蓝牙的跳频速率为 1600 跳/s;对于多时隙包,跳频速率有所降低。采用这样高的跳频速率,使得蓝牙系统具有足够高的抗干扰能力,且硬件设备简单、性能优越。

(6)支持语音和数据通用

蓝牙的数据传输速率为 1Mb/s,采用数据包的形式按时隙传送,每时隙 0.625μs。蓝牙系统支持实时的同步定向连接和非实时的异步不定向连接,支持一个异步数据通道、3 个并发的同步语音通道。每一个语音通道支持 64kb/s 的同步话音,异步通道支持最大速率为 721kb/s,反向应答速率为 57.6kb/s 的非对称连接,或者是速率为 432.6kb/s 的对称连接。

(7)组网灵活

蓝牙根据网络的概念提供点对点和点对多点的无线连接,在任意一个有效通信范围内,所有的设备都是平等的,并且遵循相同的工作方式。基于 TDMA 原理和蓝牙设备的平等性,任一蓝牙设备在主从网络(Piconet)和分散网络(Scatternet)中,既可做主设备(Master),又可做从设备(Slaver),还可同时既是主设备又是从设备。因此,在蓝牙系统中没有从站的概念。另外,所有的设备都是可移动的,组网十分方便。

(8)软件的层次结构

与许多通信系统一样,蓝牙的通信协议采用层次式结构,其程序写在一个 9nm×9nm 的微芯片中。其低层为各类应用所通用,高层则视具体应用而有所不同,大体可分为计算机背景和非计算机背景两种方式,前者通过主机控制接口(Host Control Interface,HCI)实现高、低层的连接,后者则不需要 HCI。层次结构使其设备具有最大的通用性和灵活性。根据通信协议,各种蓝牙设备在任何地方,都可以通过人工或自动查询来发现其他蓝牙设备,从而构成主从网和分散网,实现系统提供的各种功能,使用起来十分方便。

2. 蓝牙核心协议

蓝牙设备之间的连接与通信是蓝牙技术最为核心的问题,而要做好连接与通信,必须管理好这些活动的软件。与蓝牙有关的各种软件都是按照各种进程或过程的标准化协议编制而成。协议是各个蓝牙设备进行连接、数据传输、定位、交互操作的依据。众多的协议在为蓝牙设备服务中形成一个整体。有些协议是蓝牙所独有的,它们专为蓝牙产品服务;有些协议是其他的技术或应用中已有的,例如 TCP/IP,它们在寻找并扩大自己的应用领域时,发现还能用于蓝牙通信。

蓝牙核心协议就是包括 SIG 开发的蓝牙专有协议,是蓝牙 SIG 工程师专门为蓝牙开发的协议,它应用于蓝牙应用的每个规范,为应用程序提供传送和链路管理功能。

(1)基带协议

基带协议确保蓝牙微微网内各蓝牙设备单元之间建立链路的物理 RF 连接。基带协议提供两种不同的物理链路,一种是同步面向连接(Synchronous Coonnection-Oriented,SCO)链路;另一种是异步无连接(Asynchronous Coition-less,ACL)链路。而且在同一射频上可实现多路数据传送。ACL 适用于数据分组,其特点是可靠性好,但有延时;SCO 适用于话音以及话音与数据的组合,其特点是实时性好,但可靠性比 ACL 差。

(2)链路管理协议

链路管理协议(LMP)是基带协议的直接上层,它是蓝牙模块承上启下的重要成员。它主要用来控制和处理待发送数据分组的大小;管理蓝牙单元的功率模式及其在蓝牙网中的工作状态以及控制链路和密钥的生成、交换和使用。

(3)逻辑链路控制和适配协议

逻辑链路管理控制和适配协议 L2CAP 是位于基带协议之上的协议。它与 LMP 并行工作,共同传送往来基带层的数据。L2CAP 和 LMP 主要区别是 L2CAP 为上层提供服务,LMP 不为上层提供服务。基带协议支持 SCO 和 ACL 链路,而 L2CAP 仅支持 ACL 链路。L2CAP 的主要功能是协议的复用能力、分组的重组和分割、组提取。L2CAP 的分组数据最长达 64KB。ACL 净荷头中有 2 位 L-CH 字段,用于区分 L2ACP 分组和 LMP 协议。

(4)服务发现协议

服务发现协议(SDP)的主要功能是能让两个不同的蓝牙设备相识并建立连接,为蓝牙的应用规范打下基础。SDP 的功能决定了蓝牙环境下的服务发现与传统网络下的服务发现有很大不同。SDP 能够为客户提供查询服务,允许特殊行为所需的查询。SDP 能根据服务的类型提供相应的服务。SDP 能在不知道服务特征的条件下提供浏览服务。SDP 能为发射设备服务,并对服务类型和属性提供唯一标识。SDP 还能让一个设备客户直接发现另外设备上的服务。

3. 蓝牙技术的应用

蓝牙技术的应用非常广泛而且极具潜力,它可以改变人们的生活方式,提高生活质量;也可以解放人的双手,为生活增添无限精彩。从目前来看,由于蓝牙在小体积、低功耗方面的突出表现,它几乎可以被集成到任何的数字设备中。蓝牙技术具有广阔的应用领域。

(1)实现“名片”及其他重要个人信息的交换

在 20 世纪 90 年代中期,一位未来学家曾预言未来的人们在交往中无需手持名片互相交换,只需穿上带有 CPU 芯片的皮鞋和戴上附有传感器的手表就可在双方握手的一瞬间互相传递个人的全部信息,从而取代名片的交换。

如今,蓝牙技术的出现,让这一切成为现实。使用蓝牙技术,无需穿戴特制的皮鞋和手表,也不必两手紧握,只需将手机轻轻一按就可以实现名片的交换。其简单方便程度远远超出了某些未来学家的大胆想象。

(2)实现数字化家园(E-home)

目前厂家生产的家用电脑已具有愈来愈高的智能,例如,具有语音识别、手写识别、指纹识别等,但若要成为家庭的智能控制中心,真正实现数字化家园还需要有蓝牙技术的支持。

使用蓝牙技术,可以把家用电脑与其他数字设备(如数码相机、打印机、移动电话、PDA、家庭影院、空调机等)有机地接在一起,形成“家庭微网”,从而使人们真正享受到数字化家园的方便、高效与自在。

(3)更好地实现“因特网随身带”

通过 WAP 技术可以实现移动互联,但是有其不足之处。例如,由于显示屏幕大小,对长信息的浏览很不方便。

利用蓝牙技术,可以把 WAP 手机与笔记本电脑连接起来,从而很好地解决这个矛盾。既可实现移动互联，又不影响对长信息的浏览。

蓝牙设备就像一个“万能遥控器”，将传统电子设备的一对一的连接变为一对多的连接。蓝牙技术自倡导以来，迅速风靡全球，以低成本的近距离无线连接为基础，为固定与移动设备通信环境建立一个特别连接。

通俗讲，就是蓝牙技术使得现代一些轻易携带的移动通信设备和电脑设备，不必借助电缆就能联网，并且能够实现无线上因特网。蓝牙技术的实际应用范围还可以拓展到各种家电产品、消费电子产品和汽车等，组成一个巨大的无线通信网络。

3.4　无线传感器网络技术

3.4.1　无线传感器网络概述

无线传感器网络(Wireless Sensor Network，WSN)是一门交叉性学科，涉及计算机、微机电系统、网络通信、信号处理、自动控制等诸多领域，集分布式信息采集、信息传输和信息处理于一体。它是由一组传感器以 Ad Hoc(点对点)方式构成的无线网络，其目的是协作地感知、采集和处理网络覆盖的地理区域中感知对象的信息，并将这些信息发布给需要的用户。

无线传感器网络由许多个功能相同或者不同的无线传感器节点组成，它的基本组成单元是节点，这些节点集成了传感器、微处理器、无线接口和电源 4 个模块。无线传感器网络是由无线传感器节点(Sensor Node，也就是图中的监测节点)、汇聚节点(Sink Node)、传输网络和管理节点(远程监控中心)组成，如图 3-7 所示。因此，无线传感器网络也可以理解成由部署在监测区域内大量的廉价微型传感器节点组成，通过无线通信方式形成的一个多跳自组织网络。

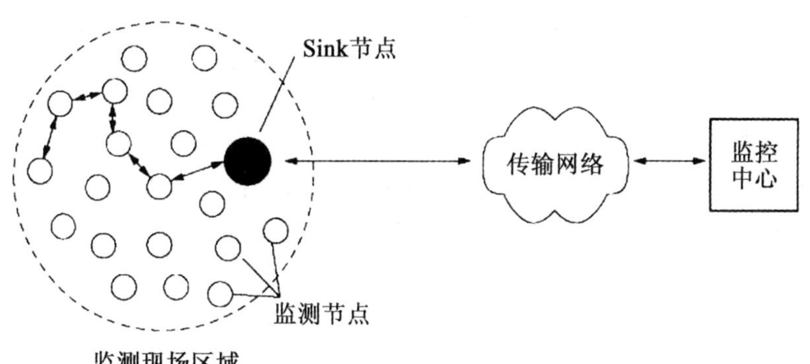

图 3-7　无线传感器网络的基本组成

大量传感器节点随机部署在监测区域内部或者附近，能够通过自组织方式构成网络。传感器节点对监测目标进行检测，获取的数据经本地简单处理后再通过邻近传感器节点采用多跳的方式传输到汇聚节点，最后通过传输网络到达管理节点，用户通过管理节点对传感器网络进行配置和管理。

汇聚节点处理能力、存储能力和通信能力相对来说比较强，它既可以是一个具有足够能量供给和更多内存资源与计算能力的增强型传感器节点，也可以是一个带有无线通信接口的特殊网管设备。汇聚节点是感知信息的接受者和应用者，从广义的角度来说，汇聚节点可以是人，也可以是计算机或其他设备。例如，军队指挥官可以是传感器网络的汇聚节点；一个由飞机携带的移动计算机也可以是传感器网络的汇聚节点。在一个传感器网络中,汇聚节点可以有一个或多个,一个汇聚节点也可以是多个传感器网络的用户。

汇聚节点有两种工作模式:一种是主动式(Proactive),工作于该模式的汇聚节点周期性扫描网络和查询传感器节点从而获得相关的信息;另一种是响应式(Reactive),工作于该模式的汇聚节点通常处于休眠状态,只有传感器节点发出的感兴趣事件或消息触发才开始工作,一般来说,响应式工作模式较为常用。

3.4.2 无线传感器网络的特点

无线传感器网络作为一种新型的信息获取系统,具有极其广阔的应用前景。在民用领域,无线传感器网络可用于探测、空中交通管制、道路交通监视、工业生产自动化、分布式机器人、生态环境监测、住宅安全监测等方面;在军事领域,无线传感器网络主要应用于国土安全、战场监视、战场侦察、目标定位、目标识别、目标跟踪等方面。与目前各种现有网络相比,无线传感器网络具有以下显著特点。

1. 自组织性

在传感器网络应用中,通常传感器节点放置在没有基础结构设施的地方。通常网络所处物理环境及网络自身有很多不可预测因素,传感器节点的位置有时不能预先精确设定,节点之间的相互邻居关系预先也不知道,如通过飞机将传感器节点播撒到面积广阔的原始森林,或随意放置到人员不可到达或危险的区域。

由于传感器网络的所有节点的地位都是平等的,没有预先指定的中心,各节点通过分布式算法来相互协调。在无人值守的情况下,节点就能自动组织起一个探测网络。正因为没有中心,网络便不会因为单个节点的脱离而受到损害。

以上因素要求传感器节点具有自组织的能力,能够自动地进行配置和管理,通过拓扑控制机制和网络协议,自动形成转发监测数据的多跳无线网络系统。

在传感器网络的使用过程中,部分传感器节点由于能量耗尽或环境因素造成失效,也有一些节点为了弥补失效节点、增加监测精度而补充到网络中,这样在传感器网络中的节点个数就动态地增加或减少,从而使网络的拓扑结构随之动态变化。传感器网络的自组织性要适应这种网络拓扑结构的动态变化。

2. 以数据为中心

目前的互联网是先有计算机终端系统,然后再互联成为网络,终端系统可以脱离网络独立存在。在因特网中网络设备是用网络中唯一的 IP 地址来标识,资源定位和信息传输依赖于终端、路由器和服务器等网络设备的 IP 地址。如果希望访问因特网中的资源,首先要知道存放资源的服务器 IP 地址,可以说目前的因特网是一个以地址为中心的网络。

传感器网络是任务型的网络,脱离传感器网络谈论传感器节点是没有任何意义的。传感器网络中的节点采用节点编号标识,节点编号是否需要全网唯一,这取决于网络通信协议的设计。

由于传感器节点属于随机部署,构成的传感器网络与节点编号之间的关系是完全动态的,表现为节点编号与节点位置没有必然的联系。用户使用传感器网络查询事件时,直接将所关心的事件通告给网络,而不是通告给某个确定编号的节点。网络在获得指定事件的信息后汇报给用户。这种以数据本身作为查询或传输线索的思想，更接近于自然语言交流的习惯，因此说传感器网络是一个以数据为中心的网络。

无线传感器网络更关心数据本身，如事件、事件和区域范围等，并不关注是哪个节点采集的。例如，在目标跟踪的传感器网络中，跟踪目标可能出现在任何地方，对目标感兴趣的用户只关心目标出现的位置和时间，并不必关心哪个节点监测到目标。事实上，在目标移动的过程中，必然是由不同的节点提供目标的位置消息。

3. 应用相关性

传感器网络用来感知客观物理世界，获取物理世界的信息量。客观世界的物理量多种多样，不可穷尽。不同的传感器网络应用关心不同的物理量，因此，对传感器的应用系统也有多种多样的要求。

不同的应用背景对传感器网络的要求不同，它们的硬件平台、软件系统和网络协议会有所差别。因此，传感器网络不可能像因特网那样，存在统一的通信协议平台。不同的传感器网络应用虽然存在一些共性问题，但在开发传感器网络应用系统时，人们更关心传感器网络的差异。只有让具体系统更贴近于应用，才能符合用户的需求和兴趣点。针对每一个具体应用来研究传感器网络技术，这是传感器网络设计不同于传统网络的显著特征。

4. 动态性

下列因素可能会导致传感器网络的拓扑结构随时发生改变，而且变化的方式与速率难以预测：

①环境因素或电能耗尽造成的传感器节点出现故障或失效。

②环境条件变化可能造成无线通信链路带宽变化，甚至时断时通。

③传感器网络的传感器、感知对象和观察者这三要素都可能具有移动性。

④新节点的加入。

由于传感器网络的节点是处于变化的环境，它的状态也在相应地发生变化，加之无线通信信道的不稳定性，网络拓扑因而也在不断地调整变化，而这种变化方式是无人能准确预测出来的。这就要求传感器网络系统要能够适应这种变化，具有动态的系统可重构性。

5. 网络规模大

为了获取精确信息，在监测区域通常部署大量的传感器节点，传感器节点数量可能达到成千上万。传感器网络的大规模性包括两方面含义：一方面是传感器节点分布在很大的地理区域内，例如，在原始森林采用传感器网络进行森林防火和环境监测，需要部署大量的传感器节点；另一方面，传感器节点部署很密集，在一个面积不是很大的空间内，密集部署了大量的传感器节点，实现对目标的可靠探测、识别与跟踪。

传感器网络的大规模性具有如下优点：通过不同空间视角获得的信息具有更大的信噪比；分布式地处理大量的采集信息，能够提高监测的精确度，降低对单个节点传感器的精度要求；大量冗余节点的存在，使得系统具有很强的容错性能；大量节点能增大覆盖的监测区域，减少探测遗漏地点或者盲区。

6. 可靠性

传感器网络特别适合部署在恶劣环境或人员不能到达的区域，传感器节点可能工作在露天环境中，遭受太阳的暴晒或风吹雨淋，甚至遭到无关人员或动物的破坏。传感器节点往往采用随机部署，如通过飞机撒播或发射炮弹到指定区域进行部署。这些都要求传感器节点非常坚固，不易损坏，适应各种恶劣环境条件。

无线传感器网络通过无线电波进行数据传输，虽然省去了布线的烦恼，但是相对于有线网络，低带宽则成为它的天生缺陷。同时，信号之间还存在相互干扰，信号自身也在不断地衰减，网络通信的可靠性也是不容忽视的。

另外，由于监测区域环境的限制以及传感器节点数目巨大，不可能人工“照顾”到每个节点，网络的维护十分困难甚至不可维护。传感器网络的通信保密性和安全性也十分重要，防止监测数据被盗取和收到伪造的监测信息。因此，传感器网络的软硬件必须具有鲁棒性和容错性。

3.4.3 无线传感器网络的关键技术

1. 无线传感器网络的路由协议

路由协议是无线传感器网络层的主要功能，设计有效的路由协议来提高通信连通性、降低能量消耗、延长网络生存时间成为无线传感器网络的核心问题之一。另外，路由协议的安全又是构建整个网络安全的重要和关键的一环，因此，设计高效和安全的无线传感器网络的路由协议始终是该领域的热点问题。

(1)无线传感器网络路由协议的分类

针对不同的传感器网络应用，研究人员提出了不同的路由协议。但到目前为止，仍缺乏一个完整和清晰的路由协议分类。从具体应用的角度出发，根据不同应用对传感器网络各种特性的敏感度不同，将路由协议分为以下四种类型。

1)能量感知路由协议

高效利用网络能量是传感器网络路由协议的一个显著特征，早期提出的一些传感器网络路由协议往往仅考虑了能量因素。为了强调高效利用能量的重要性，在此将它们划分为能量感知路由协议。能量感知路由协议从数据传输中的能量消耗出发，讨论最优能量消耗路径以及最长网络生存期等问题。

2)基于查询的路由协议

在诸如环境检测、战场评估等应用中，需要不断查询传感器节点采集的数据，汇聚节点(查询节点)发出任务查询命令，传感器节点向查询节点报告采集的数据。在这类应用中，通信流量主要是查询节点和传感器节点之间的命令和数据传输，同时传感器节点的采样信息在传输路径上通常要进行数据融合，通过减少通信流量来节省能量。

3)地理位置路由协议

在诸如目标跟踪类应用中，往往需要唤醒距离跟踪目标最近的传感器节点，以得到关于目标的更精确位置等相关信息。在这类应用中，通常需要知道目的节点的精确或者大致地理位置。把节点的位置信息作为路由选择的依据，不仅能够完成节点路由功能，还可以降低系统专门维护路由协议的能耗。

4)可靠的路由协议

无线传感器网络的某些应用对通信的服务质量有较高要求,如可靠性和实时性等。而在无线传感器网络中,链路的稳定性难以保证,通信信道质量比较低,拓扑变化比较频繁,要实现服务质量保证,需要设计相应的可靠的路由协议。

(2)无线传感器网络路由协议的特点

与传统网络的路由协议相比,无线传感器网络的路由协议具有以下特点。

1)能量优先

传统路由协议在选择最优路径时,很少考虑节点的能量消耗问题。而无线传感器网络中节点的能量有限,延长整个网络的生存期成为传感器网络路由协议设计的重要目标,因此,需要考虑节点的能量消耗以及网络能量均衡使用的问题。

2)基于局部拓扑信息

无线传感器网络为了节省通信能量,通常采用多跳的通信模式,而节点有限的存储资源和计算资源,使得节点不能存储大量的路由信息,不能进行太复杂的路由计算。在节点只能获取局部拓扑信息和资源有限的情况下,如何实现简单高效的路由机制是无线传感器网络的一个基本问题。

3)以数据为中心

传统的路由协议通常以地址作为节点的标识和路由的依据,而无线传感器网络中大量节点随机部署,所关注的是监测区域的感知数据,而不是具体哪个节点获取的信息,不依赖于全网唯一的标识。无线传感器网络通常包含多个传感器节点到少数汇聚节点的数据流,按照对感知数据的需求、数据通信模式和流向等,以数据为中心形成消息的转发路径。

4)应用相关

无线传感器网络的应用环境千差万别,数据通信模式不同,没有一个路由机制适合所有的应用,这是无线传感器网络应用相关性的一个体现。设计者需要针对每一个具体应用的需求,设计与之适应的特定路由机制。

(3)无线传感器路由协议的性能指标

无线传感器网络的路由协议不同于传统无线网络的路由协议,由于应用行业和应用场所的差异,使网络的路由算法的采用和路由协议的设计也颇具特点。为了评价路由协议设计的优劣,可以使用性能衡量指标来进行描述。

无线传感器网络中路由协议的设计目标是:使用积极有效的能量管理技术来延长网络生命周期;提高路由的容错能力,形成可靠数据转发机制。评价一个无线传感器网络路由设计性能的好坏,一般包含网络生命周期、传输延迟、路径容错性、可扩展性等性能指标。

1)网络生命周期

网络生命周期是指无线传感器网络从开始正常运行到第1个节点由于能量耗尽而退出网络所经历的时间。

2)低延时性

低延时性是指网关节点发出数据请求到接收返回数据的时间延迟。

3)鲁棒性

一个系统的鲁棒性是该系统在异常和危险情况下系统生存的能力;系统在一定的参数摄动下,维持性能稳定的能力。无线传感器网络中路由协议也应具有鲁棒性。具体地讲,就是路由算法应具备自适应性和容错性(Fault Tolerant),在部分传感节点因为能源耗尽或环境干扰而失效,不应影响整个网络的正常运行。

4)可扩展性

网络应该能够方便地进行规模扩展,传感器节点群的加入和退出都将导致网络规模的变动,优良的路由协议应该体现很好的扩展性。

2. 无线传感器网络的时间同步技术

无线传感器网络是一种新的分布式系统。节点之间相互独立并以无线方式通信,每个节点维护一个本地计时器,计时信号一般由廉价的晶体振荡器(简称晶振)提供。由于晶体振荡器制造工艺的差别,并且其在运行过程中易受到电压、温度以及晶体老化等多种偶然因素的影响,每个晶振的频率很难保持一致,进而导致网络中节点的计时速率总有偏差,造成了网络节点时间的失步。为了维护节点本地时间的一致性,必须进行时间同步操作。

(1)时间同步的分类

1)排序、相对同步与绝对同步

S. Ganeriwal 把时间同步的需求分为三个不同的层次。最简单的时间同步需求是能够实现对事件的排序(Ordering),也就是实现对事件发生的先后顺序的判断。第二个层次称为相对同步:节点维持其本地时钟的独立运行,动态获取并存储它与其他节点之间的时钟偏移和时钟飘移(Clock Skew)。根据这些信息,实现不同节点本地时间值之间的相互转换,达到时间同步的目的。可以看出:相对同步并不直接修改节点本地时间,保持了本地时间的连续运行。RBS(Reference Broadcast Synchronization)是其典型代表。第三个层次为绝对同步:节点的本地时间和参考基准时间保持时刻一致,因此,除了正常的计时过程对节点本地时间进行修改外,节点本地时间也会被时间同步协议所修改。TPSN(Timing-sync Protocol for Sensor Networks)是其典型代表。

2)外同步与内同步

外同步是指同步时间参考源来自于网络外部。典型外同步的例子为:时间基准节点通过外接 GPS 接收机获得 UTC(Universal Time Coordinated)时间,而网内的其他节点通过时间基准节点实现与 UTC 时间的间接同步;或者为每个节点都外接 GPS 接收机,从而实现与 UTC 时间的直接同步。内同步则是指同步时间参考源来源于网络内部,例如,为网内某个节点的本地时间。

3)局部同步与全网同步

根据不同应用的需要,若需要网内所有节点时间的同步,则称为全网同步。某些例如事件触发类应用,往往只需要部分与该事件相关的节点同步即可,这称为局部同步。

(2)时间同步算法

常用的时间同步算法主要包括了 RBS 算法、TPSN 算法、Mini-Sync 及 Tiny-Sync 算法和 LTS 算法。

1)RBS 算法

Elson、Girod 和 Estrin 提出了无线传感器网络的同步方案 RBS(Reference Broadcast Synchronization),他们简单而且新颖的想法就是利用“第 3 节点”实现同步:他们的方案并不是同步发送者和接收者(比如先前的大部分同步方案),而是使接收者彼此同步(虽然在无线传感器网络中的应用很新颖，但是在广播的环境中，先前已经提出过接收者彼此同步的思想）。在 RBS 方案中，节点发送参考给它的相邻节点，这个参考消息并不包含时间戳，相反的，它的到达时间被接收节点用作参考来对比本地时钟。

由于 RBS 算法将发送者的不确定性从关键路径中排除（图 3-8），所以获得了比传统的利用节点间双向信息交换实现同步的方法较好的精确度。由于发送者的不确定性对 RBS 的精确度没有影响，误差的来源主要是传输时间和接收时间的不确定性。首先假设单个广播在相同时刻到达所有接收者，因此，传输误差可以忽略。当广播范围相对较小（相对于同步精确度好几倍的光速），这种假设是正确的，而且也满足传感器网络的实际情形，所以在分析这个模型精确度的时候，只需要考虑接收时间误差。

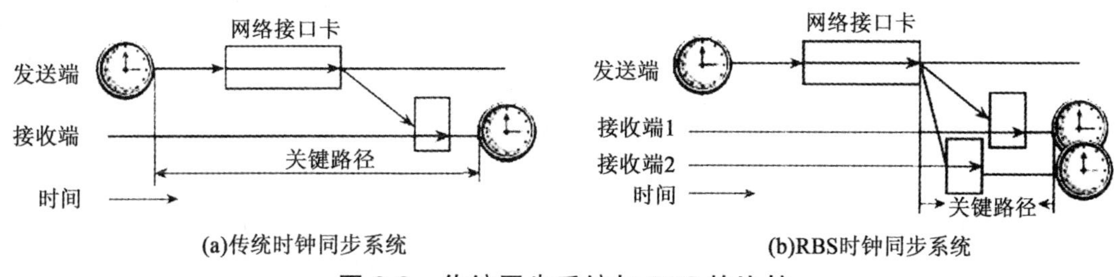

图 3-8　传统同步系统与 RBS 的比较

2）TPSN 算法

Ganeriwal et al. 提出了用于无线传感器网络整个网络内的时间同步算法 TPSN（Timing-Sync Protocol for Sensor Networks）。该算法分为两步，即分级和同步。第一步的目的是建立分级的网络拓扑，每个节点有个级别。只有一个节点则为零级，叫做根节点。第二步主要任务是节点间的信息交换，i 级节点与 $i-1$ 级节点同步，最后所有的节点都与根节点同步，从而达到整个网络的时间同步。

①分级。这步在网络拓扑的时候运行 1 次。首先根节点被确定，这个将是传感器网络的网关节点，在这个节点上可以安装 GPS 接收器，所有网络内的节点可以与外部时间（物理时间）同步。如果网关节点不存在，传感器节点可以周期性地作为根节点，现在有一种选择算法用于这个目的。

根节点被定为零级，通过广播分级数据包进行分级，这个包包含发送者的级别。根节点的相邻节点收到这个包后，把自己定为 1 级。然后每个 1 级节点广播分级数据包。一旦节点被定级，它将拒收分级数据包。这个广播链延伸到整个网络，直到所有的节点都被定级。

②同步。同步阶段最基础的一部分就是 2 个节点间双向的消息交换。假设在单个消息交换的很小一段时间内，2 个节点的时钟漂移是不变的，传输延迟在 2 个方向上也是不变的。

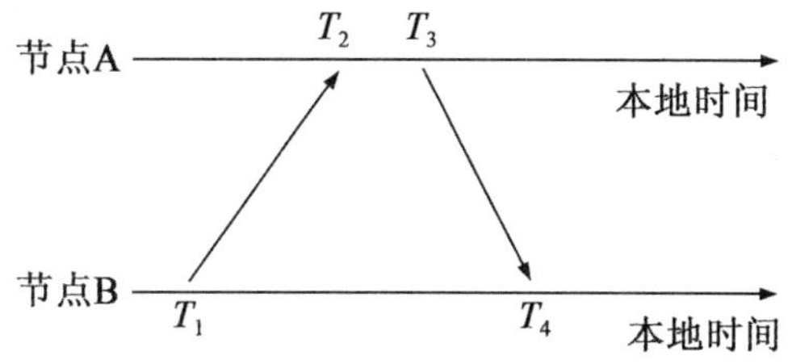

图 3-9　节点间的双向消息交换

考虑图 3-9 所示的节点 A 和节点 B 之间的双向消息交换，节点 A 在 T_1（根据本地时钟）发送同步信息包，这个包包含节点 A 的等级和 T_1，节点 B 在 $T_2=T_1+\Delta+d$ 收到这个包。其中，Δ 是节点间的相对时钟漂移；d 是脉冲的传输延迟。节点 B 在 T_3 返回确认信息包，信息包包含节点 B 的等级和 T_1、T_2、T_3，然后，节点 A 能够计算出时钟漂移和传输延迟，并与节点 B 同步。可以推出：

$$\begin{cases}\Delta=\dfrac{(T_2-T_1)-(T_4-T_3)}{2}\\ d=\dfrac{(T_2-T_1)+(T_4-T_3)}{2}\end{cases}$$

同步是由根节点的 time_sync 信息包引起的，1 级节点收到这个包后进行信息交换，每个节点等待随机时间发送信息，为了把信道阻塞的可能性降到最小。一旦它们获得根节点的回应，它们就调整本地时钟与根节点相同。2 级节点监听 1 级节点和根节点的通信，与 1 级节点产生双向消息交换，然后再一次等待随机时间保证 1 级节点完成同步。这个过程最终使所有节点与根节点同步。

3）Mini-Sync 及 Tiny-Sync 算法

Tiny-Syne 和 Mini-Sync 是由 Sichitiu 和 Veerarittiphan 提出的两种用于无线传感器网络的同步算法。假设每个时钟能够与固定频率的振荡器近似，2 个时钟 $C_1(t)$、$C_2(t)$ 在假设下线性相关：

$$C_1(t)=a_{12}\cdot C_2(t)+b_{12} \tag{3-1}$$

式中，a_{12} 是 2 个时钟的相对漂移；b_{12} 是 2 个时钟的相对偏移。

两种算法用的是传统的双向消息设计去估计节点时钟间的相对漂移和相对偏移。节点 1 给节点 2 发送探测消息，时间戳是 t_0，消息发送时的本地时钟。节点 2 在接收到消息后产生时间戳 t_b，并且立刻发送应答消息。最后，节点 1 在收到应答消息的时候产生时间戳 t_r。利用这些时间戳的绝对顺序和式(3-1)可得：

$$t_0<a_{12}t_b+b_{12}$$

$$t_r>a_{12}t_b+b_{12}$$

3 个时间戳（t_0，t_b，t_r）叫做数据点。Tiny-Sync 和 Mini-Sync 利用这些数据点进行工作，每个数据点通过双向消息交换进行收集。随着数据点数目的增多，算法的精确度也提高。

4）LTS 算法

LTS 算法是 Greunen 和 Rabaey 提出的。与其他算法的最大区别是该算法的目的并不是提高精确度，而是减小时间同步的复杂度。该算法在具体应用所需要的时间同步精确度范围内，以最小的复杂度来满足需要的精确度。无线传感器网络的最大时间精确度相对较低（通常在几分之一秒内），所以可利用这种相对简单的时间同步算法。此外，它们还提出了两种基于多跳的无线传感器网络 LTS 算法。

第一种多跳 LTS 算法是集中算法。在集中同步算法中，参考节点就是树的根节点，如果需要可以进行“再同步”。其基本过程为：

首先要构造树状图，然后沿着树的 $n-1$ 子叶边缘进行成对同步。希望通过构造树状图使同步精度最大化，最小深度的树是最优的。如果考虑时钟漂移，同步的精确度将受到同步时间的影响。为了最小化同步时间，同步应该沿着树的枝干并行进行，这样所有的子叶节点基本同时完成同步。通过假设时钟漂移被限定和给出需要的精确度，参考节点计算单个同步有效的时间周期。因此，树的深度影响整个网络的同步时间和子叶节点的精度误差。为了利用这个信息决定再同步所需时间，需要把树的深度参数传给根节点。

第二种多跳LTS算法通过分布式方法实现全网内的同步。每个节点决定自己同步的时间，算法中没有利用树结构。当节点 i 决定需要同步，它发送一个同步请求给最近的参考节点。然后，所有沿着从参考节点到节点 i 的路径的节点必须在节点 i 同步以前已经同步。这个算法的优点就是一些节点可以减少传输负载，因此，可以不需要频繁的同步。

另外，让每个节点决定再同步可以推进成对同步的数量，因为对于每个同步请求，沿着参考节点到再同步发起者的路径的所有节点都需要同步。随着同步需求数量的增加，沿着这个路径的整个同步将导致很大的节点和带宽资源浪费。因此，通过适当的融合算法是十分必要的。当任何节点需要同步时，需要询问相邻节点是否存在未处理的请求。如果存在，这个节点的同步请求将和未处理的请求融合，减少无效请求的传输。

(3)时间同步技术的应用

时间同步是无线传感器网络的基本中间件，不仅对其他中间件而且对各种应用都起着基础性作用，一些典型的应用如下所示。

1)多传感器数据压缩与融合

当传感器节点密集分布时，同一事件将会被多个传感器节点接收到。如果直接把所有的事件都发送给基站节点进行处理，将造成对网络带宽的浪费。此外，由于通信开销远高于计算开销，因此，对一组邻近节点所侦测到的相同事件进行正确识别，并对重复的报文进行信息压缩后再传输将会节省大量的电能。为了能够正确地识别重复报文，可以为每个事件标记一个时间戳，通过该时间戳可达到对重复事件的鉴别。时间同步越精确，对重复事件的识别也会更有效。

数据融合技术可在无线传感器网络中得到充分发挥，融合近距离接触目标的分布式节点中多方位和多角度的信息可以显著提高信噪比，缩小甚至有可能消除探测区域内的阴影和盲点。但这有一个基本前提：网络中的节点必须以一定精度保持时间同步，否则根本无法实施数据融合。例如，将一组时间序列融合成为对动物行进速度和方向的估计，这是需要建立在时间同步基础上的。

2)低功耗MAC协议

研究表明：被动监听无线信道的功耗与主动发送分组的功耗是相当的。因此，无线传感器网络MAC层协议设计的一个基本原则是尽可能地关闭无线通信模块，只在无线信息交换时短暂唤醒它，并在快速完成通信后，重新进入休眠状态，以节省宝贵的电能。如果MAC协议采用最直接的时分多路复用策略，利用占空比的调节便可实现上述目标，但需要参与通信的双方首先实现时间同步，并且同步精度越高，防护频带越小，相应的功耗也越低。因此，高精度的时间同步是低功耗MAC协议的基础。

3)测距定位

定位功能是许多典型的无线传感器网络应用的必需条件，也是当前的一项研究热点。易于想象：如果网络中的节点保持时间同步，则声波在节点间的传输时间很容易被确定。由于声波在一定介质中的传播速度是确定的，因此，传输时间信息很容易转换为距离信息。这意味着，测距的精度直接依赖于时间同步的精度。

4)分布式系统的传统要求

前面结合传感器网络的特殊性讨论了时间同步的重要性。就一般意义的分布式系统而言,时间同步在数据库查询、保持状态一致性和安全加密等应用领域也是不可缺少的关键机制。

5)协作传输的要求

通常来说,由于无线传感器网络节点的传输功率有限,不能和远方基站(如卫星)直接通信,直接放置大功率的节点有时是困难甚至不可能的。因此,提出了协作传输(Cooperative Transmission),其基本思想为:网络内多个节点同时发送相同的信息,基于电磁波的能量累加效应,远方基站将会接收到一个瞬间功率很强的信号,从而实现直接向远方节点传输信息的目的。当然,要实现协作传输,不仅需要新型的调制和解调方式,而且精确的时间同步也是基本前提。

3. 无线传感器网络的节点定位技术

(1)节点定位的基本概念

节点定位机制是指依靠有限的位置已知节点,确定布设区中其他节点的位置,在传感器节点间建立起空间关系的机制。

与传统计算机网络相比,无线传感器网络在计算机软硬件所组成计算世界与实际物理世界之间建立了更为紧密的联系,高密度的传感器节点通过近距离观测物理现象极大地提高了信息的“保真度”。在大多数情况下,只有结合位置信息,传感器获取的数据才有实际意义。以温度测量为例,如果不考虑原始数据产生的位置,我们只能将所有节点测得的数据进行平均,得出某个时刻监测区的平均温度;如果结合节点的位置信息,我们则可以绘制出温度等高线,在空间上分析网络布设区内的温度分布情况。对于目标定位与跟踪这一典型应用,现有的研究都将节点位置已知作为一个前提条件。

另外,许多对无线传感器网络协议的研究也都利用了节点的位置信息。在网络层,因为无线传感器网络节点无全局标志,可以设计基于节点位置信息的路由算法;在应用层,根据节点位置,无线传感器网络系统可以智能地选择一些特定的节点来完成任务,从而降低整个系统的能耗,提高系统的存活时间。

针对不同的无线传感器网络应用,节点定位难度不尽相同。对于军事应用,节点布设有可能采取空投的方式,导致节点位置随机性非常高,系统可用的外部支持也很少;而在另外一些场合,节点布设可能相对容易,系统也可能有较多的外部支持。为了实现普适计算,国外研究了很多传感器定位系统。这样的系统一般由大量传感器以有线方式联网构成,系统的目标是确定某个区域内物体的位置。这些系统依赖于大量基础设施的支持,采用集中计算方式,不考虑节能要求。在机器人领域,也有很多关于机器人定位的研究,但这些算法一般不考虑计算复杂度及能量限制的问题。由于无线传感器网络节点成本低、能量有限、随机密集布设等特点,上述定位方法均不适用于无线传感器网络。

全球定位系统(Global Positioning System,GPS)已经在许多领域得到了应用,但为每个节点配备 GPS 接收装置是不现实的。原因主要有:

①GPS 接收装置费用较高。

②GPS 对使用环境有一定限制,如在水下、建筑物内等不能直接使用。

关于节点定位技术的基本术语如下:

①导标节点(Beacon Nodes):网络中在初始化阶段具有相对某全局坐标系的已知位置信息的节点,可以为其他节点提供位置参考标志。通常导标节点在节点总数中所占比例比较小,可以通过装备GPS定位设备或手工配置、确定部署等方式来预先获得位置信息。也有文献将导标节点称为“锚节点(Anchor Node)”。

②未知节点(Unknown Nodes):导标节点以外的节点就称为“未知节点”。这些节点不能预先获得位置信息,节点定位的过程就是获得这些节点的位置。也有文献将未知节点称为“盲节点(Blind Node)”。

③邻居节点(Neighboring Nodes):每个节点的通信距离范围之内的所有节点集。

④网络密度(Network Density):指单个节点通信覆盖区域的传感器节点平均数目,通常记为$\mu(R)$。若N个节点抛撒在面积为A的区域,节点通信距离为R,则$\mu(R)=N\pi R^2/A$。

⑤节点度(Node Degree):节点的邻居节点数目。

⑥跳数(Hop Count):两个节点之间的跳段总数。

⑦跳距(Hop Distance):两个节点之间的各跳段的距离之和。

(2)定位算法的分类

节点定位算法的分类内容非常丰富,下面仅介绍常见的几类。

1)基于距离的定位算法和非基于距离的定位算法

最常见的定位机制就是基于距离和非基于距离的定位算法。前者根据节点间的距离信息,结合几何学原理,解算节点位置;后者则利用节点间的邻近关系和网络连通性进行定位。

通过物理测量获得节点之间的距离或连接有向线段的夹角信息来对节点进行定位的算法,是基于测距的定位算法。不是通过周边参考节点的测距,而是利用节点的连通性和多条路由信息交换来对节点进行定位的算法就是非基于测距的定位算法。基于测距的定位算法定位精度较高,但对于硬件设备的费用支出和相关的功耗较大;总的来讲,非基于测距定位算法实施的成本较低。

2)基于信标节点的定位算法和无信标节点的定位算法

如果使用了信标节点及信标节点数据的定位算法叫基于信标节点的定位算法,否则就是无信标节点的定位算法。基于信标节点的定位算法以信标节点为参考点,通过定位后,完成了绝对坐标系中坐标描述;无信标节点的定位算法无需其他节点的绝对坐标数据信息,只依靠节点的相对位置关系确定待定位节点的位置,这样所得出的位置信息是在相对坐标系中进行的,定位数据也是在相对坐标系中描述的。

3)物理定位算法和符号定位算法

通过定位后得到传感器节点的物理位置的算法是物理定位算法,如获得节点的三维坐标和方位角等;若通过定位后得到传感器节点的符号位置的算法就是符号定位算法,如获得节点的定位信息是传感器节点位于建筑物中的多少号房间。

有些应用场合适合使用符号定位算法,如建筑物特定火情监测区域中,火灾传感器的分布,使用符号定位算法就很方便;大多数定位算法都能提供物理定位信息。

4)递增式的定位算法和并发式的定位算法

在定位的过程中,首先是从信标节点开始,对与信标节点相邻的节点进行定位,再逐渐地向远离信标节点的位置对节点进行定位,这种定位算法就是递增式的定位算法。递增式定位算法会产生较大的累积误差。如果同时性地处理节点定位信息,则是并发式的定位算法。

5)细粒度定位算法和粗粒度定位算法

根据定位算法所需信息的粒度可将定位算法分为:细粒度(Fine-Grained)定位算法和粗粒度(Coarse-Grained)定位算法。根据接收信号强度、时间、方向和信号模式匹配(Signal Pattern Matching)等来完成定位的被称为“细粒度定位算法”;而根据节点的接近度(Proximity)等来完成定位的则称为“粗粒度定位算法”。Cricket、AHLos、RADAR、LCB 等都属于细粒度定位算法;而质心算法、凸规划算法等则属于粗粒度定位算法。

(3)无线传感器网络节点定位技术的研究内容

无线传感器网络主要用来监测网络部署区域中各种环境特性,比如温度、湿度、光照、声强、磁场强度、压力/压强、运动物体的加速度/速度、化学物质浓度等(不同的特性可能需要不同的传感器),但对这些传感数据在不知道相应的位置信息的情况下,往往是没有意义的。换句话说,传感器节点的位置信息在无线传感器网络的诸多应用领域中扮演着十分重要的角色。在无线传感器网络的许多应用场合,诸如水文、火灾、潮汐、生态学研究、飞行器设计等课题中,采用无线传感器网络进行信息收集和处理。传感节点主要发回所处位置的物理信息数据,如酸碱度、温度、水位、压力、风速等,这些数据必须和位置信息相捆绑才有意义,甚至有时需要传感器发回单纯的位置信息。在军事战术通信网中,位置管理和配置管理是两大课题。分布在海、陆、空、天的舰船、战车、飞行器、卫星以及单兵等临时构成了战场上的自组网。由自组网中各节点的互通信,指挥官可以完成对整个战场态势的认知和把握。节点的位置信息是作战指挥的关键依据,节点发回的战术信息无不与该节点当时所处位置有关,没有位置信息的支持,这些战术信息将没有意义。在目标跟踪应用中,结合节点感知到的运动目标的速度和节点所在位置,可以监视目标的运动路线并预测目标的运动方向。再如监测某个区域的温度,如果知道节点的位置信息就可以绘制出监测区域的等温线,在空间上分析监测区域的温度分布情况。

此外,节点位置信息还可以为其他协议层的设计提供帮助。在应用层,节点位置信息对基于位置信息选择服务的应用是不可缺少的;在通过汇聚多个传感器节点的数据获得能量保护方面,位置信息也非常重要。在网络层,位置信息与传输距离的结合,使得基于地理位置的路由算法成为可能。研究表明,基于节点位置信息的路由策略能够更加有效地通过多跳在无线传感器网络中传播信息,这些典型协议包括 Niculescu 提出的 TBF 路由算法、He 提出的 SPEED 实时通信协议、Ko 提出的基于位置信息的 LAR 可扩展路由协议和 Xu 提出的能量有效路由方法等。

传感器节点通常是用飞机等工具随机地部署到监测区域中的,因此,无法预先确定节点部署后的位置,只能在部署完成后采用一定的方法进行定位。目前使用最广泛的定位系统当属全球定位系统(Global Positioning System,GPS),因此,获得节点位置的直接想法就是利用 GPS 来实现;但由于其在价格、功耗、适用范围以及体积等方面的制约使得很难完全应用于大规模无线传感器网络。此外,在无线传感器网络的室内应用中,GPS 会由于接收不到卫星信号而失效。特别是在战争环境下,GPS 卫星系统很可能被损毁,军方还可以在局部区域内增加 GPS 干扰信号的强度,使敌对方利用 GPS 时定位精度严重降低,无法用于军事行动。此外,在机器人研究领域,也有不少关于定位的研究,但所提出的一些算法一般不用关心计算复杂度问题,同时也有相应的硬件设备支持,所以也不适用于无线传感器网络。

由此,如何确定无线传感器网络中节点的位置信息称之为“节点定位”成为了必须解决的关键问题之一。所谓节点定位(Node Localization),即通过一定的技术、方法和手段获取无线传感器网络中节点的绝对(相对于地理经纬度)或相对位置信息的过程。由于节点硬件配置低,能量、计算、存储和通信能力有限,因此,对节点定位提出了较大的挑战。

"位置"这个概念天生就依赖于某个预先确定的参照系。换句话说,所有的"位置"都是相对的;同样,在没有相应的坐标系的情况下讨论某个物体的坐标也是毫无意义的。在这里,假设总是存在这么一个合适的全局坐标系,至于该全局坐标系的具体细节对于定位算法来说并不重要。事实上,这些细节是面向具体应用的。

4. 无线传感器网络的数据融合技术

由于大多数无线传感器网络应用都是由大量传感器节点构成的,共同完成信息收集、目标监视和感知环境的任务。因此,在信息采集的过程中,采用各个节点单独传输数据到汇聚节点的方法显然是不合适的。因为网络存在大量冗余信息,这样会浪费大量的通信带宽和宝贵的能量资源。此外,还会降低信息的收集效率,影响信息采集的及时性。

为避免上述问题,人们采用了一种称为数据融合(或称为数据汇聚)的技术。所谓数据融合是指将多份数据或信息进行处理,组合出更高效、更符合用户需求的数据的过程。在大多数无线传感器网络应用当中,许多时候只关心监测结果,并不需要收到大量原始数据,数据融合是处理该类问题的重要手段。

(1)数据融合的作用

在传感器网络中,数据融合起着十分重要的作用,主要表现在节省整个网络的能量、增强所收集数据的准确性以及提高收集数据的效率三个方面。

1)节省能量

由于部署无线传感器网络时,考虑了整个网络的可靠性和监测信息的准确性(即保证一定的精度),需要进行节点的冗余配置。在这种冗余配置的情况下,监测区域周围的节点采集和报告的数据会非常接近或相似,即数据的冗余程度较高。

如果把这些数据都发给汇聚节点,在已经满足数据精度的前提下,除了使网络消耗更多的能量外,汇聚节点并不能获得更多的信息。而采用数据融合技术,就能够保证在向汇聚节点发送数据之前,处理掉大量冗余的数据信息,从而节省了网内节点的能量资源。

2)获取更准确的信息

传感器网络由大量低廉的传感器节点组成,部署在各种各样的环境中,从传感器节点获得的信息存在着较高的不可靠性。这些不可靠因素主要来自于以下几个方面:

①受到成本及体积的限制,节点配置的传感器精度一般较低。

②无线通信的机制使得传送的数据更容易因受到干扰而遭破坏。

③恶劣的工作环境除了影响数据传送外,还会破坏节点的功能部件,令其工作异常,报告错误的数据。

由此看来,仅收集少数几个分散的传感器节点的数据较难确保得到信息的正确性,需要通过对监测同一对象的多个传感器所采集的数据进行综合,来有效地提高所获得信息的精度和可信度。此外,由于邻近的传感器节点监测同一区域,其获得的信息之间差异性很小,如果个别节点报告了错误的或误差较大的信息,很容易在本地处理中通过简单的比较算法进行排除。

3)提高数据收集效率

在网内进行数据融合,可以在一定程度上提高网络收集数据的整体效率。数据融合减少了需要传输的数据量,可以减轻网络的传输拥塞,降低数据的传输延迟;即使有效数据量并未减少,但通过对多个数据分组进行合并减少了数据分组个数,可以减少传输中的冲突碰撞现象,也能提高无线信道的利用率。

(2)数据融合方案的分类

传感器网络中的数据融合技术可以从不同的角度进行分类,这里介绍三种分类方法:按融合前后数据的信息含量分;按数据融合与应用层数据语义之间的关系分;按融合操作的级别分。

1)按融合前后数据的信息含量分

按数据进行融合操作前后的信息含量,可以将数据融合分为无损失融合(Lossless Aggregation)和有损失融合(Lossy Aggregation)两类。

①无损失融合。无损失融合中,所有的细节信息均被保留。此类融合的常见做法是去除信息中的冗余部分。根据信息理论,在无损失融合中,信息整体缩减的大小受到其熵值的限制。

将多个数据分组打包成一个数据分组,而不改变各个分组所携带的数据内容的方法属于无损失融合。这种方法只是缩减了分组头部的数据和为传输多个分组而需要的传输控制开销,而保留了全部数据信息。如图 3-10 所示。

D_1	D_2	D_1	D_1	D_2	D_3	D_1	D_1	D_1	D_2	D_1	D_3	D_1	D_2

D(Fusion_data)=

8	D_1	4	D_2	2	D_3

图 3-10　传感器网络中无损融合

时间戳融合是无损失融合的另一个例子。在远程监控应用中,传感器节点汇报的内容可能在时间属性上有一定的联系,可以使用一种更有效的表示手段融合多次汇报。比如一个节点以一个短时间间隔进行了多次汇报,每次汇报中除时间戳不同外,其他内容均相同;收到这些汇报的中间节点可以只传送时间戳最新的一次汇报,以表示在此时刻之前,被监测的事物都具有相同的属性。

②有损失融合。有损失融合通常会省略一些细节信息或降低数据的质量,从而减少需要存储或传输的数据量,以达到节省存储资源或能量资源的目的。有损失融合中,信息损失的上限是要保留应用所需要的全部信息量。如图 3-11 所示。

D_1	D_2	D_1	D_1	D_2	D_3	D_1	D_1	D_1	D_2	D_1	D_3	D_1	D_2

$$D(\text{Fusion\_data})=W_1\times D_1\times W_2\times D_2\times W_3\times D_3$$

图 3-11　传感器网络中有损融合

很多有损失融合都是针对数据收集的需求而进行网内处理的必然结果。比如温度监测应用中,需要查询某一区域范围内的平均温度或最低、最高温度时,网内处理将对各个传感器节点所报告的数据进行运算,并只将结果数据报告给查询者。从信息含量角度看,这份结果数据相对于传感器节点所报告的原始数据来说,损失了绝大部分的信息,仅能满足数据收集者的要求。

2)按数据融合与应用层数据语义之间的关系分

数据融合技术可以在传感器网络协议栈的多个层次中实现,既可以在 MAC 协议中实现,也可以在路由协议或应用层协议中实现。按数据融合是否基于应用数据的语义，将数据融合技术分为三类：依赖于应用的数据融合（Application Dependent Data Aggregation，ADDA）、独立于应用的数据融合（Application Independent Data Aggregation，AIDA），以及结合以上两种技术的数据融合。

①依赖于应用的数据融合。通常数据融合都是对应用层数据进行的，即数据融合需要了解应用数据的语义。从实现角度看，数据融合如果在应用层实现，则与应用数据之间没有语义间隔，可以直接对应用数据进行融合；如果在网络层实现，则需要跨协议层理解应用层数据的含义，如图 3-12(b)所示。

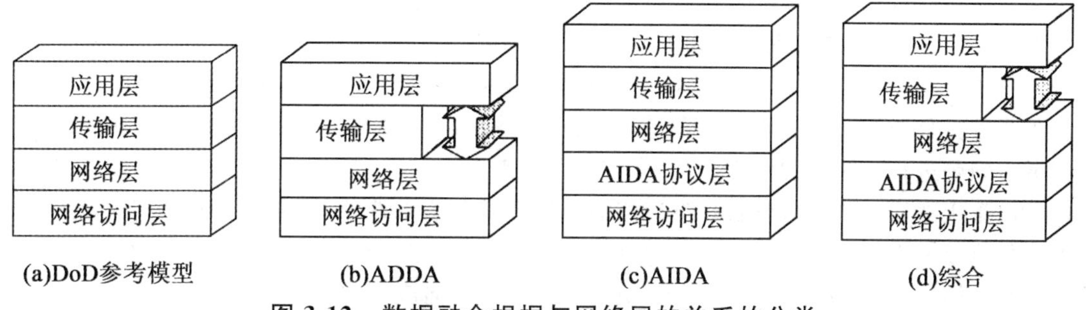

图 3-12　数据融合根据与网络层的关系的分类

ADDA 技术可以根据应用需求获得最大限度的数据压缩，但可能导致结果数据中损失的信息过多。另外，融合带来的跨层理解语义问题给协议栈的实现带来困难。

②独立于应用的数据融合。鉴于 ADDA 的语义相关性问题，有人提出独立于应用的数据融合。这种融合技术不需要了解应用层数据的语义，直接对数据链路层的数据包进行融合。例如，将多个数据包拼接成一个数据包进行转发。这种技术把数据融合作为独立的层次实现，简化了各层之间的关系。如图 3-12(c)中所示，AIDA 作为一个独立的层次处于网络层与 MAC 层之间。

AIDA 保持了网络协议层的独立性，不对应用层数据进行处理，从而不会导致信息丢失，但是数据融合效率没有 ADDA 高。

③结合以上两种技术的数据融合。这种方式结合了上面两种技术的优点，同时保留 AIDA 层次和其他协议层内的数据融合技术，因此，可以综合使用多种机制得到更符合应用需求的融合效果。其协议层次如图 3-12(d)所示。

3)按融合操作的级别分

按对传感器数据的操作级别，可将数据融合技术分为以下三类：

①数据级融合。数据级融合是最底层的融合，操作对象是传感器采集得到的数据，因而是面向数据的融合。对传感器的原始数据及预处理各阶段上产生的信息分别进行融合处理，尽可能多地保持了原始信息，能够提供其他层次融合所不具有的细微信息。这类融合在大多数情况下仅依赖于传感器类型，不依赖于用户需求。例如，在目标识别的应用中，数据级融合即为像素级融合，进行的操作包括对像素数据进行分类或组合，去除图像中的冗余信息等。

它的局限性主要是所要处理的传感器信息量大，故处理代价较高，另外，融合是在信息最低层进行的，由于传感器的原始数据的不确定性、不完全性和不稳定性，要求在融合时有较高的纠错能力。

②特征级融合。特征级融合通过一些特征提取手段将数据表示为一系列的特征向量，来反映事物的属性。作为一种面向监测对象特征的融合，它是利用从各个传感器原始数据中提取的特征信息，进行综合分析和处理的中间层次过程。

通常所提取的特征信息应是数据信息的充分表示量或统计量，据此对多传感器信息进行分类、汇集和综合。例如，在温度监测的应用场合，特征级融合可以对温度传感器的输出数据进行综合，表示成“地区范围，最高温度，最低温度”的形式；在目标监测应用中，特征级融合可以将图像的颜色特征表示成 RGB 值。

特征级融合可以分为目标状态信息融合和目标特性融合两种类型。目标状态信息融合主要应用于多传感器目标跟踪领域。融合系统首先对传感器数据进行预处理以完成数据配准。在数据配准后，融合处理主要实现参数相关和状态矢量估计。目标特性融合主要用于特征层的联合识别。具体的融合方法主要采用模式识别的相应技术，在融合前必须先对特征进行相关处理，对特征矢量进行分类组合。在模式识别、图像处理和计算机视觉等领域，已经对特征提取和基于特征的分类问题进行了深入的研究，有许多方法可以借用。

③决策级融合。决策级融合根据应用需求进行较高级的决策，是最高级的融合。决策级融合的操作可以依据特征级融合提取的数据特征，对监测对象进行判别、分类，并通过简单的逻辑运算，执行满足应用需求的决策。因此，决策级融合是面向应用的融合。

决策级融合是在信息表示的最高层次上进行的融合处理。不同类型的传感器观测同一个目标，每个传感器在本地完成预处理、特征抽取、识别或判断，以建立对所观察目标的初步结论，然后通过相关处理、决策级融合判决，最终获得联合推断结果，从而直接为决策提供依据。

因此，决策级融合是直接针对具体决策目标，充分利用特征级融合所得出的目标各类特征信息，并给出简明而直观的结果。决策级融合优点在于实时性好，另外，如果出现一个或几个传感器失效时，仍能给出最终决策，因而具有良好的容错性。例如，针对灾难监测问题，决策级融合可能需要综合多种类型的传感器信息，包括温度、湿度或震动等，进而对是否发生了灾难事故进行判断。在目标监测应用中，决策级融合需要综合监测目标的颜色特征和轮廓特征，对目标进行识别，最终只传输识别的结果。

在传感器网络的具体应用与实现中，这三个层次的融合技术可以根据应用的特点加以综合运用。例如，在有的应用场合，传感器数据的形式比较简单，不需要进行较低层的数据级融合，而需要提供灵活的特征级融合手段。另外，如果有的应用要处理大量的原始数据，则需要具备强大的数据级融合功能。

(3)应用层的数据融合

无线传感器网络具有以数据为中心的特点，因此，应用层的设计需要考虑以下几点：

①传感器网络可以实现多任务，应用层应该提供方便、灵活的查询提交手段。

②应用层应当为用户提供一个屏蔽底层操作的用户接口，用户使用时无需改变原来的操作习惯，也不必关心数据是如何采集上来的。

③由于节点通信代价高于节点本地计算的代价，应用层的数据形式应当有利于网内的计算处理，减少通信的数据量和减小能耗。

为满足上述要求，分布式数据库技术被应用于传感器网络的数据收集过程，应用层接口也采用类似 SQL(Structured Query Language)的风格。SQL 在多年的发展过程中，已经证明可以在基于内容的数据库系统中工作得很好。采用类 SQL 的语言，传感器网络可以获得以下好处：

①对于用户需求的表达能力强，非常易于使用。

②可以应用于任何数据类型的查询操作，能够对用户完全屏蔽底层的实现。

③其表达形式非常易于通过网内处理进行查询优化；中间节点均理解数据请求，可以对接收到的数据和自己的数据进行本地运算，只提交运算结果。

④便于在研究领域或工业领域进行标准化。

在应用层使用分布式数据库的技术，虽然带来了易用性以及较高的融合度等好处，但可能会损失一定的数据收集效率。虽然分布式数据库技术已经比较成熟，但针对传感器网络的应用场合，还有很多需要研究的地方。例如：

①由于传感器节点的计算资源和存储资源有限，如何控制本地计算的复杂度是需要考虑的问题。

②各种查询操作符的能量消耗不尽相同，如何对查询调度进行优化以及如何与网络层技术相结合也要进一步探讨。

③对于分布式数据查询，如何在节点间建立索引，即"存什么"和"存在哪儿"的问题，对查询效率的提高也至关重要。

此外，有些数据查询操作要求节点间时间同步，且知道自己的位置信息，这给传感器网络增加了实现难度。

(4)网络层的数据融合

从网络层来看，数据融合通常和路由的方式有关，例如，以地址为中心的路由方式(最短路径转发路由)，路由并不需要考虑数据的融合。然而，以数据为中心的路由方式，源节点并不是各自寻找最短路径路由数据，而是需要在中间节点进行数据融合，然后再继续转发数据。

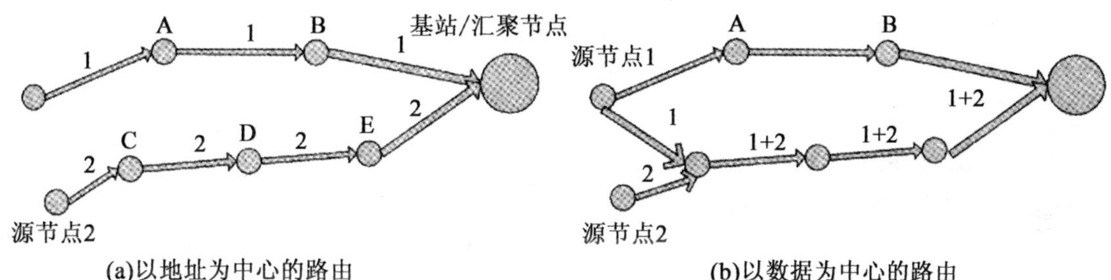

图 3-13　以地址为中心的路由和与以数据为中心的路由的对比

图 3-13 所示为两种不同的路由方式的对比。网络层的数据融合的关键就是数据融合树(Aggregation Tree)的构造。在无线传感器网络中，基站或汇聚节点收集数据时是通过反向组播树的形式从分散的传感器节点将数据逐步汇聚起来的。当各个传感器节点监测到突发事件时，传输数据的路径形成一棵反向组播树，这个树就称为数据融合树。如图 3-14 所示，无线传感器网络就是通过融合树来报告监测到的事件的。

关于数据融合树的构造，可以转化为最小 Steiner 树来求解，它是个 NP-Complete 完备难题。文中给出了三种不同的非最优的融合算法。

①近源汇聚(Center at Nearest Source，CNS)：距离汇聚节点最近的源节点充当数据的融合节点，所有其他的数据源都将数据发送给这个节点。最后由这个节点将融合后的数据发送给汇聚节点。此种方案中融合节点一旦确定，融合树便形成了。

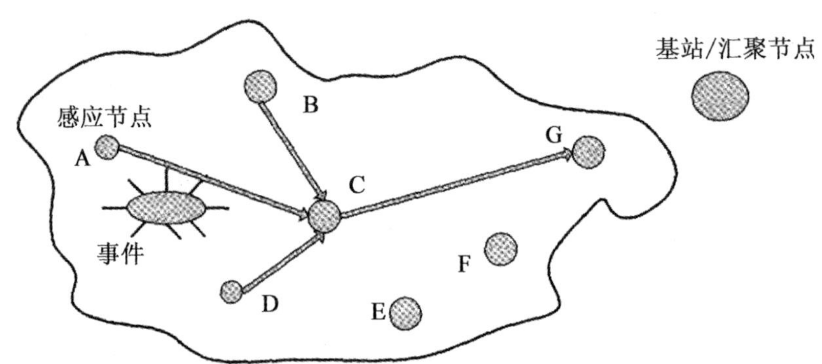

图 3-14 根据数据融合树来监测事件

②最短路径树(Shortest Paths Tree,SPT):每个数据源都各自沿着到达汇聚节点的最短路径传送数据,这些最短路径会产生交叠从而形成融合树。交叠部分的每个中间节点都进行数据融合。此种方案中,当所有源节点确定各自的最短传输路径时,融合树的形态便确定了。

③贪心增长树(Greedy Incremental Tree,GIT):此种方案中融合树是逐步建立的,先确定树的主干,再逐步添加枝叶。最初贪心增长树只有汇聚节点与距离它最近的源节点之间的一条最短路径;然后每一步都从剩下的源节点中选出距离贪心增长树最近的节点连接到树上,直到所有的源节点都连接到树上。

上面三种算法都比较适合基于事件驱动的无线传感器网络的应用,可以在远程数据传输前进行数据融合处理,从而减少冗余数据的传输量。在数据的可融合程度一定的情况下,上面三种算法的节能效率通常为:GIT>SPT>CNS。当基站或汇聚节点与传感器覆盖监测区域距离的远近不同时,可能会造成上面算法节能的一些差异。

3.4.4 无线传感器网络的应用

无线传感器网络由于其自身的特点,其应用前景非常广阔,能够广泛应用于军事、环境监测和预报、医疗健康监测、建筑物状态监控、智能家居、智能交通、空间探索、大型车间和仓库管理,以及机场、大型工业园区的安全监测等领域。随着传感器网络的深入研究和广泛应用,无线传感器网络将逐渐深入到人类生活的各个领域。

1. 军事领域

无线传感器网络具有可快速部署、可自组织、隐蔽性强和高容错性的特点,因此,非常适合在军事领域应用。利用传感器网络能够实现对敌军兵力和装备的监控、战场的实时监视、目标的定位、战场评估、核攻击和生物化学攻击的监测和搜索等功能。

通过飞机或炮弹直接将传感器节点播撒到敌方阵地内部,或者在公共隔离带部署传感器网络,就能够非常隐蔽而且近距离准确地收集战场信息,迅速获取有利于作战的信息。传感器网络是由大量的随机分布的节点组成的,即使一部分传感器节点被敌方破坏,剩下的节点依然能够自组织地形成网络。传感器网络可以通过分析采集到的数据,得到十分准确的目标定位,从而为火控和制导系统提供精确的制导。利用生物和化学传感器,可以准确地探测到生化武器的成分,及时提供情报信息,有利于正确防范和实施有效的反击。

无线传感器网络已经成为军事 C[4]ISRT(Command,Control,Communication,Computing,Intelligence,Surveillance,Reconnaissance and Targeting)系统必不可少的一部分,受到军事发达国家的普遍重视,各国均投入了大量的人力和财力进行研究。美国 DARPA(Defense Advanced Research Projects Agency)很早就启动了 SensIT(Sensor Information Technology)计划。该计划的目的就是将多种类型的传感器、可重编程的通用处理器和无线通信技术组合起来,建立一个廉价的无处不在的网络系统,用以监测光学、声学、震动、磁场、湿度、污染、毒物、压力、温度、加速度等物理量。

2. 环境监测和预报系统

随着人们对于环境的日益关注,环境科学所涉及的范围越来越广泛。无线传感器网络在环境研究方面可用于监视农作物灌溉情况、土壤空气情况、牲畜和家禽的环境状况和大面积的地表监测等,可用于行星探测、气象和地理研究、洪水监测等,还可以通过跟踪鸟类、小型动物和昆虫进行种群复杂度的研究等。

基于无线传感器网络的 ALERT 系统中就有数种传感器用来监测降雨量、河水水位和土壤水分,并依此预测爆发山洪的可能性。类似地,无线传感器网络可实现对森林环境监测和火灾报告,传感器节点被随机密布在森林之中,平常状态下定期报告森林环境数据,当发生火灾时,这些传感器节点通过协同合作会在很短的时间内将火源的具体地点、火势的大小等信息传送给相关部门。

无线传感器网络还有一个重要应用就是生态多样性的描述,能够进行动物栖息地生态监测。美国加州大学伯克利分校 Intel 实验室和大西洋学院联合在大鸭岛(Great Duck Island)上部署了一个多层次的无线传感器网络系统,用来监测岛上海燕的生活习性。

3. 医疗健康监测

利用传感器网络可高效传递必要的信息从而方便接受护理,而且可以减轻护理人员的负担,提高护理质量。利用传感器网络长时间的收集人的生理数据,可以加快研制新药品的过程,而安装在被监测对象身上的微型传感器也不会给人的正常生活带来太多的不便。此外,在药物管理等诸多方面,它也有新颖而独特的应用。总之,传感器网络为未来的远程医疗提供了更加方便、快捷的技术实现手段。

罗切斯特大学的一项研究表明,这些计算机甚至可以用于医疗研究。科学家使用无线传感器创建了一个“智能医疗之家”,即一个 5 间房的公寓住宅,在这里利用人类研究项目来测试概念和原型产品。“智能医疗之家”使用微尘来测量居住者的重要征兆(血压、脉搏和呼吸)、睡觉姿势以及每天 24 小时的活动状况。所搜集的数据将被用于开展以后的医疗研究。

4. 建筑物状态监控

建筑物状态监控(Structure Health Monitoring,SHM)是利用无线传感器网络来监控建筑物的安全状态。由于建筑物不断修补,可能会存在一些安全隐患。虽然地壳偶尔的小震动可能不会带来看得见的损坏,但是也许会在支柱上产生潜在的裂缝,这个裂缝可能会在下一次地震中导致建筑物倒塌。用传统方法检查,往往要将大楼关闭数月。

作为 CITRIS(Center of Information Technology Research in the Interest of Society)计划

的一部分，美国加州大学伯克利分校的环境工程和计算机科学家们采用无线传感器网络，让大楼、桥梁和其他建筑物能够自身感觉并意识到它们本身的状况，使得安装了无线传感器网的智能建筑自动告诉管理部门它们的状态信息，并且能够自动按照优先级来进行一系列自我修复工作。未来的各种摩天大楼可能就会安装这种装置，从而使建筑物可自动告诉人们当前是否安全、稳固程度如何等信息。

5. 智能家居

无线传感器网络能够应用在家居中。在家电和家具中嵌入传感器节点，通过无线网络与Internet连接在一起，将会为人们提供更加舒适、方便和更具人性化的智能家居环境。

利用远程监控系统，可完成对家电的远程遥控，例如，可以在回家之前半小时打开空调，这样回家的时候就可以直接享受适合的室温，也可以遥控电饭锅、微波炉、电冰箱、电话机、电视机、录像机、计算机等家电，按照自己的意愿完成相应的煮饭、烧菜、查收电话留言、选择录制电视和电台节目以及下载网上资料到计算机中等工作，也可以通过图像传感设备随时监控家庭安全情况。

利用无线传感器网络可以建立智能幼儿园，监测孩童的早期教育环境，跟踪孩童的活动轨迹，可以让父母和老师全面地研究学生的学习过程。

6. 智能交通

通过布置于道路上的速度识别传感器，监测交通流量等信息，为出行者提供信息服务，发现违章能及时报警和记录。反恐和公共安全通过特殊用途的传感器，特别是生物化学传感器监测有害物、危险物的信息，最大限度地减少其对人民群众生命安全造成的伤害。

7. 空间探测

通过向人类现在还无法到达或无法长期工作的太空外的其他天体上设置传感器网络接点的方法，可以实现对其长时间的监测。通过这些传感器网发回的信息进行分析，可以知道这些天体的具体情况，为更好地了解、利用它们提供了一个有效的手段。

NASA的空间探测设想，可以通过传感器网络探测、监视外星球表面情况，为人类登陆做准备，它通过火箭、太空舱或探路者进行散播。

8. 农业应用

农业是无线传感器网络使用的另一个重要领域。为了研究这种可能性，英特尔率先在俄勒冈州建立了第一个无线葡萄园。传感器被分布在葡萄园的每个角落，每隔一分钟检测一次土壤温度，以确保葡萄可以健康生长，进而获得大丰收。

不久以后，研究人员将实施一种系统，用于监视每一传感器区域的湿度，或该地区有害物的数量。他们甚至计划在家畜(如狗)上使用传感器，以便可以在巡逻时搜集必要信息。这些信息将有助于开展有效的灌溉和喷洒农药，进而降低成本和确保农场获得高收益。

第 4 章　计算机网络互联技术

4.1　网络互联概述

4.1.1　网络互联的定义与目的

1. 网络互联的定义

随着计算机应用技术和通信技术的飞速发展，计算机网络得到了更为广泛的应用，各种网络技术丰富多彩，令人目不暇接。

网络互联是指将分布在不同地理位置的网络、设备相连接，以构成更大规模的互联网络系统，实现互联网络中的资源共享。互联的网络和设备可以是同种类型的网络、不同类型的网络，以及运行不同网络协议的设备与系统。

在互联网络中，每个网络中的网络资源都应成为互联网中的资源。互联网络资源的共享服务与物理网络结构是分离的。对于网络用户来说，互联网络结构对用户是透明的。互联网络应该屏蔽各子网在网络协议、服务类型与网络管理等方面的差异。

如果要实现网络互联，就必须做到以下几点。

①在互联的网络之间提供链路，至少有物理线路和数据线路。

②在不同的网络节点的进程之间提供适当的路由来交换数据。

③提供网络记账服务，记录网络资源的使用情况。

④提供各种互联服务，应尽可能不改变互联网的结构。

2. 网络互联的目的

网络互联的主要目的如下：

①扩大资源共享的范围。使更多的资源可以被更多的用户共享。

②降低成本。当同一地区的多台主机需要接入另一地区的某个网络时，采用主机先行联网（局域网或者广域网），再通过网络互联技术接入，可以大大降低联网成本。

③提高安全性。将具有相同权限的用户主机组成一个网络，在网络互联设备上严格控制其他用户对该网络的访问，从而实现网络的安全机制。

④提高可靠性。部分设备的故障可能导致整个网络的瘫痪，而通过子网的划分可以有效地限制设备故障对网络的影响范围。

4.1.2　网络互联的类型

目前，计算机网络可以分为广域网、城域网与局域网三种。因此，网络互联类型主要有以下几种：局域网-局域网互联、局域网-广域网互联、局域网-广域网-局域网互联、广域网-广域网互联。

1. 局域网-局域网互联(LAN-LAN)

在实际的网络应用中,局域网-局域网互联是最常见的一种,它的结构如图 4-1 所示。局域网-局域网互联进一步可以分为两种,即同种局域网互联和异种局域网互联。

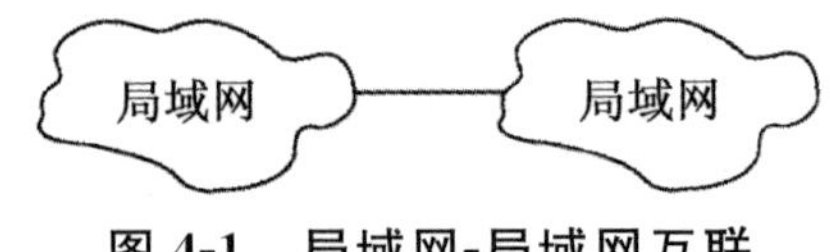

图 4-1 局域网-局域网互联

(1)同种局域网互联

同种局域网互联是指符合相同协议的局域网之间的互联。例如,两个以太网之间的互联,或者是两个令牌环网之间的互联。

同种局域网之间的互联比较简单,使用网桥就可以将分散在不同地理位置的多个局域网互联起来。

(2)异种局域网互联

异种局域网互联是指不符合相同协议的局域网之间的互联。例如,一个以太网与一个令牌环网之间的互联,或者是以太网与 ATM 网络之间的互联。

异种局域网之间的互联也可以用网桥来实现,但是网桥必须支持要互联的网络使用的协议。

以太网、令牌环网与令牌总线网都属于传统的共享介质局域网,ATM 网络与传统共享介质局域网在协议与实现技术上不同。因此,ATM 网络与传统局域网的互联必须解决局域网仿真问题。

2. 局域网-广域网互联(LAN-WAN)

局域网-广域网的互联也是常见的方式之一,它的结构如图 4-2 所示。局域网-广域网互联可以通过路由器(Router)或网关(Gateway)来实现。

图 4-2 局域网-广域网互联

3. 局域网-广域网-局域网互联(LAN-WAN-LAN)

两个分布在不同地理位置的局域网通过广域网实现互联,也是常见的互联类型之一,它的结构如图 4-3 所示。局域网-广域网-局域网互联结构可以通过路由器或网关来实现。

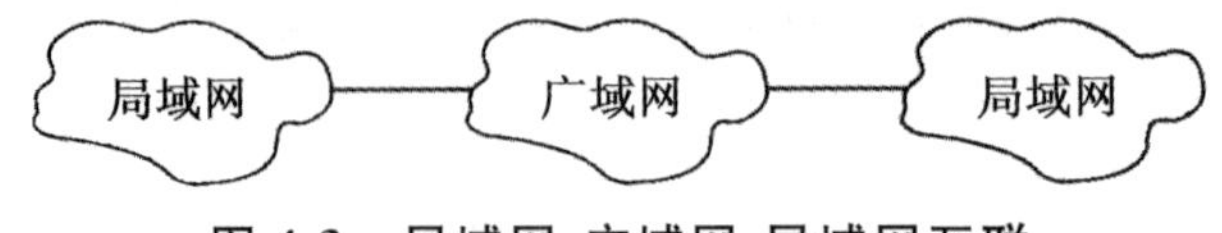

图 4-3 局域网-广域网-局域网互联

局域网-广域网-局域网互联结构正在改变传统接入模式,即主机通过广域网中的通信控制处理机(CCP)的传统接入模式。大量的主机通过局域网接入广域网是今后接入广域网的重要方法。

4. 广域网-广域网互联(WAN-WAN)

广域网-广域网互联也是目前常见的方式之一,它的结构如图 4-4 所示。广域网与广域网之间的互联可以通过路由器或网关实现,这样连入各个广域网的主机资源可以实现共享。

图 4-4　广域网-广域网互联

4.1.3　网络互联的实现方法

网络的互联有 3 种方法构建互联网,它们分别与 5 层实用参考模型的低 3 层一一对应。例如,用来扩展局域网长度的中继器(即转发器)工作在物理层,用它互联的两个局域网必须是一模一样的。因此,中继器提供物理层的连接并且只能连接一种特定体系的局域网,图 4-5 所示就是一个基于中继器的互联,两个局域网体系结构要保持一致。

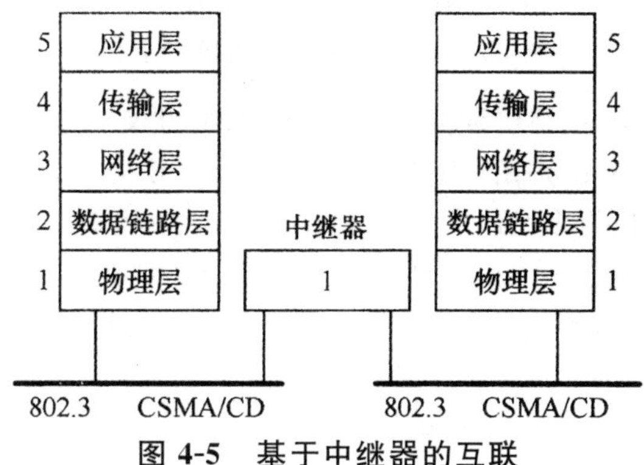

图 4-5　基于中继器的互联

在数据链路层,提供连接的设备是网桥和第 2 层交换机。这些设备支持不同的物理层并且能够互联不同体系结构的局域网,图 4-6 所示是一个基于桥式交换机的互联网,两端的物理层不同,并且连接不同的局域网体系。

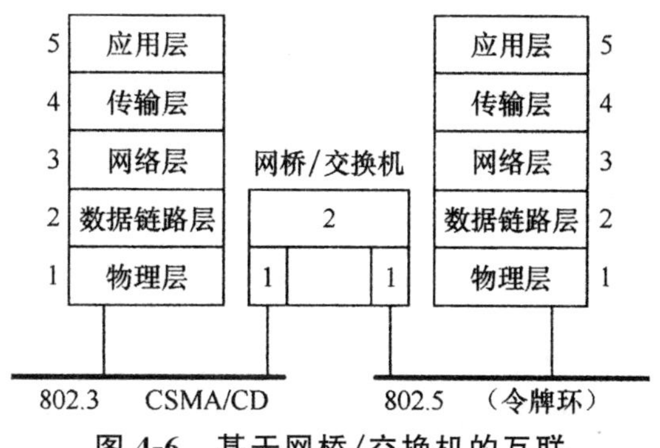

图 4-6　基于网桥/交换机的互联

由于网桥和第2层交换机独立于网络协议，且都与网络层无关，这使得它们可以互联有不同网络协议(如TCP/IP、IPX协议)的网络。网桥和第2层交换机根本不关心网络层的信息，它通过使用硬件地址而非网络地址在网络之间转发帧来实现网络的互联。此时，由网桥或第2层交换机连接的两个网络组成一个互联网，可将这种互联网络视为单个的逻辑网络。对于在网络层的网络互联，所需要的互联设备应能够支持不同的网络协议(比如IP、IPX和AppleTalk)，并完成协议转换。用于连接异构网络的基本硬件设备是路由器。使用路由器连接的互联网可以具有不同的物理层和数据链路层。图4-7所示就是一个基于路由器和第3层交换机的互联网，它工作在网络层，连接使用不同网络协议的网络。

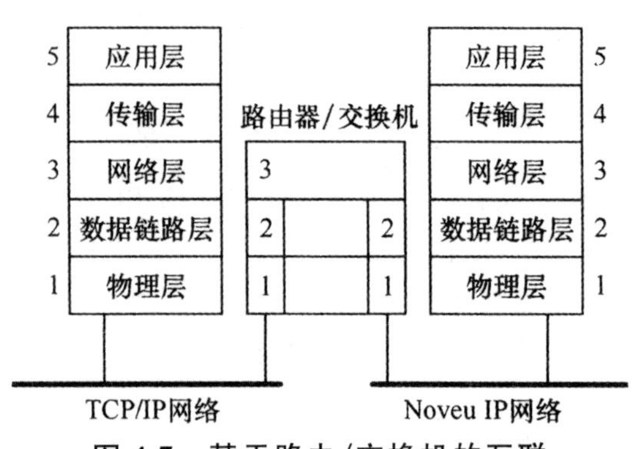

图4-7 基于路由/交换机的互联

在一个异构联网环境中，网络层设备还需要具备网络协议转换(Network Protocol Translation)功能。在网络层提供网络互联的设备之一是路由器。实际上，路由器是一台专门完成网络互联任务的计算机。它可以将多个使用不同的传输介质、物理编址方案或者帧格式的网络互联起来，利用网络层的信息(比如网络地址)将分组从一个网络路由到另一个网路。具体来说，它首先确定到一个目的节点的路径，然后将数据分组转发出去。支持多个网络层协议的路由器被称为多协议路由器。因此，如果一个IP网络的数据分组要转发到几个Apple Talk网络，两者之间的多协议路由器必须以适当的形式重建该数据分组以便Apple Talk网络的节点能够识别该数据分组。由于路由器工作在网络层，如果没有特意配置，它们并不转发广播分组。路由器使用路由协议来确定一条从源节点到特定目的地节点的最佳路径。

4.2 网络互联协议与设备

4.2.1 网络互联协议

TCP/IP协议族是Internet所采用的协议族，是Internet的实现基础。IP是TCP/IP协议族中网络层的协议，是TCP/IP协议族的核心协议。

1. IP协议数据报格式

目前因特网上广泛使用的IP协议为IPv4。IPv4的IP地址是由32位的二进制数值组成的。IPv4协议的设计目标是提供无连接的数据报尽力投递服务。如图4-8所示为IPv4的数据报结构。

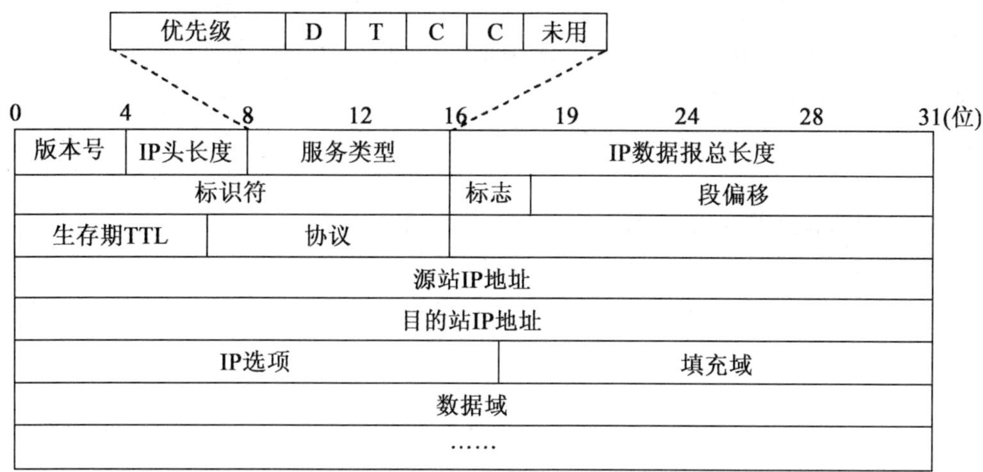

图 4-8 IPv4 的数据报结构

随着网络和个人计算机市场的急剧扩大,以及个人移动计算设备的上网、网上娱乐服务的增加、多媒体数据流的加入,IPV4 内在的弊端逐渐明显。其 32 位的 IP 地址空间将无法满足因特网迅速增长的要求。不定长的数据报头域处理影响了路由器的性能提高。单调的服务类型处理和缺乏安全性要求的考虑以及负载的分段/组装功能影响了路由器处理的效率。

综上所述,对新一代互联网络协议的研究和实践已经成为世界性的热点,其相关工作也早已展开。围绕 IPng 的基本设计目标,以业已建立的全球性试验系统为基础,对安全性、可移动性、服务质量的基本原理、理论和技术的探索已经展开。

20 世纪 90 年代初,人们就开始讨论新的互联网络协议。IETF 的 IPng 工作组在 1994 年 9 月提出了一个正式的草案——The Recommendation for the IP Next Generation Protocol,1995 年底确定了 IPng 的协议规范,为了同现在使用的版本 4(Ipv4)相区别,称为 IP 版本 6(IPv6),1998 年又作了较大的改动。IPv6 是在 IPv4 的基础上进行的改进,它的一个重要的设计目标是与 IPv4 兼容,因为不可能要求立即将所有节点都演进到新的协议版本,如果没有一个过渡方案,再先进的协议也没有实用意义。IPv6 面向高性能网络(如 ATM)。同时,它也可以在低带宽的网络(如无线网)上有效的运行。

新型 IP 协议 IPv6 的数据报头结构如图 4-9 所示。

<table>
<tr><td>0</td><td>4</td><td>8</td><td>12</td><td>16</td><td>19</td><td>24</td><td>28</td><td>31(位)</td></tr>
<tr><td>版本号</td><td>优先级</td><td colspan="2">服务类型</td><td colspan="5">流量标签</td></tr>
<tr><td colspan="4">负载长度</td><td colspan="2">下一个标题</td><td colspan="3">跳跃限制</td></tr>
<tr><td colspan="2">生存期TTL</td><td colspan="2">协议</td><td colspan="5"></td></tr>
<tr><td colspan="9">源站IP地址(128位)</td></tr>
<tr><td colspan="9">目的IP地址(128位)</td></tr>
</table>

图 4-9 IPv6 的数据报头结构

IPv6 是因特网的新一代通信协议,在容纳 IPv4 的所有功能的基础上,增加了一些更为优秀的功能,其主要特点有以下几个。

①扩展地址和路由的能力:IPv6 地址空间从 32 位增加到 128 位,确保加入 Internet 的每个设备的端口都可以获得一个 IP 地址,并且 IP 地址也定义了更丰富的地址层次结构和类型,增加了地址动态配置功能等。

②简化了 IP 报头的格式:IPv6 对报头做了简化,将扩展域和报头分割开来,以尽量减少在传输过程中由于对报头处理而造成的延迟。尽管 IPv6 的地址长度是 IPv4 的 4 倍,但 IPv6 的报头却只有 IPv4 报头长度的 2 倍,并且具有较少的报头域。

③支持扩展选项的能力:IPv6 仍然允许选项的存在,但选项并不属于报头的一部分,其位置处于报头和数据域之间。由于大多数 IPv6 选项在 IP 数据报传输过程中不由任何路由器检查和处理,因此,这样的结构提高了拥有选项的数据报通过路由器时的性能。IPv6 的选项可以任意长而不被限制在 40 字节,增加了处理选项的方法。

④支持对数据的确认和加密:IPv6 提供了对数据确认和完整性的支持,并通过数据加密技术支持敏感数据的传输。

⑤支持自动配置:IPv6 支持多种形式的 IP 地址自动配置,包括 DHCP(动态主机配置协议)提供的动态 IP 地址的配置。

⑥支持源路由:IPv6 支持源路由选项,提高中间路由器的处理效率。

⑦定义服务质量的能力:IPv6 通过优先级别说明数据报的信息类型,并通过源路由定义确保相应服务质量的提供。

⑧IPv4 的平滑过渡和升级:IPv6 地址类型中包含了 IPv4 的地址类型。因此,执行 IPv4 和执行 IPv6 的路由器可以共存于同一网络中。

2. IP 地址

在 Internet 上连接的所有计算机,从大型计算机到微型计算机都是以独立的身份出现,称它为主机。为了实现各主机之间的通信,每台主机都必须具有一个唯一的网络地址,就像每一个住宅都有唯一的门牌一样,才不至于在传输资料时出现混乱。

Internet 的网络地址是指连入 Internet 网络的计算机的地址编号。所以,在 Internet 网络中,网络地址唯一地标识一台计算机。

Internet 是由成千上万台计算机互相连接而成的。而要确认网络上的每一台计算机,靠的就是能唯一标识该计算机的网络地址,这个地址称为 IP(Internet Protocol 的简写)地址,即用 Internet 协议语言表示的地址。

IP 地址现在由因特网名称与号码指派公司 ICANN(Internet Corporation for Assigned Names and Numbers)进行分配。

IP 地址可识别网络中的任何一个子网络和计算机,而要识别其他网络或其中的计算机,则要根据这些 IP 地址的分类来确定。一般将 IP 地址划分为若干个固定类,每一类地址都由两个固定长度的字段组成,其中的一个字段是网络号,它标志主机(或路由器)所连接到的网络,而另一个字段则是主机号,它标志该主机(或路由器)。这种两级的 IP 地址可以记为:

IP 地址::={〈网络号〉,〈主机号〉}

如图 4-10 所示是各种 IP 地址的网络号字段和主机号字段,其中,A 类、B 类和 C 类地址是最常用的。

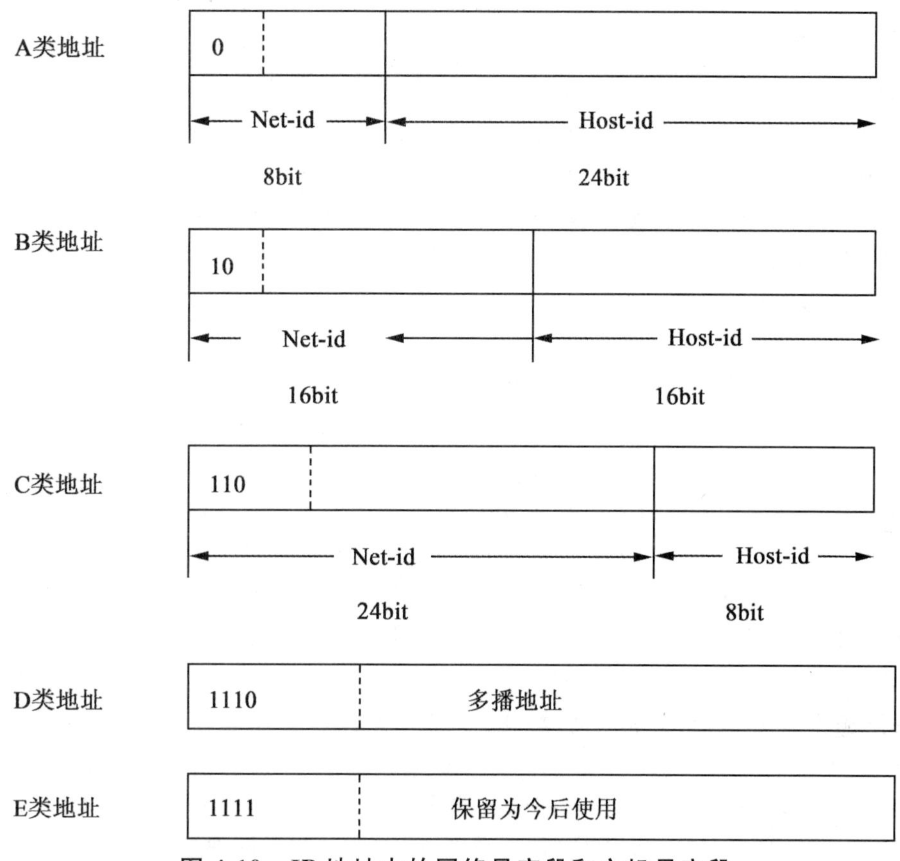

图 4-10　IP 地址中的网络号字段和主机号字段

从图 4-10 可以看出：

①A 类、B 类和 C 类地址的网络号字段 Net-id 分别为 1、2 和 3 字节长，而在网络号字段的最前面有 1～3bit 的类别比特，其数值分别规定为 0、10 和 110。

②A 类、B 类和 C 类地址的主机号字段分别为 3 个、2 个和 1 个字节长。

从 IP 地址的结构来看，IP 地址并不仅仅是一个主机号，而是指出了连接到某个网络上的某个主机。如果一个主机的地理位置不变，但将其连接到另外一个网络上，那么这个主机的 IP 地址就必须改变。

将 IP 地址划分为 A 类、B 类和 C 类，主要是考虑到网络的规模，因为有的网络拥有很多主机，而有的网络中主机却很少，这样划分可以满足不同用户的要求。当某个单位申请到一个 IP 地址时，实际上只是获得了一个网络号 Net-id，具体的各个主机号 Host-id 则由单位自行分配，只要做到该单位管辖的范围内无重复的主机号即可。

D 类地址是多播地址，主要留给因特网体系结构委员会 IAB(Internet Architecture Board)使用。E 类地址保留在今后使用。

在主机或路由器中存放的 IP 地址都是 32bit 的二进制代码。为了提高可读性，将 32bit 的 IP 地址中的每 8bit，用其等效的十进制数字表示，在数字之间加上一个点，这种表示方法叫点分十进制记法。如 192.168.1.1 表示的是一个 C 类 IP 地址。

3. 子网和子网掩码

(1)子网

任何一台主机申请任何一个任何类型的IP地址之后，可以按照所希望的方式来进一步划分可用的主机地址空间，以便建立子网。为了更好地理解子网的概念，假设有一个B类地址的IP网络，该网络中有两个或多个物理网络，只有本地路由器能够知道多个物理网络的存在，并且进行路由选择，因特网中别的网络的主机和该B类地址的网络中的主机通信时，它把该B类网络当成一个统一的物理网络来看待。

如一个B类地址为128.10.0.0的网络由两个子网组成。除了路由器R外，因特网中的所有路由器都把该网络当成一个单一的物理网络对待。一旦R收到一个分组，它必须选择正确的物理网络发送。网络管理人员把其中一个物理网络中主机的IP地址设置为128.10.1.X，另一个物理网络设置为128.10.2.X，其中X用来标识主机。为了有效地进行选择，路由器R根据目的地址的第三个十进制数的取值来进行路由选择，如果取值为1则送往标记为128.10.1.0的网络，如果取值为2则送给128.10.2.0。

使用子网技术，原先的IP地址中的主机地址被分成子网地址部分和主机地址部分两个部分。子网地址部分和不使用子网标识的IP地址中的网络号一样，用来标识该子网，并进行互联的网络范围内的路由选择，而主机地址部分标识是属于本地的哪个物理网络以及主机地址。子网技术使用户可以更加方便、更加灵活地分配IP地址空间。

(2)子网掩码

IP协议标准规定：每一个使用子网的网点都选择一个32位的位模式，若位模式中的某位为1，则对应IP地址中的某位为网络地址(包括类别、网络地址和子网地址)中的一位；若位模式中某位置为0，则对应IP地址中的某位为主机地址中的一位。子网掩码与IP地址结合使用，可以区分出一个网络地址的网络号和主机号。

例如，位模式11111111.11111111.00000000.00000000(255.255.0.0)中，前两个字节全为1，代表对应IP地址中最高的两个字节为网络号，后两个字节全0，代表对应IP地址中最后的一个字节为主机地址。这种位模式叫做“子网掩码”。

为了使用方便，常常使用“点分整数表示法”来表示一个子网掩码。由此可以得到A、B、C等三大类IP地址的标准子网掩码。

A类地址：255.0.0.0

B类地址：255.255.0.0

C类地址：255.255.255.0

例如，已知一个IP地址为202.168.73.5，其缺省的子网掩码为255.255.255.0。求其网络号及主机号。

①首先，将IP地址202.168.73.5转换为二进制11001010.10101000.01001001.00000101。

②其次，将子网掩码255.255.255.0转换为二进制11111111.11111111.11111111.00000000。

③然后将两个二进制数进行逻辑与(AND)运算，得出的结果即为网络号。结果为：202.168.73.0。

④最后，将子网掩码取反再与二进制的IP地址进行逻辑与运算，得出的结果即为主机号。结果为：0.0.0.5，即主机号为5。

应用子网掩码可将网络分割为多个 IP 路由连接的子网。从划分子网之后的 IP 地址结构可以看出，用于子网掩码的位数决定可能的子网数目和每个子网内的主机数目。在定义子网掩码之前，必须弄清楚网络中使用的子网数目和主机数目，这有助于今后当网络主机数目增加后，重新分配 IP 地址的时间，子网掩码中如果设置的位数使得子网越多，则对应的其网段内的主机数就越少。

主机 ID 中用于子网分割的三位共有 000、001、010、011、100、101、110、111 等 8 种组合，除去不可使用的(代表本身的)000 及代表广播的 111 外，还剩余 6 种组合，也就是说，它共可提供 6 个子网。而每个子网都可以最多支持 30 台主机，可以满足构建需求。

4.2.2　网络互联设备

网络互联设备是实现网络之间物理连接的中间设备。网络互联层次的不同所使用的网络互联设备也不同。

1. 中继器

基带信号沿线路传播时会产生衰减，所以，当需要传输较长的距离时，或者说需要将网络扩展到更大的范围时，就要采用中继器。中继器(Repeater)是 OSI 模型中的物理层的设备，是最简单的网络互联设备，它可以将局域网的一个网段和另一个网段连接起来，主要用于局域网——局域网互联，起到信号放大和延长信号传输距离的作用。中继器的应用如图 4-11 所示。

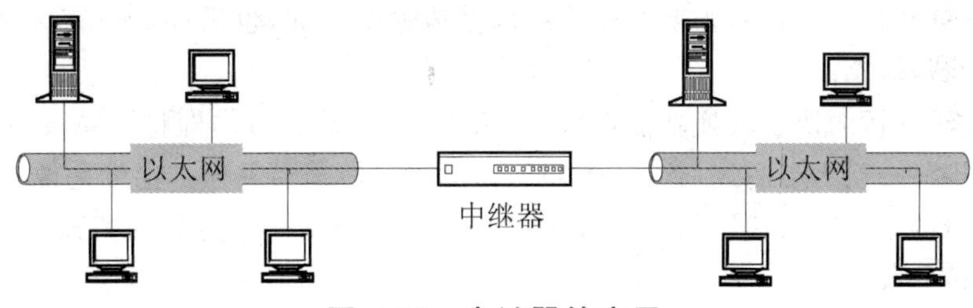

图 4-11　中继器的应用

中继器的主要工作就是复制收到的比特流。当中继器的某个输入端输入“1”，输出端就立即复制、放大并输出“1”。收到的所有信号都被原样转发，并且延迟很小。中继器不能过滤网络流量，到达中继器一个端口的信号会发送到所有其他端口上。中继器不能识别数据的格式和内容，错误信号也会原样照发。中继器不能改变数据类型，即不能改变数据链路报头类型；不能连接不同的网络，如令牌环网和以太网。

中继器最典型的应用是连接两个以上的以太网电缆段，其目的是为了延长网络的长度。但延长是有限的，中继器只能在规定的信号延迟范围内进行有效的工作。根据“四中继器原则”，在网络上任何两台计算机之间不能安装超过 4 台中继器，这就是 5-4-3-2-1 规则或称为 5-4-3 原则，即网络可以被 4 台中继器分成 5 个部分，其中允许 3 个部分有主机，并且主机数目可达该网段规定的最大主机数。如在 10Base-5 粗缆以太网的组网规则中规定，每个电缆段最大长度为 500m，最多可用 4 个中继器连接 5 个电缆段，延长后的最大网络长度为 2500m。

中继器具有如下一些特性：

①中继器仅作用于物理层，只具有简单的放大和再生物理信号的功能，所以中继器只能连接完全相同的局域网，也就是说用中继器互联的局域网应具有相同的协议和速率，如 802.3 以太网

到以太网之间的连接和 802.5 令牌环网到令牌环网之间的连接。用中继器连接的局域网在物理上是一个网络，也就是说，中继器把多个独立的物理网络互联成为一个大的物理网络。

②中继器可以连接相同传输介质的同类局域网(例如，粗同轴电缆以太网之间的连接)，也可以连接不同传输介质的同类局域网(例如，粗同轴电缆以太网与细同轴电缆以太网或粗同轴电缆以太网与双绞线以太网的连接)。

③由于中继器在物理层实现互联，所以它对物理层以上各层协议(数据链路层到应用层)完全透明，中继器支持数据链路层及其以上各层的任何协议，也就是说，只有物理层以上各层协议完全相同才可以实现互联。

2. 网桥

当两个相同或不同的局域网互联是要使用网桥。网桥是一种在数据链路层实现互联的存储转发设备，大多数网络结构上的差异体现在介质访问控制协议之中，因而网桥广泛用于局域网的互联。因而网桥的作用一般是互联多个局域网以组成更大的局域网。

(1)网桥的功能

①帧的接收与发送：从所连接的局域网端口中接收帧，从中获得目标站地址，分析目的站是否属于本网桥所连接的另一个局域网，以决定对该帧是转发还是丢弃。

②缓存管理：在网桥中通常设置两类缓冲区，一类是接收缓冲区，用于暂存从端口收到的、待处理的帧；另一类是发送缓冲区，用于暂存经协议转换等处理后待发的帧。存储空间要足够大，以适应峰值通信的需要。另外，当两个网络的数据传输率不同，也需要有缓存区来暂存数据，以协调不同的数据传输率。

③协议转换：网桥的协议转换功能仅限于 MAC 子层和物理层，即将源局域网中所采用的帧格式和物理层规程转换为目的局域网所采用的帧格式和物理层规程。也就是说，将网络 A 的帧格式中帧头的目的地址转换成网络 B 中帧的格式。当两个网络中定义的帧长度不同时，网桥还需要把长帧进行分段。

④路径选择：当一个网桥连接了多个网络时，网桥还需要有路径选择功能，即根据 MAC 地址判断走哪条路。在透明桥中有此功能，但在源路径桥中则无此功能。

⑤差错控制：首先进行差错检测，然后对经协议转换后的 MAC 帧生成新的 CRC 码，并填入到新 MAC 帧的 CRC 字段。

(2)网桥的工作原理

网桥在局域网的互联中属于节点级的网络互联设备，它在数据链路层对帧进行存储转发。由于局域网的数据链路层分为 LLC 和 MAC 两个子层，所以网桥实际上是在 MAC 子层上实现不同网络的互联，这就要求互联的两个网络从应用层到逻辑链路控制子层，相对应的层次采用相同的协议，即为同构网络，而对数据链路层中的 MAC 子层和物理层这两层中的对应层次可遵循不同的协议。因此，网桥可以用于符合 IEEE 802 标准的局域网互联。以下通过局域网 802.3 和 802.4 的互接为例来说明网桥的工作原理。

如图 4-12 所示是连接 802.3 和 802.4 局域网网桥的操作。主机 A 有一个分组要传送给主机 B。分组先传到 LLC 子层，该层为分组加一个 LLC 头，然后将该分组传组 MAC 子层，该层再加上 802.3 的头和尾，然后传给物理层，通过传输介质传送到网桥。在网桥的 MAC 子层中去掉 802.3 的帧头和帧尾，再上传给网桥的 LLC 子层，LLC 子层将分组交给靠近 802.4 的一边，加上

802.4 的头和尾将其发给 802.4 局域网传至主机 B。

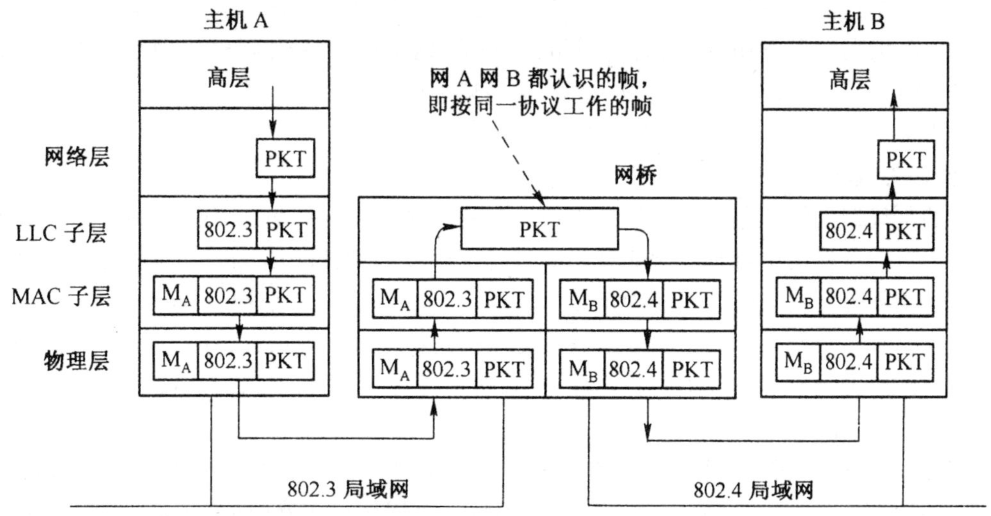

图 4-12　从 802.3 到 802.4 网桥工作原理

如果连接 N 个不同的局域网的网桥，则要有 N 个不同的 MAC 子层和 N 个不同的物理层。网桥对所连的某一局域网发来的每一帧，检查源地址和目的地址，如果目的地址和源地址不属于同一网络，就留下该帧，然后使用目的地网络的 MAC 协议，把这个帧发给目的地网络；若两个地址在同一网络上，则不转发。所以网桥能起过滤帧的作用。

网桥对帧的过滤作用性很强。当一个网络由于负载很重而性能下降时，可以用网桥把它分成两个小局域网，并且每个小局域网内的通信量明显地高于网间的通信量，使整个互联网的性能变好。同时，网桥还具有隔离作用，一个网络上的故障不会影响另一个网络，从而提高了整个网络的可靠性。

此外，使用网桥可以扩大物理范围，增加工作站的最大数目（因为一个网桥代表了另一或几个局域网的许多工作站），使不同的物理介质共存于一个扩展的局域网中。网桥必须具有路径选择功能，当网桥接收到帧后，要决定正确的路径，将该帧送到相应的目的局域网的工作站。

3. 集线器

集线器（Hub）最初的功能是把所有节点集中在以它为中心的节点上，有力地支持了星型拓扑结构，简化了网络的管理。集线器的网络结构如图 4-13 所示。

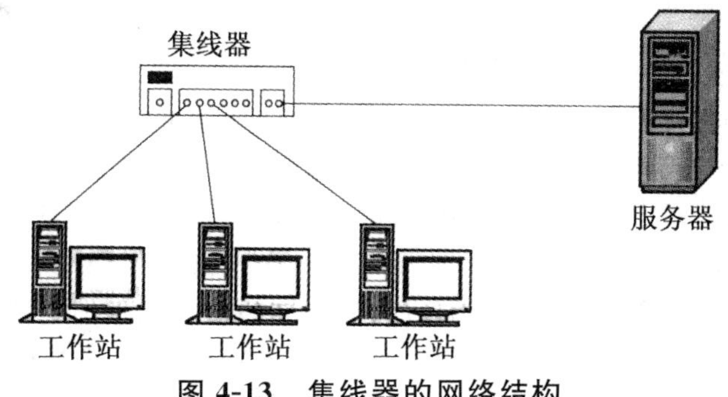

图 4-13　集线器的网络结构

集线器工作在物理层，逐位复制某一个端口收到的信号，放大后输出到其他所有端口，从而使一组节点共享信号。集线器的功能主要有：信息转发、信号再生、减少网络故障。

集线器一般用在以下场合：①连接网络：计算机-网卡-集线器-网络；②网络扩充：集线器级连，扩充网络接口；③网络分区：不同办公室、楼层集中连接。

目前市场上的集线器，按其功能的强弱可分为三档。

(1)低档集线器

初期的集线器仅将分散的用于连接网络设备的线路集中在一起，以便管理和维护，故称为集线器或集中器。低档集中器是非智能型的，其性质类似于多端口中继器。除完成集线功能处，还具有信号再生能力。在集线器上有固定数目的端口，如 8 个或 12 个端口，每个设备可使用无屏蔽双绞线连接到一个端口上，而 Hub 本身又可连接到粗同轴电缆(10Base-5 标准)或细同轴电缆(10Base-2 标准)上。由于集线器价格低廉，所以被广泛用于连接局域网设备。

(2)中档集线器

中档集线器又称为低档智能集线器，具有一定的智能。它在低档集线器功能的基础上增加了一些新的功能。如配置了网桥软件，使它能连接多个同构局域网，如连接符合 IEEE 802 标准的以太网、令牌环网等。当然，此时集线器应具有多个插槽，以便在连接这些网络时根据网络类型的不同将相应的网卡插入槽中，连接给定的网络。又如配置一定管理功能，对本地网络和少量远地站点的管理。10Base-T 的 Hub 除具有集线器和再生信号的功能外，还能承担部分网络管理功能，能自动检测“碰撞”，在检测到“碰撞”后发阻塞信号，以强化“冲突”，还能自动指示和隔离有故障的站点并切断其通信。因此，中档 Hub 已不再是物理层的产品，已向数据链路层和智能化方向发展，微处理器配有操作系统，能实现网桥功能。

(3)高档集线器

高档集线器又称为高档智能集线器。高档 Hub 是为组建企业网而设计的，企业网络经常配置多种不同类型的网络。因此，高档 Hub 应具有以下功能。

①网络管理功能。例如，把符合简单网络管理规程 SNMP 的管理功能纳入 Hub，用于对工作站、服务器和集线器等进行集中管理，诸如实时监测、分析、调整资源及错误告警、故障隔离等功能。

②支持多种协议、多种媒体，具有不同类型的端口，以便互联相同或不同类型的网络，如以太网、令牌环网、FDDI 网和 X. 25 网等，具有内置式网桥或路由功能。

③交换功能。“智能交换集线器”是 Hub 的最新发展，它是集线器与交换器功能的组合，既具有普通集线器集成不同类型功能模块的作用，又具有交换功能。交换器具有类似桥路器的功能，但转换和传输速率快得多。目前，多以交换集线器为基干来集成为同类型局域网及路由器、访问服务器等，构成以星型结构为主的企业网络结构体系。

所谓新一代的智能集线器就是将多协议多媒体切换功能、网桥和路由功能、管理功能、交换功能等组合成一体，不同类型的集线器产品就是这些功能的不同组合。

集线器在结构上可分为两种。第一种是机箱式集线器，这类集线器除提供高“背板”外，还提供多个插槽，用以插入不同类型的功能模块(板)。模块类型包括不同类型的局域网端口、管理模块、网桥、路由、ATM 及其转换功能的互联模块。第二种是堆叠式集线器，它可以把多个独立集线器堆叠互联为一个集线器。每个集线器有 12/24 个端口，每个端口可利用无屏蔽双绞线 UTP 连接一台工作站或服务器。可把多个集线器堆叠成一个集线器，例如 10 个。这样，最多能连接 120～240 个工作站。堆叠式集线器的管理功能往往由其中一个 Hub 提供，管理整个堆叠。

为完成上述多种任务，在高档 Hub 中配置一个或多个高性能的处理器，采用对称多重处理技术。所采用的操作系统也都是多用户或多任务 32 位操作系统，如 UNIX、OS/2 或 Windows NT，这使高档 Hub 具有很高的智能，可以作为核心来构建大、中型企业网络系统。

4. 交换机

交换机工作在 OSI 的数据链路层的 MAC 子层。在以太网交换机上有许多高速端口，这些端口分别连接不同的局域网网段或单台设备。以太网交换机负责在这些端口之间转发帧。交换和交换机最早起源于电话通信系统，由电话交换技术发展而来。

交换机属于数据链路层设备，可以识别数据包中的 MAC 地址信息，根据 MAC 地址进行转发，并将这些 MAC 地址与对应的端口记录在自己内部的一个地址表中。具体的工作流程如下：

①当交换机从某个端口收到一个数据包，它先读取包头中的源 MAC 地址，这样它就知道源 MAC 地址的机器是连在哪个端口上的。

②再去读取包头中的目的 MAC 地址，并在地址表中查找相应的端口。

③如表中有与这目的 MAC 地址对应的端口，把数据包直接复制到这端口上。

④如表中找不到相应的端口则把数据包广播到所有端口上，当目的机器对源机器回应时，交换机又可以学习一目的 MAC 地址与哪个端口对应，在下次传送数据时就不再需要对所有端口进行广播了。

不断的循环这个过程，对于全网的 MAC 地址信息都可以学习到，二层交换机就是这样建立和维护它自己的地址表。

(1)共享工作模式

所谓共享工作模式即在一个逻辑网络上的所有节点共享同一信道，如图 4-14 所示。

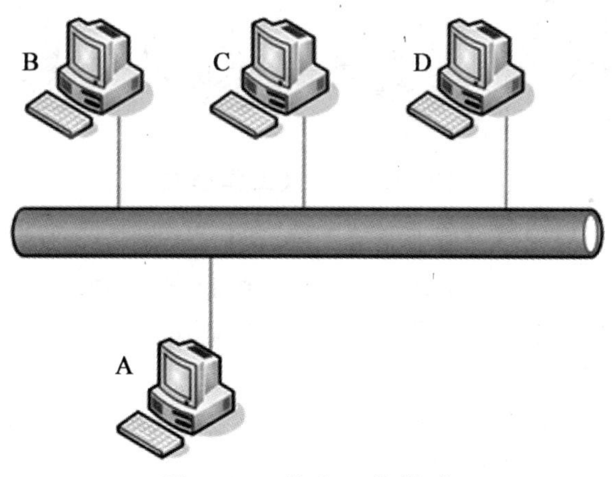

图 4-14　共享工作模式

以太网采用 CSMA/CD 机制，这种冲突检测方法保证了只能有一个站点在总线上传输。如果有两个站点试图同时访问总线并传输数据，这就意味着“冲突”发生了，两站点都将被告知出错。然后它们都被拒发，并等待一段时间以备重发。

这种机制就如同许多汽车抢过一座窄桥，当两辆车同时试图上桥时，就发生了“冲突”，两辆车都必须退出，然后再重新开始抢行。当汽车较多时，这种无序的争抢会极大地降低效率，造成交通拥堵。

网络也是一样，当网络上的用户量较少时，网络上的交通流量较轻，冲突也就较少发生，在这种情况下冲突检测法效果较好。当网络上的交通流量增大时，冲突也增多，同时网络的吞吐量也将显著下降。在交通流量很大时，工作站可能会被一而再再而三地拒发。

而且在同一网段内的节点 A 向节点 B 发送数据时，是以广播方式向网络上的所有节点同时发送同一信息，再由每一个节点通过验证帧头部包含的目的 MAC 地址信息来决定是否接收该帧。接收数据的只是一个或少数几个节点，但是信息对所有的节点都发送，因此，有一大部分的流量是无效的，造成网络传输的效率低下，同时还很容易造成网络阻塞。由于所发送的信息每个节点都能够监听到，很容易造成泄密，不安全。

(2)交换工作模式

交换工作模式是为对使用共享工作模式的网络提供有效的网段划分的解决方案而出现的，它可以使每个用户尽可能地分享到最大带宽。如图 4-15 所示。

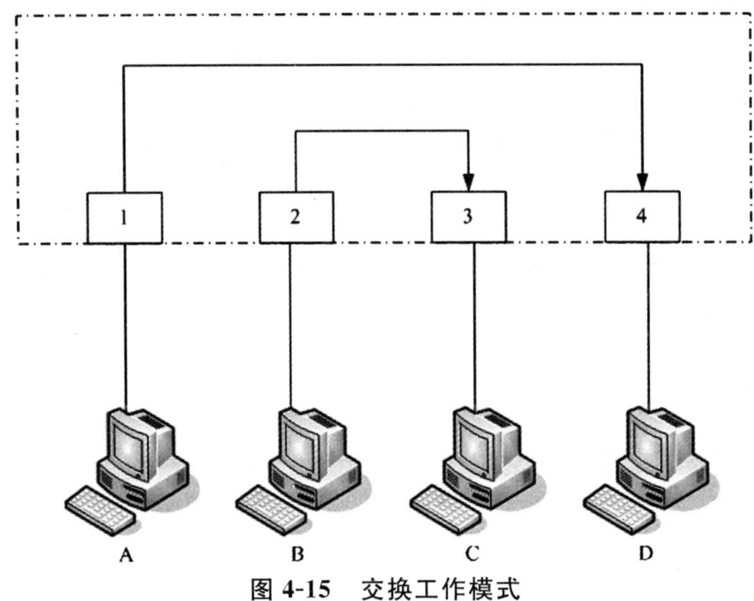

图 4-15 交换工作模式

交换技术是在 OSI 七层网络模型中的第 2 层，即数据链路层进行操作的，因此，交换机对数据帧的转发是建立在 MAC(Media Access Control)地址——物理地址基础之上的，对于 IP 网络协议来说，它是透明的，即交换机在转发数据包时，不知道也无需知道信源机和信宿机的 IP 地址，只需知其物理地址即 MAC 地址。

交换机在操作过程当中会不断地收集资料去建立它本身的一个地址表，这个表相当简单，它说明了某个 MAC 地址是在哪个端口上被发现的。

交换机有一条很宽的背部总线和内部交换矩阵。所有端口都挂在背部总线上。某一个端口收到帧，交换机会根据帧头包含的目的 MAC 地址，查找内存中的地址对照表，确定将该帧发往哪个端口，再通过内部交换矩阵直接将帧转发到目的端口，而不是所有端口。这样每个端口就可以独享交换机的一部分总线带宽，不仅提高了效率，节约了网络资源，也可以保证数据传输的安全性。

而且由于这个过程比较简单，多使用硬件(Application Specific Integrated Circuit，ASIC)来实现，因此，速度相当快，一般只需几十微秒，交换机便可决定一个数据帧该往哪里送。万一交换机收到一个不认识的数据帧，即如果目的 MAC 地址不能在地址表中找到时，交换机会把该帧“扩散”出去，即转发到所有其他端口。

交换机的交换模式有以下四种：

①直通转发模式。交换机在输入端口收到一帧，立即检查该帧的帧头，获取目的 MAC 地址，查找自己内部的交换表，找到相应的输出端口，在输入和输出的交叉处接通，数据被直通到输出端口。直通式交换如图 4-16 所示。

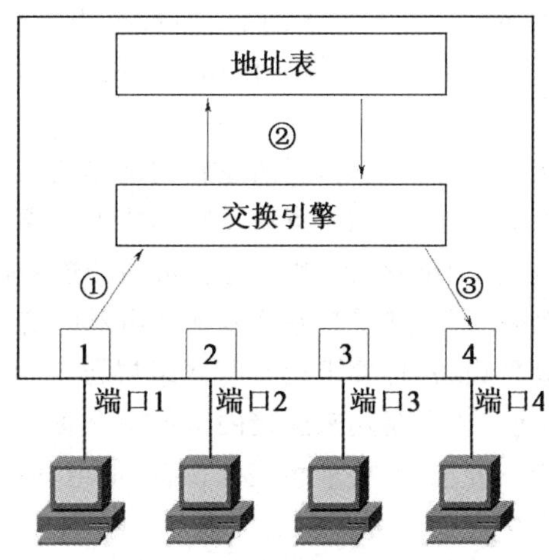

图 4-16　直通转发模式

直通式交换只检查帧头，获取目的 MAC 地址，但是不存储帧，因此延迟小，交换速度快。但也正是由于不存储帧，所以不具有错误检测能力，易丢失数据，而且要增加端口的话，交换矩阵十分复杂。

②存储转发模式。交换机将输入的帧缓存起来，首先校验该帧是否正确，如果不正确，则将该帧丢弃；如果该帧是长度小于 64 字节的侏儒帧，也将它丢弃。只有该帧校验正确，且是有效帧，才取出目的 MAC 地址，查交换表，找出其对应的端口并将该帧发送到这个端口。

存储转发式交换的优点是能进行错误检测，并且由于缓存整个帧，能支持不同速度端口之间的数据交换。其缺点是延迟较大。

在局域网中使用交换技术比起让所有用户共享整个总线来说，网络的效率更高，每个用户能够得到更多的带宽。随着贷款的需求不断增长，交换机越来越多地用于局域网，互联局域网的网段。

③准直通转发模式。准直通转发模式，只转发长度至少为 512bit(64 字节)的帧。既然所有残帧的长度都小于 512 比特的长度，那么，该种转发模式自然也就避免了残帧的转发。

为了实现该功能，准直通转发交换机使用了一种特殊的缓存。这种缓存是一种先进先出的 FIFO，比特从一端进入然后再以同样的顺序从另一端出来。如果帧以小于 512 比特的长度结束，那么 FIFO 中的内容(残帧)就会被丢弃。因此，它是一个非常好的解决方案，也是目前大多数交换机使用的直通转发方式。

④智能交换模式。智能(Intelligent)交换模式，是指交换机能够根据所监控网络中错误包传

输的数量，自动智能地改变转发模式。如果堆栈发觉每秒错误少于20个，将自动采用直通式转发模式；如果堆栈发觉每秒错误大于20个或更多，将自动采用存储转发模式，直到返回的错误数量为0时，再切换回直通式转发模式。

5. 路由器

所谓路由就是指通过相互连接的网络把信息从源地点移动到目标地点的活动。一般来说，在路由过程中信息至少会经过一个或多个中间节点。通常人们会把路由和交换进行对比，这主要是因为在普通用户看来两者所实现的功能是完全一样的。其实，路由和交换之间的主要区别就是交换发生在OSI参考模型的第二层（数据链路层），而路由发生在第三层，即网络层。这一区别决定了路由和交换在移动信息的过程中需要使用不同的控制信息，所以两者实现各自功能的方式是不同的。

路由器用于连接多个逻辑上分开的网络，所谓逻辑网络是代表一个单独的网络或者一个子网。当数据从一个子网传输到另一个子网时，可通过路由器来完成。因此，路由器具有判断网络地址和选择路径的功能，它能在多网络互联环境中建立灵活的连接，可用完全不同的数据分组和介质访问方法连接各种子网，路由器只接受源站或其他路由器的信息，属于网络层的一种互联设备。它不关心各子网使用的硬件设备，但要求运行与网络层协议相一致的软件。路由器分本地路由器和远程路由器，其中本地路由器是用来连接网络传输介质的（如光纤、同轴电缆、双绞线）；远程路由器是用来连接远程传输介质，并要求相应的设备（如电话线要配调制解调器，无线要通过无线接收机、发射机）。

（1）路由器的基本功能

路由器的基本功能如下：

1）路由选择

当分组从互联的网络到达路由器时，路由器能根据分组的目的地址按某种路由策略选择最佳路由将分组转发出去，并能随网络拓扑的变化而变化，自动调整路由表。

2）多协议路由选择与协议转换

支持多种协议的路由器能为不同类型的协议建立和维护不同的路由表，连接运行不同协议的网络。路由器可以连接多个不同的网络。这些网络可以采用不同的拓扑结构和不同的协议体系。路由器要对所有连接的网络进行协议转换，才能实现网络之间数据的正确传输。由于路由器是网络层设备，所以可以对网络层及其以下各层进行协议转换。

3）流量控制

路由器不仅具有缓冲区，而且还能控制收发双方的数据流量，使两者更加匹配。

4）分段和组装

当多个网络通过路由器互联时，各网络传输的数据分组的大小可能不相同，这就需要对分组进行分段和组装。即路由器能将接收的大分组分段并封装成小分组后转发，或将接收的小分组组装成大分组后转发。如果路由器没有分段组装功能，那么整个互联网就只能按照所允许的某个最短分组进行传输，大大降低了其他网络的效能。

5）网络管理与安全

路由器是多个网络的交汇点，网络间的信息流都要经过路由器，在路由器上可以进行信息流的监控和管理，完成数据过滤；路由器对于最终找不到目的IP地址的数据包的处理方式是直接丢弃，而不是进行广播，从而避免在网络内产生广播风暴。

(2)路由器的主要特点

由于路由器作用在网络层，因此，它比网桥具有更强的异种网互联能力、更好的隔离能力、更强的流量控制能力、更好的安全性和可管理可维护性，其主要特点如下。

①路由器可以互联不同的MAC协议、不同的传输介质、不同的拓扑结构和不同的传输速率的异种网，它有很强的异种网互联能力。

②路由器也是用于广域网互联的存储转发设备，它有很强的广域网互联能力，被广泛地应用于LAN-WAN-LAN的网络互联环境。

③路由器具有流量控制、拥塞控制功能，能够对不同速率的网络进行速度匹配，以保证数据包的正确传输。

④路由器互联不同的逻辑子网，每一个子网都是一个独立的广播域，因此，路由器不在子网之间转发广播信息，具有很强的隔离广播信息的能力。

⑤路由器工作在网络层，它与网络层协议有关。多协议路由器可以支持多种网络层协议(如IP、IPX和DECNET等)，转发多种网络层协议的数据包。

⑥路由器检查网络层地址，转发网络层数据分组或包。因此，路由器可以基于IP地址进行包过滤，具有包过滤的初期防火墙功能。路由器分析进入的每一个包，并与网络管理员制定的一些过滤策略进行比较，凡符合允许转发条件的包被正常转发，否则丢弃。为了网络的安全，防止黑客攻击，网络管理员经常利用这个功能，拒绝一些网络站点对某些子网或站点的访问。路由器还可以过滤应用层的信息，限制某些子网或站点访问某些信息服务，如不允许某个子网访问远程登录。

⑦对大型网络进行分段化，将分段后的网段用路由器连接起来。这样可以达到提高网络性能，提高网络带宽的目的，而且便于网络的管理和维护。这也是共享式网络为解决带宽问题所经常采用的方法。

⑧路由器不仅可以在中、小型局域网中应用，也适合在广域网和大型、复杂的互联网环境中应用。

(3)路由器的分类

路由器的产品众多，按照不同的划分标准有多种类型。常见的分类方法有以下几种。

1)按性能档次分

按路由器的性能档次分为高、中、低档，通常将路由器吞吐量大于40Gb/s的路由器称为高档路由器，吞吐量在25～40Gb/s之间的路由器称为中档路由器，而将低于25Gb/s的看作低档路由器。

2)按结构分

从结构上分，可将路由器分为模块化路由器和非模块化路由器两种。模块化结构可以灵活地配置路由器，以适应企业不断增加的业务需求；非模块化路由器就只能提供固定的端口。一般而言，中高端路由器为模块化结构，低端路由器为非模块化结构。

3)按功能分

从功能上分，可将路由器分为“骨干级路由器”、“企业级路由器”和“接入级路由器”。

①骨干级路由器。骨干级路由器实现企业级网络的互联。对它的要求是速度和可靠性，而代价则处于次要地位。硬件可靠性可以采用电话交换网中使用的技术，如热备份、双电源、双数

据通路等来获得。这些技术对所有骨干路由器而言差不多是标准的。

骨干IP路由器的主要性能瓶颈是在转发表中查找某个路由所耗的时间。当收到一个包时，输入端口在转发表中查找该包的目的地址以确定其目的端口，当包越短或者当包要发往许多目的端口时，势必增加路由查找的代价。因此，将一些常访问的目的端口放到缓存中能够提高路由查找的效率。不管是输入缓冲还是输出缓冲路由器，都存在路由查找的瓶颈问题。除了性能瓶颈问题，路由器的稳定性也是一个常被忽视的问题。

②企业级路由器。企业或校园级路由器连接许多终端系统，其主要目标是以尽量便宜的方法实现尽可能多的端点互联，并且进一步要求支持不同的服务质量。

路由器连接的网络系统因能够将机器分成多个碰撞域，因此，可以方便地控制一个网络的大小。此外，路由器还支持一定的服务等级，至少允许分成多个优先级别。但是路由器的每端口造价要贵些，并且在能够使用之前要进行大量的配置工作。因此，企业路由器的成败就在于是否提供大量端口且每端口的造价很低，是否容易配置，是否支持QoS。另外，还要求企业级路由器有效地支持广播和组播。企业网络还要处理历史遗留的各种LAN技术，支持多种协议，包括IP、IPX和Vine。

③接入级路由器。接入级路由器连接家庭或ISP内的小型企业客户。接入级路由器已经开始不只是提供SLIP或PPP连接，还支持诸如PPTP和IPSec等虚拟私有网络协议。这些协议要能在每个端口上运行。

4)按性能分

从性能上划分，路由器可分为线速路由器以及非线速路由器。线速路由器完全可以按传输介质带宽进行通畅传输，基本上没有间断和延时。通常线速路由器是高端路由器，具有非常高的端口带宽和数据转发能力，能以媒体速率转发数据包。中低端路由器是非线速路由器，但是一些新的宽带接入路由器也有线速转发能力。

5)按所处网络位置分

从路由器所处的网络位置划分，路由器可分为边界路由器和中间节点路由器两类。边界路由器是处于网络边缘，用于不同网络路由器的连接；而中间节点路由器则处于网络的中间，通常用于连接不同网络，起到一个数据转发的桥梁作用。

由于各自所处的网络位置有所不同，其主要性能也就有相应的侧重。如中间节点路由器因为要面对各种各样的网络，识别这些网络中的各节点靠的就是中间节点路由器的MAC地址记忆功能。

基于上述原因，选择中间节点路由器时就需要在MAC地址记忆功能方面更加注重，也就是要求选择缓存更大、MAC地址记忆能力较强的路由器。但是边界路由器由于它可能要同时接受来自许多不同网络路由器发来的数据，因此，这就要求这种边界路由器的背板带宽要足够宽，当然这也要与边界路由器所处的网络环境而定。

6)按应用场合分

从应用场合划分，路由器可分为通用路由器与专用路由器。一般所说的路由器皆为通用路由器。专用路由器通常为实现某种特定功能对路由器接口、硬件等作专门优化。例如，接入服务器用作接入拨号用户，增强PSTN接口以及信令能力；VPN路由器用于为远程VPN访问用户提供路由，它需要在隧道处理能力以及硬件加密等方面具备特定的能力；宽带接入路由器则强调接口带宽及种类。

(4)路由器的工作原理

路由器是用来连接多个网络或网段的网络设备,它能将不同网络或网段之间的数据信息进行“翻译”,这样,它们便能够相互“读懂”对方的数据,从而构成一个更大的网络。路由器之所以能在不同网络之间起到“翻译”的作用,是因为它不再是一个纯硬件设备,而是具有相当丰富路由协议的软件和硬件结构的设备,如RIP、OSPF、EIGRP、IPv6等。这些路由协议就是用来实现不同网段或网络之间的相互“理解”。

在一个局域网中,如果不需与外界网络进行通信,内部网络的各工作站都能识别其他各节点,完全可以通过交换机就可以实现目的发送,根本用不上路由器来记忆局域网的各节点MAC地址。

路由器识别不同网络的方法是通过识别不同网络的网络ID号进行的,因此,为了保证路由成功,每个网络都必须有一个唯一的网络编号。路由器要识别另一个网络,首先要识别的就是对方网络的路由器IP地址的网络ID,看是否与目的节点地址中的网络ID号相一致。如果一致,就向这个网络的路由器发送,接收网络的路由器在接收到源网络发来的报文后,根据报文中所包括的目的节点IP地址中的主机ID号来识别是发给哪一个节点的,然后再直接发送。

为了更清楚地说明路由器的工作原理,假设有一个如图4-17所示的简单网络。其中一个网段网络ID号为“A”,在同一网段中有4台终端设备连接在一起,这个网段的每个设备的IP地址分别假设为A1、A2、A3和A4。连接在这个网段上的一台路由器是用来连接其他网段的,路由器连接于A网段的那个端口IP地址为A5。同样,路由器连接另一网段为B网段,这个网段的网络ID号为“B”,连接在B网段的另几台工作站设备的IP地址设为B1、B2、B3、B4,同样,连接于B网段的路由器端口的IP地址设为B5。

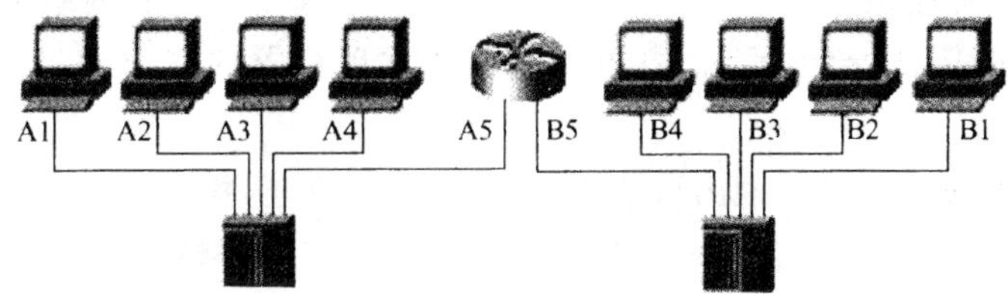

图4-17 用路由器连接两个网段

在这样一个简单的网络中同时存在着两个不同的网段,如果A网段中的A1用户想发送一个数据给B网段的B2用户,有了路由器就非常简单了,具体过程如下所示。

首先,A1用户把所发送的数据及发送报文准备好,以数据帧的形式通过左边的集线器广播发给同一网段的所有节点(集线器都是采取广播方式,而交换机因为不能识别这个地址,也采取广播方式),路由器在侦听到A1发送的数据帧后,从中分析出目的节点的IP地址信息(路由器在得到数据包后总是要先进行分析),得知不是本网段的地址,就把数据帧接收下来,根据其路由表进一步分析可知,接收节点的网络ID号与B5端口的网络ID号相同。这时,路由器的A5端口就直接把数据帧发给路由器B5端口。B5端口再根据数据帧中的目的节点IP地址信息中的主机ID号来确定最终目的节点为B2,然后再发送数据到右边的集线器,该集线器将数据帧以广播方式发送给其他的所有节点,从而将节点A1发送的数据发送给节点B2。这样一个完整的数据帧的路由转发过程就完成了,数据也正确、顺利地到达目的节点。

当然，这样的网络算是非常简单的。路由器的功能还不能从根本上体现出来，一般一个网络都会同时连接其他多个网段或网络，如图 4-18 所示，A、B、C、D 4 个网络通过路由器连接在一起。

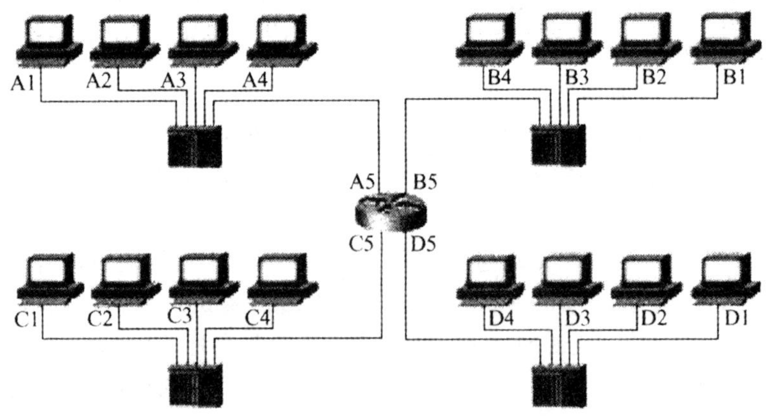

图 4-18　用路由器连接 4 个网段

那么，在如图 4-18 所示的网络环境下路由器又是如何发挥其路由、数据转发作用的。假设网络 A 中一个用户 A1 要向网络 C 中的用户 C3 发送数据，其数据传输的步骤如下。

首先，用户 A1 将目的用户 C3 的地址 C3，连同数据信息以数据帧的形式通过集线器 A 以广播的方式发送给同一网络中的所有节点，当路由器端口 A5 侦听到这个数据帧后，分析得知所发目的节点不是本网段的，需要路由转发，就把数据帧接收下来。

其次，路由器端口 A5 接收到用户 A1 的数据帧后，先从报头中取出目的用户 C3 的 IP 地址，并根据路由表计算出发往用户 C3 的最佳路径。从分析得知到 C3 的网络 ID 号与路由器端口 C5 的网络 ID 号相同，因此，路由器的 A5 端口直接发向路由器的 C5 端口应是信号传递的最佳途径。

最后，路由器的端口 C5 再次取出目的用户 C3 的 IP 地址，找出 C3 的 IP 地址中的主机 ID 号，并将数据发送给集线器 C；集线器 C 直接以广播方式把数据帧分发到其所有端口；用户 C3 侦听到并接收该数据帧后，经分析可知是发送给自己的，用户 C3 便接收该数据帧。这样一个完整的数据通信转发过程也完成了。

总的来说，不管网络有多么复杂，路由器其实所做的工作就是这么几步，因此，整个路由器的工作原理都差不多。当然，在实际中的网络还远比图 4-17 和图 4-18 所示的网络复杂得多，实际的步骤也会更加复杂，但总的过程是这样的。

路由器的主要工作就是为经过路由器的每个数据帧寻找一条最佳传输路径，并将该数据有效地传送到目的站点。由此可见，选择最佳路径的策略即路由算法是路由器的关键所在。为了完成“路由”的工作，在路由器中保存着各种传输路径的相关数据——路由表(Routing Table)，供路由选择时使用。

路由表中保存着子网的标志信息、网上路由器的个数和下一个路由器的名字等内容。路由表可以由系统管理员设置，也可以由系统动态修改，可以由路由器自动调整，也可以由主机控制。

在路由器中涉及两个有关地址的名字概念，即静态路由表和动态路由表。由系统管理员事先设置好固定的路由表称之为静态(Static)路由表，一般是在系统安装时就根据网络的配置情况预先设定的，它不会随未来网络结构的改变而改变；动态(Dynamic)路由表是路由器根据网络系统的运行情况而自动调整的路由表。路由器根据路由选择协议(Routing Protocol)提供的功能，自动学习和记忆网络运行情况，在需要时自动计算数据传输的最佳路径。

6. 网关

网关(Gateway)又称为协议转换器。它作用在 OSI 参考模型的 4～7 层，即传输层到应用层。网关的基本功能是实现不同网络协议的互联，也就是说，网关是用于高层协议转换的网间接器。网关可以被描述为“不相同的网络系统互相连接时所用的设备或节点”。不同体系结构、不同协议之间在高层协议上的差异是非常大的。网关依赖于用户的应用，是网络互联中最复杂的设备，没有通用的网关。而对于面向高层协议的网关来说，其目的就是试图解决网络中不同的高层协议之间的不同性问题，完全做到这一点是非常困难的。所以对网关来说，通常都是针对某些问题而言的。网关的构成是非常复杂的。综合来说，其主要的功能是进行报文格式转换、地址映射、网络协议转换和原语连接转换等。

按照网关的功能不同，大体可以将网关分为三大类：协议网关、应用网关和安全网关。

(1)协议网关

协议网关通常在使用不同协议的网络区域间做协议转换工作，这也是一般公认的网关的功能。例如，IPv4 数据由路由器封装在 IPv6 分组中，通过 IPv6 网络传递，到达目的路由器后解开封装，把还原的 IPv4 数据交给主机。这个功能是第三层协议的转换。又如，以太网与令牌环网的帧格式不同，要在两种不同网络之间传输数据，就需要对帧格式进行转换，这个功能就是第二层协议的转换。

协议转换器必须在数据链路层以上的所有协议层都运行，而且要对节点上使用这些协议层的进程透明。协议转换是一个软件密集型过程，必须考虑两个协议栈之间特定的相似性和不同之处。因此，协议网关的功能相当复杂。

(2)应用网关

应用网关在是不同数据格式间翻译数据的系统。例如，E-mail 可以以多种格式实现，提供 E-mail 的服务器可能需要与多种格式的邮件服务器交互，因此，要求支持多个网关接口。

(3)安全网关

安全网关就是防火墙。一般认为，在网络层以上的网络互联使用的设备是网关，主要是因为网关具有协议转换的功能。但事实上，协议转换功能在 OSI/RM 的每一层几乎都有涉及。所以，网关的实际工作层次其实并非十分明确，正如很难给网关精确定义一样。

4.3　路由选择协议

4.3.1　路由算法

路由选择协议的核心就是路由算法，即需要何种算法来获得路由表中的各项目。一个理想的路由算法应具有以下一些特点。

①算法必须是正确的和完整的。这里“正确”的含义是：沿着各路由表所指引的路由，分组一

定能够最终到达的目的网络和目的主机。

②算法在计算上应简单。进行路由选择的计算必然要增加分组的时延。因此,路由选择的计算不应使网络通信量增加太多的额外开销。若为了计算合适的路由必须使用网络其他路由器发来的大量状态信息时,开销就会过大。

③算法应能适应通信量和网络拓扑的变化,即要有自适应性。当网络中的通信量发生变化时,算法能自适应地改变路由以均衡各链路的负载。当某个或某些节点、链路发生故障不能工作,或者修理好了再投入运行时,算法也能及时地改变路由。有时称这种自适应性为“稳健性”(Robustness)[①]。

④算法应具有稳定性。在网络通信量和网络拓扑相对稳定的情况下,路由算法应收敛于一个可以接受的解,而不应使得出的路由不停地变化。

⑤算法应是公平的。即算法应对所有用户(除对少数优先级高的用户)都是平等的。例如,若使某一对用户的端到端时延为最小,但却不考虑其他的广大用户,这就明显地不符合公平性的要求。

⑥算法应是最佳的。这里的“最佳”是指以最低的代价实现路由算法。这里特别需要注意的是,在研究路由选择时,需要给每一条链路指明一定的代价(Cost)。这里的“代价”并不是指“钱”,而是由一个或几个因素综合决定的一种度量(Metric),如链路长度、数据率、链路容量、是否要保密、传播时延等,甚至还可以是一天中某一个小时内的通信量、节点的缓存被占用的程度、链路差错率等。可以根据用户的具体情况设置每一条链路的“代价”。

由此可见,不存在一种绝对的最佳路由算法。所谓“最佳”只能是相对于某一种特定要求下得出的较为合理的选择而已。

一个实际的路由选择算法,应尽可能接近于理想的算法。在不同的应用条件。对以上提出的 6 个方面也可有不同的侧重。

应当指出,路由选择是个非常复杂的问题,因为它是网络中的所有节点共同协调工作的结果。其次,路由选择的环境往往是不断变化的,而这种变化有时无法事先知道,例如,网络中出了某些故障。此外,当网络发生拥塞时,就特别需要有能缓解这种拥塞的路由选择策略,但恰好在这种条件下,很难从网络中的各节点获得所需的路由选择信息。

如果从路由算法能否随网络的通信量或拓扑自适应地进行调整变化来划分,则只有两大类,即静态路由选择策略和动态路由选择策略。

1. 静态路由

静态路由又称为非自适应路由选择,是指在路由器中设置固定的路由表,除非管理员干预,否则静态路由不会发生变化,由于静态路由不能对网络的改变做出反应,一般用于网络规模不大,拓扑结构固定的网络中。

静态路由选择的优点有以下几点:

①不需要动态路由选择协议,减少了路由器的日常开销。

②在小型互联网络上很容易配置。

③可以控制路由选择。

---

① Robustness 一词在自动控制界的标准译名是“鲁棒性”,但在[MINGCI94]则译为“稳健性”。

总起来说，静态路由的优点是简单、高效、可靠，在所有的路由中，静态路由优先级别最高。当动态路由和静态路由发生冲突时，以静态路由为准。

2. 动态路由

动态路由又称自适应路由。动态路由是由路由器从其他路由器中周期性地获得路由信息而生成的，具有根据网络链路的状态变化自动修改更新路由的能力，具有较强的容错能力。这种能力是静态路由所不具备的。同时，动态路由比较多地应用于大型网络，因为使用静态路由管理大型网络的工作过于繁琐且容易出错。

动态路由也有多种实现方法。目前在 TCP/IP 协议中使用的动态路由主要分为两种类型：距离矢量路由选择协议（Distance-Vector Routing Protocol）和链路状态路由协议（Link-State Routing Protocol）。

(1)距离矢量路由选择协议

距离矢量路由选择协议也称为 Bellman-Ford 算法，它使用到远程网络的距离去求最佳路径。每经过一个路由器为一跳，到目的网络最少跳数的路由被确定为最佳路由。

路由信息协议（RIP）和内部网关路由协议（IGRP）就使用这种算法。

距离矢量路由算法定期向相邻路由器发送自己完整的路由表，相邻路由器将收到的路由表与自己的合并以更新自己的路由表，称为流言路由（Rumor），因为收到来自相邻路由器的信息后，路由器本身并没有亲自发现就相信有关远程网络的信息。更新后，它向所有邻居广播整个路由表。

一个网络可能有多条链路到达同一个远程网络。如果这样，首先检查管理距离，如果相等，就要用其他度量方法来确定选用哪条路。路由信息协议仅使用跳步数来确定到达远程网络的最佳路径，如果发现不止一条链路到达同一目的网络且又跳相同步数，那么就自动执行循环负载平衡。通常可以为 6 个等开销链路执行负载平衡。

距离矢量路由协议通过广播路由表来跟踪网络的改变，占用 CPU 进程和链路的带宽。由于距离矢量路由选择算法的本质是每个路由器根据它从其他路由器接收到的信息而建立它自己的路由选择表，当网络对一个新配置的收敛反应比较慢，从而引起路由选择条目不一致时，就会产生路由环路，如图 4-19 所示。

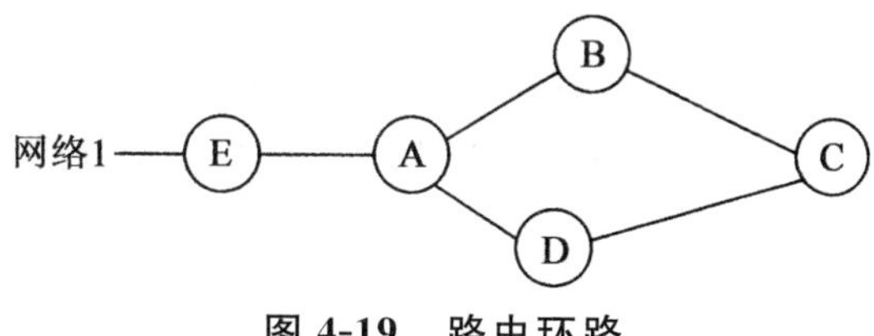

图 4-19　路由环路

网络 1 发生故障前，网络收敛。假定 C 到网络 1 的最佳路径是通过 B，且 C 的路由表中计数的到网络 1 的跳数为 3。

E 发现网络 1 故障，向 A 发更新，A 停止向网络 1 发送数据包，但 B、C、D 仍然向网络 1 发送。它们还没有收到故障通知。此时 A 发更新，B、D 收到，B、D 停止向网络 1 发送数据包，但 C 还没有收到更新，C 仍然认为网络 1 可达。

现在 C 向 D 发定期更新，说经过 B 可以达到网络 1，距离是 3 跳。D 收到后，更新自己的路由选择表,确定到达网络 1 的路径为经过 C,到 B 的距离是 4 跳,就可达网络 1。于是 D 又将这个信息传递给 A,A 又再修改自己的路由表,将这个信息转发给 B 和 E。任何发到网络 1 的数据包就会经过 C 到 B,再到 A 到 D,这样循环传送,这就是路由环路问题。

解决方法如下所示。

①定义最大跳数,数据包每经过下一路由器,跳计数的距离矢量递增,计数到超过距离矢量的默认最大值,RIP 规定为 15 跳,就被丢弃,认为不可达。

②水平分割,不将路由信息回传给发来该路由的路由器。

③抑制,用于防止定时更新信息错误地恢复一个已坏的路由。

一个路由器从相邻路由器收到更新信息,指示原先一个可达的网络现在不可达。该路由器将这条路由标记为不可达,同时启动一个抑制定时器(Hold-Down Timer),在期满前任何时刻,从相同的相邻路由器收到更新信息,指示网络重新可达,这时,路由器会重新标记这条路由为可达,同时,卸下抑制定时器。

如果从另一个邻居路由器收到更新信息,指示一条比以前路径跳数更少的路径,则路由器把该网络标记为可达,同时卸下抑制定时器。

在抑制定时器期满前的任何时刻,任何另外的邻居路由器指示一条不如以前的路径,都会被忽略。

(2)链路状态路由协议

基于链路状态的路由选择协议,也被称为最短路径优先算法(SPF)。距离矢量算法没有关于远程网络和远端路由器的具体信息,而链路状态路由选择算法保留远程路由器以及它们之间是如何连接的等全部信息。

每个链路状态路由器提供关于它邻接的拓扑结构的信息,包括它所连接的网段(链路),以及链路的情况(状态)。

链路状态路由器,将这个信息或改动部分向它的邻居们发送呼叫消息,称为链路状态数据包(LSP)或链路状态通告(LSA),然后,邻居将 LSP 赋值到它们自己的路由选择表中,并传递那个信息到网络的其余部分,这个过程称为"泛洪(Flooding)"。

这样,每个路由器并行地构造一个拓扑数据库,数据库中有来自互联网的 LSA。

SPF 算法计算网络的可达性,挑出代价最小的路径,生成一个由自己作为树根的 SPF 树。

路由器根据 SPF 树建立一个到每个网络的路径和端口的路由选择表。

链路状态路由选择协议中最复杂和最重要的是要确保所有路由器得到所有必要的 LSA 数据包,拥有不同 LSA 数据包的路由器会基于不同拓扑计算路由,那么各个路由器关于同一链路信息不一致会导致网络不可达。

例如,两难问题,如图 4-20 所示。

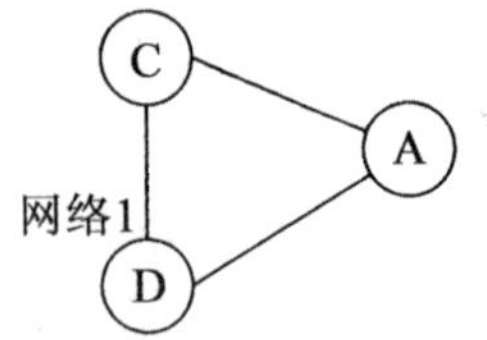

图 4-20 两难问题

①C 与 D 之间网络故障，二者都会构造一个 LSA 数据包反映这种状态。

②之后很快网络恢复工作，又要另一个 LSA 数据包反映这种变化。

③如果之前从 C 发出的网络 1 不可达的消息经由了一条较慢的路径，D 发出的网络 1 已经恢复到达 A 后，C 的不可达 LSA 才到 A。

④A 陷入两难，不知该建哪个 SPF 树，到底网络 1 可不可达？

如果向所有路由器的 LSA 分发不正确，链路状态路由选择可能会导致不正确的路由，若网络规模很大，会产生严重问题。

4.3.2　内部网关协议

前面介绍的距离矢量路由选择协议和链路状态路由协议都工作在一个自治系统（Autonomous System，简称 AS。一个自治系统通常是指一个网络管理区域）。根据路由协议工作的范围可以将动态路由协议划分为内部网关协议（Interior Routing Protocol）和外部网关协议（Exterior Routing Protocol）。所以，距离矢量路由选择协议和链路状态路由协议都属于内部网关协议。

常见的内部网关协议有：基于距离矢量路由选择算法的路由信息协议（Routing Information Protocol，RIP）和基于链路状态路由选择算法的开放式最短路径优先协议（Open Shortest Path First，OSPF）。

1. 路由信息协议

(1)工作原理

路由信息协议（Routing Information Protocol，RIP）是内部网关协议 IGP 中最先得到广泛应用的协议。RIP 是一种分布式的基于距离失量的路由选择协议，是因特网的标准协议。

RIP 通过 UDP 报文交换路由信息，每隔 30s 向外发送一次更新报文。如果路由器经过 180s 没有收到更新报文，则将所有来自其他路由器的路由信息标记为不可达，若在其后的 130s 内仍未收到更新报文，就将这些路由从路由表中删除。

RIP 协议要求网络中的每一个路由器都要维护从它自己到其他每一个目的网络的距离记录。在这里，“距离”的意义是：源主机到目的主机所经过的路由器的数目。因此，从一路由器到直接连接的网络的距离为 0。从一个路由器到非直接连接的网络的距离定义为所经过的路由器数加 1。

RIP 协议中的“距离”也称为“跳数”（Hop Count），因为每经过一个路由器，跳数就加 1。RIP 认为一个好的路由就是它通过的路由器的数目少，即“距离短”。即 RIP 衡量路由好坏的标准是信息转发的次数（所经过的路由器的数目）。但有时这未必是最好的，因为有可能存在这样一种情况：所经过的路由器数目多一些，但信息传输的效率更高，速度更快。这就像开车有的路段比较短，但堵车严重，若绕道，尽管走的路长一些，也会更快地到达目的地。

RIP 允许一条路径最多只能包含 15 个路由器，“距离”的最大值为 16 时，即相当于不可达，可见 RIP 只适用于小型互联网。RIP 不能在两个网络之间同时使用多条路由。RIP 选择一个具有最少路由器的路由（即最短路由），哪怕还存在另一条高速（低时延）但路由器较多的路由。

所以，路由表中最主要的信息就是：到达本自治系统某个网络的最短距离和下一跳路由器的地址。那么,RIP 采取一种什么机制使得每个路由器都知道到达本自治系统任意网络的最短距离和下一跳路由器的地址呢,即如何来构建自己的路由表呢?

RIP 协议有如下规定:

①仅和相邻路由器交换信息,不相邻的路由器不交换信息。

②交换的信息是当前本路由器所知道的全部信息,即自己的路由表。也就是说,一个路由器把它自己知道的路由信息转告给与它相邻的路由器。主要信息包括到某个网络的最短距离和下一跳路由器的地址。

③按固定的时间间隔交换路由信息,例如,每隔 30s。然后路由器根据收到的路由信息更新路由表,保证自己到目的网络的距离是最短的。当网络拓扑结构发生变化时,路由器能及时地得知最新的信息。

RIP 作为 IGP 协议的一种,通过这些机制使路由器了解到整个网络的路由信息。

(2)应用环境与存在的问题

由于 RIP 的简单、可靠,便于配置,使其被广泛使用。但是 RIP 也有它自身的局限性,它只适用于小型的同构网络,因为它允许的最大站点数为 15,任何超过 15 个站点的目的地均被标记为不可达。而且 RIP 每隔 30s 一次的路由信息广播也容易造成广播风暴。除此之外,RIP 还存在以下一些问题。

1)收敛问题

收敛是所有的路由器使它们的路由选择信息表同步的过程,或者某个路由选择信息的变换反映到所有路由器中所需要的时间。收敛过程越快,路由选择表的准确性就越高,它会提高网络的效率。如果互联网络的拓扑结果永远不会发生变化,则收敛不会成为一个问题。然而,网络上可能会出现多种改变:加入新的跳、加入路由器、路由器接口故障、整个路由器出现故障,带宽分配改变,网络链路的网络带宽改变,路由器 CPU 使用情况的增加或减少。所有这些条件都可以改变一个路由选择协议如何选择最佳路由。快速收敛也避免路由循环。

距离向量路由器定期向相邻的路由器发送它们的整个路由选择表。距离相邻路由器在从相邻路由器接收到的信息的基础之上建立自己的路由选择信息表;然后,将信息传递到它的相邻路由器。结果是路由选择表是在第 2 手信息的基础上建立的,如图 4-21 所示。

当在互联网络上无法使用某个路由时,距离向量路由器将通过路由变化或者网络链路寿命而获知这种变化。和故障链路相邻的路由器将在整个网络上发送“路由改变传输”(或者“路由无效”)消息。寿命将在所有的路由选择信息中设置。当无法使用某个路由,并且并没有用新信息向网络发出这个信息时,距离向量路由选择算法在那个路由上设置一个寿命计时器。当路由达到寿命计时器的终点时,它将从路由选择表中删除。寿命计时器根据所使用的路由选择协议不同而不同。

无论使用何种类型的路由选择算法,互联网络上的所有路由器都需要时间以更新它们的路由选择表,这个过程称为聚合。因而,在距离向量路由选择中,聚合包括以下过程。

①每个路由器接收到更新的路由选择信息。

②每个路由器用它自己的信息(例如,加入一个跳)更新其度。

③每个路由器更新它自己的路由选择信息表。

④每个路由器向它的邻居广播新信息。

距离向量路由选择是最古老的一种路由选择协议算法。正如前面说明的,算法的本质就是,每个路由器根据它从其他路由器接收到的信息而建立它自己的路由选择表。这意味着，当路由器在它们的表格中使用第 2 手信息时，至少会遇到一个问题，即无限问题的数量。

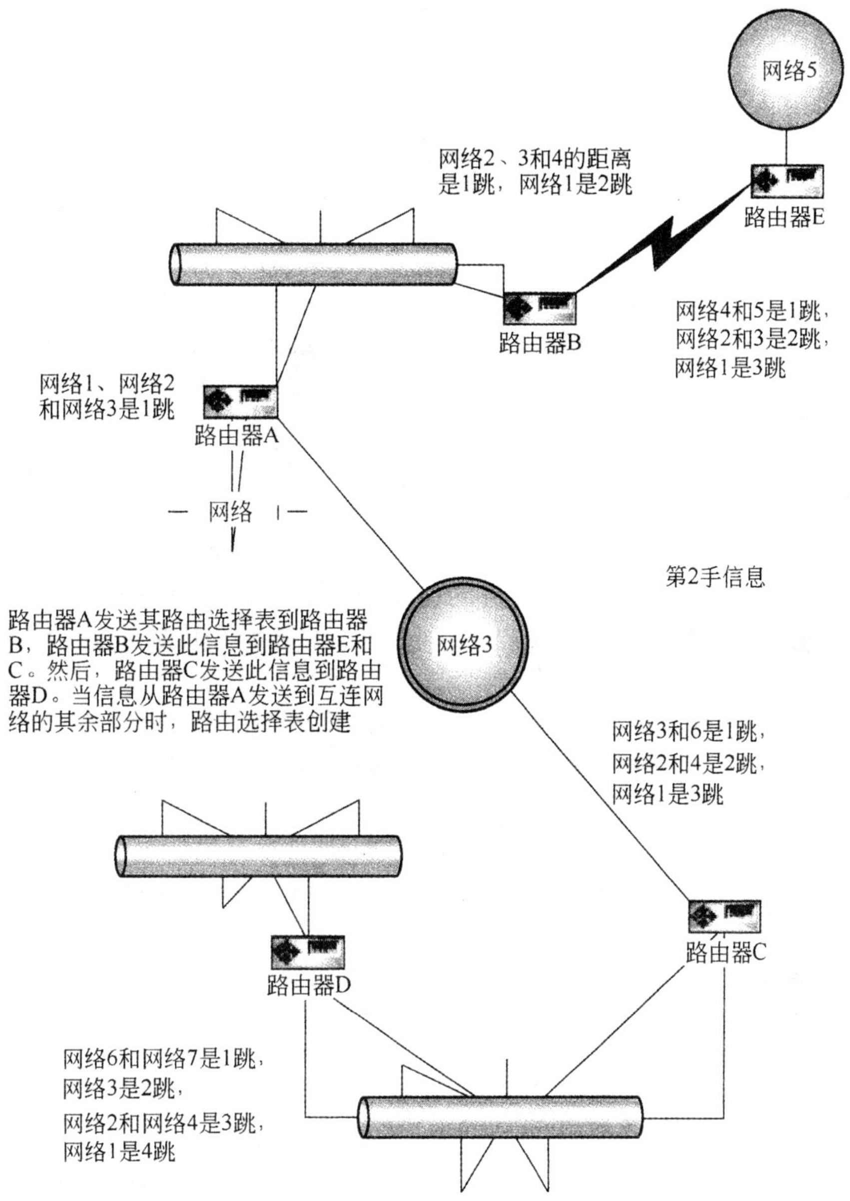

图 4-21 距离向量路由器发送第 2 手信息

无限问题的数量就是一个路由选择循环，它是由于距离向量路由选择协议在某个路由器出现“故障”，或者因为别的原因而无法在网络上使用时，使用第 2 手信息造成的。

2)路由选择环路

任何距离向量路由选择协议(如 RIP)都会面临同一个问题，即路由器不了解网络的全局情况。路由器必须依靠相邻路由器来获取网络的可达信息。由于路由选择更新信息在网络上传播慢，距离向量路由选择算法有一个慢收敛问题，这个问题将导致不一致性。RIP 使用以下机制减少因网络上的不一致带来的路由选择环路的可能性：计数到无穷大、水平分割、保持计数器、破坏逆转更新和触发更新。

①计数到无穷大。RIP 允许最大跳数为 15。大于 15 的目的地被认为是不可达。这个数字限制了网络大小的同时也防止了一个叫做计数到无穷大的问题，如图 4-22 所示。

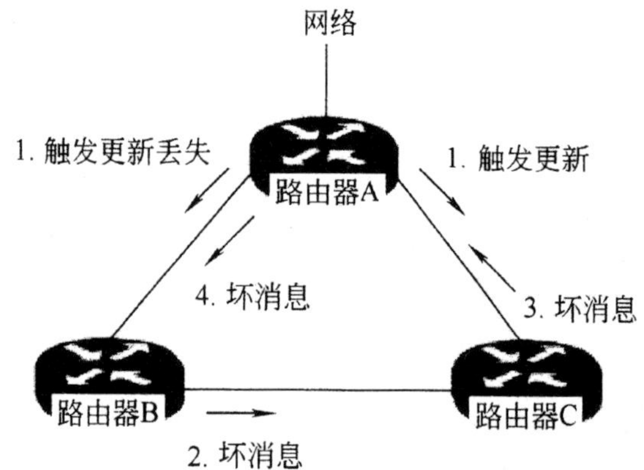

图 4-22 计数到无穷大的问题

计数到无穷大按照以下方式进行工作。

• 路由器 A 丢失了以太网接口后产生一个触发更新送往路由器 B 和路由器 C。这个更新信息告诉路由器 B 和路由器 C 路由器 A 不再到达网络 A 的路径。这个更新信息传输到路由器 B 被推迟了(CPU 忙、链路拥塞等)但到达了路由器 C。路由器 C 从路由表中去掉到网络 A 的路径。

• 路由器 B 仍未收到路由器 A 的触发更新信息，并发出它的常规路由选择更新信息，通告网络 A 以 2 跳的距离可达。路由器 C 收到这个更新信息，认为出现了一条新路径到网络 A。

• 路由器 C 告诉路由器 A 它能以 3 跳的距离到达网络 A。

• 路由器 A 告诉路由器 B 它能以 4 跳的距离到达网络 A。

• 这个循环将进行到跳数为无穷，在 RIP 中定义为 16。一旦一个路由器达到无穷，它将声明这条路径不可用并将此路径从路由表中删除。

由于计数到无穷大问题，路由选择信息将从一个路由器传到另一个路由器，每次加 1。路由选择环路问题将无限制地进行下去，直到达到某个限制。这个限制就是 RIP 的最大跳数。当路径的跳数超过 15，这条路径就从路由表中删除。

②水平分割。水平分割规则如下：路由器不向路径到来的方向回传此路径。当打开路由器接口后，路由器记录路径是从哪个接口来的，并且不向此接口回传此路径。

Cisco 可以对每个接口关闭水平分割功能。这个特点在非广播多路访问 hub-and-spoke 环境下十分有用。如图 4-23 所示，路由器 B 通过帧中继连接路由器 A 和路由器 C，两个 PVC 都在路由器 B 的同一个物理接口上。

在图 4-23 中，如果在路由器 B 的水平分割未被关闭，那么路由器 C 将收不到路由器 A 的路由选择信息(反之亦然)。用 no ip split-horizon 接口子命令关闭水平分割功能。

③保持计数器。保持计数器防止路由器在路径从路由表中删除后一定的时间内接受新的路由信息。它的思想是保证每个路由器都收到了路径不可达信息，而且没有路由器发出无效路径信息。例如，在图 4-23 中，由于路由更新信息被延迟，路由器 B 向路由器 C 发出错误信息。使用保持计数器这种情况将不会发生，因为路由器 C 将在 180s 内不接受通向网络 A 的新的路径信

息。到那时路由器 B 将存储正确的路由信息。

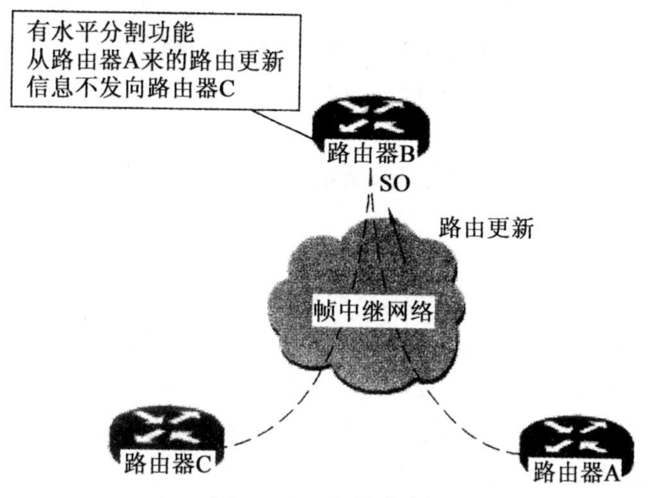

图 4-23　水平分割

④破坏逆转更新。水平分割是路由器用来防止把一个接口得来的路径又从此接口传回导致路由自环的方案。水平分割方案忽略在更新过程中从一个路由器获取的路径又传回该路由器。有破坏逆转的水平分割的更新信息中包括这些路径，但这个处理过程把这些路径的度量设为 16（无穷）。

通过把跳数设为无穷并把这条路径告诉源路由器，有可能立刻解决路由选择环路。否则，不正确的路径将在路由表中驻留到超时为止。破坏逆转的缺点是它增加了路由更新的数据大小。

⑤触发更新。有破坏逆转的水平分割将任何两个路由器构成的环路打破。三个或更多个路由器构成的环路仍会发生，直到无穷(16)时为止。触发式更新想加速收敛时间。当某个路径的度量改变了。路由器立即发出更新信息，路由器不管是否到达常规信息更新时间都发出更新信息。

2. 开放式最短路径优先协议

(1)工作原理

开放式最短路径优先（Open Shortest Path First，OSPF）是为了克服 RIP 的缺点在 1989 年被开发出来的。OSPF 的原理很简单，但实现起来却较复杂。“开放”表明 OSPF 协议不是受某一家厂商控制，而是公开发表的。“最短路径优先”是因为使用了 Dijkstra 提出的最短路径算法 SPF。OSPF 的第二个版本 OSPF3 已成为因特网标准协议。

需要注意的是，OSPF 只是一个协议的名字，它并不表示其他的路由选择协议不是“最短路径优先”。实际上，所有的在自治系统内部使用的路由选择协议（包括 RIP 协议）都是要寻找一条最短的路径。

OSPF 最主要的特征就是使用分布式的链路状态协议，而不是像 RIP 那样的距离矢量协议。与 RIP 协议相比，OSPF 的 3 个要点和 RIP 的都不一样。

①向本自治系统中所有路由器发送信息（RIP 协议是仅仅向自己相邻的几个路由器发送信息）。这里使用的方法是洪泛法，这就是路由器通过所有输出端口向所有相邻的路由器发送信息。而每一个相邻路由器又再将此信息发往其所有的相邻路由器（但不再发送给刚

刚发来信息的那个路由器)。这样,最终整个区域中所有的路由器都得到了这个信息的一个副本。

②发送的信息就是与本路由器相邻的所有路由器的链路状态,但这只是路由器所知道的部分信息(RIP 协议发送的信息是“到所有网络的距离和下一跳路由器”)。所谓“链路状态”就是说明本路由器都和哪些路由器相邻,以及该链路的“度量”。OSPF 将这个“度量”用来表示费用、距离、时延、带宽等。这些都由网络管理人员来决定,因此,较为灵活。有时为了方便就称这个度量为“代价”。

③只有当链路状态发生变化时,路由器才用洪泛法向所有路由器发送此信息(RIP 协议是不管网络拓扑有无发生变化,路由器之间都要定期交换路由表的信息)。

由于各路由器之间频繁地交换链路状态信息,因此,所有的路由器最终都能建立一个链路状态数据库,OSPF 的链路状态数据库能较快进行更新,使各个路由器能及时更新其路由表。

OSPF 规定,每两个相邻路由器每隔 10s 要交换一次问候分组,这样就能确切知道哪些邻站是可达的。对相邻路由器来说,“可达”是最基本的要求,因为只有可达邻站的链路状态信息才存入链路状态数据库(路由表就是根据链路状态数据库计算出来的)。

在正常情况下,网络中传送的绝大多数 OSPF 分组都是问候分组。若有 40s 没有收到某个相邻路由器发来的问候分组,则认为该相邻路由器是不可达的,应立即修改链路状态数据库,并重新计算路由表。

(2)网络拓扑结构

OSPF 有 4 种网络类型或模型(广播式、非广播式、点到点和点到多点),根据网络的类型不同,OSPF 工作方式也不同,掌握 OSPF 在各种网络模型上如何工作很重要,特别是在设计一个稳定的强有力的网络时。

①广播式。广播式网络类型是 LAN 上的默认类型(如令牌环、以太网和 FDDI),任何接口在使用了 IP ospf network 接口命令后都可被配置成广播式。

· 在一个广播式模型上,DR 和 BDR 都被选出,所有的路由器都与它们形成邻接,达到了一个最佳扩散,因为所有的 LSA 发送给了 DR,而 DR 将它们扩散到网络中的每个单独的路由器。

· 邻居不需要定义。

· 所有的路由器都在同一个子网。

· 必须注意广播式模型用在 NBMA 网中,如帧中继或 ATM。一个 DR 已选出,所有的路由器都必须与它有一个物理连接,要么使用一个完整的网状式的环境,要么给 DR 静态的配置使用优先级命令来确认物理连接。

· Hello 的计时器是 10s,而终结间隔是 40s,等待间隔是 40s。

②非广播式。非广播式网络是串行接口上的默认类型,它们装备是为了简化帧中继,任何非广播式的接口,都使用了 IP ospf network interface 命令。

· 有了非广播式模型,DR 和 BDR 被选出,并且所有路由器与它们形成邻接,这个联盟实现了优化扩散,因为所有 LSA 被送到 DR,同时 DR 将它们扩散到网络中每一个单独的路由器上。

· 因为广播式性能的缺陷,必须定义邻居来使用邻居命令。

· 所有路由器在同一个子网。

· 与广播式模型相同，也要选出 DR，必须注意确认 DR 与所有的路由器有逻辑连接。

· Hello 计时器是 30s，终结间隔是 120s，等待间隔是 120s。

③点到点式。点到点的网络类型是串行口的默认类型，它没有使用帧中继简化或者被作为子接口的点到点型，一个子接口是一种定义接口的逻辑方式，同样的物理接口能被分成多个逻辑接口，这个概念的产生是为了处理在 NBMA 网络中的水平分割问题。

点到点式模型能被配置到任何一个使用了 IP ospf network point-to-point 接口命令的接口上。

· 在点到点模型中，既没有 DR 也没有 BDR，直接相连的路由器形成邻接。

· 每个点到点链路要求一个分开的子网。

· Hello 计时器为 10s，终结间隔为 40s，等待间隔为 40s。

④点到多点式。点到多点式网络可以被装配到使用了 IP ospf point-to-multi point 的接口命令的任何接口上

· 没有 DR。

· 不需要定义邻居，因为额外的 LSA 被用来传播邻居路由器连接。

· 整个网络使用一个子网。

· Hello 计时器为 30s，终结间隔为 120s，等待时间为 120s。

4.3.3 外部网关协议

1989 年，公布了新的外部网关协议——边界网关协议 BGP。BGP 是不同自治系统的路由器之间交换路由信息的协议。BGP 的较新版本是 1995 年发表的 BGP-4，其已成为因特网草案标准协议。本节后面都将 BGP-4 简写为 BGP。

在不同自治系统之间的路由选择之所以不使用前面讨论的内部网关协议，主要有以下几个原因。

①因特网的规模太大，使得自治系统之间路由选择非常困难。连接在因特网主干网上的路由器，必须对任何有效的 IP 地址都能在路由表中找到匹配的目的网络。

目前主干网路由器中的路由表的项目数早已超过了 5 万个网络前缀。这些网络的性能相差很大。如果用最短距离（即最少跳数）找出来的路径，可能并不是应当选用的路径。例如，有的路径的使用代价很高或很不安全。如果使用链路状态协议，则每一个路由器必须维持一个很大的链路状态数据库。对于这样大的主干网用 Dijkstra 算法计算最短路径时花费的时间也太长。

②对于自治系统之间的路由选择，要寻找最佳路由是很不现实的。由于各自治系统是运行自己选定的内部路由选择协议，使用本自治系统指明的路径度量，因此，当一条路径通过几个不同的自治系统时，要想对这样的路径计算出有意义的代价是不可能的。例如，对某个自治系统来说，代价为 1000 可能表示一条比较长的路由。但对另一个自治系统代价为 1000 却可能表示不可接受的坏路由。因此，自治系统之间的路由选择只可能交换“可达性”信息（即“可到达”或“不可到达”）。

③系统之间的路由选择必须考虑有关策略。例如，自治系统 A 要发送数据报到自治系统 B，同本来最好是经过自治系统 C。但自治系统 C 不愿意让这些数据报通过本系统的网络，另一方面，自治系统 C 愿意让某些相邻的自治系统的数据报通过自己的网络，尤其是对那些付了服

务费的某些自治系统更是如此。

自治系统之间的路由选择协议应当允许使用多种路由选择策略。这些策略包括政治、安全或经济方面的考虑。例如，我国国内的站点在互相传送数据报时不应经过国外兜圈子，尤其是不要经过某些对我国的安全有威胁的国家。这些策略都是由网络管理人员对每一个路由器进行设置的，但这些策略并不是自治系统之间的路由选择协议本身。

由于上述情况，边界网关协议 BGP 只能是力求寻找一条能够到达目的网络且比较好的路由(不能兜圈子)，而并非要寻找一条最佳路由。BGP 采用了路径失量路由选择协议，它与距离失量协议和链路状态协议都有很大的区别。

在配置 BGP 时，每一个 AS 的管理员要至少选择一个路由器作为该 AS 的“BGP 发言人”。一个 BGP 发言人通常就是 BGP 边界路由器。一个 BGP 发言人负责与其他自治系统中的 BGP 发言人交换路由信息。图 4-24 表示了 BGP 发言人和 AS 的关系。

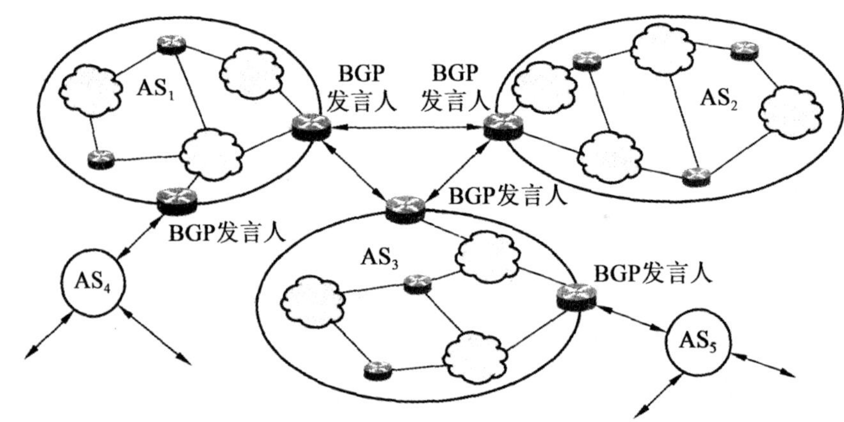

图 4-24　BGP 发言人和自治系统 AS 的关系

一个 BGP 发言人与其他自治系统中的 BGP 发言人要交换路由信息，就要先建立 TCP 连接，然后在此连接上交换 BGP 报文以建立 BGP 会话(Session)，利用 BGP 会话交换路由信息。使用 TCP 连接能提供可靠的服务，也简化了路由选择协议。即 BGP 报文用 TCP 封装后，采用 IP 报文传送，其封装关系如图 4-25 所示。

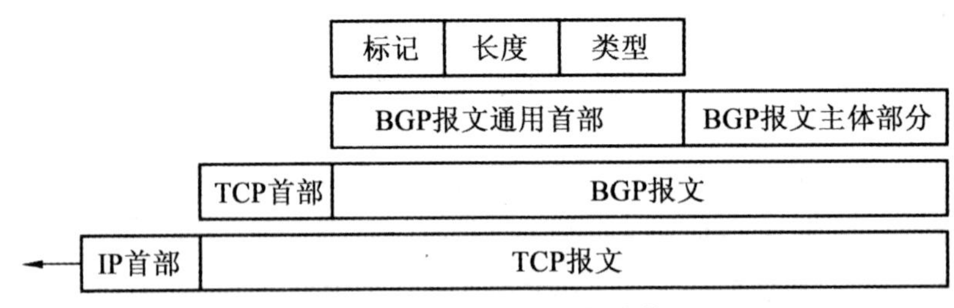

图 4-25　BGP 报文的封装

各 BGP 发言人根据所采用的策略从收到的路由信息中找到各 AS 的较好路由。它们传递的信息表明“到某个网络可经过某个自治系统”。

从上面的讨论可知，BGP 协议有如下几个特点。

①BGP 协议交换路由信息的节点数量级是自治系统数的量级，这要比这些自治系统中的网络数少很多。

②在每一个自治系统中 BGP 发言人(或边界路由器)的数目是很少的,这样就使得自治系统之间的路由选择不致过分复杂。

③BGP 支持 CIDR,因此,BGP 的路由表也就应当包括目的网络前缀、下一跳路由器,以及到达该目的网络所要经过的各个自治系统序列。

④在 BGP 刚刚运行时,BGP 的邻站要更新整个的 BGP 路由表,但以后只需要在发生变化时更新有变化的部分,这样做对节省网络带宽和减少路由器的处理开销都有好处。

第 5 章　计算机网络接入技术

5.1　接入网概述

5.1.1　接入网的定义与特点

1. 接入网的定义

接入网(Access Network,AN)是指本地交换机与用户终端设备之间的实施网络,有时也称之为用户网(User Network,UN)或本地网(Local Network,LN)。接入网是由业务节点接口和相关用户网络接口之间的一系列传送实体组成的、为传送通信业务提供所需传送承载能力的实施系统,可经由 Q3 接口进行配置和管理。业务节点接口即 SNI(Service Node Interface),用户网络接口即 UNI(User Network Interface),传送实体是诸如线路设施和传递设施,可提供必要的传送承载能力,对用户信令是透明的,不作处理。

接入网处于通信网的末端,直接与用户连接,它包括本地交换机与用户端设备之间的所有实施设备与线路,它可以部分或全部替代传统的用户本地线路网,可含复用、交叉连接和传输功能,如图 5-1 所示。

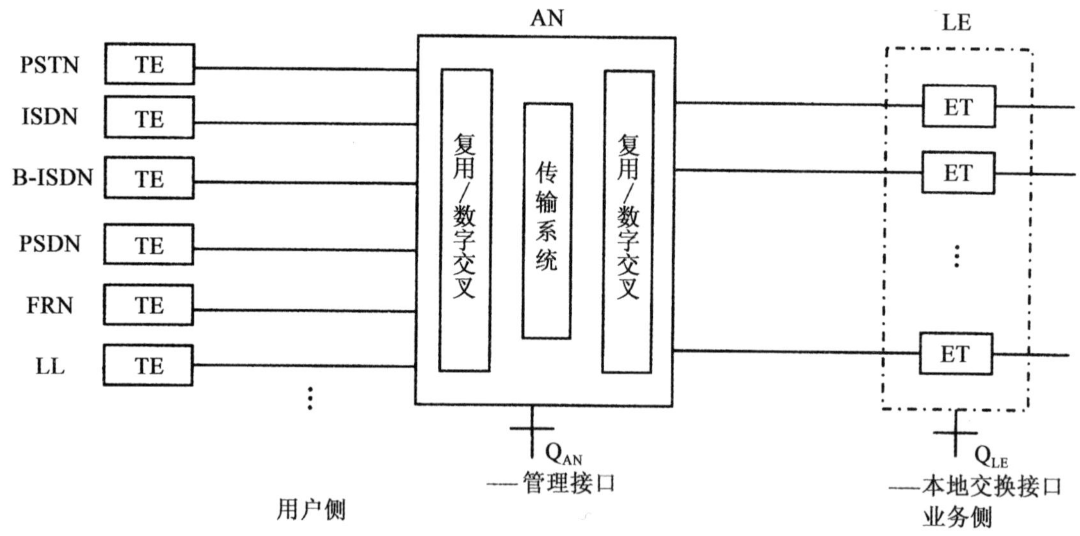

图 5-1　接入网的位置和功能

图 5-1 中,PSTN 表示公用电话网;ISDN 表示综合业务数字网;B-ISDN 表示宽带综合业务数字网;PSDN 表示分组交换网;FRN 表示帧中继网;LL 表示租用线;TE 为对应以上各种网络业务的终端设备;AN 表示接入网;LE 表示本地交换局;ET 为交换设备。

接入网的物理参考模型如图 5-2 所示,其中灵活点(FP)和分配点(DP)是非常重要的两个信号分路点，大致对应传统用户网中的交接箱和分线盒。在实际应用与配置时，可以有各种不同程度的简化，最简单的一种就是用户与端局直接相连，这对于离端局不远的用户是最为简单的连接方式。

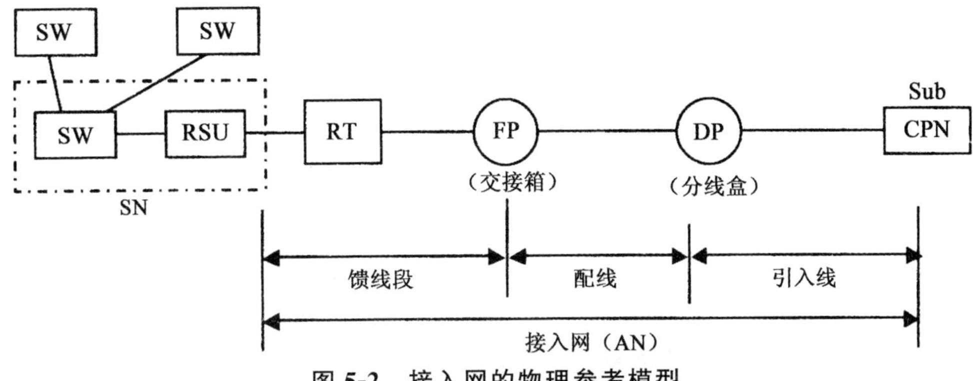

图 5-2 接入网的物理参考模型

根据上述结构，可以将接入网的概念进一步明确。接入网一般是指：端局本地交换机或远端交换模块与用户终端设备(TE)之间的实施系统。其中端局至 FP 的线路称为馈线段，FP 至 DP 的线路称为配线段，DP 至用户的线路称为引入线，SW 称为交换机，图中的远端交换模块(RSU)和远端(RT)设备可根据实际需要来决定是否设置。接入网的研究目的就是：综合考虑本地交换局、用户环路和终端设备，通过有限的标准化接口，将各种用户终端设备接入到用户网络业务节点。接入网所使用的传输介质是多种多样的，可以灵活地支持各种不同的或混合的接入类型的业务。

2. 接入网的特点

目前国际上倾向于将长途网和中继网合在一起称为核心网(Core Network)。相对于核心网而言，余下的部分称为用户接入网，用户接入网主要完成使用户接入到核心网的任务。它具有以下特点：

①接入网主要完成复用、交叉连接和传输功能，一般不具备交换功能。它提供开放的 V5 标准接口，可实现与任何种类的交换设备的连接。

②接入网的业务需求种类繁多。接入网除接入交换业务外，还可接入数据业务、视频业务以及租用业务等。

③网络拓扑结构多样，组网能力强大。接入网的网络拓扑结构具有总线型、环型、单星型、双星型、链型、树型等多种形式，可以根据实际情况进行灵活多样的组网配置。

④业务量密度低，经济效益差。

⑤线路施工难度大，设备运行环境恶劣。

⑥网径大小不一，成本与用户有关。

5.1.2 接入网的分层模型

接入网的分层模型用来定义接入网中各实体间的互连关系，该模型由接入系统处理功能(AF)、电路层(CL)、传输通道层(TP)、传输媒质层(TM)以及层管理和系统管理组成。如图 5-3 所示，其中接入承载处理功能层是接入网所特有的，这种分层模型对于简化系统设计、规定接入网 Q3 接口的管理目标是非常有用的。

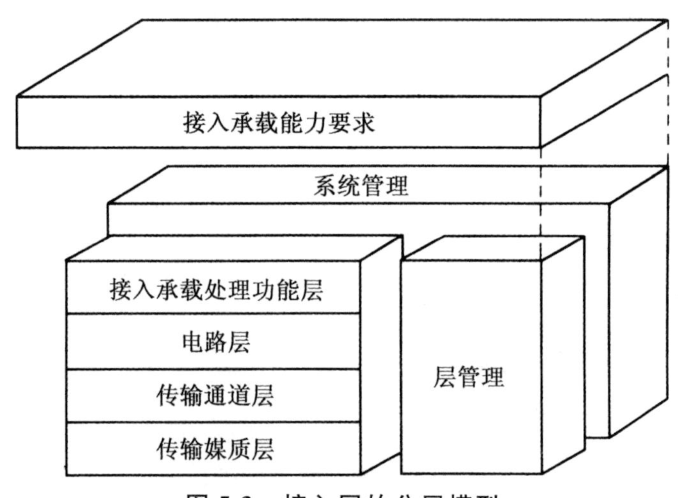

图 5-3 接入网的分层模型

接入网中各层对应的内容如下：

①接入承载处理功能层：用户承载体、用户信令、控制、管理。

②电路层：电路模式、分组模式、帧中继模式、ATM 模式。

③传输通道层：PDH、SDH、ATM 及其他。

④传输媒质层：双绞电缆系统（HDSL/ADSL 等）、同轴电缆系统、光纤接入系统、无线接入系统、混合接入系统。

5.1.3 接入网的主要接口

接入网有三类主要接口，即用户网络接口、业务节点接口和维护管理接口。

1. 用户网络接口

用户网络接口（UNI）是用户和网络之间的接口，位于接入网的用户侧，支持多种业务的接入，如模拟电话接入（PSTN）N-ISDN 业务接入、B-ISDN 业务接入以及数字或模拟租用线业务的接入等。对不同的业务，采用不同的接入方式，对应不同的接口类型。

UNI 分为两种类型，即独立式 UNI 和共享式 UNI。独立式 UNI 是指一个 UNI 仅能支持一个业务节点，共享式 UNI 是指一个 UNI 可以支持多个业务节点的接入。

共享式 UNI 的连接关系，如图 5-4 所示。由图中可以看到，一个共享式 UNI 可以支持多个逻辑接入，每个逻辑接入通过不同的 SNI 连向不同的业务节点，不同的逻辑接入由不同的用户口功能（UPF）支持。系统管理功能（SMF）控制和监视 UNI 的传输媒质层并协调各个逻辑 UPF 和相关 SN 之间的操作控制要求。

2. 业务节点接口

业务节点接口（SNI）是 AN 和一个 SN 之间的接口，位于接入网的业务侧。如果 AN-SNI 侧和 SN-SNI 侧不在同一地方，可以通过透明传送通道实现远端连接。通常，AN 需要支持的 SN 主要有三种情况：

①仅支持一种专用接入类型。

②可支持多种接入类型,但所有接入类型支持相同的接入承载能力。

③可支持多种接入类型,且每种接入类型支持不同的接入承载能力。

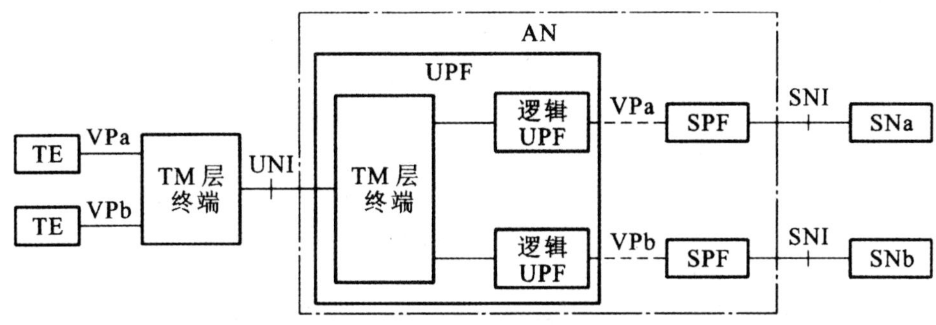

图5-4 共享式UNI的VP/VC配置示例

不同的用户业务需要提供相对应的业务节点接口,使其能与交换机相连。从历史发展的角度来看,SNI是由交换机的用户接口演变而来的,交换机的用户接口分模拟接口(Z接口)和数字接口(V接口)两大类。Z接口对应UNI的模拟2线音频接口,可提供普通电话业务或模拟租用线业务。随着接入网的数字化和业务类型的综合化,Z接口将逐步退出历史舞台,取而代之的是V接口。为了适应接入网内的多种传输媒质、多种接入配置和业务类型,V接口经历了从V1接口到V5接口的发展,其中V1~V4接口的标准化程度有限,并且不支持综合业务接入。V5接口是本地数字交换机数字用户接口的国际标准,它能同时支持多种接入业务,分为V5.1和V5.2接口以及以ATM为基础的VB5.1和VB5.2接口。

3. 维护管理接口

维护管理接口(Q3)是接入网(AN)与电信管理网(TMN)之间的接口。作为电信网的一部分,接入网的管理应纳入TMN的管理范畴。接入网通过Q3接口与TMN相连来实施TMN对接入网的管理与协调,从而提供用户所需的接入类型及承载能力。实际组网时,AN往往先通过Qx接口连至协调设备(MD),再由MD通过Q3接口连至TMN。

5.2 光纤接入技术

光纤接入技术实际就是在接入网中全部或部分采用光纤传输介质,构成光纤用户环路FITL(fiber in the loop),实现用户高性能宽带接入的一种方案。

5.2.1 光纤接入系统的基本配置

光纤接入网(Optical Access Network,OAN)是以光纤为传输介质,并利用光波作为光载波传送信号的接入网,泛指本地交换机或远端交换模块与用户之间采用光纤通信或部分采用光纤通信的系统。

光纤接入网系统的基本配置如图5-5所示。

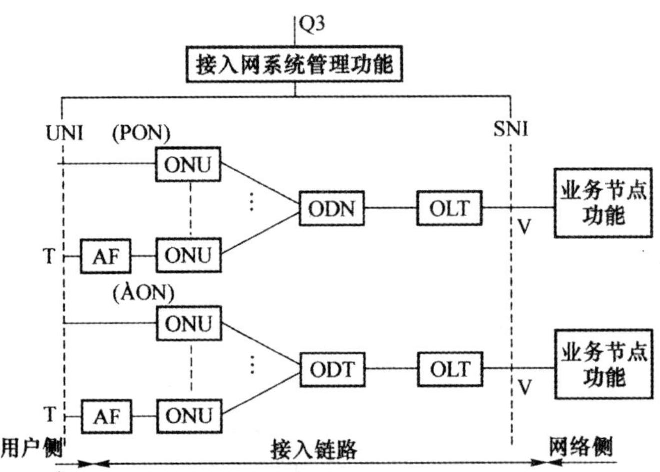

ONU：光网络单元　PON：无源光网络　UNI：用户网络接口　ODN：光配线网络
OLT：光线路终端　AON：有源光网络　SNI：业务节点接口　T：T接口
AF：适配功能　ODT：光配线终端　V：V接口　Q3：Q3接口

图 5-5　光纤接入网系统的基本配置

从图 5-5 中可以看出，从给定网络接口（V 接口）到单个用户接口（T 接口）之间的传输手段的总和称为接入链路。利用这一概念，可以方便地进行功能和规程的描述以及规定网络需求。通常，接入链路的用户侧和网络侧是不一样的，因而是非对称的。光接入传输系统可以看作是一种使用光纤的具体实现手段，用以支持接入链路。于是，光接入网可以定义为：共享同样网络侧接口且由光接入传输系统支持的一系列接入链路，由光线路终端（Optical Line Terminal，OLT）、光配线网络/光配线终端（Optical Distributing Network/Optical Distributing Terminal，ODN/ODT）、光网络单元（Optical NetworkUnit，ONU）及相关适配功能（Adaptation Function，AF）设备组成，还可能包含若干个与同一 OLT 相连的 ODN。

OLT 的作用是为光接入网提供网络侧与本地交换机之间的接口，并经一个或多个 ODN 与用户侧的 ONU 通信。OLT 与 ONU 的关系为主从通信关系，OLT 可以分离交换和非交换业务，管理来自 ONU 的信令和监控信息，为 ONU 和本身提供维护和指配功能。OLT 可以直接设置在本地交换机接口处，也可以设置在远端，与远端集中器或复用器接口。OLT 在物理上可以是独立设备，也可以与其他功能集成在一个设备内。

ODN 为 OLT 与 ONU 之间提供光传输手段，其主要功能是完成光信号功率的分配任务。ODN 是由无源光元件（诸如光纤光缆、光连接器和光分路器等）组成的纯无源的光配线网，呈树型-分支结构。ODT 的作用与 ODN 相同，主要区别在于：ODT 是由光有源设备组成的。

ONU 的作用是为光接入网提供直接的或远端的用户侧接口，处于 ODN 的用户侧。ONU 的主要功能是终结来自 ODN 的光纤，处理光信号，并为多个小企事业用户和居民用户提供业务接口。ONU 的网络侧是光接口，而用户侧是电接口。因此，ONU 需要有光/电和电/光转换功能，还要完成对语音信号的数/模和模/数转换、复用信令处理和维护管理功能。ONU 的位置有很大灵活性，既可以设置在用户住宅处，也可设置在 DP（配线点）处，甚至 FP（灵活点）处。

AF 为 ONU 和用户设备提供适配功能，具体物理实现则既可以包含在 ONU 内，也可以完全独立。以光纤到路边（Fiber to the Curb，FTTC）为例，ONU 与基本速率 NT1（Network Termination 1，相当于 AF）在物理上就是分开的。当 ONU 与 AF 独立时，则 AF 还要提供在最后一段引入线上的业务传送功能。

随着信息传输向全数字化过渡，光接入方式必然成为宽带接入网的最终解决方法。目前，用户网光纤化主要有两个途径：一是基于现有电话铜缆用户网，引入光纤和光接入传输系统改造成光接入网；二是基于有线电视（CATV）同轴电缆网，引入光纤和光传输系统改造成光纤/同轴混合（Hybrid Fiber Coaxial，HFC）网。

5.2.2　光纤接入网的拓扑结构

光纤接入网的拓扑结构有总线型、星型、环型和树型结构。

1. 总线型

以光纤作为公共总线，各用户终端通过耦合器与总线直接连接构成总线型网络拓扑结构。其特点是：共享主干光纤、节省线路投资、互相间干扰小，其缺点是损耗积累、对主干的依赖性强等。这种方式适用于中等规模的用户群。

2. 星型

由光纤线路和端局内节点上的星型耦合器构成星状的结构称为星型网络拓扑结构。该结构无损耗积累，易于实现升级和扩充，各用户间相对独立，保密性好，业务适应性强；但所需光纤代价高、组网灵活性差、对中央节点的可靠性要求极高。适用于有选择性的用户。

3. 环型

环型结构的光纤接入网是所有节点共用一条光纤线路，首尾相连成封闭回路构成环型网络拓扑结构。其突出优点是可实现自愈，即网络可在较短时间内自动从失效故障中恢复业务；其缺点为单环挂接数量有限，多环又很复杂，且不符合分配型业务等。适用于大规模的用户群。

4. 树型

由光纤线路和节点构成的树状分级结构称为树型网络拓扑结构，是光纤接入网中使用最多的一种结构。采用多个分路器，将信号逐级分配，最高端级具有很强的控制和协调能力。适用于大规模的用户群。

5.2.3　光纤接入网的分类

根据不同的分类原则，OAN 可划分为多个不同种类。

1. 按接入网能够承载的业务带宽来分

按接入网能够承载的业务带宽，可将 OAN 分为窄带 OAN 和宽带 OAN 两类。窄带和宽带的划分以 2.048Mb/s 速率为界线，速率低于 2.048Mb/s 的业务称为窄带业务，速率高于 2.048Mb/s 的业务为宽带业务。

2. 按接入网的室外传输设备是否含有有源设备来分

按接入网的室外传输设备是否含有有源设备，可将 OAN 分为无源光网络（PON）和有源光网络(AON)。

(1)无源光纤网络(PON)

如图5-6所示,在无源光纤网络中,用户侧的ONU设备通过无源节点(无源分光器)与局端相连接,PON技术的原理是利用光放大和分光耦合器的发射功能,使局端设备能同时与多个ONU设备通讯,每个ONU可连接几个到几十个用户,从而实现用户接入的功能。

PON技术采用了无源的光器件,简化了设备的操作和维护。PON可以支持ISDN基群或同等速率的各类业务,并且可以实现宽带数据业务与CATV业务的共同传送。在PON技术中上下行信号可以采用不同的技术,如上行信号采用TDM技术,下行信号采用TDMA技术。目前无源光纤网络技术应用较为广泛,如视频点播VOD、广播电视等。

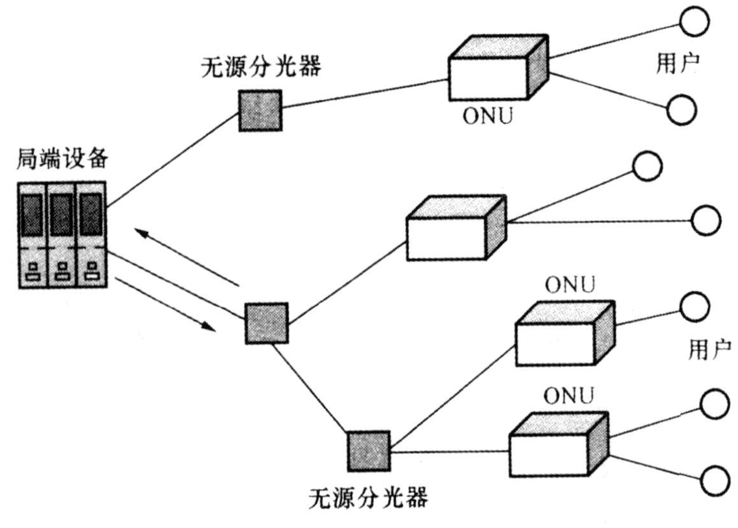

图5-6　无源光纤网络

(2)有源光纤网(AON)

在有源光纤网络中,用户侧的ONU设备通过有源节点与局端相连接,网络的馈线段和配线段全部采用光纤媒质,ONU与局端设备既可以直接连接,也可以通过设备(分插复用器)转接。如图5-7所示,有源光纤网技术较为简单,容易实现。但由于网络中使用了有源设备,所以增加了设备维护和供电的问题。

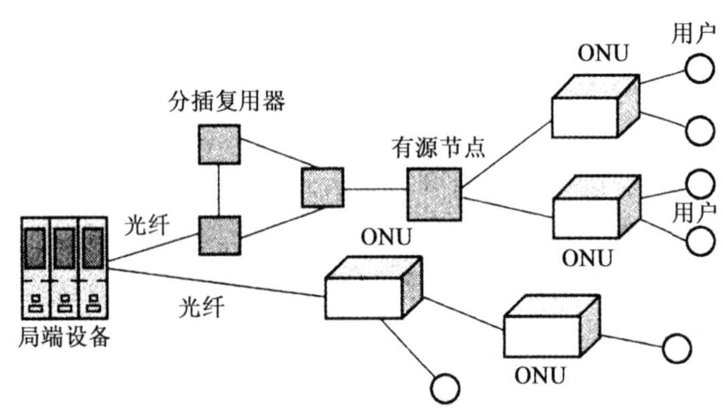

图5-7　有源光纤网络

两者的主要区别是分路方式不同,PON 采用无源光分光器,AON 采用分插复用器。PON 的主要特点是易于展开和扩容,维护费用较低,但对光器件的要求较高。AON 的主要特点是对光器件的要求不高,但在供电及远端电器件的运行维护和操作上有一些困难,并且网络的初期投资较大。

3. 按光网络单元在光接入网中所处的位置分

按光网络单元(ONU)在光接入网中所处的位置不同,可将 OAN 分为光纤到路边(Fiber To The Curb,FTTC)、光纤到楼(Fiber To The Building,FTTB)、光纤到办公室(Fiber To The Office,FTTO)、光纤到楼层(Fiber To The Floor,FTTF)、光纤到小区(Fiber To The Zone,FTTZ)、光纤到户(Fiber To The Home,FTTH)等几种类型,如图 5-8 所示。其中,FTTH 将是未来宽带接入网发展的最终形式。

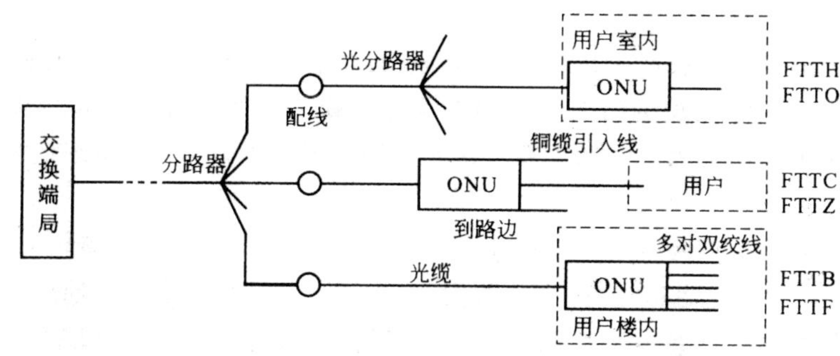

图 5-8 光纤接入方式

(1)光纤到路边(FTTC)

FTTC 结构主要适用于点到点或点到多点的树型分支拓扑,多为居民住宅用户和小型企事业用户使用,是一种光缆/铜缆混合系统。

(2)光纤到楼(FTTB)

FTTB 可以看作是 FTTC 的一种变型,最后一段接到用户终端的部分要用多对双绞线。FTTB 是一种点到多点结构,光纤敷设到楼,因而更适于高密度用户区,也更接近于长远发展目标,FTTF 与它类似。

(3)光纤到户(FTTH)

在 FTTB 的基础上 ONU 进一步向用户端延伸,进入到用户家即为 FTTH 结构。FTTO 与它同类,两者都是一种全光纤连接网络,即从本地交换机一直到用户全部为光连接,中间没有任何铜缆,也没有有源电子设备,是真正全透明网络,也是用户接入网发展的长远目标。

5.3 铜线接入技术

铜线接入技术的发展表现在频段的开发利用和接入技术的演进。最初,铜线只提供传统电话业务,带宽 0~4kHz;而后的 PSTN 拨号业务,使用话带 Modem 技术传输数据,采用话带频段,速率达到 56kb/s;而 ISDN 技术,采用时分复用实现数据和话音同传,将速率提高到 144kb/s;xDSL 技术的工作频段大多在话带频带之外,数据和话音同传,ADSL 的最大下行速率为 8Mb/s,VDSL 的下行速率可提高到 52Mb/s。

5.3.1 拨号接入方式

1. PSTN 接入技术

公用电话交换网(Public Switch Telephone Network,PSTN)也被称为“电话网”,是人们打电话时所依赖的传输和交换网络。PSTN 是一种以模拟技术为基础的电路交换网络,通过PSTN 进行互联所要求的通信费用最低,但其数据传输质量及传输速率也最差最低,同时 PSTN 的网络资源利用率也比较低。

通过公用电话交换网可以实现以下功能。

①拨号接入 Internet、Intranet 和 LAN。

②实现两个或多个 LAN 之间的互联。

③实现与其他广域网的互联。

PSTN 提供的是一个模拟的专用信息通道,通道之间经由若干个电话交换机节点连接而成,PSTN 采用电路交换技术实现网络节点之间的信息交换。当两个主机或路由器设备需要通过PSTN 连接时,在两端的网络接入点(即用户端)必须使用调制解调器来实现信号的调制与解调转换。

从 OSI/ISO 参考模型的角度来看,PSTN 可以看成是物理层的一个简单的延伸,它没有向用户提供流量控制、差错控制等服务。而且,由于 PSTN 是一种电路交换的方式,因此,一条通路自建立、传输直至释放,即使它们之间并没有任何数据需要传送时,其全部带宽仅能被通路两端的设备占用。因此,这种电路交换的方式不能实现对网络带宽的充分利用。尽管 PSTN 在进行数据传输时存在一定的缺陷,但它仍是种不可替代的联网技术。

PSTN 的入网方式比较简单灵活,通常有以下几种选择方式。

(1)通过普通拨号电话线入网

只要在通信双方原有的电话线上并接 Modem,再将 Modem 与相应的入网设备相连即可。目前,大多数入网设备(如 PC)都提供有若干个串行端口,在串行口和 Modem 之间采用 RS-232 等串行接口规范进行通信。

Modem 的数据传输速率最大能够提供到 56kb/s。这种连接方式的费用比较经济,收费价格与普通电话的费率相同,适用于通信不太频繁的场合(如家庭用户入网)。

(2)通过租用电话专线入网

与普通拨号电话线方式相比,租用电话专线可以提供更高的通信速率和数据传输质量,但相应的费用比前一种方式高。使用专线的接入方式与使用普通拨号线的接入方式没有太大区别,但是省去了拨号连接的过程。通常,当决定使用专线方式时,用户必须向所在地的电信部门提出申请,由电信部门负责架设和开通。

2. ISDN 接入技术

综合业务数字网 (Integrated Services Digital Network,ISDN)俗称“一线通”,是普通电话(模拟 Modem)拨号接入和宽带接入之间的过渡方式。目前在我国只提供 N-ISDN(窄带综合业务数字网)接入业务,而基于 ATM 技术的 B-ISDN(宽带综合业务数字网)尚未开通。

ISDN 接入 Internet 与使用 Modem 普通电话拨号方式类似,也有一个拨号的过程。不同的是，它不用 Modem 而是用另一设备 ISDN 适配器来拨号，另外，普通电话拨号在线路上传输模拟信号，有一个 Modem“调制”和“解调”的过程，而 ISDN 的传输是纯数字过程，通信质量较高，其数据传输比特误码率比传统电话线路至少改善十倍，此外，它的连接速度快，一般只需几秒钟即可拨通。

(1)ISDN 接入用户端设备

ISDN 接入在用户端主要应用两类终端设备，一个是必不可少的统一专用终端设备 NT1，即多用途用户-网络接口，ISDN 所有业务都通过 NT1 来提供，另一类是用户设备，有计算机、ISDN 电视会议系统、PC 桌面系统(包括可视电话)、ISDN 小交换机、ISDN 路由器、ISDN 拨号服务器、数字电话机、四类传真机、ISDN 无线转换器等。

对于用户设备中的非 ISDN 设备(如计算机)必须配置 ISDN 适配器，将其转换连接到 ISDN 线路上。ISDN 适配器和 Modem 一样又分为内置和外置两类，内置的一般称为 ISDN 内置卡或 ISDN 适配卡，而外置的则称为 TA。

(2)ISDN 接入方式

用户通过 ISDN 接入 Internet 有如下三种方式。

①单用户 ISDN 适配器直接接入。此方式是 ISDN 接入中最简单的一种连接方式。将 ISDN 适配器安装于计算机(及其他非 ISDN 终端)上，通过 ISDN 适配器拨号接入 Internet，具体端口连接方式如图 5-9 所示。

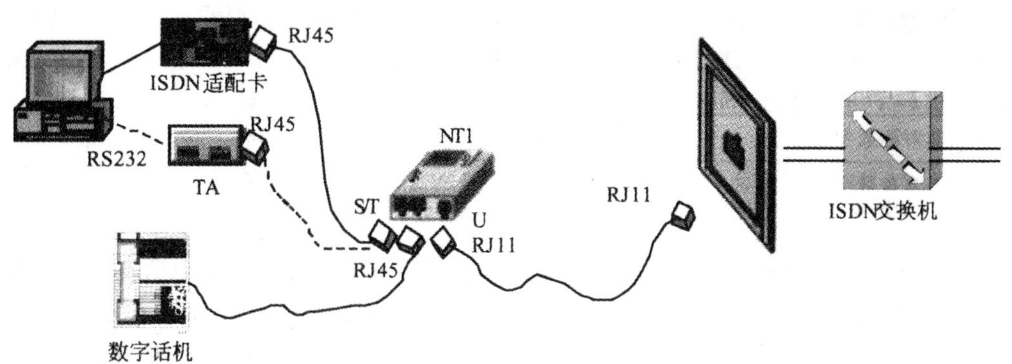

图 5-9　ISDN 接入用户端连接示意图

NT1 提供两种端口，S/T 端口和 U 端口。S/T 采用 RJ45 插头，即网线接头，一般可以同时连接两台终端设备，如果有更多终端设备需要接入时，可以采用扩展的连接端口。U 端口采用 RJ11 插头，即普通电话接头，用来连接普通话机、ISDN 入户线等。

如图 5-9 所示，NT1 一端通过 RJ11 接口与电话线相连，另一端通过 S/T 接口与 ISDN 适配器、ISDN 设备相连，NT1 为 ISDN 适配器提供了接口和接入方式。图中虚线表示可以任选 ISDN 适配卡或 TA。

由此可见，对用户而言，虽然用户端线路和普通模拟电话线路完全相同，但是用户设备不再直接与线路连接。所有终端设备都是通过 S/T 端口或 U 端口接入网络的。

②ISDN 适配器＋小型局域网。对于小型局域网，利用 ISDN 上网时，需将装有 ISDN 适配器的计算机设为服务器，由它拨号接入 Internet，连接方式与①中相同，其上另配一块网卡，连接内部局域网 Hub，其他计算机作为客户端，从而实现整个局域网连入 Internet。这种方案的最大优点是节约投资，除 ISDN 适配器外，无需添加任何网络设备，但速度较慢。

③ISDN 专用交换机方式。这种接入方式适用于局域网中用户数较多(如中型企事业单位)的情况。它可用于实现多个局域网、多种 ISDN 设备的互连及接入 Internet,这种方案比租用线路更加灵活和经济。

此方式仅用 NT1 已不能满足需要,必须增加一个设备——ISDN 专用交换机 PBX,即第 2 类网络端接设备 NT2。NT2 一端和 NT1 连接,另一端和电话、传真机、计算机、集线器等各种用户设备相连,为它们提供接口。

(3)ISDN 服务类型

ISDN 是第一部定义数字化通信的协议,该协议支持标准线路上的语音、数据、视频、图形等的高速传输服务。ISDN 的承载信道(B 信道)负责同时传送各种媒体,占用带宽为 64kb/s。数据信道(D 信道)主要负责处理信令,传输速率从 16kb/s 到 64kb/s 不定,这主要取决于服务类型。

ISDN 有两种基本服务类型,如下所示。

①基本速率接口(Basic Rate Interface,BRI)。BRI 由两个 64kb/s 的 B 信道和一个 16kb/s 的 D 信道构成,总速率为 144kb/s。该服务主要适用于个人计算机用户。

Telco 提供的 U 接口的 BRI 支持双线、传输速率为 160kb/s 的数字连接。通过回波消除操作降低噪音影响。各种数据编码方式(北美使用 2B1Q,欧洲国家使用 4B3T)可以为单线本地环路提供更高的数据传输率。

②主要速率接口(Primary Rate Interface,PRI)。PRI 能够满足用户的更高要求。PRI 由 23 个 B 信道和一个 64kb/s 的 D 信道构成,总速率为 1536kb/s。在欧洲,PRI 由 30 个 B 信道和一个 64kb/s 的 D 信道构成,总速率为 1984kb/s。通过 NFAS(Non-Facility Associated Signaling),PRI 也支持具有一个 64kb/s D 信道的多 PRI 线路。

5.3.2 xDSL 接入技术

DSL 是数字用户线(Digital Subscriber Line)的缩写。xDSL 是在普通电话线上实现数字传输的一系列技术的统称。它使用数字技术对现有的模拟电话用户线进行改造,使其能够承载宽带业务。

由于模拟电话用户线本身实际可通过的信号频率超过 1Mb/s,而标准的模拟电话信号的频带被限制在 300～3400Hz 内。因此,xDSL 技术把 0～4kHz 低端频谱留给传统电话使用,而把原来没有被利用的高端频谱留给用户上网使用。前缀 x 表示是在数字用户线上实现的宽带方案。xDSL 技术的类型如下:

①ADSL(Asymmetric Digital Subscriber Line),非对称数字用户线。

②HDSL(High-speed DSL),高速数字用户线。

③VDSL(Very-high-bit-rate DSL),甚高速数字用户线。

④SDSL(Single-line DSL),单线路的数字用户线。

⑤RADSL(Rate-Adapted DSL),速率自适应数字用户线。

⑥IDSL(ISDN DSL),ISDN 数字用户线。

1. ADSL 接入技术

ADSL(Asymmetrical Digital Subscriber Line,非对称数字用户线)是 xDSL 技术中最标准、

最成熟、市场响应最积极的技术。目前国内的网络运营商大都采用 ADSL 接入技术。

ADSL 是一种在无中继的用户环路上，使用由负载电话线提供高速数字接入的传输技术，是非对称 DSL 技术的一种，它可在现有电话线上提供高达 8Mb/s 的下行速率和 1Mb/s 的上行速率，有效传输距离为 3～5.5km，误码率低。ADSL 能够充分利用现有电话网络，只要在线路两端加装 ADSL 设备即可为用户提供高速宽带服务，ADSL 技术为家庭和小型业务提供了宽带、高速接入 Internet 的方式，是一种便宜的宽带网接入方式，它克服了传统用户在“最后一公里”的瓶颈。

ADSL 可以在普通电话线上提供三种通道：最低频段部分为 0～4kHz 的话音通道，用于普通电话业务；中间频段部分为 20～50kHz 的上行通道，可传输速率为 6～640kb/s 的上行数据；最高频段部分为 50～550kHz 或 1MHz 的下行通道，可传输 5～8Mb/s 的下行数据。即在现有电话线上，既可以快速接入 Internet，也可以打电话、发传真，通话质量与 Internet 接入速度互不影响。这一点与一线通相似，但比 ISDN 速率更高。有关 ADSL 的标准，现在比较成熟的有 G.DMT 和 G.Lite。一个基本的 ADSL 系统由局端收发机和用户端收发机两部分组成，收发机实际上是一种高速调制解调器（ADSL Modem），由其产生上下行的不同速率。

ADSL 的接入模型主要由中央交换局端模块和远端模块组成，如图 5-10 所示。

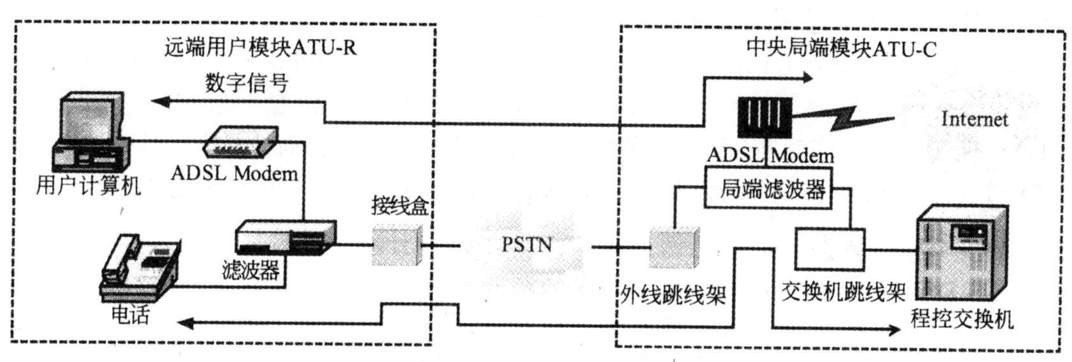

图 5-10 ADSL 的接入模型

中央交换局端模块包括在中心位置的 ADSL Modem 和接入多路复用系统。处于中心位置的 ADSL Modem 被称为 ATU-C（ADSL Transmission Unit-Central），接入多路复用系统中心 Modem 通常被组合成一个接入节点，称为 DSLAM（DSL Access Multiplexer）。远端模块由用户 ADSL Modem 和滤波器组成。滤波器作用是分离承载音频信号的 4kHz 以下的低频带信号和 ADSL Modem 调制的高频带信号。因此，在电话线上就可以同时提供电话和高速数据传输业务，两者互不干扰。用户 ADSL Modem 通常被称为 ATU-R（ADSL Transmission Unit-Remote）。ADSL 接入 Internet 要比普通电话接入增加特殊的硬件，如图 5-10 所示。增加的硬件设备有 ADSL Modem（或 ADSL 路由器）和 ADSL 分离器。ADSL Modem 用于单个用户或小型网络用户的接入，ADSL 路由器用于用户数量较多或对网络安全性和稳定性要求较高的中小型网络。

ADSL 接入根据客户端设备和用户数量，可分为四种接入情况。

（1）单用户 ADSL Modem 直接连接

此方式多为家庭用户使用，连接时用电话线将滤波器一端接于电话机上，一端接于 ADSL Modem，再用交叉网线将 ADSL Modem 和计算机网卡连接即可（如果使用 USB 接口的 ADSL

Modem 则不必用网线)。

(2)多用户 ADSL Modem 连接

如果有多台计算机,就先用集线器组成局域网,设其中一台为服务器,并配以两块网卡,一块连接 ADSL Modem,一块连接集线器的 uplink 口(用直通网线)或 1 口(用交叉网线),滤波器的连接与(1)相同。其他计算机即可通过此服务器接入 Internet。

(3)小型网络用户 ADSL 路由器直接连接计算机

客户端除使用 ADSL Modem 外,还可以用 ADSL 路由器,兼具路由功能与 Modem 功能,可与计算机直接相连,不过由于它提供的以太端口数量有限,因而只适合于用户数量不多的小型网络。所以家庭用户也很适合。

(4)大量用户 ADSL 路由器连接集线器

当网络用户数量较大时,可以先将所有计算机组成局域网,再将 ADSL 路由器与集线器或交换机相连,其中接集线器 uplink 口用直通网线,接集线器 1 口或交换机用交叉网线。

在用户端除安装好硬件外,用户还需要为 ADSL Modem 或 ADSL 路由器选择一种通信连接方式。目前主要有静态 IP、PPPoA(Point to Point Protocol over ATM)、PPPoE(Point to Point Protocol over Ethernet)三种。一般普通用户多选择 PPPoA 和 PPPoE 方式,对于企业用户更多选择静态 IP 地址(由电信部门分配)的专线方式。

ADSL 技术在传输语音的同时还可以 8Mb/s 的下行速率和 640kb/s 的上行速率进行通信,非常适合 Internet 的接入,用途十分广泛。对于商业用户来说,可组建局域网共享 ADSL 上网,还可以实现远程办公、家庭办公等高速数据应用,获取高速低价的极高性价比。对于公益事业来说,ADSL 可以实现高速远程医疗、教学、视频会议的即时传送,达到以前所不能及的效果。

2. HDSL 接入技术

HDSL(High-speed Digital Subscriber Line,高速数字用户线)是在无中继的用户环路上使用电话线提供高速数字接入的传输技术,典型速率为 3Mb/s,可以实现高速双向传输。HDSL 能在现有普通电话双绞铜线(两对或三对)上全双工传输 2Mb/s 数字信号,无中继传输距离 3～5.5km。

HDSL 是一种对称式高速数字用户技术,上、下行速率相等。它利用两对双绞线进行数字传输。一对线时,速率达 784～1040kb/s;两对线时,达 T1(1.544Mb/s)或 E1(2.048Mb/s)速率。HDSL 具有双向传输、无中继运行、无需选择线对、误码率低等特点。HDSL 广泛用于移动通信基站中继、无线寻呼中继、视频会议及局域网互联等业务中。

3. VDSL 接入技术

VDSL(Very-high-bit-rate Digital Subscriber Line,甚高速数字用户线)是在 ADSL 基础上发展起来的高速数字用户线技术。它可在不超过 300m 的短距离双绞铜线上传输比 ADSL 更高速的数据。VDSL 技术是目前最先进的数字用户线技术,它也是一种非对称技术,上行速率为 1.6～2.3Mb/s;下行速率为 12.96～55.2Mb/s,最高可达 155Mb/s(HDTV 信号速率)。

VDSL 采用前向纠错编码技术进行传输差错控制,并使用交换技术纠正由于脉冲噪声产生的突发误码。VDSL 采用的调制解调方式是 DMT(离散多音频调制)。与 ADSIL 相比,VDSL 传输速率更高,码间干扰小,数字信号处理技术简单,成本低。它可与光纤到路边(FTTC)技术相结合，实现宽带综合接入。但目前 VDSL 还处于研究阶段，相关组织正在进行标准规范的制定。

4. SDSL 接入技术

SDSL (Single-line Digital Subscriber Line，单线路数字用户线)是对称技术，与 HDSL 的区别在于只使用一对铜线。SDSL 可支持 1Mb/s 左右的上、下行速率的应用。该技术现在已可提供，在双线电路中运行良好。

5. RADSL 接入技术

RADSL(Rate-Adapted Digital Subscriber Line，速率自适应数字用户线)提供的速率范围基本与 ADSL 的相同，也是一种不对称数字用户线技术。与 ADSL 的区别在于 RADSL 的速率可以根据传输距离动态自适应，可以供用户灵活地选择传输服务。

6. IDSL 接入技术

IDSL(ISDN Digital Subscriber Line，ISDN 数字用户线)是一种基于 ISDN 的数字用户线，也可以认为是 ISDN 技术的一种扩充，它用于为用户提供基本速率(144kb/s)的 ISDN 业务，但其传输距离可达 5km。

5.4　光纤同轴电缆混合接入技术

为了解决终端用户接入 Internet 速率较低的问题，人们一方面通过 xDSL 技术充分提高电话线路的传输速率，另一方面尝试利用目前覆盖范围广、最具潜力、带宽高的有线电视网(CATV)，CATV 是由广电部门规划设计的用来传输电视信号的网络。

从用户数量看，我国已拥有世界上最大的有线电视网，其覆盖率高于电话网。充分利用这一资源，改造原有线路，变单向信道为双向信道以实现高速接入 Internet 的思想推动了光纤同轴电缆混合接入技术的出现和发展。

5.4.1　概述

光纤同轴电缆混合网(Hybrid Fiber Coaxial，HFC)是一种新型的宽带网络，也可以说是有线电视网的延伸。它采用光纤从交换局到服务区，而在进入用户的“最后一公里”采用有线电视网同轴电缆。它可以提供电视广播(模拟及数字电视)、影视点播、数据通信、电信服务(电话、传真等)、电子商贸、远程教学与医疗以及丰富的增值服务(如电子邮件、电子图书馆)等。

HFC 接入技术是以有线电视网为基础，采用模拟频分复用技术，综合应用模拟和数字传输技术、射频技术和计算机技术所产生的一种宽带接入网技术。以这种方式接入 Internet 可以实现 10～40Mb/s 的带宽，用户可享受的平均速度是 200～500kb/s，最快可达 1500kb/s，用它可以非常舒心地享受宽带多媒体业务，并且可以绑定独立 IP。

HFC 支持双向信息的传输，因而其可用频带划分为上行频带和下行频带。所谓上行频带是指信息由用户终端传输到局端设备所需占用的频带；下行频带是指信息由局端设备传输到用户端设备所需占用的频带。各国目前对 HFC 频谱配置还未取得完全的统一。我国分段频率如表

5-1 所示。

表 5-1　我国 HFC 频谱配置表

频　段	数据传输速率	用　途
5～50MHz	320kb/s～5Mb/s 或 640kb/s～10Mb/s	上行非广播数据通信业务
50～550MHz		普通广播电视业务
550～750MHz	30.342Mb/s 或 42.884Mb/s	下行数据通信业务，如数字电视和 VOD 等
750MHz	暂时保留使用	

5.4.2　HFC 接入系统及入网特点分析

1. HFC 接入系统

HFC 网络中传输的信号是射频信号 RF（Radio Frequency），即一种高频交流变化电磁波信号，类似于电视信号，在有线电视网上传送。整个 HFC 接入系统由三部分组成，即前端系统、HFC 接入网和用户终端系统，如图 5-11 所示。

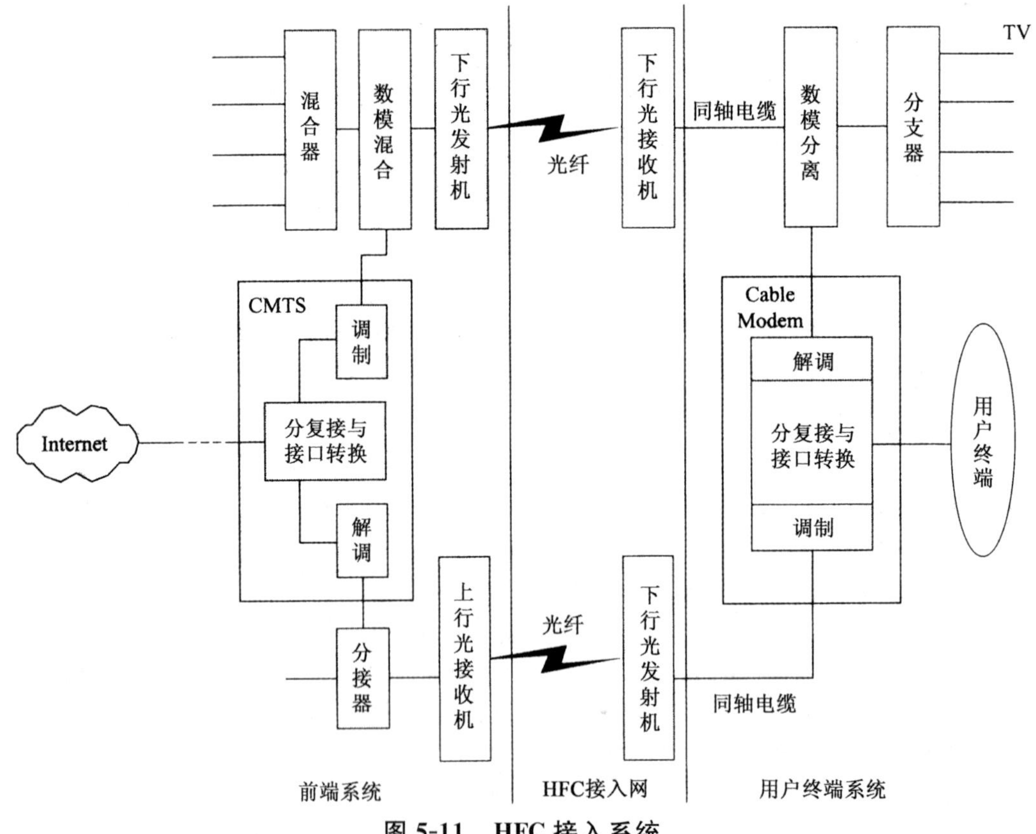

图 5-11　HFC 接入系统

（1）前端系统

有线电视有一个重要的组成部分——前端，如常见的有线电视基站，它用于接收、处理和控制信号，包括模拟信号和数字信号，完成信号调制与混合，并将混合信号传输到光纤。其中，处理数字信号的主要设备之一就是电缆调制解调器端接系统(Cable Modem Termination System，CMTS)，它包括分复接与接口转换、调制器和解调器。

(2)HFC 接入网

HFC 接入网是前端系统和用户终端之间的连接部分，如图 5-12 所示，它由馈线网、配线网和引入线三部分组成。

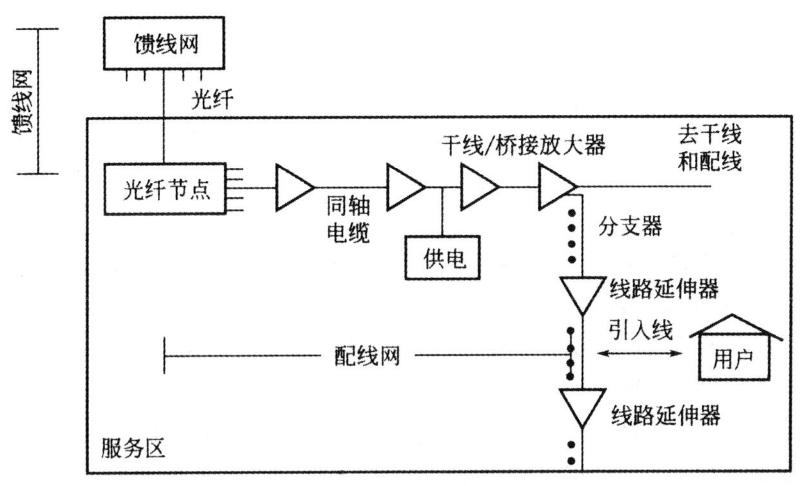

图 5-12 HFC 接入网结构

①馈线网。馈线网(即干线)是前端到服务区光节点之间的部分，为星型拓扑结构。它与有线电视网不同的是采用一根单模光纤代替了传统的干线电缆和有源干线放大器，传输上下行信号更快、质量更高、带宽更宽。

②配线网。配线网是服务区光节点到分支点之间的部分，采用同轴电缆，并配以干线/桥接放大器，为树型结构，覆盖范围可达 5～10km，这一部分非常重要，其好坏往往决定了整个 HFC 网的业务量和业务类型。

③引入线。引入线是分支点到用户之间的部分，其中一个重要的元器件为分支器，它作为配线网和引入线的分界点，是信号分路器和方向耦合器结合的无源器件，用于将配线的信号分配给每一个用户，一般每隔 40～50m 就有一个分支器。引入线负责将分支器的信号引入到用户，使用复合双绞线的连体电缆(软电缆)作为物理媒介，与配线网的同轴电缆不同。

(3)用户终端系统

用户终端系统是指以电缆调制解调器(Cable Modem)为代表的用户室内终端设备连接系统。Cable Modem 是一种将数据终端设备连接到 HFC 网，以使用户能和 CMTS 进行数据通信，访问 Internet 等信息资源的连接设备。它主要用于有线电视网进行数据传输，它彻底解决了由于声音图像的传输而引起的阻塞，传输速率高。

Cable Modem 工作在物理层和数据链路层，其主要功能是将数字信号调制到模拟射频信号以及将模拟射频信号中的数字信息解调出来供计算机处理。此外，Cable Modem 还提供标准的以太网接口，部分完成网桥、路由器、网卡和集线器的功能。CMTS 与 Cable Modem 之间的通信是点到多点、全双工的，这与普通 Modem 的点到点通信和以太网的共享总线通信方式不同。

在图 5-11 中，分别从上行和下行两条线路来看 HFC 系统中信号传送过程。

①下行线路。在前端，所有服务或信息经由相应调制转换成模拟射频信号，这些模拟射频信号和其他模拟音频、视频信号经数模混合器由频分复用方式合成一个宽带射频信号，加到前端的下行光发射机上，并调制成光信号用光纤传输到光节点并经同轴电缆网络、数模分离器和 Cable Modem 将信号分离解调并传输到用户。

②上行线路。用户的上行信号采用多址技术(如 TDMA、FDMA、CDMA 或它们的组合)通过 Cable Modem 复用到上行信道，由同轴电缆传送到光节点进行电光转换，然后经光纤传至前端，上行光接收机再将信号经分接器分离、CMTS 解调后传送到相应接收端。

2. HFC 的入网特点

HFC 接入网可传输多种业务，具有较为广阔的应用领域，尤其是目前，绝大多数用户终端均为模拟设备(如电视机)，与 HFC 的传输方式能够较好地兼容。

(1)传输频带较宽

HFC 具有双绞铜线对无法比拟的传输带宽，它的分配网络的主干部分采用光纤，其间可以用光分路器将光信号分配到各个服务区，在光节点处完成光/电变换，再用同轴电缆将信号分送到各用户家中，这种方式兼顾到提供宽带业务所需带宽及节省建立网络开支两个方面的因素。

(2)与目前的用户设备兼容

HFC 网的最后一段是同轴网，它本身就是一个 CATV 网，因而视频信号可以直接进入用户的电视机，以保证现在大量的模拟终端可以使用。

(3)支持宽带业务

HFC 网支持全部现有的和发展的窄带及宽带业务，可以很方便地将语音、高速数据及视频信号经调制后送出，从而提供了简单的、能直接过渡到 FTTH 的演变方式。

(4)成本较低

HFC 网的建设可以在原有网络基础上改造，根据各类业务的需求逐渐将网络升级。例如，若想在原有 CATV 业务基础上，增设电话业务，只需安装一个设备前端，以分离 CATV 和电话信号，而且何时需要何时安装，十分方便与简洁。

(5)全业务网

HFC 网的目标是能够提供各种类型的模拟和数字通信业务，包括有线和无线，数据和语音，多媒体业务等，即全业务网。

5.5 无线接入技术

5.5.1 无线接入技术的分类

无线接入技术经历了从模拟到数字，从低频到高频，从窄带到宽带的发展过程，其种类很多，应用形式多种多样。但总的来说，可大致分为固定无线接入和移动接入两大类。

1. 固定无线接入

固定无线接入是指从业务节点到固定用户终端采用无线技术的接入方式，用户终端不含或仅含有限的移动性。此方式是用户上网浏览及传输大量数据时必然选择，主要包括卫星、微波

(LMDS)、扩频微波、无线光传输和特高频。

2. 移动无线接入

移动无线接入是指用户终端移动时的接入,包括移动蜂窝通信网(GSM、CDMA、TDMA、CDPD)、无线寻呼网、无绳电话网、集群电话网、卫星全球移动通信网以及个人通信网等,是当前接入研究和应用中很活跃的一个领域。

5.5.2 常见的无线接入技术

1. 卫星技术

利用卫星的宽带IP多媒体广播可解决Internet带宽的瓶颈问题,由于卫星广播具有覆盖面大、传输距离远、不受地理条件件限制等优点,利用卫星通信作为宽带接入网技术,在我国复杂的地理条件下,是一种有效方案并且有很大的发展前景。目前,应用卫星通信接入Internet主要有两种方案,全球宽带卫星通信系统和数字直播卫星接入技术。

全球宽带卫星通信系统,将静止轨道卫星(Geosynchronous Earth Orbit,GEO)系统的多点广播功能与低轨道卫星(Low Earth Orbit,LEO)系统的灵活性和实时性相结合,能够为固定用户提供Internet高速接入、会议电视、可视电话、远程应用等多种高速的交互式业务。也就是说,利用全球宽带卫星系统可建设宽带的“空中Internet”。

数字直播卫星接入(Direct Broadcasting Satellite,DBS)利用位于地球同步轨道的通信卫星将高速广播数据送到用户的接收天线,所以一般也称为高轨卫星通信。DBS主要为广播系统,Internet信息提供商将网上的信息与非网上的信息按照特定组织结构进行分类,根据统计的结果将共享性高的信息送至广播信道,由用户在用户端以订阅的方式接收,能充分满足用户的共享需求。用户通过卫星天线和卫星接收Modem接收数据,回传数据则要通过电话Modem送到主站的服务器。DBS广播速率最高可达12Mb/s,通常下行速率为400kb/s,上行速率为33.6kb/s,下行速率比传统Modem高出8倍,不但能为用户节省60%以上的上网时间,还可以享受视频、音频多点传送、点播等服务。

2. LMDS接入技术

本地多点分配业务(Local Multipoint Distribution Service,LMDS)作为近年来兴起的一种宽带无线接入技术。它与蜂窝移动通信系统类似,一般也采用小区结构,小区的半径为2km~5km(具体数值因各地的地理环境与气候条件不同而有差异)。美国FCC规定,LMDS占用28GHz与31GH。频段附近(Ka波段)的1.3GHz带宽,其他各国家对LMDS所占用的频段规定各不相同,但一般都采用20GHz~40GHz之间的频段,带宽通常在1GHz以上。与蜂窝移动通信系统不同的是,LMDS由于具有Ka波段的电波传播特点,所以不能支持移动业务,只能提供定点的接入。

LMDS利用地面转接站而不是卫星转发数据,通过射频(RF)频带LMDS,最多可提供10Mb/s的数据流量,它采用蜂窝单元,以毫米波28GHz的带宽向用户提供ROD、广播和会议电视、视频家庭购物等宽带业务。

LMDS接入系统主要由带扇形天线的收发信机组成,其典型蜂窝半径为4km~10km,在每个扇区传输交互式的数字信号，信号到达用户室外单元后，28GHz 的信号转换成中频 595MHz，在室内用同轴电缆将数字信号送至机顶盒(STB)。LMDS 为某些布线施工困难的地区提供类似的带宽接入和双路能力。

LMDS 系统通常由多个小区组成，每个小区由一个中心站和众多用户站组成，各中心站通过带自愈功能的高速光纤环路相连。中心站由网络节点设备与射频设备组成，网络节点设备主要包括与 ATM 和 CATV 网络的接口、信号的编/解码、压缩、纠错、复/分接、路由、调制解调、合/分路等；射频设备主要包括射频收发信机与天线。通常，这两部分是做在一起的，射频部分将来自网络节点设备的中频信号变频至相应频段，通过天线发射出去，同时将天线收到的信号变频至中频送入网络节点设备处理。

用户站由网络接口单元和射频部分组成，其结构基本同中心站。但网络接口单元较中心站的网络节点设备要简单得多，而且因用户所需业务的不同而有差异，一般可向用户提供 E1/T1、E3/T3、10Base-T、ATM 25.6、ISDN BNI、PRI、POTS 等接口。

中心站一般采用全向天线或扇形天线，用户站则采用方向性极强的高增益天线。每个小区通常可以提供的下行带宽为 1GHz，上行带宽为 300MHz。如果在小区内划分扇区，并且在相邻扇区内采用交叉极化的方式，还可以成倍地扩大带宽。由于 LMDS 系统在带宽容量和传输性能上都达到或接近了光纤的水平，所以有人称其为“空中光纤”。

与低频段的其他无线通信系统不同的是，LMDS 系统对各通信点之间“视通”(LOS)的要求非常苛刻。LMDS 系统所处 Ka 波段的电波还易受天气的影响，雨、雪、雾等都会引起电波的衰减，较强的降雨甚至可能导致信号的完全中断。对此，LMDS 系统通常采用动态自适应发信功率控制技术，在信号衰减较大的情况下，自动增大信号的发射功率，以便为系统提供足够的增益储备。此外，LMDS 系统还采用了动态自适应带宽分配，动态自适应调制等一系列先进的技术，以最大限度优化系统性能。可以说，LMDS 系统集成了当今世界多项尖端的通信与网络技术。

LMDS 的主要缺点是，存在来自其他小区的同信道干扰和覆盖区范围有限。由于系统要求工作在高频段，因此，即使发射机和接收机位置固定，交通工具和树叶等也会造成信号衰落。

3. WAP 技术

无线应用协议 (Wireless Application Protocol，WAP)是由 WAP 论坛制定的一套全球化无线应用协议标准。它基于已有的 Internet 标准，如 IP、HTTP、URL 等，并针对无线网络的特点进行了优化，使得互联网的内容和各种增值服务适用于手机用户和各种无线设备用户。

WAP 独立于底层的承载网络，可以运行于多种不同的无线网络之上，如移动通信网(移动蜂窝通信网)、无绳电话网、寻呼网、集群网、移动数据网等。WAP 标准和终端设备也相对独立，适用于各种型号的手机、寻呼机和个人数字助手等。

WAP 采用了客户机服务器结构，提供了一个灵活而强大的编程模型，如图 5-13 所示。其中，WAP 网关起着协议的“翻译”作用，是联系移动通信网与 Internet 的桥梁，WAP 内容服务器存储着大量的信息，以提供 WAP 用户来访问、查询、浏览。

当用户通过 WAP 终端提出要访问的 WAP 内容服务器的 URL 后，信号经过无线网络，以 WAP 协议方式发送请求至 WAP 网关，然后经过“翻译”，再以 HTTP 协议方式与 WAP 内容服务器交互，最后 WAP 网关将返回的内容压缩，处理成 WAP 客户所能理解的紧缩二进制流方式返回到 WAP 终端屏幕上。编程人员所要做的是编写 WAP 内容服务器上的程序，即 WAP 网页。

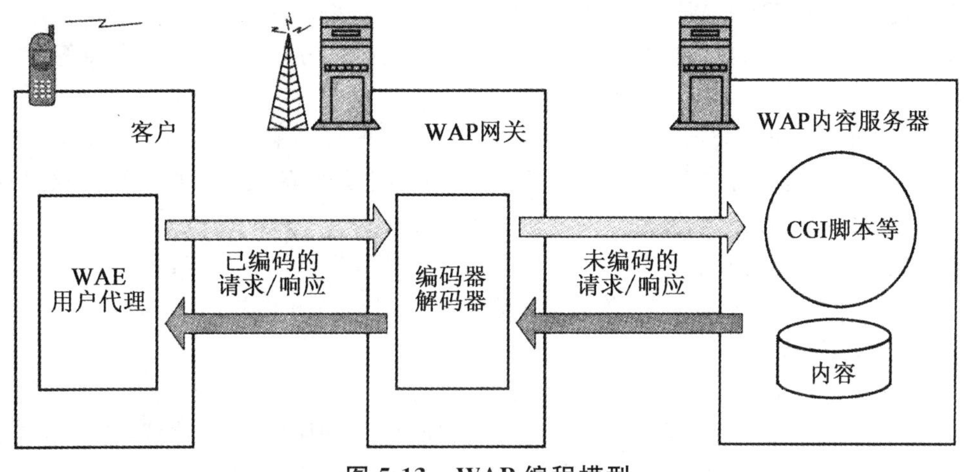

图 5-13　WAP 编程模型

WAP 定义了一个分层的体系结构，为移动通信设备上的应用开发提供了一个可伸缩的和可扩充的环境，如图 5-14 所示。

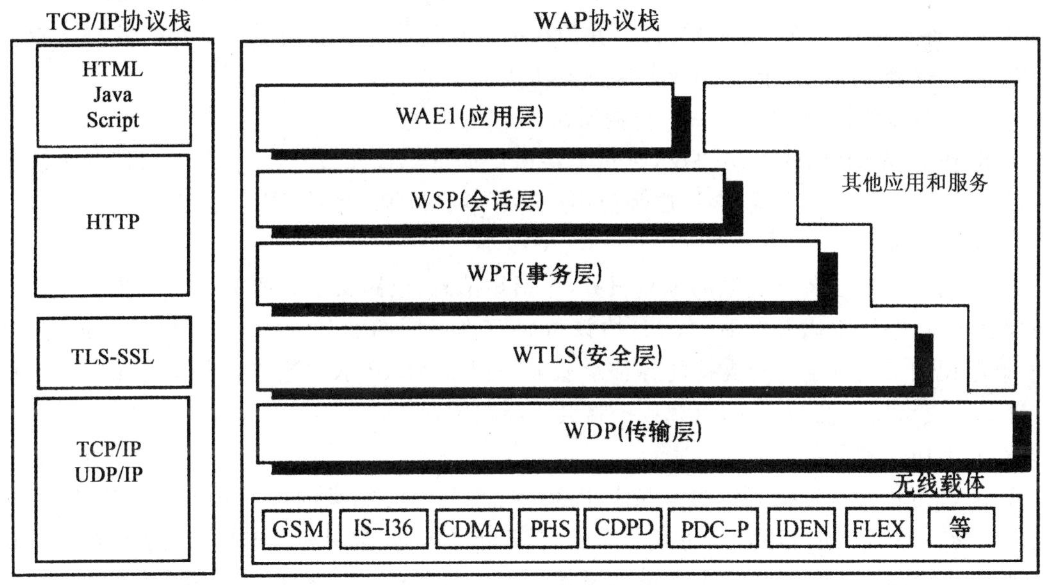

图 5-14　WAP 协议栈

WAP 协议栈包括以下几层。

(1)无线应用环境(WAE)——应用层协议

WAE 是建立在 WWW 技术和移动通信技术相结合的基础上的一个多用途应用环境。它的主要目标就是使得网络系统及内容提供者，通过微浏览器(Micro Browser)提供给用户不同的内容及应用服务。

WAE 包含了下列部分。

①无线标记语言(WML)：一种轻型标记语言，与 HTML 类似，但它是专门为手持式移动终

端设计的。

②WML 描述语言：一种轻型描述语言，与 JavaScript 类似。

③无线电话应用(WTA，WTA1)：语音电话服务和程序接口。

④内容格式：一套精心定义的数据格式，包括图片、电话号码记录本和日历信息等。

(2)无线会话协议(WSP)——会话层协议

WSP 提供两种不同的会话服务，即一种是面向连接的会话服务，运行于事务处理层协议(WTP)之上；另一种是面向非连接的服务，运行于加密或非加密的数据报服务层协议(WDP)之上。WSP 为这两种不同的会话服务向 WAE 提供一致的接口。

WSP 目前由适合于浏览的业务(WSP/B)组成，WSP/B 提供以下功能：压缩编码的 HTTP/I.1 功能和语义；长时间的会话状态；带有会话转移的会话终止和恢复；普通的可靠和非可靠的数据推送功能；协议特征协商。

(3)无线事务处理协议(WTP)——事务处理层协议

WTP 运行于数据报服务层之上，提供了一个面向事务处理的轻量级协议，特别适合于小型客户(移动站)，WTP 可有效地运行于加密或非加密的无线数据报网络之上，WTP 提供了 3 种等级的服务，即不可靠的单向请求、可靠的单向请求、可靠的双向请求和应答。

(4)无线传输层的安全协议(WTLS)——安全层协议

WTLS 是工业标准 TLS 协议(Secure Sockets Layer，SSL)用于无线传输的安全协议。WTLS 的目标是使用 WAP 传输层协议，并为在窄带通信信道上使用进行优化。WTLS 提供数据的完整性、保密性、验证、拒绝性业务保护等功能。

(5)无线数据报协议(WDP)——传输层协议

WDP 作为 WAP 的传输层协议，它对上层协议提供一致性服务，并与各种可能的承载服务进行透明通信。因此，安全层、会话层和应用层都可以各自独立地在 WDP 之上运行。

(6)无线载体

WAP 可以应用于各种类型的承载服务，包括短消息、电路交换数据和分组交换数据。如果考虑到吞吐量、差错率以及时延，WAP 协议可以容许不同的业务等级，也可以对其进行补偿。WDP 规范说明书列举了它所支持的各种承载业务以及 WAP 承载这些业务所要用到的各种技术。随着无线市场的发展，新的承载业务将会不断地加入。

(7)其他应用和服务

WAP 的分层结构使得其他服务和应用通过一系列精心定义的接口就可以充分利用 WAP 协议的功能。外部应用可以直接访问会话层、事务处理层、安全层和传输层。这就使得虽然目前没有被 WAP 所确定，但是对无线市场来说很有市场价值的一些服务和应用也可以使用 WAP 协议，例如，电子邮件、日历、电话号码簿、记事本，以及电子商务、白页、黄页等。

4. GPRS 接入技术

通用分组无线业务(General Packet Radio Service，GPRS)，是在现有的 GSM 系统上发展出来的一种新的承载业务。在某种意义上，可以认为 GPRS 是 GSM 向 IP 和 X.25 数据网的延伸；反过来也可以说 GPRS 是互联网在无线应用上的延伸。在 GPRS 上可实现 FTP、Web 浏览器、E-mail 等互联网应用。

GPRS 无线分组数据系统与现有的 GSM 语音系统最根本的区别是，GSM 是一种电路交换系统，而 GPRS 是一种分组交换系统。分组交换的基本过程是把数据先分成若干个小的数据包，通过不同的路由，以存储转发的接力方式传送到目的端，再组装成完整的数据。

在 GSM 无线系统中，无线信道资源非常宝贵，如采用电路交换，每条 GSM 信道只能提供 9.6kb/s 或 14.4kb/s 传输速率。如果多个组合在一起(最多 8 个时隙)，虽可提供更高的速率，但只能被一个用户独占，在成本效率上显然缺乏可行性。而采用分组交换的 GPRS 则可灵活运用无线信道，让其为多个 GPRS 数据用户所共用，从而极大地提高了无线资源的利用率。

理论上讲，GPRS 可以将最多 8 个时隙组合在一起，给用户提供高达 171.2kb/s 的带宽。同时，与 GSM 所不同的是，它可同时供多个用户共享。从无线系统本身的特点来看，GPRS 使 GSM 系统实现无线数据业务的能力产生了质的飞跃，从而提供了便利高效、低成本的无线分组数据业务。

GPRS 特别适用于间断的、突发性的或频繁的、少量的数据传输，也适用于偶尔的大数据量传输。而这正是大多数移动互联应用的特点。由于 GPRS 网是通过软件升级和增加必要的硬件，利用 GSM 现有的无线系统实现分组数据传输，GSM 在承载 GPRS 业务时可以不必中断其他业务，如语音业务等。因此，GPRS 是 GSM 向 3G 系统演进的重要一环，它的引入将大大延长 GSM 系统的生存周期，同时为 3G 的发展奠定基础。

第 6 章　计算机网络安全与管理技术

6.1　计算机网络安全概述

6.1.1　网络安全的含义与目标

1. 网络安全的含义

网络安全从其本质上来讲就是网络上的信息安全。它涉及的领域相当广泛，这是由于在目前的公用通信网络中存在着各种各样的安全漏洞和威胁。从广义来说，凡是涉及到网络上信息的保密性、完整性、可用性、真实性和可控性的相关技术与原理，都是网络安全所要研究的领域。

网络安全是指网络系统的硬件、软件及其系统中的数据的安全，它体现在网络信息的存储、传输和使用过程中。所谓的网络安全性就是网络系统的硬件、软件及其系统中的数据受到保护，不受偶然的或者恶意的原因而遭到破坏、更改、泄露，系统连续可靠正常地运行，网络服务不中断。它的保护内容包括：保护服务、资源和信息；保护节点和用户；保护网络私有性。

从不同的角度来说，网络安全具有不同的含义。

从一般用户的角度来说，他们希望涉及个人隐私或商业利益的信息在网络上传输时受到保密性、完整性和真实性的保护，避免其他人或对手利用窃听、冒充、篡改等手段对用户信息的损害和侵犯，同时也希望用户信息不受非法用户的非授权访问和破坏。

从网络运行和管理者角度来说，他们希望对本地网络信息的访问、读写等操作受到保护和控制，避免出现病毒、非法存取、拒绝服务和网络资源的非法占用及非法控制等威胁，制止和防御网络“黑客”的攻击。

对安全保密部门来说，他们希望对非法的、有害的或涉及国家机密的信息进行过滤和防堵，避免其通过网络泄露，避免由于这类信息的泄密对社会产生危害，给国家造成巨大的经济损失，甚至威胁到国家安全。

从社会教育和意识形态角度来说，网络上不健康的内容，会对社会的稳定和人类的发展造成阻碍，必须对其进行控制。

由此可见，网络安全在不同的环境和应用中会得到不同的解释。

2. 网络安全的目标

从计算机网络安全的定义可以看出，网络安全应达到以下几个目标。

(1)保密性

保密性是指对信息或资源的隐藏，是信息系统防止信息非法泄露的特征。信息保密的需求源自计算机在敏感领域的使用。访问机制支持保密性。其中密码技术就是一种保护保密性的访问控制机制。所有实施保密性的机制都需要来自系统的支持服务。其前提条件是:安全服务可以依赖于内核或其他代理服务来提供正确的数据,因此,假设和信任就成为保密机制的基础。

保密性可以分为以下四类。

①连接保密:对某个连接上的所有用户数据提供保密。

②无连接保密:对一个无连接的数据报的所有用户数据提供保密。

③选择字段保密:对一个协议数据单元中的用户数据经过选择的字段提供保密。

④信息流保密:对可能通过观察信息流导出信息的信息提供保密。

(2)完整性

完整性是指信息未经授权不能改变的特性。完整性与保密性强调的侧重点不同,保密性强调信息不能非法泄露,而完整性强调信息在存储和传输过程中不能被偶然或蓄意修改、删除、伪造、添加、破坏或丢失,信息在存储和传输过程中必须保持原样。

信息完整性表明了信息的可靠性、正确性、有效性和一致性,只有完整的信息才是可信任的信息。影响信息完整性的因素主要有硬件故障、软件故障、网络故障、灾害事件、入侵攻击和计算机病毒等。保障信息完整性的技术主要有安全区通信协议、密码校验和数字签名等。实际上,数据备份是防范信息完整性受到破坏的最有效恢复手段。

(3)可用性

可用性是指信息可被授权者访问并按需求使用的特性,即保证合法用户对信息和资源的使用不会被不合理地拒绝。对网络可用性的破坏,包括合法用户不能正常访问网络资源和有严格时间要求的服务不能得到及时响应。影响网络可用性的因素包括人为与非人为两种。前者是指非法占用网络资源,切断或阻塞网络通信,降低网络性能,甚至使网络瘫痪等;后者是指灾害事故(火、水、雷击等)和系统死锁、系统故障等。

保证可用性的最有效的方法是提供一个具有普适安全服务的安全网络环境。通过使用访问控制阻止未授权资源访问,利用完整性和保密性服务来防止可用性攻击。访问控制、完整性和保密性成为协助支持可用性安全服务的机制。

①避免受到攻击:一些基于网络的攻击旨在破坏、降低或摧毁网络资源。解决办法是加强这些资源的安全防护,使其不受攻击。免受攻击的方法包括:关闭操作系统和网络配置中的安全漏洞;控制授权实体对资源的访问;防止路由表等敏感网络数据的泄露。

②避免未授权使用:当资源被使用、占用或过载时,其可用性就会受到限制。如果未授权用户占用了有限的资源(如处理能力、网络带宽和调制解调器连接等),则这些资源对授权用户就是不可用的,通过访问控制可以限制未授权使用。

③防止进程失败:操作失误和设备故障也会导致系统可用性降低。解决方法是使用高可靠性设备、提供设备冗余和提供多路径的网络连接等。

(4)可控性

可控性是指对信息及信息系统实施安全监控管理。主要针对危害国家信息的监视审计,控制授权范围内的信息的流向及行为方式。使用授权机制控制信息传播的范围和内容,必要时能恢复密钥,实现对网络资源及信息的可控制能力。

(5)不可否认性

不可否认性是对出现的安全问题提供调查的依据和手段。使用审计、监控、防抵赖等安全机制,使得攻击者和抵赖者无法逃脱,并进一步对网络出现的安全问题提供调查依据和手段,保证信息行为人不能否认自己的行为。实现信息安全的可审查性,一般通过数字签名等技术来实现不可否认性。

①不得否认发送。这种服务向数据接收者提供数据源的证据,从而可以防止发送者否认发送过这个数据。

②不得否认接收。这种服务向数据发送者提供数据已交付给接收者的证据,因而接收者事后不能否认曾收到此数据。

6.1.2 网络面临的安全威胁及成因分析

1. 网络面临的安全威胁

研究网络安全,首先要研究构成网络安全威胁的主要因素。网络的安全威胁是指网络信息的一种潜在的侵害。

影响、危害计算机网络安全的因素分为自然和人为两大类。

(1)自然因素

自然因素包括各种自然灾害,如水、火、雷、电、风暴、烟尘、虫害、鼠害、海啸、地震等;系统的环境和场地条件,如温度、湿度、电源、地线和其他防护设施不良所造成的威胁;电磁辐射和电磁干扰的威胁;硬件设备老化,可靠性下降的威胁。

(2)人为因素

人为因素又有无意和故意之分。无意事件包括操作失误、意外损失、编程缺陷、意外丢失、管理不善、无意破坏;人为故意的破坏包括敌对势力蓄意攻击、各种计算机犯罪等。

攻击是一种故意性威胁,是对计算机网络的有意图、有目的的威胁。人为的恶意攻击是计算机网络所面临的最大威胁。

攻击可分为两大类,即被动攻击和主动攻击。这两种攻击均可对计算机网络造成极大的危害,导致机密数据的泄露,甚至造成被攻击的系统瘫痪。被动攻击是指在不影响网络正常工作的情况下,攻击者在网络上建立隐蔽通道截获、窃取他人的信息内容进行破译,以获得重要机密信息。主动攻击是以各种方式有选择地破坏信息的有效性和完整性。主动攻击主要有 3 种攻击方法,即中断、篡改和伪造;被动攻击只有一种形式,即截获。

①中断(Interruption):当网络上的用户在通信时,破坏者可以中断他们之间的通信。

②篡改(Modification):当网络用户甲在向乙发送报文时,报文在转发的过程中被丙更改。

③伪造(Fabrication):网络用户丙非法获取用户乙的权限并以乙的名义与甲进行通信。

④截获(Interception):当网络用户甲与乙进行网络通信时,如果不采取任何保密措施时,那么其他人就有可能偷看到他们之间的通信内容。

由于网络软件不可能是百分之百的无缺陷或无漏洞,这些缺陷或漏洞正好成了攻击者进行攻击的首选目标。图 6-1 所示为攻击的方法示意图。

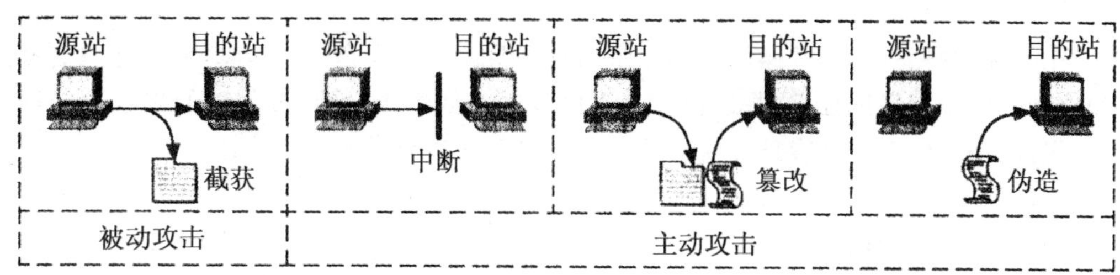

图 6-1 攻击的方法示意图

还有一种特殊的主动攻击就是恶意程序(Rogue Program)的攻击。恶意程序的种类繁多,对网络安全构成较大威胁的主要有以下几种。

①计算机病毒(Computer Virus):一种会“传染”其他程序的程序,“传染”是通过修改其他程序来把自身或其变种复制进去完成的。

②计算机蠕虫(Computer Worm):一种通过网络的通信功能将自身从一个节点发送到另一个节点并启动的程序。

③特洛伊木马(Trojan Horse):一种执行的功能超出其所声称的功能的程序。如一个编译程序除执行编译任务之外,还把用户的源程序偷偷地复制下来,这种程序就是一种特洛伊木马。计算机病毒有时也以特洛伊木马的形式出现。

④逻辑炸弹(Logic Bomb):一种当运行环境满足某种特定条件时执行其他特殊功能的程序。如一个编译程序在平时运行得很好,但当系统时间为 13 日又为星期五时,它将删除系统中所有的文件,这种程序就是一种逻辑炸弹。

主动攻击是指攻击者对某个连接中通过的 PDU(Protocol Data Unit,协议数据单元)进行各种处理。如有选择性地更改、删除、延迟这些 PDU,还可在稍后的时间将以前录下的 PDU 插入这个连接(即重放攻击),甚至还可以将合成的或伪造的 PDU 送入到一个连接中去。所有的主动攻击都是上述各种方法的某种组合。从类型上可以将主动攻击分为如下三种。

①更改报文流:包括对通过连接的 PDU 的真实性、完整性和有序性的攻击。

②拒绝报文服务:指攻击者或者删除通过某一连接的所有 PDU,或者使正常通信的双方或单方的所有 PDU 加以延迟。

③伪造连接初始化:攻击者重放以前已被记录的合法连接初始化序列,或者伪造身份而企图建立连接。

在被动攻击中,攻击者只是观测通过的某一个协议数据单元 PDU 而不干扰信息流。即使这些数据对攻击者来说是不易理解的,它也可以通过观察 PDU 的协议控制信息部分,了解正在通信的协议实体的地址和身份,研究 PDU 的长度和传输频度,以便了解所交易的数据的性质。

对于主动攻击,可以采取适当的措施加以检测。但对于被动攻击,通常却是检测不出来的。对于被动攻击可以采用各种数据加密技术,而对于主动攻击,则需要将加密技术与适当的鉴别技术相结合。

2. 造成网络安全威胁的成因分析

网络面临的安全威胁与网络系统的脆弱性密切相关。如果网络系统健壮,网络面临的威胁将大大减少;反之,如果网络系统脆弱,网络所面临的威胁将迅速增加。网络系统的脆弱性主要表现为以下几个方面。

①操作系统的脆弱性:网络操作系统体系结构本身就是不安全的,操作系统程序具有动态连接性;操作系统可以创建进程,这些进程可在远程节点上创建与激活,被创建的进程可以继续创建其他进程;网络操作系统为维护方便而预留的无口令入口也是黑客的通道。

②计算机系统本身的脆弱性:硬件和软件故障;存在超级用户,如果入侵者得到了超级用户口令,整个系统将完全受控于入侵者。

③电磁泄漏:网络端口、传输线路和处理机都有可能因屏蔽不严或未屏蔽而造成电磁信息辐射,从而造成信息泄漏。

④数据的可访问性:数据容易被复制而不留任何痕迹;网络用户在一定的条件下,可以访问系统中的所有数据,并可将其复制、删除或破坏掉。

⑤通信系统和通信协议的弱点:网络系统的通信线路面对各种威胁就显得非常脆弱,非法用户可对线路进行物理破坏、搭线窃听、通过未保护的外部线路访问系统内部信息等;TCP/IP 及 FTP、E-mail、WWW 等都存在安全漏洞,如 FTP 的匿名服务浪费系统资源,E-mail 中潜伏着电子炸弹、病毒等威胁互联网安全,WWW 中使用的通用网关接口程序、Java Applet 程序等都能成为黑客的工具,黑客可采用 Sock、TCP 预测或远程访问直接扫描等攻击防火墙。

⑥数据库系统的脆弱性:由于数据库管理系统(DBMS)对数据库的管理建立在分级管理的概念上,DBMS 的安全必须与操作系统的安全配套,这无疑是一个先天的不足之处,因此,DBMS 的安全也是可想而知;黑客通过探访工具可强行登录和越权使用数据库数据;而数据加密往往与 DBMS 的功能发生冲突或影响数据库的运行效率。

⑦网络存储介质的脆弱:软硬盘中存储着大量的信息,这些存储介质很容易被盗窃或损坏,造成信息的丢失。

此外,网络系统的脆弱性还表现为保密的困难性、介质的剩磁效应和信息的聚生性等。

6.1.3 网络安全策略

网络安全策略是保障机构网络安全的指导文件,一般而言,网络安全策略包括总体安全策略和具体安全管理实施细则两部分。总体安全策略用于构建机构网络安全框架和战略指导方针,包括分析安全需求、分析安全威胁、定义安全目标、确定安全保护范围、分配部门责任、配备人力物力、确认违反策略的行为和相应的制裁措施。总体安全策略只是一个安全指导思想,还不能具体实施,在总体安全策略框架下针对特定应用制定的安全管理细则才规定了具体的实施方法和内容。

1. 网络安全策略总则

无论是制定总体安全策略,还是制定安全管理实施细则,都应当根据网络的安全特点遵守均衡性、时效性和最小限度原则。

(1)均衡性原则

由于存在软件漏洞、协议漏洞、管理漏洞,网络威胁永远不可能消除。无论制定多么完善的网络安全策略,还是使用多么先进的网络安全技术,网络安全也只是一个相对概念,因为世上没有绝对的安全系统。此外,网络易用性和网络效能与安全是一对天生的矛盾。夸大网络安全漏洞和威胁不仅会浪费大量投资,而且会降低网络易用性和网络效能,甚至有可能引入新的不稳定因素和安全隐患。忽视网络安全比夸大网络安全更加严重，有可能造成机构或国家重大经济损失，甚至威胁到国家安全。因此，网络安全策略需要在安全需求、易用性、效能和安全成本之间保持相对平衡，科学制定均衡的网络安全策略是提高投资回报和充分发挥网络效能的关键。

（2）时效性原则

由于影响网络安全的因素随时间有所变化，导致网络安全问题具有显著的时效性。例如，网络用户增加、信任关系发生变化、网络规模扩大、新安全漏洞和攻击方法不断暴露都是影响网络安全的重要因素。因此，网络安全策略必须考虑环境随时间的变化。

（3）最小限度原则

网络系统提供的服务越多，安全漏洞和威胁也就越多。因此，应当关闭网络安全策略中没有规定的网络服务；以最小限度原则配置满足安全策略定义的用户权限；及时删除无用账号和主机信任关系，将威胁网络安全的风险降至最低。

2. 网络安全策略内容

通畅来说，大多数网络都是由网络硬件、网络连接、操作系统、网络服务和数据组成的，网络管理员或安全管理员负责安全策略的实施，网络用户则应当严格按照安全策略的规定使用网络提供的服务。因此，在考虑网络整体安全问题时应主要从网络硬件、网络连接、操作系统、网络服务、数据、安全管理责任和网络用户这几个方面着手。

（1）网络硬件物理管理措施

核心网络设备和服务器应设置防盗、防火、防水、防毁等物理安全设施以及温度、湿度、洁净、供电等环境安全设施，每年因雷电击毁网络设施的事例层出不穷，位于雷电活动频繁地区的网络基础设施必须配备良好的接地装置。

核心网络设备和服务器最好集中放置在中心机房，其优点是便于管理与维护，也容易保障设备的物理安全，更重要的是能够防止直接通过端口窃取重要资料。防止信息空间扩散也是规划物理安全的重要内容，除光纤之外的各种通信介质、显示器以及设备电缆接口都不同程度地存在电磁辐射现象，利用高性能电磁监测和协议分析仪有可能在几百米范围内将信息复原，对于涉及国家机密的信息必须考虑电磁泄漏防护技术。

（2）网络连接安全

网络连接安全主要考虑网络边界的安全，如内部网与外部网、Internet有连接需求，可使用防火墙和入侵检测技术双层安全机制来保障网络边界的安全。内部网的安全主要通过操作系统安全和数据安全策略来保障，由于网络地址转换（Network Address Translator，NAT）技术能够对Internet屏蔽内部网地址，必要时也可以考虑使用NAT保护内部网私有的IP地址。

对网络安全有特殊要求的内部网最好使用物理隔离技术保障网络边界的安全。根据安全需求，可以采用固定公用主机、双主机或一机两用等不同物理隔离方案。固定公用主机与内部网无连接，专用于访问Internet的控制，虽然使用不够方便，但能够确保内部主机信息的保密性。双主机在一个机箱中配备了两块主板、两块网卡和两个硬盘，双主机在启动时由用户选择内部网或Internet连接，较好地解决了安全性与方便性的矛盾。一机两用隔离方案由用户选择接入内部网或Internet，但不能同时接入两个网络。这虽然成本低廉、使用方便，但仍然存在泄露的可能性。

(3)操作系统安全

操作系统安全应重点考虑计算机病毒、特洛伊木马和入侵攻击威胁。计算机病毒是隐藏在计算机系统中的一组程序,具有自我繁殖、相互感染、激活再生、隐藏寄生、迅速传播等特点,以降低计算机系统性能、破坏系统内部信息或破坏计算机系统运行为目的。截至目前,已发现有两万多种不同类型的病毒。病毒传播途径已经从移动存储介质转向 Internet,病毒在网络中以指数增长规律迅速扩散,诸如邮件病毒、Java 病毒和 ActiveX 病毒都给网络病毒防治带来了新的挑战。

特洛伊木马与计算机病毒不同,特洛伊木马是一种未经用户同意私自驻留在正常程序内部,以窃取用户资料为目的的间谍程序。目前并没有特别有效的计算机病毒和特洛伊木马程序防治手段,主要还是通过提高病毒防范意识,严格安全管理,安装优秀防病毒、杀病毒、特洛伊木马专杀软件来尽可能减少病毒与木马入侵的机会。操作系统漏洞为入侵攻击提供了条件,因此,经常升级操作系统、防病毒软件和木马专杀软件是提高操作系统安全性最有效、最简便的方法。

(4)网络服务安全

目前网络提供的电子邮件、文件传输、Usenet 新闻组、远程登录、域名查询、网络打印和 Web 服务都存在着大量的安全隐患,虽然用户并不直接使用域名查询服务,但域名查询通过将主机名转换成主机 IP 地址为其他网络服务奠定了基础。由于不同网络服务的安全隐患和安全措施不同,应当在分析网络服务风险的基础上,为每一种网络服务分别制定相应的安全策略细则。

(5)数据安全

根据数据保密性和重要性的不同,一般将数据分为关键数据、重要数据、有用数据和普通数据,以便针对不同类型的数据采取不同的保护措施。关键数据是指直接影响网络系统正常运行或无法再次得到的,如操作系统和关键应用程序等;重要数据是指具有高度保密性或高使用价值的数据,如国防或国家安全部门涉及国家机密的数据,金融部门涉及用户的账目数据等;有用数据一般指网络系统经常使用但可以复制的数据;普通数据则是很少使用而且很容易得到的数据。由于任何安全措施都不可能保证网络绝对安全或不发生故障,在网络安全策略中除考虑重要数据加密之外,还必须考虑关键数据和重要数据的日常备份。

目前,数据备份使用的介质主要是磁带、硬盘和光盘。因磁带具有容量大、技术成熟、成本低廉等优点,大容量数据备份多选用磁带存储介质。随着硬盘价格不断下降,网络服务器都使用硬盘作为存储介质,目前流行的硬盘数据备份技术主要有磁盘镜像和冗余磁盘阵列(Redundant Arrays of Independent Disks,RAID)技术。磁盘镜像技术能够将数据同时写入型号和格式相同的主磁盘和辅助磁盘,RAID 是专用服务器广泛使用的磁盘容错技术。大型网络常采用光盘库、光盘阵列和光盘塔作为存储设备,但光盘特别容易划伤,导致数据读出错误,数据备份使用更多的还是磁带和硬盘存储介质。

(6)安全管理责任

由于人是制定和执行网络安全策略的主体,所以在制定网络安全策略时,必须明确网络安全管理责任人。小型网络可由网络管理员兼任网络安全管理职责,但大型网络、电子政务、电子商务、电子银行或其他要害部门的网络应配备专职网络安全管理责任人。网络安全管理采用技术与行政相结合的手段,主要对授权、用户和资源配置,其中授权是网络安全管理的重点。安全管理责任包括行政职责、网络设备、网络监控、系统软件、应用软件、系统维护、数据备份、操作规程、安全审计、病毒防治、入侵跟踪、恢复措施、内部人员和网络用户等与网络安全相关的各种功能。

(7)网络用户的安全责任

网络安全不只是网络安全管理员的事,网络用户对网络安全同样负有不可推卸的责任。网络用户应特别注意不能私自将调制解调器接入Internet;不要下载未经安全认证的软件和插件;确保本机没有安装文件和打印机共享服务;不要使用脆弱性密码;经常更换密码等。

6.1.4　网络安全评价标准

1. 国际网络安全评价标准

安全评价标准及技术作为各种计算机系统安全防护体系的基础,已被许多企业和咨询公司用于指导IT产品的安全设计,并被作为衡量一个IT产品和评测系统安全性的依据。

目前,国际上比较重要和公认的安全标准有美国TCSEC(橘皮书)、欧洲ITSEC、加拿大CTCPEC等。

(1)美国TCSEC

TCSEC又称橙皮书,1985年成为美国国防部的标准,该标准给出了一套标准来定义满足特定安全等级所需的安全功能及其保证的程度。TCSEC将安全等级从低到高共分为D、C、B、A几个等级,每个等级之内还进行了细分,这些等级描述了不同类型的物理安全、用户身份验证、操作系统软件的可信任性和用户应用程序。

①D级。最低保护(Minimal Protection)是指未加任何实际的安全措施,D的安全等级最低。D系统只为文件和用户提供安全保护。D系统最普遍的形式是本地操作系统,或一个完全没有保护的网络,如DOS被定为D级。

②C级。C级表示被动的自主访问策略(Disretionary Access Policy Enforced),提供审慎的保护,并为用户的行动和责任提供审计能力,由两个级别组成:C1和C2。

C1级:具有一定的自主型存取控制(DAC)机制,通过将用户和数据分开达到安全的目的。用户认为C1系统中所有文档均具有相同的保密性,如UNIX的owner/group/other存取控制。

C2级:具有更细分(每一个单独用户)的自主型存取控制(DAC)机制,且引入了审计机制。在连接到网络上时,C2系统的用户分别对各自的行为负责。C2系统通过登录过程或安全事件和资源隔离来增强这种控制。C2系统具有C1系统中所有的安全性特征。

③B级。B级是指被动的强制访问策略(Mandatory Access Policy Enforced)。由3个级别组成:B1、B2和B3级。B系统具有强制性保护功能,目前较少有操作系统能够符合B级标准。

B1级:满足C2级所有的要求,且需具有所用安全策略模型的非形式化描述,实施了强制型存取控制(MAC)。

B2级:系统的TCB是基于明确定义的形式化模型,并对系统中所有的主体和客体实施了自主型存取控制(DAC)和强制型存取控制(MAC)。另外,具有可信通路机制、系统结构化设计、最小特权管理以及对隐蔽通道的分析和处理等。

B3级:系统的TCB设计要满足能对系统中所有的主体对客体的访问进行控制,TCB不会被非法篡改,且TCB设计要小巧且结构化,以便于分析和测试其正确性。支持安全管理者(Security Administrator)的实现,审计机制能实时报告系统的安全性事件,支持系统恢复。

④A级。A级表示形式化证明的安全(Formally Proven Security)。A安全级别最高,只包

含1个级别A1。

A1级:类同于B3级,它的特色在于形式化的顶层设计规格(Formal Top level Design Specification,FTDS)、形式化验证FTDS与形式化模型的一致性和由此带来的更高的可信度。

(2)欧洲ITSEC

20世纪90年代,西欧四国(英、法、荷、德)联合提出了《信息技术安全评估标准》(Information Technology Security Evaluation Criteria,ITSEC),又称欧洲白皮书,带动了国际计算机安全的评估研究,其应用领域为军队、政府和商业。该标准除吸收了TCSEC的成功经验外,首次提出了信息安全的保密性、完整性、可用性的概念,并将安全概念分为功能与评估两部分,使可信计算机的概念提升到可信信息技术的高度。

在ITSEC标准中,一个基本观点是:分别衡量安全的功能和安全的保证。ITSEC标准对每个系统赋予两种等级,即安全功能等级F(Functionality)和安全保证等级E(European Assurance)。功能准则从F1～F10共分10级,其中前5种安全功能与橙皮书中的C1～B3级十分相似。F6～F10级分别对应数据和程序的完整性、系统的可用性、数据通信的完整性、数据通信的保密性以及保密性和完整性的网络安全。它定义了从E0级(不满足品质)到E6级(形式化验证)的7个安全等级,分别是测试、配置控制和可控的分配、能访问详细设计和源码、详细的脆弱性分析、设计与源码明显对应以及设计与源码在形式上一致。

在ITSEC标准中,另一个基本观点是:被评估的应是整个系统(硬件、操作系统、数据库管理系统、应用软件),而不只是计算平台,这是因为一个系统的安全等级可能比其每个组成部分的安全等级都高(或低)。此外,某个等级所需的总体安全功能可能分布在系统的不同组成中,而不是所有组成都要重复这些安全功能。

ITSEC标准是欧洲共同体信息安全计划的基础,并为国际信息安全的研究和实施带来了深刻的影响。

(3)加拿大CTCPEC

加拿大发布的《加拿大可信计算机产品评价标准》(Canadian Trusted Computer Product Evaluation Criteria,CTCPEC)将产品的安全要求分成安全功能和功能保障可依赖性两个方面。其中,安全功能根据系统保密性、完整性、有效性和可计算性定义了6个不同等级0～5。保密性包括隐蔽信道、自主保密和强制保密;完整性包括自主完整性、强制完整性、物理完整性和区域完整性等属性;有效性包括容错、灾难恢复及坚固性等;可计算性包括审计跟踪、身份认证和安全验证等属性。根据系统结构、开发环境、操作环境、说明文档及测试验证等要求,CTCPEC将可依赖性定为8个不同等级T0～T7,其中T0级别最低,T7级别最高。

2. 我国网络安全评价标准

由于信息安全直接涉及国家政治、军事、经济和意识形态等许多重要领域,各国政府对信息系统或技术产品安全性的测评认证要比其他产品更为重视。尽管许多国家签署了《信息技术安全评价公共标准》(Common Criteria for Information Technology Security Evaluation,CC),但很难想象一个国家会绝对信任其他国家对涉及国家安全和经济的产品的测评认证。事实上,各国政府都通过颁布相关法律、法规和技术评价标准对信息安全产品的研制、生产、销售、使用和进出口进行了强制管理。

中国国家质量技术监督局1999年颁布的《计算机信息系统安全保护等级划分准则》

(GB 17859—1999)，在参考 TCSEC、ITSEC 和 CTCPEC 等标准的基础上，将计算机信息系统安全保护能力划分为用户自主保护、系统审计保护、安全标记保护、结构化保护、访问验证保护 5 个安全等级。

(1)用户自主保护级

本级别相当于 TCSEC 的 C1 级，使用户具备自主安全保护的能力。具有多种形式的控制能力，对用户实施访问控制，即为用户提供可行的手段，保护用户和用户组信息，避免其他用户对数据的非法读写与破坏。

(2)系统审计保护级

本级别相当于 TCSEC 的 C2 级，具备用户自主保护级所有的安全保护功能，更细粒度的自主访问控制，还要求创建和维护访问的审计跟踪记录，使所有的用户对自己的行为的合法性负责。

(3)安全标记保护级

本级别相当于 TCSEC 的 B1 级，属于强制保护。除具有系统审计保护级的所有功能外，还提供有关安全策略模型；要求以访问对象标记的安全级别限制访问者的访问权限，实现对访问对象的强制保护；具有准确地标记输出信息的能力；消除通过测试发现的任何错误。

(4)结构化保护级

本级别相当于 TCSEC 的 B2 级，具有前面所有安全级别的安全功能外，将安全保护机制划分为关键部分和非关键部分，关键部分直接控制访问者对访问对象的存取，从而加强系统的抗渗透能力。

(5)访问验证保护级

本级别相当于 TCSEC 的 B3～A1 级，具备上述所有安全级别的安全功能，特别增设了访问验证功能，负责仲裁访问者对访问对象的所有访问活动。

为了与国际通用安全评价标准接轨，国家质量技术监督局于 2001 年 3 月又正式颁布了国家推荐标准《信息技术—安全技术—信息技术安全性评估准则》(GB/T 18336—2001)，推荐标准完全等同于国际标准 ISO/IEC 15408，即《信息技术安全评价公共标准》第 2 版。

推荐标准 GB/T 18336—2001 由 3 部分组成：第一部分是《简介和一般模型》(GB/T 18336.1)，第二部分是《安全功能要求》(GB/T 18336.2)，第三部分是《安全保证要求》(GB/T 18336.3)，分别对应国际标准化组织和国际电工委员会国际标准 ISO/IEC 15408-1、ISO/IEC 15408-2 和 ISO/IEC 15408-3。

6.2　计算机病毒与防治技术

6.2.1　计算机病毒概述

1. 计算机病毒的定义

网络上传播着很多的病毒，只要是危害了用户计算机的程序，都可以称之为病毒。计算机病毒是一个程序，一段可执行码。病毒有独特的复制能力，可以快速地传染，并很难解除。它们把自身附着在各种类型的文件上。当文件被复制或从一个用户传送到另一个用户时，病毒就随着文件一起被传播了。

我们可以从以下三个方面来理解计算机病毒的概念：

①通过磁盘、磁带和网络等作为媒介传播扩散，能“传染”其他程序的程序。

②能实现自身复制且借助一定的载体存在的，具有破坏性、传染性和潜伏性的程序。

③一种人为制造的程序，它通过不同的途径潜伏或寄生在存储媒体（如磁盘、内存）或程序里，当某种条件或时机成熟时，它会自生复制并传播，使计算机的资源受到不同程度的破坏。

上述说法在某种意义上借用了生物学病毒的概念，计算机病毒同生物病毒所相似之处是能够攻击计算机系统和网络，危害正常工作的“病原体”。它能够对计算机体统进行各种破坏，同时能够自我复制，具有传染性。

计算机病毒确切的定义是：能够通过某种途径潜伏在计算机存储介质（或程序）里，当达到某种条件时即被激活具有对计算机资源进行破坏的一组程序或指令的集合。

2. 计算机病毒的特点

要防范计算机病毒，首先需要了解计算机病毒的特征和破坏机理，为防范和清除计算机病毒提供充实可靠的依据。根据计算机病毒的产生、传染和破坏行为的分析，计算机病毒一般具有以下特点。

（1）传染性

传染性是病毒的基本特征。是否具有传染性，是判别一个程序是否为计算机病毒的最重要条件。病毒的设计者总是希望病毒能够在较大的范围内实现蔓延和传播，感染更多的程序、计算机系统或网络系统，以达到最大的侵害目的。

病毒是人为设计的功能程序，因此，会利用一切可能的途径和方法进行传染。程序之间的传染借助于正常的信息处理途径和方法，通常是由病毒的传染模块执行的。计算机病毒会通过各种渠道从已被感染的计算机扩散到未被感染的计算机，在某些情况下造成被感染的计算机工作失常甚至瘫痪。它会搜寻其他符合其传染条件的程序或存储介质，确定目标后再将自身代码插入其中，达到自我繁殖的目的。

（2）隐蔽性

计算机病毒往往会借助各种技巧来隐藏自己的行踪，保护自己，从而做到在被发现及清除之前，能够在更广泛的范围内进行传染和传播，期待发作时可以造成更大的破坏性。

计算机病毒都是一些可以直接或间接运行的具有较高超技巧的程序，它们可以隐藏在操作系统中，也可以隐藏在可执行文件或数据文件中，目的是不让用户发现它的存在。如果不经过代码分析，病毒程序与正常程序是不容易区别开来的。一般在没有防护措施的情况下，受到感染的计算机系统通常仍能正常运行，用户不会感到任何异常。大部分的病毒代码之所以设计得非常短小，也是为了隐藏。病毒一般只有几百或一千字节。

（3）破坏性

任何病毒只要侵入系统，都会对系统及应用程序产生程度不同的破坏。轻者会降低计算机工作效率，占用系统资源，重者可导致系统崩溃。

（4）潜伏性

通常较“好”计算机病毒具有一定的潜伏性，也就是说，这种计算机病毒进入系统之后不会即刻发作，而只有等待预置条件的满足才会发作。

潜伏性一方面是指病毒程序不容易被检查出来，因此，病毒可以静静地躲在存储介质中待上一段时间，有的甚至可以潜伏几年也不会被人发现，而一旦得到运行的机会，就会四处繁殖、扩散，并对其他相关的系统进行传染。潜伏性越好，其在系统中存活的时间就越长，传染的范围就越大。

另一方面是指计算机病毒的内部往往有一种触发机制，不满足触发条件时，计算机病毒除了传染外不做什么破坏。触发条件一旦得到满足，就会进行格式化磁盘、删除磁盘文件、对数据文件做加密、封锁键盘以及使系统死锁等破坏活动。使计算机病毒发作的触发条件主要有以下几种：

①利用系统时钟提供的时间作为触发器。

②利用病毒体自带的计数器作为触发器。病毒利用计数器记录某种事件发生的次数，一旦计算器达到设定值，就执行破坏操作。这些事件可以是计算机开机的次数，也可以是病毒程序被运行的次数，还可以是从开机起被运行过的程序数量等。

③利用计算机内执行的某些特定操作作为触发器。特定操作可以是用户按下某些特定键的组合，也可以是执行的命令，还可以是对磁盘的读写。

计算机病毒所使用的触发条件是多种多样的，而且往往是由多个条件的组合来触发的。但大多数病毒的组合条件是基于时间的，再辅以读写盘操作、按键操作以及其他条件。

(5)非授权性

非授权是指病毒未经授权而执行。一般正常的程序是由用户调用，再由系统分配资源，完成用户交给的任务。其目的对用户是可见的、透明的。而病毒具有正常程序的一切特性，它隐藏在正常程序中，当用户调用正常程序时窃取系统的控制权，并先于正常程序执行，病毒的动作、目的对用户是未知的，是未经用户允许的。

(6)不可预见性

从对病毒的检测方面来看，病毒还有不可预见性。不同种类的病毒，其代码千差万别，但有些操作是共有的，如驻留内存，改中断。有些人利用病毒的这种共性，制作了声称可以查找所有病毒的程序。这种程序的确可以查出一些新病毒，但由于目前的软件种类极其丰富，而且某些正常程序也使用了类似病毒的操作甚至借鉴了某些病毒的技术。使用这种方法对病毒进行检测势必会产生许多误报，而且病毒的制作技术也在不断地提高，病毒对反病毒软件永远是超前的。

3. 计算机病毒的分类

计算机病毒技术的发作，病毒特征的不断变化，给计算机病毒的分类带来了一定的困难。根据多年来对计算机病毒的研究，按照不同的体现可对计算机病毒进行如下分类。

(1)按病毒感染的对象分

①引导型病毒。引导型病毒是指寄生在磁盘引导区或主引导区的计算机病毒。这种病毒主要是用病毒的全部或部分逻辑取代正常的引导记录，而将正常的引导记录隐藏在磁盘的其他地方。这种病毒利用系统引导时，不对主引导区的内容正确与否进行判别的缺点，在引导型系统的过程中侵入系统，驻留内存，监视系统运行，待机传染和破坏。

按照引导型病毒在硬盘上的寄生位置又可细分为主引导记录病毒和分区引导记录病毒。主引导记录病毒感染硬盘的主引导区，如大麻病毒、2708病毒、火炬病毒等；分区引导记录病毒感染硬盘的活动分区引导记录，如小球病毒和Girl病毒等。

②网络型病毒。网络型病毒是近几年来网络高速发展的产物,感染的对象不再局限于单一的模式和单一的可执行文件,而是更综合、隐蔽。现在某些网络型病毒可以对几乎所有的 Office 文件进行感染,如 Word、Excel、电子邮件等。其攻击方式也有转变,从原始的删除、修改文件到现在进行文件加密、窃取用户有用信息等。传播的途径也发生了质的飞跃,不再局限于磁盘,而是多种方式进行,如电子邮件、广告等。

③文件型病毒。文件型病毒早期一般是感染以 .exe、.com 等为扩展名的可执行文件,当用户执行某个可执行文件时病毒程序就被激活。近些年也有一些病毒感染以 .dll、.sys 等为扩展名的文件,由于这些文件通常是配置或链接文件,因此,执行程序时病毒可能也就被激活了。它们加载的方法是通过将病毒代码段插入或分散插入到这些文件的空白字节中,嵌入到 PE 结构的可执行文件中,通常感染后的文件的字节数并不增加。

④混合型病毒。混合型病毒同时具备引导型病毒和文件型病毒的某些特点,它们既可以感染磁盘的引导扇区文件,又可以感染某些可执行文件,如果没有对这类病毒进行全面的解除,则残留病毒可自我恢复。因此,这类病毒查杀难度极大,所用的抗病毒软件要同时具备查杀两类病毒的功能。

(2)按病毒链接的方式分

①源码型病毒。源码型病毒攻击高级语言编写的程序,该病毒在高级语言所编写的程序编译前插入到源程序中,经编译成为合法程序的一部分。

②嵌入型病毒。这种病毒是将自身嵌入到现有程序中,把计算机病毒的主体程序与其攻击的对象以插入的方式链接。这种计算机病毒是难以编写的,一旦侵入程序体后也较难消除。如果同时采用多态性病毒技术、超级病毒技术和隐蔽性病毒技术,将给当前的反病毒技术带来严峻的挑战。

③外壳型病毒。外壳型病毒将其自身包围在主程序的四周,对原来的程序不进行修改。这种病毒最为常见,易于编写,也易于发现,一般测试文件的大小即可得知。

④操作系统型病毒。这种病毒试图把它自己的程序加入或取代部分操作系统进行工作,具有很强的破坏力,可以导致整个系统的瘫痪。圆点病毒和大麻病毒就是典型的操作系统型病毒。

这种病毒在运行时,用自己的逻辑部分取代操作系统的合法程序模块,根据病毒自身的特点和被替代的操作系统中合法程序模块在操作系统中运行的地位与作用,以及病毒取代操作系统的取代方式等,对操作系统进行破坏。

(3)按病毒破坏的能力分

①良性病毒。它们入侵的目的不是破坏用户的系统,只是想玩一玩而已,多数是一些初级病毒发烧友想测试一下自己的开发病毒程序的水平。它们只是发出某种声音,或出现一些提示,除了占用一定的硬盘空间和 CPU 处理时间外没有其他破坏性。

②恶性病毒。恶性病毒会对软件系统造成干扰、窃取信息、修改系统信息,不会造成硬件损坏、数据丢失等严重后果。这类病毒入侵后系统除了不能正常使用之外,没有其他损失,但系统损坏后一般需要格式化引导盘并重装系统,这类病毒危害比较大。

③极恶性病毒。这类病毒比恶性病毒损坏的程度更大,如果感染上这类病毒用户的系统就要彻底崩溃,用户保存在硬盘中的数据也可能被损坏。

④灾难性病毒。这类病毒从它的名字就可以知道它会给用户带来的损失程度,这类病毒一般是破坏磁盘的引导扇区文件、修改文件分配表和硬盘分区表,造成系统根本无法启动,甚至会

格式化或锁死用户的硬盘,使用户无法使用硬盘。一旦感染了这类病毒,用户的系统就很难恢复了,保留在硬盘中的数据也就很难获取了,所造成的损失是非常巨大的,因此,企业用户应充分做好灾难性备份。

(4)按病毒特有的算法分

①伴随型病毒。伴随型病毒并不改变文件本身,它们根据算法产生.exe文件的伴随体,具有同样的名字和不同的扩展名(.com)。病毒把自身写入.com文件并不改变.exe文件,当DOS加载文件时,伴随体优先被执行,再由伴随体加载执行原来的.exe文件。

②寄生型病毒。寄生型病毒依附在系统的引导扇区或文件中,通过系统的功能进行传播。

③蠕虫型病毒。蠕虫型病毒通过计算机网络传播,不改变文件和资料信息,利用网络从一台机器的内存传播到其他机器的内存,计算网络地址,将自身的病毒通过网络发送。有时它们在系统中存在,一般除了内存不占用其他资源。

④练习型病毒。练习型病毒自身包含错误,不能进行很好的传播,如一些在调试阶段的病毒。

⑤诡秘型病毒。诡秘型病毒一般不直接修改DOS中断和扇区数据,而是通过设备技术和文件缓冲区等对DOS内部进行修改,不易看到资源,使用比较高级的技术。利用DOS空闲的数据区进行工作。

⑥幽灵病毒。幽灵病毒使用一个复杂的算法,使自己每传播一次都具有不同的内容和长度。它们一般是由一段混有无关指令的解码算法和经过变化的病毒体组成。

(5)按病毒攻击的目标分

①DOS病毒。DOS病毒是针对DOS操作系统开发的病毒。目前几乎没有新制作的DOS病毒,由于Windows 9x病毒的出现,DOS病毒几乎绝迹。但DOS病毒在Windows环境中仍可以进行感染活动。我们使用的杀毒软件能够查杀的病毒中一半以上都是DOS病毒,可见DOS时代DOS病毒的泛滥程度。但这些众多的病毒中除了少数几个让用户胆战心惊的病毒之外,大部分病毒都只是制作者出于好奇或对公开代码进行一定变形而制作的病毒。

②Windows病毒。Windows病毒主要针对Windows操作系统的病毒。现在的电脑用户一般都安装Windows系统,Windows病毒一般都能感染系统。

③其他系统病毒。其他系统病毒主要攻击UNIX、Linux和OS2及嵌入式系统的病毒。由于系统本身的复杂性,这类病毒数量不是很多。

(6)按病毒传染的途径分

①驻留型病毒。驻留型病毒感染计算机后把自身驻留在内存(RAM)中,这一部分程序挂接系统调用并合并到操作系统中去,并一直处于激活状态。

②非驻留型病毒。非驻留型病毒是一种立即传染的病毒,每执行一次带毒程序,就自动在当前路径中搜索,查到满足要求的可执行文件即进行传染。该类病毒不修改中断向量,不改动系统的任何状态,因而很难区分当前运行的是一个病毒还是一个正常的程序。典型的病毒有Vienna/648。

(7)按病毒传播的介质分

①单机病毒。单机病毒的载体是磁盘,一般情况下,病毒从USB盘、移动硬盘传入硬盘,感染系统,然后再传染其他USB盘和移动硬盘,接着传染其他系统,例如,CIH病毒。

②网络病毒。网络病毒的传播介质不再是移动式存储载体,而是网络通道,这种病毒的传染能力更强,破坏力更大,例如,“尼姆达”病毒。

4. 计算机病毒的危害

在计算机病毒出现的初期，提到计算机病毒的危害，往往注重于病毒对信息系统的直接破坏作用，例如，格式化硬盘、删除文件数据等，并以此来区分恶性病毒和良性病毒。其实这些只是病毒劣迹的一部分，随着计算机应用的发展，人们深刻地认识到凡是病毒都可能对计算机信息系统造成严重的破坏。

(1)直接破坏计算机数据信息

大部分病毒在激发时，直接破坏计算机的重要信息数据，所利用的手段有格式化磁盘，改写文件分配表和目录区，删除重要文件或者用无意义的“垃圾”数据改写文件，破坏 CMOS 设置等。

例如，“磁盘杀手”病毒内含计数器，在硬盘染毒后累计开机时间 48 小时内激发，激发的时候屏幕上显示“Warning!! Don't turn off power or remove diskette while Disk Killer is Processing!”(警告！DISK KILLER 正在工作，不要关闭电源或取出磁盘)，改写硬盘数据。

提示，被 DISK KILLER 破坏的硬盘可以用杀毒软件修复，不要轻易放弃。

(2)占用磁盘空间

寄生在磁盘上的病毒总要非法占用一部分磁盘空间。

引导型病毒的一般侵占方式是由病毒本身占据磁盘引导扇区，而把原来的引导区转移到其他扇区，也就是引导型病毒要覆盖一个磁盘扇区。被覆盖的扇区数据永久性丢失，无法恢复。

文件型病毒利用一些 DOS 功能进行传染，这些 DOS 功能能够检测出磁盘的未用空间，把病毒的传染部分写到磁盘的未用部位去。所以在传染过程中一般不破坏磁盘上的原有数据，但非法侵占了磁盘空间。一些文件型病毒传染速度很快，在短时间内感染大量文件，每个文件都不同程度地加长了，从而就造成磁盘空间的严重浪费。

(3)抢占系统资源

除 VIENNA、CASPER 等少数病毒外，其他大多数病毒在动态下都是常驻内存的，这就必然抢占一部分系统资源。病毒所占用的基本内存长度大致与病毒本身长度相当。病毒抢占内存，导致可用内存减少，一部分软件不能运行。

除占用内存外，病毒还抢占中断，干扰系统的运行。计算机操作系统的许多功能是通过中断调用技术来实现的。病毒为了传染激发，总是修改一些有关的中断地址，在正常中断过程中加入病毒的“私货”，从而干扰了系统的正常运行。

(4)影响计算机运行速度

病毒进驻内存后，不但干扰系统运行，还影响计算机速度，主要表现在以下几个方面。

①病毒为了判断传染激发条件，总要对计算机的工作状态进行监视。

②有些病毒为了保护自己，不但对磁盘上的静态病毒加密，而且进驻内存后的动态病毒也处在加密状态，CPU 每次寻址到病毒处时，都要运行一段解密程序把加密的病毒解密成合法的 CPU 指令再执行；而病毒运行结束时，再用一段程序对病毒重新进行加密。这样 CPU 额外执行数千条以至上万条指令。

③病毒在进行传染时，同样要插入非法的额外操作，特别是传染软盘时，不但计算机速度明显变慢，而且软盘正常的读写顺序被打乱。

(5)病毒错误与不可预见的危害

计算机病毒与其他计算机软件的一大差别是病毒的无责任性。编制一个完善的计算机软件需要耗费大量的人力、物力，经过长时间调试完善，软件才能推出。但在病毒编制者看来既没有必要这样做，也不可能这样做。很多计算机病毒都是个别人在一台计算机上匆匆编制调试后就向外抛出。反病毒专家在分析大量病毒后发现绝大部分病毒都存在不同程度的错误。

错误病毒的另一个主要来源是变种病毒。有些初学计算机者尚不具备独立编制软件的能力，出于好奇或其他原因修改别人的病毒，造成错误。

计算机病毒错误所产生的后果往往是不可预见的，反病毒工作者曾经详细指出黑色星期五病毒存在9处错误，乒乓病毒有5处错误等。但是人们不可能花费大量时间去分析数万种病毒的错误所在。大量含有未知错误的病毒扩散传播，其后果是难以预料的。

(6)病毒的兼容性对系统运行的影响

兼容性是计算机软件的一项重要指标，兼容性好的软件可以在各种计算机环境下运行，反之兼容性差的软件则对运行条件“挑肥拣瘦”，要求机型和操作系统版本等。病毒的编制者一般不会在各种计算机环境下对病毒进行测试，因此，病毒的兼容性较差，常常导致死机。

5. 计算机病毒的发展趋势

当前，计算机病毒已经由原来的单一传播、单种行为变成依赖于Internet传播，集电子邮件、文件传染等多种传播方式，融木马、黑客等多种攻击手段于一身的新病毒。根据这些病毒的发展演变，可预见未来计算机病毒的更新换代将向多元化方向发展，可能具有如下发展趋势：

(1)病毒的网络化

病毒与Internet更紧密地结合，利用Internet上一切可以利用的方式进行传播，如即时通信软件、电子邮件、局域网、远程管理等。

(2)病毒的多平台化

目前，各种常用的操作系统平台病毒均已出现，跨各种新型平台的病毒也陆续推出和普及。手机和PDA等移动设备病毒也出现了，而且还将有更大的发展。

(3)传播途径的多样化

病毒通过网络共享、网络漏洞、电子邮件、即时通信软件等途径进行传播。

(4)增强隐蔽性

病毒通过各种手段，尽量避免出现容易使用户产生怀疑的病毒感染特征。如请求在内存中的合法身份、维持宿主程序的外部特性、避开修改中断向量值和不使用明显的感染标志等。

(5)使用反跟踪技术

当用户或防病毒技术人员发现一种病毒时，一般都要先借助于Debug等调试工具对其进行详细分析、跟踪解剖。为了对抗动态跟踪，目前的病毒程序中一般都嵌入了一些破坏性的中断向量程序段，从而使动态跟踪难以完成。

病毒代码还通过在程序中使用大量非正常的转移指令，使跟踪者不断迷路，造成分析困难。而且，近来一些新的病毒肆意篡改返回地址，或在程序中将一些命令单独使用，从而使用户无法迅速摸清程序的转向。

(6)进行加密技术处理

①对程序段进行动态加密。病毒采取一边执行一边译码的方法，即后边的机器码是与前边的某段机器码运算后还原的，而用Debug等调试工具把病毒从头到尾打印出来，打印出的程序

语句将是被加密的，无法阅读。

②对宿主程序段进行加密。病毒将宿主程序入口处的几个字节经过加密处理后存储在病毒体内，这给杀毒修复工作带来很大困难。

③对显示信息进行加密。例如，“新世纪”病毒在发作时，将显示一页书信，但作者对此段信息进行加密，从而不可能通过直接调用病毒体的内存映像寻找到它的踪影。

(7)攻击对象趋于混合型

随着防病毒技术的日新月异、传统软件保护技术的广泛探讨和应用，当今的计算机病毒在实现技术上有了一些质的变化，病毒攻击对象趋于混合，逐步转向对可执行文件和系统引导区同时感染，在病毒源码的编制、反跟踪调试、程序加密、隐蔽性、攻击能力等方面的设计都呈现了许多不同一般的变化。

(8)病毒不断繁衍、变种

目前病毒已经具有许多智能化的特性，例如，自我变形、自我保护、自我恢复等。在不同宿主程序中的病毒代码，不仅绝大部分不相同，且变化的代码段的相对空间排列位置也有变化。对不同的感染目标，分散潜伏的宿主也不一定相同，在活动时又能自动组合成一个完整的病毒。例如，经过多态病毒感染的文件在不同的感染文件之间相似性极少，使得防病毒检测成为一项艰难的任务。

6.2.2 计算机病毒的结构及工作原理

1. 计算机病毒的结构

要想了解计算机病毒的工作机理，首先要了解病毒的结构。计算机病毒在结构上有着共同性，一般由引导模块、感染模块、表现模块和破坏模块四部分组成，但并不是所有的病毒都必须包括这些模块。

(1)引导模块

引导模块是病毒的初始化部分，它随着宿主程序的执行而进入内存，为感染模块做准备。

(2)传染模块

传染模块的作用是将病毒代码复制到目标上去。一般病毒在对目标进行传染前，要先判断传染条件是否满足，判断病毒是否已经感染过该目标等。

(3)表现模块

这是病毒间差异最大的部分，前两部分是为这一部分服务的。它会破坏被感染系统或者在被感染系统的设备上表现出特定的现象。大部分病毒都是在一定条件下，才会触发其表现部分的。

(4)破坏模块

破坏模块在设计原则、工作原理上与感染模块基本相同。在触发条件满足的情况下，病毒对系统或磁盘上的文件进行破坏活动，这种破坏活动不一定都是删除磁盘文件，有的可能是显示一串无用的提示信息。有的病毒在发作时，会干扰系统或用户的正常工作。而有的病毒，一旦发作，则会造成系统死机或删除磁盘文件。新型的病毒发作还会造成网络的拥塞甚至瘫痪。

2. 计算机病毒的工作原理

计算机病毒的种类繁多，它们的具体工作原理也多种多样，这里只对几种常见的病毒工作原理进行剖析。

(1)引导型病毒的工作原理

引导型病毒传染的对象主要是软盘的引导扇区，硬盘的主引导扇区和引导扇区。因此，在系统启动时，这类病毒会优先于正常系统的引导将其自身装入到系统中，获得对系统的控制权。病毒程序在完成自身的安装后，再将系统的控制权交给真正的系统程序，完成系统的引导，但此时系统已处在病毒程序的控制之下。绝大多数病毒感染硬盘主引导扇区和软盘 DOS 引导扇区。

引导型病毒可传染主引导扇区和引导扇区，因此，引导型病毒可按寄生对象的不同分为主引导区病毒和引导区病毒。主引导区病毒又称为分区表病毒，将病毒寄生在硬盘分区主引导程序所占据的硬盘 0 磁头 0 柱面第 1 个扇区中。典型的病毒有“大麻”和“Bloody”等。引导区病毒是将病毒寄生在硬盘逻辑 0 扇区或软盘逻辑 0 扇区（即 0 面 0 道第 1 个扇区）。典型的病毒有“Brain”和“小球”病毒等。

引导型病毒还可以根据其存储方式分为覆盖型和转移型两种。覆盖型引导病毒在传染磁盘引导区时，病毒代码将直接覆盖正常引导记录。转移型引导病毒在传染磁盘引导区之前保留了原引导记录，并转移到磁盘的其他扇区，以备将来病毒初始化模块完成后仍然由原引导记录完成系统正常引导。绝大多数引导型病毒都是转移型的引导病毒。

(2)文件型病毒的工作原理

文件型病毒攻击的对象是可执行程序，病毒程序将自己附着或追加在后缀名为 .exe 或 .com 的可执行文件上。当被感染程序执行之后，病毒事先获得控制权，然后执行以下操作(具体某个病毒不一定要执行所有这些操作，操作的顺序也可能不一样)。

(3)宏病毒的工作原理

宏病毒是随着 Microsoft Office 软件的日益普及而流行起来的。为了减少用户的重复劳作，Office 提供了一种所谓宏的功能。利用这个功能，用户可以把一系列的操作记录下来，作为一个宏。之后只要运行这个宏，计算机就能自动地重复执行那些定义在宏中的所有操作。这就为病毒制造者提供了可乘之机。

宏病毒是一种专门感染 Office 系列文档的恶性病毒。当 Word 打开一个扩展名为 .doc 的文件时，首先检查里面有没有模块/宏代码。如果有，则认为这不是普通的 .doc 文件，而是一个模板文件。如果里面存在以 AUTO 开头的宏，则 Word 随后就会执行这些宏。

除了 Word 宏病毒外，还出现了感染 Excel、Access 的宏病毒。宏病毒还可以在它们之间进行交叉感染，并由 Word 感染 Windows 的 VxD。很多宏病毒具有隐形、变形能力，并具有对抗防病毒软件的能力。此外，宏病毒还可以通过电子邮件等进行传播。一些宏病毒已经不再在 File Save As 时暴露自己，并克服了语言版本的限制，可以隐藏在 RTF 格式的文档中。

(4)网络病毒的工作原理

为了容易理解，以典型的“远程探险者”病毒为例进行分析。“远程探险者”是真正的网络病毒，一方面它需要通过网络方可实施有效的传播；另一方面要想真正地攻入网络，本身必须具备系统管理员的权限，如果不具备此权限，则只能对当前被感染的主机中的文件和目录起作用。

该病毒仅在 Windows NT Server 和 Windows NT Workstation 平台上起作用，专门感染

.exe 文件。Remote Explorer 的破坏作用主要表现为:加密某些类型的文件,使其不能再用,并且能够通过局域网或广域网进行传播。

当具有系统管理员权限的用户运行了被感染的文件后,该病毒将会作为一项 NT 的系统服务被自动加载到当前的系统中。为增强自身的隐蔽性,该系统服务会自动修改 Remote Explorer 在 NT 服务中的优先级,将自己的优先级在一定时间内设置为最低,而在其他时间则将自己的优先级提升一级,以便加快传染。

Remote Explorer 的传播无需普通用户的介入。该病毒侵入网络后,直接使用远程管理技术监视网络,查看域登录情况并自动搜集远程计算机中的数据,然后再利用所搜集的数据,将自身向网络中的其他计算机传播。由于系统管理员能够访问到所有远程共享资源,因此,具备同等权限的 Remote Explorer 也就能够感染网络环境中所有的 NT 服务器和工作站中的共享文件。

6.2.3 计算机病毒的检测与防治

1. 计算机病毒的检测依据

病毒检测是在特定的系统环境中,通过各种检测手段来识别病毒,并对可疑的异常情况进行报警。

(1)检查磁盘主引导扇区

硬盘的主引导扇区、分区表,以及文件分配表、文件目录区是病毒攻击的主要目标。

引导病毒主要攻击磁盘上的引导扇区。当发现系统有异常现象时,特别是当发现与系统引导信息有关的异常现象时,可通过检查主引导扇区的内容来诊断故障。方法是采用工具软件,将当前主引导扇区的内容与干净的备份相比较,若发现有异常,则很可能是感染了病毒。

(2)检查内存空间

计算机病毒在传染或执行时,必然要占据一定的内存空间,并驻留在内存中,等待时机再进行传染或攻击。病毒占用的内存空间一般是用户不能覆盖的。因此,可通过检查内存的大小和内存中的数据来判断是否有病毒。

虽然内存空间很大,但有些重要数据存放在固定的地点,可首先检查这些地方,如 BIOS、变量、设备驱动程序等是放在内存中的固定区域内。根据出现的故障,可检查对应的内存区以发现病毒的踪迹。

(3)检查 FAT 表

病毒隐藏在磁盘上,通常要对存放的位置做出坏簇信息标志反映在 FAT 表中。因此,可通过检查 FAT 表,看有无意外坏簇,来判断是否感染了病毒。

(4)检查可执行文件

检查 .com 或 .exe 文件的内容、长度、属性等,可判断是否感染了病毒。对于前附式 .com 文件型病毒,主要感染文件的起始部分,一开始就是病毒代码;对于后附式 .com 文件型病毒,虽然病毒代码在文件后部,但文件开始必有一条跳转指令,以使程序跳转到后部的病毒代码。对于 .exe 文件型病毒,文件头部的程序入口指针一定会被改变。对可执行文件的检查主要查这些可疑文件的头部。

(5)检查特征串

一些经常出现的病毒，具有明显的特征，即有特殊的字符串。根据它们的特征，可通过工具软件检查、搜索，以确定病毒的存在和种类。

这种方法不仅可检查文件是否感染了病毒，并且可确定感染病毒的种类，从而能有效地清除病毒。但缺点是只能检查和发现已知的病毒，不能检查新出现的病毒，而且由于病毒不断变形、更新，老病毒也会以新面孔出现。因此，病毒特征数据库和检查软件也要不断更新版本，才能满足使用需要。

(6)检查中断向量

计算机病毒平时隐藏在磁盘上，在系统启动后，随系统或随调用的可执行文件进入内存并驻留下来，一旦时机成熟，它就开始发起攻击。病毒隐藏和激活一般是采用中断的方法，即修改中断向量，使系统在适当时候转向执行病毒代码。病毒代码执行完后，再转回到原中断处理程序执行。因此，可通过检查中断向量有无变化来确定是否感染了病毒。

2. 计算机病毒的检测手段

计算机病毒的检测技术是指通过一定的技术手段判定计算机病毒的一门技术。现在判定计算机病毒的手段主要有两种：一种是根据计算机病毒特征来进行判断，如病毒特殊程序段内容、关键字，特殊行为及传染方式；另一种是对文件或数据段进行校验和计算，保存结果，定期和不定期地根据保存结果对该文件或数据段进行校验来判定。总的来说，常用的检测病毒方法有特征代码法、校验和法、行为监测法、软件模拟法和病毒指令码模拟法。这些方法依据的原理不同，实现时所需开销不同，检测范围不同，各有所长。

(1)特征代码法

一般的计算机病毒本身存在其特有的一段或一些代码，这是因为病毒要表现和破坏，操作的代码是各病毒程序所不同的。所以早期的 SCAN 与 CPAV 等著名病毒检测工具均使用了特征代码法。它是检测已知病毒的最简单和开销最小的方法。

特征代码法的实现步骤如下：

①采集已知病毒样本。病毒如果既感染 .com 文件，又感染 .exe 文件，对这种病毒要同时采集 COM 型病毒样本和 EXE 型病毒样本。

②在病毒样本中，抽取特征代码。选好特征代码是扫描程序的精华所在。首先，抽取的病毒特征代码应是该病毒最具代表性的与最特殊的代码串；其次，要注意所选择的特征代码应在不同的环境中都能将所对应的病毒检查出来。另外，抽取的代码要有适当长度，既要维持特征代码的唯一性，又要有使抽取的特征代码长度尽量短。

③将特征代码纳入病毒数据库。

④打开被检测文件，在文件中搜索，检查文件中是否含有病毒数据库中的病毒特征代码。如果发现病毒特征代码，由于特征代码与病毒一一对应，便可以断定，被查文件中染有何种病毒。

因此，一般使用特征代码法的扫描软件都由两部分组成：一部分是病毒特征代码数据库；另一部分是利用该代码数据库进行检测的扫描程序。

特征代码法的优点如下：检测准确快速，可识别病毒的名称，误报警率低，依据检测结果可做解毒处理。

病毒特征代码法的缺点如下：

①不能检测未知病毒。对从未见过的新病毒，无法知道其特征代码，因而无法去检测这些新病毒，必须不断更新版本，否则检测工具便会老化，逐渐失去实用价值。

②不能检查多态性病毒。特征代码法是不可能检测多态性病毒的。国外专家认为多态性病毒是病毒特征代码法的索命者。

③不能对付隐蔽性病毒。隐蔽性病毒如果先进驻内存，后运行病毒检测工具，隐蔽性病毒能先于检测工具，将被查文件中的病毒代码剥去，使检测工具检查一个虚假的“好文件”，而不能报警，被隐蔽性病毒所蒙骗。

④随着病毒种类的增多，逐一检查和搜集已知病毒的特征代码，不仅费用开销大，而且在网络上运行效率低，影响此类工具的实用性。

(2)校验和法

将正常文件的内容，计算其校验和，将该校验和写入文件中或写入别的文件中保存。在文件使用过程中，定期地或每次使用文件前，检查文件现在内容算出的校验和与原来保存的校验和是否一致，因而可以发现文件是否感染，这种方法称为校验和法，它既可发现已知病毒，又可发现未知病毒。在 SCAN 和 CPAV 工具的后期版本中除了病毒特征代码法之外，也纳入校验和法，以提高其检测能力。

运用校验和法查病毒采用以下三种方式。

①在检测病毒工具中纳入校验和法，对被查的对象文件计算其正常状态的校验和，将校验和值写入被查文件中或检测工具中，而后进行比较。

②在应用程序中，放入校验和法自我检查功能，将文件正常状态的校验和写入文件本身中，每当应用程序启动时，比较现行校验和与原校验和值，实现应用程序的自检测。

③将校验和检查程序常驻内存，每当应用程序开始运行时，自动比较检查应用程序内部或别的文件中预先保存的校验和。

但是，这种方法不能识别病毒类，不能报出病毒名称。由于病毒感染并非文件内容改变的唯一原因，文件内容的改变有可能是正常程序引起的，因此，校验和法常常误报警。而且此种方法也会影响文件的运行速度。

病毒感染的确会引起文件内容变化，但是校验和法对文件内容的变化太敏感，又不能区分正常程序引起的变动，而频繁报警。用监视文件的校验和来检测病毒，不是最好的方法。

这种方法遇到已有软件版本更新、变更口令、修改运行参数等，都会发生误报警。

校验和法对隐蔽性病毒无效。隐蔽性病毒进驻内存后，会自动剥去染毒程序中的病毒代码，使校验和法受骗，对一个有病毒文件算出正常校验和。

因此，校验和法的优点是：方法简单能发现未知病毒、被查文件的细微变化也能发现。缺点是：会误报警、不能识别病毒名称、不能对付隐蔽性病毒。

(3)行为监测法

行为监测法是常用的行为判定技术，其工作原理是利用病毒的特有行为特征进行检测，一旦发现病毒行为则立即警报。经过对病毒多年的观察和研究，人们发现病毒的一些行为是病毒的共同行为，而且比较特殊。在正常程序中，这些行为比较罕见。监测病毒的行为特征如下：

①占用 INT 13H。引导型病毒攻击引导扇区后，一般都会占用 INT 13H 功能，在其中放置病毒所需的代码，因为其他系统功能还未设置好，无法利用。

②修改 DOS 系统数据区的内存总量。病毒常驻内存后，为了防止 DOS 系统将其覆盖，必须

修改内存总量。

③向 .com 和 .exe 可执行文件做写入动作。写 .com 和 .exe 文件是文件型病毒的主要感染途径之一。

④病毒程序与宿主程序的切换。染毒程序运行时，先运行病毒，而后执行宿主程序。在两者切换时，有许多特征行为。

行为监测法的长处在于可以相当准确地预报未知的多数病毒，但也有其短处，即可能虚假报警和不能识别病毒名称，而且实现起来有一定难度。

(4)软件模拟法

多态性病毒每次感染都变化其病毒密码，对付这种病毒，特征代码法失效。因为多态性病毒代码实施密码化，而且每次所用密钥不同，把染毒的病毒代码相互比较，也无法找出相同的可能作为特征的稳定代码。虽然行为检测法可以检测多态性病毒，但是在检测出病毒后，因为不知病毒的种类，难于进行消毒处理。

为了检测多态性病毒，可应用新的检测方法——软件模拟法。它是一种软件分析器，用软件方法来模拟和分析程序的运行。

新型检测工具纳入了软件模拟法，该类工具开始运行时，使用特征代码法检测病毒，如果发现隐蔽性病毒或多态性病毒嫌疑时，启动软件模拟模块，监视病毒的运行，待病毒自身的密码译码以后，再运用特征代码法来识别病毒的种类。

(5)病毒指令码模拟法

病毒指令码模拟法是软件模拟法后的一大技术上的突破。既然软件模拟可以建立一个保护模式下的 DOS 虚拟机，模拟 CPU 的动作，并假执行程序以解开变体引擎病毒，那么应用类似的技术也可以用来分析一般程序，检查可疑的病毒代码。因此，可将工程师用来判断程序是否有病毒代码存在的方法，分析和归纳为专家系统知识库，再利用软件工程模拟技术假执行新的病毒，则可分析出新的病毒代码以对付以后的病毒。

不管采用哪种检测方法，一旦病毒被识别出来，就可以采取相应措施，阻止病毒的下列行为：进入系统内存、对磁盘操作尤其是写操作、进行网络通信与外界交换信息。一方面防止外界病毒向机内传染，另一方面抑制机内病毒向外传播。

3. 计算机病毒的预防准则

从计算机病毒对抗的角度来看，病毒预防必须具备以下准则。

(1)拒绝访问能力

来历不明的尤其是通过网络传过来的各种应用软件，不得进入计算机系统。因为它是计算机病毒的重要载体。

(2)病毒检测能力

计算机病毒总是有机会进入系统，因此，系统中应设置检测病毒的机制来阻止外来病毒的侵犯。除了检测已知的计算机病毒外，能否检测未知病毒(包括已知行为模式的未知病毒和未知行为模式的未知病毒)也是衡量病毒检测能力的一个重要指标。

(3)控制病毒传播的能力

目前，还没有一种方法能检测出所有的病毒，更不可能检测出所有未知病毒，因此，计算机被病毒感染的风险性极大。关键是一旦病毒进入了系统，系统应该具有阻止病毒到处传播的能力和手段。因此,一个健全的信息系统必须要有控制病毒传播的能力。

(4)清除能力

如果病毒突破了系统的防护,即使控制了它的传播,也要有相应的措施将它清除掉。对于已知病毒,可以使用专用病毒清除软件。对于未知类病毒,在发现后使用软件工具对它进行分析,并尽快编写出杀毒软件。当然,如果有后备文件,也可使用它直接覆盖受感染文件,但一定要查清楚病毒的来源,防止再次感染病毒。

(5)恢复能力

在病毒被清除以前,它就已经破坏了系统中的数据,这是非常可怕但又很可能发生的事件。因此,系统应提供一种高效的方法来恢复这些数据,使数据损失尽量减到最小。

(6)替代操作

可能会遇到这种情况:当发生问题时,手头又没有可用的技术来解决问题,但是任务又必须继续执行下去。为了解决这种窘况,系统应该提供一种替代操作方案:在系统未恢复前用替代系统工作,等问题解决以后再换回来。这一准则对于战时的军事系统是必须的。

4. 计算机病毒的预防策略

(1)提高防毒意识

通过采取技术和管理上的措施,计算机病毒是完全可以防范的。由于计算机病毒的传播方式多种多样,又通常具有一定的隐蔽性,因此,只有在思想上有反病毒的警惕性,依靠反病毒技术和管理措施,才能真正起到对计算机病毒的防范作用。在计算机的使用过程中应注意以下几点:

①不要在互联网上随意下载软件,也不要使用盗版或来历不明的软件。

②安装正版防病毒软件,并及时升级杀病毒软件。

③养成经常用杀毒软件检查硬盘、外来文件和每一张外来盘的良好习惯。

④对于陌生人发来的电子邮件,附件不要轻易打开。

⑤订阅防病毒软件生产商网站提供的电子邮件病毒通知服务。

⑥尽量安装防火墙实时监控防病毒软件,并不要取消监视下载的功能,让防病毒软件自动运行。

⑦共享文件设置密码,一旦不需要共享应立即关闭共享,避免自由地访问共享文件。

⑧随时注意计算机的各种异常现象,一旦发现,应立即用杀毒软件仔细检查。并及时将可疑文件提交专业反病毒公司进行确认。

⑨定期备份。主要是硬盘引导区及重要的数据文件等。

(2)立足网络,以防为本

网络化是计算机病毒的发展趋势,对待病毒应该以防为本,从网络整体考虑。防毒应该是网络应用的一部分,建立以企业网络管理中心为核心的、分布式的防毒方案,形成完整的预防、检查、报警、处理和修复体系。

(3)多层防御

多层防御体系将病毒检测、多层数据保护和集中式管理功能集成起来,提供全面的病毒防护功能,以保证"治疗"病毒的效果。病毒检测一直是病毒防护的支柱,多层次防御软件使用了实时扫描、完整性保护、完整性检验3层保护功能。

①后台实时扫描驱动器能对未知的病毒包括多态性病毒和加密病毒进行连续的检测。它能

对 E-mail 附件部分、下载的 Internet 文件(包括压缩文件)软盘及正在打开的文件进行实时的扫描检验。扫描驱动器能阻止已被感染过的文件拷贝到服务器或工作站上。

②完整性保护可阻止病毒从一个受感染的工作站扩散到服务器。完整性保护不只是病毒检测,实际上它能制止病毒以可执行文件的方式感染和传播,也能防止与未知病毒感染有关的文件崩溃等。

③完整性检验使用系统无需冗余的扫描并且能提高实时检验的性能。

(4)与网络管理集成

网络防病毒最大的优势在于网络的管理功能,如果没有网络管理,就很难完成网络防毒的任务。只有管理与防范相结合,才能保证系统的良好运行。管理功能就是管理全部的网络设备,从路由器、交换机、服务器到 PC、软盘的存取、局域网上的信息互通及与 Internet 的接驳等。

(5)在网关、服务器上防御

大量的病毒针对网上资源的应用程序进行攻击,这样的病毒存在于信息共享的网络介质上,因而要在网关上设防,在网络前端实时杀毒。防范手段应集中在网络整体上,在个人计算机的硬件和软件、服务器、网关、Web 站点上层层设防,对每种病毒都实行隔离、过滤。

5. 计算机病毒的清除

计算机病毒的消除过程是病毒传染程序的一种逆过程。从原理上讲,只要病毒不进行破坏性的覆盖式写盘操作,就可以被清除出计算机系统。

计算机病毒的消除技术是计算机病毒检测技术发展的必然结果,它是计算机病毒检测的延伸,病毒消除是在检测发现特定的计算机病毒基础上,根据具体病毒的消除方法从传染的程序中除去计算机病毒代码并恢复文件的原有结构信息。因此,安全与稳定的计算机病毒清除工作完全基于准确与可靠的病毒检测工作。

目前,流行的反病毒软件大都具有比较专业的病毒检测和病毒的清除技术,因此,使用反病毒软件是一种高效、安全和方便的清除方法,也是一般计算机用户的首选方法。

(1)计算机病毒的清除方法

①引导型病毒的清除。引导型病毒的物理载体是磁盘,主要包括硬盘、系统软盘和数据软盘。根据感染和破坏部位的不同,可以按以下方法进行修复:

修复染毒的硬盘。硬盘中操作系统的引导扇区包括第一物理扇区和第一逻辑扇区。硬盘第一物理扇区存放的数据是主引导记录(MBR),MBR 包含表明硬件类型和分区信息的数据。硬盘第一逻辑扇区存放的数据是分区引导记录。主引导记录和分区引导记录都有感染病毒的可能性。重新格式化硬盘可以清除分区引导记录中病毒,却不能清除主引导记录中的病毒。修复染毒的主引导记录的有效途径是使用 FDISK 这种低级格式化工具,输入 FDISK/MBR,便会重新写入主引导记录,覆盖掉其中的病毒。

修复染毒的系统软盘。找一台同样操作系统的未染毒的计算机,把染毒的系统软盘插入软盘驱动器中,从硬盘执行可以对软盘重新写入系统的命令,例如,DOS 系统情况下的 SYS A:命令。这样软盘上的系统文件就会被重新安装,并且覆盖引导扇区中染毒的内容,从而恢复成为干净的系统软盘。

修复染毒的数据软盘。把染毒的数据软盘插入一台未染毒的计算机中,把所有文件从软盘复制到硬盘的一个临时目录中,用系统磁盘格式化命令,例如,DOS 系统情况下的 FORMAT

A:/U 命令,无条件重新格式化软盘,这样软盘的引导扇区会被重写,从而清除其中的病毒。然后把所有文件备份复制回到软盘。

以上均是采用人工方法清除引导型病毒。人工方法要求操作者对系统十分熟悉,且操作复杂,容易出错,有一定的危险性,一旦操作不慎就会导致意想不到的后果。这种方法常用于消除自动方法无法消除的新病毒。

②文件型病毒的清除。文件型病毒的载体是计算机文件,包括可执行的程序文件和含有宏命令的数据文件。

除了覆盖型的文件型病毒之外,其他感染 COM 型和 EXE 型的文件型病毒都可以被清除干净。因为病毒是在保持原文件功能的基础上进行传染的,既然病毒能在内存中恢复被感染文件的代码并予以执行,则也可以依照病毒的方法进行传染的逆过程,将病毒清除出被感染文件,并保持其原来的功能。对覆盖型的文件则只能将其彻底删除,而没有挽救原来文件的余地。

如果已中毒的文件有备份,则把备份的文件直接拷贝回去就可以了。如果没有备份,但执行文件有免疫疫苗,遇到病毒的时候,程序可以自行复原;如果文件没有加上任何防护,就只能靠解毒软件来清除病毒,不过用杀毒软件来清除病毒并不能保证文件能够完全复原,有时候可能会越杀越糟,杀毒之后文件反而不能执行。因此,用户必须平时勤备份自己的资料。

③宏病毒的清除。宏病毒是一种文件型病毒,其载体是含有宏命令的和数据文件——文档或模版。

手工清除方法为:在空文档的情况下,打开宏菜单,在通用模板中删除被认为是病毒的宏。打开带有宏病毒的文档或模板,然后打开宏菜单,在通用模板和定制模板中删除认为是病毒的宏。保存清洁的文档或模板。

自动清除方法为:用 WordBasic 语言以 Word 模板方式编制杀毒工具,在 Word 环境中杀毒。这种方法杀毒准确,兼容性好。根据 WordBFF 格式,在 Word 环境外解剖病毒文档或模板,去掉病毒宏。由于各个版本的 WordBFF 格式都不完全兼容,每次 Word 升级它也必须跟着升级,兼容性不太好。

(2)染毒后的紧急处理

当系统感染病毒后,可采取以下措施进行紧急处理,以恢复系统或受损部分。

①隔离。当计算机感染病毒后,可将其与其他计算机进行隔离,避免相互复制和通信。当网络中某节点感染病毒后,网络管理员必须立即切断该节点与网络的连接,以避免病毒扩散到整个网络。

②报警。病毒感染点被隔离后,要立即向网络系统安全管理人员报警。

③查毒源。接到报警后,系统安全管理人员可使用相应的防病毒系统鉴别受感染的机器和用户,检查那些经常引起病毒感染的节点和用户,并查找病毒的来源。

④采取应对方法和对策。系统安全管理人员要对病毒的破坏程度进行分析检查,并根据需要采取有效的病毒清除方法和对策。如果被感染的大部分是系统文件和应用程序文件,且感染程度较深,则可采取重装系统的方法来清除病毒;如果感染的是关键数据文件,或破坏较为严重,则可请防病毒专家进行清除病毒和恢复数据的工作。

⑤修复前备份数据。在对病毒进行清除前,尽可能将重要的数据文件备份,以防在使用防病毒软件或其他清除工具查杀病毒时,破坏重要数据文件。

⑥清除病毒。重要数据备份后,运行查杀病毒软件,并对相关系统进行扫描。发现有病毒,立即清除。如果可执行文件中的病毒不能清除,应将其删除,然后再安装相应的程序。

⑦重启和恢复。病毒被清除后,重新启动计算机,再次用防病毒软件检测系统中是否还有病毒,并将被破坏的数据进行恢复。

6.3　防火墙技术

6.3.1　防火墙概述

1. 防火墙的定义及其组成

防火墙是指在内部网络与外部网络之间执行一定安全策略的安全防护系统。它是用一个或一组网络设备(计算机系统或路由器等),在两个网络之间执行控制策略的系统,以保护一个网络不受另一个网络攻击的安全技术。

防火墙的组成可以表示为:防火墙＝过滤器＋安全策略(＋网关)。它可以监测、限制、更改进出网络的数据流,尽可能地对外部屏蔽被保护网络内部的信息、结构和运行状况,以此来实现网络的安全保护。防火墙的设计和应用是基于这样一种假设:防火墙保护的内部网络是可信赖的网络,而外部网络(如 Internet)则是不可信赖的网络。设置防火墙的目的是保护内部网络资源不被外部非授权用户使用,防止内部受到外部非法用户的攻击。因此,防火墙安装的位置一定是在内部网络与外部网络之间,其结构如图 6-2 所示。

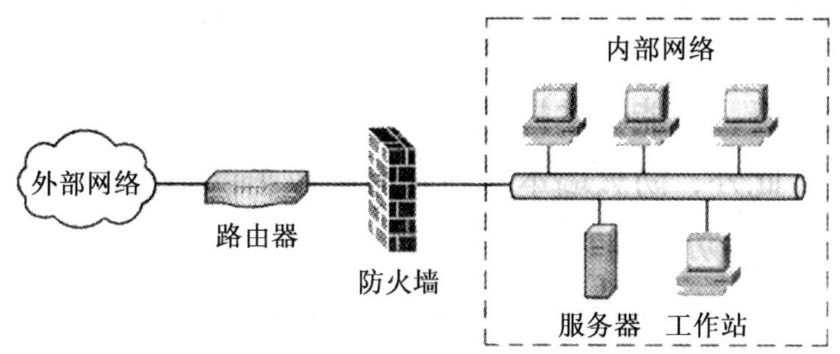

图 6-2　防火墙在网络中的位置

防火墙是一种非常有效的网络安全技术,也是一种访问控制机制、安全策略和防入侵措施。从网络安全的角度看,对网络资源的非法使用和对网络系统的破坏必然要以“合法”的网络用户身份,通过伪造正常的网络服务请求数据包的方式来进行。如果没有防火墙隔离内部网络与外部网络,内部网络的节点都会直接暴露给外部网络的所有主机,这样它们就会很容易遭受到外部非法用户的攻击。防火墙通过检查所有进出内部网络的数据包,来检查数据包的合法性,判断是否会对网络安全构成威胁,从而完成仅让安全、核准的数据包进入,同时又抵制对内部网络构成威胁的数据包进入。因此,犹如城门守卫一样,防火墙为内部网络建立了一个安全边界。

从狭义上讲,防火墙是指安装了防火墙软件的主机或路由器系统;从广义上讲,防火墙包括整个网络的安全策略和安全行为,还包含一对矛盾的机制:一方面它限制数据流通,另一方面它又允许数据流通。由于网络的管理机制及安全政策不同，因此，这对矛盾呈现出两种极端的情形：第一种是除了非允许不可的都被禁止，第二种是除了非禁止不可的都被允许。第一种的特点是安全但不好用，第二种是好用但不安全，而多数防火墙都是这两种情形的折中。这里所谓的好用或不好用主要指跨越防火墙的访问效率，在确保防火墙安全或比较安全的前提下提高访问效率是当前防火墙技术研究和实现的热点。

2. 防火墙的功能

作为网络安全的第一道防线，防火墙的主要功能如下所示。

(1)访问控制功能

这是防火墙最基本和最重要的功能，通过禁止或允许特定用户访问特定资源，保护内部网络的资源和数据。防火墙定义了单一阻塞点，它使得未授权的用户无法进入网络，禁止了潜在的、易受攻击的服务进入或是离开网络。

(2)内容控制功能

根据数据内容进行控制，例如，过滤垃圾邮件、限制外部只能访问本地 Web 服务器的部分功能等。

(3)日志功能

防火墙需要完整地记录网络访问的情况，包括进出内部网的访问。一旦网络发生了入侵或者遭到破坏，可以对日志进行审计和查询，查明事实。

(4)集中管理功能

针对不同的网络情况和安全需要，指定不同的安全策略，在防火墙上集中实施，使用中还可能根据情况改变安全策略。防火墙应该是易于集中管理的，便于管理员方便地实施安全策略。

(5)自身安全和可用性

防火墙要保证自己的安全，不被非法侵入，保证正常地工作。如果防火墙被侵入，安全策略被破坏，则内部网络就变得不安全。防火墙要保证可用性，否则网络就会中断，内部网的计算机无法访问外部网的资源。

此外，防火墙还可能具有流量控制、网络地址转换(NAT)、虚拟专用网(VPN)等功能。

3. 防火墙的发展趋势

鉴于 Internet 技术的快速发展，可以从产品功能上对防火墙产品进行初步展望，未来的防火墙技术应该是会全面考虑网络的安全、操作系统的安全、应用程序的安全、用户的安全以及数据安全等方面的内容。可能会结合一些网络前沿技术，如 Web 页面超高速缓存、虚拟网络和带宽管理等。总的来说应该有以下发展趋势：

(1)优良的性能

未来的防火墙系统不仅应该能够更好地保护内部网络的安全，而且还应该具有更为优良的整体性能。

目前而言，代理型防火墙能够提供较高级别的安全保护，但同时又限制了网络带宽，极大地制约了其实际应用。而支持 NAT 功能的防火墙产品虽然可以保护的内部网络的 IP 地址不暴露给外部网络，但该功能同时也对防火墙的系统性能有所影响等。总之，未来的防火墙系统将会有机结合高速的性能及最大限度的安全性，有效地消除制约传统防火墙的性能瓶颈。

(2)安装与管理便捷

防火墙产品的配置与管理，对于防火墙成功实施并发挥作用是很重要的因素之一。若防火墙的配置和管理过于困难，则可能会造成设定上的错误，反而不能达到安全防护的作用。

未来的防火墙将具有非常易于进行配置的图形用户界面，NT 防火墙市场的发展充分证明了这种趋势。

(3)充分的扩展结构和功能

防火墙除了应考虑其基本性能外，还应考虑用户的实际需求与未来网络的升级扩展。未来的防火墙系统应是一个可随意伸缩的模块化解决方案。传统防火墙一般都设置在网络的边界位置，如内部网络的边界或内部子网的边界，以数据流进行分隔，形成安全管理区域。这种设计的最大问题是，恶意攻击的发起不仅来自于外网，内网环境同样存在着很多安全隐患，而对于内部的安全隐患，利用边界式防火墙来处理就比较困难，所以现在越来越多的防火墙产品也开始体现出一种分布式结构。以分布式结构设计的防火墙，以网络节点为保护对象，可以最大限度地覆盖需要保护的对象，大大提升安全防护强度，这不仅仅是单纯的产品形式的变化，而是象征着防火墙产品防御理念的升华。

(4)防病毒与黑客

目前很多防火墙都具有内置的防病毒与防黑客的功能。防火墙技术下一步的走向和选择，也可能会包含以下几个方面。

①将检测和报警网络攻击作为防火墙的重要功能之一。

②不断完善安全管理工具，集成可疑活动的日志分析工具为防火墙的一个组成部分。

③防火墙将从目前对子网或内部网络管理的方式向远程上网集中管理的方式发展。

④利用防火墙建立专用网 VPN 是较长一段时间的主流，IP 的加密需求会越来越强，安全协议的开发是一大热点。

⑤过滤深度不断加强，从目前的地址、服务过滤，发展到 URL(页面)过滤、关键字过滤和对 ActiveX、Java 小应用程序等的过滤，并逐渐有病毒清除功能。

伴随计算机技术的发展和网络应用的普及，防火墙作为维护网络安全的关键设备，在目前的网络安全的防范体系中，占据着重要地位。多功能、高安全性的防火墙可以让用户网络更加无忧，但前提是要确保网络的运行效率，因此，在防火墙发展过程中，必须始终将高性能放在主要位置。

由于计算机网络发展的迅猛和防火墙产品的更新迅速，要全面展望防火墙技术的发展几乎是不可能的，以上的发展方向，只是防火墙众多发展方向中的一部分，随着新技术和新应用的出现，防火墙必将出现更多新的发展趋势。

6.3.2　防火墙的体系结构

防火墙的经典体系结构主要有 3 种形式，即宿主主机体系结构、屏蔽主机体系结构和屏蔽子网体系结构。

1. 双宿主机体系结构

双宿主机结构需要在用作防火墙的主机上插入两块网卡，即具有两个网络接口，位于内部网络与 Internet 连接处，在双宿主机上安装防火墙应用程序，构成代理服务器防火墙，可以使用包过滤技术和应用代理技术。在双宿主机的位置一般放置路由器，构成由单个路由器组成的包过滤防火墙，如图 6-3 所示。

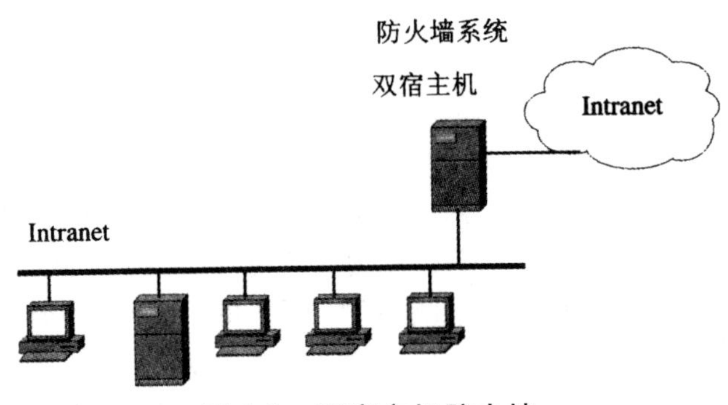

图 6-3 双宿主机防火墙

2. 屏蔽主机体系结构

屏蔽主机结构由屏蔽路由器与壁垒主机构成，屏蔽路由器位于内部网络与 Internet 连接处，提供主要的安全功能，在网络层次化结构中基于第三层实现包过滤。壁垒主机位于内部网络之上，主要提供面向应用的服务，基于网络层次化结构的最高层应用层实现应用过滤。

屏蔽路由器使用包过滤技术，只允许壁垒主机与外部网络通信，内部网络上的其他主机必须通过壁垒主机才能与外部网络通信。壁垒主机结构的防火墙如图 6-4 所示。

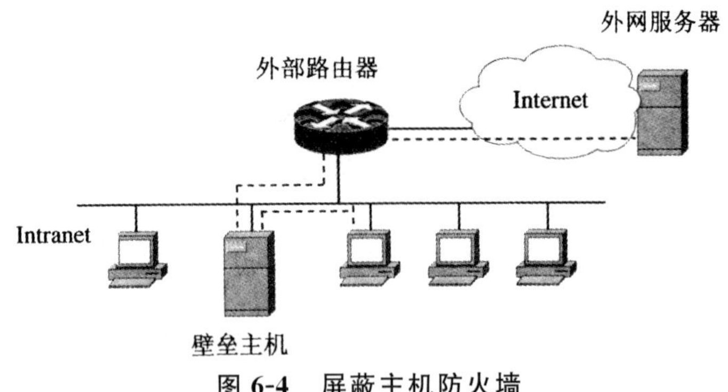

图 6-4 屏蔽主机防火墙

3. 屏蔽子网体系结构

屏蔽子网结构是在屏蔽主机的结构上，增加一个周边防御网段，进一步隔离内部网络和外部网络。周边防御网段所构成的安全网称为“停火区”(Demilitarized Zone，DMZ)，这一网段所受到的安全威胁不会影响到内部网络。跨越防火墙的数据需要经过外部屏蔽路由器、壁垒主机、内部网络路由器。

在两个路由器上可以设置过滤规则，壁垒主机运行代理服务程序，企业对外的信息服务(如

WWW 服务器、FTP 服务器等)可以在停火区内,屏蔽子网结构的防火墙结构如图 6-5 所示。

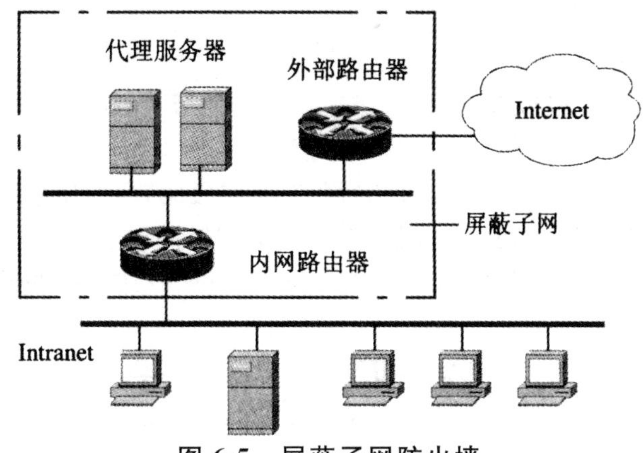

图 6-5　屏蔽子网防火墙

6.3.3　防火墙的主要技术

1. 包过滤技术

(1)包过滤原理

包过滤(Packet Filtering,PF)是防火墙为系统提供安全保障的主要技术,可在网络层对进出网络的数据包进行有选择的控制与操作。包过滤操作一般都是在选择路由的同时,在网络层对数据包进行选择或过滤。

选择的依据是系统内设置的过滤逻辑,即访问控制表(Access Control Table,ACT)。由它指定允许哪些类型的数据包可以流入或流出内部网络。例如,如果防火墙中设定某一 IP 地址的站点为不适宜访问的站点,则从该站点地址来的所有信息都会被防火墙过滤掉。一般过滤规则是以 IP 数据包信息为基础,对 IP 数据包的源地址、目的地址、传输方向、分包、IP 数据包封装协议(例如,TCP/UDP/ICMP)、TCP/UDP 目标端口号等进行筛选、过滤。

包过滤技术是一种网络安全保护机制,可以用来控制流出和流入网络的数据。它有选择地让数据包在内部网络与外部网络之间进行交换,即根据内部网络的安全规则允许某些数据包通过,同时又阻止某些数据包通过。它通过检查数据流中每个数据包的源地址、目的地址、所用的端口号、协议状态等因素,或它们的组合,决定该 IP 数据包是否要进行拦截还是给予放行。这样可以有效地防止恶意用户利用不安全的服务对内部网进行攻击。

包过滤防火墙的工作原理如图 6-6 所示。

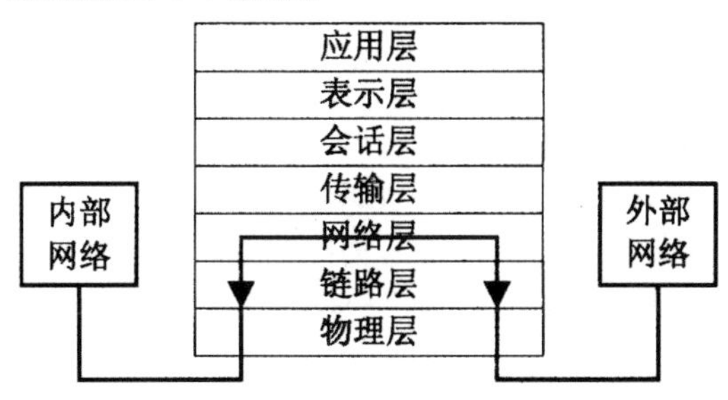

图 6-6　包过滤防火墙的工作原理

包过滤防火墙要遵循的一条基本原则就是“最小特权原则”，即明确允许管理员希望通过的那些数据包，禁止其他的数据包。

(2)包过滤模型

包过滤防火墙的核心是包检查模块。包检查模块深入到操作系统的核心，在操作系统或路由器转发包之前拦截所有的数据包。当把包过滤防火墙安装在网关上之后，包过滤检查模块深入到系统的传输层和网络层之间，即 TCP 层和 IP 层之间，在操作系统或路由器的 TCP 层对 IP 包处理以前对 IP 包进行处理。在实际应用中，数据链路层主要由网络适配器(NIC)进行实现，网络层是软件实现的第一层协议堆栈，因此，防火墙位于软件层次的最底层，包过滤模型如图 6-7 所示。

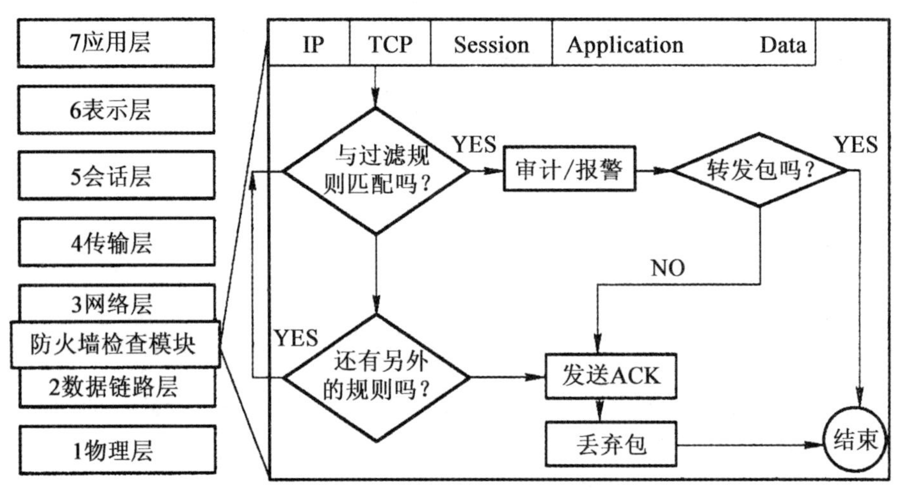

图 6-7 包过滤模型

通过检查模块，防火墙能拦截和检查所有流出和流入防火墙的数据包。防火墙检查模块首先验证这个包是否符合过滤规则，不管是否符合过滤规则，防火墙一般都要记录数据包情况，不符合规则的包要进行报警或通知管理员。对被防火墙过滤或丢弃的数据包，防火墙可以给数据的发送方返回一个 ICMP 消息，也可以不返回，这要取决于包过滤防火墙的策略。如果都返回一个 ICMP 消息，攻击者可能会根据拒绝包的 ICMP 类型猜测包过滤规则的细节，因此，对于是否返回一个 ICMP 消息给数据包的发送者需要慎重。

(3)包过滤技术的优点

包过滤防火墙逻辑简单，价格低廉，易于安装和使用，网络性能和透明性好。它通常安装在路由器上，而路由器是内部网络与 Internet 连接必不可少的设备，因此，在原有网络上增加这样的防火墙几乎不需要任何额外的费用。包过滤防火墙的优点主要体现在以下几个方面。

①不用改动应用程序。包过滤防火墙不用改动客户机和主机上的应用程序，因为它工作在网络层和传输层，与应用层无关。

②一个过滤路由器能协助保护整个网络。包过滤防火墙的主要优点之一，是一个单个的、恰当放置的包过滤路由器，有助于保护整个网络。如果仅有一个路由器连接内部与外部网络，则不论内部网络的大小、内部拓扑结构如何，通过那个路由器进行数据包过滤，在网络安全保护上就能取得较好的效果。

③数据包过滤对用户透明。数据包过滤是在 IP 层实现的，Internet 用户根本感觉不到它的

存在；包过滤不要求任何自定义软件或者客户机配置；它也不要求用户经过任何特殊的训练或者操作，使用起来很方便。

④过滤路由器速度快、效率高。过滤路由器只检查报头相应的字段，一般不查看数据包的内容，而且某些核心部分是由专用硬件实现的，因此，其转发速度快、效率较高。

总之，包过滤技术是一种通用、廉价、有效的安全手段。通用，是因为它不针对各个具体的网络服务采取特殊的处理方式，而是对各种网络服务都通用；廉价，是因为大多数路由器都提供分组过滤功能，不用再增加更多的硬件和软件；有效，是因为它能在很大程度上满足企业的安全要求。

(4)包过滤技术的缺点

虽然包过滤技术是一种通用、廉价、有效的安全手段，许多路由器都可以充当包过滤防火墙，满足一般的安全性要求，但是它也有一些缺点及局限性。

①不能彻底防止地址欺骗。大多数包过滤路由器都是基于源IP地址和目的IP地址而进行过滤的。而数据包的源地址、目的地址及IP的端口号都在数据包的头部，很有可能被窃听或假冒，如果攻击者把自己主机的IP地址设成一个合法主机的IP地址，就可以很轻易地通过报文过滤器。因此，包过滤最主要的弱点是不能在用户级别上进行过滤，即不能识别不同的用户和防止IP地址的盗用。

②无法执行某些安全策略。有些安全规则是难于用包过滤系统来实施的。例如，在数据包中只有来自于某台主机的信息而无来自于某个用户的信息，因为包的报头信息只能说明数据包来自什么主机，而不是什么用户，如果要过滤用户就不能用包过滤。又如，数据包只说明到什么端口，而不是到什么应用程序，这就存在着很大的安全隐患和管理控制漏洞。因此，数据包过滤路由器上的信息不能完全满足用户对安全策略的需求。

③安全性较差。过滤判别的只有网络层和传输层的有限信息，因而各种安全要求不可能充分满足；在许多过滤器中，过滤规则的数目是有限制的，且随着规则数目的增加，性能会受到很大的影响；由于缺少上下文关联信息，因此，不能有效地过滤如UDP、RPC一类的协议；非法访问一旦突破防火墙，即可对主机上的软件和配置漏洞进行攻击；大多数过滤器中缺少审计和报警机制，通常没有用户的使用记录，这样，管理员就不能从访问记录中发现黑客的攻击记录，而攻击一个单纯的包过滤式的防火墙对黑客来说是比较容易的，因为他们在这一方面已经积累了大量的经验。

④管理功能弱。数据包过滤规则难以配置，管理方式和用户界面较差；对安全管理人员素质要求高；建立安全规则时，必须对协议本身及其在不同应用程序中的作用有较深入的理解。

⑤一些应用协议不适合于数据包过滤。即使在系统中安装了比较完善的包过滤系统，也会发现对有些协议使用包过滤方式不太合适。例如，对UNIX的r系列命令和类似于NFS协议的RPC，用包过滤系统就不太合适。

从以上的分析可以看出，包过滤防火墙技术虽然能确保一定的安全保护，且也有许多优点，但是包过滤毕竟是早期防火墙技术，本身存在较多缺陷，不能提供较高的安全性。因此，在实际应用中，很少把包过滤技术作为单独的安全解决方案，通常是把它与应用网关配合使用或与其他防火墙技术揉合在一起使用，共同组成防火墙系统。

2. 代理服务技术

代理服务(Proxy)技术是一种较新型的防火墙技术,它分为应用层网关和电路层网关。

(1)代理服务原理

代理服务器是指代表客户处理连接请求的程序。当代理服务器得到一个客户的连接意图时,它将核实客户请求,并用特定的安全化的 Proxy 应用程序来处理连接请求,将处理后的请求传递到真实的服务器上,然后接受服务器应答,并进行进一步处理后,将答复交给发出请求的最终客户。代理服务器在外部网络向内部网络申请服务时发挥了中间转接和隔离内、外部网络的作用,因此,又称为代理防火墙。

代理防火墙工作于应用层,且针对特定的应用层协议。代理防火墙通过编程来弄清用户应用层的流量,并能在用户层和应用协议层间提供访问控制;而且还可用来保持一个所有应用程序使用的记录。记录和控制所有进出流量的能力是应用层网关的主要优点之一。代理防火墙的工作原理如图 6-8 所示。

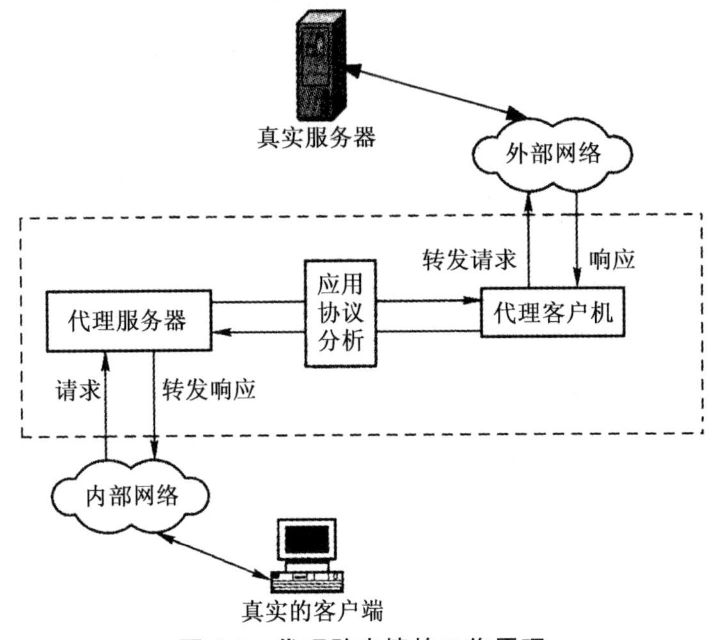

图 6-8　代理防火墙的工作原理

从图 6-8 中可以看出,代理服务器作为内部网络客户端的服务器,拦截住所有请求,也向客户端转发响应。代理客户机负责代表内部客户端向外部服务器发出请求,当然也向代理服务器转发响应。

(2)应用层网关防火墙

应用层网关(Application Level Gateways,ALG)防火墙是传统代理型防火墙,在网络应用层上建立协议过滤和转发功能。它针对特定的网络应用服务协议使用指定的数据过滤逻辑,并在过滤的同时对数据包进行必要的分析、登记和统计,形成报告。

应用层网关防火墙的工作原理如图 6-9 所示。

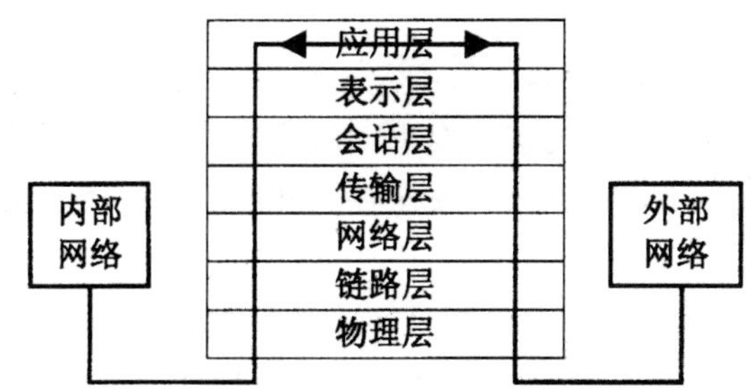

图 6-9　应用层网关防火墙的工作原理

应用层网关防火墙的核心技术就是代理服务器技术，它是基于软件的，通常安装在专用工作站系统上。这种防火墙通过代理技术参与到一个 TCP 连接的全过程，并在网络应用层上建立协议过滤和转发功能，因此，又称为应用层网关。

当某用户想和一个运行代理的网络建立联系时，此代理会阻塞这个连接，然后在过滤的同时对数据包进行必要的分析、登记和统计，形成检查报告。如果此连接请求符合预定的安全策略或规则，代理防火墙便会在用户和服务器之间建立一个“桥”，从而保证其通信。对不符合预定安全规则的，则阻塞或抛弃。换句话说，“桥”上设置了很多控制。

同时，应用层网关将内部用户的请求确认后送到外部服务器，再将外部服务器的响应回送给用户。这种技术对 ISP 很常见，通常用于在 Web 服务器上高速缓存信息，并且扮演 Web 客户和 Web 服务器之间的中介角色。它主要保存 Internet 上那些最常用和最近访问过的内容，在 Web 上，代理首先试图在本地寻找数据；如果没有，再到远程服务器上去查找。为用户提供了更快的访问速度，并提高了网络的安全性。

(3)电路层网关防火墙

在电路层网关(Circuit Level Gateway，CLG)防火墙中，数据包被提交给用户的应用层进行处理，电路层网关用来在两个通信的终点之间转换数据包，原理图如图 6-10 所示。

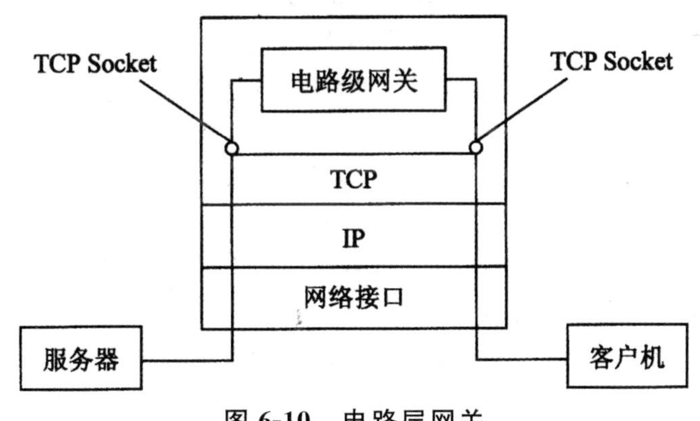

图 6-10　电路层网关

电路层网关是建立应用层网关的一个更加灵活的方法。它是针对数据包过滤和应用网关技术存在的缺点而引入的防火墙技术，一般采用自适应代理技术，也称为自适应代理防火墙。在电路层网关中，需要安装特殊的客户机软件。组成这种类型防火墙的基本要素有两个，即自适应代理服务器与动态包过滤器。在自适应代理与动态包过滤器之间存在一个控制通道。

在对防火墙进行配置时，用户仅仅将所需要的服务类型和安全级别等信息通过相应 Proxy

的管理界面进行设置就可以了。然后，自适应代理就可以根据用户的配置信息，决定是使用代理服务从应用层代理请求还是从网络层转发数据包。如果是后者，它将动态地通知包过滤器增减过滤规则，满足用户对速度和安全性的双重要求。因此，它结合了应用层网关防火墙的安全性和包过滤防火墙的高速度等优点，在毫不损失安全性的基础之上将代理型防火墙的性能提高 10 倍以上。

电路层网关防火墙的工作原理如图 6-11 所示。

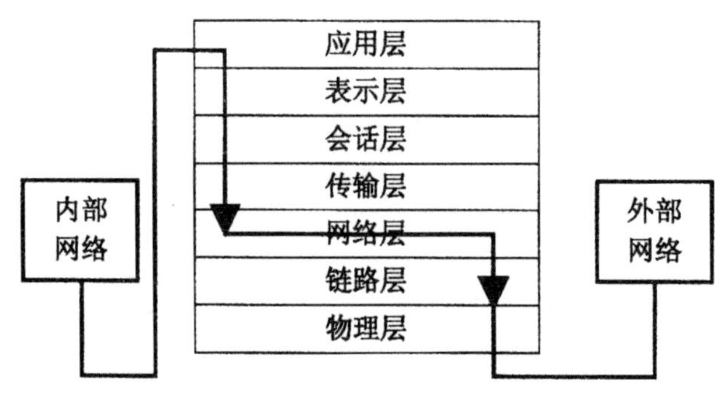

图 6-11　电路层网关防火墙的工作原理

电路层网关防火墙的特点是将所有跨越防火墙的网络通信链路分为两段。防火墙内外计算机系统间应用层的“链接”由两个终止代理服务器上的“链接”来实现，外部计算机的网络链路只能到达代理服务器，从而起到了隔离防火墙内外计算机系统的作用。

此外，代理服务也对过往的数据包进行分析、注册登记，形成报告，同时当发现被攻击迹象时会向网络管理员发出警报，并保留攻击痕迹。

(4)代理服务技术的优点

①代理服代理因为是一个软件，所以它较过滤路由器更易配置，配置界面十分友好。如果代理实现得好，可以对配置协议要求较低，从而避免配置错误。

②代理能生成各项记录。因代理工作在应用层，它检查各项数据，所以可以按一定准则，让代理生成各项日志、记录。这些日志、记录对于流量分析、安全检验是十分重要和宝贵的。当然，也可以用于计费等应用。

③代理能灵活、完全地控制进出流量和内容。通过采取一定的措施，按照一定的规则，可以借助代理实现一整套的安全策略。比如，可说控制“谁”和“什么”，还有“时间”和“地点”。

④代理能过滤数据内容。可以把一些过滤规则应用于代理，让它在高层实现过滤功能，如文本过滤、图像过滤、预防病毒或扫描病毒等。

⑤代理能为用户提供透明的保密机制。用户通过代理进出数据，可以让代理完成加/解密的功能，从而方便用户，确保数据的保密性。这点在虚拟专用网中特别重要。代理可以广泛地用于企业外部网中，提供较高安全性的数据通信。

⑥代理可以方便地与其他安全手段集成。目前的安全问题解决方案很多，如认证(Authentication)、授权(Authorization)、账号(Accouting)、数据加密、安全协议(SSL)等。如果把代理与这些手段联合使用，将大大增加网络安全性。

(5)代理服务技术的缺点

①代理速度较路由器慢。路由器只是简单查看 TCP/IP 报头，检查特定的几个域，不作详细

分析、记录。而代理工作于应用层，要检查数据包的内容，按特定的应用协议进行审查、扫描数据包内容，并进行代理

②代理对用户不透明。许多代理要求客户端作相应改动或安装定制客户端软件，这给用户增加了不透明度。为庞大的互联网络的每一台内部主机安装和配置特定的应用程序既耗费时间，又容易出错，原因是硬件平台和操作系统都存在差异。

③对于每项服务代理可能要求不同的服务器。可能需要为每项协议设置一个不同的代理服务器，因为代理服务器不得不理解协议以便判断什么是允许的和不允许的，并且还装扮一个对真实服务器来说是客户、对代理客户来说是服务器的角色。挑选、安装和配置所有这些不同的服务器也可能是一项较大的工作。

④代理服务通常要求对客户、对过程或两者进行限制。除了一些为代理而设的服务，代理服务器要求对客户、对过程或两者进行限制，每一种限制都有不足之处，人们无法经常按他们自己的步骤使用快捷可用的工作。由于这些限制，代理应用就不能像非代理应用运行那样好，它们往往可能曲解协议的说明，并且一些客户和服务器比其他的要缺少一些灵活性。

⑤代理服务不能保证免受所有协议弱点的限制。作为一个安全问题的解决方法，代理取决于对协议中哪些是安全操作的判断能力。每个应用层协议，都或多或少存在一些安全问题，对于一个代理服务器来说，要彻底避免这些安全隐患几乎是不可能的，除非关掉这些服务。

代理取决于在客户端和真实服务器之间插入代理服务器的能力，这要求两者之间交流的相对直接性，而且有些服务的代理是相当复杂的。

⑥代理不能改进底层协议的安全性。因为代理工作于 TCP/IP 之上，属于应用层，所以它就不能改善底层通信协议的能力。如 IP 欺骗、SYN 泛滥、伪造 ICMP 消息和一些拒绝服务的攻击。而这些方面，对于一个网络的健壮性是相当重要的。

许多防火墙产品软件混合使用包过滤与代理服务这两种技术。对于某些协议如 Telnet 和 SMTP 用包过滤技术比较有效，而其他的一些协议如 FTP、Archie、Gopher、WWW 则用代理服务比较有效。

3. 状态检测技术

(1)状态检测原理

基于状态检测技术的防火墙也称为动态包过滤防火墙。它通过一个在网关处执行网络安全策略的检测引擎而获得非常好的安全特性。检测引擎在不影响网络正常运行的前提下，采用抽取有关数据的方法对网络通信的各层实施检测。它将抽取的状态信息动态地保存起来作为以后执行安全策略的参考。检测引擎维护一个动态的状态信息表并对后续的数据包进行检查，一旦发现某个连接的参数有意外变化，就立即将其终止。

状态检测防火墙监视和跟踪每一个有效连接的状态，并根据这些信息决定是否允许网络数据包通过防火墙。它在协议栈底层截取数据包，然后分析这些数据包的当前状态，并将其与前一时刻相应的状态信息进行比较，从而得到对该数据包的控制信息。

检测引擎支持多种协议和应用程序，并可以方便地实现应用和服务的扩充。当用户访问请求到达网关操作系统前，检测引擎通过状态监视器要收集有关状态信息，结合网络配置和安全规则做出接纳、拒绝、身份认证及报警等处理动作。一旦有某个访问违反了安全规则，则该访问就会被拒绝，记录并报告有关状态信息。

状态检测防火墙试图跟踪通过防火墙的网络连接和包，这样，防火墙就可以使用一组附加的标准，以确定是否允许和拒绝通信。它是在使用了基本包过滤防火墙的通信上应用一些技术来做到这点的。

在包过滤防火墙中，所有数据包都被认为是孤立存在的，不关心数据包的历史或未来，数据包的允许和拒绝的决定完全取决于包自身所包含的信息，如源地址、目的地址和端口号等。状态检测防火墙跟踪的则不仅仅是数据包中所包含的信息，而且还包括数据包的状态信息。为了跟踪数据包的状态，状态检测防火墙还记录有用的信息以帮助识别包，如已有的网络连接、数据的传出请求等。

状态检测技术采用的是一种基于连接的状态检测机制，将属于同一连接的所有包作为一个整体的数据流看待，构成连接状态表，通过规则表与状态表的共同配合，对表中的各个连接状态因素加以识别。

(2)跟踪连接状态的方式

状态检测技术跟踪连接状态的方式取决于数据包的协议类型，具体如下：

①TCP 包。当建立起一个 TCP 连接时，通过的第一个包被标有包的 SYN 标志。通常来说，防火墙丢弃所有外部的连接企图，除非已经建立起某条特定规则来处理它们。对内部主机试图连到外部主机的数据包，防火墙标记该连接包，允许响应及随后在两个系统之间的数据包通过，直到连接结束为止。在这种方式下，传入的包只有在它是响应一个已建立的连接时，才会被允许通过。

②UDP 包。UDP 包比 TCP 包简单，因为它们不包含任何连接或序列信息。它们只包含源地址、目的地址、校验和携带的数据。这种信息的缺乏使得防火墙确定包的合法性很困难，因为没有打开的连接可利用，以测试传入的包是否应被允许通过。

但是，如果防火墙跟踪包的状态，就可以确定。对传入的包，如果它所使用的地址和 UDP 包携带的协议与传出的连接请求匹配，则该包就被允许通过。与 TCP 包一样，没有传入的 UDP 包会被允许通过，除非它是响应传出的请求或已经建立了指定的规则来处理它。对其他种类的包，情况与 UDP 包类似。防火墙仔细地跟踪传出的请求，记录下所使用的地址、协议和包的类型，然后对照保存过的信息核对传入的包，以确保这些包是被请求的。

(3)状态检测技术的优点

①与静态包过滤技术相比，状态检测技术提高了防火墙的性能。状态检测机制对连接的初始报文进行详细检查，而对后续报文不需要进行相同的动作，只需快速通过即可。

②安全性比静态包过滤技术高。状态检测机制可以区分连接的发起方与接收方，可以通过状态分析阻断更多的复杂攻击行为，可以通过分析打开相应的端口而不是要打开都打开或全部关闭。

(4)状态检测技术的缺点

在带来高安全性的同时，状态检测防火墙也存在着不足，主要体现在对大量状态信息的处理过程可能会造成网络连接的某种迟滞，特别是在同时有许多连接被激活时，或者是有大量的过滤网络通信的规则存在时。不过，随着硬件处理能力的不断提高，这个问题变得越来越不易察觉。

6.3.4 防火墙的选购

一般认为，没有一个防火墙的设计能够适用于所有的环境，所以应根据网站的特点来选择合适的防火墙。选购防火墙时应考虑以下几个因素。

1. 防火墙的安全性

安全性是评价防火墙好坏最重要的因素，这是因为购买防火墙的主要目的就是为了保护网络免受攻击。但是，由于安全性不太直观、不便于估计，因此，往往被用户所忽视。对于安全性的评估，需要配合使用一些攻击手段进行。

防火墙自身的安全性也很重要，大多数人在选择防火墙时都将注意力放在防火墙如何控制连接以及防火墙支持多少种服务上，而往往忽略了防火墙的安全问题，当防火墙主机上所运行的软件出现安全漏洞时，防火墙本身也将受到威胁，此时任何的防火墙控制机制都可能失效。因此，如果防火墙不能确保自身安全，则防火墙的控制功能再强，也不能完全保护内部网络。

2. 防火墙的高效性

用户的需求是选购何种性能防火墙的决定因素。用户安全策略中往往还可能会考虑一些特殊功能要求，但并不是每一个防火墙都会提供这些特殊功能的。用户常见的需求可能包括以下几种。

(1)双重域名服务(DNS)

当内部网络使用没有注册的IP地址或是防火墙进行IP地址转换时，DNS也必须经过转换，因为同样的一台主机在内部的IP地址与给予外界的IP地址是不同的，有的防火墙会提供双重DNS，有的则必须在不同主机上各安装一个DNS。

(2)虚拟专用网络(VPN)

VPN可以在防火墙与防火墙或移动的客户端之间对所有网络传输的内容进行加密，建立一个虚拟通道，让两者感觉是在同一个网络上，可以安全且不受拘束地互相存取。

(3)网络地址转换功能(NAT)

进行地址转换有两个优点，即一是可以隐藏内部网络真正的IP地址，使黑客无法直接攻击内部网络，这也是要强调防火墙自身安全性问题的主要原因；二是可以使内部使用保留的IP地址，这对许多IP地址不足的企业是有益的。

(4)杀毒功能

大部分防火墙都可以与防病毒软件搭配实现杀毒功能，有的防火墙甚至直接集成了杀毒功能。两者的主要差别只是后者的杀毒工作由防火墙完成，或由另一台专用的计算机完成。

(5)特殊控制需求

有时企业会有一些特别的控制需求，例如，限制特定使用者才能发送E-mail；FTP服务只能下载文件，不能上传文件等，依需求不同而异。

最大并发连接数和数据包转发率是防火墙的主要性能指标。购买防火墙的需求不同，对这两个参数的要求也不同。例如，一台用于保护电子商务Web站点的防火墙，支持越多的连接意味着能够接受越多的客户和交易，因此，防火墙能够同时处理多个用户的请求是最重要的；但是对于那些经常需要传输大的文件且对实时性要求比较高的用户，高的包转发率则是关注的重点。

3. 防火墙的适用性

适用性是指量力而行。防火墙也有高低端之分，配置不同，价格不同，性能也不同。同时，防火墙有许多种形式，有的以软件形式运行在普通计算机之上，有的以硬件形式单独实现，也有的以固件形式设计在路由器之中。因此，在购买防火墙之前，用户必须了解各种形式防火墙的原理、工作方式和不同的特点，才能评估它是否能够真正满足自己的需要。

此外，用户选购防火墙时，还应该考虑自身的因素，如下所示。

①用户网络受威胁的程度。

②其他已经用来保护网络及其资源的安全措施。

③如果入侵者闯入网络，或由于硬件、软件失效，将要受到的潜在损失。

④站点是否有经验丰富的管理员。

⑤希望能从 Internet 得到的服务以及可以同时通过防火墙的用户数目。

⑥今后可能的要求，如要求新的 Internet 服务、要求增加通过防火墙的网络活动等。

4. 防火墙的可管理性

防火墙的管理是对安全性的一个补充。目前，有些防火墙的管理配置需要有很深的网络和安全方面的专业知识，很多防火墙被攻破不是因为程序编码的问题，而是管理和配置错误导致的。对管理的评估，应从以下几个方面进行考虑。

(1)远程管理

允许网络管理员对防火墙进行远程干预，并且所有远程通信需要经过严格的认证和加密。例如，管理员下班后出现入侵迹象，防火墙可以通过发送电子邮件的方式通知该管理员，管理员可以以远程方式封锁防火墙的对外网卡接口或修改防火墙的配置。

(2)界面简单、直观

大多数防火墙产品都提供了基于 Web 方式或图形用户界面 GUI 的配置界面。

(3)有用的日志文件

防火墙的一些功能可以在日志文件中得到体现。防火墙提供灵活、可读性强的审计界面是很重要的。例如，用户可以查询从某一固定 IP 地址发出的流量、访问的服务器列表等，因为攻击者可以采用不停地填写日志以覆盖原有日志的方法使追踪无法进行，所以防火墙应该提供设定日志大小的功能，同时在日志已满时给予提示。

因此，最好选择拥有界面友好、易于编程的 IP 过滤语言及便于维护管理的防火墙。

5. 完善的售后服务

只要有新的产品出现，就会有人研究新的破解方法，所以好的防火墙产品应拥有完善且及时的售后服务体系。防火墙和相应的操作系统应该用补丁程序进行升级，而且升级必须定期进行。

6.4 入侵检测技术

6.4.1 入侵检测系统概述

1. 入侵检测系统的概念

入侵检测是对入侵行为的检测，它通过收集和分析计算机网络或计算机系统中若干关键点的信息，检查网络或系统中是否存在违反安全策略的行为和被攻击的迹象。

入侵检测系统(Intrusion Detection System，IDS)是进行入侵检测监控和分析过程自动化的软件与硬件的组合系统。它处于防火墙之后对网络活动进行实时监测，是防火墙的延续。

入侵检测系统的主要功能如下所示。

①监测、记录并分析用户和系统的活动，查找非法用户和合法用户的越权操作，防止网络入侵事件的发生。

②识别已知的攻击行为，统计分析异常行为，检测其他安全措施未能阻止的攻击或安全违规行为。

③检测黑客在攻击前的探测行为，报告计算机系统或网络中存在的安全威胁，预先给管理员发出警报。

④核查系统配置和漏洞，帮助管理员诊断网络中存在的安全弱点，并提示管理员修补漏洞。

⑤在复杂的网络系统中部署入侵检测系统，可以提高网络安全管理的效率和质量。

⑥评估系统关键资源和数据文件的完整性。

⑦操作系统日志管理，并识别违反安全策略的用户活动等。

一个成功的入侵检测系统，不仅可使系统管理员时刻了解网络系统(包括程序、文件和硬件设备等)的任何变更，还能给网络安全策略的制定提供依据。它应该管理配置简单，使非专业人员非常容易地获得网络安全。入侵检测的规模还应根据网络规模、系统构造和安全需求的改变而改变。入侵检测系统在发现入侵后，会及时做出响应，包括切断网络连接、记录事件和报警等。

2. 入侵检测系统的模型

入侵检测系统的模型有多种，其中最有影响的是以下几种。

(1)Denning 模型

Denning 于 1987 年提出了一个通用的入侵检测模型，如图 6-12 所示。

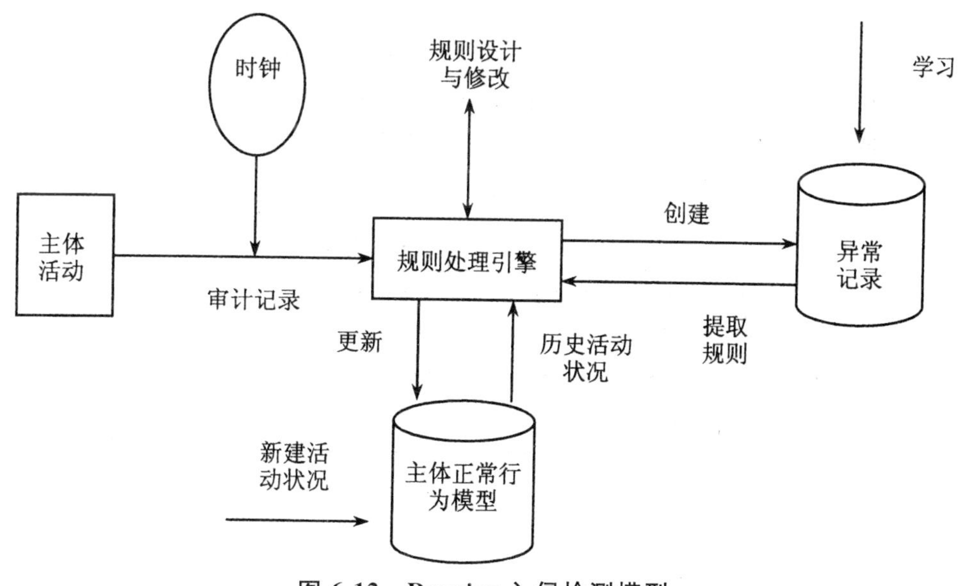

图 6-12　Denning 入侵检测模型

Denning 入侵检测模型中包含 6 个主要部分。

①主体(Subjects):在目标系统上活动的实体,如用户。

②对象(Objects):指系统资源,如文件、设备、命令等。

③审计记录(Audit records):由主体、活动(Action)、异常条件(Exception-condition)、资源使用状况(Resource-Usage)和时间戳(Time-Stamp)等组成。活动是指主体对目标的操作。异常条件是指系统对主体的该活动的异常情况的报告。资源使用状况是指系统的资源消耗情况。

④活动档案(Active Profile):即系统正常行为模型,保存系统正常活动的有关信息。在各种检测方法中其实现各不相同。在统计方法中可以从事件数量、频度、资源消耗等方面度量。

⑤异常记录(Anomaly Record):由事件、时间戳和审计记录组成,表示异常事件的发生情况。

⑥活动规则(Active Rule):判断是否为入侵的准则及相应要采取的行动。一般采用系统正常活动模型为准则,根据专家系统或统计方法对审计记录进行分析处理,在发现入侵时采取相应的对策。

(2)SRI/CSL 的 IDES 模型

SRI/CSL 的 Tersa Lunt 等人于 1988 年改进了 Denning 的入侵检测模型,并开发了一个 IDES(Instrusion-Detection Expert System)。IDES 模型基于这样的假设:有可能建立一个框架来描述发生在主体(通常是用户)和客体(通常是文件、程序或设备)之间的正常的交互作用。这个框架由一个使用规则库(规则库描述了已知的违例行为)的专家系统支持。

该系统包括一个异常检测器和一个专家系统,分别用于统计异常模型的建立和基于规则的特征分析检测,如图 6-13 所示。

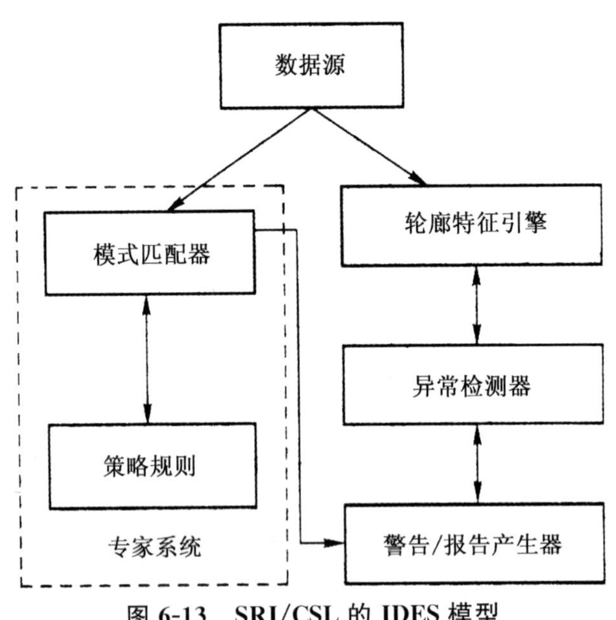

图 6-13　SRI/CSL 的 IDES 模型

(3)CIDF 模型

根据入侵检测的原理,入侵检测系统至少应该包含 3 个模块,即提供信息的信息源、发现入侵迹象的分析器和入侵响应部件。为此,美国国防部高级计划局提出了公共入侵检测模型 CI-

DF(Common Intrusion Detection Framework),阐述了一个入侵检测系统的通用模型,内容包括 IDS 的体系结构、通信机制、描述语言和应用编程接口(API)4 个方面。

其中体系结构如图 6-14 所示。

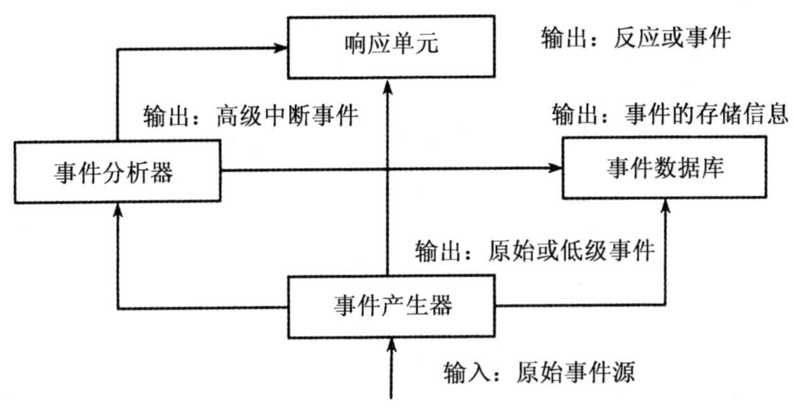

图 6-14　CIDF 入侵检测模型

在图 6-14 所示的模型中,入侵检测系统分为 4 个基本组件。

①事件产生器。事件是指 IDS 需要分折的数据。事件产生器的任务是从入侵检测系统之外的计算环境中收集事件,但并不分析它们,并将这些事件转换成 GIDF 的 GIDO 格式传送给其他组件。可以说,事件产生器是实时监视网络数据流并依据入侵检测规则产生事件的一种过滤器。

②事件分析器。事件分析器分析从其他组件收到的 GIDO,并将产生的新的 GIDO 再传送给其他组件。事件分析器可以是一个特征检测工具,用于在一个序列中检查是否有已知的攻击特征;也可以是一个统计分析工具,检查现在的事件是否与以前某个事件来自同一个事件序列;此外,时间分析器还可以是一个相关器,观察事件之间的关系,将有联系的事件放到一起,以利于以后的进一步分析。

③响应单元。响应单元处理收到的 GIDO,并根据处理结果,采取相应的措施,如杀死相关进程、将连接复位、修改文件权限等。

在检测到入侵攻击后,基于网络的入侵检测系统的响应单元主要有两类响应方式:被动响应方式和主动响应方式。被动响应方式是系统在检测出入侵攻击后只是产生报警和日志通知管理员,具体处理工作由管理员完成;主动响应方式是系统在检测出入侵攻击后,可以自动对目标系统或者相应网络设备作出修改制止入侵行为。

④事件数据库。事件数据库用来存储 GIDO,以备系统需要的时候使用。事件数据库保存的事件信息,包括正常事件信息和入侵事件信息,也包括存储的临时处理数据,扮演各个组件之间的数据交换中心。

这 4 个组件只是逻辑实体,一个组件可能是某台计算机上的一个进程甚至线程,也可能是多台计算机上的多个进程。这些组件以 GIDO(统一入侵检测对象)格式进行数据交换。从功能的角度,这种划分体现了入侵检测系统所必须具有的体系结构:数据获取、数据分析、行为响应和数据管理,因此具有通用性。事件产生器、事件分析器和响应单元通常以应用程序的形式出现,而事件数据库是以文件或数据流的形式出现。GIDO 数据流可以是发生在系统中的审计事件或对审计事件的分析结果。

3. 入侵检测系统的分类

对入侵检测系统的分类方法很多，根据着眼点的不同，主要有下列几种分法。

(1)按检测原理分

根据入侵行为的属性，传统的观点将其分为异常和误用两种，两者分别建立了相应的异常检测模型和误用检测模型。

①异常检测模型。异常入侵检测是指能够根据异常行为和使用计算机资源的情况检测出来的入侵。异常入侵检测试图用定量的方式描述可以接受的行为特征。以区分非正常的、潜在的入侵行为。Anderson 做了如何通过识别“异常”行为来检测入侵的早期工作。他提出了一个威胁模型，将威胁分为外部闯入(用户虽然授权，但对授权数据和资源的使用不合法或滥用授权)、内部渗透和不当行为 3 种类型，并使用这种分类方法开发了一个安全监视系统，可检测用户的异常行为。异常检测模型因为不需要对每种入侵行为进行定义，所以能有效检测未知的入侵，即漏报率低，但误报率高。

②误用检测模型。检测与已知的不可接受行为之间的匹配程度。与异常入侵检测不同，误用入侵检测能直接检测不利或不可接受的行为，而异常入侵检测是检查出与正常行为相违背的行为。如果可以定义所有的不可接受行为，那么每种能够与之匹配的行为都会引起报警。收集非正常操作的行为特征，建立相关的特征库，当检测的用户或系统行为与库中的记录相匹配时，系统就认为这种行为是入侵。这种检测模型误报率低、漏报率高。对于已知的攻击，它可以详细、准确地报告出攻击类型，但是对未知攻击却效果有限，而且特征库必须不断更新。

(2)按数据来源分

按数据来源的不同，入侵检测系统可以分为以下三种基本结构。

①基于主机的入侵检测系统。基于主机的入侵检测系统(Host Intrusion Detection System，HIDS)数据来源于主机系统，通常是系统日志和审计记录。它通过对系统日志和审计记录的不断监控和分析来发现攻击后的误操作。优点是针对不同操作系统捕获应用层入侵，误报少；缺点是依赖于主机及其审计子系统，实时性差。

②基于网络的入侵检测系统。基于网络的入侵检测系统(Network Intrusion Detection System，NIDS)数据来源于网络上的数据流。它能够截获网络中的数据包，提取其特征并与知识库中已知的攻击签名相比较，从而达到检测的目的。其优点是侦测速度快、隐蔽性好，不容易受到攻击、对主机资源消耗少；缺点是有些攻击是由服务器的键盘发出的，不经过网络，因而无法识别，误报率较高。

③分布式入侵检测系统(混合型)。分布式入侵检测系统(Distributed Intrusion Detection System，DIDS)能够同时分析来自主机系统审计日志和网络数据流的入侵检测系统，一般为分布式结构，由多个部件组成。它可以从多个主机获取数据也可以从网络传输取得数据，克服了单一的 HIDS、NIDS 的不足。

(3)按体系结构分

按入侵检测体系结构的不同，入侵检测系统可以分为集中式入侵检测系统、等级式入侵检测系统和分布式入侵检测系统。

①集中式入侵检测系统。集中式入侵检测系统有多个分布在不同主机上的审计程序，仅有一个中央入侵检测服务器。审计程序将从当地收集到的数据踪迹发送给中央服务器进行分析处

理。随着服务器所承载的主机数量的增多，中央服务器进行分析处理的数量就会猛增，而且一旦服务器遭受攻击，整个系统就会崩溃。

②等级式入侵检测系统。等级式入侵检测系统又称为分层式入侵检测系统，它定义了若干等级的监控区域，每个入侵检测系统负责一个区域，每一级 IDS 只负责所监控区域的分析，然后将当地的分析结果传送给上一级入侵检测系统。

等级式入侵检测系统也存在一些问题。首先，当网络拓扑结构改变时，区域分析结果的汇总机制也需要做相应的调整；其次，这种结构的入侵检测系统最后还是要将各地收集的结果传送到最高级的检测服务器进行全局分析，所以系统的安全性并没有实质性的改进。

③分布式(协作式)入侵检测系统。分布式入侵检测系统又称为协作式入侵检测系统，它是将中央检测服务器的任务分配给多个基于主机的入侵检测系统，这些入侵检测系统不分等级，各司其职，负责监控当地主机的某些活动。所以，其可伸缩性、安全性都得到了显著的提高，并且与集中式入侵检测系统相比，分布式入侵检测系统对基于网络的共享数据量的要求较低。但维护成本却提高了很多，并且增加了所监控主机的工作负荷，如通信机制、审计开销、踪迹分析等。

(4)按检测的策略分

按检测的策略不同，可分为滥用检测、异常检测和完整性检测。

①滥用检测(Misuse Detection)。滥用检测是指将收集到的信息与已知的网络入侵和系统误用模式数据库进行比较，从而发现违背安全策略的行为。该方法的优点是只需收集相关的数据集合，可显著减少系统负担，且技术已相当成熟。该方法存在的弱点是需要不断的升级以对付不断出现的黑客攻击手法，不能检测到从未出现过的黑客攻击手段。

②异常检测(Abnormal Detection)。在异常检测中，首先给系统对象(如用户、文件、目录和设备等)创建一个统计描述、统计正常使用时的一些测量属性(如访问次数、操作失败次数和延时等)。测量属性的平均值将被用来与网络、系统的行为进行比较，任何观察值在正常值范围之外时，就认为有入侵发生。其优点是可检测到未知的入侵和更为复杂的入侵；缺点是误报、漏报率高，且不适应用户正常行为的突然改变。

③完整性分析(Integratity Analysis)。完整性分析主要关注某个文件或对象是否被更改，这经常包括文件和目录的内容及属性，它在发现被更改的、被特洛伊化的应用程序方面特别有效。其优点是只要成功的攻击导致了文件或其他对象的任何改变，它都能够发现；缺点是一般以批处理方式实现，不易于实时响应。

(5)按数据分析的时效性分

按数据分析的时效性，入侵检测系统可分为离线检测系统和在线检测系统。

①离线检测系统。离线检测系统又称脱机分析检测系统，就是在行为发生后，对产生的数据进行分析(而不是在行为发生的同时进行分析)，从而检查出入侵活动。它是非实时工作的系统。对日志的审查、对系统文件的完整性检查等都属于这种检测系统。一般而言，脱机分析也不会间隔很长时间，所谓的脱机只是与联机相对而言的。

②在线检测系统。在线检测系统又称联机分析检测系统，就是在数据产生或者发生改变的同时对其进行检查，以便发现攻击行为。它是实时联机的检测系统。这种方式一般用于网络数据的实时分析，有时也用于实时主机审计分析。它对系统资源的要求比较高。

6.4.2 基于主机的入侵检测系统

1. 基于主机的入侵检测系统的结构

基于主机的入侵检测系统是早期的入侵检测系统结构，其检测的目标主要是主机系统和系统本地用户。检测原理是根据主机的审计数据和系统日志发现可疑事件，检测系统可以运行在被检测的主机或单独的主机上，其系统结构如图6-15所示。

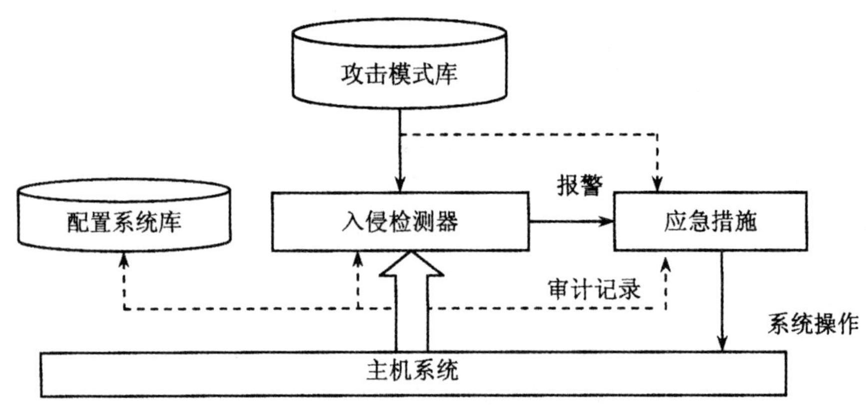

图 6-15 基于主机的入侵检测系统结构

这种类型的系统依赖于审计数据或系统日志的准确性、完整性以及安全事件的定义。如果入侵者设法逃避审计或进行合作入侵，则基于主机的检测系统的弱点就暴露出来了。特别是在现代的网络环境下，单独地依靠主机审计信息进行入侵检测难以适应网络安全的需求。

2. 基于主机的入侵检测系统的优点

基于主机的入侵检测系统主要有以下几个优点：

①监视特定的系统活动。基于主机的入侵检测系统监视用户和访问文件的活动，包括文件访问、改变文件权限，试图建立新的可执行文件或者试图访问特殊的设备。操作系统记录了任何有关用户帐号的增加、删除、更改的情况，改动一旦发生，基于主机的入侵检测系统就能检测到这种不适当的改动。基于主机的入侵检测系统还可审计能影响系统记录的校验措施的改变。除此之外，基于主机的系统还可以监视主要系统文件和可执行文件的改变。系统能够查出那些欲改写重要系统文件或者安装特洛伊木马或后门的尝试并将它们中断。

②适用于被加密的和交换的环境。既然基于主机的系统驻留在网络中的各种主机上，那么，它们可以克服基于网络的入侵检测系统在交换和加密环境中所面临的一些困难。由于在大的交换网络中确定入侵检测系统的最佳位置和网络覆盖非常困难，因此，基于主机的检测驻留在关键主机上则避免了这一难题。根据加密驻留在协议栈中的位置，它可能让基于网络的IDS无法检测到某些攻击。基于主机的入侵检测系统并不具有这个限制。因为当操作系统（因而也包括了基于主机的入侵检测系统）收到到来的通信时，数据序列已经被解密了。

③近实时的检测和应答。尽管基于主机的检测并不提供真正实时的应答，但新的基于主机的检测技术已经能够提供近实时的检测和应答。早期的系统主要使用一个过程来定时检查日志文件的状态和内容，而许多现在的基于主机的系统在任何日志文件发生变化时都可以从操作系

统及时接收一个中断,这样就大大减少了攻击识别和应答之间的时间。

④不需要额外的硬件。基于主机的检测驻留在现有的网络基础设施上,其包括文件服务器、Web 服务器和其他的共享资源等。这样就减少了基于主机的入侵检测系统的实施成本,因为不需要增加新的硬件,所以也就减少了以后维护和管理这些硬件设备的负担。

3. 基于主机入侵检测系统的缺点

基于主机的入侵检测系统主要有以下几个缺点:

①基于主机的入侵检测系统本身需要消耗一部分系统资源。它安装在受保护的设备上,这会降低其他应用系统的效率。此外,它依赖于服务器本身的日志,如果服务器没有配置日志功能,就必须重新配置日志功能,这可能会影响应用系统的正常运行。

②当需要保护的服务器较多时,要全面部署基于主机的入侵检测系统的代价就会很高,通常情况下,我们只安装在关键服务器上。

③基于主机的入侵检测系统只能监测主机自身,不能监测网络上的异常情况,因此,不能发现一些基于网络的入侵检测行为。

6.4.3　基于网络的入侵检测系统

1. 基于网络的入侵检测系统的结构

基于网络的入侵检测系统通过在计算机网络中的某些点被动地监听网络上传输的原始流量,对获取的网络数据进行处理,从中提取有用的信息,再通过与已知攻击特征相匹配或与正常网络行为原型相比较来识别攻击事件。

随着计算机网络技术的发展,单独地依靠主机审计信息进行入侵检测难以适应网络安全的需求,因而提出了一种基于网络的入侵检测系统。这种系统根据网络流量及单台或多台主机的审计数据检测入侵,其结构如图 6-16 所示。

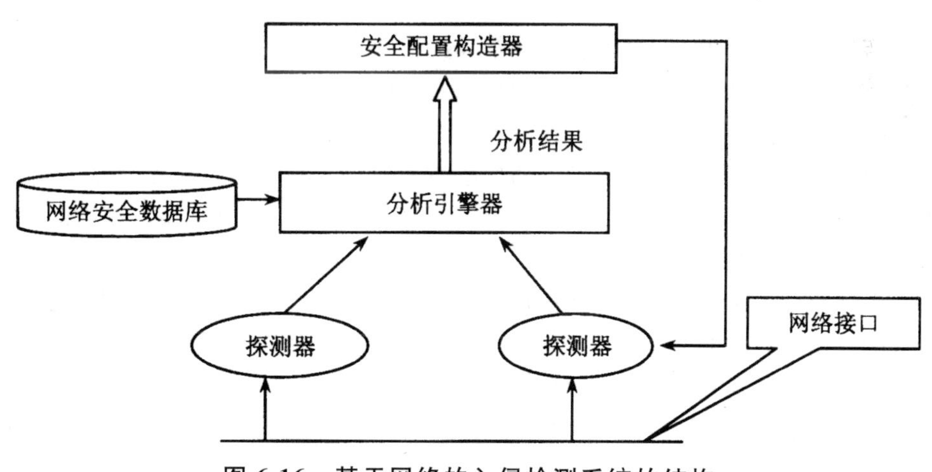

图 6-16　基于网络的入侵检测系统的结构

图 6-16 中的探测器由过滤器、网络接口引擎器以及过滤规则决策器构成,其主要功能是按一定的规则从网络上获取与安全事件相关的数据包,然后传递给分析引擎进行安全分析判断。

分析引擎将从探测器上接收到的数据包结合网络安全数据库进行分析，把分析的结果传递给安全配置构造器。安全配置构造器按分析引擎器的结果构造出探测器所需要的配置规则。

2. 基于网络的入侵检测系统的优点

基于网络的入侵检测系统主要有以下几个优点：

①拥有成本低。基于网络的入侵检测系统允许部署在一个或多个关键访问点来检查所有经过的网络通信。因此，基于网络的入侵检测系统并不需要在各种各样的主机上进行安装，大大减少了安全和管理的复杂性。

②攻击者转移证据困难。基于网络的入侵检测系统使用活动的网络通信进行实时攻击检测，因此，攻击者无法转移证据，被检测系统捕获的数据不仅包括攻击方法，而且包括对识别和指控入侵者十分有用的信息。

③实时检测和响应。一旦发生恶意访问或攻击，基于网络的入侵检测系统可以随时发现它们，因此，能够很快地作出反应。如对于黑客使用 TCP 启动基于网络的拒绝服务攻击(DoS)，入侵检测系统可以通过发送一个 TCP reset 来立即终止这个攻击，这样就可以避免目标主机遭受破坏或崩溃。这种实时性使得系统可以根据预先定义的参数迅速采取相应的行动，从而将入侵活动对系统的破坏降到最低。

④能够检测未成功的攻击企图。一个放在防火墙外面的基于网络的入侵检测系统可以检测到旨在利用防火墙后面的资源的攻击，尽管防火墙本身可能会拒绝这些攻击企图。基于主机的系统并不能发现未能到达受防火墙保护的主机的攻击企图，而这些信息对于评估和改进安全策略是十分重要的。

⑤与操作系统无关性。基于网络的入侵检测系统并不依赖主机的操作系统作为检测资源，而基于主机的系统必须在特定的、没有遭到破坏的操作系统中才能正常工作，生成有用的结果。

3. 基于网络的入侵检测系统的缺点

基于网络的入侵检测系统主要有以下几个缺点：

①检测范围具有一定的局限性。基于网络的入侵检测系统只能检查与它直接相连的网段，不能检测不同网段的数据包，因此，在交换以太网的环境中就会出现监测范围的局限。

②检测方法具有局限性。网络入侵检测系统为了提高系统的性能和效率，往往用基于特征的检测方法。它可以检测出常用的一些攻击，而很难检测一些新的、复杂的、需要大量计算与分析的入侵活动。

③影响网络性能。网络入侵检测系统可能会将大量数据传递到分析系统中，也有一些系统因监听特定的数据包会产生大量的数据流量，这样的系统会占用一些网络带宽，影响网络性能。为了不影响网络系统，一些系统在实现时往往要采用一定的方法来缩减通信的数据量，也有一些系统对入侵的判断决策直接由传感器实现，中央控制台成为状态显示与通信中心，不再作为入侵行为分析器。但是系统中的传感器协同工作能力较弱。

④处理加密的会话过程比较困难。目前通过加密通道的攻击不多，但是随着 IPv6 的普及，这个问题会越来越突出。

6.4.4　分布式入侵检测系统

1. 分布式入侵检测系统的结构

分布式入侵检测系统综合了上述两类入侵检测系统的特点，既监视网络数据也监视主机数据。分布式检测系统往往是分布式的，有一部分传感器(或称为代理)驻留在主机上收集信息，另一部分则部署在网络中，它们都由中央控制台管理，将收集到的信息发往控制台进行处理。目前，实际的入侵检测系统大多是这两种系统的混合体。

典型的入侵检测系统是一个统一集中的代码块，它位于系统内核或内核之上，监控传送到内核的所有请求。但是，随着网络系统结构复杂化和大型化，系统的弱点或漏洞将趋向于分布式。此外，入侵行为不再是单一的行为，而是表现出相互协作的入侵特点，在这种背景下，基于分布式的入侵检测系统就应运而生。

美国普度大学安全研究小组首先提出了基于主体入侵检测系统软件结构，如图 6-17 所示。其主要思想是采用相互独立并独立于系统而运行的进程组，这些进程组被称为自治主体。通过训练这些主体，并观察系统行为，然后将这些主体认为是异常的行为标记出来。

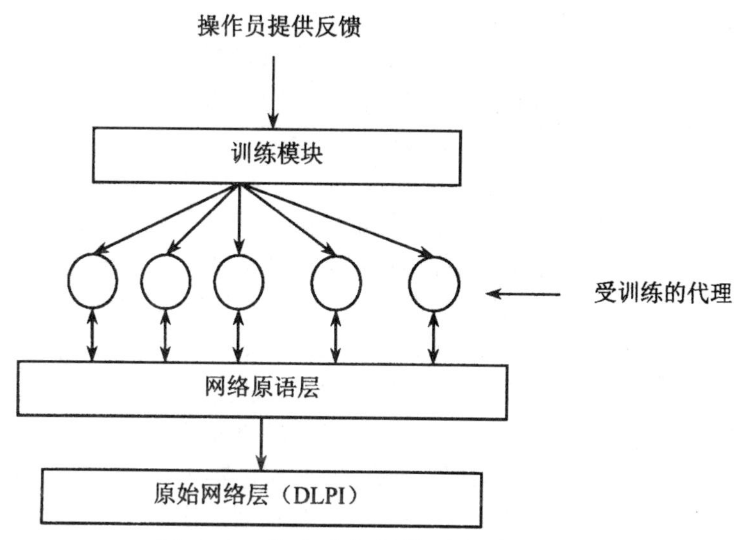

图 6-17　分布式入侵检测系统的结构

在基于主体的入侵检测系统原型中，主体将监控系统的网络信息流。例如，通过提供的 DLPI 模块与网络接口。主体能够访问网络信息流。操作员将给出不同的网络信息流形式，如入侵状态下和一般状态下等情形来指导主体的学习。经过一段时间的训练，主体就可以在网络信息流中检测异常活动。目前，主体是通过基因算法来实际学习的，操作员不必主动调整主体的操作。

图 6-17 中的最底层为原始网络接口，通过该接口可以传输和接收数据链路层数据包。网络原语层在该层之上，可以使用原语从 DLPI 接口获得原始网络数据，并把它封装成主体可以处理的方式。结构的最上层是训练模块，在主体用于监控系统之前，必须训练到可以正确地对入侵作出反应。训练通过一种反馈机制实现，由操作员输入主体的训练要求，再根据主体的实际行为是否接近于给定的流量模式所期望的行为，再给出训练数据，与神经网络的训练相似。

2. 分布式入侵检测系统的技术难点

与传统的单机入侵检测系统相比，分布式入侵检测系统具有明显的优势。然而，在具体的实现中却存在着一些技术难点，具体体现在以下几个方面。

(1)知识库的存储

通常，专家系统将知识库与其分析代码和响应逻辑分离开来，以增加系统整体的模块性。将知识库放在集中管理的存储体中进行维护的方式具有特定的某些优势，如对整个信息的动态修改和控制操作将会比较容易实现。此外，集中放置的知识库存储方式可以很方便地应用插件式的规则集合，插件模式的规则集能够增加系统的通用性和可移植性。然而，在高度分布的且具有海量事件流量的环境中，集中存储和集中分析引擎的组合方式可能成为整个系统运行的性能瓶颈。同时，如果集中存储的知识库和规则集合遭到破坏或变得不可用时，它还可能成为整个系统的安全薄弱环节。

(2)状态空间管理及规则复杂度

状态空间管理及规则复杂度关注的是如何在规则的复杂程度和审计数据处理要求之间取得平衡。从检测的准确性角度来看，检测规则或检测模型越复杂，检测的有效性就越好，但同时也导致了复杂的状态空间管理和分析算法。

采用复杂的规则集对大量的审计数据进行处理，对处理机来说会消耗大量的CPU时间和存储空间，这可能会降低系统的实时处理能力。反之，如果采用较为简单的规则集，虽然可以提高系统的处理能力，但却无法保证检测的准确性。

(3)推理架构

在许多基于特征的专家系统内部，都存在特定的核心算法。该算法接受输入，然后在一组推理规则的基础上，执行对新知识或结论的推导过程。这种推理引擎模式实际上是集中式的。在一个大规模网络环境中，事件和数据流在网络内部异步地并行流动，其流量规模超过了任何一种集中式处理技术所能处理的范围。集中式的分析模式需要集中地收集事件信息，并将所有的分析负担置于该推理引擎所在的主机上。这种模式不具备良好的收缩扩展性能。如果采用了完全分布式的分析方法，则又会引发另外的问题。无论是全局的数据相关处理，还是各个分布式分析组件之间的协调工作，都会消耗大量的计算资源。在传统的集中式专家系统分析技术和完全分布式的分析方案之间寻找到一个最优的分析模式，将是在创建任何一个可伸缩的推理架构过程中所要解决的关键问题。

(4)状态空间和规则复杂性

在基于特征的分析技术中，规则的复杂性与系统性能之间存在着直接的制约折中关系。一种能够表示多个事件复杂次序关系的复杂规则结构，可能允许一种简明和结构完美的入侵模式定义。但是，复杂的规则结构同时也将大大增加在分析过程中维护各种状态信息的负担，从而限制其向具有海量事件数据流量环境的扩展能力。当处理速度成为关键因素时，最终确定的规则集合将是一种没有状态管理需求的系统，即在处理事件数据时无需对次序信息和费时的状态条件进行计算。因此，太简单的规则系统也将限制对网络滥用异常行为的表述能力，从而可能导致规模过度膨胀的规则库，以此作为对缺少描述特定攻击行为多个变化方式的表述能力的补偿。很显然，在高度复杂且具有高度表达能力的规则模型与更简短且需要最少状态管理和分析负担的规则集之间，常常存在一个权衡折中的关系。

(5)审计记录的生成和存储

审计记录的生成和存储往往是一种集中式的活动,并且常常在不恰当的抽象层次上收集到超过所需的过量信息。集中式的审计机制给主机的 CPU 和 I/O 系统施加了沉重的负担,并且无法很好地适应用户数目迅速增长的情况。此外,我们通常也很难将集中式的审计机制扩展到空间上高度分布的环境中,如网络基础设施,或者是不同的网络服务类型。

实际上,对于实际的网络系统和应用环境来说,还有其他一些因素需要考虑,例如,入侵检测组件间的通信可能占用网络带宽,影响系统的通信能力;网络范围内的日志共享导致了安全威胁,攻击者可以通过网络窃听的方式窃取安全相关信息等。

3. 分布式入侵检测系统的发展方向

目前,分布式入侵检测系统的主要朝着两个方向发展:协同探测方向、管理型入侵检测方向。

在分布式入侵检测系统的基础上,增加多类型的探测引擎,进行协同探测尤为重要,是今后入侵检测系统发展的重要方向之一。当分布式入侵检测系统规模较大时,对系统的管理与维护将是一项繁重的工作。主要包括以下几方面:

(1)探测器工作状态

工作状态一般为启动、停止,如果为硬件形式的探测器并且控制端分离,还应提供硬件设置管理。

(2)协同工作配置

一般入侵检测的协同工作内容包括与防火墙、扫描器、路由器、定位系统、通讯设备的协同工作,常见的是与防火墙、路由器的协同工作,涉及到管理的方面即为指定协同工作设备的类型、通信协议、具体的协同工作设备。目前与定义系统、通讯设备的协同工作也是一个趋势。管理型入侵检测应该可以对这些网络设备的状况进行检测对比,方便入侵检测管理人员对其本身的对照管理。

(3)所应用的策略

策略指入侵检测系统在检测到某一攻击事件后所做的动作响应,其中也涉及协同工作的内容。由于策略配置依据来源于对报警事件、流量、其他扫描结果、网络配置的综合分析,所以策略配置完全可以在手工的基础上实现半自动的配置管理,使得策略调整的速度更快。

(4)所应用的事件库

所应用的事件库包括事件库的更新升级、自定义。由于入侵检测探测器的原理使得自定义事件非常简单,所以入侵检测应该提供自定义事件的功能,有利于用户的具体应用及系统的可扩展性。

(5)分析结果的应用

分析结果是用户用来修改入侵检测工作状态的依据,为方便用户的管理,此时应根据分析的结果提供一个管理的建议,使用户能够快速准确的进行管理。

(6)对操作主体(管理员身份)的管理

由于任何管理动作都会对入侵检测系统以至用户网络产生不同程度的影响,因此,对管理人员要进行严格的身份鉴别,同时对其操作进行审计记录。

(7)多点多级探测数据的综合

多点多级的管理不仅局限于具体的入侵检测系统管理,还涉及系统自身的管理、协同工作、反馈等。

(8)对存储器的管理

大规模的入侵检测系统使用中,存储器容量与性能往往是影响规模的重要瓶颈,对存储器的管理内容包括对存储系统的优化配置、对新增的存储器的操作配置、手工自动清理无用数据。

6.5 网络管理技术

6.5.1 网络管理的概念及其重要性

1. 网络管理的概念

网络管理,简单地说就是为了保证网络系统能够持续、稳定、高效和可靠地运行,对组成网络的各种软硬件设施和人员进行的综合管理。

网络管理的任务是收集、分析和检测监控网络中各种设备和实施的工作参数和工作状态信息,将结果显示给网络管理员并进行处理,从而控制网络中的设备、设施的工作参数和工作状态,以实现对网络的管理。

2. 网络管理的重要性

随着网络在社会生活中的广泛应用,特别是在金融、商务、政府机关、军事、信息处理以及工业生产过程控制等方面的应用,支持各种信息系统的网络如雨后春笋般涌现。随着网络规模的不断扩大,网络结构也变得越来越复杂。用户对网络应用的需求不断提高,企业和用户对计算机网络的重视和依赖程度已是有目共睹。在这种情况下,企业的管理者和用户对网络性能、运行状况以及安全性也越来越重视。因此,网络管理成为现代网络技术中最重要的问题之一,也是网络设计、实现、运行与维护等环节中的关键问题。

一个有效、实用的网络每时每刻都离不开网络管理的规范。如果在网络系统设计中没有很好地考虑网络管理问题,这个设计方案是存在严重缺陷的,按这样的设计组建的网络系统是危险的。如果由于网络性能下降,甚至故障而造成网络瘫痪,对企业造成的严重的损失无法估算,这种损失有可能远远大于在网络组建时,用于网络软、硬件与系统的投资。重视网络管理技术的研究与应用是每个网络用户首先要面对的问题。

计算机网络的硬件包括实际存在服务器、工作站、网关、路由器、网桥、集线器、传输介质与各种网卡。计算机网络操作系统中存在着 UNIX、Windows NT、NetWare 等操作系统。不同厂家针对自己的网络设备与网络操作系统提供了专门的网络管理产品,但是这对于管理一个大型、异构、多厂家产品的计算机网络来说往往不够。具备丰富的网络管理知识与经验,是可以对复杂的网络进行有效管理的知识储备。所以,无论是对于网络管理员、网络应用开发人员,还是普通的网络用户来说,学习网络管理的基本理论与实现方法都是极有必要的。

6.5.2 网络管理的功能与模型

1. 网络管理的功能

网络管理标准化是要满足不同网络管理系统之间互操作的需求。为了支持各种网络互连管理的要求，网络管理需要有一个国际性的标准。

目前，国际上有许多机构与团体都在为制定网络管理国际标准而努力。在众多的网络协议标准化组织中，国际标准化组织与国际电信联盟的电信标准部(ITU-T)做了大量的工作，并制定出了相应的标准。

OSI网络管理标准将开放系统的网络管理功能划分成5个功能域，这5个功能域分别用来完成不同的网络管理功能。OSI网络管理中定义的5个功能域只是网络管理最基本的功能，这些功能都需要通过与其他开放系统交换管理信息来实现。

OSI管理标准中定义的5个功能域，即故障管理(Fault Management)、配置管理(Configuration Management)、性能管理(Performance Management)、计费管理(Accounting Management)和安全管理(Security Management)。

(1)故障管理

故障管理是网络管理中最基本的功能之一，用户希望有一个可靠的计算机网络。当网络中某个组成部分发生故障时，网络管理器可以迅速查找到网络故障并及时排除。故障管理就是用来维持网络的正常运行。网络故障管理包括及时发现网络中发生的故障，找出网络故障产生的原因，必要时启动控制功能来排除故障。控制活动包括诊断测试活动、故障修复或恢复活动、启动备用设备等。

通常可能无法迅速隔离某个故障，因为网络故障的产生原因往往比较复杂，特别是当故障是由多个网络组成部分共同引起时。在此情况下，一般先将网络修复，然后再分析引起网络故障的原因。故障管理是网络管理功能中与检测设备故障、差错设备的诊断、故障设备的恢复或故障排除有关的网络管理功能，其目的是保证网络能够提供连续、可靠的服务。故障管理功能可以分解成以下5个功能。

①检测管理对象的差错现象，或接收管理对象的差错事件通报。

②当存在冗余设备或迂回路由时，提供新的网络资源用于服务。

③创建与维护差错日志库，对差错日志进行分析。

④进行诊断测试，以跟踪并确定故障位置与故障性质。

⑤通过资源的更换、维修或其他恢复措施使其重新开始服务。

网络中所有的组成部分，包括通话设备与线路，都有可能成为网络通信的瓶颈。事先进行性能分析，将有助于在运行前或运行中避免出现网络通信的瓶颈问题。在进行这项工作时需要对网络的各项性能参数(例如，可靠性、延时、吞吐量、网络利用率、拥塞与平均无故障时间等)进行定量评价。

(2)配置管理

网络配置是最基本的网络管理功能，是指网络中每个设备的功能、相互间的连接关系和工作参数，它反映网络的状态。因为网络经常地变化，所以调整网络配置的原因很多，主要有以下几点。

①向用户提供满意的服务，网络需要根据用户需求的变化，增加新的资源与设备，调整网络的规模，增强网络的服务能力。

②网络管理系统在检测到某个设备或线路发生故障，在故障排除的过程中可能会影响到部分网络的结构。

③通信子网中某个节点的故障会造成网络上节点的减少与路由的改变。

对网络配置的改变可能是临时性的，也可能是永久性的。网络管理系统必须有足够的手段来支持这些改变，不论这些改变是长期的还是短期的。有时甚至要求在短期内自动修改网络配置，以适应突发性的需要。配置管理就是用来识别、定义、初始化、控制与监测通信网中的管理对象。

配置管理功能主要包括资源清单管理、资源开通以及业务开通。

从管理控制的角度来看，网络资源可以分为3个状态：可用、不可用和正在测试。从网络运行的角度来看，网络资源有两个状态：活动和不活动。

配置管理是网络中对被管理对象的变化进行动态管理的核心。当配置管理软件接到网管操作员或其他管理功能设施的配置变更请求时，配置管理服务首先确定管理对象的当前状态并给出变更合法性的确认，然后对管理对象进行变更操作，最后要验证变更确实已经完成。因此，配置管理活动经常是由其他管理应用软件来实现。

配置管理包括：

①配置开放系统中有关路由操作的参数。

②被管理对象和被管对象组名字的管理。

③初始化或关闭被管对象。

④根据要求收集系统当前状态的有关信息。

⑤更改系统配置。

(3)性能管理

性能管理的目的是维护网络服务质量(QoS)和网络运营效率。网络性能管理活动是持续地评测网络运行中的主要性能指标，以检验网络服务是否达到了预定的水平，找出已经发生或潜在的瓶颈，报告网络性能的变化趋势，为网络管理决策提供依据。为了达到这些目的，网络性能管理功能要维护性能数据库、网络模型，需要与性能管理功能域保持连接，并完成自动的网络管理。

典型的性能管理可以分为两部分：性能监测和网络控制。性能监测是指网络工作状态信息的收集和整理；而网络控制则是为改善网络设备的性能而采取的动作和措施。

性能管理监测的主要目的是以下几点。

①在用户发现故障并报告后，去查找故障发生的位置。

②全局监视，及早发现故障隐患，在影响服务之前就及时将其排除。

③对过去的性能数据进行分析，从而清楚资源利用情况及其发展趋势。

ISO明确定义了网络或用户对性能管理的需求，以及衡量网络或开放系统性能的标准，定义了用于度量网络负荷、吞吐量、资源等待时间、响应时间、传播延时、资源可用性与表示服务质量变化的参数。

性能管理包括一系列管理对象状态的收集、分析与调整，保证网络可靠、连续通信的能力。性能分析的结果可能会触发某个诊断测试过程或重新配置网络以维护网络的性能。性能管理的一些典型功能包括以下几个部分。

①从管理对象中收集与性能有关的数据。

②分析与统计这些信息。

③根据统计分析的数据判断网络性能，报告当前网络性能，产生性能告警。

④将当前统计数据的分析结果与历史模型相比较，以便预测网络性能的变化趋势。

⑤形成并调整性能评价标准与性能参数标准值，根据实测值与标准值的差异来改变操作模

式，调整网络管理对象的配置。

⑥实现对管理对象的控制，以保证网络性能达到设计要求。

(4)计费管理

计费管理(Accounting Management)随时记录网络资源的使用，目的是控制和监测网络操作的费用和代价。它可以估算出用户使用网络资源可能需要的费用和代价。网络管理员还可以规定用户能够使用的最大费用，从而控制用户过多地占用和使用网络资源，这也从另一方面提高了网络的效率。此外，当用户为了一个通信目的需要使用多个网络中的资源时，计费管理应能计算出总费用。

计费管理根据业务及资源的使用记录制作用户收费报告，确定网络业务和资源的使用费用并计算成本。计费管理保证向用户无误地收取使用网络业务应交纳的费用，也进行诸如管理控制的直接运用和状态信息提取一类的辅助网络管理服务。通常情况下，收费机制的启动条件是业务的开通。

计费管理的主要目的是正确地计算和收取用户使用网络服务的费用。但这并不是唯一的目的，计费管理还要进行网络资源利用率的统计和网络的成本效益核算。对于以盈利为目的的网络经营者来说，计费管理功能无疑是非常重要的。

在计费管理中，首先要根据各类服务的成本、供需关系等因素制定资费政策，资费政策包括根据业务情况制定的折扣率；其次要收集计费收据，如针对所使用的网络服务就占用时间、通信距离、通信地点等计算其服务费用。

通常计费管理包括如下几个主要功能。

①计算网络建设及运营成本，主要成本包括网络设备器材成本、网络服务成本、人工费用等。

②统计网络及其所包含的资源利用率。为确定各种业务在不同时间段的计费标准提供依据。

③联机收集计费数据。这是向用户收取网络服务费用的根据。

④计算用户应支付的网络服务费用。

⑤账单管理。保存收费账单及必要的原始数据，以备用户查询和置疑。

(5)安全管理

安全性一直是网络的薄弱环节之一，而用户对网络安全的要求又相当高，因此，网络安全管理非常重要。安全管理活动能够利用各种层次的安全防卫机制，使非法入侵事件尽可能少发生；能快速检测未授权的资源使用，并查出侵入点，对非法活动进行审查与追踪；能够使网络管理人员恢复部分受破坏的文件。

安全管理采用信息安全措施保护网络中的系统、数据以及业务。安全管理中通常需要设置一些权限，制定判断非法入侵的条件与检查非法操作的规则。非法入侵活动包括无权限的用户企图修改其他用户的文件、修改硬件或软件配置、修改访问优先权、关闭正在工作的用户，以及任何其他对敏感数据的访问企图。安全管理要收集有关数据产生报告，由网络管理中心的安全事务处理进程进行分析、记录与存档，并根据情况采取相应的措施，例如，给入侵用户以警告信息、取消其使用网络的权力等。无论是积极或消极行动，均要将非法入侵事件记录在安全日志中。

安全日志中记录的非法入侵事件主要有以下几类。

①所有被拒绝的访问企图。

②所有的用户登录与退出情况。

③所有对关键资源的使用情况。

④所有访问控制定义事项的变更情况。

⑤用户启动网络维护过程的情况。

⑥网络设备启动、关闭与重启动情况。

⑦所有包含有敏感数据的传输。

⑧所有被发现的积极入侵事件。

⑨所有被发现的消极入侵事件。

⑩所有对资源的物理毁坏与威胁。

安全管理系统的主要作用有以下几点。

①采用多层防卫手段,将受到侵扰和破坏的概率降到最低。

②提供迅速检测非法使用和非法侵入初始点的手段,核查跟踪侵入者的活动。

③提供恢复被破坏的数据和系统的手段,尽量降低损失。

④提供查获侵入者的手段。

2. 网络管理的模型

目前,应用最为广泛的网络管理模型是管理者/代理模型,如图 6-18 所示。这种网络管理模型的核心是一对相互通信的系统管理实体。网络管理模型采用独特方式来使两个管理进程之间相互作用,即某个管理进程与一个远程系统相互作用,以实现对远程资源的控制。

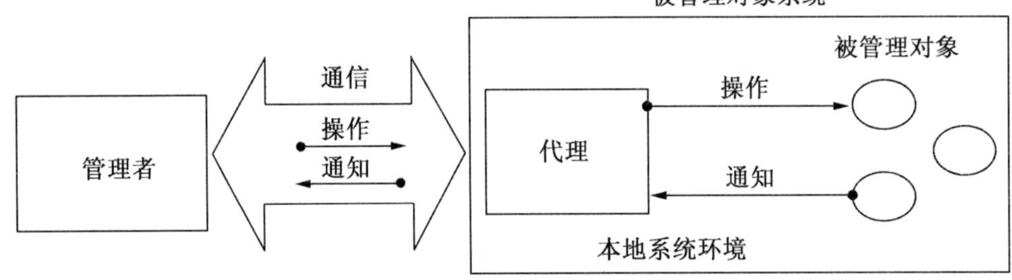

图 6-18 网络管理的基本模型

在这种简单系统结构中,一个系统中的管理进程充当管理者角色,而另一个系统中的对应实体扮演代理角色,代理者负责提供对被管对象的访问。其中,前者称为网络管理者,后者称为网络管理代理。

不论是 OSI 的网络管理还是 IETF 的网络管理,都认为现代计算机网络管理系统基本上是由网络管理者(Network Manager)、网络管理代理(Managed Agent)、网络管理协议(Network Management Protocol,NMP)和管理信息库(Management Information,MIB)四个要素组成的。

网络管理者(管理进程)是管理指令的发出者,网络管理者通过各网管代理对网络内的各种设备、设施和资源实施监测和控制。

网络代理负责管理指令的执行,并以通知的形式向网络管理者报告被管对象发生的一些重要事件,它一方面从管理信息库中读取各种变量值,另一方面在管理信息库中修改各种变量值。

管理信息库是被管对象结构化组织的一种抽象,它是一个概念上的数据库,由管理对象组成,各个网管代理管理 MIB 中的数据实现对本地对象的管理,各网管代理对象控制的管理对象共同构成全网的管理信息库。

网络管理协议是最重要的部分，它定义了网络管理者与网管代理间的通信方法，规定了管理信息库的存储结构和信息库中关键词的含义以及各种事件的处理方法。

目前较有影响的网络管理协议是 SNMP(Simple Network Management Protocol)和 CMIS/CMIP(Common Management Information Service/Protocol)。其中，SNMP 流传最广，应用最多，获得的支持也最为广泛，它已经成为事实上的工业标准。

6.5.3　简单网络管理协议

网络管理中最重要的部分就是网络管理协议，它定义了网络管理者与网管代理间的通信方法。在网络管理协议产生以前的相当长的时间里，管理者要学习各种不同网络设备获取数据的方法，因为各个生产厂家使用专用的方法收集收据。相同功能的设备，不同的生产厂商提供的数据采集办法可能大相径庭。因而，开始有了制定一个行业标准的需要。

除了专门的标准化组织制定了一些标准之外，网络发展比较早的机构与厂家也制定了应用在自己网络上的管理标准。例如，IBM 公司、DEC 公司与 Internet 组织都有自己的网络管理标准，有的已经成为事实上的网络管理标准，其中应用最广泛的是简单网络管理协议(Simple Network Management Protocol,SNMP)。SNMP 是由一系列协议组和规范组成的，它们提供了一种从网络上的设备中收集网络信息的方法。图 6-19 给出了 SNMP 的基本管理模型。它包括 3 个组成部分：管理进程、管理代理与管理信息库。

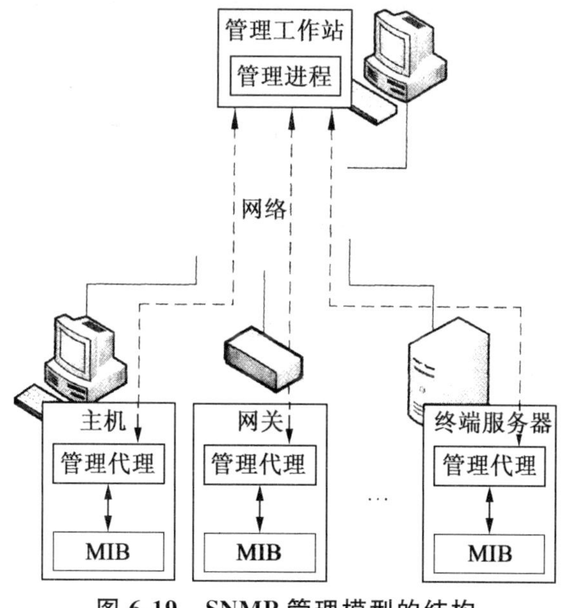

图 6-19　SNMP 管理模型的结构

1. 管理进程

管理进程(Management Processor)是管理指令的发出者。通常是一个或一组运行在网络管理站(或网络管理中心)的主机上的软件程序，可以在 SNMP 的支持下由管理代理执行各种管理操作。

管理进程负责完成各种网络管理功能，通过设备中的管理代理实现对网络设备与资源的控制。另外，操作人员通过管理进程对全网进行管理。管理进程可以通过图形用户接口，以易于操作的方式显示各种网络信息、各管理代理的配置图等。管理进程将对各个管理代理中的数据集中存储，以备在事后进行分析时使用。

2. 管理代理

管理代理(Management Agent)是在被管理的网络设备中运行的软件，它负责执行管理进程的管理操作，即指令的执行。管理代理直接操作本地信息库，可以根据要求改变本地信息库，或是将数据传送到管理进程。

每个管理代理拥有自己的本地管理信息库，其中不一定具有 SNMP 定义的管理信息库的全部内容，只需包括与本地设备有关的管理对象。管理代理具有以下两个基本功能：读取管理信息库中各种变量值，修改管理信息库中各种变量值。

3. 管理信息库

管理信息库(Manager Information Base，MIB)是被管对象结构化组织的一种抽象，是一个概念上的数据库。由各种管理对象组成的。每个管理代理管理 MIB 中属于本地的管理对象，各管理代理控制的管理对象共同构成全网的 MIB。

网络管理协议是最重要的部分，它定义了网络管理者与网管代理间的通信方法，规定了管理信息库的存储结构和信息库中关键词的含义以及各种事件的处理方法。

第 7 章　下一代网络关键技术

7.1　下一代网络概述

7.1.1　下一代网络的产生背景及定义

1. 下一代网络的产生背景

现代电信是从 1876 年贝尔发明电话开始的，在之后的 100 多年的时间里，“电信”与“电话”是相同的含义，真正意义上的电信网络也就是电话网。传统的电话网络是一个基于电路交换技术的网络，提供的业务只有话音业务。传统的电话网经过 100 多年的发展，在经历人工交换、半自动交换、自动交换和空分交换等过程后，自 20 世纪 60 年代步入数字程控交换时代。程控数字交换技术使电话网在全世界迅速普及，到 20 世纪 90 年代发展到技术顶峰，成为当之无愧的第一大电信网络。随着移动通信技术的发展，程控交换技术与无线接入技术的结合使这种主要提供话音业务的电路交换网络的应用进一步扩展。

但是，电路交换网络存在电路利用率低、无法提供多媒体业务以及新业务扩展困难等缺点。进入 20 世纪 80 年代后，这些缺点在用户对于多媒体业务需求日益增加的情况下变得越来越突出。随着电信垄断经营局面变为历史，电信经营的市场竞争日益加剧，传统电路交换网络无法快速提供新的增值业务的缺点使运营商处于不利地位。

20 世纪 60 年，产生了分组交换技术，并很快得到了大规模的应用。分组交换技术主要是用来满足数据业务的传输，因为它具有电路利用率高、可靠性强、适应于突发性业务的优势，TCP/IP、X. 25、帧中继和 ATM 等各种分组交换技术层出不穷。在各种分组交换技术中，IP 技术在很长一段时间内因为其无法保证业务质量而不为人们所重视；X. 25、帧中继技术在相当长一段时间内承担起分组数据电信业务的服务，但是先天不足以及 ATM 技术的提出使它们很快退出了历史舞台或仅在某些局部范围应用。在 20 世纪 90 年代中期，人们对 ATM 技术寄予厚望，并赋予它承担多媒体电信业务的责任；但是 ATM 技术由于被赋予过多的责任及业务质量保证要求，使得技术变得非常复杂，商用化的缓慢进程与建设使用成本问题使 ATM 逐步退出了历史的舞台。导致 ATM 技术“失宠”的另外一个重要因素是 IP 路由在技术上的突破，随着半导体技术和计算机技术的发展，路由器转发 IP 的速率得到了极大的提高，以往制约 IP 路由器处理能力的问题得到解决。人们发现：在网络不出现拥塞的情况下，采用 IP 路由的方式同样可以提供需要一定业务质量保证的电信业务；IP 电话的规模商用也证明了这一点。

在 20 世纪 90 年代末期，IP 技术得到飞速发展。由于 IP 网络具有天然的开放性，IP 网络上的新业务层出不穷，“IP over Everything”及“Everything over IP”的提出进一步刺激了 IP 网络的发展。但是，IP 网络的服务质量问题、安全问题、维护管理问题，以及赢利模式问题一直困扰着 IP 网络的发展。人们意识到，要承载电信业务，传统的 IP 网络还有很多问题需要解决。

电信业务在20世纪80年代后期的一个发展趋势就是新业务的需求加快了，业务的生存周期缩短。而传统的电话网络由于是业务、控制及承载紧密耦合的体系结构，使新业务，尤其是增值业务的提供非常困难，这一点使运营商在日益激烈的市场环境中处于被动地位。为了解决这个问题，人们提出了智能网的概念。智能网是在传统的话音网络上增加一套附加的设施，达到快速提供新的增值业务的能力。智能网是一个增值业务的开发、生成、驻留、执行的环境，业务逻辑的执行环境成为业务控制点(SCP)，SCP通过标准的No.7信令与传统的电路交换网络互通，达到部分参与呼叫控制过程的目的。传统智能网的最大问题在于它仍然是构建在电路交换网络之上，无法提供多媒体增值业务；此外，由于它不能更改传统网络中交换设备的呼叫控制过程，而只表现在"暂停"呼叫进程及"增加"一些新的业务逻辑上，所以传统的智能网提供增值业务的智能程度是有限的。

综上所述，进入20世纪90年代末期，电信运营商面临这样的尴尬局面：业务分离及运营维护分离导致运营商每提供一种新的业务，就需要建设一个新的网络，造成了大量的重复建设和巨大的投资浪费；而且在运营过程中需要投入大量的人力、物力来维护多个网络。另一方面，用户对于多媒体特性的综合业务需求越来越多，业务的需求不但发生变化，而且对于这些新的需求运营商必须采用新的技术。

以IP技术为核心的互联网在20世纪90年代末期得到了飞速发展，其增长趋势是爆炸性的。基于H.323的IP电话系统的大规模商用有力地证明了IP网络承载电信业务的可行性，也让人们看到了利用一个网络承载综合电信业务的希望，下一代网络的概念就是在这样的一种背景下提出来的。

下一代网络是一个虚指的概念，是指区别于现有网络的一种网络，它的突出特征是能够承载综合电信业。下一代网络的概念在很长一段时间内并没有明确的定义，不同的研究人员有不同的理解，这种状况一直持续了几年的时间。

2. 下一代网络的定义

ITU关于下一代网络(Next Generation Network，NGN)最新的定义是：它是一个分组网络，它提供包括电信业务在内的多种业务，能够利用多种带宽和具有QoS能力的传送技术，实现业务功能与底层传送技术的分离；它提供用户对不同业务提供商网络的自由接入，并支持通用移动性，实现用户对业务使用的一致性和统一性。

可以说，下一代网络实际上是一把大伞，涉及的内容十分广泛，其含义不只限于软交换和IP多媒体子系统(IMS)，而是涉及到网络的各个层面和部分。它是一种端到端的、演进的、融合的整体解决方案，而不是局部的改进、更新或单项技术的引入。从网络的角度来看，NGN实际涉及了从干线网、城域网、接入网、用户驻地网到各种业务网的所有层面。NGN包括采用软交换技术的分组化的话音网络；以智能网为核心的下一代光网络；以MPLS、IPv6为重点的下一代IP网络；采用3G、4G技术的下一代无线通信网络以及下一代业务网及各种宽带接入网等。

由以上定义可以看出，NGN需要做到以下几点：一是NGN一定是以分组技术为核心的；二是NGN一定能融合现有各种网络；三是NGN一定能提供多种业务，包括各种多媒体业务；四是NGN一定是一个可运营、可管理的网络。

7.1.2　下一代网络的组成及特点分析

1. 下一代网络的组成

现在人们比较关注 NGN 的业务层面，尤其是其交换技术，但实际上，NGN 涉及的内容十分广泛，广义的 NGN 包含了以下几个部分：下一代传送网、下一接入网、下一代交换网、下一代互联网和下一代移动网。

(1)下一代传送网

下一代传送网是以 ASON 为基础的，即自动交换光网络。其中，波分复用系统发展迅猛，得到大量商用，但是普通点到点波分复用系统只提供原始传输带宽，需要有灵活的网络节点才能实现高效的灵活组网能力。随着网络业务量继续向动态的 IP 业务量的加速汇聚，一个灵活动态的光网络基础设施是必要的，而 ASON 技术将使得光联网从静态光联网走向自动交换光网络，这将满足下一代传送网的要求，因此，ASON 将成为以后传送网发展的重要方向。

(2)下一代接入网

下一代接入网是指多元化的无缝宽带接入网。当前，接入网已经成为全网宽带化的最后瓶颈，接入网的宽带化已成为接入网发展的主要趋势。接入网的宽带化主要有以下几种解决方案：一是不断改进的 ADSL 技术及其他 DSL 技术；二是 WLAN 技术和目前备受关注的 WiMAX 技术等无线宽带接入手段；三是长远来看比较理想的光纤接入手段，特别是采用无源光网络(PON)用于宽带接入。

(3)下一代交换网

下一代交换网是指网络的控制层面采用软交换或 IMS 作为核心架构。传统电路交换网络的业务、控制和承载是紧密耦合的，这就导致了新业务开发困难，成本较高，无法适应快速变化的市场环境和多样化的用户需求。软交换首先打破了这种传统的封闭交换结构，将网络进行分层，使得业务、控制、接入和承载相互分离，从而使网络更加开放，建网灵活，网络升级容易，新业务开发简捷快速。在软交换之后 3GPP 提出的 IMS 标准引起了全球的关注，它是一个独立于接入技术的基于 IP 的标准体系，采用 SIP 协议作为呼叫控制协议，适合于提供各种 IP 多媒体业务。IMS 体系同样将网络分层，各层之间采用标准的接口来连接，相对于软交换网络，它的结构更加分布化，标准化程度更高，能够更好地支持移动终端的接入，可以提供实际运营所需要的各种能力，目前已经成为 NGN 中业务层面的核心架构。软交换和 IMS 是传统电路交换网络向 NGN 演进的两个阶段，两者将以互通的方式长期共存，从长远看，IMS 将取代软交换成为统一的融合平台。

(4)下一代互联网

NGN 是一个基于分组的网络，现在已经对采用 IP 网络作为 NGN 的承载网达成了共识，IP 化是未来网络的一个发展方向。现有互联网是以 IPv4 为基础的，下一代的互联网将是以 IPv6 为基础的。IPv4 所面临的最严重问题就是地址资源的不足，此外，在服务质量、管理灵活性和安全方面都存在着内在缺陷，因此，互联网逐渐演变成以 IPv6 为基础的下一代互联网(NGI)将是大势所趋。

(5)下一代移动网

下一代移动网是指以 3G 和 B3G 为代表的移动网络。总的来看，移动通信技术的发展思路是比较清晰的。下一代移动网将开拓新的频谱资源，最大限度实现全球统一频段、统一制式和无缝漫游，应付中高速数据和多媒体业务的市场需求以及进一步提高频谱效率，增加容量，降低成本，扭转 ARPU 下降的趋势。

总之，广义的 NGN 实际上包含了几乎所有新一代网络技术，是端到端的、演进的、融合的整体解决方案。

2. 下一代网络的特点

下一代网络具有以下基本特点。

(1)采用分层的体系架构

NGN 将网络分为用户层(包括接入层和传送层)、控制层和业务层，用户层负责将用户接入到网络之中并负责业务信息的透明传送，控制层负责对呼叫的控制，业务层负责提供各种业务逻辑，三个层面的功能相互独立，相互之间采用标准接口进行通信。NGN 的分层架构使复杂的网络结构简单化，组网更加灵活，网络升级容易；同时分层架构还使得承载、控制和业务这三个功能相互分离，这就使得业务能够真正地独立于下层网络，为快速、灵活、有效地提供新业务创造了有利环境，便于第三方业务的快速部署实施。

(2)基于分组技术

NGN 的定义中明确说明 NGN 将是一个基于分组的网络，即采用分组交换作为统一的业务承载方式。NGN 是以分组技术为基础的电信网络，在网络层以下将以分组交换为基础构建，其网络对信令和媒体均采用基于分组的传输模式。过去业界对 NGN 采用何种分组技术存在分歧，主要是在 IP 技术和 ATM 技术之间的争论，目前已经对采用 IP 技术达成了共识，但 IP 技术并不完善，还需要许多改进才能担当这个重任。

(3)提供各种业务

随着技术的进步和生活水平的提高，仅仅利用语音来交换信息已经不能满足人们的日常需要，尤其随着 Internet 的迅猛发展，多媒体服务已经越来越多地融入人们的日常生活之中。NGN 的最终目标就是为用户提供各种业务，这包括传统语音业务、多媒体业务、流媒体业务和其他业务。NGN 的生命力很大程度上取决于是否能够提供各种新颖的业务，因此，在 NGN 的发展中如何开发有竞争力的业务将是今后的一个问题。

(4)能够与传统网络互通

网络的发展不是一蹴而就的，现有网络过渡到下一代网络一定会经历一个漫长的过程。在这个过程中，下一代网络与现有网络将长期共存，因此，这两者之间必须要实现互通。目前制定的 NGN 标准中都充分考虑了互通的问题。

(5)具有可运营性和可管理性

NGN 是一个商用的网络，必须具备可运营性和可管理性。可运营性主要包括 QoS 能力和安全性能，NGN 需要为业务提供端到端的 QoS 保证和安全保证，当提供传统电信业务时，应至少能保证提供与传统电信网相同的服务质量。可管理性是指 NGN 应该是可管理和可维护的，其网络资源的管理、分配和使用应该完全掌握在运营商的手中，运营商对网络有足够的控制力度，明确掌握全网的状况并能对其进行维护。NGN 应能够支持故障管理、性能管理、客户管理、计费与记账、流量和路由管理等能力，运营商能够采取智能化的、基于策略的动态管理机制对其进行管理。

(6)具有通用移动性

与现有移动网能力相比,NGN 对移动性有更高的要求。通用移动性是指当用户采用不同的终端或接入技术时,网络将其作为同一个客户来处理,并允许用户跨越现有网络边界使用和管理他们的业务。通用移动性包括终端移动性和个人移动性及其组合,即用户可以从任何地方的任何接入点和接入终端获得在该环境下可能得到的业务,并且对这些业务用户有相同的感受以及操作。通用移动性意味着通信实现个人化,用户只使用一个 IP 地址就能够实现在不同位置、不同终端上接入不同的业务。

7.1.3　下一代网络的体系结构

NGN 是一个融合的网络,不再是以核心网络设备的功能纵向划分网络,而是按照信息在网络传输与交换的逻辑过程来横向划分网络。可以把网络为终端提供业务的逻辑过程分为承载信息的产生、接入、传输、交换及应用恢复等若干个过程。

为了使分组网络能够适应各种业务的需要,NGN 网络将业务和呼叫控制从承载网络中分离出来。因此,NGN 的体系结构实际上是一个分层的网络。目前对下一代网络比较公认的体系结构如图 7-1 所示。

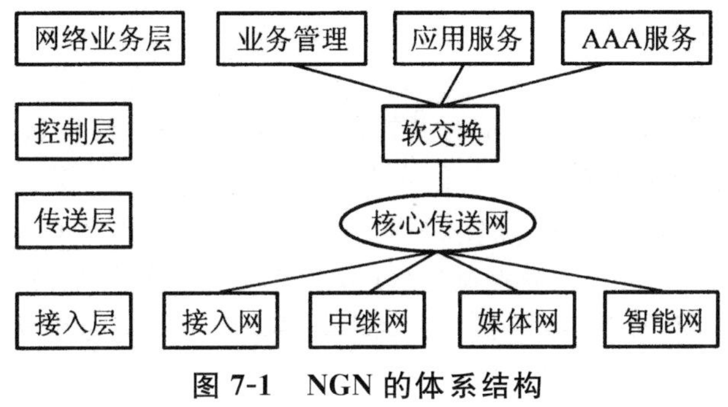

图 7-1　NGN 的体系结构

从图 7-1 中可以看出,NGN 从功能上可以分为接入层、传送层、控制层和网络业务层等几个层面。

①接入层(Access Layer):将用户连接全网络,集中用户业务将它们传递至目的地,包括各种接入手段,例如,接入网、中继网、媒体网、智能网等。

②传送层(Transport Layer):将不同信息格式转换成为能够在网络上传递的信息格式,例如,将话音信号分割成 ATM 信元或 IP 包。此外,媒体层可以将信息选路至目的地。

③控制层(Control Layer):即指软交换设备,是 NGN 的核心,主要完成信令的处理等业务的执行。

④网络业务层(Network Service Layer):处理具体业务逻辑,包括业务管理、应用服务、AAA 服务等业务逻辑。

7.1.4　下一代网络中的网关技术

网关的主要作用就是实现两个异构网络之间的通信。考虑到网关功能的灵活性、可扩展性和高效性,业界提出了分解的网关功能的概念。IETF 的 RFC 2719 给出了网关的总体模型,将网关分解为 3 个功能实体,即媒体网关(Media Gateway,MG)功能、媒体网关控制器(Media Gateway Controller,MGC)功能和信令网关(Signal Gateway,SG)功能,如图 7-2 所示,SCN 是指交换电路网(Switched Circuit Network,SCN)。

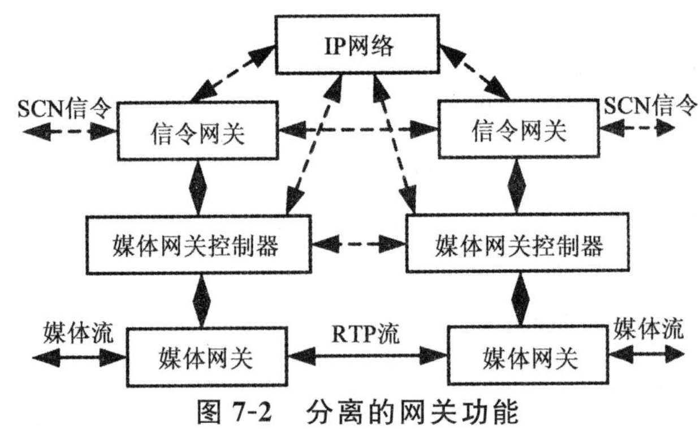

图 7-2　分离的网关功能

(1)媒体网关

MG 主要是将一种网络中的媒体转换成另一种网络所要求的媒体格式。MG 能够在电路交换网的承载通道和分组网的媒体流之间进行转换,可以综合处理音频、视频和数据内容。

媒体网关 MG 在 NGN 中扮演着重要的角色,任何业务都需要 MG 在软交换的控制下实现。媒体网关主要涉及的功能有:用户或网络接入功能、接入核心媒体网络功能、媒体流的映射功能、受控操作功能、管理和统计功能。

(2)媒体网关控制器

MGC 能控制整个网络,监视各种资源并控制各种连接,负责用户认证和网络安全,发起和终结所有的信令控制。MGC 是软交换的重要组成部分和功能实现部分。

MGC 是 H.248 协议关于 MG 媒体通道中呼叫连接状态的控制部分。MGC 可以通过 H.248 协议或 MGCP 协议、媒体设备控制协议(MDCP)对 MG 进行控制,媒体网关控制器/呼叫代理之间通过 H.323 或者 SIP 协议连接。在大多数情况下,MGC 被统称为“软交换”,但 MGC 并不等于软交换,软交换的功能比 MGC 强大。

(3)信令网关

SG 是 No.7 信令网与 IP 网的边缘接收和发送信令消息的信令代理,对信令消息进行中继、翻译或终结处理。其实质就是为了实现电话网端局与软交换设备的 No.7 信令互通,尤其实现信令承载层电路交换形式与 IP 形式的转换功能。一般 SG 包括 No.7 信令网接口、IP 网络接口、协议处理单元 3 个功能实体。

7.2　软交换技术

下一代网络是集语音、数据、传真和视频业务于一体的全新网络。在向未来网络发展的过程中,运营商们已经越来越清楚地意识到,业务已经逐渐成为运营商区别于同行而立于不败之地的主要因素。软交换思想正是在下一代网络建设的强烈需求下孕育而生的。

7.2.1　软交换的概念及特点

1. 软交换的概念

软交换(Soft Switch)的基本含义就是把呼叫控制功能从媒体网关(传输层)中分离出来,通过服务器上的软件实现基本呼叫控制功能，包括呼叫选路、管理控制、连接控制（建立会话、拆除会话）和信令互通。软交换设备位于控制层，是 NGN 的控制功能实现，它为 NGN 提供实时性业务的呼叫控制和连接控制功能，是 NGN 呼叫与控制的核心。图 7-3 所示为软交换的基本概念。

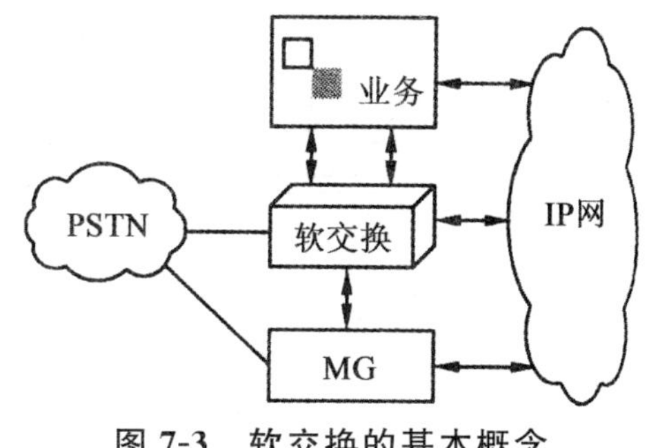

图 7-3　软交换的基本概念

2. 软交换的特点

软交换具有以下几个特点。

（1）高效灵活

软交换体系结构的最大优势在于将应用层和控制层与核心网络完全分开，有利于以最快的速度、最有效的方式引入各类新业务，大大缩短了新业务的开发周期。利用该体系架构，用户可以非常灵活地享受所提供的业务和应用。

（2）开放性

由于软交换体系架构中的所有网络部件之间均采用标准协议，因此，各个部件之间既能独立发展、互不干涉，又能有机组合成一个整体，实现互连互通。这样，“开放性”成为软交换的一个最为主要的特点，运营商可以根据自己的需求选择市场上的优势产品，实现最佳配置，而无需拘泥于某个公司、某种型号的产品。

（3）多用户

软交换的设计思想迎合了电信网、计算机网及有线电视网三网合一的大趋势。模拟用户、数字用户、移动用户、ADSL 用户、ISDN 用户、IP 窄带网络用户、IP 宽带网络用户都可以享用软交换提供的业务，因此，它不仅为新兴运营商进入语音市场提供了有力的技术手段，也为传统运营商保持竞争优势开辟了有效的技术途径。目前各运营商都认为可以对软交换进行深入研究，探索其在网络发展、演进和融合过程中的作用。

（4）强大的业务功能

软交换可以利用标准的全开放应用平台为客户定制各种新业务和综合业务，最大限度地满足用户需求。特别是软交换可以提供包括语音、数据和多媒体等各种业务，这就是软交换被越来越多的运营商接受和利用的主要原因。

7.2.2　软交换系统的体系结构

1. 软交换系统的参考模型

软交换系统由传输平面、控制平面、应用平面、数据平面和管理层面构成，其系统结构如图

7-4 所示。

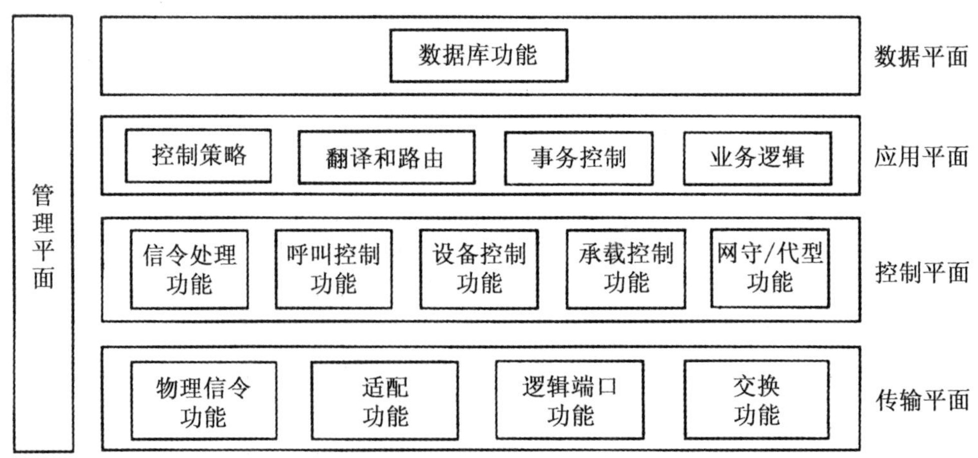

图 7-4　软交换系统的参考模型

2. 软交换在下一代通信网络中的位置

软交换系统在下一代网络中的位置如图 7-5 所示。

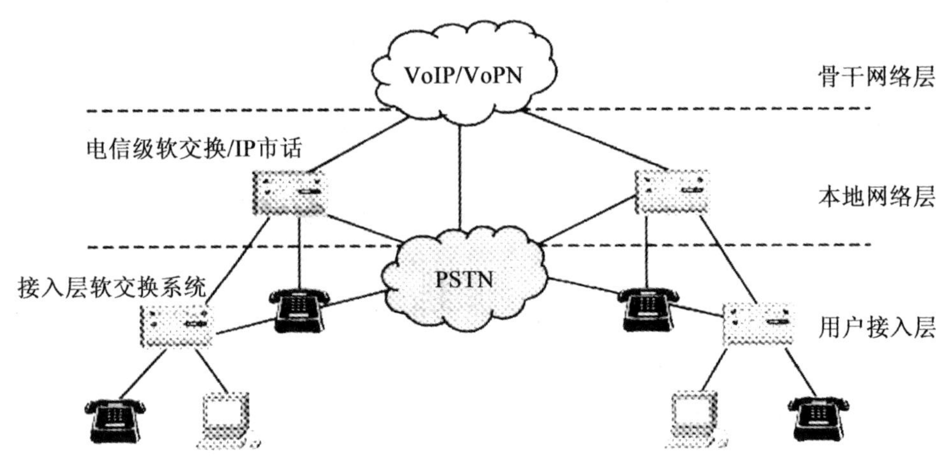

图 7-5　软交换在下一代网络中的位置示意图

根据传统通信网络的发展和演变，下一代电信网络将是以包交换为基本支撑网络的三层体系架构。其中，骨干层将由实现路由解析、域资源管理等功能的设备完成（如 H.323 体系中的 GK、SIP 体系中的重定位服务器等）。本地层将由软交换或 IP 市话等相关设备完成，为本地用户提供多媒体通信服务，并通过高层骨干网络管理设备与其他本地设备通信实现异地的用户间多媒体通信功能。而用户接入层将通过各种 MG（如与 PSTN 互通的 MG）、宽带接入设备、移动接入设备等接入至本地软交换处理。

3. 基于软交换技术的网络结构

在下一代网络中，应有一个较统一的网络系统结构。基于软交换技术的网络结构如图 7-6 所示。

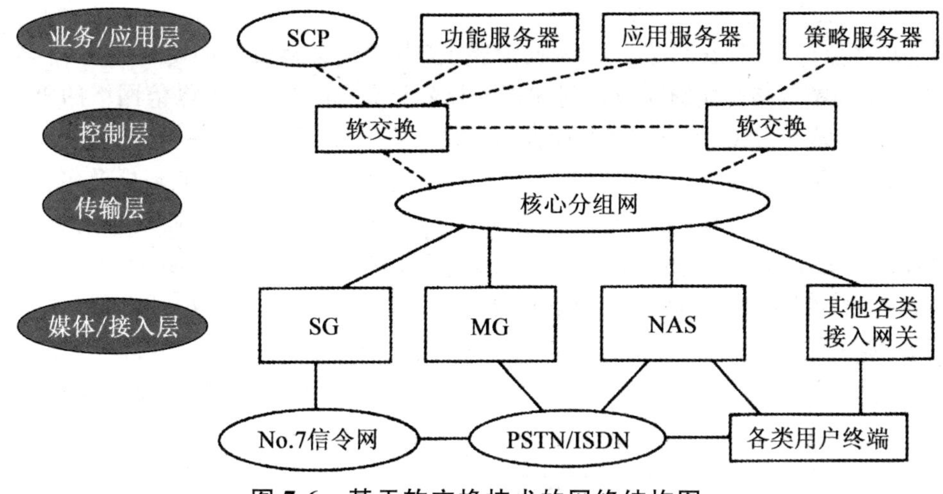

图 7-6　基于软交换技术的网络结构图

由图 7-6 可以看出，软交换位于网络控制层，较好地实现了基于分组网利用程控软件提供呼叫控制功能和媒体处理相分离的功能。

软交换与应用/业务层之间的接口提供访问各种数据库、三方应用平台、功能服务器等接口，实现对增值业务、管理业务和三方应用的支持。其中软交换与应用服务器间的接口可采用 SIP、API，以提供对三方应用和增值业务的支持；软交换与策略服务器间的接口对网络设备工作进行动态干预，可采用普通开放策略服务(Common Open Policy Service，COPS)协议；软交换与网关中心之间的接口实现网络管理，采用 SNMP；软交换与 INSCP 之间的接口实现对现有 IN 业务的支持，采用 INAP 协议。

应用服务器负责各种增值业务和智能业务的逻辑产生和管理，并且还提供各种开放的 API，为第三方业务的开发提供创作平台。应用服务器是一个独立的组件，与控制层的软交换无关，从而实现了业务与呼叫控制的分离，有利于新业务的引入。

MG 其主要功能是将一种网络中的媒体转换成另一种网络所要求的媒体格式。它提供 API，为第三方业务的开发提供创作平台。应用服务器是一个独立的组件，与控制层的软交换无关，从而实现了业务与呼叫控制的分离，有利于新业务的引入。

MG 其主要功能是将一种网络中的媒体转换成另一种网络所要求的媒体格式。它提供多种接入方式，如数据用户接入、模拟用户接入、ISDN 接入、V5 接入、中继接入等。

通过核心分组网与媒体层网关的交互，接收处理中的呼叫相关信息，指示网关完成呼叫。其主要任务是在各点之间建立关系，这些关系可以是简单的呼叫，也可以是一个较为复杂的处理。软交换技术主要用于处理实时业务，如语音业务、视频业务、多媒体业务等。

软交换之间的接口实现不同于软交换之间的交互，可采用 SIP-T、H.323 或 BICC 协议。

7.2.3　软交换设备功能

软交换设备是整个软交换网络的核心，主要完成呼叫控制功能，相当于软交换网络的“大脑”，是软交换网络中呼叫与控制的核心。

软交换作为多种逻辑功能实体的集合，提供综合业务的呼叫控制、连接以及部分业务提供功能，是下一代网络中语音/数据/视频业务呼叫、控制、业务提供的核心设备，也是目前电路交换网向下一代分组网演进的主要设备之一。

我国信息产业部在《软交换设备总体技术要求》中对软交换设备的定义如下:软交换设备(Soft Switch,SS)是电路交换网向分组网演进的核心设备,也是下一代电信网络的重要设备之一,它独立于底层承载协议,主要完成呼叫控制、媒体网关接入控制、资源分配、协议处理、路由、认证和计费等主要功能,并可以向用户提供现有电路交换机所能提供的业务以及多样化的第三方业务。

软交换网络的主要设计思想是业务/控制与传送/接入分离,各实体之间通过标准的协议进行连接和通信,其中软交换的主要功能包括以下几项:呼叫控制和处理功能、协议功能、业务提供功能、业务交换功能、互通功能、资源管理功能、计费功能、认证与授权功能、地址解析及路由功能、语音处理功能,以及与移动业务相关的功能等。软交换的功能结构示意图,如图7-7所示。

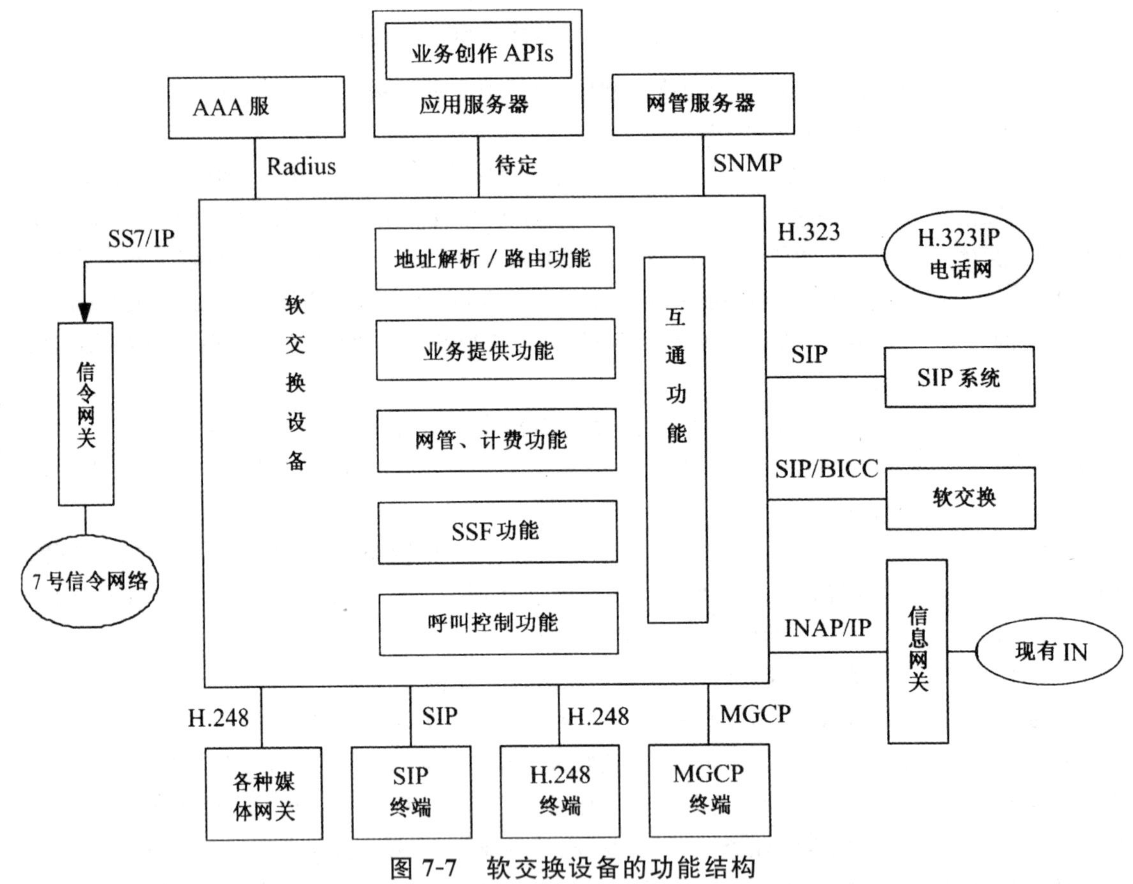

图 7-7 软交换设备的功能结构

1. 呼叫控制和处理功能

软交换可以为基本呼叫的建立、保持和释放提供控制功能,包括呼叫处理、连接控制、智能呼叫触发检出和资源控制等。

软交换应可以接收来自业务交换功能的监视请求,并对其中与呼叫相关的事件进行处理。接受来自业务交换功能的呼叫控制相关信息,支持呼叫的建立和监视。

支持基本的两方呼叫控制功能和多方呼叫控制功能，提供多方呼叫控制功能，包括多方呼叫的特殊逻辑关系、呼叫成员的加入/退出/隔离/旁听以及混音过程的控制等。

软交换应能够识别媒体网关报告的用户摘机、拨号和挂机等事件；控制媒体网关向用户发送各种音信号，如拨号音、振铃音和回铃音等；提供满足运营商需求的编号方案。

当软交换内部不包含信令网关时，软交换应该能够采用 SS7/IP 协议与外置的信令网关互通，完成整个呼叫的建立和释放功能，其主要承载协议采用 SCTP。

软交换应可以控制媒体网关发送 IVR，以完成诸如二次拨号等多种业务。

软交换可以同时直接与 H.248 终端、MGCP 终端和 SIP 客户端终端进行连接，提供相应业务。

当软交换位于 PSTN/ISDN 本地网时，应具有本地电话交换设备的呼叫处理功能。

当软交换位于 PSTN/ISDN 长途网时，应具有长途电话交换设备的呼叫处理功能。

2. 协议功能

开放性是软交换体系结构的一个主要特点，因此，软交换应具备丰富的协议功能。

①呼叫控制协议：ISUP、TUP、PRI、BRI、BICC、SIP-T 及 H.323 等。

②传输控制协议：TCP、UDP、SCTP、M3UA 及 M2PA 等。

③媒体控制协议：H.248、MGCP 及 SIP 等。

④业务应用协议：PARLY、INAP、MAP、LDAP 及 RADIUS 等。

⑤维护管理协议：SNMP 及 COPS 等。

它们分别应用于软交换与网络中其他部件之间，如软交换与媒体网关之间、软交换与信令网关之间、软交换与软交换之间、软交换与 H.323 终端之间等。

3. 业务提供功能

网络发展的根本目的是提供业务。目前，许多厂家提供的软交换可以支持电路交换机提供的业务，如软交换自身可以提供诸如呼叫前转、主叫号码显示、呼叫等待、缩位拨号、呼出限制、免打扰服务等程控交换机提供的补充业务，软交换还可以与现有智能网配合提供现有智能网提供的业务等。

下一代网络可以说是业务驱动的网络，软交换的引入主要是提供控制功能，而应用服务器(Application Server)则是下一代网络中业务支撑环境的主体，也是业务提供、开发和管理的核心，从这个角度来看，下一代网络是以软交换设备和应用服务器为核心的网络。软交换的业务提供功能应主要体现在可以与第三方合作，提供多种增值业务和智能业务。这样不仅增加了服务的种类，而且加快了服务应用的速度。

4. 业务交换功能

业务交换功能与呼叫控制功能相结合提供呼叫控制功能和业务控制功能(SCF)之间进行通信所要求的一系列功能。业务交换功能主要包括：

①业务交互作用管理。

②管理呼叫控制功能与 SCF 间的信令。

③业务控制触发的识别以及与 SCF 间的通信。

④按要求修改呼叫/连接处理功能，在 SCF 控制下处理 IN 业务请求。

软交换与网关设备共同完成智能网中 SSP 设备的功能，从而使得软交换网络的用户可以享有原智能网的业务。当软交换收到用户所拨叫号码后，经过号码分析识别为智能业务呼叫，则使用 INAP 协议通过信令网关将业务请求上报给 SCP，由 SCP 中的业务逻辑完成业务控制；软交换接收到 SCP 的指令后，控制网关设备完成媒体接续功能。

5. 互通功能

①提供 IP 网内 H.248 终端、SIP 终端和 MGCP 终端之间的互通。

②软交换应可以通过信令网关实现分组网与现有 No.7 信令网的互通。

③可以与其他软交换互通，它们之间的协议可以采用 SIP 或 BICC。

④可以通过软交换中的互通模块，采用 SIP 协议实现与未来 SIP 网络体系的互通。

⑤可以通过信令网关与现有智能网互通，为用户提供多种智能业务；允许 SCF 控制 VoIP 呼叫，且对呼叫信息进行操作(如号码显示等)。

⑥可以通过软交换中的互通模块，采用 H.323 协议实现与现有 H.323 体系的 IP 电话网的互通。

6. 资源管理功能

软交换应提供资源管理功能，对系统中的各种资源进行集中管理，如资源的分配、释放和控制等，接受网关的报告，掌握资源当前状态，对使用情况进行统计，以便决定此次呼叫请求是否进行接续等。

7. 计费功能

软交换应具有采集详细话单及复式计次功能，并能够按照运营商的需求将话单传送到相应计费中心。当使用记账卡等业务时，软交换应具备实时断线的功能。

软交换具有根据计费对象进行计费和信息采集的功能，并负责将采集信息送往计费中心。例如，当用户接入授权认证通过并开始通话时，由软交换启动计费计数器；当用户拆线或网络拆线时终止计费计数器，并将采集的原始记录数据 CDR(Call Detail Record)送到相应的计费中心，再由该计费中心根据费率生成账单，并汇总上交给相应的结算中心。再如，当采用账号(如记账卡用户)方式计费时，软交换应具有计费信息传送和实时断线功能。在用户接入授权认证通过后，与软交换连接的计费中心应从用户数据库(漫游用户应在其开户地计费中心查找)提取余额信息并折算成最大可通话时间传给软交换设备，软交换设备启动相应的定时器以免用户透支。开始通话时由软交换设备启动计费计数器，在用户拆线或网络拆线时终止计费计数器。最终由软交换设备将采集的数据送到相应的计费中心，由该计费中心生成 CDR，并根据费率生成用户账单并扣除记账卡用户的一定的余额(对漫游用户应将账单送到其开户地相应的计费中心，由它负责扣除记账卡用户的一定的余额)，并汇总上交给相应的结算中心。

对智能业务的计费，主要是由 SCP 决定是否计费、计费类别及计费相关信息，但记录由软交换生成。当呼叫结束后，软交换将详细计费信息送往计费中心，将与分摊相关的信息送 IP 到 SCP，由 SCP 送往 SMP，再送到结算中心，由结算中心进行分摊。在软交换中应有计费类别(Charge Class)与具体的费率值的对应表。

计费的详细采集内容与各运营商的资费策略密切相关，但其主要内容可以包括日期、通话开始时间、通话终止时间、PSTN，qSDN 侧接通开始时间、PSTN/ISDN 侧释放时间、通话时长、卡号、接入号码、被叫用户号码、主叫用户号码、入字节数、出字节数、业务类别、主叫侧媒体网关/终端的 IP 地址、被叫侧媒体网关/终端的 IP 地址、主叫侧软交换设备 IP 地址、被叫侧软交换设备 IP 地址、通话终止原因等。

8. 认证与授权功能

软交换应能够与认证中心连接，并可以将所管辖区域内的用户及媒体网关信息（如 IP 地址及 MAC 地址等）送往认证中心进行认证和授权，以防止非法用户/设备的接入。

9. 地址解析及路由功能

软交换应可以完成 E. 164 地址至 IP 地址及别名地址至 IP 地址的转换功能，同时也可完成重定向的功能。

能够对号码进行路由分析，通过预设的路由原则（如拥塞控制路由原则）找到合适的被叫软交换，将呼叫请求送至被叫软交换。

10. 语音处理功能

软交换可以控制媒体网关之间语音编码方式的协商过程，语音编码算法至少包括 G. 711、G. 729 和 G. 723 等。呼叫建立之前，软交换会分别向主/被叫网关发送可选的（按优先级由高到低的）编码方式列表，网关根据自身情况回送（按优先级由高到低的）编码方式列表，最后双方选取都支持的最高优先级编码方式，完成两个网关之间编码方式的协商。当网络发生拥塞时，软交换会控制网关设备切换至压缩率高的编码方式，减少网络负荷。当网络负荷恢复至正常时，软交换会控制网关设备切换至压缩率低的编码方式，提高业务质量。

软交换可以控制媒体网关是否采用回声抑制功能，提供的协议应至少包括 G. 168 等。软交换能够向媒体网关提供语音包缓存区的最大容量，以减少抖动对语音质量带来的影响。软交换可以控制媒体网关的增益的大小，并控制中继网关是否执行导通检验过程。

11. 与移动业务相关的功能

软交换具备无线市话交换局、移动交换局能提供的相关功能，包括用户鉴权、位置查询、号码解析及路由分析、呼叫控制、业务提供和计费等功能。

7.2.4　软交换协议

软交换作为一个开放的实体，与外部的接口采用开放的协议。图 7-8 所示为软交换提供的一些外部接口。

1. H. 248/MEGACO 协议

H. 248 和 MEGACO 协议均称为媒体网关控制协议，应用在媒体网关和软交换之间、软交换与 H. 248/MEGACO 终端之间，如图 7-9 所示。

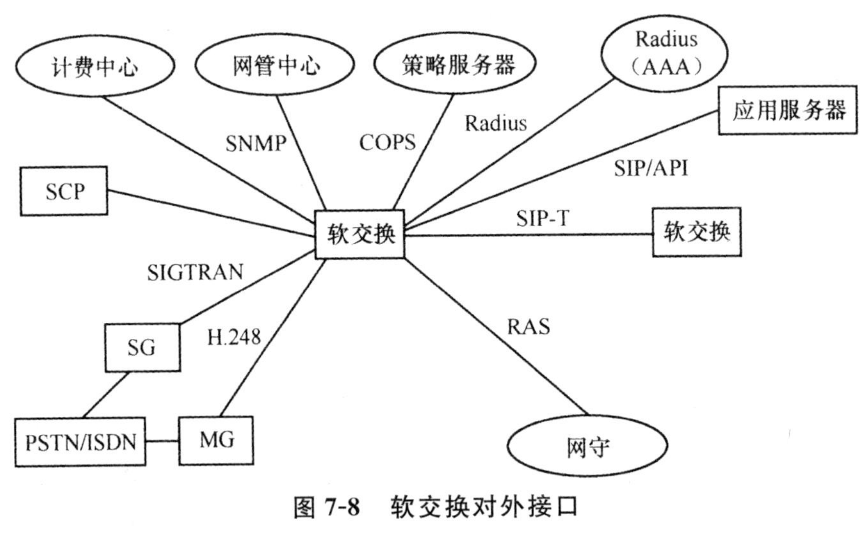

图 7-8　软交换对外接口

图 7-9　H. 248/MEGACO 的应用范围

H. 248 是由 ITU-T 第 16 组提出来的，而 MEGACO 是由 IETF 提出来的。两个标准化组织在制定媒体网关控制协议过程中，相互联络和协商，因此，H. 248 和 MEGACO 协议的内容基本相同。它们引入了终节点(Termination)和关联(Context)两个重要概念。

终节点为媒体网关或 H. 248 终端上发起或终接媒体或控制流的逻辑实体，一个终节点可发起或支持多个媒体或控制流，中继时隙 DS0、RTP 端口或 ATM 虚信道均可以用 Termination 进行抽象。关联用来描述终节点之间的连接关系。例如，拓扑结构、媒体混合或交换的方式等。

H. 248 协议包括以下 8 条命令。

①添加(Add)。此命令由软交换向媒体网关或 H. 248 终端发起，其功能是向关联中添加终接点。

②减去(Substract)。此命令由软交换向媒体网关或 H. 248 终端发起，其功能是从关联中删除终接点。

③移动(Move)。此命令由软交换向媒体网关或 H. 248 终端发起，其功能是将终接点从一个关联移到另一个关联中。

④修改(Modify)。此命令由软交换向媒体网关或 H. 248 终端发起，其功能是修改连接上的属性、信号或事件等参数。

⑤审核值(Audit value)。此命令由软交换向媒体网关或 H. 248 终端发起，其功能是查询终接点上的当前特征。

⑥审核能力(Audit Capabilities)。此命令由软交换向媒体网关或 H. 248 终端发起，其功能是查询终接点所支持的功能特性。

⑦通报(Notify)。此命令由媒体网关或 H.248 终端向软交换发起，其功能是向软交换报告其检测或发生的事件。

⑧业务改变(Service Change)。此命令既可以由软交换向媒体网关或 H.248 终端发起，也可以由媒体网关或 H.248 终端向软交换发起，当注册、启动或发生故障时都可以使用该命令，其功能是用来向对方报告当前状态的改变。

由于 H.248/MEGACO 是 ITU-T 和 IETF 共同推荐的协议，因此，许多设备制造商和运营商看好这个协议。

2. H.323 协议

H.323 是一套较为成熟的电信级 IP 电话体系协议。1996 年 ITU 通过 H.323 规范时，是作为 H.320 的修改版，用于 LAN 上的会议电视。经过几次改版后，H.323 成为 IP 网关/终端在分组网上传送话音和多媒体业务所使用的核心协议，包括点到点、点到多点会议、呼叫控制、多媒体管理、带宽管理、LAN 与其他网络的接口等。H.323 建议是为多媒体会议系统而提出，并不是为 IP 电话专门提出的，只是 IP 电话，特别是电话到电话经由网关的这种 IP 电话工作方式，可以采用 H.323 建议来完成它要求的工作，因而 H.323 建议被“借”过来作为 IP 电话的标准。对 IP 电话来说，它不只用 H.323 建议，而且用了一系列建议，其中有 H.225、H.245、H.235、H.450、H.341 等。只是 H.323 建议是“总体技术要求”，因而通常把这种方式的 IP 电话称为 H.323 IP 电话。H.323 建议是一个较为完备的建议书，它提供了一种集中处理和管理的工作模式。这种工作模式与电信网的管理方式是适配的，尤其适用于从电话到电话的 IP 电话网的构建(目前国内 IP 电话网络全部采用 H.323)。

3. MGCP 协议

MGCP 协议是 H.323 电话网关分解的结果，由 IETF 的 MEGACO 工作组制定，具体内容可参考 IETFRFC2705。在软交换系统中，MGCP 协议主要用于软交换与媒体网关或软交换与 MGCP 终端之间控制过程。如图 7-10 所示。

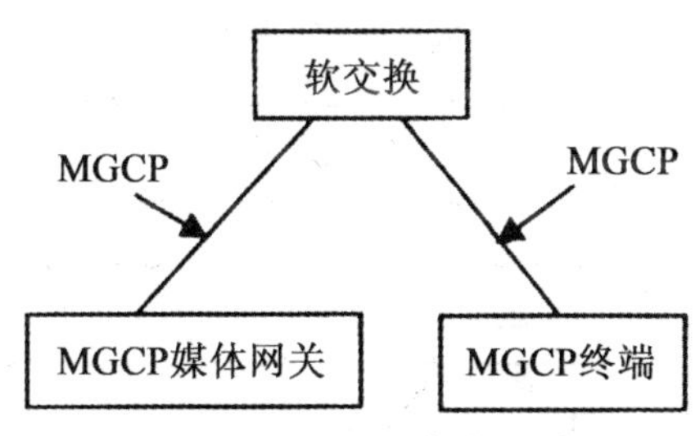

图 7-10　MGCP 的应用范围

MGCP 协议模型基于端点和连接两个构件进行建模。端点用来发送或接收数据流，可以是物理端点或虚拟端点；连接则由软交换控制网关或终端在呼叫所涉及的端点间进行建立，可以使点到点、点到多点连接。一个端点上可以建立多个连接，不同呼叫的连接可以终接于同一个端点。

MGCP 命令分成连接处理和端点处理两类，共有如下 9 条命令。

①端点配置(Endpoint Configuation)。软交换通过此命令来规定端点所接收信号的编码格式，它由软交换发给媒体网关或 MGCP 终端。

②通报请求(Notification Request)。此命令由软交换发送给媒体网关,指示网关要监视或报告的事件。

③通报(Notify)。由媒体网关或MGCP终端发送给软交换,用来向软交换报告事件。

④创建连接(Create Connection)。此命令由软交换发送给媒体网关或MGCP终端,软交换通过该命令在端点间创建连接。

⑤通报连接(Notify Connection)。此命令由软交换发送给媒体网关或MGCP终端,软交换通过该命令来改变连接属性。

⑥删除连接(Delete Connection)。此命令即可由软交换发送给媒体网关或MGCP终端,也可由媒体网关或MGCP终端发送给软交换,用于删除连接,同时还具有通过它来收集有关连接执行结果的辅助作用。

⑦审核端点(Audit Endpoint)。此命令由软交换发送给媒体网关或MGCP终端,用于软交换查看端点状态。

⑧审核连接(Audit Connection)。此命令由软交换发送给媒体网关或MGCP终端,用于软交换查看与连接相关的参数。

⑨重启进程(Restart InProgress)。此命令由媒体网关或MGCP终端发送给软交换,用于告诉软交换进入或退出服务。

由于MGCP比MAGACO推出的时间早,因此,目前许多厂家开发的终端和媒体网关均支持MGCP协议。

4. SIP协议

SIP是会话启动协议,是由IETF提出并主持研究的一个在IP网络上进行多媒体通信的应用层控制协议,它被用来创建、修改和终结一个或多个参加者参加的会话进程。其设计思想与H.248、MEGACO/MGCP完全不同,SIP采用基于文本格式的客户机-服务器方式,以文本的形式表示消息的语法、语义和编码,客户机发起请求,服务器进行响应。如图7-11所示,SIP主要用于SIP终端和软交换之间、软交换和软交换之间以及软交换和各种应用服务器之间。总的来说,会话启动协议能够支持下列5种多媒体通信的信令功能。

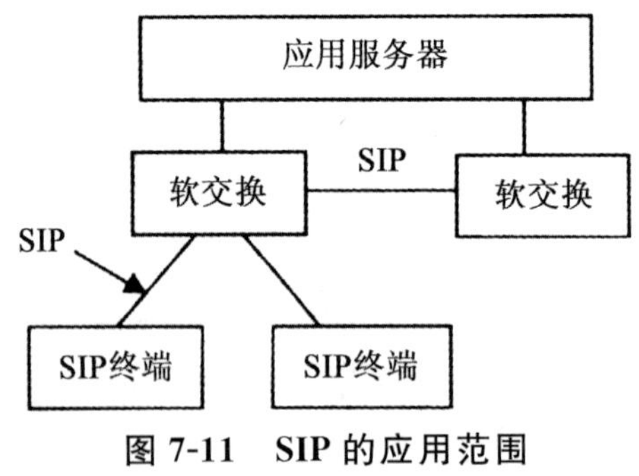

图7-11 SIP的应用范围

①用户位置:确定参加通信的终端用户的位置。

②用户通信能力协商:确定通信的媒体类型和参数。

③用户意愿交互:确定被叫为是否愿意参加某个通信。

④建立呼叫:包括向被叫“振铃”,确定主叫和被叫间的呼叫参数。

⑤呼叫处理和控制：包括呼叫重定向、呼叫转移、终止呼叫等。

5．SCTP协议

SCTP(流控制传送协议)主要在无连接的网络上传送PSTN信令信息，该协议可以在IP网上提供可靠的数据传输。SCTP可以在IP网上承载No.7信令，完成IP网与现有的No.7信令网和智能网的互通。同时，SCTP还可以承载H.248、ISDN、SIP、BICC等控制协议，因此可以说，SCTP是IP网上控制协议的主要承载者。图7-12所示为ISUP承载在TCP层上的情形，1个单数据“管道”为3个呼叫传送所有的ISUP消息。图7-13则是SCTP上传送ISUP的情形。

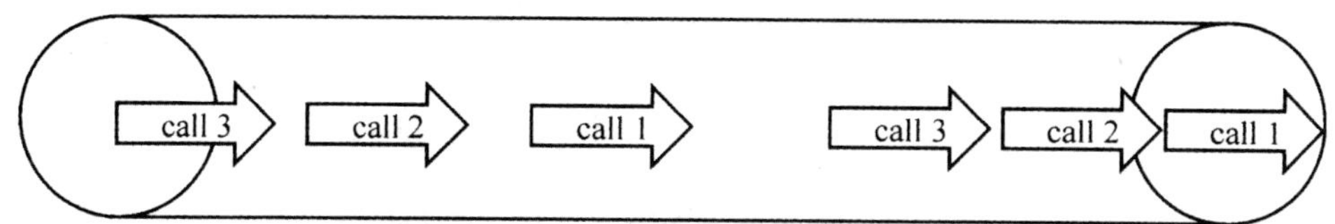

图7-12　ISUP承载在TCP层上的情形

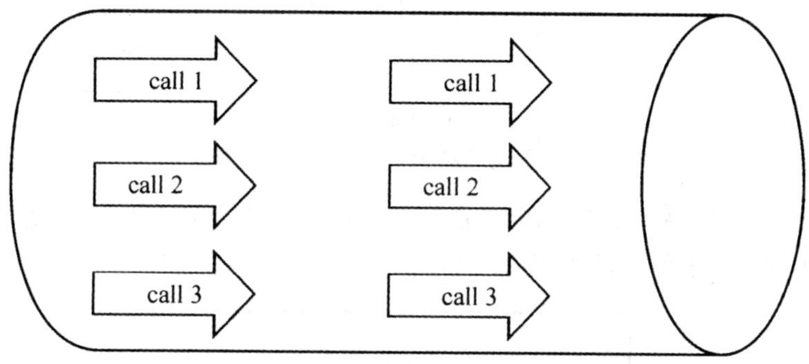

图7-13　SCTP上传送ISUP的情形

SCTP具有以下特点。

①SCTP是一个单播协议，数据交换是在两个已知端点间进行。

②它定义的定时器间隔比TCP协议的更短。

③提供可靠的用户数据传输，检测什么时间数据被损坏或乱序，需要时可进行修复。

④速率适应，可对网络拥塞作出响应，并按需要阻止回传。

⑤支持多导航，每个SCTP端点可能被多个IP地址识别，对一个地址进行选路与其他地址无关，如果一条路由不可用，将会使用另一条路由。

⑥使用基于Cookies的初始过程，以防止因业务冲突而遭拒绝。

⑦支持捆绑，在单个SCTP消息中可以包含多个数据块，每块都可以包含一个完整的信令消息。

⑧支持划分，单个信令消息可以被划分为多个SCTP消息，以便满足低层PDU的需要。

⑨以面向消息的形式定义数据帧的结构，相反，TCP协议在传送字节流时不强调结构。

⑩具有多流的能力，数据被分成多个流，每个流都按独立的顺序传送，但TCP协议没有这样的特点。

6．BICC协议

BICC协议提供了支持独立于承载技术和信令传送技术的窄带ISDN业务，BICC协议属于应用层控制协议,可用于建立、修改、终结呼叫。

支持 BICC 信令的节点有多种,这些节点可以是具有承载控制功能(BCF)的服务节点(SN),也可以是不具有承载控制功能的媒体节点。图 7-14 所示是具有承载控制功能的服务节点模型。

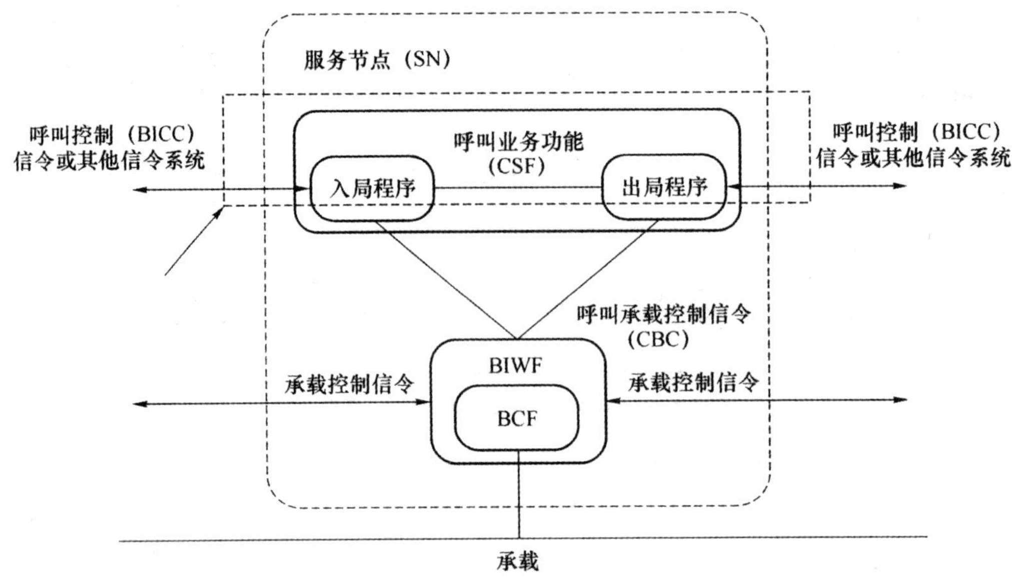

图 7-14 具有承载控制功能的服务节点模型

图 7-15 给出了 BICC 协议模型。BICC 协议具有呼叫信令和承载信令功能分离的特点,通过 BCF 接收/发送承载信令事件。显然,BICC 并不是用于 SIP 体系的,它只可能与 H.323 网络配用。

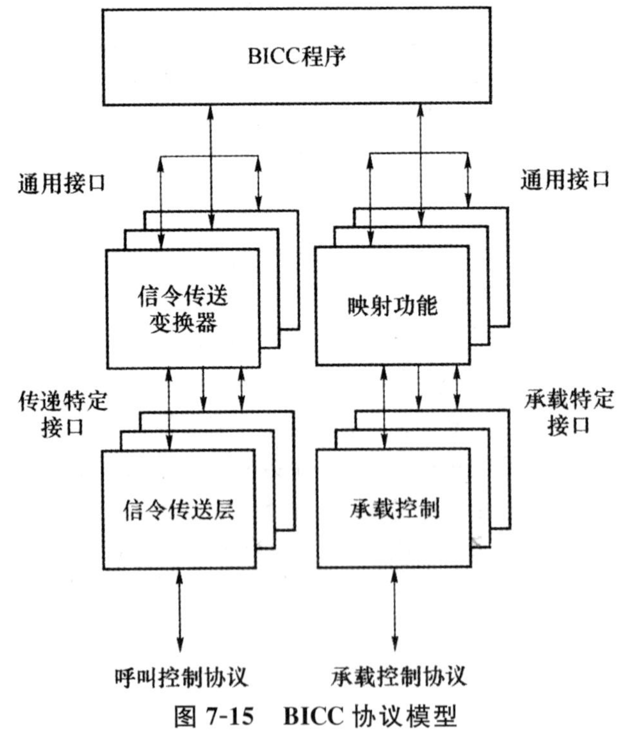

图 7-15 BICC 协议模型

7. M2PA 协议

M2PA(MTP2 层用户对等适配层协议)是把 No.7 信令的 MTP3 层适配到 SCTP 层的协议,它描述的传输机制可以使任何两个 No.7 节点通过 IP 网上的通信完成 MTP3 消息处理和信令网管理功能,因此,能够在 IP 网连接上提供与 MTP3 协议的无缝操作。此时,软交换具有一个独立的信令点。M2PA 提供的传输机制支持 IP 网络连接上的 MTP3 协议对等层的操作。

8. M3UA 协议

M3UA(MTP3 层用户适配层协议)是把 No.7 信令的 MTP3 层用户信令适配到 SCTP 层的协议。它描述的传输机制支持全部 MTP3 用户消息(TUP、ISUP、SCCP)的传送、MTP3 用户协议对等层的无缝操作、SCTP 传送和话务管理、多个软交换之间的故障倒换和负荷分担以及状态改变的异步报告。M3UA 和上层用户之间使用的原语同 MTP3 与上层用户之间使用的原语相同,并且在底层也使用了 SCTP 所提供的服务。

7.3 移动 IPv6

越来越多的移动用户都希望能够以更加灵活的方式接入到 Internet 中去,而不会受到时空的限制。移动 IP 技术正式适应这种需求而产生的一种新的支持移动用户和 Internet 连接的互联技术,它能使移动用户在移动自己位置的同时无需中断正在进行的网络通信。

7.3.1 移动 IPv6 的基本术语及组成

1. 移动 IPv6 的基本术语

①移动节点(Mobile Node,MN):指移动 IPv6 中能够从一个链路的连接点移动到另一个链路的连接点,仍能通过其家乡地址被访问的节点。

②通信节点(Correspondent Node,CN):指所有与移动节点通信的节点,通信节点可以是静止的,也可以是移动的。

③家乡代理(Home Agent,HA):指移动节点家乡链路上的一个路由器。当移动节点离开家乡时,家乡代理允许移动节点向其注册当前的转交地址。

④家乡地址(Home Address):指分配给移动节点的 IPv6 地址。它属于移动节点的家乡链路,标准的 IP 路由机制会把发给移动节点家乡地址的分组发送到其家乡链路。

⑤转交地址(Care of Address,CoA):指移动节点访问外地链路时获得的 IPv6 地址。这个 IP 地址的子网前缀是外地子网前缀。移动节点同时可得到多个转交地址,其中注册到家乡代理的转交地址称为主转交地址。

⑥家乡链路(Home Link):对应于移动节点家乡子网前缀的链路。标准 IP 路由机制会把目的地址是移动节点家乡地址的分组转发到移动节点的家乡链路。

⑦外地链路(Foreign Link):对于一个移动节点而言,指除了其家乡链路之外的任何链路。

⑧移动(Movement):指移动节点改变其网络接入点的过程。如果移动节点当前不在它的家乡链路上,则称为离开家乡。

⑨子网前缀(Subnet Prefix):指同一网段上的所有地址中前面的相同部分。子网前缀是前缀路由技术的基础,IPv6 中子网前缀的概念与 IPv4 中的子网掩码的概念类似。

⑩家乡子网前缀(Home Subnet Prefix):指对应于移动节点家乡地址的 IP 子网前缀。

⑪外地子网前缀(Foreign Subnet Prefix):对于一个移动节点而言,指除了其家乡链路之外的任何 IP 子网前缀。

⑫绑定(Binding):绑定也称为注册,是指移动节点的家乡地址和转交地址之间建立的对应关系。家乡代理通过这种关联把发送到家乡链路的属于移动节点的分组转发到其当前位置,通信节点通过这种关联也可以知道移动节点的当前接入点,从而实现通信的路由优化。

2. 移动 IPv6 的组成

移动 IPv6 与移动 IPv4 一样,同样包括家乡链路(Home Link)和外地链路(Foreign Link)的概念。家乡链路就是具有本地子网前缀的链路,移动节点使用本地子网前缀来创建家乡地址(Home Address)。外地链路就是非移动节点家乡链路的链路,外地链路具有外地子网前缀,移动节点使用外地子网前缀创建转交地址(care-of Address)。

移动 IPv6 中的家乡地址和转交地址的概念与移动 IPv4 中的基本相同。其中,移动 IPv6 的家乡地址就是移动节点在家乡链路时所获得的地址,无论移动节点位于 IPv6 互联网中的哪个位置,移动节点的家乡地址总是可到达的。移动 IPv6 的转交地址是移动节点位于外地链路时所使用的地址,由外地子网前缀和移动节点的接口 ID 组成。移动节点可同时具有多个转交地址,但是仅有一个转交地址可以在移动节点的家乡代理(Home Agent)中注册为主转交地址。

与移动 IPv4 不同,在移动 IPv6 中只有家乡代理的概念,而取消了外地代理。移动节点的家乡代理是家乡链路上的一台路由器,主要是负责维护离开本地链路的移动节点,以及这些移动节点所使用的地址信息。如果移动节点位于家乡链路,则家乡代理的作用与一般的路由器相同,它将目的地为移动节点的数据包正常转发给移动节点;当移动节点离开家乡链路时,则家乡代理将截取发往移动节点家乡地址的数据包,并将这些数据包通过隧道发往移动节点的转交地址。

在移动 IPv6 中,还有一个重要的组成部分就是对端节点。对端节点是与离开家乡的移动节点进行通信的 IPv6 节点。对端节点可以是一个固定节点,也可以是一个移动节点。移动 IPv6 的组成如图 7-16 所示。

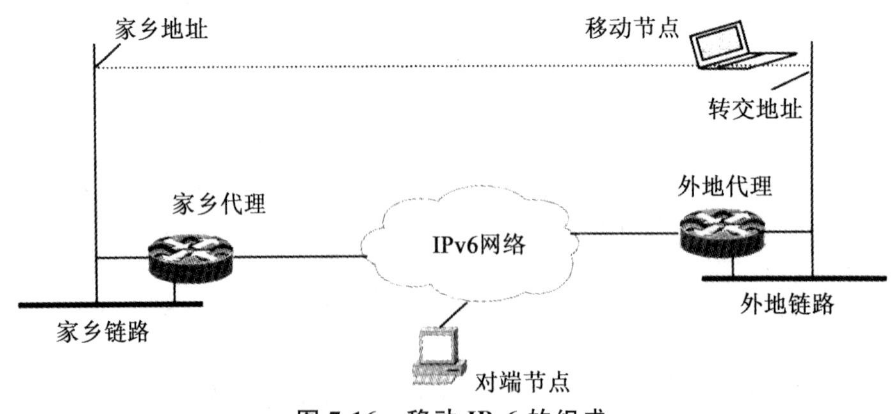

图 7-16 移动 IPv6 的组成

7.3.2　移动 IPv6 的工作原理

移动 IPv6 的工作过程分为 3 个部分：路由器发现、位置登记和收发数据包，如图 7-17 所示。

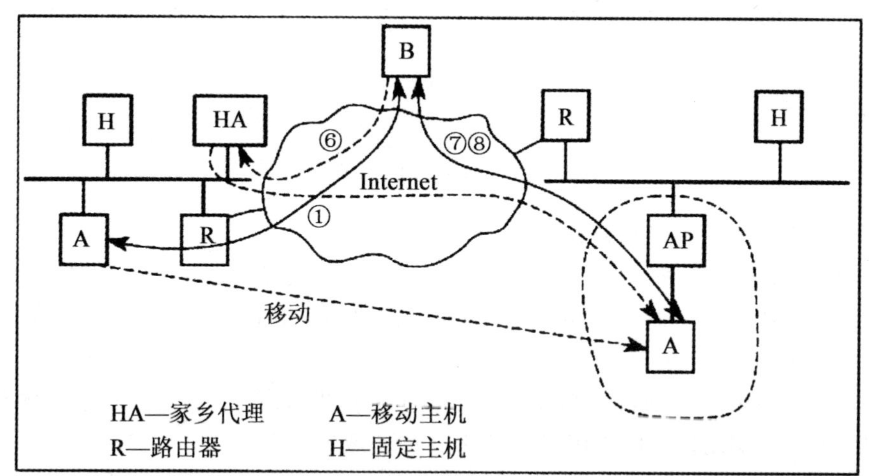

图 7-17　移动 IPv6 的工作原理

①移动节点利用路由器发现机制来确定其当前位置。

②如果移动节点属于在它的家乡链路上，则和固定主机或路由器一样，以相同的机制收发数据包。

③当移动节点在外地链路上时，可利用 IPv6 定义的地址自动配置机制获得其转交地址。

④移动节点将其转交地址通知给它的家乡代理，同时，移动节点也可将它的转交地址通知给对应的通信节点，并更新其绑定缓存列表。

⑤不知道移动节点转交地址的通信节点所发出的包首先要发送到移动节点的家乡网络，再由家乡代理通过隧道技术将其发送到移动节点的转交地址，移动节点解开数据包并更新其绑定缓存列表，直接将包发送到通信对端，通信对端接收数据包并更新其绑定缓存列表。

⑥如果通信节点知道移动节点的转交地址，就可利用 IPv6 的选路报头直接将数据包发送到移动节点的转交地址。

⑦由移动节点发出的数据包直接路由到目的节点，而不需要任何特殊的转发机制。

⑧如果移动节点离开家乡网络后，由于家乡网络配置变更或其他原因，导致移动节点无法找到家乡代理。这时，移动 IPv6 就会利用“动态家乡代理发现机制”通过发送 ICMP 家乡代理地址发现请求消息，得到当前家乡链路上的家乡代理地址，从而保证能够注册其转交地址。

7.3.3　移动 IPv6 报文

1. 移动报头

移动 IPv6 定义了一个移动报头，其实质是一个新的 IPv6 扩展报头，主要作用是承载移动节点、通信节点和家乡代理间在绑定管理过程中使用的移动 IP 消息，这些消息都是封装在 IPv6 的扩展报头之中进行传送的。移动报头是通过前一个扩展报头的“下一个扩展报头”字段值 135 进行标识的，其格式如图 7-18 所示。

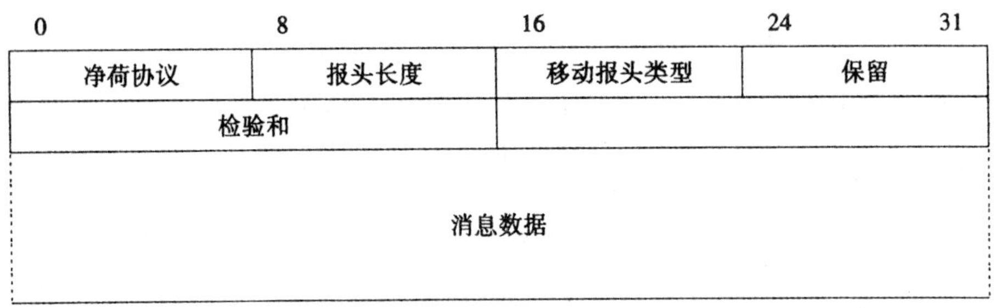

图 7-18　移动报头的格式

移动报头中各自的的含义解释如下：

①净荷协议(Payload Protocol)：占 8bit，表示紧跟在移动报头之后的报头类型，使用 IPv6 下一个报头字段中的相同值。该字段用于进一步扩展。根据 RFC 3775 的规定，其值应该设置为 IPPROTO_NONE(59)。

②报头长度(Header Len)：占 8bit，值为无符号整数，指定了以 8B 为单位表示的移动报头的长度，不包括前 8B。移动报头的长度必须是 8bit 的整数倍。

③移动报头类型(MH Type)：占 8bit，指明了移动报头的报文类型，不能识别的移动报头类型会导致返回一个错误标识。

④保留(Reserved)：占 8bit，用于将来扩充使用。发送方必须将该值初始化为 0，接收方必须忽略该字段。

⑤校验和(Checksum)：占 16bit，该字段包含移动报头的校验和。校验和是以整个移动报头之前的以净荷协议字段开始的伪报头(Pseudo-header)为基础进行计算的。伪报头包含 IPv6 协议在上层校验和中指定的 IPv6 报头字段。伪报头使用的下一个报头值为 2。伪报头中使用的地址是携带移动报头的 IPv6 数据中出现的源地址和目的地址。

⑥报文数据(Message Data)：长度可变，包含对应移动报头类型(MH Type)值的移动选项。

2. 绑定更新请求报文

绑定更新请求报文(Binding Refresh Request Message，BRR)要求移动节点更新其移动绑定，移动报头类型字段的取值为 0，移动报头中报文数据内容为绑定更新请求报文的格式，如图 7-19 所示。

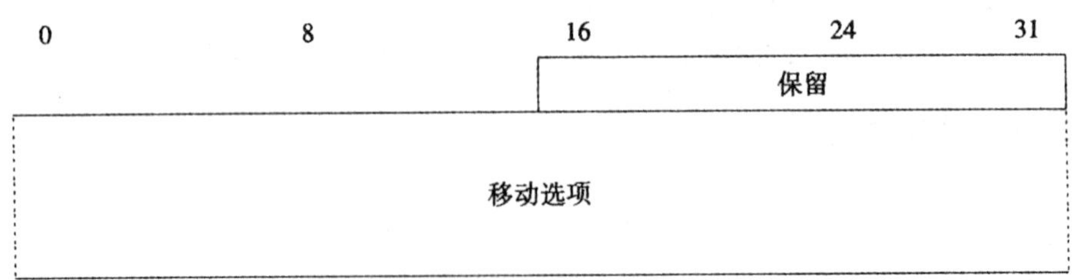

图 7-19　绑定更新请求报文的格式

绑定更新请求报文的报文数据部分有两个字段，含义解释如下：

①保留(Reserved)：占 16bit，发送方将该字段值设置为全 0，接收方将忽略该字段。

②移动选项(Mobility Options):该字段包含0个或多个TVL(类型-长度-值)编码的移动选项,接收方将忽略和跳过其无法解析的选项。该字段的长度必须是8B的整数倍。若该报文中不存在实际选项,不需要填充位,此时首部长度字段的值将设置为0。移动选项允许对已定义的绑定更新请求报文格式做进一步扩展。

3. 家乡测试初始报文

家乡测试初始报文(Home Test Init Message,HoTI)用于返回路径可达过程,并请求来自对端节点的家乡密钥生成令牌。移动报文类型字段的取值为1,移动报文中报文数据内容为家乡测试初始报文的格式,如图7-20所示。

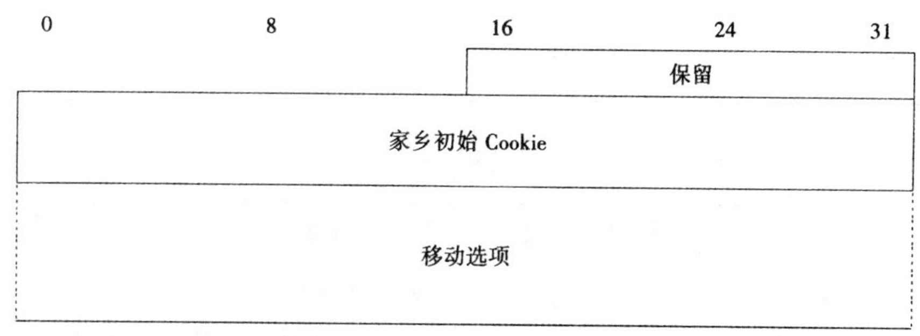

图7-20　家乡测试初始报文的格式

家乡测试初始报文的报文数据部分有3个字段,含义解释如下:

①保留(Reserved):占16bit,发送方必须将其初始化为0,接收方必须忽略该字段。

②家乡初始Cookie(Home Init Cookie):占64bit,由移动节点生成的一个随机值。

③移动选项(Mobility Options):依照报头长度的要求,移动选项的长度必须是8B的整数倍。该字段包含零或更多TVL编码的移动选项。接收方必须忽略和跳过任何其无法解析的选项。RFC 3775未定义任何对于家乡测试初始报文有效的选项。若该报文中不存在实际选项,不需要填充位,此时报头长度字段将设为1。

4. 转交测试初始报文

转交测试初始报文(Care-of Test Init,CoTI),移动节点使用该报文初始化返回路由可达过程,向通信节点请求转交密钥生成令牌。CoTI报文的格式同HoTI的几乎一样,不同的只是把家乡初始Cookie替换为转交初始Cookie。移动报文类型字段的取值为2,移动报文中报文数据内容为转交测试初始报文的格式,如图7-21所示。

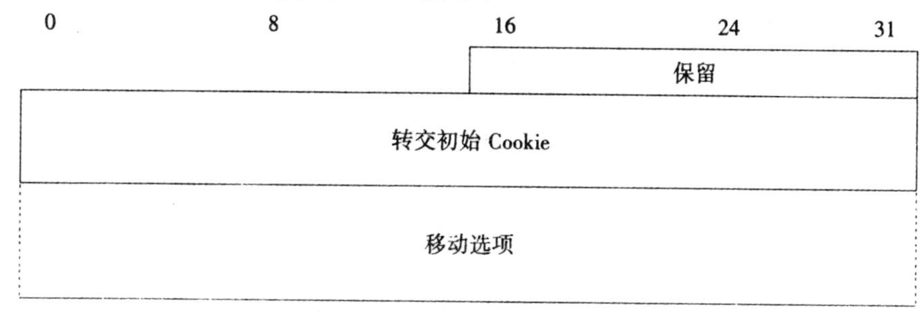

图7-21　转交测试初始报文的格式

5. 家乡测试报文

家乡测试报文(Home Test Message,HoT)是对家乡转变测试初始报文的应答,是通信节点发往移动节点的。移动报文类型字段的取值为3,移动报文中报文数据内容为家乡测试报文的格式,如图7-22所示。

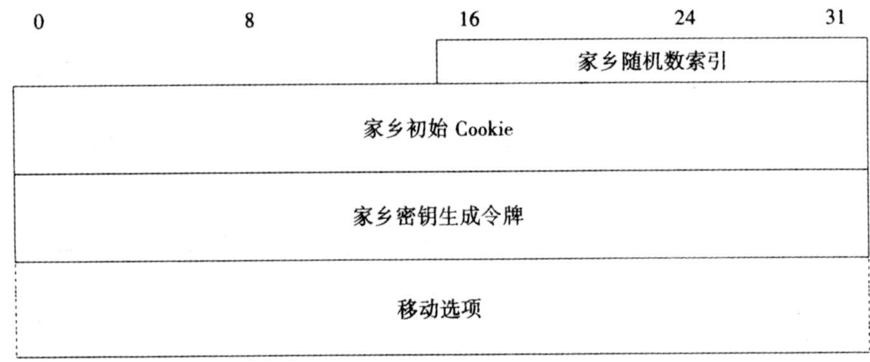

图 7-22 家乡测试报文的格式

家乡测试报文的报文数据部分有4个字段,含义解释如下:

①家乡随机数索引(Home Nonce Index):由通信节点生成后发送给移动节点,为以后移动节点对通信节点进行绑定更新。

②家乡初始 Cookie(Home Init Cookie):占64bit,内容为家乡初始 Cookie,它是由移动节点生成的一个随机值。

③家乡密钥生成令牌(Home Keygen Token):占64bit,根据通信节点密钥计算出来的数值。

④移动选项(Mobility Options):依照报头长度的要求,移动选项的长度必须是8B的整数倍。RFC 3775未定义任何对于家乡测试请求报文有效的选项。若该报文中不存在实际选项,不需要填充位,此时报头长度字段将设为2。

6. 转交测试报文

转交测试报文(Care-of Test Message,CoT)是对转交测试初始报文的响应,从通信节点发往移动节点。移动报文类型字段的取值为4,移动报文中报文数据内容为转交测试报文的格式,如图7-23所示。

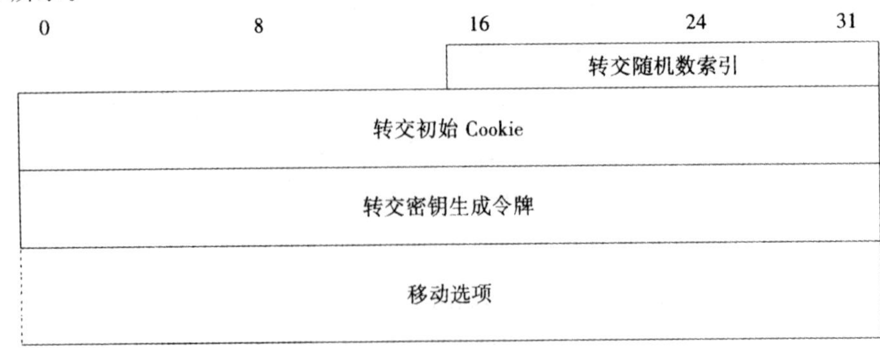

图 7-23 转交测试报文的格式

转交测试报文的报文数据部分有 4 个字段，含义解释如下：

①转交随机数索引(Care-of Nonce Index)：为以后移动节点对通信节点的绑定更新。

②转交初始 Cookie(Care-of Init Cookie)：占 64bit，内容为转交初始 Cookie 值，由移动节点生成的一个随机值。

③转交密钥生成令牌(Care-of Keygen Token)：占 64bit，根据通信节点密钥计算出来的数值。

④移动选项(Mobility Options)：依照报头长度的要求，移动选项的长度必须是 8B 的整数倍。RFC 3775 未定义任何对于转交测试请求报文有效的选项。若该报文中不存在实际选项，不需要填充位，此时报头长度字段将设为 2。

7. 绑定更新报文

绑定更新报文(Binding Updae，BU)是移动节点使用绑定更新报文通知其他节点(主要是通信节点或家乡代理)自己的新的转交地址。移动报文类型字段的取值为 5，移动报文中报文数据内容为绑定更新报文的格式，如图 7-24 所示。

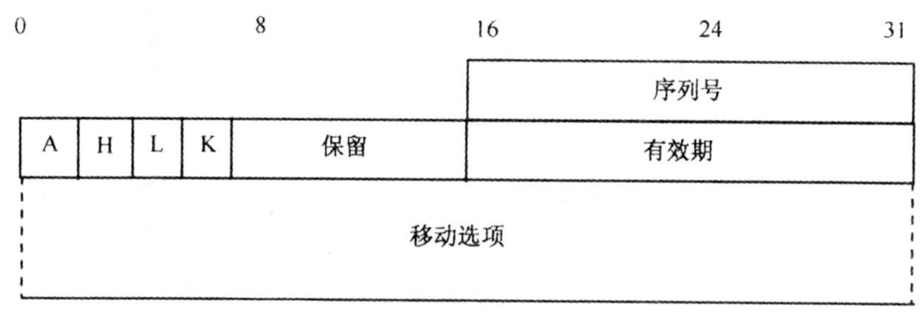

图 7-24 绑定更新报文的格式

绑定更新报文的报文数据部分有 8 个字段，含义解释如下：

①确认比特位 A(Acknowledgement)：移动节点设置此位，该位置 1，表示移动节点请求家乡代理或者通信节点在收到绑定更新后返回一个绑定确认。

②家乡注册比特位 H(Home Registration)：移动节点设置此位，该位置 1，表示移动节点请求接收者提供家乡代理服务，此时数据报的目的地址必须与移动节点的家乡地址具有相同的网络前缀。

③链路本地地址兼容比特位 L(Link-Local Address Compatibility)：移动节点的家乡地址和移动节点的链路本地地址具有相同的网络接口标识符部分时，该位改置为 1。

④移动性密钥管理能力位 K(Key Management Mobility Capability)：若手动设置 IPsec，必须设置该位的值为 0。该位仅在发送至家乡代理的绑定更新中有效，在其他绑定更新中应清除。通信节点应忽略该位。

⑤保留(Reserved)：发送方将该字段设置为全 0，接收方将忽略该字段。

⑥序列号(Sequence)：占 16bit，为无符号整数，接收方用于排序绑定更新，发送方用于匹配绑定确认和绑定更新。

⑦有效期(Lifetime)：占 16bit，无符号整数。指明绑定的有效时间，单位是 4s。若该字段值为 0，表明请求删除绑定记录。

⑧移动选项(Mobility Options)：在绑定更新中，移动选项可以是绑定授权数据选项(Binding Authorization Data Option)、随机数索引选项(Nonce Indices Option)和备用转交地址选项

(Alternate Care-of Address Option)。若该报文不存在实际选项,需要4B填充,且报头长度字段将设为1。

8. 绑定确认报文

绑定确认报文(Binding Acknowledgment Message,BA)用于确认收到了绑定更新,移动报文类型字段的取值为6,移动报文中报文数据内容为绑定确认报文的格式,如图7-25所示。

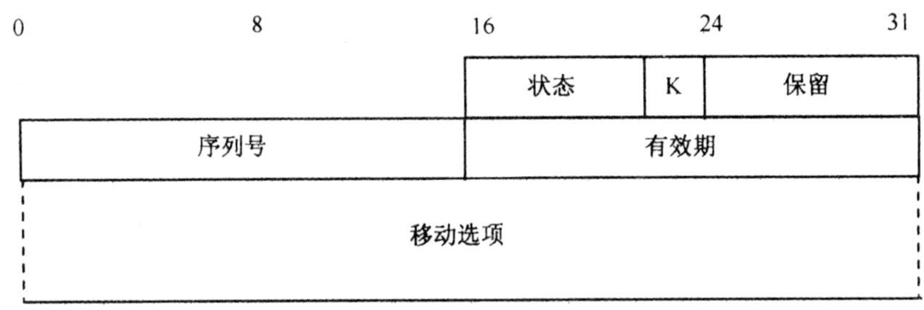

图 7-25 绑定确认报文的格式

绑定确认报文的报文数据部分有6个字段,含义解释如下:

①移动性密钥管理能力位K(Key Management Mobility Capability):用于家乡代理向移动节点发送绑定确认,涉及IPsec的处理,通信节点必须将其设为0。

②保留(Reserved):发送方将该字段设置为0,接收方必须忽略该字段。

③状态(Status):占8bit,无符号整数。移动节点可以通过该字段值判断绑定更新报文是否被接收,或失败的原因。该字段的值小于128表明更新被接收,大于等于128表明被拒绝。状态值编码的含义见表7-1。

表 7-1 绑定确认报文中的状态值列表

状态字段编码	含 义
0	接收的绑定更新
1	接收但需要前缀发现
128	未指定原因
129	管理层禁止
130	资源不足
131	不支持家乡注册
132	无家乡子网
133	无该移动节点的家乡代理
134	重复地址发现失败
135	序列号溢出
136	过期的 Home Nonce Index
137	过期的 Care of Nonce Index
138	过期的 Nonce
139	未过期的注册类型或改动

④序列号(Sequence)：占 16bit，为无符号整数，从绑定更新请求中复制。移动节点用它来匹配绑定更新请求和绑定确认。

⑤有效期(Lifetime)：占 16bit，无符号整数。指明绑定的有效时间，以 4s 为单位。若该字段值为 0，表明请求删除绑定记录。

⑥移动选项(Mobility Options)：该字段的长度必须是 8B 的整数倍。在绑定确认报文中，移动选项可以是绑定授权数据选项(Binding Authorization Data Option)、绑定刷新建议选项(Binding Refresh Advice Option)。若该报文不存在实际选项，需要 4B 填充，且报头长度字段将设为 1。

9. 绑定错误报文

绑定错误报文(Binding Error Message)，对端节点使用绑定错误报文表示与移动性相关的错误。移动报文类型字段的取值为 7，移动报文中报文数据内容为绑定错误报文的格式，如图 7-26 所示。

绑定错误报文的报文数据部分有 4 个字段，含义解释如下：

①状态(Status)：占 8bit，无符号整数。用于表示错误的原因，值为 1 时表示在没有绑定的情况下使用了家乡地址选项；值为 2 时表示通信对端接收到的消息中含有未知的移动报头类型。

②保留(Reserved)：发送方将该字段设置为 0，接收方必须忽略该字段。

③家乡地址(Home Address)：这个地址给出了引发这个错误消息的移动节点的家乡地址。

④移动选项(Mobility Options)：该字段包含 0 个或多个 TVL 编码的移动选项，接收方将忽略和跳过其无法解析的选项。该字段的长度必须是 8B 的整数倍。

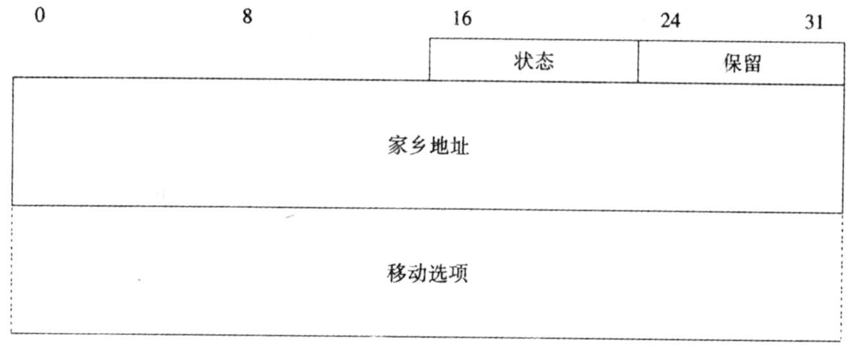

图 7-26　绑定错误报文的格式

对于不需要在所有发送的绑定错误报文中出现的消息内容，可能存在与这些绑定错误报文相关的附加信息。移动选项允许对已经定义的绑定错误报文格式做进一步扩展。

若该报文中不存在实际选项，不需要字节填充，且报头长度字段将设为 2。

7.3.4　移动 IPv6 中的关键技术

1. 移动 IPv6 的安全技术

从物理层与数据链路层角度来看，移动节点多数情况是通过无线链路接入，无线链路是一种开发的链路，容易遭受窃听、重放或其他攻击。

从网络层移动 IP 协议角度来看，移动节点通过家乡代理和外地代理不断地从一个网络移动到另一个网络，使用代理发现、注册与隧道机制，实现与对端的通信。

代理发现机制很容易遭到一个恶意节点的攻击，它可以发出一个伪造的代理通告，使得移动节点认为当前绑定失效。

移动注册机制很容易受到拒绝服务攻击与假冒攻击。典型的拒绝服务攻击是攻击者向本地代理发送伪造的注册请求，把自己的IP地址当作移动节点的转交地址。在注册成功后，发送到移动节点的数据分组就被转发到攻击者，而真正的移动节点却接收不到数据分组。攻击者也可以通过窃听会话与截取分组，储藏一个有效的注册信息，然后采取重放的办法，向家乡代理注册一个依靠的转发地址。

对于隧道机制，攻击者可以伪造一个从移动节点到家乡代理的隧道分组，从而冒充移动节点非法访问家乡网络。

移动IP面临着一般IP网络中几乎所有的安全威胁，而且有特有的安全问题，家乡代理、外地代理与通信对端，以及注册与隧道机制都可能成为攻击的目标，因此，移动IP的安全问题是研究的重要方向之一。

2. 移动IPv6快速切换技术

移动IPv6已经提供了切换过程，但是在某些情况下不适合支持实时应用程序。研究切换的目的是要减少切换的延迟和丢包率，这样，移动IPv6才能很好地运行实时应用的移动节点的移动问题。

快速切换于2005年7月成为IETF发布的“移动IPv6的快速切换(Fast Handover for Mobile IPv6,FMIPv6)”协议标准，定义在RFC 4068中，其核心思想是有移动节点预测网络层的移动，在断开当前链路前，能够发现新的路由器和网络前缀并进行切换预处理。快速切换的工作过程如图7-27所示。

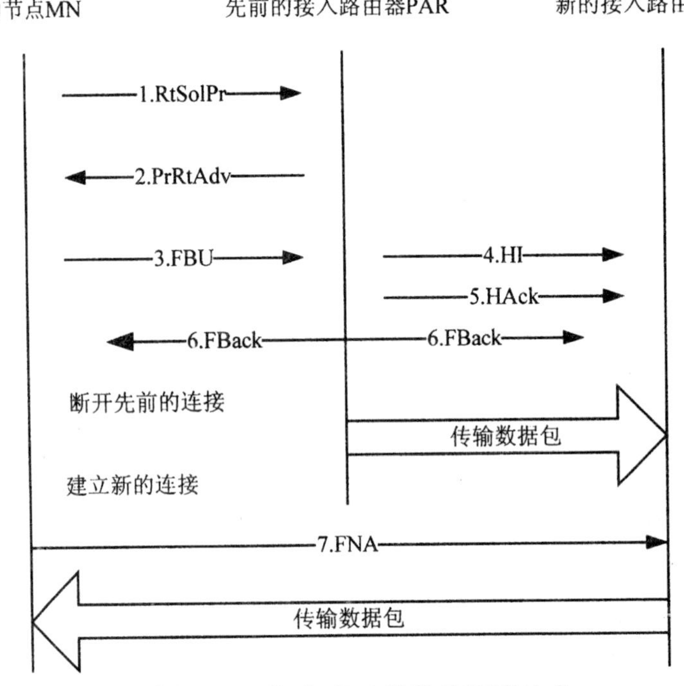

图7-27 移动IPv6的快速切换技术

图 7-27 中的切换过程包括以下操作。

①移动节点发送路由代理请求报文(Router Solicitation for Proxy,RtSolPr)上发现邻居接入路由器。当移动节点发现新的接入点(Access Point,AP)时,它预测到自己将要进行切换,于是发送 RtSolPr 消息给旧的接入路由器(Previous Access Router,PAR)。RtsolPr 包含新发现 AP 的标识符,以查询与其对应的新的接入路由器(New Access Router,NAR)的相关信息。

②移动节点收到代理路由通告报文(Proxy Router Advertisement,PrRtAdv),该报文由 PAR 发送给移动节点,作为对 RtSolPr 报文的响应。PrRtAdv 提供了与新发现 AP 相对应的 NAR 的子网前缀或者 IP 地址信息。移动节点使用这些信息配置新的转交地址(New Care-of Address,NCoA)。

③移动节点发送快速绑定更新报文(Fast Binding Update,FBU)到旧的接入路由器。这样,PAR 就可以建立移动节点旧的转交地址(Previous Care-of Address,PCoA)与 NCoA 的绑定以及它到 NAR 的分组转发隧道。

④旧的接入路由器发送切换初始化报文(Handover Initiate,HI)给新的接入路由器。在收到 FBU 消息之后,PAR 发送该报文给 NAR。HI 报文包含移动节点的 PCoA 和 NCoA,使得 NAR 可以通过重复地址检测过程检查 NCoA 的合法性。HI 报文的另外一个作用是建立 NAR 到 PAR 的反向隧道,该隧道将移动节点发送的分组转发给 PAR 新的接入路由器发送切换确认报文给旧的接入路由器。

⑤旧的接入路由器发送快速绑定确认报文(Handover Acknowledgement,HAck)给处于新链路上的移动节点,同时这个报文也发送到生成绑定更新报文的链路。该报文由 NAR 发送给 PAR,作为对 HI 报文的确认。它指示 NCoA 是合法的,或提供另一个合法的 NCoA 给移动节点。

⑥移动节点 MN 连接到新的链路后,发送快速邻居通告报文(Fast Binding Acknowledgement,Fback)给新的接入路由器。该报文由 PAR 发送给移动节点,指示 FBU 报文是否成功。否定的确认报文指明是因为 NCoA 不合法还是其他原因导致 FBU 失败。

⑦移动节点 MN 连接到新的链路后,发送快速邻居通告报文(Fast Neighbor Advertisement,FNA)。该报文由移动节点发送给 NAR,通告它的到达。FNA 报文同时触发一个路由器通告作为响应,指示 NCoA 是否合法。

3. 移动 IPv6 的服务质量支持

移动节点改变网络接入点时,数据报经过的网络链路会发生变化,在不同的网络链路中需要提供适当的服务质量支持。需要对运行在移动节点上的应用程序提供可用的服务质量保证。

移动 IPv6 服务质量支持技术主要有基于 RSVP 的移动 IPv6 服务质量(QoS)体系和层次化移动管理(HM IPv6)。

基于 RSVP 的移动 IPv6 服务质量体系提出了一套用于移动网络中的信令协议,当移动节点从一个子网移动另一个子网时,允许移动节点在当前位置的路径上建立和维持资源预留。通过对 IPv6 流标记(Flow Label)字段的应用设置实现对服务质量的支持。流标记是按位产生的伪随机数,在一定的时间内,源端不能重用流标记。如果流标记字段值为 0,则表明这个数据报不属于任何流。

移动 IPv6 与 RSVP 结合，采用两种方式标识数据流，即一种是基于移动节点的家乡地址来标识源端或目的端，另一种是用移动节点的转交地址（CoA）来标识源端或目的端。

需要进一步解决的问题如下：

①如果采用移动节点的家乡地址标识数据流，可能会出现数据报分类不匹配，预留路径上中间路由器的数据报分类将可能是基于移动节点的家乡地址而不是基于移动节点的转交地址，说明这种方法是不可行的。

②如果采用移动节点的转交地址来标识数据流，当移动节点移动到另一个子网时，携带了新的转交地址的 PATH 报文与 RSVP 报文将会触发预留路径上的路由器进行新的资源预留，而不是重用原来设置的资源预留。可以看出，无论移动节点作为源端或目的端，都必须在切换后在新的路径上重新进行资源预留，不能实现流透明。

通过对移动 IPv6 与 RSVP 的扩展，出现了一些改进的移动 IPv6 QoS 模型，这些改进技术主要有以下两种：

①流透明的移动 IPv6 QoS 模型。把移动节点发出的数据报的家乡地址选项的存放位置由目的选项首部改为逐跳选项首部，基本思路是需要路径上所有的中间路由器都对每个数据报的逐跳选项首部进行检查。问题是当路径上的路由器很多时会增大开销，该种模型没有可扩展性。

②移动 IPv6 基于条件的 QoS 切换模型。采用基于层次化管理的 QoS 条件切换机制，减少了区域内切换时信令的数目，该种模型只是提出了一种框架，没有给出具体的处理机制，也没有考虑到流透明。

层次化移动管理（HM IPv6）的基本思路是，有 69％的移动是在一个区域内，因此，可以考虑采用类似层次路由的概念，对移动 IPv6 的服务质量实现提供层次化管理。层次化移动 IPv6 是对移动 IPv6 的补充，引入了一种称为移动锚点（Mobility Anchor Point，MAP）的功能实体。MAP 可以使移动 IPv6 的绑定报文处理限制在本地区域内，实现在 MAP 区域内部节点的移动性对通信对端节点保持透明。

HM IPv6 对移动 IPv6 的扩展对移动节点和家乡代理的操作进行了少量的修改，没有对通信对端节点操作做改动。HM IPv6 引入了两个转交地址的概念，即一个是移动节点在 MAP 上获得的区域转交地址（Regional Care-of Address，RCoA），以 RCoA 作为转交地址注册到家乡代理和通信对端节点；另一个移动节点的接入地址称为接入链路转交地址（onLink Care-of Address，LCoA），当移动节点在 MAP 管理区域内改变了 LCoA 时，仅需要向 MAP 注册更新，不需要向家乡代理和对端节点注册。可以认为，MAP 就相当于移动节点的本地家乡代理（Local Hone Agent，LHA），MAP 代表注册在其上的移动节点接收所有的数据报，并经过隧道封装发送到移动节点的 LCoA。

7.4 多协议标记交换技术

7.4.1 MPLS 概述

多协议标记交换（Multi-Protocol Label Switching，MPLS）是 IP 通信领域中的一种新兴的网络技术，这种技术将第三层路由和第二层交换结合起来，是对传统 IP Over ATM 技术的改进，从而把 IP 的灵活性，可扩展性与 ATM 技术的高性能性，QoS 性能，流量控制性能有机地结合起来。其基本思想表现在 MPLS 网络上即为边缘路由和核心交换。MPLS 不仅能够解决当前 Internet 网络中存在的大量问题，而且能够支持许多新的功能，是一种理想的 IP 骨干网络技术。

为了解决 Internet 中存在的问题，各个厂商（如 Cisco、IBM、Nortel、Ipsilon）分别推出了自己的标记交换技术，这充分说明了标记交换技术的应用前景十分广阔。1996 年 12 月在 MIT 举办了一个关于标记交换的 BOF（Bird of Feather）会议。以后，在各个厂家的积极参与下，1997 年 IETF 成立一个从事综合路由和交换问题研究的工作组，称为 MPLS 工作组（MPLS WG），其工作任务是制定标记分配、封装、组播、高层资源预留、QoS 机制，以及主机行为定义等方面的协议。目前，MPLS 方面的研究十分活跃，MPLS 技术在近些年得到了迅速的发展。

需要说明的是，虽然把 MPLS 视为一种集成模型的 IP Over ATM 技术，但实际上 MPLS 是一种支持多协议技术。它既可以支持 IP、IPX 等网络层协议，又可运行在 Ethernet、FDDI、ATM、帧中继、PPP 等多种数据链路层上。它既源于传统的标记交换技术，又不同于传统的标记交换技术，因而它们之间存在着很多相似点，但也有着重要区别，如表 7-2 所示。

表 7-2　MPLS 与传统标记交换技术的比较

比较对象 \ 交换技术	IP Switching	ARIS	Tag Switching	MPLS
链路层	ATM	ATM FR 等	多种链路层	多种链路层
支持网络协议	IP	多协议	多协议	多协议
2、3 层之间	无	无	Shim 标签	Shim 标签
QoS	一般	支持	支持	支持
广播，多播能力	支持	部分支持	支持	支持
网络弹性	差	较强	较强	强
驱动方式	流驱动	控制驱动	控制驱动	多种驱动
协议制定	Ipsilon	IBM	Cisco	IETF，ITU-T，MPLS Forum
应用领域	局域网	局、城域网	城域网	局，城，骨干网

正是由于标记交换技术不受限于某一具体的网络层协议，并且具有高性能转发特性，因此，被广大网络研究者认同。到目前为止关于 MPLS 的各种草案多达 140 个，速度之快，也是前所未有的。同时，在研究界也发表了大量有关 MPLS 的论文，但至今还没有一个国际标准化组织颁布关于 MPLS 核心规范的标准。这说明 MPLS 的研究还处于“百家争鸣”阶段，有很多技术还不完善，在与传统的 Internet 技术集成时，还存在许多未解决的问题。

7.4.2　MPLS 的体系结构与工作原理

MPLS 的体系结构是在 1997 年的第 4 次工作组会议上确定的，其典型结构如图 7-28 所示，基本组成单元是 MPLS 标记交换路由器（LSR）。由 MPLS LSR 构成的网络区域称为 MPLS

域，位于 MPLS 域边缘与其他网络或用户相连的 LSR 称为边缘 LSR(LER)，而位于 MPLS 域内部的 LSR 则称为核心 LSR。LSR 既可以是专用的 MPLS LSR，也可以是由 ATM 等交换机升级而成的 ATM-LSR。

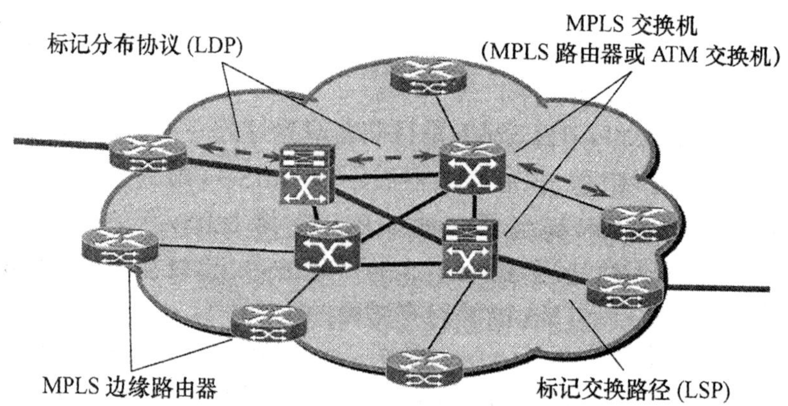

图 7-28 MPLS 网络的结构

MPLS 网络的信令控制协议称为标记分发协议(LDP)。MPLS 网络与传统 IP 网络的不同主要在于 MPLS 域中使用了标记交换路由器，域内部 LSR 之间使用 MPLS 协议进行通信，而在 MPLS 域的边缘由 MPLS 边缘路由器进行与传统 IP 技术的适配。

标记是一个长度固定、具有本地意义的短标识符，用于标识一个转发等价类。特定分组上的标记代表着分配给该分组的转发等价类。MPLS 允许标记是世界唯一的，或者每个节点唯一的或者每个接口唯一的。MPLS 的标记可以具有广泛的粒度，如可以为最佳颗粒度，即路由表中的每一个地址前缀都属于一个转发等价类；也可以是中等颗粒度的，即网络的每一个外部接口归为一个等级，将所有通过某一接口离开网络的分组归为一类；也可以为粗颗粒度的，即每一个节点归为一个等级，将所有通过某一节点离开网络的分组归为一类。但需要注意的是，相邻 LSR 之间的粒度不一致可能会产生问题。

标记交换的具体工作过程，简单来说主要包括以下几个步骤，如图 7-29 所示。

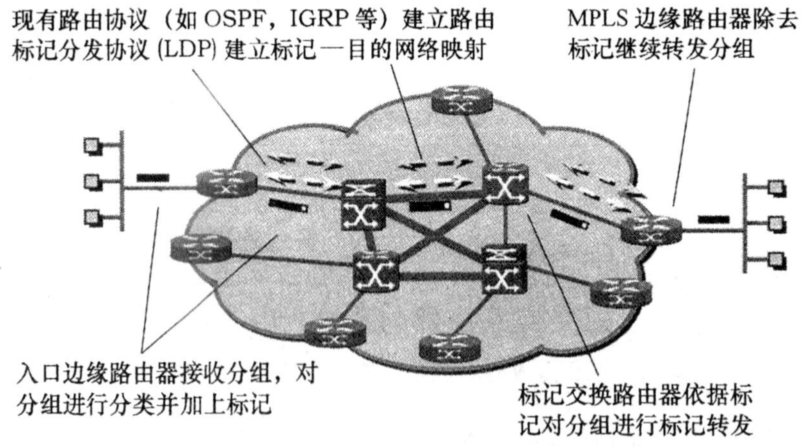

图 7-29 MPLS 的工作原理

①标记分发协议和传统路由协议(OSPF 和 ISIS 等)一起，在各个 LSR 中为有业务需求的转

发等价类建立路由表和标记映射表。

②边缘路由器接收分组，完成第三层功能，判定分组所属的转发等价类，并给分组加上标记形成 MPLS 标记分组。

③此后，在 LSR 构成的网络中，LSR 对标记分组不再进行任何第三层处理，只是依据分组上的标记和标记转发表通过交换单元对其进行转发。

④在 MPLS 出口的路由器上，将分组中的标记去掉后继续进行转发。

7.4.3　标记分发协议

LSP 实质上是一条 MPLS 隧道，而隧道建立过程则是通过 LDP 来实现的。LDP 是 LSR 将它所做的 FEC/标记绑定通知给另一个 LSR 的协议簇，使用 LDP 交换 FEC/标记绑定信息的两个 LSR 称为对应于相应绑定信息的标记分发对等实体。LDP 还包括标记分发对等实体为了获知彼此的 MPLS 能力而进行的任何协商。

目前主要研究三种标记分发协议：基本的标记分发协议（LDP）、基于约束的 LDP（CR-LDP）和扩展 RSVP（RSVP-TE）。

LDP 是基本的 MPLS 信令与控制协议，它规定了各种消息格式以及操作规程，LDP 与传统路由算法相结合，通过在 TCP 连接上传送各种消息，分配标记、发布〈标记，FEC〉映射，建立维护标记转发表和标记交换路径。但如果需要支持显式路由、流量工程和 QoS 等业务，就必须使用后两种标记分发协议。

CR-LDP 是 LDP 协议的扩展，它仍然采用标准的 LDP 消息，与 LDP 共享 TCP 连接，CR-LDP 的特征在于通过网络管理员制定或是在路由计算中引入约束参数的方法建立显式路由，从而实现流量工程等功能。

RSVP 本来就是为了解决 TCP/IP 网络服务质量问题而设计的协议，将该协议进行扩展得到的 RSVP-TE 也能够实现各种所需功能，在协议实现中将 RSVP 的作用对象从流转变为 FEC，从而提高了网络的扩展性。

利用 LDP 交换标记映射信息的两个 LSR 因其作为 LDP 对等实体而为人们所了解，并且它们之间有一个 LDP 会话。在单个会话中，每一个对等实体都能获得其他的标记映射，换句话说，这个协议是双向的。

1. MPLS 标记分发

MPLS 标记分发方式中涉及的概念主要有本地绑定（映射）和远程绑定、上游绑定和下游绑定、按需提供方式和主动提供方式、有序方式和独立方式等。另外，标记交换进程的发起方式有数据驱动方式和拓扑驱动方式。

（1）本地绑定和远程绑定

本地绑定是由 LSR 自己决定的 FEC 与标记之间的绑定关系，而远程绑定是 LSR 根据其相邻节点（上游或下游）发来的标记绑定消息来决定的 FEC 与标记之间的绑定关系，本地绑定标记选择的决定权在本地 LSR，而远程绑定标记选择的决定权在相邻的 LSR，远程绑定的 LSR 只是遵从相邻 LSR 的绑定选择。

（2）上游绑定和下游绑定

上游绑定是指 LSR 的输入端口采用远程绑定，而输出端口采用本地绑定，而下游绑定是指

LSR的输入端口采用本地绑定，输出端口采用远程绑定，即用其他LSR传来的标记来填写自己标记转发表的输出端口部分。上游绑定中标记绑定的消息与带有标记的分组传送方向相同，绑定产生的起始点在上游的首端，而下游绑定则完全相反，标记绑定的消息与带有标记的分组传送方向相反，绑定产生于下游的末端。

下游绑定数据流的方向与标记映射消息的方向相反，如果标记绑定的建立需要标记请求信息，则该方式为按需提供方式，否则为主动提供方式；如果标记绑定的建立需要标记映射消息，则为有序方式，否则为独立方式，如果标记请求消息和标记映射消息需要同时满足才能建立标记绑定，则为下游按需有序的标记分发方式。

(3)按需提供方式和主动提供方式

按需提供方式是指LSR在收到标记请求消息后才开始决定本地的标记绑定，而主动提供方式则不受此限制，例如，在路由协议收敛后，只要有了稳定的路由表，LSR就可以直接根据路由表对FEC分发标记，而无需等到相邻LSR向自己发标记请求消息后才建立绑定关系。

(4)有序方式和独立方式

有序方式是指相邻的LSR向本地LSR发出标记映射消息后，本地LSR才建立FEC和标记的绑定，独立方式则是LSR无需收到标记映射消息，各个LSR独立建立标记绑定并向相邻的LSR发送标记映射消息。

(5)数据驱动方式与拓扑驱动方式

数据驱动是指LSR在有数据发送时，才建立LSP，而拓扑驱动是指LSR根据路由表中的内容建立LSP，而不管是否有实际的数据传送。

2. LDP协议报文格式

LDP协议报文格式如图7-30所示。

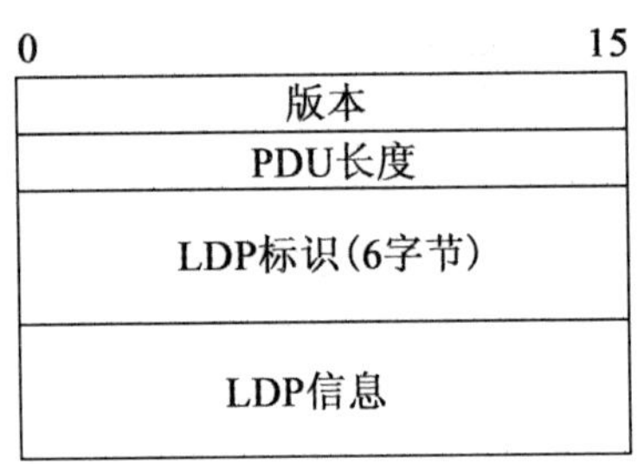

图7-30 LDP协议报文格式

(1)版本

协议版本号。

(2)PDU长度

PDU总长度(不包括版本和PDU长度字段)。

(3)LDP标识

该字段唯一识别由PDU请求的发送LSR的标记空间。起始的4字节分配给LSR的IP地址进行编码，最后2字节表示LSR中的标记空间。

(4)LDP信息

所有LDP信息都具有如图7-31所示的格式。

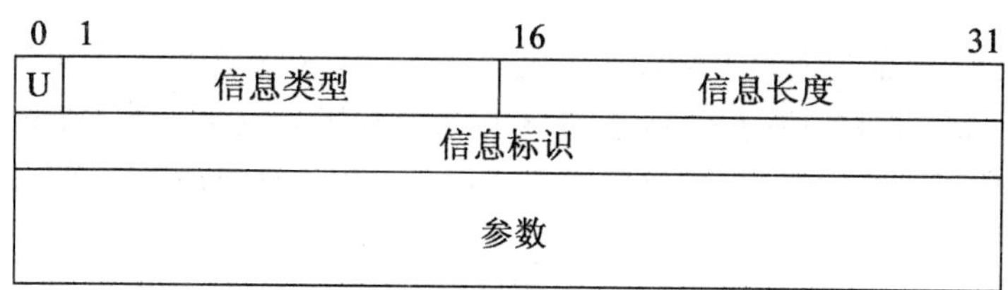

图7-31　LDP信息格式

①U。U是一个未知信息位。在收到一条未知信息时，如果U为0，将返回一条信息给信息的发出端；如果U为1，这条未知信息将被忽略。

②信息类型。信息类型包括：Notification、Hello、Initialization、KeepAlive、Address、AddressWithdraw、LabelRequest、LabelWithdraw、LabelRelease和UnknownMessage。

③信息长度。16bit，表示信息标识和参数的长度。

④信息标识。32bit，用于信息识别。

⑤参数。此字段为变长字段，参数包括必需的参数和可选的参数。有些信息没有必需的参数，而有些信息没有可选参数。

7.5　IP多媒体子系统

7.5.1　IMS概述

1. IMS简介

IMS的全称为IP多媒体核心网子系统，简称为IP多媒体子系统（IP Multimedia Subsystem，IMS），由3GPP在2002年启动的R5规范中正式提出。IMS系统为提供丰富的业务建立了一个独立于下层的承载网络、基于开放的SIP/IP以及可管理可控制的平台。3G系统引入IMS后，用户通过蜂窝网络无线接入互联网并使用其提供的所有业务。诸多互联网服务，如Web、E-mail、即时消息、共享白板、VoIP和视频会议，只需要通过3G手持终端就可以接入和使用。

2. IMS的特点

IMS能够成为NGN的核心，是因为IMS具有很多能够满足NGN需求的优点。除了上面提到的与接入无关的特点外，IMS还具有其他一些特点。

(1)基于SIP协议

IMS中使用SIP作为唯一的会话控制协议。为了实现接入的独立性，IMS采用SIP作为会话控制协议，这是因为SIP协议本身是一个端到端的应用协议，与接入方式没有任何关联。此外，由于SIP是由IETF提出的使用于Internet上的协议，因此，使用SIP协议也增强了IMS与Internet的互操作性。但是3GPP在制定IMS标准时对原来的IETF的SIP标准进行了一些扩展，主要是为了支持终端的移动特性和一些QoS策略的控制和实施等，因此，当IMS的用户与传统Internet的SIP终端进行通信时，会存在一些障碍，这也是IMS目前存在的一个问题。

SIP 协议是 IMS 中唯一的会话控制协议，但不是说 IMS 体系中只会用到 SIP 协议，IMS 也会用到其他的一些协议，但其他的这些协议并不用于对呼叫的控制。如 Diameter 用于 CSCF 与 HSS 之间，COPS 用于策略的管理和控制，H. 248 用于对媒体网关的控制等。

(2)接入无关性

IMS 是一个独立于接入技术的基于 IP 的标准体系，它与现存的语音和数据网络都可以互通，不论是固定用户还是移动用户。IMS 网络的用户与网络是通过 IP 连通的，即通过 IP-CAN(IP Connectivity Access Network)来连接。例如，WCDMA 的无线接入网络(RAN)以及分组域网络构成了移动终端接入 IMS 网络的 IP-CAN，用户可以通过 PS 域的 GGSN 接入到 IMS 网络。而为了支持 WLAN、WiMAX、XDSL 等不同的接入技术，会产生不同的 IP-CAN 类型。IMS 的核心控制部分与 IP-CAN 是相独立的，只要终端与 IMS 网络可以通过一定的 IP-CAN 建立 IP 连接，则终端就能利用 IMS 网络来进行通信，而不管这个终端是何种类型的终端。

IMS 的体系使得各种类型的终端都可以建立起对等的 IP 通信，并可以获得所需要的服务质量。除会话管理之外，IMS 体系还涉及完成服务所必需的功能，如注册、安全、计费、承载控制、漫游等。

(3)针对移动通信环境的优化

由于 3GPP 最初提出 IMS 是要用于 3G 的核心网中，因此，IMS 体系针对移动通信环境进行了充分的考虑，包括基于移动身份的用户认证和授权、用户网络接口上 SIP 消息压缩的确切规则、允许无线丢失与恢复检测的安全和策略控制机制。除此之外，很多对于运营商颇为重要的方面在体系的开发过程中得到了解决，例如，计费体系、策略和服务控制等。这个特点是 IMS 与软交换相比的最大优势，即 IMS 是支持移动终端接入的，目前 IMS 在移动领域中的应用相对于固网来说比较成熟，标准也更加成熟，估计 IMS 将最先应用于移动网之中，逐渐地融合各种固定网络的接入，最终实现固定与移动网络的融合。

(4)网络融合的平台

IMS 的出现使得网络融合成为可能。IMS 具有一个商用网络所必须拥有的一些能力，包括 QoS 控制、计费能力、安全策略等，IMS 从最初提出就对这些方面进行了充分的考虑。正因为如此，IMS 才能够被运营商接受并被运营商寄予厚望。运营商希望通过 IMS 这样一个统一的平台，来融合各种网络，为各种类型的终端用户提供丰富多彩的服务，无需同以前那样使用传统的"烟囱"模式来部署新业务，从而减少重复投资，简化网络结构，减少网络的运营成本。

(5)提供丰富的组合业务

IMS 在个人业务实现方面采用比传统网络更加面向用户的方法。IMS 给用户带来的一个直接好处就是实现了端到端的 IP 多媒体通信。传统的多媒体业务是人到内容或人到服务器的通信方式，而 IMS 是直接的人到人的多媒体通信方式。同时，IMS 具有在多媒体会话和呼叫过程中增加、修改和删除会话和业务的能力，并且还可以对不同的业务进行区分和计费的能力。因此对用户而言，IMS 业务以高度个性化和可管理的方式支持个人与个人以及个人与信息内容之间的多媒体通信，包括语音、文本、图片和视频或这些媒体的组合。

7.5.2　IMS 的功能实体与接口

1. IMS 的功能实体

IMS 的体系结构如图 7-32 所示。

由图 7-32 可以看出，IMS 是一个复杂的体系，其中包括许多功能实体，每个功能实体都肩负着自己的任务，大家协同工作、相互配合来共同完成对话的控制。

(1) HSS

归属用户服务器 HSS 是 IMS 中所有与用户和服务相关的数据的主要数据存储器。存储在 HSS 中的数据主要包括用户身份、注册信息、接入参数和服务触发信息。

用户身份分为私有用户身份和公共用户身份。私有用户身份是由归属网络运营商分配的用户身份，用于注册和授权等用途。而公共用户身份用于其他用户向该用户发起通信请求。IMS 接入参数用于会话建立，它包括诸如用户认证、漫游授权和分配 S-CSCF 的名字等。服务触发信息使 SIP 服务得以执行。HSS 也提供各个用户对 S-CSCF 能力方面的特定要求，这个信息被 I-CSCF 用来为用户挑选最合适的 S-CSCF。

在一个归属网络中可以有不止一个 HSS，这依赖于用户的数目、设备容量和网络的架构。在 HSS 与其他网络实体之间存在多个参考点。

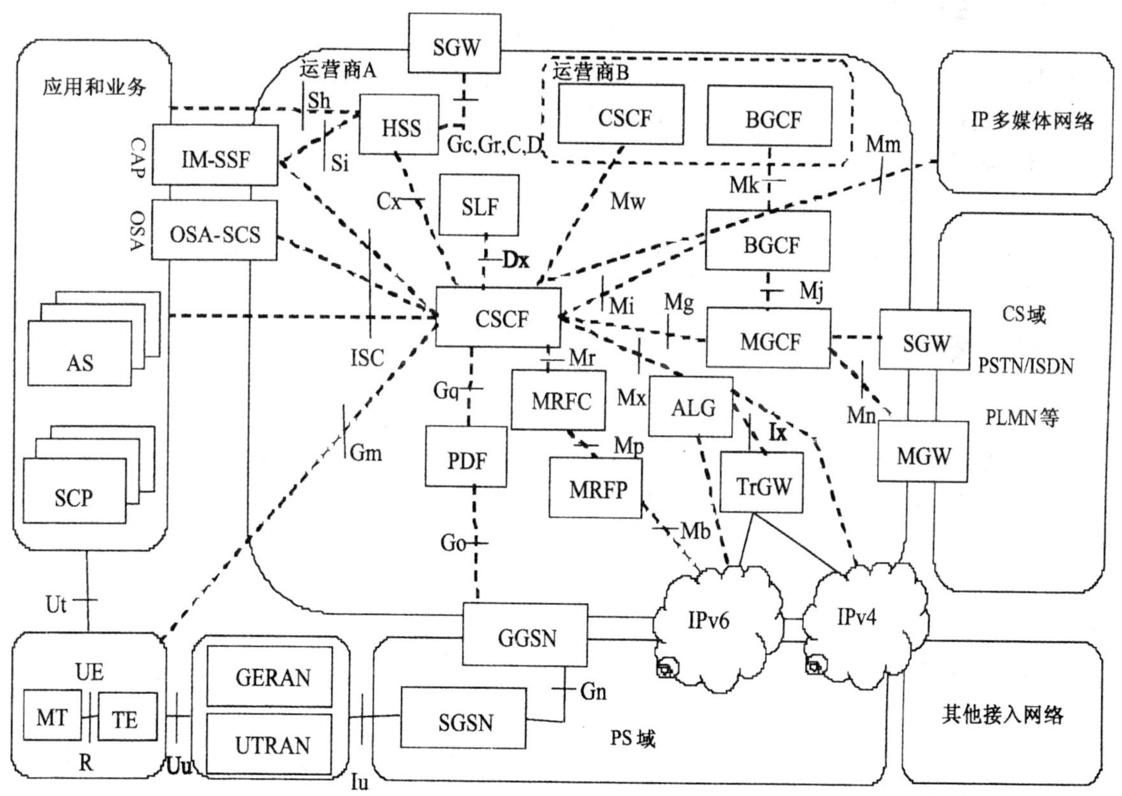

图 7-32　IMS 的体系结构

(2)SLF

订购关系定位功能 SLF 作为一种地址解析机制,当网络运营商部署了多个独立可寻址的 HSS 时,这种机制使 I-CSCF、S-CSCF 和 AS 能够找到拥有给点用户身份的订购关系数据的 HSS 地址。

(3)CSCF

CSCF(Call Session Control Function)叫做呼叫会话控制功能,它是 IMS 体系的核心,根据功能不同 CSCF 又分为 P-CSCF、I-CSCF 和 S-CSCF。

1)P-CSCF

P-CSCF 即 Proxy-CSCF,叫做代理呼叫会话控制功能。它是 IMS 系统中用户的第一个接触点,所有 SIP 信令流,无论是来自 UE(User Equipment)或者发给 UE,都必须通过 P-CSCF。正如这个实体的名字所指出的,P-CSCF 的行为很像一个代理。P-CSCF 负责验证请求,将它转发给指定的目标,并且处理和转发响应。同一个运营商的网络中可以有一个或者多个 P-CSCF。P-CSCF 执行的功能包括:

①基于请求中 UE 提供的归属域名来转发 SIP REGISTER(注册)请求给 I-CSCF。

②将 UE 收到的 SIP 请求和响应转发给 S-CSCF。

③检测紧急会话建立请求。

④将 SIP 请求和响应转发给 UE。

⑤发送计费有关的信息给计费采集功能 CCF。

⑥提供 SIP 信令的完整性保护,并且维持 UE 和 P-CSCF 之间的安全联盟。完整性保护是通过因特网协议安全(IPSec)的封装安全净荷(ESP)提供的。

⑦对来自 UE 和发往 UE 的 SIP 消息进行解压缩和压缩。

2)I-CSCF

I-CSCF 又称为问询 CSCF,它是一个运营商网络中为所有连接到这个运营商的某一用户的连接提供的联系点。在一个运营商的网络中 I-CSCF 可以有多个。I-CSCF 执行的功能如下:

①联系 HSS 以获得正在为某个用户提供服务的 S-CSCF 的名字。

②基于从 HSS 处收到的能力集来指定一个 S-CSCF。

③发送计费相关的信息给 CCF。

④转发 SIP 请求或响应给 S-CSCF。

⑤提供隐藏功能。I-CSCF 可能包含被称为网间拓扑隐藏网关 THIG 的功能。THIG 用于对外部隐藏运营商网络的配置、容量和网络拓扑结构。

3)S-CSCF

S-CSCF 又称为服务 CSCF,它位于归属网络,是 IMS 的核心所在,为 UE 进行会话控制和注册服务。当 UE 处于会话中时,S-CSCF 维持会话状态,并且根据网络运营商对服务支持的需要,与服务平台和计费功能进行交互。在一个运营商的网络中,可以有多个 S-CSCF,并且这些 S-CSCF 可以具有不同的功能。S-CSCF 所实现的详细功能如下:

①按照 RFC 3261 的定义,充当登记员(Register)处理注册请求。S-CSCF 了解 UE 的 IP 地址以及哪个 P-CSCF 正在被 UE 用作 IMS 入口。

②通过 IMS 认证和密钥协商(Autherntication and Key Agreement,AKA)机制来认证用户。IMS 的 AKA 实现了 UE 和归属网络间的相互认证。

③在注册过程中或者在处理去往一个未注册用户的请求时，从 HSS 下载用户信息和与服务相关的数据。

④将去往用户的业务流转发给 P-CSCF，并且转发用户发起的业务流给 I-CSCF、出口网关控制功能（BGCF）或者应用服务器（AS）。

⑤与服务平台交互，交互意味着决定何时需要将请求或者响应转发到特定的 AS 去进行进一步处理的能力。

⑥进行会话控制。根据 RFC 3261 的定义，S-CSCF 可以作为代理服务器和 UA。

⑦使用域名服务器（DNS）翻译机制将 E.164 号码翻译成 SIP 统一资源标志符（URI）。这种翻译是必需的，因为 IMS 中 SIP 信令的传送只能使用 SIP URI 进行。

⑧监视注册计时器并能在需要的时候解除用户注册。

⑨当运营商支持 IMS 紧急呼叫时，用于选择紧急呼叫中心，这是 R6 的特色。

⑩执行媒体修正。S-CSCF 能够检查会话描述协议（SDP）净荷的内容，并且检查它是否包含不允许提供给用户的媒体类型和编码方案。当被提议的 SDP 不符合运营商的策略时，S-CSCF 拒绝该请求并且发送 SIP 报错消息 488 给用户。

⑪维持会话计时器。R5 没有为状态感知的代理提供了解会话状态的方法。R6 通过引入会话计时器改正了这个不足。它允许 P-CSCF 检测和释放被挂起的会话所消耗的资源。

⑫发送与计费相关的信息给 CCF 以进行离线计费，或者发给在线计费系统（OCS）进行在线计费。

（4）MRFC

多媒体资源功能控制器 MRFC 用于支持和承载相关的服务，例如，会议、对用户公告、进行承载代码转换等。MRFC 解释从 S-CSCF 收到的 SIP 信令，并且使用媒体网关控制协议指令来控制多媒体资源功能处理器 MRFP。MRFC 还能够发送计费信息给 CCF 和 OCS。

（5）MRFP

多媒体资源功能处理器 MRFP 提供被 MRFC 所请求和指示的用户平面资源。MRFP 具有下列功能：

①在 MRFC 的控制下进行媒体流及特殊资源的控制。

②支持多方媒体流的混合功能（如音频/视频多方会议）。

③支持媒体流发送源处理的功能（如多媒体公告）。

④在外部提供 RTP/IP 的媒体流连接和相关资源。

⑤支持媒体流的处理功能（如音频的编解码转换和媒体分析）。

（6）IMS-MGW

IMS 多媒体网关功能 IMS-MGW 提供 CS 网络和 IMS 之间的用户平面链路，它直接受 MGCF 的控制。它终结来自 CS 网络的承载信道和来自骨干网（例如，IP 网络中的 RTP 流或者 ATM 骨干网中的 AAL2/ATM 连接）的媒体流，执行这些终结之间的转换，并且在需要时为用户平面进行代码转换和信号处理。另外，IMS-MGW 能够提供音调和公告给 CS 用户。

（7）MGCF

媒体网关控制功能 MGCF 是使 IMS 用户和 CS 用户之间可以进行通信的网关。所有来自 CS 用户的呼叫控制信令都指向 MGCF，它负责进行 ISDN 用户部分（ISUP）或承载无关呼叫控制（BICC）与 SIP 协议之间的转换，并且将会话转发给 IMS。类似地，所有 IMS 发起到 CS 用户的会话也经过 MGCF。MGCF 还控制与其关联的用户平面实体——IMS 多媒体网关 IMS-MGW 中的媒体通道。另外，MCCF 能够报告计费信息给 CCF。

(8)PDF

PDF 根据 AF(Application Function，如 P-CSCF)的策略建立信息来决定策略。PDF 的基本功能包括：

①支持来自 AF 的授权建立处理及向 GGSN 下发 SBLP 策略信息。

②支持来自 AF 或者 GGSN 的授权修改及向 GGSN 更新策略信息。

③支持来自 AF 或者 GGSN 的授权撤销及策略信息删除。

④为 AF 和 GGSN 进行计费信息交换，支持 ICID 交换和 GCID 交换。

⑤支持策略门控功能，控制用户的媒体流是否允许经过 GGSN，以便为计费和呼叫保持/恢复补充业务进行支撑。

⑥指示的授权请求处理以及呼叫应答时授权信息的更新。

(9)SGW

信令网关 SGW 用于不同信令网的互连，作用类似于软交换系统中的信令网关。SGW 在基于 No.7 信令系统的信令传输和基于 IP 的信令传输之间进行传输层的双向信令转换。SGW 不对应用层的消息进行解释。

(10)BGCF

出口网关控制功能 BGCF 负责选择到 CS 域的出口的位置。所选择的出口既可以与 BCCF 处在同一网络，又可以是位于另一个网络。如果这个出口位于相同网络，那么 BGCF 选择媒体网关控制功能(MGCF)进行进一步的会话处理；如果出口位于另一个网络，那么 BGCF 将会话转发到相应网络的 BGCF。另外，BGCF 能够报告计费信息给 CCF，并且收集统计信息。

(11)AS

应用服务器 AS 是为 IMS 提供各种业务逻辑的功能实体，与软交换体系中的应用服务器的功能相同，这里就不进行更多的介绍了。

(12)SEG

安全网关 SEG 是为了保护 IMS 域的安全而引入的，控制平面的业务流在进入或者离开安全域之前要先通过安全网关。安全域是指由单一管理机构管理的网络，一般来说，它的边界就是运营商的边界。SEG 放在安全域的边界，并且它针对目标安全域的其他 SEG 执行本安全域的安全策略。网络运营商可以在其网络中部署不止一个 SEG，以避免单点故障。

(13)GPRS 实体

1)GGSN

GPRS 网关支持节点 GGSN 提供与外部分组数据网之间的配合。GGSN 的主要功能就是提供外部数据网与 UE 之间的连接，而基于 IP 的应用和服务位于外部数据网之中。例如，外部数据网可以是 IMS 或者 Internet。换句话，GGSN 将包含 SIP 信令的 IP 包从 UE 转发到 P-CSCF。另外，GGSN 负责将 IMS 媒体 IP 包向目标网络转发，例如，目标网络的 GGSN。所提供的网络互连服务通过接入点来实现，接入点与用户希望连接的不同网络相关。在大多数情况下，IMS 有其自身的接入点。当 UE 激活到一个接入点(IMS)的承载(PDP 上下文)时，GGSN 分配一个动态 IP 地址给 UE。这个 IP 地址在 IMS 注册并和 UE 发起一个会话时，作为 UE 的联系地址。另外，GGSN 还负责修正和管理 IMS 媒体业务流对 PDP 上下文的使用，并且生成计费信息。

2)SGSN

GPRS服务支持节点SGSN连接RAN和分组核心网。它负责为PS域进行控制和提供服务处理功能。控制部分包括移动性管理和会话管理两大主要功能。移动性管理负责处理UE的位置和状态,并且对用户和UE进行认证。会话管理负责处理连接接纳控制和处理现有数据连接中的任何变化,它也负责监督管理3G网络的服务和资源,而且还负责对业务流的处理。SGSN作为一个网关,负责用隧道来转发用户数据,即它在UE和GGSN之间中继用户业务流。作为这个功能的一部分,SGSN也需要保证这些连接接收到适当的QoS;另外,SGSN还会生成计费信息。

2. IMS的接口

(1)Gm接口

Gm接口用于连接UE和P-CSCF之间的通信,采用SIP协议,传输UE与IMS之间的所有SIP消息,主要功能包括:

①IMS用户的注册和鉴权。

②IMS用户的会话控制。

(2)Cx接口

Cx接口用于CSCF与HSS之间的通信,采用Diameter协议。该接口主要功能包括:

①为注册用户指派S-CSCF。

②CSCF通过HSS查询路由信息。

③授权处理,检查用户漫游是否许可。

④鉴权处理,在HSS和CSCF之间传递用户的安全参数。

⑤过滤规则控制,从HSS下载用户的过滤参数到S-CSCF上。

(3)Dx接口

Dx接口用于CSCF和SLF之间的通信以及AS和SLF之间的通信。其中CSCF和SLF之间的通信,采用Diameter协议,通过该接口可确定用户签约数据所在的HSS的地址。

用于AS和SLF之间的通信的Dx接口提供以下功能:

①从应用服务器中查询订购所在位置(HSS)的操作。

②提供该HSS的名字给应用服务器的响应。

(4)Mg接口

Mg接口用于I-CSCF与MGCF之间,采用SIP协议。当MGCF收到CS域的会话信令后,它将该信令转换成SIP信令,然后通过Mg接口将SIP信令转发到I-CSCF。

(5)Mr接口

Mr接口用于CSCF与MRFC之间的通信,采用SIP。该接口主要功能是CSCF传递来自SIP AS的资源请求消息到MRFC,由MRFC最终控制MRFP完成与IMS终端用户之间的用户面承载建立。

(6)Mb接口

通过Mb接口,IPv6网络服务可以被接入。这些IPv6网络服务被用来传输用户数据的。值得注意的是,GPRS提供IPv6网络服务给UE,也就是说,GPRS Gi接口和IMS Mb接口可能是相同的。

(7)Mp 接口

Mp 接口用于 MRFC 与 MRFP 之间的通信，采用 H.248 协议。MRFC 通过该接口控制 MRFP 处理媒体资源，如放音、会议、DTMF 收发等资源。

(8)Mw 接口

Mw 接口用于连接不同 CSCF，采用 SIP 协议，该接口的主要功能是在各类 CSCF 之间转发注册、会话控制及其他 SIP 消息。

(9)Mi 接口

Mi 接口用于 BGCF 与 CSCF 之间，采用 SIP 协议。该接口主要功能是在 IMS 网络和 CS 域互通时，在 CSCF 和 BGCF 之间传递会话控制信令。

(10)Mj 接口

Mj 接口用于 BGCF 与 MGCF 之间，采用 SIP 协议。该接口主要功能是在 IMS 网络和 CS 域互通时，在 BGCF 和 MGCF 之间传递会话控制信令。

(11)Mk 接口

Mk 接口用于 BGCF 与 BGCF 之间的通信，采用 SIP 协议。该接口主要用于 IMS 用户呼叫 PSTN/CS 用户，而其互通节点 MGCF 与主叫 S-CSCF 不在 IMS 域时，与主叫 S-CSCF 在同一网络中的 BGCF 将会话控制信令转发到互通节点 MGCF 所在网络的 BGCF。

(12)Mm 接口

Mm 接口用于 CSCF 与其他 IP 网络之间，负责接收并处理一个 SIP 服务器或终端的会话请求。

(13)ISC 接口

ISC 接口用于 CSCF 与 AS 之间，采用 SIP 协议。该接口用于传送 CSCF 与 AS 之间的 SIP 信令，为用户提供各种业务。

(14)Sh 接口

应用服务器(SIP 应用服务器/OSA 业务能力服务器/IM-SSF)会与 HSS 通信。Sh 和 Si 接口作用就在于此。

(15)Si 接口

Si 接口是 HSS 与 IM-SSF 间的接口，它用于传输 CAMEL 订购信息，该信息包括从 HSS 到 IM-SSF 的触发器。使用 MAP(移动应用部分)。

(16)Ut 接口

Ut 接口位于 UE 与 SIP 应用服务器(AS)之间。Ut 接口使得用户能够安全地管理和配置它在 AS 上的与网络服务相关的信息。用户使用 Ut 接口创建和分配公共服务身份(PSI)，用于呈现业务，会议策略管理等的认证策略管理。AS 可能需要为 Ut 提供安全保障。Ut 接口使用的是 HTTP。

7.5.3 IMS 的安全体系与安全技术

1. IMS 的安全体系

IMS 的安全体系结构如图 7-33 所示。

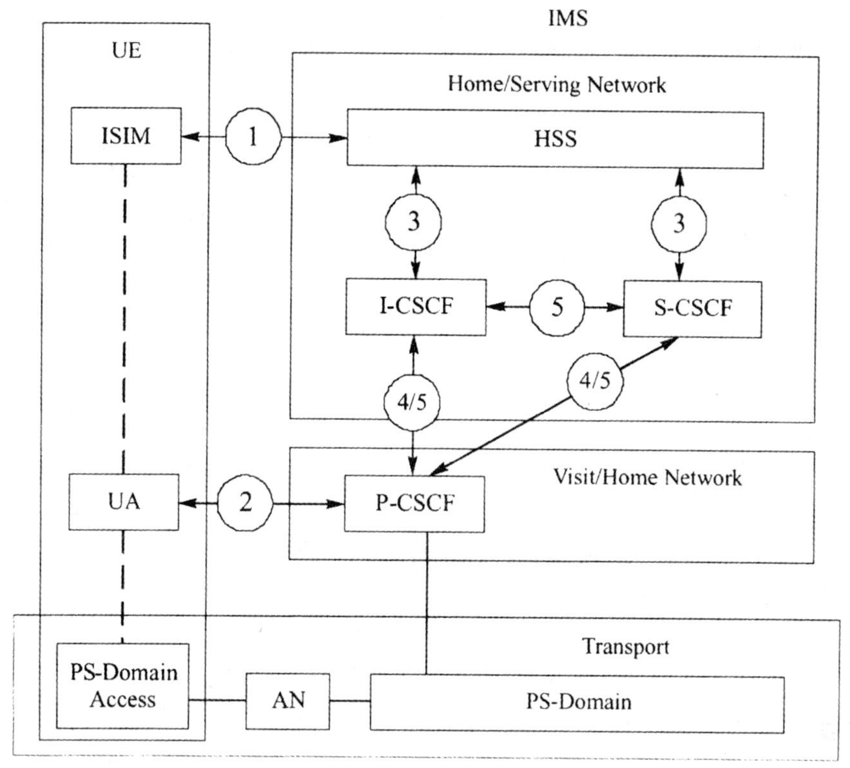

图 7-33　IMS 的安全体系结构

图 7-33 中有 5 个不同的安全联盟(分别以①、②、③、④、⑤给出),分别对应于 IMS 安全保护的不同需求。

①提供 UE 和 S-CSCF 之间的相互认证。HSS 委托 S-CSCF 执行客户认证。然而,HSS 负责产生密钥和挑战(Challenges)。ISIM 和 HSS 共享一个长期密钥,它是和 IMS 用户私人标志符(IMPI)相关联的。一个 IMS 用户只有一个(网络内部的)用户私有身份(IMPI)。但可以有多个用户公开身份(IMPU)。

②为保护 Gm 接口提供 UE 与 P-CSCF 间的一个安全连接(Link)和一个安全联盟,并提供数据源认证。Gm 相关定义参考 3GPP TS 23.002。

③为网络域内 Cx 接口提供安全。这个安全联盟相关内容参考 3GPP TS 33.210。Gm 相关定义参考 3GPP TS 23.002。

④为不同网络间支持 SIP 的节点提供安全保护,这个安全联盟仅适用于 P-CSCF 位于拜访网络时。

⑤为同一网络内支持 SIP 能力的节点提供安全保护,注意,此安全联盟同样适用于 P-CSCF 位于归属网络时。

其中,①、②属于 IMS 的网络接入安全,③、④、⑤属于 IMS 的网络域安全,对这两部分的安全,3GPP 都在标准中进行了详细的定义。

在 IMS 中还存在其他的接口,这些接口在图 7-33 中没有被标识出来。位于 IMS 内的接口要么在相同的安全域内,要么在不同的安全域之间。所有这类的接口的保护除了 Gm 接口之外都受保护,具体描述参见 3GPP TS33.210。

相互认证要求是在 UE 和归属网络之间。独立的安全机制提供额外的保护以应对安全破坏。例如,如果 PS 域安全被破坏,IMS 将继续受它自己的安全机制保护。

2. IMS 的安全技术

(1)认证

用户与 IMS 网络的相互认证是在用户注册的过程中完成的,认证采用的机制是 IMS AKA,流程完全类似于 UMTS 的 AKA。这个认证是基于存在于 ISIM 和 HSS 内的认证密钥进行的。在 AKA 过程中将会产生一对加密和完整性密钥,这两个密钥是用于 UE 和 P-CSCF 之间加密和完整化保护的会话密钥。

(2)完整性保护

在 IMS 中,采用 IPsec ESP 为 UE 和 P-CSCF 之间的 SIP 信令提供完整性保护,它应用于 UE 和 P-CSCF 之间的 Gm 接口,同时保护 IP 上的所有信令,它以传输模式完成完整性保护,提供以下机制:

①UE 和 P-CSCF 将协商会话中使用的完整性保护算法。

②UE 和 P-CSCF 将就安全联盟达成一致,该安全联盟包含完整性保护算法所使用的完整性密钥。

③UE 和 P-CSCF 都会验证所收到的数据,验证数据是否被篡改过。

④减轻重放攻击和反射攻击。

(3)SA 协商

SA 协商是指两个实体间的一种关系,这种关系定义它们如何使用安全服务来保证通信的安全,这包括使用什么样的安全协议、采用什么安全算法来进行加密以及完整化保护等。

(4)接入网安全

主要是利用 IPSec ESP 传输模式来对 UE 和 P-CSCF 之间的信令和消息进行强制的完整化保护以及可选的加密保护。

(5)网络域的安全

IMS 网络域的安全使用 hop-by-hop 的安全模式,对网络实体之间的每一个通信进行单独的保护,保护措施用的是 IPSec ESP,协商密钥的方法是 IKE。

图 7-34 所示为 IMS 的网络域安全体系。

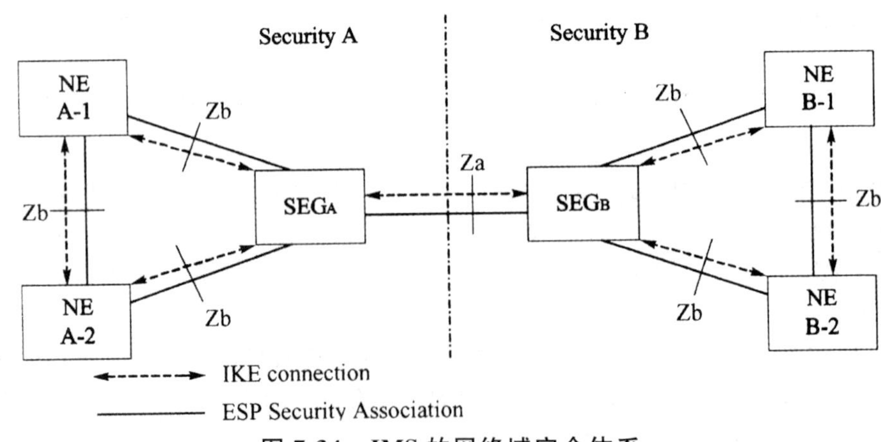

图 7-34 IMS 的网络域安全体系

图 7-34 中包含两个安全域，安全域 A 和安全域 B。安全域是网络域安全中的一个核心概念，一般是指由一个运营商管理的网络，该运营商维护着这个安全域中的统一安全策略。

SEG 是 IMS 网络的安全网关，它位于一个安全域的边界，将业务流通过隧道传送到已定义好的其他安全域。SEG 负责在不同安全域之间传送业务流时实施安全策略，这也可以包括分组过滤或防火墙的功能。

网络实体(NE)能够面向某个安全网关或相同的安全域的其他安全实体，建立维护所需的 ESP 安全联盟。

运营商可以决定在两个通信安全域之间仅仅建立一个 ESP 安全联盟。这有利于粗糙的安全粒度，但缺点是人们不能够区分给定通信实体之间的安全保护。这不排除在判断通信实体时，协商更细的安全粒度。

IMS 网络域安全体系中定义了两个接口，即 Za 接口和 Zb 接口。

①Za 接口(安全网关-安全网关，即 SEG-SEG)。不同安全域安全网关之间的接口就是 Za 接口。在 Za 接口的认证和完整性保护是必选的，加密是推荐的。ESP 将被用于提供认证、完整性保护和加密。SEG 使用 IKE 协商，建立和维护它们之间可靠的 ESP 隧道。隧道建立后用来转发安全域 A 和安全域 B 之间的业务。安全网关间的 inter-SEG 隧道通常一直保持可用，但也可在需要时建立。

安全域 A 的一个安全网关可专门用来服务于安全域 A 希望通信的外部安全域的子集。这将限制需要维护的安全联盟和隧道的数目。

②Zb 接口(网络实体-安全网关/实体-实体，即 NE-SEG/NE-NE)。Zb 接口位于同一安全域内实体与安全网关之间，实体与实体之间。Zb 接口是可选的，使用 ESP 和 IKE 协议。在 Zb 接口上，ESP 用于认证性/完整性保护，而加密的功能是可选的。ESP 安全联盟作用于所有需要安全保护的控制平面业务。

(6)网络拓扑结构的隐藏

对于运营商而言，网络的运作细节是敏感的商业信息，运营商不太可能与他们的竞争对手共享这些信息。然而在某些情况下，这些信息的共享是必需的。因此，运营商可决定是否需要隐藏其网络内部拓扑，包括隐藏 S-CSCF 的容量、S-CSCF 的能力，网络隐藏机制是可选的。

归属网络中的所有 I-CSCF 将共享一个加密和解密密钥 KV。如果使用这个机制，则运营商操作策略声明的拓扑将被隐藏，当 I-CSCF 向隐藏网络域的外部转发 SIP 请求或响应时，它将加密这些隐藏的信息单元。这些隐藏的信息单元是 SIP 头的实体，如途径(Via)、记录路由(Record-Route)、路由(Route)和路径(Path)，它们包含了隐藏网络 SIP 代理的地址。当 I-CSCF 从隐藏网络域外收到一个 SIP 请求或响应时，I-CSCF 将解密被本隐藏网络域的 I-CSCF 加密的信息单元。P-CSCF 可能收到一被加密的路由信息，但 P-CSCF 没有密钥解密它们。

第8章　多媒体数据压缩编码技术

8.1　多媒体数据压缩概述

8.1.1　多媒体数据压缩的必要性与可能性

1. 多媒体数据压缩的必要性

信息的数字化是信息时代重要的特征，而经数字化后的声音和图像的数据量非常大，这与当前硬件技术所能提供的计算机存储资源和网络带宽之间有很大的距离，进而对多媒体信息的存储和传输造成了很大的影响，阻碍了人们有效获取和利用信息。例如，1分钟的声音信号。用11.02kHz的频率采样(即每隔一定时间间隔，测输入信号的值，然后对这个数据按某种方法进行量化)，假如每个采样数据用8位二进制位存储，则1分钟的声音信号的数据量约为660kB。一帧A4幅面的图片，用12点/毫米的分辨率采样，每个像素用24位二进制位存储彩色信号，该帧量化的数据量约为25MB。

随着网络时代的到来，网络已逐渐走进了人们的生活中。通过网络，人们可以接收几万公里以外的信息，包括录像、各种影片、动画、声音以及文字。网络数据的传输速率要远远低于硬盘和CD-ROM的数据传输速率。所以要实现网络多媒体数据的传输，实现网络多媒体化，数据不进行压缩不可能实现的。表8-1～8-3列出了支持语音、图像、视频等多媒体信号高质量存储和传输所必须的未压缩速率及信号特性。

表8-1　语音信号的特性和未压缩速率

语音/音频	频率范围	抽样比	比特/抽样	未压缩速率
窄带电话	200～3200Hz	8kHz	16	128kb/s
宽带电话	50～700Hz	16kHz	16	256kb/s
CD音频	20～20000Hz	44.1kHz	16×2信道	1.41Mb/s

表8-2　图像信号的特性和未压缩速率

图　像	像素/帧	比特/像素	未压缩信号大小
传真	1700×2200	1	3.74Mb
VGA	640×480	8	2.46Mb
XVGA	1024×768	24	18.8Mb

表 8-3　视频信号的特性和未压缩速率

视　频	像素/帧	画面比	帧/秒	比特/像素	未压缩速率
NTSC	480×483	4∶3	29.97	16	111.2Mb/s
PAL	576×576	4∶3	25	16	132.7Mb/s
CIF	352×288	4∶3	14.98	12	18.2Mb/s
QCIF	176×144	4∶3	9.99	12	3.0Mb/s
HDTV	128×720	16∶9	59.94	12	622.9Mb/s
HDTV	1920×1080	16∶9	29.97	12	745.7Mb/s

对多媒体信息必须进行实时压缩和解压缩。如果不经过数据压缩，实时处理数字化的较长的声音和多帧图像信息所需的存储容量、传输速率和计算速度，都是目前普通计算机难以达到的。数据压缩技术的发展大大推动了多媒体技术的发展。

研究表明，选用合适的数据压缩技术，有可能将原始文字量数据压缩 1/2 左右；语音数据量压缩到原来的 1/2～1/10；图像数据量压缩到原来的 1/2～1/60。

多媒体数据压缩的理论正在不断地发展和深化。对声音数据的压缩一般要用去掉重复代码和去掉声音数据中的无声信号序列两种方法。

对静止图像信息，特别是视频图像信息数据的压缩是比较复杂的。对静止图像压缩广泛采用了 JPEG 算法标准，由于用计算机的中央处理器来完成 JPEG 算法花费的时间太长，所以都是用专用的 JPEG 算法信号处理器来完成运算。对视频图像压缩算法有 MPEG 算法，这些算法都是由相应的算法信号处理器来完成的。

2. 多媒体数据压缩的可能性

实际上，多媒体数据之间存在着很大的相关性，利用数据之间的相关性，可以只记录它们之间的差异，而不必每次都保存它们的共同点，这样就可以减少数据文件的数据量。在信息论中，将信息存在的各种性质的多余度称为冗余。多媒体数据中，存在多种类型的冗余。

(1)空间冗余

空间冗余是在图像数据中经常存在的一种冗余。在任何一幅图像中，均有许多灰度或颜色都相同的邻近像素组成的局部区域，它们形成了性质相同的集合块，即它们之间具有空间（或空域）上的强相关性，在图像中就表现为空间冗余。图 8-1 给出了测试图像 Mother&Daughter 中一个 16×16 像素局部区域的灰度值，可以看出，相邻像素的灰度值非常接近，即存在有空间冗余。基于空间冗余的编码技术主要有变换编码、帧内预测编码等。

(2)时间冗余

时间冗余也是视频和音频数据中经常存在的冗余。视频中的两幅相邻的图像有较大的相关性，这反映为时间冗余。同理，在语音中，由于人在说话时发出的音频是一个连续和渐变的过程，而不是一个完全的时间上独立的过程，因而存在着时间冗余。在编码过程中可以充分利用这种相关性，采用相应的编码策略实现多媒体数据压缩。图 8-2 中，F1 帧图像中有一辆汽车和一个路标 P,在经过时间 T 后的图像 F2 仍包含以上两个物体,只是小车向前行驶了一段路程。此时,F1 和 F2 是时间相关的,后一幅图像 F2 在参照图像 F1 的基础上只需很少数据量即可表示出来,从而减少了存储空间,实现了数据压缩。这种压缩对视频数据往往能得到很高的压缩比,这也称为时间压缩或帧间压缩,针对时间冗余的编码技术主要有帧间预测编码(运动估计与补偿)。

115	117	118	117	118	118	118	120	120	120	120	119	118	120	121	119
117	117	118	118	119	119	119	119	120	120	121	120	119	121	122	120
118	119	119	118	119	121	120	119	122	122	121	121	122	121	121	123
118	119	122	120	119	122	123	121	123	124	123	122	123	123	123	124
120	120	123	123	122	123	123	122	124	125	123	123	124	123	125	125
121	123	123	123	123	124	123	123	123	124	123	125	125	124	126	127
121	124	125	124	124	124	126	127	124	124	127	127	126	127	126	127
122	124	125	126	124	124	126	127	125	126	128	128	127	127	127	128
123	124	125	126	124	125	126	124	126	127	127	126	127	128	127	129
123	125	125	128	126	127	127	126	127	127	126	125	128	129	126	127
125	126	126	129	127	127	129	129	127	128	128	126	127	129	127	126
125	127	127	127	126	126	129	128	126	128	128	128	128	128	127	127
124	128	127	126	126	126	128	127	127	127	128	129	129	128	128	128
125	128	127	127	127	127	128	128	128	128	128	129	128	128	129	129
125	125	127	127	127	128	128	128	128	127	128	129	128	128	129	129
123	124	128	128	126	126	127	128	129	129	129	128	129	128	127	127

图 8-1　图像数据的空间冗余

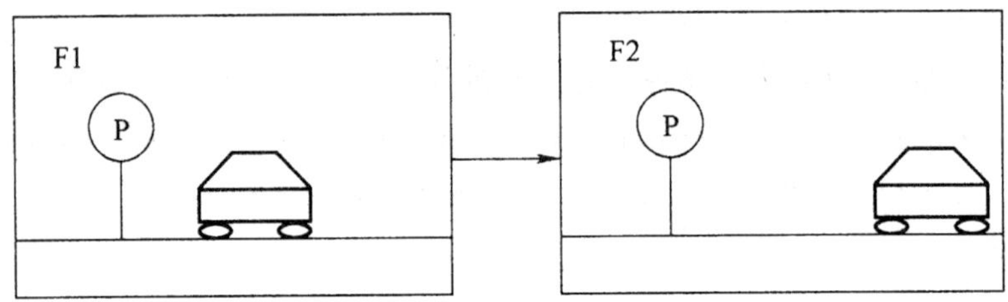

图 8-2　时间冗余示例

(3)信息熵冗余

信息熵是一组数据所携带的信息量。它定义为:

$$E = -\sum_{i=0}^{N-1} p_i \log_2 p_i \tag{8-1}$$

式中,N 为表示信息的符号个数,或叫码元个数;p_i 为第 i 个码元出现的概率。

实际上,信息熵说明了用来表示信息的符号平均最少占多少二进制位。当码元出现的概率不同时,信息熵会比等概率时小,这说明可以采用某种办法使数据占用更少的空间。实际上,无论字符出现的概率大小,ASCII 码字符均使用 8 位二进制数表示。这种由于码元编码长度不经济带来的冗余称为信息熵冗余或编码冗余。

(4)结构冗余

在有些图像的纹理区,图像的像素值存在着明显的分布模式。例如,方格状的地板图案等。我们称此为结构冗余。如已知分布模式,就可以通过某一过程生成图像。

(5)知识冗余

数据的理解与先验知识有相当大的关系。例如,如果我们知道收到的是两句唐诗,但只能识别上句是“独在异乡为异客”，那么我们不必看到下面的文字，就知道下句是“每逢佳节倍思亲”。这种基于先验知识的对数据的理解，就是知识冗余。在图像中这种冗余也很多，实际上，我们能够根据部分图像，结合个人的知识积累，恢复出整个图像。

(6)视觉冗余

事实表明，人类的视觉系统对图像场的敏感性是非均匀和非线性的。然而，在记录原始的图像数据时，通常假定视觉系统是线性的和均匀的，对视觉敏感和不敏感的部分同等对待，从而产生了比理想编码(即把视觉敏感和不敏感的部分区分开来编码)更多的数据，这就是视觉冗余。通过对人类视觉进行的大量实验，发现了以下的视觉非均匀特性。

①视觉系统对图像的亮度和色彩度的敏感性相差很大。当把 RGB 颜色空间转化成 NTSC 制的 YIQ 坐标系后，经实验发现，视觉系统对亮度 Y 的敏感度远远高于对色彩度(I 和 Q)的敏感度。因此，对色彩度(I 和 Q)允许的误差可大于对亮度 Y 所允许的误差。

②随着亮度的增加，视觉系统对量化误差的敏感度降低。这是由于人眼的辨别能力与物体周围的背景亮度成反比。由此说明：在高亮度区，灰度值的量化可以更粗糙些。

③人眼的视觉系统把图像的边缘和非边缘区域分开来处理。这是将图像分成非边缘区域和边缘区域分别进行编码的主要依据。这里的边缘是指灰度值发生剧烈变化的地方，而非边缘区域是指除边缘之外的图像其他任何部分。

④人类的视觉系统总是把视网膜上的图像分解成若干个空间有向的频率通道后再进一步处理。在编码时，若把图像分解成符合这一视觉内在特性的频率通道，则可能获得较大的压缩比。

(7)听觉冗余

人耳对不同频率的声音的敏感性是不同的，不能察觉所有频率的变化，对某些频率不必特别关注，因此，存在听觉冗余。例如，大的声音可以掩盖小的声音，低频声音可以掩盖高频声音，被掩蔽的声音信号实际上没有必要存储或传输。

(8)图像区域的相同性冗余

图像区域的相同性冗余是指在图像中的两个或多个区域所对应的所有像素值相同或相近，从而产生的数据重复性存储，这就是图像区域的相似性冗余。在以上的情况下，记录了一个区域中各像素的颜色值，则与其相同或相近的其他区域就不需记录其中各像素的值。向量量化(Vector Quantization)方法就是针对这种冗余性的图像压缩编码方法。

在多媒体信息中普遍存在着程度不同的冗余度，在保证一定质量的前提下，尽可能地除去这些冗余度，这就是信息压缩技术的目的。而上述几种冗余就是设计多媒体信息压缩技术的出发点和依据，如果多媒体数据压缩算法能够针对其中的一种或多种冗余性采取相应的方法，减少或消除其冗余性，则必定能达到令人满意的数据压缩效果。

8.1.2　多媒体数据压缩编码方法的分类

多媒体数据中存在着各种各样的冗余，所以多媒体数据可以被压缩。针对冗余类型的不同，可以产生压缩的各种方法。

1. 按数据压缩前后数据是否完全一致分

(1)无损压缩

无损压缩是指压缩后的数据在还原后与原数据完全一致。无损压缩是一种可逆压缩，也称为无失真压缩。常用的无损压缩算法有霍夫曼算法、LZW 算法等。

由于冗余压缩法不会产生失真，保证了完全地恢复原始数据，因此，在多媒体技术中一般用于文本、数据以及应用软件的压缩。但是冗余压缩法的压缩比较低，压缩比一般在 2∶1～5∶1 之间。

(2)有损压缩

有损压缩是指在压缩时会丢失部分数据，且这些损失的数据不能再恢复。也就是说，有损压缩是不可逆的，即压缩后的数据在还原后与原数据不完全一致。常用的有损压缩算法有预测编码和变换编码等，多用于对图像、声音、动态视频等数据的压缩。

有损压缩能够较大地提高压缩比，例如，采用混合编码的 JPEG、MPEG 等标准，它对自然景物的灰度图像，一般可压缩几倍到几十倍，而对于自然景物的彩色图像，压缩比将达到几十倍甚至上百倍；采用自适应差分脉冲编码调制的声音数据，压缩比通常能做到 4∶1～8∶1；动态视频数据的压缩比最为可观，采用混合编码的多媒体系统，压缩比通常可达 100∶1～400∶1 。

新一代数据压缩方法，如矢量量化和子带编码，基于模型的压缩，分形压缩和小波变换压缩等，已经接近实用水平。

2. 按压缩算法的压缩原理分

(1)统计编码(熵编码)

熵编码的基本原理是给出现概率较大的符号赋予一个短码字，而给出现概率较小的符号赋予一个长码字，从而使得最终的平均码长很小。常见的熵编码方法有霍夫曼编码、算术编码和行程编码。

(2)预测编码

根据某一模型进行预测，如果模型选取足够好的话，只需存储或传输起始像素和模型参数就可以代替很多像素。预测编码是基于图像数据的空间或时间冗余特性，用相邻的已知像素(或像素块)来预测当前像素(或像素块)的取值，然后再对预测误差进行量化和编码。预测编码可分为帧内预测和帧间预测，常用的预测编码有差分脉冲编码调制(DPCM)、自适应差分脉冲编码调制(ADPCM)、运动估计和补偿等。

(3)变换编码

变换编码是将多媒体数据(空域/时域)变换到频域空间上进行处理，在空域/时域空间上具有强相关的信号，反映在频域上是某些特定的区域内能量常常被集中在一起，因此，更便于压缩处理。采用的正交变换有：离散余弦变换(DCT)、离散傅里叶变换(DFT)、Walsh-Hadamard 变换(WHT)和小波变换(WT)等。

(4)量化与向量量化编码

量化是模拟量进行数字化时必然要经历的过程，如果要量化的数据在其动态范围内的概率密度服从某分布(如高斯分布、均匀分布等)，为使整体的量化失真最小，就必须依据统计和概率分布设计最优的量化器(一般是非线性的)。对图像的像素点进行量化时，一般可每次量化一个像素点，但也可量化一组像素点。量化一组像素点的方法称为“向量量化”。

(5)模型编码

模型编码是根据数据特点设计一种模型来模拟数据的产生过程，其编码过程就是估计模型参数的过程，压缩后的数据就是模型参数。解码过程则把模型参数输入到模型中，由模型产生对应的数据。模型编码是一种有损编码方法，压缩率很高，其关键是设计一种准确的模型来模拟多媒体数据的产生。此种方法较成功的应用就是音频编码中的参数编码方法。

(6)多分辨率编码

多分辨率编码主要应用于图像和视频编码中，它是利用人类的视觉特性而提出的。常见的编码算法有：子带编码、塔形编码和基于小波变换的编码方法等。这类方法使用不同类型的一维或二维线性数字滤波器，对图像和视频进行整体分解，然后根据人类视觉特性对不同频段的数据进行粗细不同的量化处理，以达到更好的压缩效果。

数据压缩编码的具体方法虽然还有很多，但大多是以这些基本思想为基础。

8.1.3　多媒体数据压缩的性能指标

评价一种数据压缩技术的性能好坏主要有 3 个关键指标，即压缩比、重现质量、压缩/解压缩速度。此外，还要考虑压缩算法所需要的软件和硬件。

1. 压缩比

压缩性能常常用压缩比来定义，也就是压缩过程中输入数据量和输出数据量之比。压缩比越大，说明数据压缩程度越高。在实际应用中，压缩比可以定义为比特流中每个样点所需要的比特数。例如，图像分辨率为 512×480 像素，位深度为 24 位，则输入＝(512×480×24)/8B＝737280B，若输出 15000B，则压缩比为 737280/15000＝49。

2. 重现质量

重现质量是指比较重现时的图像、声音信号与原始图像、声音信号之间有多少失真，这与压缩的类型有关。无损压缩是指压缩和解压缩过程中没有损失原始图像和声音的信息，因此，对无损系统不必担心重现质量。有损压缩虽然可获得较大的压缩比，但若压缩比过高，还原后的图像、声音质量就可能降低。图像和声音质量的评估常采用主观评估和客观评估两种方法。

以图像数据压缩为例。图像的主观评价采用 5 分制，其分值在 1～5 分情况下的主观评价如表 8-4 所示。

表 8-4　图像主观评价表

主观评价分	质量尺度	妨碍观看尺度
5	非常好	丝毫看不出图像质量变坏
4	好	能看出图像质量变化，但不妨碍观看
3	一般	能清楚的看出图像质量变坏，对观看又有妨碍
2	差	对观看有妨碍
1	非常差	非常严重地妨碍观看

而客观尺度通常有均方误差、信噪比和峰值信噪比等，如下所示。

均方误差：

$$E_n = \frac{1}{n}\sum_{i=1}^{n}(x(i)-\hat{x}(i))^2 \tag{8-2}$$

信噪比：

$$\mathrm{SNR}(\mathrm{dB})=10\lg\frac{\sigma_x^2}{\sigma_r^2} \tag{8-3}$$

峰值信噪比：

$$\mathrm{PSNR}(\mathrm{dB})=10\lg\frac{x_{\max}^2}{\sigma_r^2} \tag{8-4}$$

式中，$x(i)$为原始图像信号；$\hat{x}(i)$为重建图像信号；$x_{\max}$为$x(i)$的峰值；σ_x^2为信号的方差；σ_r^2为噪声方差，$\sigma_x^2=E[x^2(i)]$，$\sigma_r^2=E\{[\hat{x}(i)-x(i)]^2\}$。

3. 压缩/解压缩速度

压缩和解压缩可能在不同的时间、不同的地点、不同的系统中进行，需要分别评价压缩和解压缩速度。在静态图像中，压缩速度没有解压缩速度要求严格，处理速度只需比用户能够忍受的等待时间快一些即可。但对于动态视频的压缩与解压缩，速度问题是至关重要的。动态视频为保证帧间动作变化的连贯要求，必须有较高的帧速。对于大多数情况来说，至少要每秒 15 帧，而全动态视频则要求有 25 帧/秒或 30 帧/秒。在电话线上传送视频，因为受到线路传输速率的限制，帧速率没有这么高，但也要达到每秒 5 帧以上，否则动态图像就会产生跳动感，使人难以接受。

在对多媒体数据压缩技术的性能进行评价时，软件和硬件的开销也是必须要考虑的。有些数据的压缩和解压缩可以在标准的 PC 硬件上用软件实现，有些则因为算法太复杂或者质量要求太高而必须采用专门的硬件。这就需要在占用 PC 上的计算资源或者另外使用专门硬件的问题上做出选择。

8.2 常用的多媒体数据压缩算法

8.2.1 统计编码

1. 统计编码原理

统计编码技术的基石是 Shannon 于 1948 年创立的信息论。Shannon 认为，信源中或多或少都含有一定的冗余性，这些冗余来自信源自身的相关性，也来自信源符号概率分布的不均衡性，因此，可以采用编码方式去除这种冗余。

Shannon 第一定律(率失真定律)确定了在编码过程中不损失任何信息，即在无损编码条件下，数据压缩的理论极限是信息的熵，并指出了如何建立最优数据压缩编码方法。这类保存信息熵的编码方法通称为熵编码(Entropy Coding)，熵编码结果经解码后可无失真地恢复出原始信息。

假设信源能从一个有限或无穷可数的符号集合中产生一个随机符号序列，即信源的输出是一个离散随机变量。这个集合$\{a_j,a_j,\cdots,a_j\}$称为信源符号集 A，其中，每个元素 a_j 为信源符号。设信源产生符号 a_j 这个事件的概率是 $P(a_j)$，则产生单个信源符号 a_j 时的自信息量为：

$$I(a_j)=-\log P(a_j) \tag{8-5}$$

式中，如果取 2 为底的对数，则单位为 bit(比特)；取 e 为底的对数，则单位为奈特。从信息量的定义可以看出，信息是事件 a_j 的不确定因素的度量。事件发生的概率越大，事件的自信息量越小；反之，一个发生可能性很小的事件，携带的自信息量就很大，甚至使人们“震惊”。

对每个信源输出的平均自信息量可以表示为：

$$H(u)=-\sum_{j=1}^{J}P(a_j)\log P(a_j) \tag{8-6}$$

$H(u)$就是信源的熵。在符号出现之前，熵表示符号集中的符号出现的平均不肯定性；在符号出现之后，熵代表接收一个符号所获得的平均信息量。因此，熵是在平均意义上表征信源总体特性的一个物理量。可以证明，如果信源各符号的出现概率相等，则熵值达到最大。熵的范围是 $0\leqslant H(u)\leqslant\log_2 J$。

熵编码的基本思想就是用较少的比特数表示出现概率较大的灰度级，而用较多的比特数表示出现概率小的灰度级，就能达到数据压缩的效果。常用的熵编码算法主要包括霍夫曼编码、算术编码和行程编码三类，下面将分别进行讨论。

2. 霍夫曼编码

霍夫曼(Huffman)编码是统计编码的一种，属于无损压缩编码。该编码方法早在 1952 年为文本文件而建立，现在已经派生出很多变体。霍夫曼编码的码长是变化的，对于出现频率高的信息，编码的长度较短；而对于出现频率低的信息，编码长度较长。这样，处理全部信息的总码长一定小于实际信息的符号长度。根据这一原理，霍夫曼编码的实际编码过程按照如下步骤进行：

①初始化，根据符号概率的大小按递减顺序对符号进行排序。

②把概率最小的两个符号的概率相加，组成新符号的概率。

③重复步骤①和②，直到概率相加的结果等于 1.0 为止。

④在合并运算中，概率大的符号用编码 0 表示，概率小的符号用编码 1 表示。也可以对概率大的符号用编码 1 表示，概率小的符号用编码 0 表示，但在编码过程中，赋值原则必须相同。

⑤记录下概率为 1.0 处到当前信号源符号之间的 0、1 序列，从而得到每个符号的编码。

下面举例说明霍夫曼编码过程。

设信号源为 $s=\{s1,s2,s3,s4,s5\}$，其对应的概率为 $p=\{0.25,0.22,0.20,0.18,0.15\}$，则霍夫曼编码过程如图 8-3 所示。

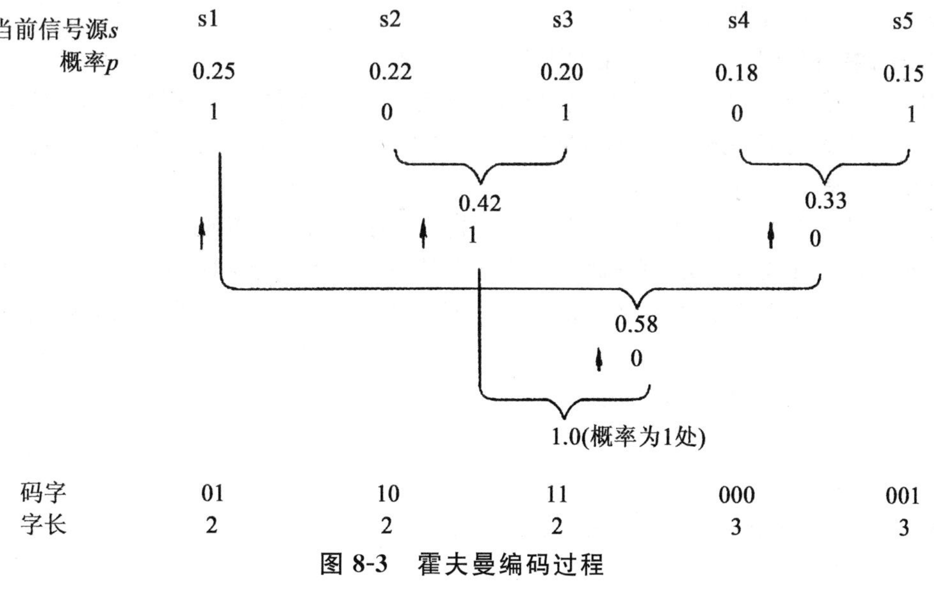

图 8-3　霍夫曼编码过程

当信号源符号的概率为2的负幂次方时，编码效率最高。如果信号源符号的概率相等，则编码效率最低。霍夫曼编码成功与否，取决于是否能精确统计原始文件的字符值。为了保证精确度，霍夫曼编码通常采用两次扫描的办法，第一次扫描得到统计结果，第二次扫描进行编码。

在数据压缩领域，霍夫曼编码具有如下一些特点：

①编码不唯一，但其编码效率是唯一的。由于在编码过程中，分配码字时对0、1分配的原则可以不同，而且当出现相同概率时，排序不固定，因此，霍夫曼编码不唯一。但对于同一信源而言，其平均码长不会因为上述原因改变，因此，编码效率是唯一的。

②编码效率高，但是硬件实现复杂，抗误码力较差。霍夫曼编码是一种变长码，因此，硬件实现复杂，并且在存储、传输过程中，一旦出现误码，易引起误码的连续传播。

③对不同信号源的编码效率不同。当信号源的符号概率为2的负幂次方时，达到100%的编码效率；如果信号源符号的概率相等，则编码效率最低。

④只能用近似的整数位来表示单个符号。霍夫曼编码只能用近似的整数位来表示单个符号而不是理想的小数，因此，无法达到最理想的压缩效果。

⑤霍夫曼编码表是编码的重要依据，为了节省编码时间，通常把霍夫曼编码表存储在发送端和接收端。否则，在进行编码时还要传送编码表，在很大程度上延长了编码时间。

3. 算术编码

算术编码在图像数据压缩标准（如JPEG、JBIG）中扮演了重要的角色。算术编码方法比Huffman和将要介绍的行程编码等熵编码方法都复杂，但是它不需要传送像Huffman编码的编码表，同时算术编码还有自适应能力的优点。

算术编码的基本原理是将编码的信息表示成实数0和1之间的一个间隔，信息越长，编码表示它的间隔就越小，表示这一间隔所需的二进制位就越多。

算术编码用到两个基本的参数：符号的概率和编码间隔。信源符号的概率决定压缩编码的效率，也决定编码过程中信源符号的间隔，这些间隔包含在0到1之间。编码过程的间隔决定了符号压缩后的输出。

给定事件序列的算术编码步骤如下：

①编码器在开始编码时，将“当前间隔”[L，H]设置为[0，1]。

②对每一事件，编码器将“当前间隔”分为子间隔，每一个事件一个；一个子间隔的大小与下一个将出现的事件的概率成比例，编码器选择子间隔与下一个确切发生的事件相对应，并使它成为新的“当前间隔”。

③最后输出的“当前间隔”的下边界，是该给定事件序列的算术编码。

设Low和High分别表示“当前间隔”的下边界和上边界，CodeRange为编码间隔的长度，LowRange(symbol)和HighRange(symbol)分别代表为事件symbol分配初始间隔的下边界和上边界。

算术编码过程实现的伪代码描述如下：

```
set Low to 0
set High to 1
while there are input symbols do
    take a symbol
```

```
    CodeRange=High-Low
    High=Low+CodeRange * HighRange(symbol)
    Low=Low+CodeRange * LowRange(symbol)
end of while
output Low
```

算术译码过程用伪代码描述如下：

```
get encoded number
do
    find symbol whose range straddles the encoded number
    output the symbol
    range=symbol. LowValue-symbol. HighValue
    substracti symbol. LowValue from encoded number
    divide encoded number by range
until no more symbols
```

下面举例说明算术编码译码过程。假设信源符号为{00,01,10,11}，这些符号的概率分别为{0.1,0.4,0.2,0.3}，根据这些概率可把间隔[0,1)分成 4 个子间隔：[0,0.1)，[0.1,0.5)，[0.5,0.7)，[0.7,1)，其中[x,y)表示半开放间隔，即包含 x 不包含 y。上面的信息可综合在表 8-5 中。

表 8-5　信源符号、概率和初始编码间隔

符　号	00	01	10	11
概　率	0.1	0.4	0.2	0.3
初始编码间隔	[0,0.1)	[0.1,0.5)	[0.5,0.7)	[0.7,1)

如果二进制消息序列的输入为：10 00 11 00 10 11 01。编码时首先输入的符号是 10，找到它的编码范围是[0.5,0.7)。由于消息中第二个符号 00 的编码范围是[0,0.1)，因此，它的间隔就取[0.5,0.7)的第一个 1/10 作为新间隔[0.5,0.52)。依此类推，编码第 3 个符号 11 时取新间隔为[0.514,0.52)，编码第 4 个符号 00 时，取新间隔为[0.514,0.5146)，…。消息的编码输出可以是最后一个间隔中的任意数。整个编码过程如图 8-4 所示。

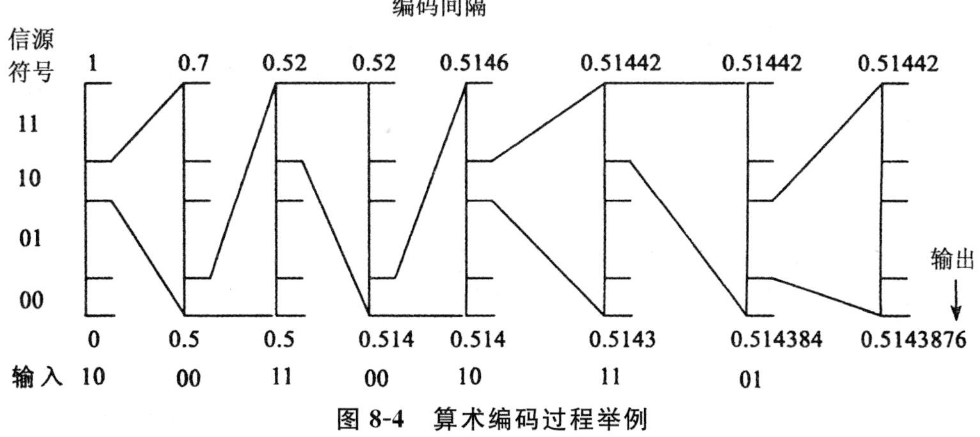

图 8-4　算术编码过程举例

表 8-6、表 8-7 为这个例子的编码、译码过程分解。

表 8-6 编码过程

步 骤	输入符号	编码间隔	编码判决
1	10	[0.5,0.7)	符号的间隔范围[0.5,0.7]
2	00	[0.5,0.52)	[0.5,0.7]间隔的第一个 1/10
3	11	[0.514,0.52)	[0.5,0.52]间隔的最后三个 1/10
4	00	[0.514,0.5146)	[0.514,0.52]间隔的第一个 1/10
5	10	[0.5143,0.51442)	[0.514,0.514 6)间隔的第五个 1/10,从第二个 1/10 开始
6	11	[0.514384,0.51442]	[0.5143,0.51442]间隔的最后三个 1/10
7	01	[0.5143836,0.514402)	[0.514384,0.51442)间隔的四个 1/10,从第一个 1/10 开始
8	从[0.5143876,0.514402)中选择一个数作为输出:0.5143876		

表 8-7 译码过程

步 骤	间 隔	译码符号	译码判决
1	[0.5,0.7)	10	0.51439 在间隔[0.5,0.7]
2	[0.5,0.52)	00	0.51439 在间隔[0.5,0.7)的第一个 1/10
3	[0.514,0.52)	11	0.51439 在间隔[0.5,0.52)的第七个 1/10
4	[0.514,0.5146)	00	0.51439 在间隔[0.514,0.52)的第一个 1/10
5	[0.5143,0.51442)	10	0.51439 在间隔[0.514,0.5146)的第五个 1/10
6	[0.514384,0.51442)	11	0.51439 在间隔[0.5143,0.51442)的第七个 1/10
7	[0.51439,0.5143948)	01	0.51439 在间隔[0.51439,0.5143948]的第一个 1/10
8	译码的信息:10 00 11 00 10 11 01		

实际上在译码器中需要添加一个专门的终止符,当译码器看到终止符时就停止译码。在算术编码中需要注意以下几个问题:

①实际的计算机的精度不可能无限长,运算中可能出现溢出,但多数计算机都有 16 位、32 位或 64 位的精度,因而可用比例缩放方法来解决溢出问题。

②算术编码器对整个信息只产生一个码字,这个码字是在间隔[0,1]中的一个实数,因此,译码器在接收到表示这个实数的所有位之前不能进行译码。

③算术编码也是一种对错误很敏感的编码方法,如果有一位发生错误,就会导致整个信息产生译码错误。

④算术编码可以是静态的或者自适应的。静态算术编码中,信源符号的概率是固定的。自

适应算术编码中，信源符号的概率根据编码时符号出现的频繁程度动态地进行修改，在编码期间估算信源符号概率的过程称为建模。

由于很难事先知道精确的信源概率，所以需要开发动态算术编码。同时，在压缩信息时，也不能期待一个算术编码器可以获得最大的效率，最有效的方法是在编码过程中估算概率。因此，动态建模成为确定编码器压缩效率的关键。

4. 行程编码

行程编码(Run Length Encoding,RLE)又称"运行长度编码"或"游程编码"，是一种非常简单的统计编码，该编码属于无损压缩编码。行程编码的基本原理是：用一个符号值或串代替具有相同值的连续符号(连续符号构成了一段连续的"行程")，使符号长度少于原始数据的长度。

例如，一个字符串"AAAAAARRRRSSSEEEEEEE"，其行程编码为：(A,6)(R,4)(S,3)(E,7)。由此可见，行程编码的位数远远少于原始字符串的位数。

在对图像数据进行编码时，沿一定方向排列的具有相同灰度值的像素可看成是连续符号，用字串代替这些连续符号，可大幅度减少数据量。

行程编码可以分为定长和变长行程编码两种方式。定长行程编码使用的编码位数固定，当行程长度超过能够表达的编码位数后，用下一个行程对超出部分进行编码；变长行程编码的位数由行程的长短确定，是不固定的。

行程编码是连续精确的编码，在传输过程中，如果其中一位符号发生错误，就会影响整个编码序列，使得行程编码无法还原回原始数据。其解决的方法是：编码的行和列均分别采取同步措施，错误一旦发生，只存在出错的行或列中，不会扩散到其他编码序列中，限制了错误的作用范围。

行程编码特别适用于由计算机生成的图像，但对于彩色图像来说，由于相同颜色的连续像素较少，因此，往往需要和其他的压缩编码一起使用。

8.2.2　预测编码

预测编码的基本思想是分析信号的相关性，利用已处理的信号预测待处理的信号，得到预测值；然后仅对真实值与预测值之间的差值信号进行编码处理和传输，以达到压缩的目的，并能够正确恢复原信号。

1. 差分脉冲编码调制

差分脉冲编码调制(Differential Pulse Code Modulation,DPCM)主要用于对图像的像素进行预测，并进行压缩处理。差分脉冲编码的基本工作原理如下：

首先比较相邻的两个像素，如果两个像素之间存在差异，将差异之处的差值传送出去，若比较的像素之间没有差异，则不传送差值。由于图像中相邻像素通常是类似的，即具有一定的相关性，像素之间的差异很小，因此，传送出去的差值总是少于整个图像的像素值，达到了减少数据量的目的。DPCM 系统原理框图如图 8-5 所示。

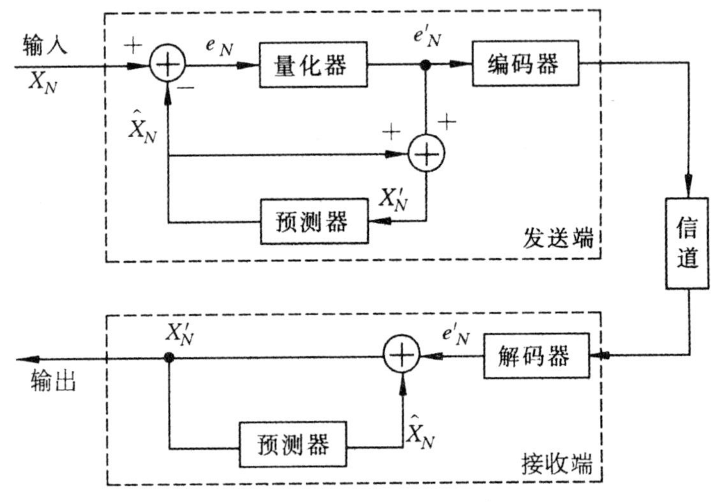

图 8-5　DPCM 系统原理框图

图 8-5 中，X_N 为 t_N 时刻前的样本值；$\hat{X}_N$ 为根据 t_N 时刻前的样本值 $X_1, X_2, \cdots, X_{N-1}$ 对 X_N 所作的预测值；$e_N = X_N - \hat{X}_N$（差值信号）；e'_N 为经过量化器后输出的信号，其量化误差 $q_N = e_N - e'_N$。

由 DPCM 编码原理可见：

①编解码误差为 $q_N = X_N - X'_N = X_N - (\hat{X}_N + e'_N)$，说明误差来自于量化器，若不使用量化器，$q_N = 0$，即无损编码。

②在均方误差最小的准则下，使误差最小的方法称为最佳预测编码。

③当使用线性方程计算预测值 $\hat{X}_N$ 的编码方法时为线性预测编码；若是非线性方程计算预测值 $\hat{X}_N$ 的编码时称为非线性预测编码。

④如果 $X_1, X_2, \cdots, X_N$ 取自同一帧内，则为帧内预测编码。如果 $X_1, X_2, \cdots, X_N$ 是取自不同帧的样本值，则称为帧间预测编码。

⑤预测器和量化器参数按图像局部特性进行调整的方法，称为自适应预测编码(ADPCM)。

⑥在帧间预测编码中，若帧间对应像素样本值超过某一域值就保留，否则不传或不存，恢复时就用上一帧对应像素样本值来代替，这种方法被称为条件补充帧间预测编码。

⑦在活动图像预测编码中，根据画面运动情况，对图像加以补偿后再进行帧间预测的方法，称为运动补偿预测编码方法。

2. 自适应差分脉冲编码调制

自适应差分脉冲编码调制（Adaptive Differential Pulse Code Modulation，ADPCM）是在 DPCM 的基础上能够根据图像区域的分布特点自动调整预测器的预测系数（自适应预测）和量化器的量化参数（自适应量化），ADPCM 编码的工作原理如图 8-6 所示。

(1)自适应预测

自适应预测的基本思想是使用过去的样本值估算下一个输入样本的预测值，得到最小的实际样本值和预测值之间的差值。

为了减少计算的工作量，可以采用固定的预测参数，有多组根据常见的信息源特征得到的预测参数供选择，编码时根据特征自适应地确定具体采用哪组预测参数。

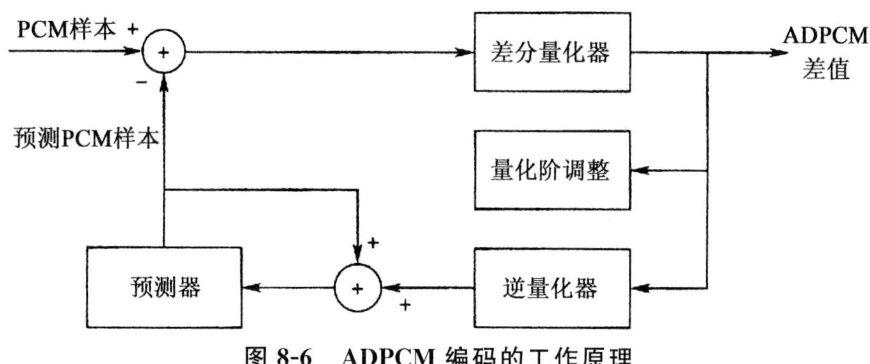

图 8-6　ADPCM 编码的工作原理

为了自适应地选择最佳参数，通常将信息源数据分区间编码，编码时自动地选择一组预测参数，使该实际值与预测值的均方差最小。随着编码区间的不同，预测参数自适应地变化，以达到最佳预测。

(2)自适应量化

在一定的量化级数下，减少量化误差或在相同误差情况下压缩数据，并且根据信号分布不均匀的特点，随输入信号的变化而改变量化区间的大小，以保证输入量化器的信号比较均匀，这种输入信号的自动调节能力就是自适应量化。自适应量化必须具有对输入信号幅度值的估算能力，否则无法确定信号改变量的大小。若估算在量化输入端进行，则称为“前馈自适应”；如果估算在量化输出端进行，则称为“反馈自适应”。

3. 运动补偿预测编码

帧间预测编码处理的对象是序列图像(也称为运动图像)。随着大规模集成电路的迅速发展，已有可能把几帧的图像存储起来作实时处理，利用帧间的时间相关性进一步消除图像信号的冗余度，提高压缩比。其编码的工作原理如图 8-7 所示。

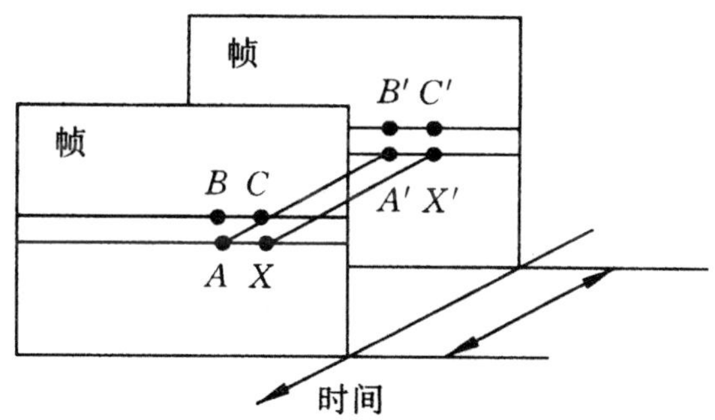

图 8-7　帧间预测编码的工作原理

对于狭义差值预测：设 $\hat{X}=X'$，则预测误差为：

$$\varepsilon=X-\hat{X} \tag{8-7}$$

对于复合差值预测：设 $\hat{X}=X'-(A-A')$，则预测误差为：

$$\varepsilon=X-\hat{X}=(X-X')-(A-A') \tag{8-8}$$

对于图像来说，若后一帧与前一帧亮度变化相同，相当于 $\varepsilon=0$，那么，式(8-8)中的 A 可以用任意帧内预测函数 $f(A,B,\cdots)$ 代替。

常用的两种帧间编码技术是条件补充法和运动补偿技术。下面介绍一下运动补偿技术。

运动补偿预测编码方法是跟踪画面内的运动情况对其加以补偿之后再进行帧间预测。该项技术的关键是运动向量的计算。

运动补偿预测编码目前有三种方法:块匹配算法、梯度法和傅里叶变换。这里仅讨论块匹配算法。

块匹配算法是把图像分成若干子块图像,设子图像是 $M \times N$ 的矩形块。设当前帧图像亮度信号为 $f_K(m,n)$,前一次传送的图像为 $f_{K-N_s}(m,n)$,这里 N_s 为帧差数目。通常帧差 N_s 可能是1,3或7。假定当前帧中的一个 $M \times N$ 子块是从第 $K-N_s$ 帧平行移动而来,并设 $M \times N$ 子块内所有像素都具有同一个位移值 (i,j),而在 N_s 帧差时间内水平和垂直最大位移均为 L,$(M+2L,N+2L)$ 作为帧搜索区 SR,那么可以在 $K-N_s$ 帧搜索区 SR 内进行搜索,如图 8-8 所示。

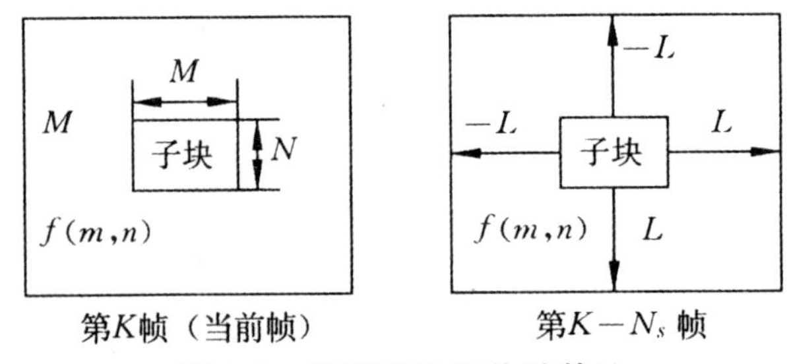

图 8-8 块匹配位移估计算法

两帧中子块的相关函数如下式所示:

$$\mathrm{NCCF}(i,j)=\frac{\sum_{m=1}^{M}\sum_{n=1}^{N} f_K(m,n) f_{K-N_s}(m+i,n+j)}{\left[\sum_{m=1}^{M}\sum_{n=1}^{N} f_K^2(m,n)\right]^{1/2}\left[\sum_{m=1}^{M}\sum_{n=1}^{N} f_{K-N_s}^2(m+i,n+j)\right]^{1/2}} \tag{8-9}$$

当相关函数 $\mathrm{NCCF}(i,j)$ 达到最小值时,式(8-9)中的 i 和 j 值就被认定为子块的水平和垂直位移值。

在 SR 内搜索一块与其匹配的块的差平方或绝对值最小的块,而获得水平和垂直位移 (i,j),那么当前帧的 $M \times N$ 子块的任意位置 (m,n) 的像素完全可以用 $K-N_s$ 帧的位置的像素来预测,取得很好的效果。

这里需要说明的是,式(8-9)计算工作量很大,影响速度,往往用一些经验公式简化计算。另外,块匹配算法恢复图像时会产生"方块效应",需要预处理或进行运动补偿方法以后进行其他处理修正。

8.2.3 变换编码

1. 变换编码原理

变换编码是将空域图像信号映射变换到另一个正交矢量空间(变换域或频域),产生一些变换系数,然后对这些变换系数,进行编码处理。图 8-9 所示是一个图像的变换编、解码过程的示意图。

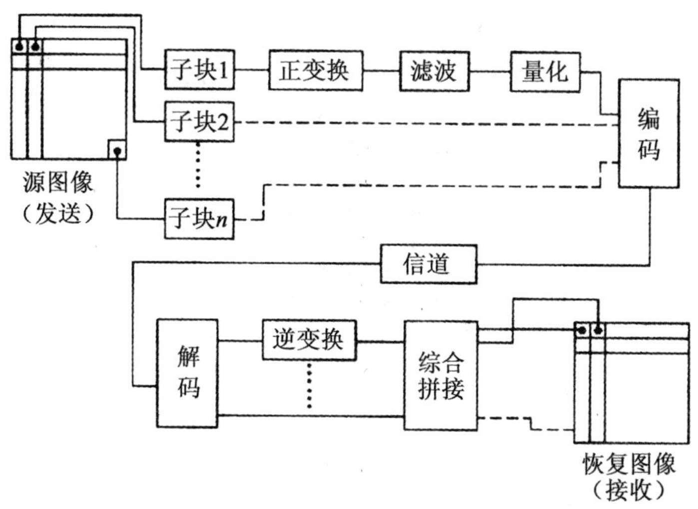

图 8-9 变换编、解码过程示意图

在发送端将原始图像分割成 1 到 n 个子图像块，每个子图像块送入正交变换器作正交变换，变换器输出变换系数经滤波、量化、编码后送信道传输到达接收端，接收端作解码、逆变换、综合拼接，恢复出空域图像。

例如，有两个相邻的数据样本 x_1 与 x_2，每个样本采用 3bit 编码，因此，各自都有 $2^3=8$ 个幅度等级，两个样本的联合事件共有 $2^3\times2^3=64$ 种可能，如图 8-10 所示的 64 个坐标点表示。对一般的图像来说，两个相邻的数据样本很有可能同时出现近似的幅度，即很有可能出现在 $x_1=x_2$ 直线的附近。

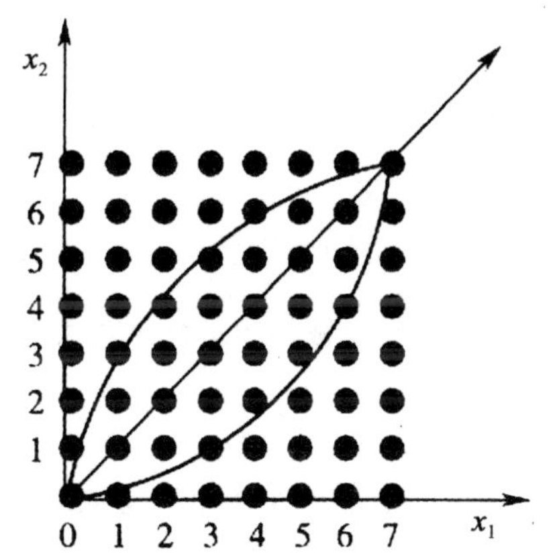

图 8-10 正交变换前两个样本的联合事件

若对该数据进行正交变换，也就是将坐标系逆时针旋转 45°，如图 8-11 所示。在新的坐标系中，上面所提到的 $x_1=x_2$ 的直线正好是 y_1 轴，即变换后的数据样本更为独立，较为集中在 y_1 轴上。通过坐标系旋转变换，对这部分集中的数据进行量化、编码、传输，其余数据则不做处理，这样就实现了减少数据量、压缩数据的目的。

正交变换的种类很多，如傅里叶变换、沃尔什变换、离散余弦变换、K-L 变换、小波变换等，下面介绍其中的几种。

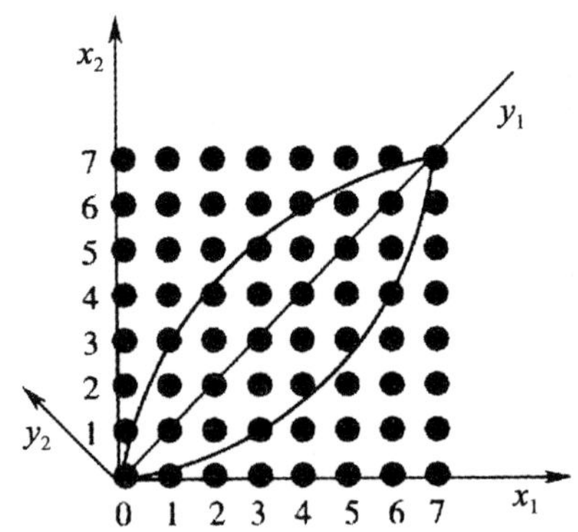

图 8-11 正交变换后两个样本的联合事件

2. 离散傅里叶变换

给定 N 个均匀间隔信号样本$\{f(x)|x=0,1,\cdots,N-1\}$组成的信号序列，离散傅里叶变换(Discrete Fourier Transform，DFT)可表示为：

$$F(u)=\frac{1}{N}\sum_{x=0}^{N-1}f(x)e^{\frac{-j2\pi ux}{N}}\quad u=0,1,2,\cdots,N-1 \tag{8-10}$$

DFT 的逆变换可表示为：

$$f(x)=\frac{1}{N}\sum_{u=0}^{N-1}F(u)e^{\frac{j2\pi ux}{N}}\quad x=0,1,2,\cdots,N-1 \tag{8-11}$$

DFT 变换可扩展到二维，应用到图像处理过程中。给定一个二维信号的样本序列$\{f(x,y)|x,y=0,1,\cdots,N-1\}$，二维 DFT(2D-DFT)可表示为：

$$F(u,v)=\frac{1}{N^2}\sum_{x=0}^{N-1}\sum_{y=0}^{N-1}f(x,y)e^{\frac{-j2\pi(ux+vy)}{N}}\quad u,v=0,1,2,\cdots,N-1 \tag{8-12}$$

2D-DFT 的逆变换可表示为：

$$f(x,y)=\frac{1}{N^2}\sum_{u=0}^{N-1}\sum_{v=0}^{N-1}F(u,v)e^{\frac{j2\pi(ux+vy)}{N}}\quad x,y=0,1,2,\cdots,N-1 \tag{8-13}$$

傅里叶变换有明确的物理意义，即时-空域与频域的映射关系。

3. 离散余弦变换

余弦变换是傅里叶变换的一种特殊情况。在傅里叶级数展开式中，如果被展开的函数是实偶函数，那么，其傅里叶级数中只包含余弦项，再将其离散化由此可导出余弦变换，或称之为离散余弦变换(Discrete Cosine Transform，DCT)。

设有 N 个信号样本$\{f(x)|x=0,1,\cdots,N-1\}$组成的信号序列，其离散余弦变换 DCT 表示为：

$$F(u)=\sqrt{\frac{2}{N}}C(u)\sum_{x=0}^{N-1}f(x)\cos\frac{(2x+1)\pi u}{2N}\quad u=0,1,2,\cdots,N-1 \tag{8-14}$$

DCT 逆变换表示为：

$$f(x)=\sqrt{\frac{2}{N}}\sum_{u=0}^{N-1}C(u)F(u)\cos\frac{(2x+1)\pi u}{2N}\quad x=0,1,2,\cdots,N-1 \tag{8-15}$$

式中，

$$C(u)=\begin{cases}\frac{1}{\sqrt{2}} & u=0\\ 1 & u>0\end{cases} \tag{8-16}$$

将 DCT 变换推广到二维可用于图像处理。设有二维信号样本 $\{f(x,y)\mid x,y=0,1,\cdots,N-1\}$ 序列，其二维 DCT 变换表示为：

$$F(u,v)=\frac{2}{N}C(u)C(v)\sum_{x=0}^{N-1}\sum_{y=0}^{N-1}f(x,y)\cos\left[\frac{(2x+1)\pi u}{2N}\right]\cos\left[\frac{(2y+1)\pi v}{2N}\right] \tag{8-17}$$

$$u,v=0,1,2,\cdots,N-1$$

二维 DCT 逆变换表示为：

$$f(x,y)=\frac{2}{N}\sum_{u=0}^{N-1}\sum_{v=0}^{N-1}C(u)C(v)F(u,v)\cos\left[\frac{(2x+1)\pi u}{2N}\right]\cos\left[\frac{(2y+1)\pi v}{2N}\right] \tag{8-18}$$

$$x,y=0,1,2,\cdots,N-1$$

式中，

$$C(u),C(v)=\begin{cases}\frac{1}{\sqrt{2}} & u,v=0\\ 1 & u,v>0\end{cases} \tag{8-19}$$

4. K-L 变换

离散 Karhunen-Loeve(K-L)变换(简称 K-L 变换)是以图像的统计特性为基础的一种正交变换，也称为特征向量变换或主分量变换，相关性好，是均方误差 MSE(Mean Square Error)意义上的最佳变换，它在数据压缩技术中占有重要的地位。

假定一幅 $N\times N$ 的数字图像 $f(x,y)(x,y=0,1,\cdots,N-1)$ 通过某一信号通道传输 M 次，由于受随机噪音干扰和环境条件影响，接收到的图像实际上是一个受干扰的数字图像集合，用(8-20)式表示。

$$\{f_1(x,y),f_2(x,y),\cdots,f_M(x,y)\} \tag{8-20}$$

对第 i 次获得的图像 $f_i(x,y)$ 可用一个含 N^2 个元素的向量 X_i 表示，如式(8-21)所示。

$$X_i=[X_{i1}\quad X_{i2}\cdots\quad X_{iN}\cdots\quad X_{ij}\cdots\quad X_{iN^2}\cdots]^{\mathrm{T}} \tag{8-21}$$

该向量的第一组分量(N 个元素)由图像 $f_i(x,y)$ 的第一行像素组成，向量的第二组分量由图像 $f_i(x,y)$ 的第二行像素组成，依此类推。也可以按列的方式形成这种向量，方法类似。

X 向量的协方差矩阵 C_f 由式(8-22)定义，表达式中的“E”表示求期望值，m_f 则由式(8-23)定义。

$$C_f=E\{(X-m_f)(X-m_f)^{\mathrm{T}}\} \tag{8-22}$$

$$m_f=E\{X\} \tag{8-23}$$

对于 M 幅数字图像，平均值向量 m_f 和协方差矩阵 C_f 可由式(8-24)和式(8-25)近似求得。

$$m_f=E\{X\}\approx\frac{1}{M}\sum_{i=1}^{M}X_i \tag{8-24}$$

$$C_f\approx\frac{1}{M}\sum_{i=1}^{M}(X-m_f)(X-m_f)^{\mathrm{T}}\approx\frac{1}{M}\left[\sum_{i=1}^{M}X_iX_i^{\mathrm{T}}\right]-m_fm_f^{\mathrm{T}} \tag{8-25}$$

可见，m_f 是 N^2 个元素的向量，C_f 是 $N^2\times N^2$ 的方阵。

根据线性代数理论，可以求出协方差矩阵的 N^2 个特征向量和对应的特征值。假定 $\lambda_i(i=1,2,\cdots,N^2)$ 是按递减顺序排列的特征值，对应的特征向量由式(8-26)表示，则 K-L 变换矩阵 A 定义为式(8-27)，从而可得 K-L 变换的变换表达式为式(8-28)。

$$e_i=[e_{i1},e_{i2},\cdots,e_{iN^2}]^{\mathrm{T}} \quad (i=1,2,\cdots,N^2) \tag{8-26}$$

$$A=\begin{bmatrix} e_{11} & e_{12} & \cdots & e_{1N^2} \\ e_{21} & e_{22} & \cdots & e_{2N^2} \\ \vdots & \vdots & \vdots & \vdots \\ e_{i1} & e_{i2} & \cdots & e_{iN^2} \\ \vdots & \vdots & \vdots & \vdots \\ e_{N^2 1} & e_{N^2 2} & \cdots & e_{N^2 N^2} \end{bmatrix} \tag{8-27}$$

$$Y=A(X-m_f) \tag{8-28}$$

该变换表达式可理解为：由中心化图像向量 $X-m_f$ 与变换矩阵 A 相乘，得到变换后的图像向量 Y，Y 的组成方式与向量 X 相同。

8.2.4 其他编码

1. 子带编码

子带编码 (Sub Band Coding，SBC)利用带通滤波器组把信号频带分割成若干子频带，然后对每个子带分别进行编码，并根据每个子带的重要性分配不同的位数来表示数据。语言和图像信息都有较宽的频带，信息的能量集中于低频区域，细节和边缘信息则集中于高频区域。子带编码采取保留低频系数舍去高频系数的方法进行编码，操作时对低频区域取较多的比特数来编码，以牺牲边缘细节为代价来换取比特数的下降，恢复后的图像比原图模糊。

子带编码把原始图像分割成不同频段的频段子带，对不同的频段子带设计独立的预测编码器，分别进行编码和解码。

2. 分形编码

分形编码是一种模型编码，利用模型的方法，对需要传输的图像进行参数估测。分形方法是把一幅数字图像，通过一些图像处理技术，如颜色分割、边缘检测、频谱分析、纹理分析等，将原始图像分割成一系列子图像。子图像可以是简单的物体，也可以是一些复杂的景物。然后在分形集中查找这样的子图像。分形集实际上并不是存储所有可能的子图像，而是存储了许多迭代函数，通过迭代函数的反复迭代，恢复出原来的子图像。表示这样的迭代函数一般只需几个数据，从而达到很高的压缩比。

分形图像压缩编码方法可分为两类：

(1)自适应块状分形编码方法

先将图像分割成若干不重叠的值域块 R_i 和可以重叠的定义域块 D_j，接着对每个 R_i 寻找某个 D_j，使 D_j 经过某个指定的变换映射到 R_i 达到规定的最小误差，记录下确定 R_i 和 D_j 的参数及变换形 W_i，得到一个迭代函数系统。最后对这些参数进行编码。编码过程包括对图像的分割、搜索最佳匹配、最后记录相关的系数三个步骤。

(2)交互式分形图像编码方法

针对给定图像的形状,采用边缘检测、频谱分析、纹理分析等传统的图像处理技术进行图像分割,要求被分开的每部分都有比较直观的自相似特征。然后寻找迭代函数系统,确定各个变换系统。再由图像中灰度分布求得各个变换的伴随概率。解码过程是采用随机迭代法来生成近似图像。

8.3　多媒体数据压缩编码标准

8.3.1　静止图像压缩编码标准

1. JPEG 压缩编码标准

不同的压缩方法需要用相应的解压缩软件才能正确还原,因此,应当有一个通用的压缩标准,JPEG 就是一个图像压缩的国际通用标准。这个标准是由 JPEG 即联合图像图形专家组在 1991 年 3 月制定出来的,它提出了全称为“多灰度静止图像数字压缩编码”的标准。该标准包括无损压缩标准和有损压缩标准两部分。它适用于彩色和单色多灰度或连续静止数字图像的压缩。它包括空间方式的无损压缩和基于离散余弦变换(DCT)和 Huffman 编码的有损压缩两部分。空间方式是以二维空间差分脉冲编码调制(DPCM)为基础的空间预测法,它的压缩率低,但可以处理较大范围的像素,解压缩后可以完全复原。

JPEG 在审议图像压缩的标准化方案时,委员会接纳了更多的具有不同要求的应用,从而拓宽了标准的应用范围,使得 JPEG 标准能支持多种色彩空间和大范围空间分辨率的各类图像。JPEG 标准是从 12 个方案中,经过几轮测试和评价,最后选定了 ADCT 作为静态图像压缩的标准化算法。

静止图像压缩编码标准 JPEG(ISO/IEC 1918)是由 ISO 和 ITU-T 组织的联合摄影专家组为单帧彩色图像的压缩编码而制定的,图像尺寸可以在 1～655 行/帧、1～65535 像素/行的范围之内。采用这一标准可以将每像素 24bit 的彩色图像压缩至每像素 1～2bit 仍具有很好的质量。

(1)JPEG 的基本要素

JPEG 中共定义了三个基本要素:

①编码器。编码器是编码处理的实体。输入是数字原图像,以及各种定义的表格,输出是根据一组指定过程产生的压缩图像数据。

JPEG 要求一个编码器必须至少满足以下两个要求之一:

· 以合适的精度将输入图像数据转换为符合交换格式的压缩图像数据。

· 以合适的精度将输入图像数据转换为符合简约格式的压缩图像数据。

②解码器。解码器是解码处理的实体。输入是压缩图像数据,以及各种定义的表格,输出是根据一组指定过程产生的重建图像数据。

JPEG 要求一个解码器必须满足所有以下三个要求:

· 以合适的精度在应用支持的范围内将压缩的图像数据和参数转换成重建图像。

· 接受和准确地存储符合简约格式的表格数据。

· 在解码器已经得到解码所需的表格数据的情况下,以合适的精度由简约的压缩图像格式的数据重建图像。

此外,任何基于 DCT 的解码器,如果它支持任何基本的顺序解码模式以外的处理,则也必须支持基本的顺序解码模式。也就是说,任何基于 DCT 的解码系统,必须支持 JPEG 的基本系统功能。

③交换格式。交换格式是压缩图像数据的表示,包括了编码中使用的所有表格。交换格式用于不同应用环境之间。

(2)JPEG 的工作模式

JPEG 具有 4 种工作模式,其中一种是基于 DPCM 的无损压缩算法,另外三种是基于 DCT 的有损压缩算法,具体如下:

1)无损压缩编码模式

JPEG 采用 DPCM(差分脉冲编码调制)无损压缩编码方案,其编码过程如图 8-12 所示。

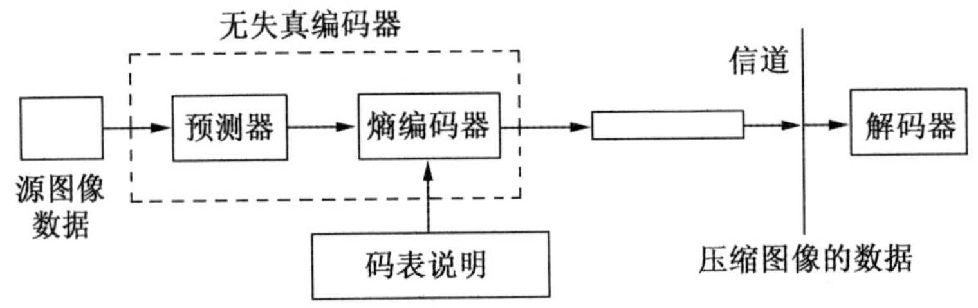

图 8-12 JPEG 无损压缩编码器

图 8-12 中,源图像数据是按如图 8-13 所示的预测模型求出预测误差,然后对其进行无失真熵编码的。编码方法可以采用霍夫曼编码,也可以采用算术编码。

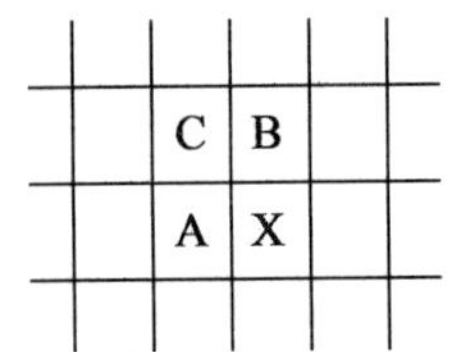

图 8-13 三邻域预测值区域

图 8-13 出了邻域预测模型,其中 A、B、C 分别表示与当前取样点 X 相邻的三个相邻点的取样值,其预测规律如下:

$$\text{预测值}=\begin{cases}\text{源图像素值(表示无需预测)} & \text{预测方式}=0\\ A & 1\\ B & 2\\ C & 3\\ A+B-C & 4\\ A+\dfrac{B-C}{2} & 5\\ B+\dfrac{A-C}{2} & 6\\ \dfrac{A+B}{2} & 7\end{cases}$$

在实际应用中，可根据图像的统计规律，选择适当的测试方式。

2)基于 DCT 的顺序编码模式

图 8-14 表示的是一个单分量(如图像的灰度信号)图像的压缩编码和解码过程，表示出基于 DCT 顺序工作方式编码和解码的工作过程。对于彩色图像，可以近似看作多分量，进行压缩和解压缩处理。

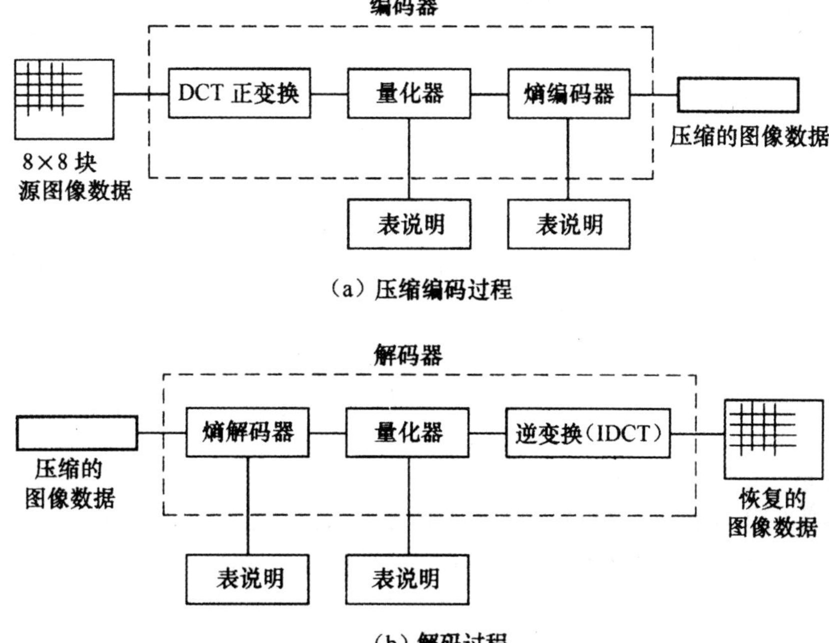

图 8-14　基于 DCT 的顺序编码和解码过程

①DCT 变换。JPEG 采用的是 8×8 大小的子块的二维离散余弦变换(Discrete Cosine Transform，DCT)。在编码器的输入端，把原始图像顺序地分割成一系列 8×8 的子块，设原始图像的采样精度为 P 位，是无符号整数，输入时把$[0,2^{P-1}]$范围的无符号整数变成$[-2^{P-1},2^{P-1}-1]$范围的有符号整数，以此作为离散余弦正变换 FDCT(Forward DCT)的输入。在解码器的输出端经离散余弦逆变换(IDCT)(Inverse DCT)后，得到一系列 8×8 的图像数据块，需将其数值范围由$[-2^{P-1},2^{P-1}-1]$再变回到$[0,2^{P-1}]$范围的无符号整数，来获得重构图像。

下面的公式是 8×8 FDCT 和 8×8 IDCT 数学定义表达式。

正变换：

$$F(u,v)=\frac{1}{4}C(u)C(v)\left[\sum_{x=0}^{7}\sum_{y=0}^{7}f(x,y)\cdot\cos\frac{(2x+1)}{16}u\pi\cdot\cos\frac{(2y+1)}{16}v\pi\right] \quad (8\text{-}29)$$

逆变换：

$$f(x,y)=\frac{1}{4}\left[\sum_{u=0}^{7}\sum_{v=0}^{7}C(u)C(v)F(u,v)\cdot\cos\frac{(2x+1)}{16}u\pi\cdot\cos\frac{(2y+1)}{16}v\pi\right] \quad (8\text{-}30)$$

其中：

$$C(u),C(v)=\begin{cases}\frac{1}{\sqrt{2}} & u,v=0\\ 1 & \text{其他}\end{cases}$$

从二维 DCT 的计算公式看出，它们具有可分离的变换特征，所以二维 DCT 可分解成行向的一维 DCT 计算和列向的一维 DCT 计算的组合运算。二维快速余弦变换(2-FDCT)是把 8×8 块不断分成更小的无交叠子块，直接对数据块进行运算操作。

对基于 DCT 压缩算法的简单而直观的认识，可把 FDCT 看作一个谐波分析仪和把 IDCT 看作一个谐波合成器。8×8 数据块输入分解成 64 个正交基信号，每个基信号对应于 64 个独立二维空间频率中的一个，这些空间频率是由输入信号的“频谱”组成。FDCT 输出 64 个基信号的幅值称作“DCT 系数”，即 DCT 变换系数值。64 个变换系数中包括一个代表直流分量的“DC 系数”和 63 个代表交流分量的“AC 系数”。IDCT 是 FDCT 的逆过程，它把 64 个 DCT 变换系数经逆变换运算，重建一个 64 点的输出图像。如果 FDCT 和 IDCT 变换计算所使用的设备的计算精度足够高，且系数未经过量化，那么原始的 64 点信号就能精确地恢复。

②量化。为了达到压缩数据的目的，对 DCT 变换输出的数据 $F(u,v)$ 还必须进行量化处理。量化处理是一个多到一的映射，它是造成 DCT 编解码信息损失的根源。在 JPEG 标准中采用线性均匀量化器，量化定义为对 64 个 DCT 系数除以量化步长，四舍五入取整，如式(8-31)所示。

$$F^{Q}(u,v)=\text{Integer Round}[F(u,v)/Q(u,v)] \tag{8-31}$$

式中，$Q(u,v)$ 为量化步长。它是量化表的元素，量化表元素随 DCT 变换系数的位置和彩色分量的不同有不同值。量化表的尺寸为 8×8，与 64 个变换系数一一对应。这个量化表应该由用户规定，(在 JPEG 标准中给出参考值)，并作为编码器的一个输入。量化表中的每个元素值为 1 到 255 之间的任意整数，其值规定了它所对应 DCT 系数的量化步长。

反量化的计算公式如式(8-32)所示。

$$F^{Q'}(u,v)=F^{Q}(u,v)\cdot Q(u,v) \tag{8-32}$$

量化的作用是在图像质量达到一定保真度的前提下，忽略一些次要信息。由于不同频率的基信号(余弦函数)对人眼视觉的作用不同，因此，可以根据不同频率的视觉范围值来选择不同的量化步长。通常人眼总是对低频成分比较敏感，所以低频部分的量化步长较小；对高频成分人眼不太敏感，所以高频部分的量化步长较大。量化处理的结果一般都是低频成分的系数比较大，高频成分的系数比较小，甚至大多数是 0。图 8-15 给出了 JPEG 推荐的亮度和色度量化步长表。量化处理是压缩编码过程中图像信息产生失真的主要原因。

亮度分量

16	11	10	16	24	40	51	61
12	12	14	19	26	58	60	55
14	13	16	24	40	57	69	56
14	17	22	29	51	87	80	62
18	22	37	56	68	109	103	77
24	35	55	64	81	104	113	92
49	64	78	87	103	121	120	101
72	92	95	98	112	100	103	99

色度分量

17	18	24	47	99	99	99	99
18	21	26	99	99	99	99	99
24	26	56	99	99	99	99	99
47	66	99	99	99	99	99	99
99	99	99	99	99	99	99	99
99	99	99	99	99	99	99	99
99	99	99	99	99	99	99	99
99	99	99	99	99	99	99	99

图 8-15　亮度和色度量化步长表

③DC 系数编码与 AC 系数编码。64 个变换系数经量化后，DC 系数是直流分量，即为 64 个空域图像采样值的平均值。相邻 8×8 块之间的 DC 系数有强的相关性，JPEG 中对 DC 系数采用 DPCM 编码，或差分编码。

其余 63 个交流系数采用行程编码。从左上方 AC_{01} 开始，沿对角线方向，以“Z”字形行程扫描，直到 AC_{77} 扫描结束，如图 8-16 所示。

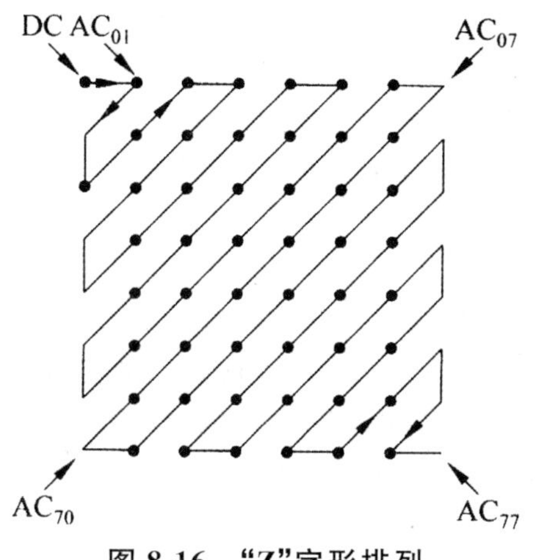

图 8-16　“Z”字形排列

量化后待编码的 AC 系数通常有许多零值，沿“Z”字形路径进行行程编码，可增加行程中连续零的个数。63 个 AC 系数行程编码的码字，可用两个字节表示，如图 8-17 所示。

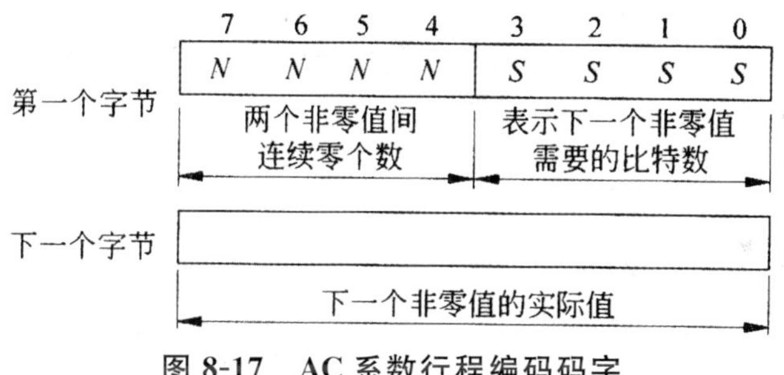

图 8-17　AC 系数行程编码码字

④熵编码。为了进一步达到压缩数据的目的，需要对 DPCM 编码后的 DC 系数和行程编码后的 AC 系数再做基于统计特性的熵编码(Entropy Coding)。这里使用霍夫曼(Huffman)编码。霍夫曼编码可以使用很简单的查表方法进行编码。在压缩数据符号时，霍夫曼编码对出现频度比较高的符号分配比较短的代码，而对出现频度较低的符号分配比较长的代码。最后，JPEG 将各种标记代码和编码后的图像数据按帧组成数据流，用于保存、传输和应用。

3)基于 DCT 的累进编码模式

基于 DCT 的顺序模式编码是对每一幅图像子块(8×8 子块)按从左到右，从上到下的顺序一次扫描完成编码，而累进式 DCT 方式编码模式是对每一幅图像子块的编码要经过若干次扫描才能完成。第一次只进行较粗糙的图像扫描压缩，并以相对于总的传输时间快得多的时间传输粗糙图像，重建质量较低的可识别图像。在随后的扫描中再对图像进行较细的压缩，且仅传递新增加的信息，重建一幅质量提高的图像，这样不断累进，直到获得满意的图像为止。

为实现该方式，需要在量化器的输入和熵编码间增加一个存储量化后 DCT 系统的缓冲器，系数进行多次扫描，分批完成压缩编码。

累进方式可采用频谱选择法和按位逼近法，如下所示。

①频谱选择法。在每一次扫描中，只对 DCT 的 64 个变换系数中的某些频带的系数进行编码、传递，而其他频带的系数编码与传递在随后的扫描中进行，直到全部 DCT 系数处理完毕为止。

②按位逼近法。按 DCT 量化系数的有效方向，即表示系数精度的位数方向分段累进编码。第一次扫描只取最高有效位的 n 位编码和传递，然后再对其余位进行编码和传递。

4）基于 DCT 的分层编码模式

在分层编码模式中，一幅原始图像被分成多个低分辨率的图像，然后分别针对每个低分辨率的图像进行编码，具体过程如下：

首先把一幅图像分成若干低分辨率的图像，然后对单独的一个低分辨率的图像进行压缩编码，其编码方法可以选用无失真编码，也可以采用基于 DCT 的顺序编码或基于 DCT 的累进编码。可根据不同的用户要求，采用不同的编码方法。当接收端接收到上述发送信息后，进行解码，进而重建图像，然后将恢复的下一层低分辨率的图像插入已重建图像之中，以此来提高图像的分辨率，直至图像分辨率达到原图像的质量水平。

需要说明的是，基于 DCT 的 JPEG 压缩算法，其压缩效果与图像的内容有关，一般高频分量少的图像可以获得较高的压缩比。

2. JPEG 2000 压缩编码标准

JPEG 2000 是 JPEG 工作组制定的一个新的静止图像压缩编码的国际标准，标准号为 ISO/IEC 15444|ITU-T T. 800，该标准和以往的其他标准一样，由多个部分组成。其中，第一部分在 2000 年 12 月正式公布，而其他部分则在之后被陆续公布。

在 JPEG 2000 工作之前，前面一个（连续色调）静止图像的压缩编码标准 JPEG 已经颁布了多年。特别是它的基本系统，已经被广泛应用，并且取得了巨大的成功。其主要原因包括技术上和实现上的优点，标准的开放性（无需付版税），以及独立 JPEG 小组 IJG 提供的免费软件等因素。然而，随着它在医学图像、数字图书馆、多媒体应用、Internet 和移动网络的推广，它的一些缺点也日益明显。虽然 JPEG 的扩展系统解决了某些缺陷，但也仅仅是在非常有限的范围内，而且有时还受到专利等知识产权 IPR 的限制。为了能够用单一的压缩码流提供多种性能、满足更为广泛的应用需要，JPEG 工作组于 1996 年开始探索一种新的静止图像压缩编码标准，计划在 2000 年正式颁布，并且将它称为 JPEG 2000。

（1）JPEG 2000 的组成

JPEG 2000 主要由 6 个部分组成。其中，第一部分为编码的核心部分，具有相对而言最小的复杂性，可以满足约 80％的应用需要，其地位相当于 JPEG 标准的基本系统，也是公开并可免费使用的（无需付版税）。它对于连续色调、二值的、灰度或彩色静止图像的编码定义了一组无损和有损的方法。具体地说，它有以下规定：

①规定了解码过程，以便于将压缩的图像数据转换成重建图像数据。

②规定了码流的语法，由此包含了对压缩图像数据的解释信息。

③规定了 JP2 文件格式。

④提供了编码过程的指导，由此可以将原图像数据转变为压缩图像数据。

⑤提供了在实际进行编码处理的实现的指导。

第二至第六部分则定义了压缩技术和文件格式的扩展部分，以便满足一些特殊的应用，或者提供一些复杂的功能，但计算的复杂度大大增加。其中包括：编码扩展（第二部分）；Motion JPEG 2000（MJP2，第三部分）；一致性测试（第四部分）；参考软件（第五部分）；混合图像文件格式（第六部分）。

(2)JPEG 2000 的特点

JPEG 2000 标准提供了一套新的特征，这些特征对于一些新产品（如数码相机）和应用（如互联网）是非常重要的。在编码端以最大的压缩质量（包括无损压缩）和最大的图像分辨率压缩图像，在解码端可以从码流中以任意的图像质量和分辨率解压图像，最大可达到编码时的图像质量和分辨率。JPEG 2000 应用的领域包括互联网、彩色传真、打印、扫描、数字摄像、遥感、移动通信、医疗图像和电子商务等。它最主要的特点如下：

①高压缩率。JPEG 2000 作为 JPEG 家族的继承者，就不能不追求很高的压缩比。在具有和传统 JPEG 类似质量的前提下，JPEG 2000 的压缩率比 JPEG 高 20％～40％左右。由于在离散小波变换算法中，图像可以转换成一系列可更加有效存储像素模块的“小波”，因此，JPEG 2000 格式的图片压缩比比现在的 JPEG 高，而且压缩后的图像显得更加细腻平滑。也就是说，我们以后在网上看采用 JPEG 2000 压缩的图像时，不仅下载速率比采用 JPEG 格式的快近 30％，而且品质也将更好。在同样的网络带宽下，对于图片下载的等待时间将大大缩短。

②无损压缩和有损压缩。JPEG 2000 提供无损和有损两种压缩方式，无损压缩在许多领域是必须的，例如，医学图像中有时有损压缩是不能忍受的，再如，图像档案中为了保存重要的信息，较高的图像质量是必然的要求。同时 JPEG 2000 提供的是嵌入式码流，允许从有损到无损的渐进解压。

③渐进传输。现在网络上的 JPEG 图像下载时是按“块”传输的，因此，只能一行一行地显示，而采用 JPEG 2000 格式的图像支持渐进传输（Progressive Transmission）。所谓的渐进传输就是先传输图像轮廓数据，然后再逐步传输其他数据来不断提高图像质量（也就是不断地向图像中插入像素，以便不断提高图像的分辨率）。这样就不需要像以前那样等图像全部下载后才决定是否需要，有助于快速地浏览和选择大量图片，从而提高了上网效率。

JPEG 2000 可以方便地实现渐进式传输，这是 JPEG 2000 的重要特征之一。看到这种特性，我们就会联想到 GIF 格式的图像可以做到在 Web 上实现“渐现”效果。也就是说，它先传输图像的大体轮廓，然后逐步传输其他数据，不断地提高图像质量。这样图像就由朦胧到清晰显示出来，从而充分利用有限的带宽。而传统的 JPEG 无法做到这一点，只能是从上到下逐行显示。

④感兴趣区域压缩。JPEG 2000 具有感兴趣区域（Region Of Interest，ROI）特性。用户在处理的图像中可以指定感兴趣区域，对这些区域进行压缩时可以指定特定的压缩质量，或在恢复时指定解压缩要求，这给人们带来了极大的方便。在某些情况下，图像中只有一小块区域对用户是有用的，对这些区域采用低压缩比，而感兴趣之外的采用高压缩比。在保证不丢失重要信息的同时，又能有效地压缩数据量，这就是基于感兴趣区域的编码方案所采取的压缩策略。基于感兴趣区域的压缩方法的优点，在于它结合了接收方对压缩的主观要求，实现了交互式压缩。

⑤码流的随机访问和处理。这一特征允许用户在图像中随机地定义感兴趣区域，使得这一区域的图像质量高于其他图像区域；码流的随机处理允许用户进行旋转、移动、滤波和特征提取等操作。

⑥容错性。JPEG 2000 在码流中提供了容错措施。在无线等传输误码很高的通信信道中传输图像时,必须采取容错措施才能达到一定的重建图像质量。

⑦指定固定文件大小。JPEG 2000 可以先制定压缩后的文件大小,再进行压缩。这样可以在有限的存储空间上,获得较好的图像质量。

⑧开放的框架结构。为了在不同的图像类型和应用领域优化编码系统,JPEG 2000 提供了一个开放的框架结构,在这种开放的结构中编码器只实现核心的工具算法和码流的解析。如果解码器需要,可以要求数据源发送未知的工具算法。

⑨基于内容的描述。基于内容的描述是 JPEG 2000 的特性之一。通过对图像进行基于内容的描述,便于对其进行索引和搜索。MPEG-7 就是支持用户对其感兴趣的各种“描述”进行快速、有效检索的一个国际标准。

当然,JPEG 2000 的改进还不仅仅这些,如它考虑了人的视觉特性,增加了视觉权重和掩膜,在不损害视觉效果的情况下大大提高了压缩效率;可以为一个 JPEG 文件加上加密的版权信息,这种经过加密的版权信息在图像编辑的过程(放大、复制)中将没有损失,比目前的“水印”技术更为先进;JPEG 2000 对 CMYK、ICC 和 sRGB 等多种色彩模式都有很好的兼容性,这为我们按照自己需求在不同显示器、打印机等外设进行色彩管理带来了便利。

(3)JPEG 2000 的工作原理

图 8-18 是 JPEG 2000 的基本模块组成,其中包括预处理、DWT、量化、自适应算术编码以及码流组织等五个模块,下面将对此分别进行简要介绍。

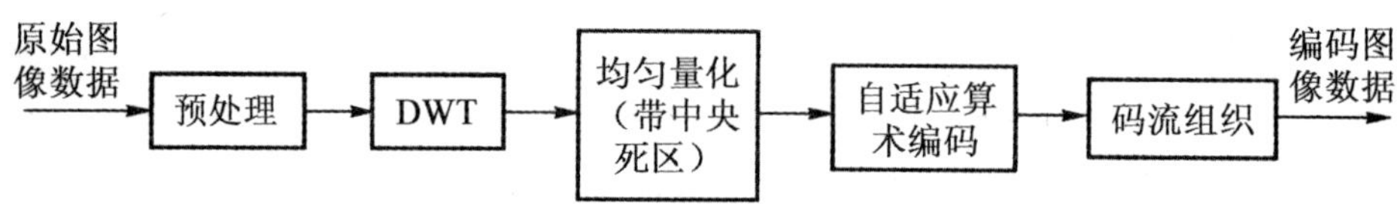

图 8-18　JPEG 2000 基本编码模块组成

①输入。输入图像可以包含多个分量。通常的彩色图像包含三个分量(RGB 或 Y、Cb、Cr),但为了适应多频段图像的压缩,JPEG 2000 允许一个输入图像最高有 16384(2^{14})个分量。每个分量的采样值可以是无符号数或有符号数,比特深度为 1～38。每个分量的分辨率、采样值符号以及比特深度可以不同。

②处理。在预处理中,第一步是把图像分成大小相同、互不重叠的矩形叠块。叠块的尺寸是任意的,它们可以大到整幅图像、小到单个像素。每个叠块使用自己的参数单独进行编码。

第二步是对每个分量进行采样值的电平位移,使值的范围关于 0 电平对称。设比特深度为 B,当采样值为无符号数时,则每个采样值减去 2^{B-1},当采样值是有符号数时则无需处理。

第三步是进行采样点分量间的变换,以便除去彩色分量之间的相关性,要求是分量的尺寸、比特深度相同。JPEG 2000 的第一部分中有两种变换可供选择,它们假设图像的前面三个分量为 RGB,并且只对这三个分量进行变换。一种是不可逆彩色变换 ICT,它即为 RGB 到 YCbCr 的变换:

$$\begin{bmatrix} Y \\ Cb \\ Cr \end{bmatrix} = \begin{bmatrix} 0.299 & 0.587 & 0.114 \\ -0.16875 & -0.33126 & 0.500 \\ 0.500 & -0.41869 & -0.08131 \end{bmatrix} \cdot \begin{bmatrix} R \\ G \\ B \end{bmatrix}$$

反变换为：

$$\begin{bmatrix} R \\ G \\ B \end{bmatrix} = \begin{bmatrix} 1.0 & 0 & 1.402 \\ 1.0 & -0.34413 & 0.71414 \\ 1.0 & 1.772 & 0 \end{bmatrix} \cdot \begin{bmatrix} Y \\ Cb \\ Cr \end{bmatrix}$$

另一种是可逆彩色变换 RCT，它是对 ICT 的整数近似，既可用于有损编码也可用于无损编码。前向 RCT 为：

$$Y=\left\lfloor\frac{R+2G+B}{4}\right\rfloor, U=R-G, V=B-G$$

反变换为：

$$G=Y-\left\lfloor\frac{U+V}{4}\right\rfloor, R=U+G, B=V+G$$

在解码端需要根据情况进行相应的反变换。

③离散小波变换 DWT。在 JPEG 基本系统中，使用的基于子块的 DCT 被全帧 DWT 取代。如果图像被分为小的叠块，则对各叠块分别进行 DWT。

图 8-19 为一维双子带 DWT 分析综合滤波器组框图。分析滤波器组(h_0，h_1)中的 h_0 是一个低通滤波器，它的输出保留了信号的低频成分而去除或降低了高频成分；h_1 是一个高通滤波器，它的输出保留了信号中边缘、纹理、细节等高频成分而去除或降低了低频成分。在 JPEG 2000 的第一部分，分析滤波器的阶数为奇数。与之相对应，综合滤波器组(g_0，g_1)的 g_0 和 g_1 分别为低通和高通滤波器。为了实现信号的完全重建，即 $x_0(n)=x(n)$，要求分析综合滤波器组满足一定的关系：

$$H_0(z)G_0(z)+H_1(z)G_1(z)=2$$
$$H_0(-z)G_0(z)+H_1(-z)G_1(z)=0$$

式中，$H_0(z)$、$G_0(z)$、$H_1(z)$、$G_1(z)$分别为 h_0、g_0、h_1、g_1 的 Z 变换。

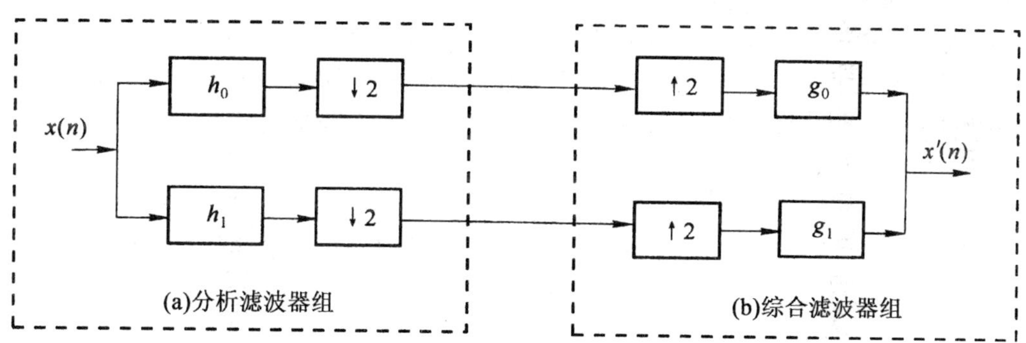

图 8-19　一维双子带小波分析和综合滤波器组

当一维信号被分解为两个子带后，低子带信号仍然有很高的相关性，可以对它再进行双子带分解，降低其相关性；与之相反，高子带信号的相关性较弱，因此，不再进行分解。在 JPEG 2000 的第一部分只支持所谓二元(二频带)分解，每次只对前一次分解得到的低子带作进一步分解。

对图像进行二维 DWT 是用一维 DWT 以可分离的方式进行的，每一次分解中先用一维分析滤波器组(h_0，h_1)对图像进行水平(行)方向的滤波，然后对得到的每个输出再用同样的滤波器组进行垂直(列)方向的滤波,所得到的子图像被称为一次分解的四个子带。由于滤波是线性的,由此采用先行后列与先列后行的次序所得到的结果是相同的。在二维二元小波分解中,对每次分解得到的最低子3LL可以继续分解,直到分解不再能得到显著的编码增益。图8-20是三次小波分解后的子带标记。按惯例,0LL表示原始图像。

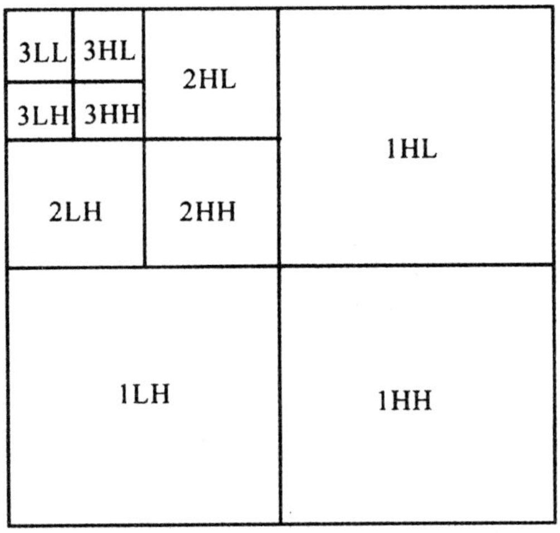

3LL 3HL
3LH 3HH
2HL
2LH 2HH
1HL
1LH
1HH

图8-20　二维三次小波分解

DWT分解的图像提供了JPEG 2000的多分辨率解决方案。可以重建的最低分辨率被称为零分辨率。对于N_L次DWT分解,它可以提供N_L+1个分辨率等级。零分辨率仅包含N_LLL子带,分辨率r图像由分辨率$r-1$图像和三个第N_L-r+1次高子带组成。在JPEG 2000第一部分中仅使用两种滤波器组,第一种是Daubecies9-7阶浮点滤波器组,它在有损的压缩中性能优越;第二种是整数提升(Lifting)的5-3阶滤波器组,亦称为整数可逆5-3阶滤波器组,它具有低的实现复杂性和满足无损压缩的要求。

④量化。JPEG 2000第一部分采用中央有“死区”的均匀量化器,其区间宽度是量化步长的两倍。对于每个子带b,首先由用户选择一个基本量化步长Δ_b,它可以根据子带的视觉特性或者码率控制的要求决定。量化将子带b的小波系数$y_b(u,v)$量化为量化系数$q_b(u,v)$:

$$q_b(u,v)=sign(y_b(u,v))\cdot\left\lfloor\frac{|y_b(u,v)|}{\Delta_b}\right\rfloor$$

量化步长Δ_b被表示为一个2字节的数,其中11比特为尾数μ_b,5比特为指数ε_b:

$$\Delta_b=2^{R_b-\varepsilon_b}\left(1+\frac{\mu_b}{2^{11}}\right)$$

式中,R_b为子带b的标称动态范围的比特数。由此保证最大可能的量化步长被限制在输入样值动态范围的两倍左右。

⑤熵编码。为了达到抗干扰和任意水平的逐渐显示,JPEG 2000对小波变换系数的量化值按不同的子带分别进行编码。它把子带分成小的矩形块——编码子块,每个编码子块单独进行编码。编码子块的大小由编码器设定,它必须是2的整数幂,高不小于4,系数的总数不大于4096。对于每个编码子块的各比特面分别进行三次扫描通过:重要性传播、细化以及清除。对于每次扫描输出,使用MQ算法进行基于上下文的自适应算术编码。最后将压缩的各子比特面组织成数据包的形式输出。

8.3.2 视频压缩编码标准

1. MPEG-X 系列视频标准系列

MPEG 的发展经历从简单的信号压缩编码，逐渐走向对多媒体信息特征、语义的描述，最终走向知识学研究的过程，为媒体的应用和发展开辟了广阔的空间。MPEG 主要由 3 个部分组成：MPEG 视频，MPEG 音频，视频与音频的同步。其中，MPEG 视频是其标准的核心。

(1)MPEG-1 标准

1991 年 11 月底由活动图像专家小组提出了用于数字存储媒介的活动图像及伴音约 1.5Mb/s 的编码方案，作为 ISO 11172 号建议于 1992 年通过，习惯上简称 MPEC-1 标准。

MPEG-1 是 MPEG 的小画面模式，具有 352×240 的分辨率，每秒可达 30 帧图像，在 6∶1 的压缩比时具有高质量的压缩效果。MPEG-1 对于较低传输速率、窄带宽的应用(如单速 CD-ROM、Video-CD、商业销售演示、远程教育和培训、远程医疗服务、可视会议系统等方面)还是较满意的。它可针对 SIF 标准分辨率(对于 NTSC 制为 352×240；对于 PAL 制为 352×288)的图像进行压缩，传输速率为 1.5Mb/s，每秒播放 30 帧，具有 CD(激光唱盘)音质，质量级别基本与 VHS 相当。MPEG 的编码速率最高可达 4～5Mb/s。

MPEG-1 也被用于数字电话网络上的视频传输，如非对称数字用户线(ADSL)、视频点播(VOD)以及教育网络等，同时，MPEG-1 也可被用做记录媒体或是在 Internet 上传输音频。

由 MPEG-1 开发出来的视频压缩技术的应用范围很广，包括从 CD-ROM 上的交互系统，到电信网络上的视频传送，MPEG-1 视频编码标准被认为是一个通用标准。为了支持多种应用，可由用户来规定多种多样的输入参数，包括灵活的图像尺寸和帧频。MPEG 推荐了一组系统规定的参数：每一个 MPEG-1 兼容解码器至少必须能够支持视频源参数，最佳可达电视标准，包括每行最小应用 720 个像素，每幅图像起码应用 576 行，每秒最少不低于 30 帧，及最低比特率为 1.86Mb/s，标准视频输入应包括非隔行扫描视频图像格式。应该指出，并不是说 MPEG-1 的应用就限制于这一个系统规定的参数组。根据 JPEG 和 H.261 标准，已开发出 MPEG-1 视频算法。当时的想法是，尽量保持与 ITU-T H.261 标准的共同性，这样，支持两个标准的做法就似乎可能。当然，MPEG-1 的主要目标在于多媒体 CD-ROM 的应用，这里需要由编码器和解码器支持的附加函数。由 MPEG-1 提供的重要特性包括：基于帧的视频随机存取，通过压缩比特流的快进/快退搜索，视频的反向重放及压缩比特流的编码能力。

(2)MPEG-2 标准

在 MPEG-1 标准基础上进一步扩展和改进，1995 年 MPEG 组织推出了 MPEG-2 标准，主要是针对数字视频广播、高清晰度电视和数字视盘等制定的基本速率为 4～9Mb/s 的运动图像及其伴音的编码标准，MPEG-2 是数字电视机顶盒与 DVD 等产品的基础。

MPEG-2 对 MPEG-1 作了重要的扩展和改进，主要包括：

①针对隔行扫描的常规电视专门设置了“按帧编码”和“按场编码”两种模式，并相应地对运动补偿和 DCT 方法进行了扩展，从而显著提高了压缩编码效率。

②考虑到标准的通用性，增大了重要的参数值，允许有更大的画面格式、比特率和运动矢量长度，输入/输出图像格式不限定。

③亮度分量和色度分量的比例可由原来的 Y∶U∶V=4∶1∶1 扩展到 4∶2∶2 或 4∶4∶

4,每个像素由 8 比特可扩展到 10 比特。

④增加码流结构的可分级性(Scalability)。

⑤可以直接对隔行扫描视频信号进行处理。

⑥输出码率可以是恒定的也可以是变化的,以适应同步和异步传输。

MPEG-2 标准的算法虽然复杂,但它是具有广泛应用价值的标准。MPEG-2 标准主要应用在广播电视领域,在视音频资料的保存;电视节目的非线性编辑系统及其网络;卫星传输;电视节目的播出等领域都得到了广泛应用。

(3)MPEG-4 标准

为了适应多媒体通信尤其是视频会议、视频电话应用需求,在 1994 年 MPEG 开始制定 MPEG -4 标准,经过不断发展成为了一个可以适应于多种多媒体应用、具有良好交互性能的、提供多种编码比特率的国际标准,其正式名称为 ISO/IEC 14496,基于音视频对象的编码。

MPEG-4 标准采用了基于对象的视频压缩编码方法,它不仅可以实现对视频图像数据的高效压缩,还可以提供基于内容的交互功能,支持对多媒体信息的内容访问,提供灵活的时域和空域扩展。除此之外,为了使压缩码流具有抗信道误码的特性,方便应用于带宽受限、误码易发的无线网络和 Internet,MPEG-4 还提供用于误码检测和误码恢复的一系列工具。

MPEG-4 标准主要涉及到以下几类编码方法:

①形状编码。MPEG-4 标准第一次引入了形状编码算法。一个场景中截取的 VOP 是一个不规则的形状,MPEG-4 标准的形状编码方法是用位图法,VOP 被一个边框框住,边框长、宽均为 16 的整数倍同时保证边框最小。位图表示法实际上是一个边框矩阵。如果用 8 位表示灰度,有 256 级灰度分层,如果用矩阵的编码,矩阵被分成 16×16 的“形状块”,边界信息包含在块中。

②纹理编码。纹理编码有两种,可能是内部编码的 I-VOP 的像素值,也可能是帧间编码的 P-VOP、B-VOP 的运动估计残差值,仍采用基于分块的纹理编码。VOP 的纹理信息包含在视频信号的亮度 y 和两个色度分量 U/V 中。对于 I-VOP,纹理信息直接包含在亮度和色度分量中;而对于运动补偿后的 VOP,纹理信息包含在运动补偿后的残差中。

③运动信息编码。MPEG-4 利用运动估计和运动补偿去除帧间的时间冗余度。主要区别在于:其他标准中采用了基于块的技术,而 MPEG-4 中采用的是 VOP 结构。VOP 编码有四种编码模式。VOP 组则是由一个 I-VOP 开始的若干 VOP 的组合,并用一个头标志来指示解码器。I-VOP 是对序列进行随机访问的标识。一些需要随机访问的操作(例如,快进和快退),常常要频繁地访问 I-VOP。I-VOP 还被用在场景剪切和运动补偿失效时。VOP 组中包含 P-VOP 和 B-VOP,也可以只有 P-VOP,P-VOP 根据它前面的 VOP 利用运动补偿技术来编码,B-VOP 根据它前面和后面的 VOP 利用运动补偿技术来编码。

④Sprite 编码。Sprite 编码是针对背景对象的特点提出来的。通常情况下,背景对象本身没有任何运动,通过图像的镶嵌技术把整个序列的背景图像拼接成一个大的完整的背景图像,这个图像叫做 Sprite 图像,是一种 S-VOP。Sprite 图像只需要编码传输一次并存储在解码端,随后的图像可以从 Sprite 上恢复所有图像的背景。MPEG-4 中包括 Sprite 是因为这种编码方式可以提供很高的压缩效率。基于 Sprite 的编码非常适合于合成对象,也可以用在发生了剧烈运动的自然场景中。为了支持低处理延时的应用,传输 Sprite 时可以采用多种方法。

MPEG-4 标准被广泛运用于数字电视、远程多媒体监控、基于内容存储和检索的多媒体系统、互联网上的视频流与交互式视频游戏、基于面部表情模拟的虚拟会议、DVD 上的交互多媒体应用、基于计算机网络的可视化合作实验室场景应用、演播室技术及电视后期制作、监控等。

(4)MPEG-7 标准

2001 年制定的 MPEG-7 标准旨在解决对多媒体信息描述的标准问题，并将该描述与所描述的内容相联系，以实现快速有效的搜索。MPEG-7 标准可以独立于其他 MPEG 标准使用，而且 MPEG-4 中所定义的音频、视频对象的描述适用于 MPEG-7。

MPEG-7 定义了一个关于内容描述方式的可交互操作的框架，它超越了传统的元数据概念，具有描述从低级元素信号特征，如颜色、形状、声音特征到关于内容搜集的高级结构信息的能力。MPEG-7 通过定义的一组描述符与多媒体信息的内容本身相关联，支持用户快速有效地搜索其感兴趣的信息。通过给符合 MPEG-7 标准的多媒体信息加上索引，用户可方便地进行信息检索。

MPEG-7 标准化的范围包括：

①一系列的描述子(描述子是特征的表示法，一个描述子就是定义特征的语法和语义学)。

②一系列的描述结构(详细说明成员之间的结构和语义)。

③一种详细说明描述结构的语言、描述定义语言。

④一种或多种编码描述方法。

MPEG-7 标准的重点是提供对视听内容描述的新的解决方案，因此，对纯文本的描述不包含在 MPEG-7 标准中。但是，视听内容可以包含或涉及到除了视听信息内容之外的文本，因此，考虑到现行的标准和惯例，MPEG-7 也包含了对部分文本注释和词汇标准化的描述工具。

组成 MPEG-7 的部分如下：

①MPEG-7 系统：保证 MPEG-7 描述有效传输和存储所必需的工具，并确保内容与描述之间进行同步，这些工具有管理和保护的智能特性。

②MPEG-7 描述定义语言：用来定义描述 MPEG-7 工具的语法和新的描述结构的语言；描述定义语言可以创建新的描述方案和描述子，也可以扩展或修改现有的描述方案。MPEG-7 的描述定义语言以 XML 语言为基础，且在 XML 的基础上作了进一步的扩展。

③MPEG-7 音频：只涉及音频描述的描述子和描述结构。

④PEG-7 视频：只涉及视频描述的描述子和描述结构。

⑤MPEG-7 多媒体描述结构：是处理一般特征和多媒体描述的工具。

⑥MPEG-7 参考软件：实现 MPEG-7 标准相关部分的软件。

⑦MPEG-7 一致性测试：MPEG-7 执行一致性测试的指导方针和程序。

⑧MPEG-7 描述的提取和使用：关于提取和使用部分描述工具的信息材料(以技术报告的形式存在)。

⑨MPEG-7 配置和级别：提出指导方针和标准配置。

⑩MPEG-7 结构定义：指定使用描述定义语言的结构。

在网络高度发展的今天，MPEG-7 开始试图把网上的多媒体内容变成像现在的文本内容一样，具有可搜索性。MPEG-7 的应用可以分成三大类：第一类是索引和检索类应用；第二类是选择和过滤类应用，可以帮助使用者只接受符合需要的信息服务数据；第三类是与 MPEG-7 中“元数据”内容表达有关的专业化应用。这使得 MPEG-7 标准的应用领域十分广泛，包括：数字图书馆(图像目录，音乐字典，……)；音视数据库的存储和检索；广播媒体的选择(广播、电视节目)；因特网上的个性化新闻服务；智能多媒体、多媒体编辑；教育领域的应用(如远程教育、课程内容检索等)；电子商务、远程购物；社会和文化服务(历史博物馆、艺术走廊等)；调查服务(人的特征的识别、辩论等)；遥感、地理信息系统；监视(交通控制、地面交通等)；生物医学应用；建筑、不动产及内部设计；多媒体目录服务(如黄页、旅游信息、地理信息系统等)；家庭娱乐(个人的多媒体收集管理系统等)。

(5)MPEG-21 标准

随着多媒体信息技术和互联网技术的飞速发展，为了将不同的协议、标准和技术结合在一起，使得用户可以在现有的各种网络和设备上透明地使用多媒体内容，实现互操作，需要建立一个开放的多媒体框架。MPEG-21 多媒体框架标准就是这样一个支持通过异构终端和网络，使用户透明地、广泛地、交互地使用多媒体信息资源的综合性的技术标准。

MPEG-21 标准(ISO/IEC 21000)的正式名称是“多媒体框架”，其最终目的是创建一个开放的多媒体传输和消费的框架，通过将不同的协议、标准和技术结合在一起，使用户可以通过现有的各种网络和设备透明地使用网络上的多媒体资源，对全球数字媒体资源进行透明和增强管理，实现内容描述、创建、发布、使用、识别、收费管理、产权保护、用户隐私权保护、终端和网络资源抽取、事件报告等功能。

MPEG-21 多媒体框架标准的提出将为多媒体信息的用户提供综合统一的、高效集成的和透明交互的电子交易和使用环境，能够解决如何获取、如何传送各种不同类型多媒体信息，以及如何进行内容的管理、各种权利的保护、非授权存取和修改的保护等问题，为用户提供透明的和完全个性化的多媒体信息服务。总而言之，MPEG-21 必将在多媒体信息服务和电子商务活动中发挥空前的重要作用。

2. H.26X 系列视频编码标准

H.26X 是 ITU-T(国际电信联盟)及其前身 CCITT(国际电报电话咨询委员会)研究和制定的一系列视频编码的国际标准。其中最为广泛的就是 H.261、H.262、H.263 和 H.264 这 4 个标准。下面分别对 H.261 标准、H.263 标准和 H.264 标准进行讨论。

(1)H.261 标准

H.261 是 ITU-T 在 1988 年发布的适合于在 $p\times64$kb/s 码率下实现视频通信的视频编码建议，主要应用于可视电话和视频会议系统。它实现了在中等码率下视频信号的实时传输，为工业界的电视会议系统提供了视频压缩的标准算法，主要用于 ISDN 传输，它是几十年来图像压缩编码研究的结晶。随后制定的几个视频压缩编码标准建议都是以其为基础和核心的。

H.261 要求输入的图像格式满足 CIF(352×288)或 1/4CIF(QCIF)(176×144)。

H.261 的传输速率为 $p\times64$kb/s，其中 p 是一个整数，取值范围是 1～30，对应的比特率为 64kb/s～1.92Mb/s。当 $p=1$ 或 2 时，即传输速率为 64～128kb/s 时，支持 QCIF 分辨率格式，用于帧数率较低的可视电话；当 $p\geqslant6$ 时，即传输速率大于 384kb/s，支持 CIF 分辨率格式，用于视频会议。

H.261 的编码器框图如图 8-21 所示，它采用混合编码方法，利用帧间预测来减少时间冗余，对预测后的残差采用 DCT 以减少空间冗余。首先它将图像(包括亮度和色度)分成互不交叠的 8×8 像素的块，然后由相邻的 4 个亮度块以及相应的两个色度块组成一个宏块，其中每个块只属于一个宏块。接着以宏块为单位进行运动估计得到残差，最后对残差进行 DCT 变换，产生的系数进行量化和变长编码。

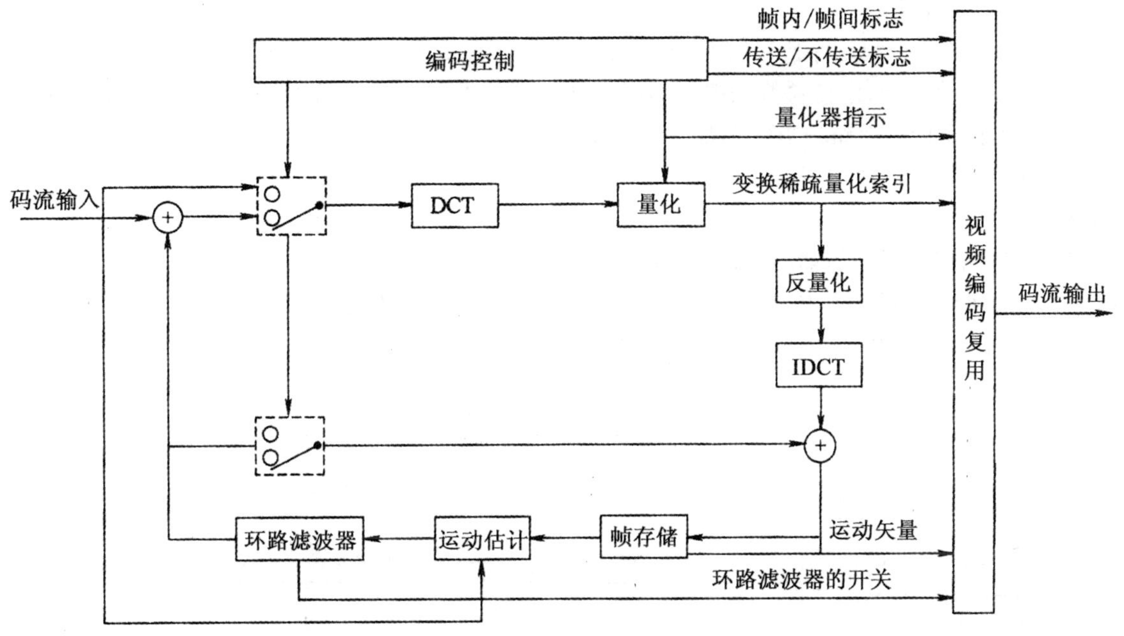

图 8-21　H.261 的编码器框图

运动估计在相继的帧之间进行，对于每一个宏块拥有一个运动矢量，这些运动矢量的水平和垂直分量均为不超过－15～＋15 的整数值。该矢量用于宏块的所有 4 个亮度块，由于色度图像的长与宽分别是亮度图像长宽的 1/2，因此，将运动矢量的两个分量值除以 2 后取整作为色差块的运动矢量。在 H.261 中规定，运动估计只能指向图像的内部。

在 H.261 标准中采用层次化的数据结构，它包括图像(Picture，P)层、块组(Group Of Blocks，GOB)层、宏块(MacroBlock，MB)层和块(Block，B)层这四层，如图 8-22 所示。

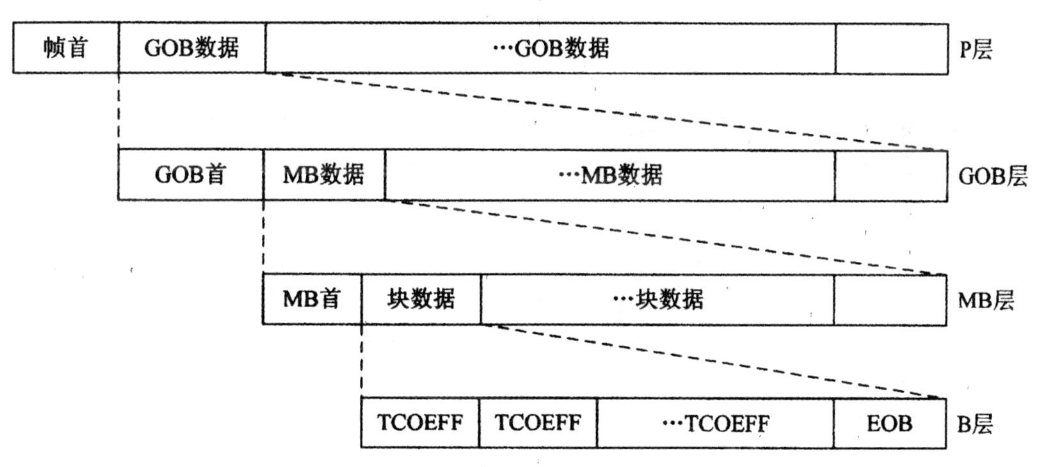

图 8-22　H.261 的数据结构

编码的最小单元为 8×8 的像素块；4 个亮度块和对应的两个色度块构成一个宏块；一定数量的宏块(33 块)构成一个块组；若干块组(对于 CIF 格式为 12 个块组)构成一帧图像。每一个层次都有说明该层次信息的头，编码后的数据和头信息逐层复用就构成了 H.261 的码流。

(2)H.263 标准

H.263 标准是 ITU-T 于 1995 年发布的低码率视频编码标准,它适应于不同格式(如 CIF、QCIF、SQCIF 等)的图像在较低码率下编码。H.263 标准曾经被公认为是以像素为基础的采用第一代编码技术的混合编码方案所能达到的最佳结果。随后几年中,ITU-T 又对其进行了多次补充,以提高编码效率,增强编码功能。补充修订的版本有 1998 年的 $H.263^{+}$ 和 2000 年的 $H.263^{++}$。

H.263 的编码器框图如图 8-23 所示,H.263 与 H.261 的框架类似,采用的都是运动补偿、DCT 变换与变字长编码相结合的混合编码方式。与 H.261 相比,H.263 为了进一步提高编码效率,它作了如下改善。

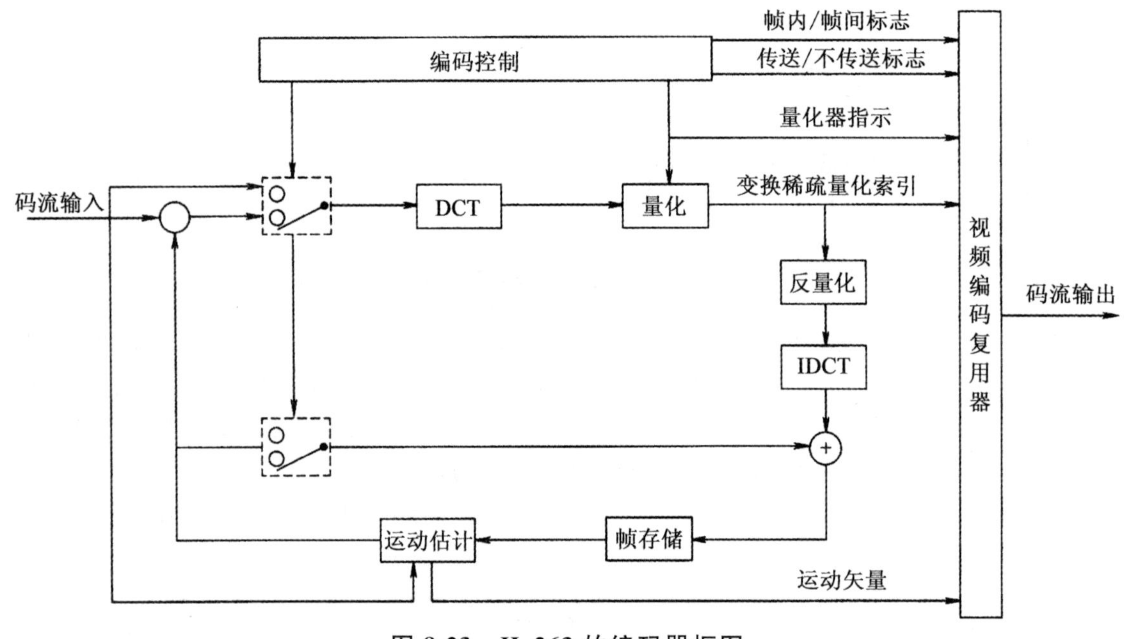

图 8-23　H.263 的编码器框图

①半像素运动补偿。在物体运动需要更高分辨率描述的时候,这一特性可以极大地提高运动估计的精度,从而取代 H.261 的环路滤波器。如图 8-24 所示,半像素值采用双线性内插(简单平均)计算得到,色度块的运动矢量由宏块的运动矢量除以 2 得到。

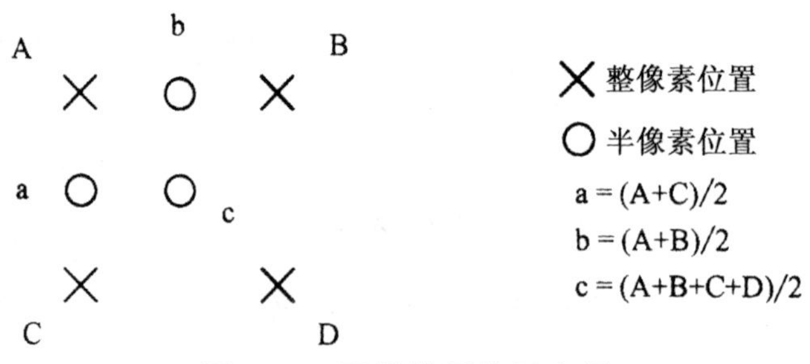

图 8-24　双线性插值示意图

②支持更多的格式。H.263 标准不仅能工作在 H.261 标准的 CIF 和 QCIF 两种图像格式,也能工作于以下几种图像格式:Sub-QCIF、4CIF、16CIF,几种图像格式的大小如表 8-8 所示。

表 8-8　H. 263 的图像格式

图像格式	亮度像素数/行	亮度行数	色度像素数/行	色度行数
QCIF	176	144	88	72
Sub-QCIF	128	96	64	48
CIF	352	28	176	144
4CIF	704	576	352	288
16CIF	1408	1152	704	576

③H. 263 的编码模式。除了核心编码算法之外，H. 263 建议还有 4 个可选编码模式。所有这些编码模式都可以单独或是组合应用于 H. 263 标准中。

· 无约束运动矢量模式。通常运动矢量的范围被限制在参考帧内，而在无约束运动矢量模式中取消了这种限制，运动矢量可以指向图像之外。这样，当某运动矢量所指的参考像素位于图像之外时，可以用边缘图像值代替这个“不存在的像素”。这种方法能够帮助改善边缘有运动物体的图像质量。

· 基于语法的算术编码。在 H. 261 中建议采用霍夫曼编码，但在 H. 263 中所有的变长编/解码过程均采用算术编码，这样便克服了 H. 261 中每一个符号必须用固定长度整比特数编码的缺点，编码效率得以进一步提高。

· 高级预测模式。通常运动估值是以 16×16 像素的宏块为基本单位进行的，而在 H. 263 中的预测模式下，编码器既可以一个宏块使用一个运动矢量，也可以让宏块中的 4 个 8×8 子块各自使用一个运动矢量。

尽管使用 4 个运动矢量需占用较多的比特数，但能够获得较好的预测精度，特别是在此模式下对 P 帧的亮度数据采用交叠块运动补偿(OBMC)方法(即某一个 8×8 子块的运动补偿不仅与本块的运动矢量有关，而且还与其周围的运动矢量有关)，可以大大提高重建图像的质量。

· PB 帧模式。H. 263 是 ITU-T 于 1995 年公布的低码率的视频编码建议。此建议也吸取了部分 MPEG(活动图像专家组)系列标准的优点，PB 帧的名称正是出自 MPEG 标准。在 H. 263 中的一个 PB 帧单元包含了两帧。其中的 P 帧是经前一个 P 帧预测所得的结果，而 B 帧则是经前一个 P 帧和本 PB 帧单元中的 P 帧通过双向预测所得的结果。由此可见，P 帧的运动估值与一般的 P 帧的运动估值相同，但 B 帧则有所不同，它需要利用双向运动矢量来计算 B 帧的前后向预测值，通常是以它们的平均值作为该 B 帧的预测值。

④H. 263^+ 和 H. 263^{++}。H. 263^+ 和 H. 263^{++} 是 ITU-T 在 H. 263 的基础上进行补充后得到的标准。H. 263^+ 在保证原 H. 263 标准核心句法和语义不变的基础上，增加了若干选项以提高压缩效率或改善某方面的功能。原 H. 263 标准限制了其应用的图像输入格式，仅允许 5 种视频源格式。H. 263^+ 标准允许更大范围的图像输入格式，自定义图像的尺寸，从而拓宽了标准使用的范围，使之可以处理基于视窗的计算机图像、更高帧频的图像序列及宽屏图像。

为提高压缩效率，H. 263^+ 采用先进的帧内编码模式；增强的 PB 帧模式改进了 H. 263 的不足，增强了帧间预测的效果；去块效应滤波器不仅提高了压缩效率，而且提供重建图像的主观质量。

为适应网络传输，H. 263^{+}增加了时间分级、信噪比和空间分级，对在噪声信道和存在大量包丢失的网络中传送视频信号很有意义；另外，片结构模式、参考帧选择模式增强了视频传输的抗误码能力。

H263^{++}在H263^{+}基础上增加了3个选项，主要是为了增强码流在恶劣信道上的抗误码性能，同时为了提高增强编码效率。这3个选项为：

· 选项U：称为增强型参考帧选择，它能够提供增强的编码效率和信道错误再生能力（特别是在包丢失的情形下），需要设计多缓冲区用于存储多参考帧图像。

· 选项V：称为数据分片，它能够提供增强型的抗误码能力（特别是在传输过程中本地数据被破坏的情况下），通过分离视频码流中DCT的系数头和运动矢量数据，采用可逆编码方式保护运动矢量。

· 选项W：在H263^{+}的码流中增加补充信息，保证增强型的反向兼容性，附加信息包括：指示采用的定点IDCT、图像信息和信息类型、任意的二进制数据、文本、重复的图像头、交替的场知识、稀疏的参考帧识别。

（3）H. 264标准

ISO MPEG和ITU-T的视频编码专家组VCEG于2003年联合制定了比MPEG和H. 263性能更好的视频压缩编码标准，这个标准被称为ITU-T H. 264建议或MPEG-4的第10部分标准，简称H. 264/AVC（Advanced Video Coding）。H. 264不仅具有高压缩比（其压缩性能约比MPEG-4和H. 263提高一倍），而且在恶劣的网络传输条件下还具有较高的抗误码性能。

H. 264的编码结构在算法概念上分为两层：视频编码层（Video Coding Layer，VCL）和网络抽象层（Network Abstraction Layer，NAL），如图8-25所示。视频编码层负责表示高效的视频内容，即进行视频数据的压缩，而网络抽象层则负责以网络所要求的适当方式对数据进行打包和传送，并且在视频编码层与网络抽象层之间还定义了一个基于分组方式的接口，它们分别提供高效编码和良好的网络适应性。

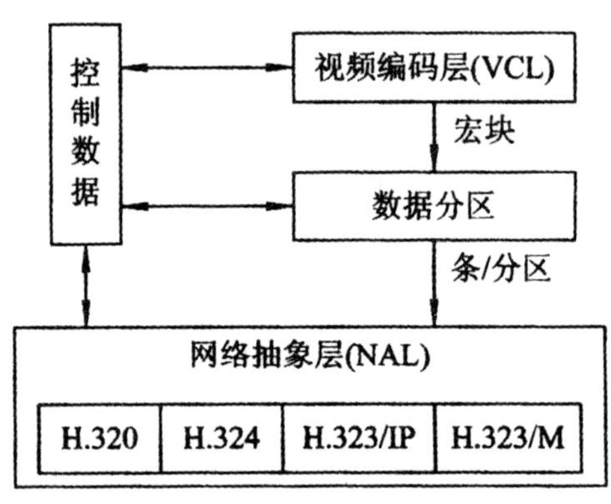

图8-25　H. 264的编码器结构

与H. 263和MPEG-4相比，H. 264主要在以下几个方面作了改进。

①高精度的运动补偿技术。H. 264中使用7种不同尺寸和形状的宏块和子宏块分割，如图8-26所示。通过率失真优化（Rate Distortion Optimization）选择适当的块尺寸。可见相对于其他标准算法，H. 264的宏块分割更小，而且形状更多，这样便于改善运动补偿的精度，更好地实现运动隔离，提高图像质量和编码效率。

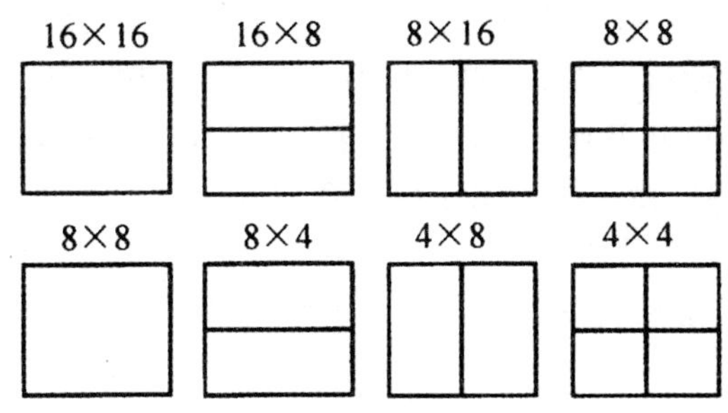

图 8-26　宏块和子宏块分割

在 H.263 中采用半像素估计，而在 H.264 中由于使用 1/4 像素甚至 1/8 像素的运动补偿技术(即运动矢量的位移是以 1/4 甚至 1/8 像素为单位进行的)，因此，运动矢量位移的精度更高，帧间剩余误差更小，数据压缩比会更高。

H.264 中还定义了一种新的 SP 图像类型，这样通过编码器的运动补偿预测过程中的前向变换和量化可实现不同视频流或一个视频流的不同部分之间的切换。SP 帧主要应用于基于服务器的视频应用中。

②帧内预测。在先前的 H.26X 系列和 MPEG-X 系列标准中，都是采用帧间预测的方式。在 H.264 中，当编码 Intra 图像时可用帧内预测。对于每个 4×4 块(除了边缘块特别处置以外)，每个像素都可用 17 个最接近的先前已编码的像素的不同加权和(有的权值可为 0)来预测，即此像素所在块的左上角的 17 个像素。显然，这种帧内预测不是在时间上，而是在空间域上进行的预测编码算法，可以除去相邻块之间的空间冗余度，取得更为有效的压缩。

③基于 4×4 块的整数变换。在变换方面，视频压缩编码中以往的常用单位为 8×8 块，H.264 使用了基于 4×4 像素块的类似于 DCT 的变换，由于变换块的尺寸变小了，运动物体的划分就更为精确。在这种情况下，图像变换过程中的计算量小了，而且在运动物体边缘及当图像中有较大面积的平滑区域时，为了不产生因小尺寸变换带来的块间灰度差异，H.264 可对帧内宏块亮度数据的 16 个 4×4 块的 DCT 系数进行第 2 次 4×4 块的变换，对色度数据的 4 个 4×4 块的 DC 系数(每个小块一个，共 4 个 DC 系数)进行 2×2 块的变换。

由于 H.264 标准使用的是以整数为基础的空间变换，所以因为取舍而存在误差的问题。与浮点运算相比，整数 DCT 变换会引起一些额外的误差，但因为 DCT 变换后的量化也存在量化误差，与之相比，整数 DCT 变换引起的量化误差影响并不大。此外，整数 DCT 变换还具有减少运算量和复杂度，有利于向定点 DSP 移植的优点。

④量化与熵编码。在 H.264 中量化步长采用非线性指数关系，它是以 12.5%的复合率递进的，因而编码器更加灵活，便于控制，易于达到比特率和图像质量的折中。

H.264 中关于熵编码有两种方法：通用可变长编码(Universal Variable-Length Coding，UVLC)和基于文本的自适应二进制算术编码(Context-based Adaptive Binary Arithmetic Coding，CABAC)。

通用可变长编码使用一个相同的码表进行编码，而解码器很容易识别码字的前缀，UVLC 在发生比特错误时能快速获得重同步。

算术编码使编码和解码两边都能使用所有句法元素(变换系数、运动矢量)的概率模型。为了提高算术编码的效率，通过内容建模的过程，使基本概率模型能适应随视频帧而改变的统计特性。内容建模提供了编码符号的条件概率估计，利用合适的内容模型，符号间的相关性可通过选择目前要编码符号邻近的已编码符号的相应概率模型来去除，不同的句法元素通常保持不同的模型。

H.264 标准的推出，是视频编码标准的一次重要进步，它与先前的标准相比具有明显的优越性，特别是编码效率的提高，使之能应用于许多新的领域。尽管 H.264 的算法复杂度是编码压缩标准的 4 倍还要多，但随着半导体技术的发展，芯片的处理能力和存储器的容量都将会有很大的提高，所以 H.264 今后必然焕发出蓬勃的生命力，逐渐成为市场的主角。

8.3.3 音频压缩编码标准

1. MPEG-X 系列音频编码标准

国际标准化组织/国际电工委员会所属 WG11 工作组，制定推荐了 MPEG 标准。下面将讨论几种与音频编码相关的标准，包括 MPEG-1 音频、MPEG-2 音频和 MPEG-4 音频。

(1)MPEG-1 音频

MPEG-1 音频编码标准的基础是量化，要求量化失真对于人耳来说是感觉不到的。经过 MPEG-Audio 委员会大量的主观测试实验表明，采样频率为 48kHz、样本精度为 16 位的声音数据压缩到 256kb/s 时，即在 6∶1 的压缩比下，即使是专业测试员也很难分辨出是原始声音还是编码压缩后的声音。

MPEG-1 音频编码标准提供三个独立的压缩层次：层 1(Layer 1)、层 2(Layer 2)和层 3(Layer 3)，缩写分别为 MP1、MP2 和 MP3，用户对层次的选择是一个在算法复杂性和声音质量之间进行平衡的过程。层 1 是最基础的，层 2 和层 3 都是在层 1 的基础上有所提高。每个后继的层次都有更高的压缩比，但需要更复杂的编码/解码器。各个层次的压缩后码率和主要应用如下：

①层 1 的编码器最简单，编码器的输出数据率为 384kb/s，主要用于小型数字盒式磁带(Digital Compact Cassette，DCC)。

②层 2 的编码器的复杂程度属中等，编码器的输出数据率为 256～192kb/s，其应用包括数字广播声音(Digital Broadcast Audio，DBA)、数字音乐、CD. I(Compact Disc. Interac. tive)和 VCD(Video Compact Disc)等。

③层 3 的编码器最复杂，编码器的输出数据率为 8～128kb/s，主要应用于 ISDN 上的声音传输及音乐文件存储。

MPEG-1 层 3 在不同数据率下的性能如表 8-9 所示。

表 8-9　MPEG-1 层 3 在不同数据率下的性能

音质要求	声音带宽/kHz	方式	数据率(kb/s)	压缩比
电话	2.5	单声道	8	96∶1
优于短波	5.5	单声道	16	48∶1
优于调幅广播	7.5	单声道	32	24∶1
类似于调频广播	11	立体声	56～64	26～24∶1
接近 CD	15	立体声	96	16∶1
CD	>15	立体声	112～128	12～10∶1

MPEG-1 的音频数据分为帧，层 1 每帧包含 384 个样本数据，每帧由 32 个子带分别输出的 12 个样本组成。层 2 和层 3 每帧为 1152 个样本，如图 8-27 所示。

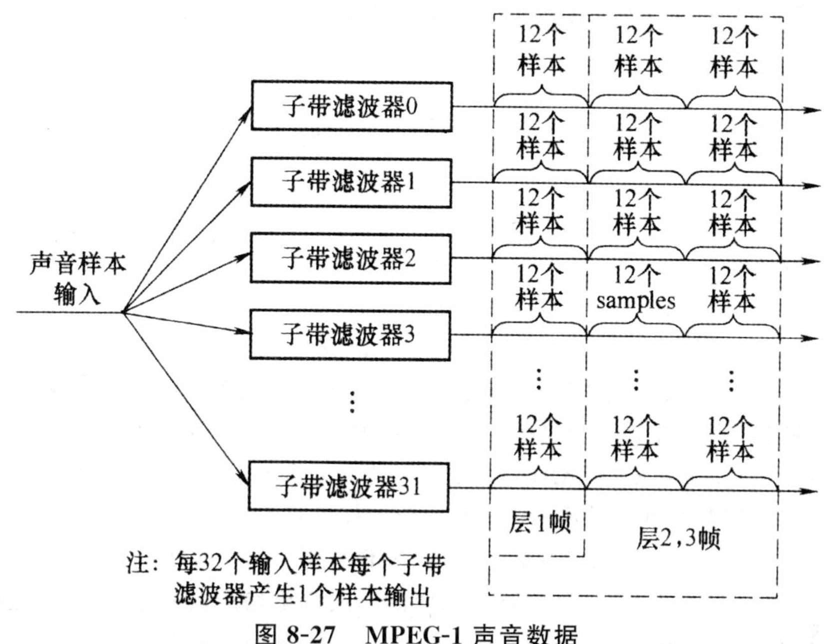

图 8-27　MPEG-1 声音数据

MPEG-1 音频编码标准的三个层次都使用的是感知音频编码方法，声音数据压缩算法的根据是心理声学模型，其中一个最基本的概念是听觉系统中存在一个听觉阈值电平，低于这个电平的声音信号就听不到。听觉阈值的大小随声音频率的改变而改变，各个人的听觉阈值也不同。大多数人的听觉系统对 2～5kHz 之间的声音最敏感。一个人是否能听到声音，取决于声音的频率，以及声音的幅度是否高于这种频率下的听觉阈值。心理声学模型中的另一个概念是听觉掩饰特性，即听觉阈值电平是自适应的，听觉阈值电平会随听到的频率不同的声音而发生变化。声音压缩算法也同样可以确立这种特性的模型，根据这个模型，可取消冗余的声音数据。MPEG-1 音频编码标准的压缩算法如图 8-28 所示。

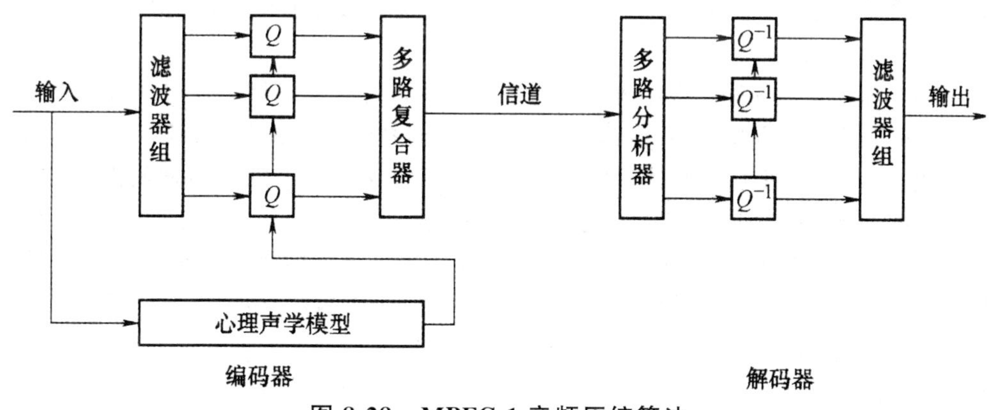

图 8-28　MPEG-1 音频压缩算法

MPEG-1 音频编码标准的每一个层都有子带编码器(SBC)，其中包含时间-频率多相滤波器组、心理声学模型(计算掩蔽特性)、量化和编码和数据流帧包装，而高层 SBC 可使用低层 SBC

编码的声音数据。前两层压缩编码的方法大致相同，主要就是量化。第三层依然采用听觉掩蔽原理，但是方法比较复杂。主要的不同是：采用了 MDCT(Modified DCT，修正的 DCT)，对每个子带增加了 6 或 18 个频率成分，这样可以将 32 个子带做更深一步的分解。

(2)MPEG-2 音频

MPEG-2 保持了对 MPEG-1 音频兼容并进行了扩充，提高低采样率下的声音质量，支持多通道环绕立体声和多语言技术。MPEG-2 标准定义了两种音频压缩算法，即 MPEG-2 BC 和 MPEG-2 AAC。

①MPEG-2 BC。MPEG-2 BC 是 MPEG-2 向后兼容多声道音频编码标准，它保持了对 MPEG-1 音频的兼容，增加了声道数，支持多声道环绕立体声，并为适应某些低码率应用需求增加了 16kHz、22.05kHz、24kHz 三种较低的采样频率。

此外，为了在低码率下进一步提高声音质量，MPEG-2 BC 还采用了许多新技术，如动态传输声道切换、动态串音、自适应多声道预测、中央声道部分编码等。但它为了与 MPEG-1 兼容，不得不以牺牲码率的代价来换取较高的音质。这一缺憾制约了它在世界范围内的推广和应用。

②MPEG-2 AAC。MPEG-2 AAC(Advanced Audio Coding)即高级音频编码标准，于 1997 年 4 月完成。AAC 音频标准的发展标志着标准化工作向新的模块化方向演变的趋势。AAC 与 MPEG-2 的低取样率及多声道编码标准不同，它并不提供对 MPEG-1 标准的后向兼容性。AAC 采用了能提供更高频域分辨率的滤波器组，因而能够实现更好的信号压缩；AAC 还利用了许多新的工具，如暂态噪声整形、后向自适应性预测、联合立体声编码技术以及对量化成分的霍夫曼编码等。以上各工具都能提供附加的音频压缩能力，因此，它具有更高的压缩效果。

MPEG-2 AAC 是真正的第二代通用音频编码，它放弃了对 MPEG-1 音频的兼容性，扩大了编码范围，支持 1～48 个通道和 8～96kHz 采样率的编码，每个通道可以获得 8～160kb/s 高质量的声音，能够实现多通道、多语种、多节目编码。AAC 即先进音频编码，是一种灵活的声音感知编码，是 MPEG-2 和 MPEG-4 的重要组成部分。在 AAC 中使用了强度编码和 MS 编码两种立体声编码技术，可根据信号频谱选择使用，也可混合使用。

MPEG-2 可提供较大的可变压缩比，以适应不同的画面质量、存储容量以及带宽的应用要求。MPEG-2 特别适用于广播级的数字电视编码和传送，被认定为 SDTV 和 HDTV 的编码标准。MPEG-2 音频在数字音频广播、多声道数字电视声音以及 ISDN 传输等系统被广泛使用。

(3)MPEG-4 音频

在 MPEG-4 的音频编码标准中将音频的合成编码与自然编码相结合，其中，合成编码部分的组成工具可以实现对音乐和话音按符号进行定义，包括 MIDI 系统和文本/语言转换系统，还包括对声音的三维空间定位工具，可以利用人工声源或自然声源人为地制造出声音环境。MPEG-4 的音频部分还对传输率在 2kb/s～64kb/s 范围内的自然音频进行了标准化，在充分利用传输速率的条件下能获得最好的音频质量。标准定义了三种类型的编解码器：用于低比特率的参数编解码器、用于中比特率的码本激励线性预测(CELP)编解码器，以及用于高比特率的时频编解码器，包括 AAC 和基于矢量量化器的编解码器。

MPEG-4 提供了许多新功能以支持更广范围内的应用，可以是清晰的语言，也可以是高质量的多声道音频；可以是自然声音，也可以是合成的声音。另外，MPEG4 还提供以下几种功能，如速度控制、行距变更、误码恢复、比特率可变、带宽可变、误码性能可变、复杂度可变等功能。

MPEG-4 音频标准中采用了与视频相类似的“基于内容”的功能结构，将音频和语言序列分为对象分层的音频比特流，不同乐器的比特流可以单独操纵和存取。音频和语音的“基于内容”的编码还可以提取不同乐器的声音来进行编解码组合。MPEG 建议允许对音频或者视频对象、自然的或合成的图像进行编码，然后复用生成一个数据流。

MPEG-4 的核心自然还是对视频、音频数据的压缩编码，但与 MPEG-1、MPEG-2 不同的是，MPEG-4 不仅支持自然的声音，如语言和音乐，而且支持基于描述语言的合成声音，如 MIDI 之类的声音，并且支持音频的对象特征，即一个场景中，同时有人声和背景音乐，它们也许是独立编码的音频对象。

2. G. 7XX 系列音频编码标准

(1)G. 711 标准

G. 711 标准是在 1972 年提出的，它是为脉冲编码调制(PCM)制定的标准。从压缩编码的评价来看，这种编码方法的语音质量好，算法延时几乎可以忽略不计，但缺点是压缩率很有限。G. 711 针对的是电话质量的窄带语音信号，频率范围是 0. 3～3. 4kHz，采样频率采用 8kHz，每个采样样值用 8 位二进制码编码，其速率为 64kb/s。

G. 711 标准推荐采用非线性压缩扩张技术，压缩方式有 A 律和 μ 律两种。由于使用了压缩扩张技术，其编码方式为非线性编码，而其编码质量却与 11 比特线性量化编码质量相当。在 5 级的 MOS 评价等级中，其评分等级达到 4. 3，语音质量很好；编/解码延时只有 0. 125ms，可以忽略不计；算法的复杂度是最低的，定为 1，其他编码方法的复杂度都与此作对比。

(2)G. 721 标准

经过脉冲编码调制后所得到的语音信号，其速率是比较高的，占用的频带宽度也较大，限制了它的应用，需要对其进行压缩处理。在语音的压缩编码过程中，出现了速率低而质量又很好的自适应脉冲编码调制(ADPCM)，其编码速率为 32kb/s。G. 721 标准就是用于速率是 64kb/s(A 或 μ 律压扩技术)的 PCM 语音信号与速率是 32kb/s 的 ADPCM 语音信号之间的转换，由 ITU-T 在 1984 年制定。

利用 G. 721 可以实现对已有 PCM 的信道进行扩容，即把 2 个 2048kb/s(30 路)PCM 基群信号转换成一个 2048kb/s(60 路)ADPCM 信号。此标准采用自适应脉冲编码调制技术，语音信号的采样频率为 8kHz，对样值与其预测值的差值进行 4bit 编码，其速率为 32kb/s。语音评价等级达到 4. 0(MOS)，质量也很好。系统延时 0. 125ms，可忽略不计，复杂度达到 10。

(3)G. 722 标准

G. 722 标准是 CCITT 1988 年制定的，它规范了一种音频(50～7000Hz)编码系统的特性，该系统可用于各种质量比较高的语声应用，例如，视听多媒体、会议电视等具有调幅广播质量的音频。该编码系统使用比特率在 64kb/s 以内的子带自适应差分脉冲编码调制(SC-ADPCM)，在此技术中将音频频带分裂成高低两个子带，在每个子带中信号用 ADPCM 编码。按照 7kHz 音频编码所用的比特率，系统有三种基本的工作模式：64kb/s、56kb/s 和 48kb/s。后两种模式借助于利用低子带的比特，在 64kb/s 内分别可以提供 8kb/s 和 16kb/s 的辅助数据信道。

(4)G. 728 标准

CCITT 于 1992 年制定了 G. 728 标准，该标准所涉及的音频信息主要是应用于公共电话网中的。G. 728 是 LPAS 声码器，编码速率为 16kb/s，质量与速率是 32kb/s 的 G. 721 标准相当。该标准采用的压缩算法是低延时码激励线性预测(Low Delay Code Excited Linear Prediction,

LD-CELP)方式。这是一种基于 AbS(Analysis by Synthesis)原理并考虑了听觉特性的编码方法,它具有以下特征:

①以块为单位的后向自适应高次线性预测。

②后向自适应型增益量化。

③以向量为单位的激励信号量化。

语音输入为每帧 5 个采样值,每帧附加上激励信号的波形与增益表达的信息为 10bit,编码的延迟在 2ms 以内。32kb/s 的 ADPCM 方法是对每个采样值进行预测,并使用自适应的量化器,而本方法则是对所有的采样值以向量为单位处理,并将线性预测和增益自适应的最新理论与成果应用其上。

(5)G. 729 标准

G. 729 是 ITU-T 为低码率应用而制定的语音压缩标准。G. 729 标准的码率只有 8kb/s,其压缩算法相比其他算法来说比较复杂,采用的基本算法仍然是码激励线性预测(Code Excitation Linear Prediction,CELP)技术。为了使合成语音的质量有所提高,在此算法中也采取了一些新措施,所以其具体算法也比 CELP 方法复杂。G. 729 标准采用的算法称作共轭结构代数码激励线性预测(Conjugate Structure Algebraic Code Excited Linear Prediction,CS-ACELP)。

ITU-T 制定的 G. 729 标准,其主要应用目标是第一代数字移动蜂窝移动电话,对不同的应用系统,其速率也有所不同,日本和美国的系统速率为 8kb/s 左右,GSM 系统的速率为 13kb/s。由于应用在移动系统,因此,复杂程度要比 G. 728 低,为中等复杂程度的算法。由于其帧长时间加大了,所需的 RAM 容量比 G. 728 多一半。

G. 729 是 8kb/s 的 LPAS 声码器,线性预测技术采用的是前馈型前向自适应技术。预测器的系数根据前一帧和部分下一帧语声数据进行更新,因此,算法的时延相比于 G. 728 来说要长。其帧长取的是 10ms,由两个子帧组成。由于采用的是前馈型自适应技术,除了传送激励信号外,还需要传送预测器的系数。为了降低编码的比特率,线性预测系数、激励信号波形和激励增益都采用了矢量量化,并利用了多级量化和分割量化技术。激励信号码本则采用高效的共轭结构代数码本,其编码器结构在此不作说明。

(6)G. 723. 1 标准

G. 723. 1 音频压缩标准是已颁布的音频编码标准中码率较低的。G. 723. 1 语音压缩编码是一种用于各种网络环境下的多媒体通信标准,编码速率根据实际的需要有两种,分别为 5. 3kb/s 和 6. 3kb/s。G. 723. 1 标准是 ITU-T 于 1996 年制定的多媒体通信标准中的一个组成部分,可以应用于 IP 电话、H. 263 视频会议系统等通信系统中。其中,5. 3kb/s 码率的编码器采用多脉冲最大似然量化技术(MP-MLQ),6. 3kb/s 码率的编码器采用代数码激励线性预测技术(ACELP)。

G. 723. 1 标准的编码流程比较复杂,但基本概念仍基于 CELP 编码器,并结合了分析/合成(A/S)的编码原理,使其在高压缩率情况下仍能保持良好的音质。

第 9 章　多媒体通信网络技术

9.1　多媒体通信概述

9.1.1　多媒体通信的概念

多媒体通信是指在多媒体网络上对用多种媒体(包括文本、声音、图形、图像及视频)表示的、机器可以处理的信息进行显示、存储、检索、交换和传输。实现多媒体通信的基本要素是:高效率、综合化的多媒体信息加工处理系统;高效率、大容量的多媒体数据库;综合化、多功能的多媒体终端;高速率、综合化的通信网络。

从通信角度来看,多媒体通信是继电报、电话、传真之后兴起的新一代通信手段。其与电视广播相比,最大的区别就在于它的交互性和可选择性。它不仅能传送文本、图像和声音,更重要的是,它具有多媒体电脑的全部功能,例如,信息的存储、处理、检索、转发和交换功能,而且把通信双方的电脑连结了起来,构成了一种和个人电脑相结合的智能式通信系统。多媒体通信是通信技术未来的发展方向。

从信息服务的角度来看,多媒体通信采用 VI&P(Visual,Intelligent and Personal)的服务模式,即“视频的、智能的和个人的”服务模式,它能够提供以图像为中心的视频智能服务。

9.1.2　多媒体通信的发展概况

多媒体通信技术的研究可以追溯到 20 世纪 80 年代,当时美国、欧洲和日本的计算机公司就开始把这项技术应用到了计算机系统,建立了基于局域网 LAN 的多媒体通信系统,比较成功的有美国 Xerox 公司的 Etherphone。进入 20 世纪 90 年代以后,传统的通信系统已经很难满足人们对于通信的要求,因此,必然建立多媒体通信网络。

国外多媒体通信的研究开发,首先是基于窄带综合业务数字网(N-ISDN)。美国的 AT&T、Pacific Bell、Chico 和加利福尼亚公立大学利用 ISDN BRI(基本码率接口)进行了多媒体网络实验,实验结果表示使用窄带 ISDN 支持远程教育的可能性,并可以达到较为满意的实时视频质量。Bellcore 的 MediaCom 多媒体系统,在此实验的基础上,使用远地电子白板等技术进入实用阶段。德国电信公司、德国科学研究中心,共同开发了公用的 COBRA 多媒体业务。

与此同时,国内也进行多媒体通信研究和开发试验。中国香港电信公司的多媒体开发同样处于世界领先地位,进行了 VOD 试验。中国香港电信公司选定具有世界水平的 Sybase 数据库建立 VOD 系统,提供多项多媒体业务服务,如 VOD、家庭购物、家庭银行等业务。

21 世纪人类社会已进入信息时代,人类由冷战期间的以空间竞争为主转入到以经济竞争为主,其核心是信息技术的竞争,包括信息的获取、占用、利用等能力。人们已不满足于普通的电话业务,不满足于只能传送正文的电子邮件服务,需要图形、静止图像和视频图像的传输和交换功能，其中最关键的就是视频图像的通信。多媒体通信的应用与普及必将给信息社会带来全新的变化。

9.1.3 多媒体通信的特点及体系结构

1. 多媒体通信的特点

多媒体通信具有以下几个特点。

(1)集成性

多媒体通信系统应能同时传送两种及两种以上的媒体信息，例如，视频和声音、图像与文字、动画、文字和音乐等。且具有对这些媒体信息的处理、存取和传送的能力。

(2)交互性

多媒体通信系统必须能以交互方式进行工作，而不是像一般的通信系统那样进行简单的单向、双向传输或广播。因此，它能真正实现多点之间的自由传输和多媒体信息之间的自由交换。根据需要，信息的传输和交换有时要做到实时进行。而且多媒体终端用户对通信的全过程有完整的交互控制能力。

(3)同步性

多媒体信息大都具有时间和空间上的相关性，因此，多媒体通信系统必须能支持这种相关性，也就是通过多媒体网络传送的各种媒体信息能保持它们在时间上的同步关系和在空间位置上的协调关系。

在多媒体通信的发展过程中，涉及到许多技术问题，其中影响最为明显著，同时也是多媒体通信的难点所在的关键技术有以下几个：

①多媒体通信的网络技术和多种媒体之间的同步、实时传输以及一体化技术。

②分布式多媒体信息处理技术和计算机支持协同工作。

③多媒体信息处理，尤其是多媒体信息压缩技术。

④多媒体终端技术。

2. 多媒体通信的体系结构

多媒体通信的体系结构还处在不断完善阶段。ITU-T 的 I.211 建议为 B-ISDN 提出了一种适应于多媒体通信的体系结构模型，如图 9-1 所示。

<table>
<tr><td colspan="2">一般应用</td><td colspan="2">特殊应用</td></tr>
<tr><td colspan="4">多媒体通信平台</td></tr>
<tr><td colspan="4">网络服务平台</td></tr>
<tr><td colspan="4">传输网络</td></tr>
<tr><td>LAN
MAN
WAN</td><td>ISDN</td><td>B-ISDN
(ATM)</td><td>FDDI
等网络</td></tr>
</table>

图 9-1　多媒体通信的体系结构

多媒体通信的体系结构主要包括以下几个方面。

(1)传输网络

传输网络是体系结构的最底层。包括 LAN、MAN、WAN、ISDN、B-ISDN(ATM)和 FDDI 等高速网络。它为多媒体通信提供了最基本的物理环境,其中 B-ISDN(ATM)、FDDI 是多媒体通信网络的发展方向。

(2)网络通信平台

该层提供各类网络服务。可以按用户的要求提供不同等级的服务,使用户能直接使用这些服务内容,而不必知道底层传输网络是怎样提供这些服务的,即网络服务平台的创建使传输网络对用户透明。

(3)多媒体通信平台

该层主要以不同媒体(文本、图形、图像、语音等)的信息机构为基础,提供其通信支援(如多媒体文本信息处理),并支持各类多媒体应用。

(4)一般应用

一般应用是指人们常见的一般多媒体应用。如多媒体文本检索、宽带单向传输、联合编辑以及各种形式的远程协同工作。

(5)特殊应用

特殊应用指的是业务性较强的一些多媒体应用,如电子邮购、远程培训、远程维护和视频会议等。

9.2　多媒体通信对传输网络的要求

多媒体通信是多媒体处理技术和网络通信技术的融合。随着计算速度和存储技术的发展和进步,基于多媒体的通信已经成为日常生活中不可或缺的一部分。多媒体通信技术由于能提供各种各样和丰富多彩的应用而被众多的相关厂商和用户所共同关注。

多媒体通信具有数据量大、实时性要求高的特点,所以多媒体通信对传输网络具有相当高的要求。具体表现在以下几个方面。

1. 吞吐量需求

网络吞吐量指的是有效的网络带宽,定义为物理链路的数据传输速率减去各种传输开销。吞吐量反映了网络所能传输数据的最大极限容量。吞吐量可以表示成在单位时间内处理的分组数或比特数,它是一种静态参数,反映了网络负载的情况。在实际应用中,人们习惯于将网络的传输速率作为吞吐量。实际上,吞吐量要小于数据的传输速率。

无论是局域网还是广域网,网络的吞吐能力大都是随时间变化而变化的。有时因发生网络故障(节点故障或线路故障)或者出现拥堵的数据流而造成网络拥塞,使网络的吞吐能力发生急剧变化。影响网络吞吐量的因素主要有网络故障、网络拥塞、瓶颈、缓冲区容量和流量控制等。

多媒体通信的吞吐量需求与网络传输速率、接收端缓冲容量以及数据流量有关。

(1)高传输带宽需求

由于多媒体信息包含了实时音频和视频信息,对多媒体通信网络来说,必须能提供充足的可用传输带宽来传输多媒体信息,同时也意味着网络必须具备成倍地处理这类信息资源的能力。

当传输带宽不足时，将会产生网络拥塞现象，导致端到端延迟的增加和分组丢失。

(2)大缓冲容量需求

在高传输带宽的网络中，接收端必须有足够的缓冲区容量来接收源源不断的多媒体信息；否则将会发生缓冲区溢出，造成分组丢失。

(3)流量需求

多媒体通信网络必须能够处理冗长的音频和视频数据流，这意味着网络必须有足够的带宽能力来保证以高带宽传输冗长多媒体信息流的时间有效性。如果网络在任何时刻都存在着许多数据流，则该网络的有效带宽必须大于或等于所有这些数据流传输速率的总和。

2. 可靠性需求

差错率是一种重要的性能指标，反映了网络传输的可靠性。它可以用 3 种方法定义：

①误码率(Bit Error Rate，BER)：是指在传输过程中发生误码的码元个数与传输的总码元数之比。通常，BER 的大小直接反映了传输介质的质量。例如，光缆传输系统，它的 BER 范围就在 $10^{-12} \sim 10^{-9}$ 之间。

②包错误率(Packet Error Rate，PER)：包错误是指同一个包两次接收、包丢失或包的次序颠倒，包错误率则是指在传输过程中发生差错的包与传输的总包数之比。

③包丢失率(Packet Loss Rate，PLR)：是指由于包丢失而引起的包错误。包在传输过程中丢失的原因有很多，通常最主要的原因就是网络拥塞，致使包的传输延时过长，超过了设定到达的时限，从而被接收端丢弃。

在多媒体应用中，数据比活动的音视频对误码率的要求更高，例如，银行转账的传输是不允许有任何差错的，而活动的、不断更新的音视频即使产生错误也会很快被覆盖，所以对于数据的传输应通过检错、纠错机制使误码率减小到零。对于音视频的误码率指标要求可以宽松一些。例如，对于话音，BER 小于 10^{-2}；对于未压缩的 CD 质量音乐，BER 小于 10^{-3}；对于已压缩的 CD 质量音乐，BER 小于 10^{-4}；对于已压缩的 HDTV，BER 小于 10^{-10}。由此可见，对于已压缩的音视频数据，其对误码率的要求比未压缩的音视频数据要高。

3. 延迟需求

多媒体通信系统对延时的需求主要体现在多媒体通信的实时传输方面。

网络的传输延时是指信源发出最后一个比特到信宿接收到第一个比特之间的时间差。它由两部分组成，即一是信号在物理介质中的传播延时，该延时的大小与具体的物理介质有关；二是数据在网中的处理延时，因为数据在网中传输时，除了物理介质产生的延时之外，网络的节点设备或其他数字处理设备对信号进行交换、处理时均会产生延时。

另一个经常用到的参数是端到端的延时。它由三部分组成，即一是信源数据准备好而等待网络接收这组数据的时间；二是信源传送这组数据(从第一个比特到最后一个比特)的时间；三是网络的传输延时。根据不同的网络负载状况，端到端的延时会发生变化。

不同的多媒体应用，对延时的要求是不一样的。对于实时的会话应用，在有回波抵消的情况下，网络的单程传输延时应在 100～500ms 之间，而在交互式的实时多媒体应用中，系统对用户指令的响应时间应小于 1～2s，端到端的延时在 100～500ms 之间，此时通信双方才会有“实时”的感觉。

4. 延时抖动需求

网络传输延时的变化称为网络的延时抖动，即不同数据包延时之间的差别。延时抖动可以用在一段时间内(如一次会话过程中)最大和最小的传输延时之差来度量。

产生延时抖动的原因有很多，具体如下所示。

①传输系统引起的延时抖动，例如，符号间的相互干扰、振荡器的相位噪声、金属导体中传播延时随温度的变化等。这些因素所引起的抖动称为物理抖动，其幅度一般只在微秒量级，甚至于更小。例如，在本地范围之内，ATM 工作在 155.52Mb/s 时，最大的物理延时抖动只有 6ns 左右(不超过传输 1 个比特的时间)。

②对于电路交换的网络(如 N-ISDN)，只存在物理抖动。在本地网之内，抖动在毫微秒量级；对于远距离跨越多个传输网络的链路，抖动在微秒的量级。

③对于共享传输介质的局域网(如以太网、令牌环或 FDDI)来说，延时抖动主要来源于介质访问时间的变化。终端准备好欲发送的信息之后，还必须等到共享的传输介质空闲时，才能真正进行信息的发送，这段等待时间就称为介质访问时间。

④对于广域的分组网络(如 IP 网)，延时抖动的主要来源是流量控制的等待时间(终端等待网络准备好接收数据的时间)的变化和存储转发机制中由于节点拥塞而产生的排队延时抖动会对实时通信中多媒体的同步造成破坏，最终影响到音视频的播放质量，从人类的主观特性上来看，人耳对音频的抖动更敏感，而人眼对视频的抖动则不太敏感。为了削弱或消除延时抖动造成的这种影响，可以采取在接收端设立缓冲器的方法，即在接收端先缓冲一定数量的媒体数据然后再播放，但是这种解决方法又会引入额外的端到端的延时。综合上述各种因素，实际的多媒体应用对延时抖动有不同的要求，如表 9-1 所示。

表 9-1　延时抖动的需求

数据类型或应用	延时抖动/ms
CD 质量的声音	≤100
电话质量的声音	≤400
HDTV	≤50
广播质量电视	≤100
会议质量电视	≤400

5. 多点通信需求

多媒体通信涉及音频和视频数据，在分布式多媒体应用中有广播和多播信息。因此，除常规的点对点通信外，多媒体通信需要支持多播通信方式。

广播通信是把相同数据传送到其他所有站点；而多播通信又称组播，其传送方式是把相同的数据传送到其他相关站点。多播信息传递用的是组地址，组地址是网络上与多个站点相关的多目的地址。

6. 同步需求

多媒体通信的同步有两种类型:流内同步和流间同步。流内同步是保持单个媒体流内部的时间关系,即按照一定的延迟和抖动约束来传送媒体分组流,以满足感官上的需要。流内同步与传输延迟抖动等服务质量有关,如果不能满足流内同步,音频会出现断续现象,视频会变得不连续。

流间同步是不同媒体间的同步,当音频和视频以及其他数据流经不同的路径或从不同的信源传送过来时,为了达到媒体表现的同步,需要在目的地对这些媒体流进行同步。流间同步和具体应用有关,是一种端到端的服务。

9.3 多媒体通信网络的服务质量

服务质量(Quality of Service,QoS)是一种抽象概念,用于说明网络服务的“好坏”程度。在开放系统互连 OSI 参考模型中,有一组 QoS 参数,用于描述传送速率和可靠性等特性。但是这些参数一般都作用于较低协议层,一些 QoS 参数是为传送时间无关的数据而设置的,因此,多媒体通信网络需要定义合适的 QoS。由于不同的应用对网络性能的要求不一样,对网络所提供的服务质量期望值也是不一样的。这种期望值可以用一种统一的 QoS 概念来描述。从支持 QoS 的角度,多媒体网络系统必须提供 QoS 参数定义和相应的管理机制。

9.3.1 QoS 参数及参数体系结构

1. QoS 参数

QoS 是分布式多媒体信息系统为了达到应用要求的能力所需要的一组定量的和定性的特性,它用一组参数表示,典型的有吞吐量、延迟、延迟抖动和可靠性等。QoS 参数由参数本身和参数值组成,参数作为类型变量,可以在一个给定范围内取值。例如,可以使用上述的网络性能参数来定义 QoS,即

QoS={吞吐量,差错率,端到端延迟,延迟抖动}

由于不同的应用对网络性能的要求不同,因此,对网络所提供的服务质量期望值也不同。用户的这种期望值可以用一种统一的 QoS 概念来描述。在不同的多媒体应用系统中,QoS 参数集的定义方法可能是不同的,某些参数相互之间可能又有关系。表 9-2 给出了 5 种类型的 QoS 参数。

表 9-2　5 种类型的 QoS 参数

分类方法	列举参数
按性能分	端到端延迟、比特率等
按格式分	视频分辨率、帧率、存储格式、压缩方法等
按同步分	音频和视频序列起始点之间的时滞
从费用角度分	连接和数据传输的费用和版权费
从用户可接受性分	主观视觉和听觉质量

对连续媒体传输而言，端到端延迟和延迟抖动是两个关键的参数。多媒体应用，特别是交互式多媒体应用对延迟有严格限制，不能超过人所能容忍的限度；否则，将会严重地影响服务质量。同样，延迟抖动也必须维持在严格的界限内，否则将会严重地影响人对语音和图像信息的识别。表 9-3 给出了几种多媒体对象所需的 QoS。

表 9-3 QoS 参数举例

多媒体对象	最大延迟/ms	最大延迟抖动/ms	平均吞吐量/(Mb/s)	可接受的比特差错率
语音	0.25	10	0.064	$<10^{-1}$
视频(TV 质量)	0.25	10	100	$<10^{-2}$
压缩视频	0.25	1	2～10	$<10^{-6}$
数据(文件传送)	1	—	1～100	0
实时数据	0.001～1	—	<10	0
图像	1	—	2～10	$<10^{-9}$

从支持 QoS 的角度，多媒体网络系统必须提供 QoS 参数定义方法和相应的 QoS 管理机制。用户根据应用需要使用 QoS 参数定义其 QoS 需求，系统要根据可用资源容量来确定是否能满足应用的 QoS 需求。经过双方协商最终达成一致的 QoS 参数值应该在数据传输过程中得到基本保证，或者在不能履行所承诺 QoS 时应能提供必要的指示信息。因此，QoS 参数与其他系统参数的区别就在于它需要在分布系统各部件之间协商，以达成一致的 QoS 级别，而一般的系统参数则不需要这样做。

2. QoS 参数体系结构

在一个分布式多媒体信息系统中，一般采用层次化的 QoS 参数体系结构来定义 QoS 参数。在 QoS 参数体系结构中，通信双方的对等层之间表现为一种对等协商关系，双方按所承诺的 QoS 参数提供与之相对应的服务。同一端的不同层之间表现为一种映射关系，应用的 QoS 需求应当自顶向下地映射到各层相对应的 QoS 参数集，各层协议按其 QoS 参数提供与之相对应的服务，共同完成对应用的 QoS 承诺。

在不同应用系统中，对 QoS 参数集的定义方法是不同的，经常使用吞吐量、差错率、端到端延迟和延迟抖动等网络性能参数来定义 QoS。对连续媒体传输来说，端到端延迟和延迟抖动是两个关键的性能参数。在一个分布式多媒体信息系统中，一般使用层次化的 QoS 参数体系结构来定义 QoS 参数，如图 9-2 所示。

层次	
应用层	QoS
传输层	
网络层	
数据链路层	

图 9-2 QoS 参数体系结构

(1)应用层

应用层 QoS 参数是面向端用户的,应当采用直观、形象的表达方式来描述不同的 QoS,以供端用户选择。例如,通过播放不同演示质量的音频或视频片断作为可选择的 QoS 参数,或者将音频或视频的传输速率分成若干等级,每个等级代表不同的 QoS 参数,并通过可视化方式提供给用户选择。

(2)传输层

传输层协议主要提供端到端的、面向连接的数据传输服务。一般这种面向连接的服务能够确保数据传输的正确性和顺序性,但往往以较大的网络带宽和延迟开销为代价。传输层 QoS 必须由支持 QoS 的传输层协议提供可选择和定义的 QoS 参数。传输层 QoS 参数有吞吐量、端到端延迟、端到端延迟抖动、分组差错率和传输优先级等。

(3)网络层

网络层协议主要提供路由选择和数据报转发服务。一般这种服务是无连接的,通过中间点(路由器)的"存储-转发"机制来实现。在数据报转发过程中,路由器将会产生延迟(如排队等待转发)、延迟抖动(选择不同的路由)、分组丢失及差错等。网络层 QoS 同样也要由支持 QoS 的网络层协议提供可选择和定义的 QoS 参数,如吞吐量、延迟、延迟抖动、分组丢失率和差错率等。

网络层协议主要是 IP,其中 IPv6 可以通过报头中优先级和流标识字段支持 QoS。一些连接型网络层协议,如 RSVP 和 STⅡ等可较好地支持 QoS,其 QoS 参数通过保证服务(GS)和被控负载服务(CLS)两个 QoS 类来定义。它们都要求路由器也必须具有相应的支持能力,为所承诺的 QoS 保留资源(如带宽、缓冲区等)。

(4)数据链路层

数据链路层协议是实现对物理介质的访问控制功能,与网络类型密切相关,并不是所有网络都支持 QoS,尽管支持 QoS 的网络其支持程度也是不同的。各种以太网都不支持 QoS,Token-Ring、FDDI 和 100VG-AnyLAN 等是通过介质访问优先级来定义 QoS 参数的。ATM 网络能够较充分地支持 QoS,它是一种面向连接的网络,在建立虚连接时可以使用一组 QoS 参数来定义 QoS。主要的 QoS 参数有峰值信元速率、最小信元速率、信元丢失率、信元传输延迟和信元延迟变化范围等。

在 QoS 参数体系结构中,通信双方的对等层之间表现为一种对等协商关系,双方按所承诺的 QoS 参数提供与之相对应的服务。同一端的不同层之间表现为一种映射关系,应用的 QoS 需求自顶向下地映射到各层相对应的 QoS 参数集,各层协议按其 QoS 参数提供与之相对应的服务,共同完成对应用的 QoS 承诺。

9.3.2 QoS 分类及管理

1. QoS 分类

在多媒体网络系统中,端用户和网络之间必须经过协商最终达成一致的 QoS。在数据传输过程中,网络应当按所承诺 QoS 提供与之相对应的服务。由于网络负载是动态变化的,可能会引起 QoS 的波动。网络是否能够履行所承诺 QoS 主要由 QoS 类型所决定。QoS 从总体上可分成几下几类。

(1)确定型(Deterministic)QoS

在数据传输过程中,网络提供“硬”的 QoS 保证,即对所承诺的 QoS 必须严格保证,否则可能会造成严重的后果。这类服务一般用于硬实时应用。

(2)统计型(Statistical)QoS

在数据传输过程中,网络提供“软”的 QoS 保证,即对所承诺的 QoS 允许一定范围的波动且不会造成不良的后果。这类服务一般用于软实时应用。

(3)尽力型(Best-Effort)QoS

尽力型 QoS 也称为最佳效果传输,网络不提供任何 QoS 保证,网络性能将随着负载的增加而明显下降。由于受到带宽的限制,现有 Internet 上的分布式多媒体应用大多提供这类服务。

为了确保端到端的 QoS,在媒体流传输路径上的各个中间点(路由器)都必须支持和保证所承诺的 QoS,并且按确定型、统计型及尽力型 QoS 的优先级次序为相应的媒体流分配和保留资源。当前,主要采用为特定媒体流保留资源(如带宽、缓存及排队时间等)的资源分配策略来确保其 QoS。

2. QoS 管理

QoS 管理分为静态和动态两大类。静态资源管理负责处理流建立和端到端 QoS 再协商过程,即 QoS 提供机制。动态资源管理处理媒体传递过程,即 QoS 控制和管理机制。

(1)QoS 提供机制

QoS 提供机制包括以下内容。

①QoS 映射。QoS 映射完成不同级(如操作系统、传输层和网络)的 QoS 表示之间的自动转换,即通过映射,各层都将获得适合于本层使用的 QoS 参数,如将应用层的帧率映射成网络层的比特率等,供协商和再协商之用,以便各层次进行相应的配置和管理。

②Qos 协商。用户在使用服务之前应该将其特定的 QoS 要求通知系统,进行必要的协商,以便就用户可接受、系统可支持的 QoS 参数值达成一致,使这些达成一致的 QoS 参数值成为用户和系统共同遵守的“合同”。

③接纳控制。接纳控制首先判断能否获得所需的资源,这些资源主要包括端系统以及沿途各节点上的处理机时间、缓冲时间和链路的带宽等。若判断成功,则为用户请求预约所需的资源。若系统不能按用户所申请的 QoS 接纳用户请求,则用户可以选择“再协商”较低的 QoS。

④资源预留与分配。按照用户 QoS 规范安排合适的端系统、预留和分配网络资源,然后根据 QoS 映射,在每一个经过的资源模块(如存储器和交换机等)进行控制,分配端到端的资源。

(2)QoS 控制机制

QoS 控制是指在业务流传送过程中的实时控制机制,主要包括以下内容。

①流调度。调度机制是向用户提供并维持所需 QoS 水平的一种基本手段,流调度是在终端以及网络节点上传送数据的策略。

②流成型。流成型基于用户提供的流成型规范来调整流,可以给予确定的吞吐量或与吞吐量有关的统计数值。流成型的好处是允许 QoS 框架提交足够的端到端资源,并配置流安排以及网络管理业务。

③流监管。流监管是指监视观察是否正在维护提供者同意的 QoS,同时观察是否坚持用户同意的 QoS。

④流控制。多媒体数据，特别是连续媒体数据的生成、传送与播放具有比较严格的连续性、实时性和等时性，因此，信源应以目的地播放媒体量的速率发送。即使发收双方的速率不能完全吻合，也应该相差甚微。

为了提供 QoS 保证，有效地克服抖动现象的发生，维持播放的连续性、实时性和等时性，通常采用流控制机制，这样做不仅可以建立连续媒体数据流与速率受控传送之间的自然对应关系，使发送方的通信量平稳地进入网络，以便与接收方的处理能力相匹配，而且可以将流控和差错控制机制解耦。

⑤流同步。在多媒体数据传输过程中，QoS 控制机制需要保证媒体流之间、媒体流内部的同步。

(3)QoS 管理机制

QoS 管理机制应当提供如下的 QoS 管理特性。

①可配置性。分布式多媒体应用是多样化的，不同应用的 QoS 要求是不同的，QoS 参数及其定义方法也不同。因此，应允许用户对系统的 QoS 管理功能进行适当剪裁，以便建立与应用相适应的 QoS 级。

②可协商性。一个应用在初始启动时，首先以适当的方式提出 QoS 请求。系统根据其可用资源容量计算和分配应用所需的资源。在该应用运行时，系统动态监测应用的资源需求和实际的 QoS。当网络负载发生变化而导致 QoS 改变时，用户与系统需要重新协商，使之在可用资源约束内自适应于该应用的 QoS 需求。

③动态性。一个分布式多媒体应用在运行过程中，应用的资源需求和系统的可用资源都是动态变化的，只是在初始时说明 QoS 参数并要求它们在整个会话期间都保持不变是不现实的。因此，系统应具有自适应管理能力，在可用资源约束内进行动态调节，以满足该应用的 QoS 需求，或者提供一种可视化界面，允许用户在会话期间根据应用实际情况动态地改变 QoS 参数值，提供动态 QoS 控制能力

④端到端性。分布式多媒体应用是一种端到端的活动，源端获取多媒体数据并经过压缩后通过网络传输系统传送到目的端，目的端进行解压并播放多媒体数据。在端到端的传输路径上，任何一个中间节点未履行其 QoS 承诺都会影响多媒体播放的一致性。因此，允许用户对各个环节所支持的 QoS 进行抽象，在会话的两端来配置和控制 QoS。

⑤层次化性。一个端系统的 QoS 管理任务应按 QoS 参数体系结构分解在系统的各个层次上，每个层次都承担各自的管理任务，并且应充分考虑网络链路层对 QoS 支持能力的影响。对于 QoS 主动链路层(如 ATM 或某些 LAN)，高层负责与链路层协商，使链路层能够设置合适的 QoS，以充分发挥这种链路层对 QoS 的支持能力。

总之，一个良好的多媒体通信系统必须具有 QoS 支持能力，能够按照所承诺的 QoS 提供网络资源保证。最大限度地满足用户的 QoS 需求。

第 10 章　多媒体数据库及检索技术

10.1　多媒体数据库概述

10.1.1　多媒体数据类型及特点

1. 多媒体数据类型

多媒体数据库中，常用的多媒体数据有字符、数值、文本、图像、图形等类型的静态数据，也有像声音、视频、动画等基于时间的时基类型的动态数据。

(1)字符数值

字符数值型数据记录事件的属性(如人的性别、数量、职业等)，结构简单、规范，易于管理，多媒体中仍然有大量的此类数据，传统关系型数据库系统可以较好地处理这类数据。

(2)文本数据

此类数据如书籍、文献、档案等。文本数据由特定字符串表示，长短不一，存储和检索有一定困难，常用关键字检索和全文检索方法。

(3)声音数据

声音数据如音乐和语音数据，单、双声道声音数据。MIDI 数据用符号表示，语音数据以数字化波形数据为主，要求存储空间大。声音数据有两种检索方法，一是在声音数据上附加属性或文本描述，检索属性字符或文本数据即可；另一种方法是浏览、播放声音数据从中找出需要的语音数据。后一种方法速度慢，一般与第一种方法配合使用。

(4)图像数据

图像数据是指位图式图像。图像数据在实际应用中出现的频率很高，也很有实用价值。图像数据库经过多年的研究，提出了许多方法，包括：描述属性方法，特征提取、分割、纹理识别、颜色检索等。已经成功开发出许多特定的图像数据库系统，例如，指纹数据库、头像数据库等，但在多媒体数据库中更强调通用的图像数据的管理和查询。

(5)图形数据

图形数据可以分解为点、线、弧等基本图形元素。描述图形数据的关键是要有可以描述层次结构的数据模型。对于图形数据的最大问题是如何对数据进行表示，这和应用密切相关，对图形检索同样也是如此。通常来说，图形是用符号或特定的数据结构来表示，计算机还是比较容易管理的。目前，图形数据的数据库管理已经比较成熟，例如，工业图纸管理、地理信息系统等。

(6)视频数据

动态视频很复杂，管理上也存在新的问题。特别是引入了时间属性，视频的管理还要在时间上进行管理。检索和查询的内容可以包括镜头、场景、内容等许多方面。对基于时间的媒体，为了真实地再现就必须做到实时，而且需要考虑和动画与其他媒体的合成与同步。合成和同步不仅是多媒体数据管理的问题，它还涉及通信、媒体表现、数据压缩等许多方面。

2. 多媒体数据特点

多媒体数据具有以下几个特点。

(1)数据量大

无论是声音信息还是图像信息，数据量都非常大且媒体之间量的差异十分明显，而引数据在库中的组织方式和存储方法变得复杂。只有组织好多媒体数据并在数据库中选择合理的物理结构和逻辑结构，才能保证应用系统的快速存取。

(2)数据种类繁多

媒体种类的繁多使得数据处理变得复杂。虽然前面只介绍了 6 类多媒体数据，但在具体实现时，常常根据系统定义、标准转换而演变成几十种媒体形式。从理论上讲，多媒体系统应能接受任何形式的数字化媒体形式，但却很难了解并且正确处理这些媒体的语义信息。这些基于内容的语义在有些媒体中是易于确定的，但对另外一些媒体来说却不易于确定，甚至会因为应用的不同和观察者的不同而有差异，也不能仅用人工输入的方法加以限定。面向对象的数据模型使异质数据类型的统一处理问题得到了缓解，但尚未完全解决。

(3)数据操纵复杂

多媒体不仅改变了数据库和应用系统的界面，使其声、图、文并茂，而且改变了数据库的操纵形式，其中最重要的便是查询机制和查询方法。媒体的复合、分散、时序性质及其形象化的特点，使得查询不再只通过字符查询，查询的结果也不仅仅是一张表，而是多媒体的一组“表现”。数据库接口的多媒体化将对查询提出更复杂也是更友好的设计要求。

10.1.2 多媒体数据库与传统数据库的区别

与传统数据库相比，多媒体数据库有很大的区别，主要体现在以下几个方面。

1. 数据模型不同

与传统数据类型相比，多媒体数据不仅包含传统数据类型，而且还包含复杂数据类型。从数据量上看，多媒体数据库的数据量非常大，通常是常规数据的几千、几万甚至几十万倍。从数据长度上看，常规数据项一般采用定长记录处理，存储结构清晰，而多媒体数据长度可变且不可预估。从数据传送上看，多媒体数据不论是音频媒体还是视频媒体，都要求连续播放，否则将会导致严重失真，使其对软、硬件的要求较高。多媒体数据项通常对应一个复杂对象，而不是一个不可再分的原始数据，其数据模型通常具有复杂的层次结构。

2. 数据定义及操作不同

由于数据模型不同，多媒体数据库在数据定义及操作上也与传统的关系数据库不同。关系数据库采用关系数据模型，数据可以构造成一张二维表，每表即一个关系，每行是一个元组，一列是一个属性，因而对这些规范的关系可方便地定义并实施各种标准操作，从而可为用户提供简明的数据视图及 SQL 语言。而多媒体数据库由于具有独特的存储结构、数据模型以及操作需求，因此，必须采用专用方法。

3. 查询方案及优化算法不同

由于数据定义与操作的不同,多媒体数据库要采用独特的查询方案及优化算法。针对多媒体数据的查询,不仅仅局限于利于关键词查询,更主要的是基于多媒体内容的查询。多媒体数据库的用户往往需要在时间与空间两个方面同时对数据进行操作。多媒体数据库需要提供更高层次的优化方案来满足用户的查询需要。

10.2　多媒体数据模型

10.2.1　数据模型概述

数据模型是数据库管理系统中用于提供信息数据表示和操作手段的形式构架,数据模型通常由数据结构、数据操作和数据的完整性约束 3 部分组成,也称数据模型三要素。

(1)数据结构

数据结构是对数据库系统静态特性的描述,是所研究的对象类型的集合,这些对象是数据库的组成部分。对象一般分为两类,即一类是与数据类型、内容、性质有关的对象;另一类是与数据之间关联有关的对象。在数据库系统中,通常按照数据结构的类型来命名数据模型,如层次模型、网状模型、关系模型和面向对象模型。

(2)数据操作

数据操作是对数据库系统动态特性的描述,如各种对象的实例、允许执行的操作集合(包括操作及操作规则)。数据库主要有两大操作:检索和更新(包括插入、删除、替换、修改)。数据模型要定义这些操作的确切含义、操作符号、操作规则以及实现操作的语法。

(3)数据的完整性约束

数据的完整性约束是实现数据库完整性规则的集合。所谓完整性规则,是指给定的数据模型中,数据以及它们之间关联所具有的制约和依存规则,用以限定符合数据模型的数据库状态以及状态的变化,以保证数据库数据的正确、有效、相容和一致。数据模型应该提供定义数据完整性约束条件的机制,以反映数据必须遵守的特定的语义约束条件(如数据的有效值等)。

多媒体数据具有复合性、分散性和时序性的特点。复合性是指数据的形式多种多样,可以是文本、图形、图像、声音、动画视频,也可以是通过各种信息单元集成而得的复合对象。从结构上,数据可分为两大类,即一类是格式化数据,包括数字、字符;另一类是非格式化数据,包括文本、图形、图像、声音和视频。非格式化数据具有数据量极大、处理复杂等特点。

分散性是指有关联的数据可以分散地存储在不同的机器、不同的设备上,可用不同的(甚至是异构的)数据库系统来存储与管理,这些数据库可以是存储在光盘上的大型归档数据库,也可以是存储在高速磁盘上的动态数据库。

一些多媒体数据本身就是时序性的,而多媒体信息实体之间的关系也可能是时序性的,因此,在编组时要保证成员信息单元之间时间上的同步和空间上的搭接,对实时性的数据要求更高。

多媒体数据的复合性、分散性和时序性对数据模型提出了如下要求:

①支持丰富的数据类型及相应的处理。

②说明不完备信息。

③扩充个别对象的定义到其类型定义之外。

④编组来自不同数据库的数据并加以一致性处理。

⑤描述结构化信息。

⑥模拟对象的内部概念与外部表达。

⑦支持上下文无关和上下文有关的引用。

⑧支持数据共享。

⑨支持版本的生成与控制。

⑩支持系统预定义的操作和用户定义的操作。

⑪支持对象的同频与集成。

然而，现有的多媒体数据模型均无法满足这些需求。

现有的多媒体数据模型可以分为 3 类：关系数据模型、面向对象数据模型和超媒体数据模型，下面将分别进行讨论。

10.2.2 关系数据模型

关系数据库(RDB)是以关系模型为基础的数据库，它利用关系来描述现实世界。在传统的关系数据库基本关系理论中，所有的关系数据库中的关系必须满足表中不能有表，也就是第一范式，简称 1NF。但由于多媒体数据库中具有多种多样的媒体数据，这些媒体数据又要统一地在关系表中加以表现和处理，就不得不打破关系数据库中对范式的要求，要允许在表中可以有表，这就是 NF^2(Non First Normal Form)方法。

NF^2 数据模型是在关系模型的基础上通过扩展来提高关系数据库处理多媒体数据的能力。我们把这种数据库称为扩展关系数据库 E-RDB，主要的扩展是在关系数据库中引入抽象数据类型，使用户能够定义和表示多媒体信息对象。数据类型定义所必需的数据表示和操作，既可以用关系数据库语言也可以用通用的程序语言来描述。简单地说，这种数据模型还是建立在关系数据库的基础之上的，这样就可以继承关系数据库的许多成果，比较容易实现。现在的许多关系数据库都是通过对关系属性字段进行说明和扩展，并且在处理这些特殊的字段时自动地与相应的处理过程相联系，这样就解决了一部分多媒体数据扩展的需求。

例如，给人员档案增加人员的照片、声音，就要在关系的相应地方增加描述，在处理时给出显示这些照片的方法和位置。现在采用的办法都是利用标准的扩展字段，如 FoxPro 的 General 字段，Paradox for Windows 的动态注释、格式注释、图形和大二进制对象(BLOB)等，对它们的处理也都是采用应用程序处理、专门的新技术(如 OLE)等方法。由于这些字段和注释中所描述的数据可以具有一定的格式、可以进行专门的解释，因此就打破了 1NF 的限制，但解决了问题，如图 10-1 所示。

这种办法虽然可以利用关系数据库的优势，但仍然存在很大的局限性。这主要是由于建模能力不够强，虽然 NF^2 数据模型相对于传统的关系数据模型具有描述更复杂信息结构的能力，但在定义抽象数据类型、反映多媒体数据各成分间的空间关系、时间关系和媒体对象的处理方法方面还有困难。在特殊媒体的基于内容查询、存储效率方面等都有较大的困难。这是与它的数据模型的特性是密切相关的。

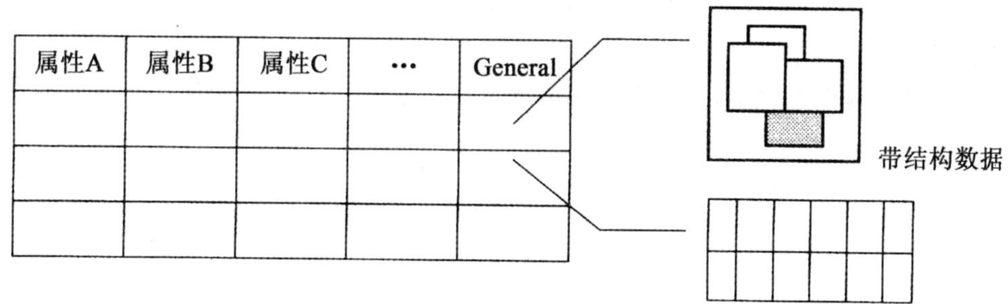

图 10-1　对关系进行扩展 NF^2

10.2.3　面向对象数据模型

面向对象(OO)方法在许多的领域都得到了很好的应用。面向对象数据模型(OODM)中，面向对象的很多特点，能够较好地解决多媒体数据所遇到的建模问题。因此，面向对象数据模型也是一种多媒体的数据模型。

1. 面向对象的基本概念

(1)对象

对象是对现实世界的任何一个实体模型化。对象由实体所包含的数据和定义在这些数据上的操作所组成。

(2)属性

组成对象的数据称为对象的属性。对象的属性可以是系统或用户定义的数据类型，或者是一个抽象数据类型。组成对象的属性也可以是一个对象。属性是对象的静态特性，表现为一种聚合关系。

(3)方法

定义在对象的属性上的一组操作称为对象的方法。它和属性一样是组成对象的成分，方法是对象的动态特性。

(4)消息

面向对象系统中，对象间的交流和请求对象完成某种处理工作，是通过消息传递实现的。消息传送相当于一个间接的过程调用。对象对它能接受的每一个消息有一个相应的方法解释消息的内容，执行消息指示的处理操作。一个对象可以同时向多个对象发送消息，也可以接受多个对象发送的消息。由于消息内容由接受消息的对象解释，同样的消息可能被不同对象解释为不同的含义。

(5)对象类

面向对象系统中，如果每个对象都单独定义其属性和方法，就会使得整个系统过于复杂和庞大，也会出现许多冗余的信息。因此，将类似的对象组合在一起，组成对象类。一个对象类中的对象，具有相同的属性名和定义在这些属性上的方法，也响应同样的消息。

(6)类的层次结构

系统中的对象还存在一种概括关系。如果用节点表示对象类。用连接两点的边表示两个对象类的概括关系，形成概括关系的对象类就构成了类层次。上层的对象类是对下层的对象类的概括。上层对象类称为超类,下层对象类则称为子类。

(7)继承性

面向对象模型有两类继承,即单继承和多继承。如果一个子类只能从一个超类中继承它的属性、方法和消息,这种继承称为单继承。如果一个子类能从多个超类中继承它们的属性、方法和消息,就称多继承。继承性的优点主要有:能对现实世界进行简明而精确的描述,提供了信息重用机制。

2. 语义关联的描述

在多媒体数据模型中,常用的语义关联主要有以下一些,但它们并不是标准的,在不同的系统中,可能会有不同的定义。

(1)聚集关联

聚集关联(Aggregation association,A 关联)定义了一个实体类的一组属性,这些属性的域既可以是实体类也可以是域类。

(2)概括关联

概括关联(Generalization association,G 关联)表示实体之间的子类与超类的继承性关系。当一个子类又同时是另一类的超类时,就形成了 G 关联层次结构。当允许有一个或一个以上的超类时,就形成了 G 关联网格结构。

(3)相互作用关联

相互作用关联(Interaction association,I 关联)类似于 E-R 模型中的实体间的 relation 关系,用来表示两个实体类之间的相互作用或关系。I 关联定义的类之间的关系可以是一对一、一对多或多对多的关系。I 关联可以由用户命名,也可以带有自己的属性、操作与约束规则。

(4)示例关联

示例关联(Instance association)用 IS-INST-OF 表示一个具体对象与所述实体类之间的关系,用来对具体对象建模。

(5)规则关联和方法关联

规则关联和方法关联是为表示一个实体类(包括广义实体类)具有数据类型为方法或规则的属性而引入的比较特殊的聚集关联。

3. 运算体系

在数据库系统中运算基本上有 3 种:定义、查询和操纵。对多媒体数据库而言,应对类和对象分别定义了这 3 种运算。

(1)定义

定义包括类的创建和对象的创建两部分。类的创建需提供 5 个方面的信息:类标识、一组相关属性(包括实例属性和类属性)、一组操作程序、一组语义完整的约束条件和可以继承的超类集合。对象创建时,对象内容与对象所属类的属性必须匹配并符合类定义的约束条件。

(2)查询

查询是使用数据库的基本方法,包括通过类名查询类结构,通过对象名或对象标识查询对象或对象的属性值,通过类名查询该类中满足某些约束条件的对象或对象的属性,以及对对象操作的查询等。在多媒体数据库中,查询还应包括基于内容或概念的检索等。

(3)操纵

操纵运算包括插入、删除和修改。

①插入:能够实现把对象和对象的属性插入到面向对象的多媒体数据库。类的属性增加,必须将该类中所有对象增加该类属性域并设其值为空或缺省值。

②删除:删除一个对象时,必须将该对象所有属性一起删除。当属性是一个对象时,这个对象也同样被删除。删除一个类的属性时需将类内的所有对象的对应属性域删除。

③修改:类的修改包括:对类的属性集合、操作集合、约束条件集合、超类集合中元素的更新以及整个类的删除。其属性的修改还要根据具体情况再对它的对象作相应的改变。所有的属性更新将影响到所有的子类。类的约束条件的更新要涉及所有对象满足新的约束条件。它的超类中的元素的更新主要包括检查类层次结构,会不会出现断路或环路,以及类层次中属性、操作和约束条件的继承性检查、相关对象的改变的更新。

面向对象的数据模型允许现实世界的对象以更接近于用户思维的方式来描述,而且具有描述和处理聚集层次、概括层次的能力,能支持抽象数据类型和行为,可扩充性和可共享性好,适宜于表示和处理多媒体信息,也适宜于多媒体数据库中各种媒体数据的存取与不同操作的实现。

10.2.4　超媒体数据模型

超媒体模型的基本结构是网状的,是由节点和链组成的有向图,在这点上有点像传统数据库中的网状数据模型,但又截然不同。节点和链是超媒体模型中的两个核心概念。节点是信息单位(信息元),链用来组织信息,表达信息间的关系,把节点连成网状结构。由于超媒体节点和链的形式可以比较容易地推广到多媒体的形式,可以基于包括不同媒体的节点,链也可用来表示媒体间的时空关系,所以超媒体模型自然成了一种很普遍的多媒体数据模型。

超媒体结构具有面向对象的特性。不同媒体对象可以封装在节点内,外界只能通过节点对象的成员函数对节点进行操作。链也用来表示媒体间的语义关系。超媒体使每一种媒体都有自己的内部数据结构和处理信息的过程。由于超媒体的节点和链具有描述多媒体信息及其相互关系的能力,因此,它成为目前普遍采用的描述多媒体数据模型的工具。基于超文本模型或超媒体方法的数据库系统有 Hypercard、KMS、INTERMEDIA 以及我国国防科技大学研制的 HWS、GBH 系统等。

超媒体近年来得到迅速发展,正逐渐向智能化或专家系统方向发展。在超媒体系统中增加“推理引擎”,它就能够主动获取信息并将其加入超媒体网络。超媒体将具有计算能力,而不仅仅在静态网中迁移和运动。智能超媒体打破了常规超媒体节点之间链的限制,在超媒体的链和节点中嵌入知识或规则,允许链进行计算和推理,使得多媒体信息的表现具有智能性。

以上讨论了现有的三种多媒体数据模型,还应说明的是:目前的多媒体数据库不只局限于一种数据模型,在实现多媒体数据库的过程中吸纳了许多其他领域的技术。因此,在设计多媒体数据库时,应采取具体情况具体分析的原则,可以考虑让多种数据模型并存,把多种数据库的优点相结合。

10.3　多媒体数据库管理系统

在多媒体数据库系统中,除了文本和其他离散数据外,音频和视频信息也将被存储、处理和检索。为了支持这些功能,在多媒体数据模型的基础上建立多媒体数据库管理系统(Multimedia Data Base Management System,MDBMS)。

10.3.1 多媒体数据库管理系统的特点

数据库是按一定的方式组织在一起的可以共享的相关数据的集合。数据库系统中一个重要的概念是数据独立性。根据独立性原则,数据库管理系统(Data Base Management System, DBMS)一般按层次可划分为3种模式:物理模式、概念模式和外部模式,如图10-2所示。

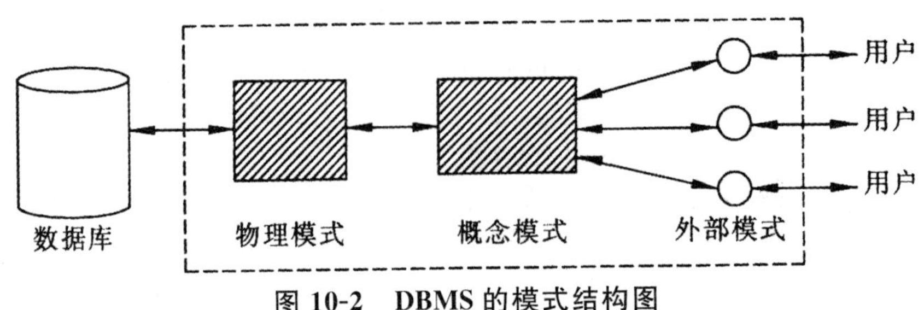

图10-2 DBMS的模式结构图

物理模式也称内部模式,它的主要功能是定义数据存储组织方法,如数据库文件的格式、索引文件组织方法、数据库在网络上的分布方法等,有时该模式还称为存储模式,对于用户来说,它是透明的。概念模式描述了数据库的逻辑结构而隐藏了数据库的物理存储细节,借助数据模型来描述,它定义抽象现实世界的方法。概念模式服务于一个数据库全部用户,数据库性能与数据模型密切相关,数据库模型经历了网状模型、关系模型和面向对象模型等阶段。外部模式又称为视图,它是概念模式对用户有用的那一部分。外部模式描述了一个特定用户组用户所关心的数据的结构,这些数据可以是数据库所存数据的一个子集,也可以是数据库所存数据经过加工整理后所得到的数据。总之,这3种模式含义不同,层次不同,服务对象也是各不相同的。

当前,以关系模型为基础的关系数据库在商业数据库中占有非常重要的地位。关系模型主要针对的是整数、实数、定长字符等规范数据,关系数据库的设计者必须把真实世界抽象为规范数据。声音、图像、视频等信息引入计算机之后,可以表达的信息范围增大,但带来的新问题有数据不规则,没有统一的取值范围,没有相同的数据量级,也没有相似的属性集。关系数据库和多媒体数据库两者之间的对比图如图10-3所示。

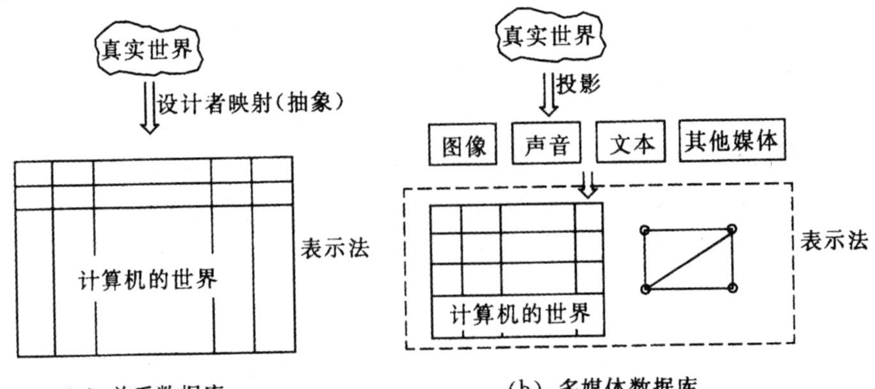

图10-3 关系数据库与多媒体数据库对比图

多媒体数据管理需要综合各种多媒体数据，它对数据库的影响主要表现在以下几个方面。

①媒体种类的增多增加了数据处理的难度。系统中不仅有声、文、图、像等不同种类的媒体，而且每种媒体还以不同的格式存在，如图像有 16 色图像和 256 色图像、GIF 格式图像和 BMP 格式图像、黑白图像与彩色图像之分。动态视频也有 AVI 格式与 MPEG 格式之分。此外，多媒体数据还具有复合性、分散性和时序性的特点，这些都为数据处理提出了新的要求。

②多媒体不仅改变了数据库的接口，使其声、文、图并存，而且也改变了数据库的操作形式，主要有查询机制和查询方法。查询不再只是通过字符查询，而是通过媒体的内容查询，难点是如何正确理解和处理各种媒体语义信息。查询的结果是综合多媒体信息的统一表现。

③ 传统的事务一般都短小精悍，在多媒体数据库管理系统中也应尽可能采用短事务。但有时短事务不能满足需求，如从动态视频库中提取并播放一部数字化影片，往往需要长达几个小时的时间。为保证播放不致中断，MDBMS 应增加这种处理长事务的能力。

④多媒体数据库管理还要考虑版本控制的问题。在具体应用中通常涉及某个处理对象的不同版本的记录和处理，MDBMS 应该提供很强的版本管理能力。

⑤数据量大且媒体之间差异也大，从而影响数据库中的组织和存储方法。

10.3.2　多媒体数据库管理系统的功能特性

数据库管理系统的主要任务是提供信息的存储和管理。此外，多媒体数据库管理系统除提供存储管理功能外，还有其他特性。

(1)表示和处理多种媒体数据

数据在计算机内的表示分为两种，即格式化和非格式化。对格式化数据，使用常规的字段表示。对非格式化数据(如图像、图像、音频、视频等)，多媒体数据库管理系统要提供管理这些结构表示形式的技术和处理方法。

(2)满足多媒体数据的独立性

物理数据独立性是指当存储模式发生改变时，不影响逻辑模式。逻辑独立性是指当逻辑模式发生改变时，不影响外模式。多媒体数据独立性是指在多媒体数据库的设计和实现时，系统应该能够保持各种媒体的独立性与透明性。

(3)信息重组织能力

应支持符合媒体在各通道分离后存入数据库。例如，将 Vedio 分解为影像、配音等信息，把这些信息分别存储到数据库中，必要时各种分离的信息可能会重新组织后输出。

(4)长事务的处理能力

在多媒体数据库管理系统中，长事务的运行意味着在一个可靠的方式下花费大量的时间传输大容量的数据。最为典型的例子是检索一场电影的过程。

(5)数据实时传输能力

连续数据的读和写操作必须实时完成，连续数据的传输应优先于其他数据库的管理行为。

(6)描述性的搜索方法

在数据库中搜索一个以文本或图像形式存在的条目时，使用的是不同的查询请求和与之相对应的搜索方法。多媒体数据的查询是一个描述性的、面向对象的查询格式。这种搜索方法与所有媒体都相关，包括音频和视频。

(7)干预系统资源的调度

通常在数据库管理系统中,数据库管理系统并不干预操作系统的工作,但是在多媒体数据库管理系统中,由于信息的处理有数据量大、长事务等方面的特性,所以多媒体数据库管理系统干预系统资源的调度。

(8)BLOB类型的结构化问题

BLOB(Binory Large OBject)是数据库系统的多媒体信息存储类型。但由于BLOB本身并不支持结构化,所以应对BLOB进行结构化处理。

10.3.3 多媒体数据库管理系统的组织结构

多媒体数据库管理系统的组织结构有3种,分别是集中式、主从式和协作式组织结构。

1. 集中式MDBMS的组织结构

集中型MDBMS是指由单独一个MDBMS来管理和建立不同媒体的数据库,并由这个MDBMS来管理对象空间及目的数据的集成,其组织结构如图10-4所示。

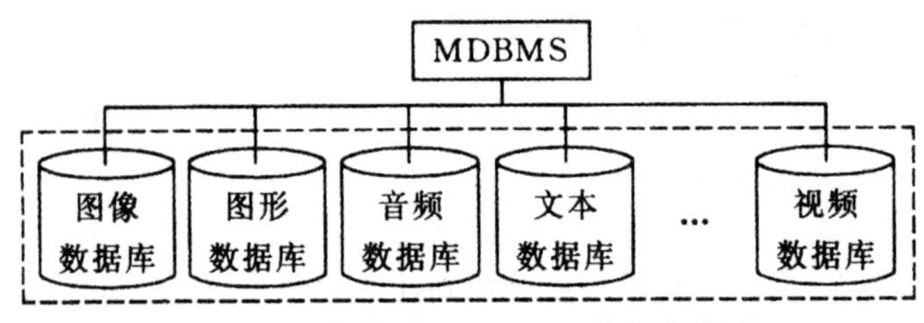

图10-4 集中式MDBMS的组织结构

2. 主从式MDBMS的组织结构

每个数据库都有自己的管理系统,称为从数据库管理系统,它们各自管理自己的数据库。这些从数据库管理系统又受一个称为主数据库管理系统的控制和管理。用户在主数据库管理系统上使用多媒体数据库中的数据,是通过主数据库管理系统提供的功能来实现的,目的数据的集成也由主数据库管理系统管理。主从式MDBMS的组织结构如图10-5所示。

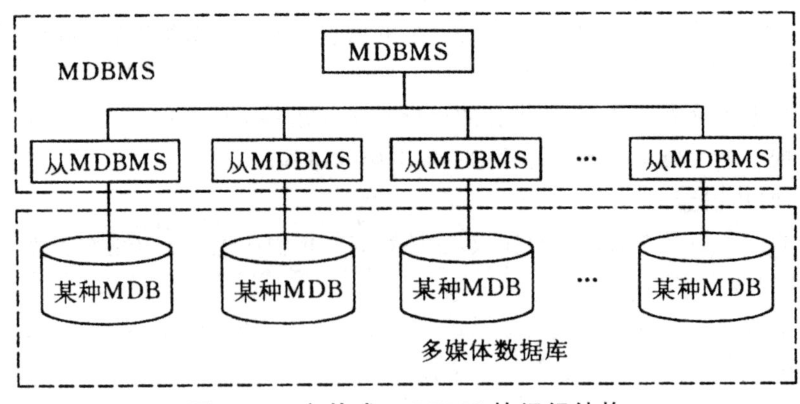

图10-5 主从式MDBMS的组织结构

3. 协作式 MDBMS 的组织结构

协作式 MDBMS 也由多个数据库管理系统组成，每个数据库管理系统之间没有主从之分，只要求系统中的每个数据库管理系统（称为成员 MDBMS）能协凋地工作，但因每一个成员 MDBMS 彼此有差异，所以在通信中必须首先解决协作问题。为此，对每个成员要附加一个外部处理软件模块，由它提供通信、检索和修改界面的功能。在这种结构的系统中，用户位于任一数据库管理系统位置。协作式 MDBMS 的组织结构如图 10-6 所示。

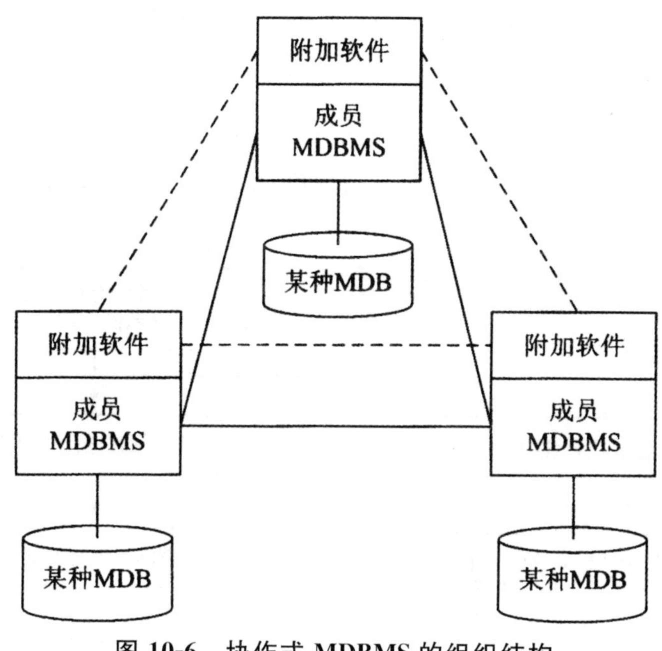

图 10-6　协作式 MDBMS 的组织结构

10.4　基于内容的检索技术

10.4.1　基于内容的检索概述

由于多媒体信息的内容具有丰富的内涵，在许多情况下仅用几个关键词难以充分描述，而且其特征描述极易带主观性，于是基于内容的检索技术应运而生。

基于内容的检索 (Content Based Retrieval，CBR) 是指根据媒体和媒体对象的内容语义及上下文语义环境进行检索，如图像中的颜色、纹理、形状，视频中的镜头、场景、镜头的运动，声音中的音调、响度、音色等。

1. 基于内容检索的特点

基于内容的检索具有如下几个特点：

①从媒体内容中提取信息线索。基于内容的检索突破了传统的基于关键词检索的局限，直接对图像、视频、音频进行分析，抽取特征，使得检索更加接近媒体对象。

②提取特征的方法多种多样。以图像的特征提取为例,可以提取形状特征、颜色特征、纹理特征、轮廓特征等。

③人机交互进行。通常来说,人对于特征比较敏感,能迅速分辨出目标的轮廓、音乐的旋律等,但对于大量的对象,一方面难以记住这些特征,另一方面人工从大量数据中查找目标效率非常低,而这正是计算机的长处,因此,使用基于内容检索的系统时,人与计算机相互分工配合进行检索。

④基于内容的检索是一种近似匹配。在检索过程中,采用逐步求精的办法,每一层的中间结果是一个集合,不断减小集合的范围,直到定位到目标。这一点与数据库检索的精确匹配算法有明显不同。

2. 基于内容检索的处理过程

基于内容的查询和检索是一个逐步求精的过程,存在着一个特征调整,重新匹配的循环过程,如图10-7所示。

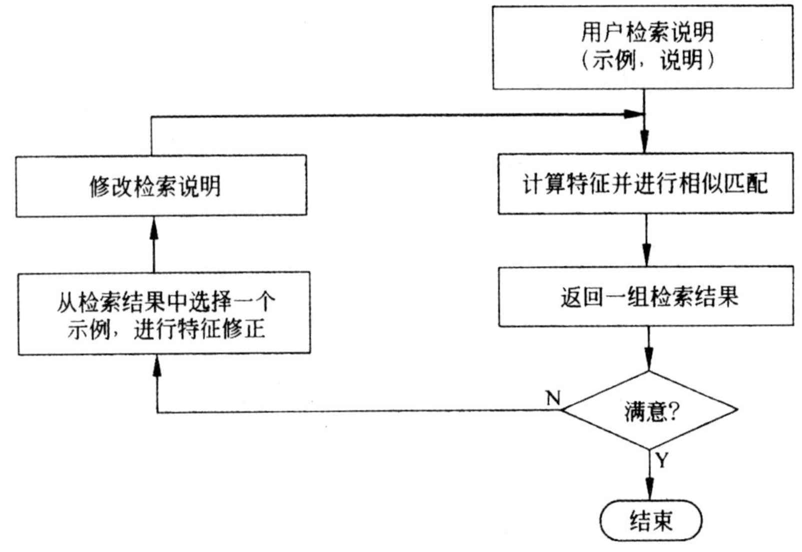

图10-7 基于内容检索的处理过程

(1)初始检索说明

用户开始检索时,要形成一个检索的格式,最初可以用QBE(Query By Example)或特定的查询语言来形成。系统对示例的特征进行提取,或是把用户描述的特征映射为对应的查询参数。

(2)相似性匹配

将特征与特征库中的特征按照一定的匹配算法进行匹配。满足一定相似性的一组候选结果按相似度大小排列返回给用户。

(3)特征调整

用户对系统返回的一组满足初始特征的检索结果进行浏览,挑选出满意的结果,检索过程完成;或者从候选结果中选择一个最接近的示例,进行特征调整,然后形成一个新的查询。

(4)重新检索

逐步缩小查询范围,重新开始。这个过程到用户放弃或得到满意的查询结果时结束。

10.4.2 基于内容的图像检索

基于内容的图像检索(Content-Based Image Retrieval,CBIR)是由计算机根据图像的颜色和形状特征自动地从图像数据库中提取所需图像的。根据其处理对象,可以分为静止图像检索和活动视频检索。对于图像检索来说,用于检索的特征主要有颜色、纹理、形状、对象空间关系以及对象语义等特征,其中颜色、形状、纹理应用得较为普遍。在此基础上,利用图像相似性度量函数计算或评估图像之间的相似性,并将最相似的一些图像作为检索结果返回给用户。

1. 基于颜色特征的检索

颜色在人类对环境和物体的感知中起着十分重要的作用。大多数情况下,颜色是描述一幅图像最简便而有效的特征。例如,在需要检索草原风景图像时,就可以指定图像中以绿色为主要颜色来进行检索。另外一种常用的方法是直方图。直方图的横轴表示颜色等级,纵轴表示在某一个颜色等级的具有该颜色的像素在整幅图像中所占的比例。以直方图为特征的常用的匹配方法有以下几种:

(1)直方图交叉法

直方图交叉法是取两幅图像的直方图在各个灰度级上的较小值,累加后即表示图像之间的相似程度。这种相似程度实际上是表示两幅图像的公共部分。

(2)直接差值法

直接差值法是把直方图在各个灰度级上的值对应相减,并作归一化处理,用差值代表图像之间的差别。如果两幅图像内容一样,则相似度为 1。相似度值越小,表示图像间差别越大。

(3)矢量距离法

矢量距离法以图像的直方图在各个灰度级上的值构成特征矢量,按照欧氏距离公式计算特征矢量之间的距离,以这个距离值代表图像之间的差别程度。

试验证明,如果选择合适的彩色空间,那么欧氏距离与人感觉的颜色差别是一致的。另外,根据图像的不同特点,可以采用不同的方法对图像进行预处理,然后用直方图进行匹配,以满足不同的检索要求。可采用基于 HSV 颜色直方图的图像检索和基于颜色对的图像检索。HSV 颜色模型具有线性伸缩性,可感知的色差与颜色分量的相应样值上的欧氏距离成比例,因此,HSV 颜色模型更直观、更容易接受。

2. 基于纹理特征的检索

纹理也是图像中重要而又难以描述的特征。很多图像在局部区域内呈现不规则性,但在整体上表现出规律性,习惯上把图像这种局部不规则而宏观有规律的特性称为纹理。纹理特征是一种不依赖于颜色或亮度的、反映图像中同质现象的视觉特征。它是所有物体表面共有的内在特性。纹理特征包含了物体表面结构组织排列的重要信息以及它们与周围环境的联系。

Tamura 等人基于人类对纹理的视觉感知心理学的研究,提出了 6 个分量的纹理特征表达,分别是粗糙性、方向性、对比度、线似性、规整度和粗略度,这也就是纹理检索的主要特征。其中前 3 个分量对于图像检索尤为重要。除了 Tamura 纹理特征,纹理特征还有其他表示形式,如自回归纹理模型、方向性特征、小波变换和共生矩阵等。

纹理的分析方法有很多,大致上可分为统计方法和结构方法。统计方法被用于分析像木纹、沙地和草坪等细密而规则的对象,并根据像素间灰度的统计性质对纹理规定出特征,以及特征与参数的关系。结构方法适于像布料的印刷图案或砖瓦等排列较规则对象的纹理,可以根据纹理基元及其排列规则来描述纹理的结构及特征,以及特征与参数间的关系。

由于纹理难以描述,因此,对纹理的检索都是 QBE 方式的。另外,为缩小查找纹理的范围,纹理颜色也作为一个检索特征。通过对纹理颜色的定性描述,把检索空间缩小到某个颜色范围内,再以 QBE 为基础,调整粗糙度、方向性和对比度 3 个特征,逐步逼近检索目标。

检索时首先将一些大致的图像纹理以小图像形式全部显示给用户,一旦用户选中其中某个和查询要求最接近的纹理形式,则以查询表的形式让用户适当调整纹理特征。通过将这些概念转化为参数值进行调整,并逐步返回越来越精确的结果。

3. 基于形状特征的检索

图像中的物体和区域形状是图像表达和图像检索中要用到的另一类重要特征。但不同于颜色或纹理特征,形状特征的表达必须以图像中的物体或区域的分割为基础。由于当前的技术无法做到准确而稳健的自动图像分割,图像检索中的形状特征只能在某些特殊应用场合使用,在这些应用中图像包含的物体或区域可以直接获得。另一方面,由于人们对物体形状的变换、旋转和缩放主观上不太敏感,合适的形状特征必须满足对变换、旋转和缩放无关,这对形状相似度的计算也带来了难度。

通常来说,形状特征有两种表示方法,一种是轮廓特征,一种是区域特征。图像轮廓特征用到物体的外边界,而图像区域特征则关系到整个形状区域。基于骨架或轮廓的检索能使用户通过勾勒图像的大致轮廓,从数据库中检索出轮廓相似的图像。

取图像的轮廓线是一个困难的任务,一般的图像分割和边缘检测提取很难得到理想的结果。目前较好的方法是采用图像的自动分割方法结合识别目标的前景和背景模型来得到比较精确的轮廓。由于用户的勾画只是对整个图像目标的大体描述,如果用整个轮廓线来作为匹配特征并不合适,必须用一些轮廓的简化特征作为检索的依据。一般以轮廓的中心为基准,计算中心到边界点的最长轴和最短轴、长轴与短轴之比、周长与面积之比,以及拐点等作为轮廓检索的特征。事实上,要识别目标的轮廓是很困难的,在有些情况下,也直接采用轮廓追踪方法进行轮廓检索。

对轮廓进行检索的过程是交互完成的。首先对图像进行轮廓提取,并计算轮廓特征,存于特征库中。为方便用户描绘轮廓,一般检索接口应给出基本的绘画工具,用户可以用工具来手绘查询的要求。检索时,通过计算手绘轮廓的特征与特征库中的图像轮廓特征的相似距离来决定匹配程度。轮廓特征检索也可以结合颜色进行描述,例如,用户可用绘图工具在一个绿色的背景上画一个红色的圆,系统将与圆形轮廓相似的目标图像都从数据库中找出来,然后用户再在这些图像中选择需要的内容。

4. 基于图像空间关系特征的检索

上述的颜色、纹理和形状等多种特征反映的都是图像的整体特征,而无法体现图像中所包含的对象或物体。事实上,图像中对象所在的位置和对象之间的空间关系同样是图像检索中非常重要的特征。提取图像空间关系特征可以有两种方法:一种方法是首先对图像进行自动分割,划分出图像中所包含的对象或颜色区域,然后根据这些区域对象索引;另一种方法则简单地将图像均匀划分为若干规则子块,对每个图像子块提取特征建立索引。

(1)基于图像分割的方法

这类方法中的图像空间关系特征主要包括二维符号串、空间四叉树和符号图像。二维符号串方法的基本思想是将图像沿 x 轴和 y 轴方向进行投影,然后按二维子串匹配进行图像空间关系的检索。符号图像方法是基于图像中全部有意义的对象已经被预先分割出来的假设,将每个对象用质心坐标和一个符号名字代表,从而构成整幅图像的索引。

这些特征都是在图像分割的基础上的,然而对于通用领域内没有经过预处理的图像,自动图像分割技术的效果就不太好。通常分割算法所划分的仅仅是区域而不是对象。如果想在图像检索中获得高层语义上的对象,就需要人工或领域知识的辅助。

(2)基于图像子块的方法

为了克服图像准确自动分割的困难,同时又要提供有关图像区域空间关系的基本信息,一种折中的方法是将图像预先等分成若干子块,然后分别提取每个子块的各种特征。在检索中首先根据特征计算图像的相应子块之间的相似度,然后通过加权计算总的相似度。

10.4.3　基于内容的视频检索

基于内容的视频检索(Content-Based Video Retrieval,CBVR)是目前研究的热点。视频检索要求在大量的视频数据中找到所需的视频片断,但由于视频内容繁多且复杂,对视频的检索十分困难,与图像检索有很大程度的不同。视频是目前包含信息量最丰富的数据,因而对视频的检索已成为实际应用中一个十分突出的问题。

1. 视频的描述

视频可用帧、镜头、关键帧、场景、故事单元等描述。

①帧:是直接从视频中抽取的每一幅图像,是视频流的最小单位,这一层的数据量是非常庞大的,视频浏览和检索如果建立在这一层次,用户是无法接受的。

②镜头:是视频序列经过时序分割后的结果,是基于内容的视频检索中的最小语义单元。镜头可以用诸多属性来表示,如镜头长度、位置、镜头内的运动物体的检测、跟踪和摄像机的拍摄类型等。

③关键帧:是为了减少数据量,提高检索效率,从镜头中提取的一帧或多帧图像来表达镜头的特殊的视频帧。

④场景:是在镜头的基础上,为了抽取高一级的语义单元,需要聚类相似的镜头为场景。

⑤故事单元:是相同的场景经过聚类后形成故事单元。

2. 基于内容的视频检索系统的组成

一个典型的基于内容的视频检索系统至少包括媒体库、特征库、方法库和检索界面四部分。媒体库是视频等媒体本身;特征库是对媒体库内容和结构的描述,其中往往还有一个索引库,用来对特征库中各种特征进行快速匹配;方法库是特征提取以及特征匹配的方法集合,可以被用来组成大的实用的检索系统。

对于一个实用的检索系统来说,用户是通过检索界面和系统进行交互的。因此,还可以引入一个外围的数据库,用来记录各种用户的信息。由于不同用户对系统的理解存在差异,因此,用户库的建立将有助于最终解决检索的有效性问题。此外,在高层次特征提取和内容分析的过程中，还需要一个辅助的知识库，用来进行语义关联和理解等。

3. 基于内容的视频检索系统的设计难点

由于视频具有非结构化的特点，要求在CBVR系统的设计过程中首先解决视频的结构化问题。合理的结构化表示将有助于后续的特征和内容分析及用户检索，但是如何划分具体的结构是值得探讨的问题。

传统的视频是事件顺序的媒体流，要实现基于内容的检索，有效地提取视频结构是必须的。在这方面，前人已经做了大量的工作，其中较成功的是镜头分割。在镜头检测的基础上，就可以实现基于镜头的浏览。由于镜头的单位太小，对于一段较长的视频，镜头数量倍增，有必要抽取更高层的视频单元。目前，研究热点集中在结合多类特征（音频、视频、文本等）抽取视频的语义和叙事结构上，在多个层次上组织视频内容。

此外，为了更有效地描述视频中的内容，需要从低层次的视觉特征中提取高层次的语义信息，这也是目前研究的难点所在。人们在实际的视频查询中习惯使用简便的概念，如用“汽车”、“日出”等词语来表达具体的含义，它们属于高层语义的抽象概念，而基于低层次特征的检索与这些抽象语义的匹配是一个不可忽视的鸿沟。如果能够建立这些低层的特征与高层语义概念的关联，就能够使计算机自动抽取视频语义。在特定应用领域中，如面部识别和指纹识别中，已经可以做到这一点。对于一般的特征，建立这种关联是十分困难的。

最后，怎样综合运用各种知识指导及用户反馈，不断提高视频检索的有效性，也是基于内容的视频检索系统设计和实现过程中的难点所在。

10.4.4 基于内容的音频检索

目前在互联网上主要的音频信息有音乐、语音和广播等，音频基于内容的检索也主要是针对这些音频信息。

人们总是想从互联网上找到自己喜欢旋律的音乐。这种寻找相似旋律和相似风格音乐的方式在网上购买音乐方面用途较大，譬如，人们并不知道某首歌曲的名字和主唱，但是对某些歌曲的旋律和风格非常熟悉，于是人们可以通过嘴巴将他熟悉的旋律“哼”出来。这些旋律通过麦克风数字化输入给计算机，计算机就可以使用搜索引擎去寻找一些歌曲，使反馈给用户的歌曲中包含用户所“哼”的旋律或风格，这种方式称为使用“哼”进行音乐检索。

对于广播等音频数据，由于广播中包含了广告、天气预报、主持人主题新闻和新闻详细报告等不同部分，而这些部分往往是混合在一起的。不同的人对这些不同部分偏好不同，例如，有些人只关心“新闻摘要”，那么他只需要听主持人主题新闻就可以了；有些人对新闻详细分析也感兴趣，那么他需要听主持人主题新闻和新闻详细报告两部分；可以说，很少有人喜欢广告，所以广告可以尽可能从新闻中去除。如果能够将新闻分成如上几个部分，可以很方便人们对广播新闻不同层次的需要。

最后，与图像和视频一样，人们对相似音频示例的检索需求也很大，总是想从互联网中找到自己需要的音频示例。例如，有些人想找相似的“枪声”，有些人想找相似的“鼓掌声”等，这就是相似音频示例的检索。

在实现相似风格“歌曲”和相似音频示例检索时候，人们所提交的检索信息是什么？

当然，第一种是提交一个语义描述，如“爵士音乐”和“爆炸声”等这样的文字后，然后把蕴涵了这些语义标注音频示例或歌曲寻找出来，反馈给用户。但是，要自动完成这样的任务，是相当困难的。因为音频低级听觉特征和其蕴涵的高级语义之间存在很大的鸿沟，不可能自动从“歌曲”或“音频示例”中获取完整语义。如果实在要完成这样的检索任务，一般是对每个收集了相似音频示例或歌曲的音频库进行手工语义标注，识别之后，基于标注信息完成检索。在这里，人为手工标注因为人的主观感知不一致，很难取得一个公正的语义标注。

第二种是提交一个音频示例，提取这个音频示例的特征，按照前面介绍的音频示例分类识别方法判断这个音频示例属于哪一类，然后把识别出的这类所包含的若干样本按序返回给用户，这是基于示例的音频检索。

第三种是使用“哼(Humming)”作为输入。例如，用户自己哼一段想找寻的音乐，然后基于用户“哼”出来的音乐，去寻找与之相似风格和旋律的歌曲，反馈给用户。这其实也是一种基于示例的音频检索方法，不过，其示例是靠“哼”出来的。

上面第一种查询方式称为基于语义描述的音频查询方式。由于对一段音频示例可以有不同的语义描述，如何处理不同语义描述其内涵的一致性以及是否存在语义描述不一致的问题，是前一种检索方式面临的挑战。后面两种是基于听觉内容的音频示例检索(Audio Retrieval by Clip)。

基于示例的音频检索与视频检索一样，用构造的分类模型将用户提交检索的音频示例归属到某类音频，最后按照排序方法返回给用户属于这个音频类的若干相似音频示例。在这种方法中，提取音频示例特征、对音频示例进行判别和构造某类音频模板，都可以用前面介绍的技术完成，关键是如何管理和构造一个庞大的音频示例库。这种方式限制了检索手段，很难想象以后在多媒体检索时，会让检索客户提供多媒体示例才能顺利进行检索。

另外，在相似音频示例检索过程中，应该给用户提供一种机制，让用户可以对反馈结果进行在线评估，然后将评估结果反馈给检索系统，让检索系统根据用户评估，重新进行检索，直到用户满意，这称为“音频示例相关反馈”。

第11章　多媒体网络技术及应用研究

11.1　网络多媒体概述

随着网络的普及和多媒体技术的迅速发展，多媒体技术逐渐向网络化发展。网络多媒体技术是多媒体技术与网络技术相结合的产物。与单一系统多媒体相比，网络多媒体系统具有如下特性。

1. 集成性

多媒体系统的集成性主要体现在两个方面，即多媒体信息媒体的集成和多媒体处理设备与设施的集成。由于多媒体中的每一种媒体都会对另一种媒体所传递信号的多种解释产生某种限制作用并保留了媒体间的关系和其中蕴藏的大量信息，因此，多媒体的集成可以减少信息理解的多义性。此外，多媒体系统建立在一个大的信息环境之下，系统的各设备和设施应成为一个整体。

2. 实时性

单一多媒体系统对实时性要求较弱，而网络多媒体系统对实时性要求较强。由于在多媒体信息处理中，要求实时、综合地处理带有时间关系的媒体。这意味着系统在处理多媒体信息时要有着严格的时序要求和很高的速度要求，同时也意味着在多媒体系统中与时间相关的媒体已占据了主导地位。

3. 数据的分布性

多媒体数据覆盖范围大、类型多且多样性并跨越不同的硬件平台，原始素材也往往分布在不同的空间和时间里，使得多媒体应用的开发工作涉及各种专业人员。多媒体数据的分布性使得他们之间必须协同工作。

4. 数据的交互性

数据的交互性是多媒体应用的重要特性，是与传统数据应用相区别的标志。在传统媒体应用中，人们习惯于被动地接收信息，而多媒体系统具有很强的人机交互、加工和控制信息的能力。对于多媒体数据主要实施的操作是选择和查看。

5. 信息表现形式的多样性

多媒体信息不仅类型不同，而且它们被获得的渠道也各不相同。媒体信息之间不仅有一定的时间关系，而且还有一定的空间关系，这就需要考虑如何协调多种媒体信息的同步问题和多种媒体的传输在发送、传送和接收过程中在时间和空间上的相对关系问题，这显然比单一媒体的通信要复杂得多。

11.2　网络超文本与超媒体

11.2.1　超文本与超媒体概述

1. 基本概念

(1)超文本

超文本(Hypertext)结构类似于人类这种联想记忆结构,它采用一种非线性的网状结构组织块状信息,没有固定的顺序,也不要求读者按某种顺序来读。超文本把文本按其内部固有的独立性和相关性划分成不同的基本信息块,称为节点(Node),如卷、文件、帧或更小信息单位。节点之间按它们的自然关联,用链连接成网,链的起始节点称为锚节点(Anchor Node),终止节点称为目的节点。一个超文本结构示例如图 11-1 所示。

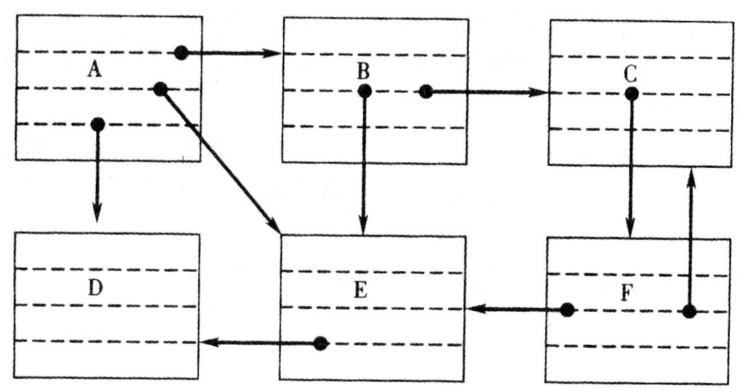

图 11-1　具有 6 个节点和 9 条链的超文本结构

图 11-1 所表示的超文本结构实际上就是由节点和链组成的一个信息网络,称为 Web。读者可以在这个信息网络中任意“航行”浏览。这里要强调的不仅仅是“阅读”,而更重要的是用户可以主动地决定阅读节点的顺序。假如读者是从标记为 A 的文本块开始阅读,与单一路径的文本不同,该超文本结构有 3 条阅读路径摆在读者面前,即可到 B、D 或 E。如果读者选择 B,则可以继续选择到 C 或 E,从 E 又可以到 D。当然读者也可以从 A 选择直接到 D。

这个例子表明,在超文本结构中任意两节点之间可以有若干条不同的路径,读者可以自由地选择最终沿哪条路径阅读文本。这同时要求超文本结构的制作者事先必须为读者建立一系列可供选择的路径,或者由超文本系统动态地产生出相应的路径,而不是单一的线性路径。

下面给出超文本的一个简洁的定义:

超文本是由信息节点和表示信息节点间相关性的链构成的一个具有一定逻辑结构和语义的网络。在超文本这种信息管理技术中,节点为基本单位,它比字符高出一个层次。抽象地说,它可以是一个信息块;具体地说,它可以是某一字符文本集合,也可以是屏幕中某一大小的显示区。节点的大小由实际条件来决定。

(2)超文本系统

所谓超文本系统即是能对超文本进行管理和使用的系统。超文本与超文本系统的关系和数据库与数据库管理系统的关系类似。一个超文本系统一般具有以下特点。

①在用户接口(界面)中包括对超文本的网络结构的一个显式表示,即向用户展示节点和链的网络形式。

②向用户给出一个网络结构动态总貌图,使用户在每一时刻都可以得到当前节点的邻接环境。

③在超文本系统中一般使用双向链(Bi-directional Link),这种链应支持跨越各种计算机网络,如局域网和国际网(International Network)。

④用户可以通过自己联想和感知,根据自己的需要动态地改变网络中的节点和链,以便对网络中的信息进行快速、直观、灵活的访问,如浏览、查询、标注等。这种联想和感知是准确定义的,并要求有良好的性能价格比。

⑤尽可能不依赖超文本的具体特性、命令或信息结构而是更多地强调其用户界面的“视觉和感觉”。

(3)超媒体

由于多媒体强调人们的主动参与,因此也称为“交互式多媒体”。不同的媒体能够有机地连接起来,用户可以按照自己设定的线路在各种媒体和信息中进行“航行”,称这种连接机制或结构为“超媒体”(Hypermedia)。

超媒体最早起源于超文本(Hypertext)。随着信息技术的进步,需传递的信息除文字外还包含有图形、图像等。也就是说,节点的信息除文字、数值外,还可以是图形、图像、声音等多媒体信息,因此,超媒体概念引申为:多媒体+超文本。

目前,从研究内容来看,超文本与超媒体很难区分,亦即它们所代表的含义几乎相同,所以往往不加区分地使用。

2. 超文本的发展阶段

到目前为止,超文本的发展大致经历了三个阶段:

(1)第一阶段——概念产生时期(1945 年~1965 年)

超文本概念从启蒙到诞生经历了 20 年的时间,标志性的事件是 Bush 提出 Memex 和 Nelson 创造“超文本”。超文本思想最早是由美国科学家 V. Bush(1890 年~1974 年)提出,他在 20 世纪 30 年代即提出了一种称作 Memex(Memory Extender,存储扩充器)的设想,预言了文本的一种非线性结构,1939 年写成文章“As We May Think”,于 1945 年在“大西洋月刊”发表。1965 年,Ted Nelson 创造了“Hypertext”这个词,命名这种非线性网络文本为“超文本”,而且开始在计算机上实现这个想法,并且在他的 Xanadu 计划的长远目标中,试图使用超文本方法把世界上文献资料联机。

(2)第二阶段——概念系统的研究时期(1967 年~1985 年)

这个阶段有影响的事件有:

1967 年,布朗大学 Andy van Dam 等研制出第一个可运行超文本系统 The Hypertext Editing System。

1968 年,Doug Engelbart 在 FJCC(秋季联合计算机会议)上演示 NLS 系统(联机系统)。

1968 年,布朗大学推出 FRESS(文件检索与编辑系统)。

1975 年,卡内基—梅隆大学(CMU)推出 ZOG(现为 KMS,知识管理系统)。

1978 年，MIT 建筑机械组推出第一个超媒体视频盘片系统 Aspen Movie Map(白杨城影片地图)。

(3)第三阶段——成熟与发展时期(1985 年至今)

从 1985 年以后，超文本在实用化方面取得了很大进展，开始广泛地应用到各种信息系统。例如：

1985 年，Janet Walker 研制的 Symbolics Document Examiner(符号文献检测器)。

1985 年，布朗大学推出 Intermedia 系统，在 Macintosh 上运行。

1986 年，OWL(办公工作站有限公司)引入 Guide，这是第一个广泛应用的超文本。

1987 年，Xerox 公司推出 NoteCards，它有一个良好的浏览工具，含有一个层次系统和组织复杂的 NoteCard 网络，还提供了用于网络的组织、显示和管理的一组工具。

1987 年，美国苹果公司在 Macintosh 微机上推出了 HyperCard 软件，这是一个十分形象的集图文声为一体的超文本系统，HyperCard 的基本信息单元为卡片，相当于节点，它可由用户通过工具来制作，也可通过该软件提供的一个面向对象语言 Hypertalk 来编写脚本，脚本附于按钮，按钮出现在 HyperCard 堆的卡片里。

1991 年，美国 Asymetrix 公司推出 ToolBook 系统。

1990 年，位于日内瓦的欧洲量子物理实验室 CERN 的物理学家和工程师为了与其他协作机构探讨最新学术研究成果而建立的运行于 Internet 网络的 WWW(Web)系统开始流行，成为当前最重要的网络多媒体信息管理系统，全面影响着人类的生活与工作方式。

与此同时，超文本的学术理论研究也日益受到重视：

1987 年，ACM 超文本专题讨论会(Hypertext'87 Workshop)在北卡罗来纳大学召开。

1989 年，第一次超文本公开会议在英国约克郡召开。

1990 年，第一届欧洲超文本会议(ECOH)在法国 Inria 召开。

这些活动都成了系列性会议延续下来，也标志着超文本技术的成熟。同时，ISO 等国际组织也制定了超文本方面的标准，推动其商品化的快速发展，并得到越来越广泛的应用。

11.2.2　超文本与超媒体系统

1. 超文本系统的组成要素

通常，超文本系统的主要组成要素包括节点、链、热标和宏节点等。

(1)节点

超媒体是由节点和链构成的信息网络，节点是围绕一个特殊主题组织起来的数据集合，这个集合可以是有形的，例如是一个数据块，它也可以是无形的，是信息空间中的一个部分。我们可以把一篇文章分解成若干块，这些块就是有形的节点。若对文章不进行分解，而只是根据需要对相应的内容进行定位，则这个定位周围的信息就是一个无形的节点。节点中可以嵌入链，使它能与其他节点相链接。

节点有许多种，而且分类方法也不尽相同。在早期超文本中节点的内容一般是有形的节点，内容主要是文本、符号或数字。现在根据媒体的种类、媒体的内容和功能的不同，节点可以是媒体节点，其中可以包含各种媒体，也可以包含数据库、文献等；也可以是动作类节点、组织类节点和推理型节点等。

1)媒体类节点

媒体类节点中存放各种媒体信息,包括文本、图像、图形、视频和动画等各种媒体,也包括数据库、文献,存放这些媒体信息的来源、属性和表现方法等。在一些情况下,每一个节点中确实包含媒体数据本身,但也有一些情况特别是在网络环境下,许多媒体数据需要临时从网络或机器中得到,所以节点中只有路径、属性等信息,而没有数据本身。

节点中对媒体数据的描述直接关系到多媒体数据的表现,不同的媒体会有不同的属性和表现方法。例如,对文本要能够表现出文本的字体、排版和大小;对图像来说,要能够指明位置和大小;对视频要能够定义诸如快进、暂停之类的操作;对数据库这种结构化的数据要能具有符合数据库操作的手段。对混合媒体来说,媒体之间的同步、配合和效果,就要有更复杂的描述形式。

2)动作与操作节点

动作与操作也是一类媒体,因此,可以当作一种动态节点,它通过超媒体的按钮来访问,所以有人也称之为按钮节点。在这种节点中常常定义了一些操作,例如,电话通信、传真等,通过这种节点为用户提供动作和操作的可能。例如,有些超媒体系统就专门提供了电话通信功能,只要用户选择一个"自动拨号盘"的按钮,就可以开始一次通话。还有一些超媒体系统将传真服务引入,并与电视通信相结合,用户按下"传真"按钮,系统就在当前节点上发送所需传送的内容。实际上这类节点是通过按钮做一些超媒体表现以外的工作,赋以人的操作或动作。但要注意,动作和操作并不一定非要专门的节点,可以嵌入到任何节点中,按钮也一般都与链相连接,只不过动作和操作的按钮连接的是执行链。

3)组织型节点

组织型节点是组织节点的节点。加索引是描述节点的一种方法,同时也是数据库管理的需要。组织型节点可以实现数据库的部分查询工作,如结构查询。组织型节点包括各种媒体节点的目录节点和索引节点。目录节点包含各个媒体节点的索引指针,指向索引节点。索引节点由索引项组成,索引项用指针指向目的节点,或指向相关的索引项,或指向相关表中相对应的一行,或指向原媒体的目录节点。

4)推理型节点

推理型节点用于辅助链的推理与计算,它包括对象节点和规则节点。推理型节点的产生是超媒体智能化发展的产物。

需要指出的是,现代的许多超媒体系统中有的已经没有了节点的概念,或者说节点已经无形了。也有的系统将节点分为原子节点和组合节点,原子节点是不能再进一步分割的对象,如标志、图元、背景和表格的字段等;组合节点由原子节点构成,例如,文本的词或段落可以是原子节点,文本就是组合节点。但我们了解了节点的有形概念,还是有利于对超媒体的理解。

(2)链

链又称超链(Hyperlink),是节点间的信息联系,它以某种形式将一个节点与其他节点连接起来。由于超媒体没有规定链的规范与形式,所以分类方法也不尽相同。但最终达到的效果却是一致的,即建立起节点之间的联系。链是有向的,一般结构可分为以下 3 个部分:链源、链宿及链的属性。

①链源:一个链的起始端称为链源。链源是导致节点信息迁移的原因,可以是热字、热区、图

区、热点、媒体对象或节点等。热字是在文本节点当中用特殊符号标注的字词。

②链宿:是链的目的所在。一般超文本链的链宿都是节点,当然也有个别的系统链宿与链源一样形式多样。

③链的属性:决定链的类型,它是链的主要特性。还有一般的特性如链的版本、权限等。当链的特性很强时,链可以作为独立的实体,如基本结构链、索引链、类型链和推理链等。

1)基本结构链

基本结构链是构成超媒体的主要链形式,它具有固定明确的特点,必须在建立一个超媒体文献时事先由作者指明,是一种实链。基本结构链又包括基本链、交叉索引链和节点内注释链。

①基本链:它是建立节点之间基本顺序的链,这有些类似于一本书中具有的章、节、小节、段落等结构。它使信息在总体上呈现出层次结构。如图 11-2 中的实线所示。基本键的链源和链宿都是节点。在表现时常用“上一节点”、“下一节点”等来表现节点的先后顺序,也即链的方向。

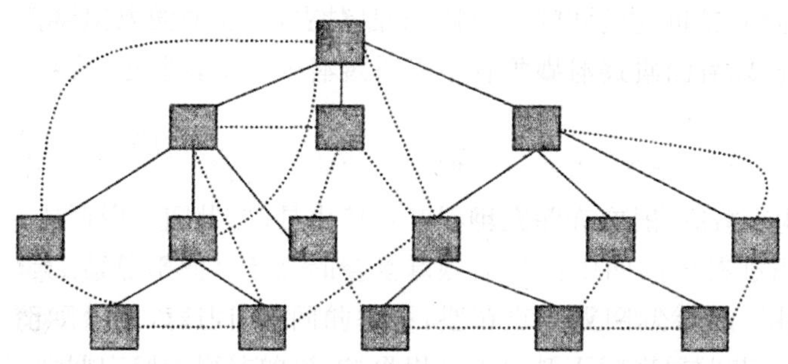

图 11-2 节点中的基本链和交叉索引链

②交叉索引链:它将节点连接成交叉的网状结构,如图 11-2 中的虚线所示。交叉索引链的链源可以是各种热标、单媒体对象及按钮,链宿为节点或任何内容。在表现时常常用热标激活转移、“回退”、“返回”等表示先后顺序,需要注意的是,这些操作基本链与交叉索引链是不同的,基本链的动作决定节点间的固定顺序,而交叉索引链的动作决定的是访问顺序。

③节点内注释链:它是一种指向节点内部附加注释信息的链,注释源主要通过热标确定,注释体则为一单媒体对象。之所以称其为节点注释链,是因为链源和链宿均在同一节点内,一般这种节点都是混合媒体节点。采用节点内注释链的好处是不用另设节点,在需要时注释才出现。在表现形式上,注释需要对热标进行激活才能动作。

2)组织链和推理链

组织链用于节点的组织,推理链则在链的迁移过程中通过推理来决定目标。

①索引链:它将用户从一个索引节点到该节点相应的索引入口。索引用于文献与数据库的接口及查找共享同一索引项的文献,按钮表现常是“总目录”、“影片索引”等。

②执行链:它将一种执行活动与按钮节点相连。执行链使应用程序不再是孤立的,可以激发一个动作或操作。一般的操作系统无法记录程序的功能、目的等,但超媒体的按钮节点与执行链可以通过建立节点方便地解释应用程序的功能和目的,使超媒体成为高层程序的界面。

3)其他链型

①自动链接:它是超媒体系统中一个非常重要的概念。它允许系统自动把当前节点与相似主题或满足某些条件的所有其他节点链接在一起。例如,可以在文本文件中搜索关键词并报告

关键词所在的行数，或者通过特殊的通信协议与外部的服务器中的内容建立联系等。

自动链接的意义在于对超媒体进行基于内容的检索，检索时输入某些主题、特征或条件，超媒体将能满足该主题、特征或条件的节点自动链接起来，提交用户浏览。这样大大减少了用户在查找信息时所花的时间，提高了网络的利用率。

②类型链：有些超媒体系统允许用户描述在于两个节点之间的关系，也即用户可以定义链的类型。例如，节点B给出一个例子，来说明节点A中的规则或原理，连结A、B的链就称为“注释”链。但假设存在另一个节点C，它对节点B有一个更常用的解释，可以称“B、C”之间的链尾“扩展”链。对于这种类型的链必须要用一个独立的数据实体来描述。链实体独立于节点，因为任何给定的节点都可以用不同的方式与其他节点链接。

采用类型链的好处在于：首先，在一条链迁移之前，用户可以预先知道目标节点的自然属性。其次，从理论上讲，它允许用户对节点进行预查询。另外，有了类型链，开发智能超媒体就大大方便了，这是因为关于知识最重要的方面是事实、假设或规则之间的关系。单个的事实、假设或规则都不能说明问题，除非知道它们之间是怎样相互关系的。如果超媒体网络中存储了关于各种节点之间关系的知识，则可以查询这些知识。

(3)热标

热标是确定信息关联的链源，由它将引向相关内容的转移。不同的应用有不同形式的热标。根据媒体种类的不同，热标一般有以下几种。

1)热字

热字是文本中被指定具有特殊含义或进一步解释的字、词或词组。如图11-3所示。图中黑体加斜体和下划线的词都是热字，点击这些词就会按设计者的设计出现进一步的解释或说明，或更形象的媒体演示。

<u>*超文本*</u>这个术语与数学家F. Klein在1704年提出并流行于19世纪的“<u>*hyperbolick space*</u>”有关。他用“hyperspace”描述了一个多维几何空间，而人类的<u>*思维结构*</u>也是一个<u>*多维空间*</u>。科学研究表明，人类的记忆是一个联想式的记忆，它形成了人类记忆的网状结构。对联想、记忆的探索形成了人类思维概念化的基础。

图11-3　带热字的文本

2)热区

热区是在所显示的图像或类似于图像的显示区上指明的一个敏感区域，作为触发转移的源点。在一幅图像上的不同区域可以有不同的信息表现。例如，一幅人体图像中的不同区域可以设置成不同的热区，当触发这些热区时，系统就会按设定好的方法进行表现，介绍该人体部位的详细情况和细节。热区的设定不同于热字，由于图像十分直观但不便于用语言或文字描述，所以一般都采用所见即所得的方式在图中直接指定热区。早期的热区一般使用矩形，但当敏感区域为复杂边缘时，矩形会造成较大的误差，所以近来一般都改用多边形。事实上，当图像都是文字时，也可以用热区的方法模拟热字，但此时系统并不知道热区中的字或词是什么，文本本身也无法滚动；对文本的修改会引起图像位置的改变，从而使热区也不准确；同时也不利于对文本的查询。热区在触发后所引起的转移与文本中的热字相同，所不同的是文本热字必须在文中描述转移的目的地，而热区则需要在生成时指明并存于节点的链中。

3)热元

在图形媒体中，图元是其最基本的单位，例如，一个图、一条线、一串文字等。为了使这些相对独立的图形单位能够作为信息转移的链源，就引入了热元的概念。这种方式非常适合于在不影响图形本身的变换(例如，移位、放大或缩小)的同时，又可以由该图元引发相应的进一步关联信息的表现。同样，热元也可以用在 CAD 工程设计中做建筑图注释、机器设备联机维护手册等方面。由热元而导致的转移与热区相似。

4)热点

热点主要用于时基类媒体如动态视频、声音等在时间轴上的触发转移。在应用中常常出现这种情况，例如，当用一般视频在介绍某个重大历史事件过程中，往往突然会对其中某个片段更感兴趣，从而希望了解更多的内容。这就要求能从这段视频的相应时间轴处转移到另外有关解释的其他内容处，这个起点处就称为热点。在这一点上它与文本媒体十分相似，帧序列可以像文本段一样在序列内、文献内或文献间进行转移。视频对象可以采用长序列，要由起始帧和结尾帧确定所选定的视频段，从而可以从一个视频段直接跳往另外一个视频段，也就可以实现自我解释。其他时基类媒体也基本相同。

由于时基类媒体是动态的，在使用时不能仅将热点定为时间上的某一时刻，因为用户很难准确地确定这一时间点。热点应是一个由用户设定的时间区间。热点如果定于 x，则在识别时应给出一个$[b,x,c]$的敏感区间，在此区间内的触发都应算作有效。由于时基类媒体有“表现—理解”的滞后效应，往往在理解了某一段内容后才可能有了解它信息的愿望，而此时该时刻已过。为了正确地对应，热点区间亦往后对应，一般至少区间$[b,x]$要远小于区间$[x,c]$，以适应该滞后效应。

5)热属性

热属性是将关系数据库中的属性作为热源使用的。由于关系框架下的各元组可以根据操作产生许多不同的结果，例如，不同的排序顺序、选择不同元组子集等，但总的来说，数据媒体是一种特定的格式化符号数据，所以大多数情况下可以采用类似于热字的热标方法。热标源单位一般为一个属性，用特定的保留属性字的方法指明热标触发表现的内容。属性中的元组有多个，每个元组又都对应不同的内容，所以在把属性当作热源时，就要对每一个元组都能指明不同的链。元组改变，方向也就改变。

(4)宏节点

宏节点是指链接在一起的节点群，更准确地说，一个宏节点就是超文本网络的一个有某种共同特征的子集。当超媒体信息网络十分巨大时，或者该信息网络分散在各个物理地点上时，仅通过一个层次的超媒体信息网络管理会很复杂，因此，分层是简化网络拓扑结构最有效的方法。国外有人专门定义了宏文本(Macrotext)和微文本(Microtext)的概念，来表示不同层次的超文本。微文本又称小型超文本，它支持对节点信息的浏览；而宏文本又称大型超文本，由多个微文本(称为宏节点)组成，支持对微文本(即宏节点)的查找与索引。宏文本强调存在于许多文献之间的链，构造出文献相互间的关系，查询与检索将跨越文献进行。例如，在计算机网络上，很多超媒体的 Web 网分散在多台计算机中，这些 Web 网称为宏节点或文献，它们之间通过跨越计算机网络的链进行链接，而多个宏节点或文献将组成宏文献，如图 11-4 所示。很显然，跨越网络的超链将需要更复杂的协议支持。

宏节点的引入虽然简化了 Web 网络结构,但增加了管理与检索的层次。宏文本文献的查询与检索也是研究的主要问题之一,现已推出了许多模型系统,如 SMART 宏文本系统(康奈尔大学研制)、电子黄页系统(ETP),同 Guide 超文本系统相结合的宏文本系统 IND EX 系统等。事实上,宏文本与微文本之间的界限是十分模糊的,在应用上却可以令人一目了然,符合常规的信息存取习惯。

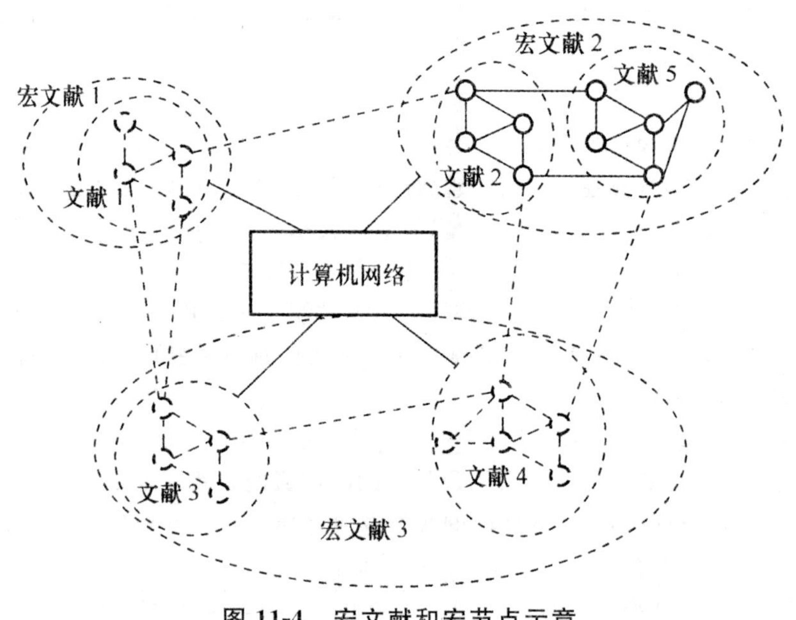

图 11-4 宏文献和宏节点示意

2. 超文本系统的结构模型

在理论上超文本系统可以划分为三个层次结构:数据库层,主要实现存储、共享数据和网络访问;超文本抽象机层,确定节点和链及其关系;用户接口层,提供用户接口。这是由 Campbell 和 Goodman 提供的一种比较标准化的超文本抽象机(Hypertext Abstract Machine,HAM)模型。此外,从事超文本标准化研究的 Dexter 小组也提出了一种 Dexter 参考模型,这两个模型除了使用的术语和层次之间的接口不同之外,它们之间的结构和功能基本相似的。

(1)HAM 模型

1988 年,Campbell 和 Goodman 提出超文本抽象机(Hypertext Abstract Machine,HAM)模型。HAM 模型把超文本系统划分为 3 个层次,自顶向下为:用户界面层、超文本抽象机层、数据库层。超文本抽象机模型如图 11-5 所示。

1)数据库层

数据库层是模型中的最底层,比普通的数据库管理系统更为简单,用于处理所有信息存储中的传统问题。首先它要保证信息的存取操作对于高层的超文本抽象机来说是透明的,即无论高层访问的信息是存储在本地或在远地,是存储在一台计算机中还是存储在多台计算机中,数据库层都能保证正确存取。不仅如此,数据库层还要处理其他传统的数据库问题,如多用户并发访问信息的安全性、版本维护以及响应速度等问题。

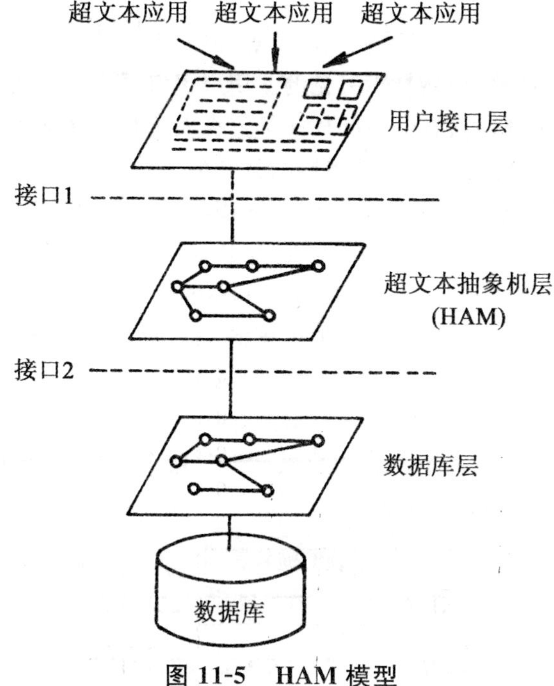

图 11-5　HAM 模型

此外,就数据库层而言,超文本的节点和链都是没有什么特殊含义的数据对象。它们各自占据若干比特的存储空间,构成在同一时间只有一个用户可修改的单元。因此,对于数据库层来说,了解比它的数据对象的信息更多的信息,是很有用的。增加对节点和链的索引和查询信息,是为了更有效地管理数据空间,并提高响应速度。因此,在超文本数据库层的设计中,实际上用到了大量传统数据库的思想和方法。

2)超文本抽象机层

超文本抽象机层(HAM),介于数据库与用户接口层之间,这一层决定了超文本系统节点和链的基本特点,记录了节点之间的链的关系,并保存了有关节点和链的结构信息。在这一层中可以了解到每个相关联的属性。

虽然文本与超媒体系统还没有统一的标准,但最终标准化工作要求超文本系统之间必须具有相互传送或接收信息的能力,因此,必须提供信息转换格式。而 HAM 就是实现超文本输入输出格式标准化转换的最理想层次。

实际上,在超文本系统中的超文本抽象机层(HAM),可以理解为超文本的概念模式,它提供了对数据库下层的透明性和对上层用户界面层标准性。这就是说,无论下层采用什么样的数据库,也无论上层采用何种风格的用户界面形式,总可以通过接口(用户界面/超文本概念模式〈接口 1〉,超文本概念模式/数据库〈接口 2〉),使之在 HAM 达到统一。设计超文本抽象机层是设计超文本的关键,需要有关超文本节点和链方面的知识,包括它们的功能、分类及其他属性。

3)用户接口层

用户接口层又称表示层或用户界面层,是 3 层模型中的最高层,也是构成超文本系统特殊性的重要表现,并直接影响着超文本系统的成功。它应该具有简明、直观、生动、灵活、方便的特点。它是超文本和超媒体系统的人机交互的界面。它构成超文本系统特殊性的重要表现,并直接影响超文本系统的功能。

超文本系统的 HAM 层定义了许多种类的节点和链，但在用户接口层它可以根据用户的权限规定哪些节点和链是可见的，哪些是不可见的。用户接口层决定了信息的表现方式、交互操作方式、导航浏览方式以及用户对信息的访问权限等。在大多数超文本系统中，信息的显示以窗口的方式操作，每个窗口对应相应的节点，并可同时打开多个窗口。用户接口层决定了信息的表现方式、交互操作方式以及导航等方式。

(2)Dexter 模型

1980 年，由 J. Leggett 和 J. Walker 发起组织了一个研究超文本模型的团体，以后逐渐发展形成了一个超媒体参考模型，并以当时讨论地旅馆的名字 Dexter 命名，简称 Dexter 模型。这个模型的目标是为开发分布信息之间的交互操作和信息共享提供一种标准或参考规范。

如图 11-6 所示，Dexter 模型分为三层：存储层(Storage Layer)、运行层(Run-time Layer)和元素内部层(Within-component Layer)。各层之间通过两个接口：锚定接口(Anchoring)和表现规范(Presentation Specification)相互连接。

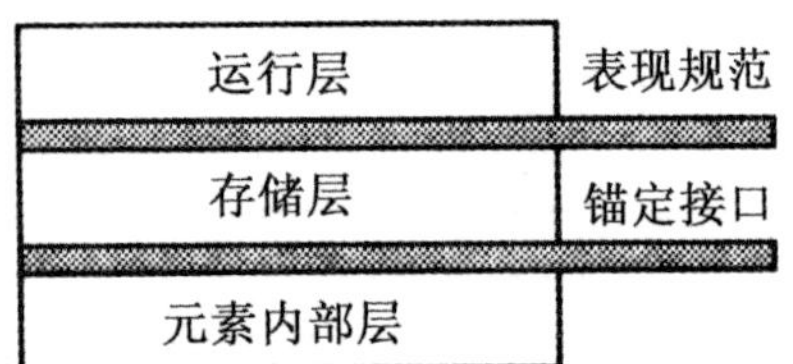

图 11-6　Dexter 模型的层次

1)存储层

Dexter 模型的关键是存储层，因为存储层描述了超媒体系统最基本的也是最重要的元素之间的网状关系。实际上，存储层定义了由元素组成的数据模型。这里，元素是对超媒体系统中基本组成单元的抽象描述，也就是前述的节点和链等。在各个系统中对元素可以采用不同的名称，如在 Note Cards 和 HyperCard 系统中称节点元素为卡，在 KMS 系统中称为帧，在 Intermedia 系统中称为文献。在节点元素中的信息可由各种媒体组成。存储层的描述着重于定义元素间的连接关系，而不涉及元素的内部结构。

在存储层的描述中，超媒体是由一个有限元素组成的集合和两个函数组成：

$$\text{Hypermedia}=(E_1,E_2,\cdots,E_n,F_1,F_2)$$

其中 $E_1,E_2,\cdots,E_n$ 表示有限个元素，F_1 和 F_2 是两个用于检索定位的函数，一个称为分解函数(Resolver)，另一个称为访问函数(Accessor)。

在存储层中最基本的单元是元素，一个元素可以是原子单元、链，或者是由原子单元和链组成的复合单元，更为复杂的是由复合单元和链组成的复合单元。原子单元是存储层中最简单的单元，原子单元的内部结构在元素内部层中描述。

链是用于表示元素与元素之间关系的一种实体。一般情况下，链是由两个或多个元素“节点”组成的点序列。在 Dexter 模型中，链的形式有多种多样，最常见的链是由两个节点组成的，一个称为源节点，一个称为宿节点。由于链是一种元素，因此，一个链也可以作为另外其他链的“节点”。Dexter 模型还支持多头链(Multiheaded Link)，主要用于从一个元素同时检索到多个元素的情况。它也支持少于两个节点的链，称为悬挂链(Dangling Link)。由于 Dexter 模型支持悬挂链，因此，在超媒体系统中不再需要定义起始链和终结链。

在 Dexter 模型中，每个元素都有一个唯一的标识符，称为 UID。从整个超媒体系统的全局来看，每个元素的 UID 都是不同的。访问函数的功能就是当用户指定某个元素的 UID 时，能够在超媒体系统中成功地定位找到该元素。由于 Dexter 模型中元素的检索定位完全依赖于链，因此，有时仅指定某个元素的 UID 并不能马上找到该元素。这时就需要分解函数起作用。分解函数的功能是当用户指定某个元素的 UID 而不能直接找到该元素时，需要将目标元素的 UID 分解为由一个或多个中间 UID 组成的集合，这样访问函数就可根据中间 UID 集合中的成员找到目标 UID 指定的元素。

在存储层中还定义了一个操作集合，它由多个函数组成。这些函数的功能主要是实时地对超媒体系统进行访问和修改。操作集合中的操作包括在超媒体系统中增加一个元素、删除一个元素、修改一个元素的内容及其附加信息等。主要操作函数如下。

①CreateComponent：创建一个新的元素并把它加到超媒体系统中。

②CreateAtomicComponent：创建一个仅由原子单元组成的元素。

③CreateLinkComponent：创建一个链。

④CreateComposite Component：创建一个复合元素。

⑤DeleteComponent：删除一个元素。

⑥ModifyComponent：修改一个元素。

⑦GetComponent：当给定元素 UID 时，返回该 UID 对应的元素。

⑧AttributeValue：当给定元素 UID 和属性时，返回该元素的属性值。

⑨SetAttributeValue：给定元素 UID、属性和属性值时，将该属性设定为该属性值。

⑩AllAttribute：返回所有元素的属性集合。

⑪LinkToAnchor：给定元素 UID 和内部锚号时，返回所有指向该锚的链。

⑫LinkTo：给定元素 UID，返回指向该元素的所有链或由链组成的路径。

2）元素内部层

元素内部层定义了各个元素内部的不同内容和结构。元素内部层并不是 Dexter 模型的核心，却是必不可少的组成部分。在一个元素中，其内容和结构是没有限制的，从内容来说，可以是任何媒体的任何可用数据模型；从结构上来说，元素可由简单结构和复杂结构组成。简单结构就是每个元素的内部仅由同一种数据媒体组成，而复杂结构的元素内部又由各个子元素组成，而子元素的结构又与元素相同。这种嵌套结构的元素定义为描述复杂的混合类型的元素提供了灵活性和多样性。在 Dexter 模型中，元素内部层是开放的，也就是说，Dexter 模型对元素内部的实现不作硬性规定，可由应用程序根据实际情况做出灵活处理。

3）运行层

在存储层和元素内部层定义的数据及其时序和链接关系对用户来说是不可见的。运行层则为用户提供了一种可视可听的工具。它可以直接访问和操作在存储层和元素内部层定义的网状数据模型。

在运行层中最基本的概念是元素例示（Instantiation of a Component）。例示的过程实际上就是将元素播放给用户。在实现过程中，首先将元素的内容拷贝到缓冲区，用户可编辑或浏览缓冲区内的内容。当缓冲区的内容被改变后，运行层会定时将缓冲区的内容备份到存储层中。

4）定位机制

定位机制通过锚定接口完成。由于在 Dexter 模型中，描述元素间链接关系的存储层和描述元素内部结构的元素内部层是各自独立的，在检索定位的过程中就需要一个接口来维护从存储层到元素内部层、元素内部层到存储层的检索定位过程。在 Dexter 模型中，介于存储层与元素内部层之间的接口称为锚定接口，由它来完成定位工作。

锚定接口的基本组成部分是锚（Anchor）。锚由两部分组成：锚号（Anchor Id）和锚值（Anchor Value）。锚号是每个锚的标识符，锚值用来指定元素内部的位置和子结构。从存储层来看锚值是没有意义的，只有元素内部层的应用程序才能解释锚值。锚号不同于元素的 UID，元素的 UID 从整个超媒体系统来看都是不同的，而锚号只是在各个元素内部编号不同。因此，从整个超媒体系统全局来指定一个锚则必须使用（UID，锚号）才行。

在 Dexter 模型中，锚号是一个相对固定的值，而锚值则是一个经常变化的值。由于超媒体系统的元素内部结构在运行过程中可能会改变，因此，元素内部层的应用程序必须实时调整锚值的变化，保持它原有的指向。锚与链的不同之处在于链仅指向元素，而锚则可指向元素内部的具体内容。

5）表现规范

在 Dexter 模型中介于运行层与存储层之间的接口称为表现规范。表现规范规定了同一数据呈现给用户的不同表现性质。比如在一个教学系统中，播放给教师看的习题可以有答案，而播放给学生看的同一习题就没有答案。对操作也是如此，给用户播放的不允许编辑，而播放给系统设计者的就允许对其进行编辑。

Dexter 模型的提出，为超媒体的设计起了重要的指导作用。特别是对 WWW 系统的规范，起到了促进作用。

3. 典型的超文本系统

（1）KMS

KMS 是卡内基—梅隆大学在工作站上开发的“Knowledge Management System”的简称，它是该校于 1972 年开始研究的 ZOG 项目在工作站上的新版本。它作为一个通用工具，已用于联机手册、录像带盘的管理、飞机专家系统的界面及交互任务的管理等。

KMS 的基本信息单元为帧，最大占用一个屏幕。一帧有一个名字、一个标题、一个正文或图形描述以及多指向其他帧的标志。例如，一篇文献的第一页构成一帧，文章的标题及摘要作为该帧的标题及内容，文章的各节点名、关键字、交叉引用、注释等均可作为指向相应帧的标志（链源，也称 Hotword）。在 KMS 屏幕上有一组通用菜单项，如 Save、Reset、Prey、Next、Home、Goto、Info、Disp、Exit，用户可对它进行所需要的操作。

（2）Guide

Guide 系统是由 Peter Brown 在英国的坎特伯雷大学作为一个研究项目发展而来的。之后，由办公工作站有限公司在 IBM PC 机和 Apple 的 Macintosh 机等上作为商业软件推出，它是一个最为广泛应用的超文本系统。

Guide 支持 4 种不同的链类型：

①替换链（Replacement Link）：使当前窗口中的文本用该链的目的节点中的正文所替代。在文本中，一个链的实体通过光标位置的改变而被指明。用户也可以改变显示的文本（使用斜体、黑体），以增进对不同类型链的识别。

②记事链（Note Link）：弹出显示资料正文的窗口。

③引用链(Reference Link):引出带有目的正文的新窗口。这些链允许用户在不同资料或同一资料的不同部分中的相关题目之间移动。

④查询链(Inquiry Link):类似于表示链,但这种链是互斥的。在某一时刻,对某一查询只有一种表示可以被显示在屏幕上。

(3)NoteCards

NoteCards 是美国 Xerox 公司的 PARC 研究中心,在 1987 年为设计师、作家和研究人员分析信息和构造模型等应用开发的一个基于工作站的系统。其基本框架是一个由链连接起来的记事卡组成的语义网络,为用户提供了显示、修改、操作和通过网络航行的工具。

NoteCards 包含 4 个基本的要素,即记事卡(Notecard)、链(Link)、浏览器(Browser)和文件盒(Filebox)。

①记事卡:是一张电子模拟索引卡片。每一张记事卡都有一个标题和可以被编辑的内容资料,如正文和图形。

②链:表示记事卡之间的关系,把单个的记事卡连接成相关卡片的网络。每个链接是一个在源卡片和目的卡片之间的有向链。

③浏览器:含有 NoteCards 网络的结构图。在 NoteCards 系统中,浏览器一般被视为支持编辑的工具。用户可以通过对浏览器中的节点和边的操作来编辑网络结构。用户也可以做一些临时的修改,然后测试它,以决定是否将所做的修改变成永久的改变。

④文件盒:提供了将卡片组织成目录或者类别的一种方法,用来帮助用户管理 NoteCards 庞大的网络。

NoteCards 系统的核心结构是一个语义网络,它由电子记事卡组成,这些电子记事卡通过分类链将节点连接起来。每个记事卡含有任意数量的信息,具体表现为正文、图形、映像或某些其他可编辑的信息;每个链设计为两个记事卡之间的一种专门的关系,这种关系可以由用户或系统来定义。系统提供浏览器和文件盒这两种特殊类型的卡片,以帮助管理卡片和链的网络。一个浏览器含有卡片网络的结构图,它可以被系统生成或被用户生成,浏览器是一个描述工具和编辑机制。文件盒可以用于聚集和组织记事卡,产生由系统管理的分层文件结构。此外,NoteCards 还包括一组协议和功能,以创建新的卡片类型和操纵网络中的信息。这种面向应用的扩展在公式化表示中起着重要作用。

(4)HyperCard

1987 年 8 月,美国苹果公司在 Macintosh 微机上推出了 HyperCard 系统,这是一个十分形象的集图文声为一体的超文本系统,它的出现对超文本技术的推广起着重大作用。

HyperCard 的基本信息单元为卡片,相当于节点,第一个版本上一张卡片占有一个屏幕,它可由用户通过工具来制作。这类工具有编辑器、图符库、剪辑板、绘图工具等。

一张卡片有其固定背景部分,包括一些按钮、可填充的域及图形边框;一张卡片还有其本身的卡片名、索引号、域内容、正文及图形内容等。一组卡片由用户组成堆(Stack),如“产品”堆卡片可包括公司的许多不同产品。

卡片堆以索引号排序,堆的主人可对卡片堆进行各种操作:加一张卡片,修改某卡片内容,删一张卡片,按一域的内容重新排序卡片,按某字符串查找卡片,往前一张卡片,向后一张卡片,返回第一张卡片,显示最近看过的卡片清单等。

各堆卡片可组成堆的目录,目录也是一张卡片,可用浏览工具漫游各个卡片堆。在 Hyper-

Card 2.0 版本中已构造了许多应用卡片堆，如电话本、日历、备忘录、产品目录、价格表、图片集、相片集、看图识字本等。

在 HyperCard 软件中用户可交互地制作软件，也可通过该软件提供的一个面向对象语言 Hypertalk 来编写脚本，脚本附于按钮，按钮出现在 HyperCard 堆的卡片里。

图 11-7 展示了 HyperCard 环境的概念结构。由于 Macintosh 具有许多方面的工具，因而 HyperCard 制作、浏览均十分方便灵活。HyperCard 的链只有顺序、重新排序等，比较简单，因而连接复杂关系时尚支持不够。但是，1987 年首先推出的这一商品软件以它丰富多彩的界面、灵活方便的构造工具，向广大计算机用户展示了超文本的生命力。

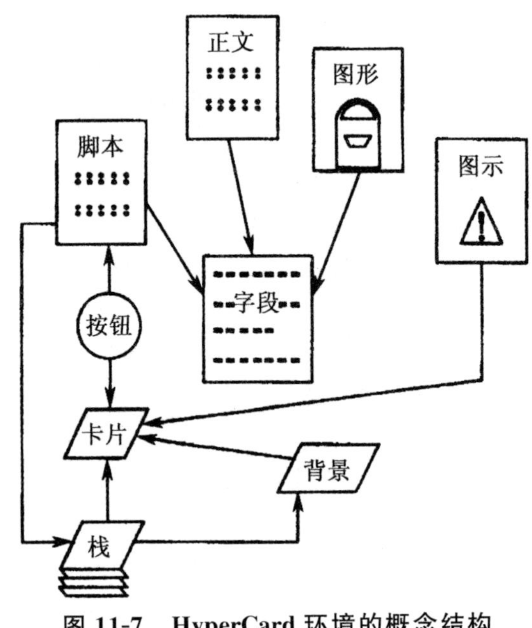

图 11-7 HyperCard 环境的概念结构

11.2.3 Web 超媒体系统

1. 分布式超媒体系统(WWW)

1989 年，在位于瑞士日内瓦的欧洲量子物理实验室 CREN，一位叫伯纳斯·李(Tim Berners-Lee)的研究人员，为了能与其他研究机构的研究人员协作探讨高能物理研究的最新成果，在 ARPA 网上建立起了环球信息网(World Wide Web，简称 WWW 或 W3，又译为万维网)，很快便在很大范围内传播开来。随后的几年，WWW 取得了极大的成功，成为 Internet 中最佳的信息检索体系结构，得到了广泛地应用。WWW 的资源也成为 Internet 资源的主体，超过了以往在 Internet 上使用的其他信息资源。

WWW 采用客户/服务器(Client/Server)体系结构，支持可以通过 Internet 进行访问的分布式超文本(Distributed Hypertext)。WWW 的客户端软件称为 Web 浏览器(Web Browser)，在用户端提供统一管理各种媒体的界面，负责向服务器提出请求，解释和定位资源，利用“统一资源定位符 URL(Universe Resource Locator)”统一管理网络上的所有资源，让用户可以方便地定位到自己所需的资源上进行存取。服务器端软件称为 Web 服务器，它负责将多种媒体集成起来，根据客户端的请求进行相应的回答，以统一的格式传送给客户端。

理论上，Web 超文本系统可以分成 3 层结构。

①表现层，即用户接口层。

②超文本抽象机器层 HAM：存储节点和链。

③超文本信息库层：存储数据、共享数据和网络访问。

WWW 的信息库层，由 Internet 和 Internet 上遍及全球的称为“服务器”的计算机组成。这些所谓的“服务器”负责提供各种各样的资料给 WWW 上其他的计算机。原则上，用户不必关心服务器所处的位置，不必关心它们使用何种的硬件和软件类型，也不必关心它们究竟采用何种的内部数据存储机制。

在 WWW 的超文本抽象机器层，WWW 服务器提供给 WWW 客户软件的数据全部采用 HTML 格式，即所谓的“超文本标记语言”三网络上采用的标准通信协议是 HTTP，即“超文本传输协议”。

HTML 和 HTTP 组成了所谓的“超文本抽象机”，WWW 服务器端计算机和客户端计算机都遵从这一点。这样，用户可以使用不同的计算机和不同的软件来浏览 WWW，只要这些计算机和软件可以用 HTTP“交谈”，可以解释 HTML 格式的文件就可以了。这就是计算机界常常提到的“开放”原则。

共享统一标准的真正好处是，任何的前端客户计算机和客户软件，都可以和任何的后端服务器连接，不论它们是大型机、UNIX 工作站，还是个人计算机。

WWW 的表现层由运行在用户计算机上的客户浏览器管理。WWW 上有许许多多不同的客户浏览器，它们分别由不同的计算机公司和科研组织开发，较著名的有微软的 Internet Explore、美国 Netcape 计算机通信公司的 Netscap Navigator，及美国国家超级计算应用中心的 NCSA Mosaic 等。

2. 超文本传输协议(HTTP)

超文本传输协议(HyperText Transfer Protocol，HTTP)是传送某种信息的协议，而这种信息是为了使超文本的链接能够高效率地完成所必需的。从层次的角度看，HTTP 是面向事务的应用层协议，它是互联网上能够可靠地交换文件(包括文本、声音、图像等)的重要基础。

(1)HTTP 的运作方式

HTTP 采用请求/响应的握手方式，其运作的基本过程如图 11-8 所示。一个请求程序(称之为“客户”)首先与接收程序(称之为“服务器”)建立一条连接，并向“服务器”发送请求服务的消息，“服务器”接到请求后发一个响应消息给“客户”，然后关闭连接。其中“客户”与“服务器”是一个相对概念，只存在于某个特定的连接期间，而非专用程序，即在某个连接中的“客户”在另一个连接中可能作为“服务器”，这也就是说，对于 HTTP 中的程序它应具有“客户”与“服务器”双重功能。HTTP 的“服务器”还可以是其他类型的信关，通过这样的服务器代理，HTTP 允许超媒体访问现存的 Internet 协议，如 SMTP、NNTP、FTP、Gopher 和 WAIS 等。

在 Internet 上的通信一般是建立在 TCP/IP 连接上的，HTTP 的连接也不例外。正常的握手过程要求“客户”在每次请求之前先建立连接，并由“服务器”在发送响应之后关闭，但“客户”和“服务器”都还必须具有处理任意一方因突发情况(如用户强制、自动超时或程序失败等)的发生而关闭连接的能力，在这些情况下通常不论当前状态怎样都中止当前请求。

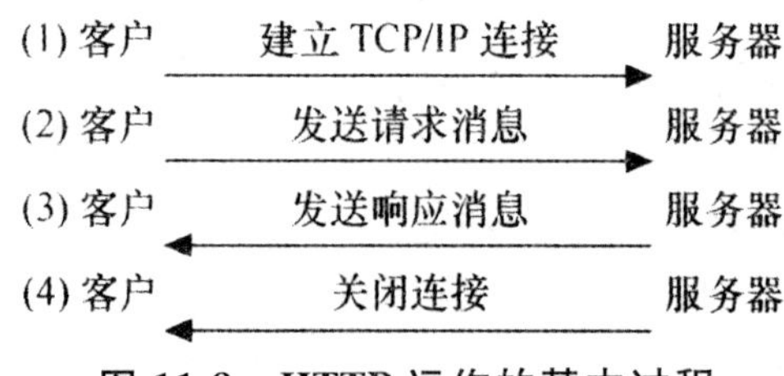

图 11-8　HTTP 运作的基本过程

(2)HTTP 的消息结构

HTTP 的消息有两类,即"客户"发出的请求消息与"服务器"发出的响应消息。HTTP 的请求消息采用了开放式的方法库形式,即方法可以扩充。用方法表示请求的目的,用 URL(Uniform Resource Locator)表示某个方法用在哪个资源上,即链接。消息的传送格式与 Internet Mail(Internet 邮件)和 MIME(Multipurpose Internet Mail Extensions,多用途 Internet 邮件扩展)的相似。完整的请求消息格式如下:

请求消息=请求行*(通用信息头|请求头|实体头) CRLF [实体内容]

请求行=方法　请求 URL　HTTP 版本号　CRLF

方法="GET"|"HEAD"|"POST"|扩展方法

URL=协议名称+宿主名+目录与文件名

下面就是一个仅含请求行的简单请求消息的例子:

方法　协议　宿主名　目录与文件名　协议版本

GET　http://www.w3.org/hypertext/www/TheProject.html　HTTP/1.0

HTTP 的响应消息以状态码来表示响应类型。状态码可以扩充,用三位数字表示,其中第一位标识不同的响应类型。目前共有 5 种类型:1××,表示保留,HTTP 未用;2××,表示请求成功地接收;3××,表示为了完成请求"客户"必须进一步细化请求:4××,表示"客户"错误;5××,表示"服务器"错误。完整的响应消息格式如下:

响应消息=状态行*(通用信息头|响应头|实体头) CRLF [实体内容]

状态行=HTTP 版本号　状态码　原因叙述

(3)HTTP 使用的方法

尽管 HTTP 是为了用于 Web 而设计的,但为了着眼于未来的面向对象应用,它被有意识地设计得比 Web 所需要的更加通用。正是基于此原因,HTTP 并不仅仅只支持请求一个 Web 页面,而是支持更加通用的操作也被称为方法。内置的 HTTP 请求方法如表 11-1 所示。

表 11-1　内置的 HTTP 请求方法

方　法	说　明
GET	请求读取一个 Web 页面
HEAD	请求读取一个 Web 页面的头部
PUT	请求存储一个 Web 页面
POST	附加一个命名的资源(如 Web 页面)

续表

方　法	说　明
DELETE	移除 Web 页面
TRACE	送回收到的请求
CONNECT	保留以便将来使用
OPTIONS	查询特定选项

①GET 方法。GET 方法请求服务器发送页面，按照最为一般化的情形，对象是在实践中，通常只是一个文件。该页面以 MIME 适当的编码，发送给 Web 服务器的请求都是 GET 方法。GET 的常见形式如：

GET filename HTTP/1.1

其中，filename 是要被取回来的资源(文件)的名字，1.1 是所用的协议的版本号。

②HEAD 方法。HEAD 方法只是请求消息头，而不是真正的页面。利用这个方法可以得到一个页面的最后修改时间，也可收集各种为建立索引而需要的信息，或者只是测试一下 URL 的有效性。

③PUT 方法。PUT 方法与 GET 方法相反：它不是读取页面，而是写入页面。通过这个方法可以在远程服务器上建立起一组 Web 页面，这个请求的主体包括页面。页面有可能利用 MIME 来编码，在这种情况下，跟在 PUT 后面的行可能是 Content-Type 和认证头，通过认证头可以证明呼叫者确实有权执行所请求的操作。

④POST 方法。POST 方法与 PUT 方法有点类似。它也携带一个 URL，但不是替换掉原来的数据，而是将新的数据“附加”到原来的数据后面，如向新闻组张贴一条消息，或者向公告牌系统添加一个文件。在实践中，PUT 和 POST 方法都用得不多。

⑤DELETE 方法。DELETE 方法的用途是移除页面。与 PUT 方法类似，认证和许可机制在这里起到了很重要的作用。DELETE 方法并不保证一定会成功，因为即使远程的 HTTP 服务器愿意删除这个页面，但是，该页面文件的访问模式可能禁止 HTTP 服务器修改或者删除它。

⑥TRACE 方法。TRACE 方法用于调试。它指示服务器送回收到的请求。当请求没有被正确地处理而客户希望知道服务器实际得到的是什么样的请求时，这个方法将非常有用。

⑦CONNECET 方法。CONNECET 方法现在没有使用，它被保留以便将来使用。

⑧OPTIONS 方法。OPTIONS 方法提供了一种办法来让客户向服务器查询它的属性，或者查询某个特定文件的属性。

3. 超文本标记语言(HTML)

超文本标记语言(HyperText Makeup Language，HTML)是一种用于建立超文本/超媒体文献的标记语言，是 SGML(Standard Generalized Markup Language，标准通用标记语言)的一种应用。它具有特定的语义，适合于表示各种领域的信息。HTML 通过 URL 语法，可以描述跨越 Internet 节点的超链，简单而实用地实现了以整个 Internet 空间为操作背景的超文本/超媒体的数据存取，且具有易于在不同表现系统上移植而保持文献的逻辑完整性的特点。

HTML的应用相当广泛，它可用于描述超文本化的新闻、邮件及文献；超媒体文献；操作菜单；数据库查询结果；嵌入图形的结构化文献等。自1990年起，它作为WWW的支撑协议之一，在Internet中得以广泛的应用，影响面很大。为此有关组织专门制定了HTML规范，并且此规范仍在不断地更新与完善，描述能力不断增强。但是，目前HTML还不稳定，未成为国际标准。此外，HTML对链的支持还不足，缺乏空间描述，处理图形、图像、声音及视频等媒体能力也较弱，图文混排功能简单，没有时间信息，也不能表示多种媒体之间的同步关系等，因此，HTML很难用于表示大规模的、复杂的超媒体数据。

(1)HTML文档基本结构

一般说，简单的HTML文档仅由一个HTML元素组成，即〈html〉开始和〈/html〉结尾，在〈html〉和〈/html〉之间的部分都是HTML的元素体。HTML元素的元素体又可分为两大部分，即头元素〈head〉…〈/head〉和主体元素〈body〉…〈/body〉以及相应的注释组成。

头元素和主体元素的元素体也是由其他的元素和文本及注释组成的。一个HTML文档基本结构如下：

```
〈html〉
    〈head〉
    〈title〉…〈/title〉
    〈/head〉
〈body〉
        正文内容
    〈/body〉
〈/html〉
```

下面对其进行简要介绍。

①〈html〉…〈/html〉：标记HTML文档开始和结束，其中包括〈head〉和〈body〉标记。HTML文档中所有的内容都应该在这两个标记之间。

②〈head〉…〈/head〉：HTML文档的头标记，主要包括页面的一些基本描述的语句。

③〈title〉…〈/title〉：文档名称标记，包含具体的HTML文档名称，在浏览器的标题栏中显示相应的内容，字符数通常不超过64。

④〈body〉…〈/body〉：HTML文档的主体标记，绝大多数HTML内容都放置在这个区域中。通常它在〈/head〉标记之后，而在〈/html〉标记之前。

此外，还有大量的其他标记，如排版标记、列表标记、表格标记、表单标记、框架标记、图像与多媒体标记、超链接标记等，下面将与多媒体相关的一些标记作简单介绍。

(2)超链接标记

超文本链接(Hypertext Link)通常称为超链接(Hyperlink)，或者简称为链接(Link)。链接是指将文档中的文本或者图像与另一个文档、文档的一部分或者另一幅图像链接在一起。使用超链接可以使顺序存放的文件在一定程度上具有随机访问的能力。

在HTML中，链接的基本格式是：

〈a href="URL地址"〉…〈/a〉

其中〈a〉是超链接标记，〈a〉与〈/a〉之间的内容在浏览器中会以特定的方式显示出来，鼠标在上面单击时，浏览器会按URL地址打开新的文档。属性href是不可缺少的，其值可以是URL

形式或 mailto 形式。

URL 即统一资源地址，是识别 Internet 上任何一个文件地址或资源地址的标准表示方法，通过〈a href="URL 地址"〉…〈/a〉即可创建一个链接到文本或图像的超链接。超链接可分为以下三种类型。

①内部链接：指向文档内部的链接，通常在浏览很长的文档时使用以便于导航。

②本地链接：指向本地服务器或计算机中文档的链接。可以用绝对路径表示，也可以用相对路径表示。

③外部链接：指向非本地服务器上的文档的链接。总是用绝对路径。

当 href 的值是 mailto 时，在 mailto 后紧跟想要发送电子邮件的地址，就可以创建一个自动发送电子邮件的链接。例如：

〈a href="mailto:userinfo@host"〉电子邮件〈/a〉

(3)多媒体标记

超文本标记语言之所以在很短的时间内如此广泛地受到人们的青睐，很重要的一个原因就是它能支持多媒体的特性，可以在网页中嵌入图像、声音、视频和动画等多媒体元素。

1)插入图像

超文本支持的图像格式一般有 PNG、GIF、JPEG 三种，因此，对图片处理后要保存为这三种格式中的一种，才可以在浏览器中看到。其中比较常用的是 JPEG 和 GIF。

①内联图像。内联图像(Inline Image)是指与 Web 网页中的文本一起下载和显示的图像，表现为文本和图像显示在同一网页上，这种图像也称为内嵌图像或者内插图像。在 HTML 文档中插入图像文件的格式如下：

〈img src="URL 地址" align="" border="" width="" height="" alt=""〉…〈/img〉

其中，src 属性指定路径，其值是图像文件的 URL 地址；align 属性指定图像在页面中的位置，其值可以是 left、middle、right、bottom、top 等；border 为图像指定边框；width 和 height 分别指定图像显示在页面中的宽和高；alt 的值是在浏览器尚未完全读入图像时，在图像位置显示的文字。

②外联图像。在 HTML 文档中，如果内联图像文件太大，在浏览网页时就需要很长的下载时间。在编写 HTML 文档时，可以用文字或者小的内联图像来代表大图像，而把大图像当作一个单独的文档，然后把文字或者图标与大图像文件链接在一起，当用鼠标单击这个链接后，大图像显示在另一个窗口中，这种图像就称为外联图像(External Image)。链接外联图像可使用下面的语句：〈a href="URL 地址"〉…〈/a〉。通过 href 指定外联图像，其值为外联图像的 URL 地址。

③图像作为网页的背景。使用图像作为网页背景的语句如下：〈body background="URL 地址"〉。〈body〉标记的 background 属性指定图像文件，浏览器将其平铺，布满整个网页。

2)插入声音或视频

①在文档中链接声音或视频文件。在 HTML 文档中，使用与外联图像类似的语句把声音文件或视频链接到文档中，差别只是文件扩展名不同。

②在文档中嵌入声音或视频文件。在 HTML 文档中，除了可以在文档中链接声音或视频文件外，还可以使用下面的语句将声音或视频文件嵌入到 HTML 文档中。〈embed src="URL 地址" align="" autostart="" loop="" height="" width=""〉…〈/embed〉。嵌入视频文件的

方法与声音文件嵌入方法相同，只要将音频文件改为视频文件即可。

③在文档中嵌入背景声音。在页面中还可以嵌入背景音乐，这种音乐多以 MIDI 文件为主。嵌入背景音乐的基本语法结构如下：〈bgsound src＝"URL 地址" loop＝"" volume＝""〉。其中，src 指定背景音乐的 URL 地址，loop 表示循环的次数，volume 表示音量大小，音乐在打开 HTML 文档时开始播放。

4. 可扩展的标记语言(XML)

随着网络应用越来越广泛，仅仅靠 HTML 单一文件类型来处理千变万化的文档和数据已经力不从心，而且 HTML 本身语法十分不严密，严重影响网络信息传送和共享。人们早已经开始探讨用什么方法来满足网络上各种应用的需要。作为下一代 Web 运用的数据传输和交互工具的 XML 便应运而生。

XML(Extensible Markup Language)是一种扩展性标记语言。XML 的崛起来自 W3C 的 SGML 社评委员会的关注，因为他们感觉到 HTML 在朝着错误的方向发展。为了改善现状，提出了一种与现有 Web 技术相一致的标记语言，使用的一些工具仍旧是为使用 HTML 开发的，但以其更加容易管理的技术而向前迈进了一大步。XML 的目标是要恢复 Web 最初的承诺，将混乱复杂的网页创作现状简单化。

XML 的语法类似 HTML，都是用标签来描述数据。HTML 的标签是固定的，只能使用，不能修改；XML 则不同，它没有预先定义好的标签可以使用，而是依据设计上的需要，自行定义标签。所以用 XML 来建立数据，再由 HTML 来显示，将是设计网页的新方向。

(1)XML 文档基本结构

XML 文档就是用 XML 标记写的 XML 源代码文件，可以使用记事本创建和修改文档。XML 文档的后缀名为 xml，用 IE 5.0 以上版本的浏览器可以直接打开 XML 文件，但所看到的只是 XML 文件的源代码，而不会显示页面内容。

例如，一个简单的 XML 文档：

〈? xml verslon＝"1.0" encoding＝"ISO-8859-1"?〉

〈note〉

〈to〉Lin〈/to〉

〈from〉Ordm〈/from〉

〈heading〉Reminder〈/heading〉

〈body〉Don't forget me this weekend! 〈/body〉

〈/note〉

文档的第一行是 XML 声明——定义此文档所遵循的 XML 标准的版本，在这个例子里是 1.0 版本的标准，使用的是 ISO-8859-1(Latin-1/West European)字符集。后面几行是文档元素，其中，“note”是“大”元素，在“大”元素中包含若干“小”元素，如“to”、“from”等。

(2)XML 语法规则

XML 文档 HTML 文档类似，用标识来标识内容。创建 XML 文档必须遵循下面一些原则。

①必须有 XML 声明语句。声明一般是 XML 文档的第一句，作用是告诉浏览器或者其他处理程序：当前文档是 XML 文档。其格式如下：

〈? xml version＝"1.0" encoding＝"UTF-8" standalone＝"yes/no"?〉

声明最多可以包含 3 个属性：version 是使用的 XML 版本，目前该值必须是 1.0；encoding 是该文档所使用的字符集，默认值是“UTF-8”，如果要想使用中文字符集，可以指定 encoding 的值为“GB2312”；standalone 可以指定该 XML 文件是否需要调用外部文件，默认值为“no”，如果不需要调用外部文件则值为“yes”。

②XML 元素必须区分大小写。XML 元素是区分大小写的。在 HTML 中，〈h1〉和〈H1〉是相同的；而在 XML 中，它们是不同的。例如，以下代码就是非法的 XML 代码：

〈h1〉这是一级标题文字〈/H1〉

③属性值必须使用引号。与 HTML 一样，XML 元素同样也可以拥有属性。在 HTML 代码里面，属性值可以加引号，也可以不加引号。而在 XML 中元素的属性以名字/值成对的出现。XML 语法规范要求 XML 元素属性值必须用引号，否则将被视为错误。

④所有的标记必须有相应的结束标记。在 HTML 文档中，一些元素可以是没有结束标记的，例如，〈p〉This is a paragraph。而在 XML 中规定，所有的标记必须成对出现，有一个开始标记，就必须有一个结束标记，否则将被视为错误。

⑤所有的空标记必须被关闭。空标记就是在标记对之间没有内容的标记。例如，〈br〉、〈img〉等标记。在 XML 中，规定所有的标记必须有结束标记，针对空标记，在 XML 中处理的方法是在原标记最后加“/”。例如，〈br〉应写为〈br/〉〈img src="cool.gif"〉或写为〈img src="cool.gif"/〉。

⑥所有的 XML 元素必须合理包含。在 HTML 中，允许有一些不正确的包含，例如，下面的代码可以被浏览器解析：〈b〉〈i〉really love〈/b〉〈/i〉，在 XML 中所有元素必须正确的嵌套包含，上面的代码应该写成：〈b〉〈i〉 really love〈/i〉〈/b〉。

⑦XML 中的空白将被保留。在 XML 文档中，空白部分不会被解析器自动删除。这一点与 HTML 是不同的。在 HTML 中，这样的一句话：“Hello　　　my name is Michael”将会被显示成：“Hello my name is Michael”，因为 HTML 解析器会自动把句子中的空白部分去掉。

⑧XML 文档中的注释。XML 注释与 HTML 一样，它可以出现在文档的任何位置，并且以〈! --开始，以--〉结束。注意，注释中不能出现字符串“--”，另外，不允许注释以---〉结尾。

(3)XML 的三要素

XML 主要有 3 个要素，即文档定义(DTD/XML Schema)、XSL 和 Xlink。文档定义描述了 XML 文件的逻辑结构，定义了 XML 文件中的元素、元素的属性以及元素的属性之间的关系，它可以帮助 XML 的分析程序校验 XML 文件标记的合法性；XSL 是用于规定 XML 文档样式的语言，它能在客户端使 Web 浏览器改变文档的表现形式，从而不再需要与服务器进行交互通信；Xlink 允许链接 XML 文件，它允许多个链接目标以及其他先进的特性，而且较 HTML 的链接机制有更强大的功能。

1)DTD 与 XML Schema

XML 提供了数据定义机制，目前存在两种方式：DTD 和 Schema。XML 语言必须有严格的规范。在特定的应用中，数据本身有语义、数据类型、数据关联的限制。微软的 Schema 成为现今的 W3C 定义的 Schema 的原型。但是 W3C 发展了一套不同于 DTD 方法来定义的 XML 数据类型，并给出自己的定义。

Schema 相对于 DTD 的明显好处是 XML Schema 文档本身也是 XML 文档，而不是像 DTD 一样使用特殊格式。这大大方便了用户和开发者，因为他们可以使用相同的工具来处理 XML

Schema 和其他 XML 信息，而不必专门为 Schema 使用特殊的工具。

Schema 是一种描述信息结构的模型，它是借用数据库中的一种描述相关表格内容的机制，为一类文件建立了一个模式。这个模式规范了文件中标签和文本可能的组合形式。

例如，若定义一个合法的地址，其 XML 文档表示如下：

```
〈address〉
    〈name〉Helen〈/name〉
    〈city〉Wuhan〈/city〉
    〈state〉Hubei〈/state〉
    〈zip〉430079〈/zip〉
〈/address〉
```

当人们判断地址合法性时，实际上是经过一个 Schema 检查。检查过程是：一个邮政地址包括：一个人名和一个公司或组织名、一行或多行地址、一个城市名、一个省区名、一个邮政编码，另外再加上一个国家名。依照这个标准，上面的邮政地址是合法的。在 Schema 中规范内容模式限制和数据类型限制：前者用来规定文件中元素的顺序，后者用来限制数据单元的合法性。

2）XSL

XSL（Extensible Stylesheet Language，可扩展样式语言）是用于将 XML 数据翻译为 HTML 或其他格式的语言。XSL 本身也是基于 XML 的，可以解释数量不限的标记，使 Web 的版面更丰富多彩，是设计 XML 文档显示样式的主要文件类型。

XSL 实际上包括两个部分，即一部分是 XSLT（XSL Transformation），它能将 XML 文件转换成另一种格式，转换后的文件会另存为一个新文件，不会更改原有的 XML 文件；另一部分是 XSLFO（XSL Formatting Objects），它提供大量的格式指令，可以精确设置屏幕显示格式或打印格式。在下文中，XSL 均指 XSLT。

在整个 XSL 的发展过程中，XSLT 已经被完全独立出来，它是目前国际万维网联盟（The World Wide Web Consortium，W3C）推荐使用的标准。XSLT 可以将 XML 文件转换成其他格式的文件，最常见转换有以下几种。

①XML→HTML：大部分 Web 浏览器都支持 HTML，但并不是所有的浏览器都支持 XML，如果想要让所建立的 XML 文件能被更多的人查阅，可以将 XML 转换成 HTML，这样就不必再以 HTML 格式重新建立原来的数据。

②XML→XML：将 XML 文件转换成其他的 XML 文件，这是很有商业价值的。XML 允许用户自行定义标记，因此，不同公司在表示数据时，可能使用不同的标记，这时可以通过 XSLT 将一个公司的 XML 文件，转换成另一个公司能解读的 XML 文件。

③XSL→XSL：由于 XSL 本身就是一个良好的 XML 文件，所以 XSL 转换成 XSL，可以视为 XML 转换成 XML 的特例。就用途而言，可以将一个现有的 XSL 样式表转换成另一种格式的样式表，这样就可以使 XML 文件以不同的面貌显示。

XSLT 主要的用途就是将 XML 文档转换成 HTML 格式的文件，然后再交付给浏览器，由浏览器显示转换的结果，要对 XML 文件做转换需要 XSL 处理器，整个 XSLT 工作流程如图 11-9 所示。

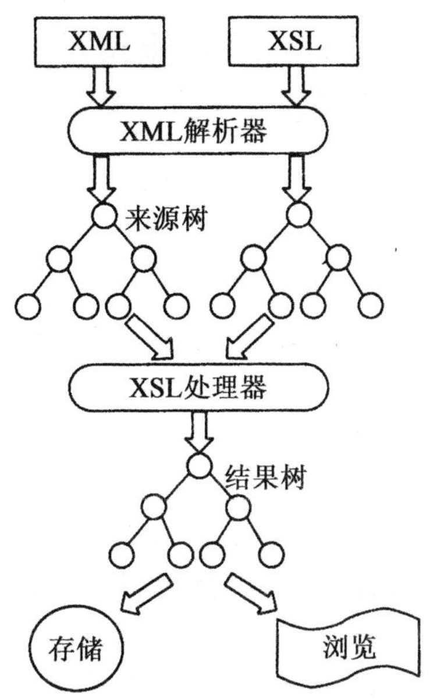

图 11-9　XSLT 工作流程

①读取 XML 文件和对应的 XSL 样式表。

②经过 XML 解析器解析后产生树状结构的来源树。

③XSL 处理器读取所有的样板规则。

④XSL 处理器依据 XSL 样式表的各个指令，一一走访来源树的各个节点，将符合条件的节点，依照 XSL 样式表的设置产生新的结果树。

⑤结果树可以在浏览器中显示，或是存储成新的文件。

除了上述的转换外，XSLT 也可以将原有的 XML 数据重新排序，或是将现有的数据重新以表格显示等功能。

3）Xlink

Xlink（Extensible Linking Language，可扩展的链接语言）是说明如何在网络上做到标识、定址和链接的规范。它扩展了 HTML 链接的功能，可以支持更加复杂的链接。通过 Xlink，不仅可以在 XML 文件之间建立链接，而且可以建立其他类型数据之间的链接。Xlink 还为文件内部定位提供了全新的方式，允许链接的建立者利用文件结构指定文件内部资源片断。

Xlink 有一重要功能就是建立 topicmaps，这是一种依据 metadata 连接到各种不同网络资源的方式。topicmaps 允许不同的资料有外在的注释。因此，可以说 topicmaps 是有结构性的 metadata，而依据各特性关联主题，可以链接到不同的网络资源。

Xlink 定义了几种常用的链接形式：Simple、Extended、Group 和 Document。其中，Simple 的用法比较接近在 HTML 内的 a 标志的用法；Extended 的用法包含 arc 和 locator 的元素，并允许各种种类的扩充链接；Group 和 Document 的用法，是让群组链接到一些特别的文件。

11.3 流媒体技术

11.3.1 流媒体概述

1. 流媒体的定义

流媒体是从英语 Streaming Media 中翻译过来的，它是一种可以使音频、视频和其他多媒体文件能在 Internet 及 Intranet 上以实时的、无需下载等待的方式进行播放的技术。简单来说就是应用流技术在网络上传输的多媒体文件。流媒体是为解决 Internet 为代表的中低带宽网络上的对媒体信息传输问题而产生、发展起来的一种网络新技术。

在网络上传输音/视频等多媒体信息目前主要有下载和流式传输两种方案。A/V 文件一般都较大，所以需要的存储容量也较大；同时由于网络带宽的限制，下载常常要花数分钟甚至数小时，所以这种处理方法延迟也很大。流式传输时，声音、影像或动画等多媒体采用流域由音视频服务器向用户计算机的连续、实时传送，用户不必等到整个文件全部下载完毕，而只需经过几秒或十数秒的启动延时即可进行观看。当声音等时基媒体在客户机上播放时，文件的剩余部分将在后台从服务器内继续下载。流不仅使启动延时成十倍、百倍地缩短，而且不需要太大的缓存容量。流传输避免了用户必须等待整个文件全部从 Internet 上下载才能观看的缺点。

流媒体实现的关键技术就是流式传输，它将动画、音/视频等多媒体压缩成一个个压缩包，由视频服务器向客户端连续地、实时地传送数据。“流媒体”实际上存在广义和狭义两种涵义。广义上的流媒体是使音频和视频形成稳定和连续的传输流和回放流的一系列技术、方法和协议的总称，即“流媒体技术”。而狭义上的流媒体是相对于传统的“下载-回放”方式而言的一种新的从因特网上获取音频和视频等流媒体数据的方式，这种方式支持多媒体数据流的实时传输和实时播放。即服务器端向客户机端发送稳定的和连续的多媒体流，客户机则一边接收数据一边以一个稳定的流回放，而不是等数据完全下载后再回放。

2. 流媒体的特点

流媒体采用了特殊的数据压缩/解压缩技术。与传统的单纯的下载相比较，流媒体具有显著的特点：

(1)等待时间短

由于不需要将全部数据下载，因此，用户等待时间可以大大缩短。

(2)文件体积小

流媒体运用了特殊的数据压缩/解压缩技术，数据压缩方式和 JPEG 个数图像的压缩格式很相像，在播放时，流媒体播放器进行实时的解压缩。文件被压缩时，在不影响播放质量的前提下，会丢失一些不必要的数据，比如一帧视频图像中前一帧相同的部分，这样，流媒体的文件体积要比其他类型的媒体文件小很多。

(3)特殊的数据格式

流媒体的数据个数 ASF 极为特殊，它将媒体文件分为众多小数据包，媒体服务器不会发送用户收不到的数据包，在用户通过媒体播放器对播放进行控制，如快进、快退或跳跃到文件中某一时间点时，媒体服务器才会发送出相关内容的数据包。

(4)采用特殊的传输协议

流媒体在 Internet 上的传输必然涉及到网络传输协议，其中包括 Internet 本身的多媒体传输协议，以及一些实时流式传输协议等。现在常见的流式传输协议主要用于 Internet 上针对多媒体数据流的实时传输协议 RTP、实时传输控制协议 RTCP 和实时流协议 RTSP。

(5)利于多媒体的集成

由 W3C 组织于 1998 年 6 月开始推广的一种和 HTML 具有相同结构的标记语言——同步多媒体集成语言(Synchronized Multimedia Integration Language，SMIL)，是目前集成流式多媒体最常用的工具。目前流行的多媒体集成软件 Authorware、ToolBook 和 PowerPoint 等，都是将所有要集成的媒体文件重新组合成一个新的文件，是真正意义上的集成。

3. 流媒体的传输方式

实现流式传输有两种方法：实时流式传输和顺序流式传输。

(1)实时流式传输

实时流式传输是指保证媒体信号带宽与网络连接匹配，使媒体可被实时观看。它需要专用的流媒体服务器与传输协议。

实时流式传输总是实时传送，特别适合现场事件，也支持随机访问，用户可快进或后退以观看前面或后面的内容。理论上，实时流一经播放就可以连续不停，但事实上，也可能发生周期暂停。

实时流式传输必须与连接带宽相匹配，也就是说，在以速度较慢的调制解调器速度连接时图像质量较差。而且，由于出错丢失的信息被忽略掉，网络拥挤或出现问题时，视频质量很差。如果想要保证视频质量，顺序流式传输也许更好。实时流式传输需要特定服务器，如 QuickTime Streaming Server、RealServer 与 Windows Media Server。这些服务器允许用户对媒体发送进行更多级别的控制，因而系统设置、管理比标准 HTTP 服务器还要复杂。实时流式传输还需要特殊网络协议，如 RTSP(Realtime Streaming Protocol)或 MMS(Microsoft Media Server)。这些协议在有防火墙时可能会出现一些问题，导致用户不能看到一些地点的实时内容。

(2)顺序流式传输

顺序流式传输是顺序下载，即用户可在下载文件的同时观看在线媒体。但在给定时刻，用户只能观看已下载的内容，而不能观看到还未下载的部分。顺序流式传输不能在传输期间根据用户连接的速度做出调整。由于标准的 HTTP 服务器可发送这种形式的文件，也不需要其他特殊协议，它经常被称为 HTTP 流式传输。顺序流式传输比较适合高质量的短片段，如片头、片尾和广告，由于该文件在播放前观看的部分是无损下载的，这种方法确保了电影播放的最终质量。这意味着用户在观看前，必须经历延迟，对较慢的连接更是这样。

通过调制解调器发布短片段，顺序流式传输显得非常实用，它允许用比调制解调器更高的数据速率创建视频片段。虽然有延迟，但是可让用户发布较高质量的视频片段。

顺序流式文件放在标准 HTTP 或 FTP 服务器上，易于管理，基本上与防火墙无关。顺序流式传输不适合长片段和有随机访问要求的视频，例如，讲座、演说与演示。它也不支持现场广播，严格地说，它是一种点播技术。

4. 流媒体的文件格式

(1)压缩媒体文件格式

压缩格式也可以被称为压缩媒体格式，包含了描述一段声音和图像的同样信息，但它的文件大小被处理得更小。很明显，压缩过程改变了数据位的编排。在压缩媒体文件再次成为媒体格式前，其中的数据需要解压缩。由于压缩过程自动进行，并内嵌在媒体文件格式中，通常我们在存储文件时没有注意到这点。

流式文件格式经过特殊编码，使其可以在网上边下载边播放，而不是等到下载完整个文件才能播放。可以在网上以流的方式播放标准媒体文件，但效率不同。将压缩媒体文件编码成流式文件，必须加入一些附加信息，如计时、压缩和版权信息等。编码过程如图 11-10。

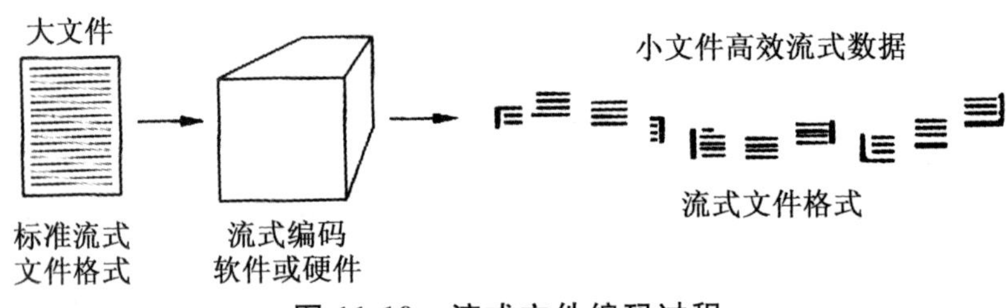

图 11-10 流式文件编码过程

(2)流式文件格式

在 Internet 上所传输的多媒体格式中，基本上就仅有文本、图形可以按原格式在网上传输。动画、音频、视频等虽然可以直接在网上播放，但文件偏大，即使使用专线上网，也要等完全下载后才能观看，这 3 种类型的媒体均要采用流式技术来进行处理以便于在网上传输。另外，还有一些如 PowerPoint 文件、多媒体课件等内容也需要用流式技术进行传输。

流媒体格式就是将一个资料(动画、影音等)分段传送，用户不必等待整个内容传送完毕，就可以观看到即时、连续的内容，甚至可以随时地暂停、快进、快倒。由于不同的公司开发的文件格式不同，传送的方式也有所差异，因此，我们必须非常清楚各种流媒体文件的格式。

①RealSystem 的 Real Media 文件格式。Real Networks 公司的 Real Media 主要包括 Real Audio、Real Video 和 Real Flash 三类文件，其中 Real Audio 用来传输接近 CD 音质的音频数据，Real Video 用来传输不间断的视频数据，Real Flash 则是 Real Networks 公司与 Macromedia 公司新近联合推出的一种高压缩比的动画格式。Real Media 文件格式的引入，使得 RealSystem 可以通过各种网络传送高质量的多媒体内容。第三方开发者可以通过 Real Networks 公司提供的 SDK 将它们的媒体格式转换成 Real Media 文件格式。

. ra 格式是 Real Networks 公司所研发的一种新型流式音频 Real Audio 文件格式。. rm 格式则是流式视频 Real Video 文件格式，主要用来在低速率的网络上实时传输活动视频影像，可以根据网络数据传输速率的不同而采用不同的压缩比率，在数据传输过程中边下载边播放视频影像，从而实现影像数据的实时传送和播放。客户端通过 Real Player 播放器进行播放。

②微软高级流格式 ASF 文件格式。Microsoft 公司的 Windows Media 的核心是 ASF(Advanced Stream Format)。微软将 ASF 定义为同步媒体的统一容器文件格式。ASF 也是一种数据格式，音频、视频、图像以及控制命令脚本等多媒体信息通过这种格式，以网络数据包的形式传输，并实现流式多媒体内容发布。

Microsoft Media 的 ASF 也是网上非常流行的一种流媒体格式。它的使用与 Windows 操作系统是分不开的，其播放器 Microsoft Media Player 已经与 Windows 捆绑在一起，不仅用于 Web 方式播放，还可以用于在浏览器以外的地方来播放影音文件。

③QuickTime 的 . qt 文件格式。QuickTime Movie 的 . qt 格式是由 Apple 公司开发的一种音频、视频文件格式，用于保存音频和视频信息，具有先进的音频和视频功能，由包括 Apple Mac OS、Microsoft Windows 95/98/NT/2000 在内的所有主流计算机操作系统所支持。QuickTime 文件格式支持 25 位彩色，支持 RLC、JPEG 等领先的集成压缩技术，提供 150 多种视频效果。

④Flash 的 . swf 格式。SWF 是基于 Macromedia 公司 Shockwave 技术的流式动画格式发展起来的，是用 Flash 软件制作的一种格式，源文件为 . fla。由于其具有体积小，功能强，交互能力好，支持多个层和时间线程等特点，故越来越多地应用在网络动画中。SWF 文件是 Flash 的其中一种发布格式，已广泛用于 Internet 上，客户端安装 Shockwave 的插件即可播放。

⑤MetaStream 的 . mts 格式。MetaCreations 公司的网上流式三维技术 MetaStream 主要用于实现因特网上流式三维网页的浏览。它是一种新兴的网上 3D 开放文件标准(基于 Intel 构架)，主要用于创建、发布及浏览可以缩放的 3D 图形和开发电脑游戏。

⑥Authorware 的 . aam 格式。纵观市场上的计算机辅助教学(简称 CAI)课件，我国大多是采用像 Authorware 这样的多媒体制作工具。这类课件利用 Shockwave 技术和 Web Package 软件可以把 Authorware 生成的文件压缩为 . aam 和 . aas 流式文件格式；也可以用 Director 生成后，利用 Shockwave 技术改造为网上传输的流式多媒体课件。

表 11-2 列举了常用的流式文件类型，表 11-3 列举了常用视频、音频压缩文件类型。

表 11-2　常用流式文件格式

文件格式扩展名(Video/Audio)	媒体类型与名称
Asf	Advanced streaming Format 文件(Microsoft)
Rm	Real Video/Audio 文件(Progressive Networks)
Ra	Real Audio 文件(Progressive Networks)
Rp	Real Pix 文件(Progressive Networks)
Rt	Real Text 文件(Progressive Networks)
Swf	Shock wave Flash(Macromedia)
Viv	Vivo Movie 文件(Vivo Software)

表 11-3　常用视频、音频压缩文件类型

文件格式扩展名(Video/Audio)	媒体类型与名称	压缩情况
Mov	QuickTime Video V2. 0	可以
mpg	MPEG-1 Video	有
mp3	MPEG-1 Layer 3 Audio	有
Wav	Wave Audio	没有

续表

文件格式扩展名(Video/Audio)	媒体类型与名称	压缩情况
aif	Audio interchange Format	没有
snd	Sound Audio File Format	没有
au	Audio File Format(Sun OS)	没有
avi	Audio Video Interleaved V1.0(Microsoft Win)	可以

(3)媒体发布格式

媒体发布格式不是压缩格式,也不是传输协议,其本身并不描述视听数据,也不提供编码方法。媒体发布格式是视听数据安排的唯一途径,物理数据无关紧要,我们仅需要知道数据类型和安排方式。以特定方式安排数据有助于流式多媒体的发展,因为我们希望有一个开放媒体发布格式为所有商业流式产品所应用,为应用不同压缩标准和媒体文件格式的媒体发布提供一个事实上的标准方法,我们也可以从用相同格式同步不同类型的流中获益。

总有一天,单个媒体发布格式能包含不同类型媒体的所有信息,如计时、多个流同步、版权和所有人信息等。实际视听数据可位于多个文件中,而由媒体发布文件包含的信息控制着流的播放。常用媒体发布格式如表 11-4 所示。

表 11-4 常用媒体发布格式

媒体类型和名称	媒体发布格式扩展名
asx	Active Stream Redirector
smi/smil	Synchronized Multimedia Integration Language
ram	Real Audio Media
rpm	Embedded Ram
xml	Extensible Markup Language

11.3.2 流媒体传输协议

一般的数据传输采用的协议有 HTTP 或 FTP,这两种基于 TCP 可靠传输的协议可以完成普通数据在网络上的传输。对于实时音视频数据的传输业务,HTTP 或 FTP 虽然也能支持,但是却具有较大的局限性。首先,数据的实时性需求无法在传输中得到保证,更不能提供像现场直播这样的高实时性的业务。其次,无法支持快进、快退等功能。最后,无法实现实时加密,对数据版权的保护有限。

流式传输协议是为了在客户机和视频服务器之间进行通信而设计和标准化的。目前,互联网上用于多媒体数据流的技术协议有实时传输协议(RTP)、实时传输控制协议(RTCP)、实时流协议(RTSP)、资源预留协议(RSVP)等。根据它们的功能,网络上与流媒体相关的协议分为三类。

①网络层协议:网络层协议提供了基本的网络服务支持。IP 协议就是网络上流媒体使用的网络协议。

②传输协议：传输协议为流服务提供端对端的网络传输功能。TCP、UDP、RTP 和 RTCP 就是网络上流媒体使用的传输协议。

③程序控制协议：程序控制协议定义消息和程序。RTSP 就是一种程序控制协议。

流媒体协议栈如图 11-11 所示。下面将对各主要的流媒体协议进行讨论。

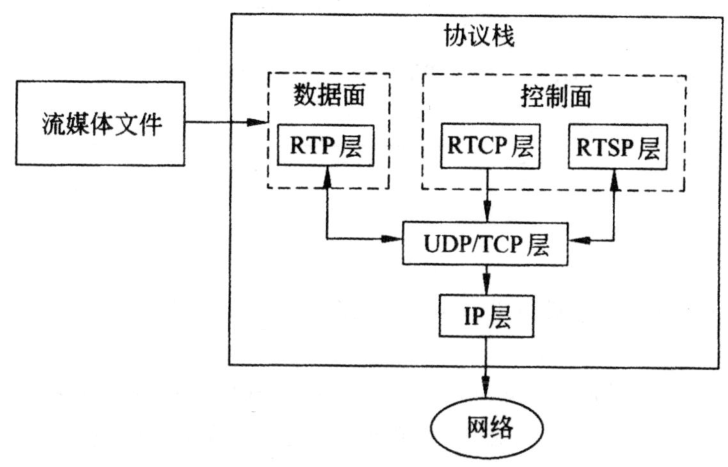

图 11-11　流媒体协议栈

1. 实时传输协议(RTP)

RTP(Real-time Transport Protocol，实时传输协议)主要用于 Internet 上针对多媒体数据流的传输。它一般使用 UDP 协议来传送数据，最初是为“组播”传输情况而设计的，其主要目的是提供时间信息和保证流同步，不过现在也用于一对一的传输情况。RTP 协议主要完成对数据包进行编号、加盖时间戳、丢包检查、安全与内容认证等工作。通过这些工作，应用程序会利用 RTP 协议的数据信息保证流数据的同步和实时传输。

RTP 协议最初是在 20 世纪 70 年代被提出来的，为了尝试传输声音文件，把包分成几部分用来传输语音、时间标志和队列号。经过一系列发展，RTP 第一版本在 1991 年 8 月由美国的一个实验室发布了，到 1996 年形成了标准的版本。很多著名的公司如 Netscape，就宣称“Netscape Live Media”是基于 RTP 协议的。Microsoft 也宣称他们的“NetMeeting”也是支持 RTP 协议的。

由于 Internet 是一个共享数据包的网络，数据包在 Internet 中传输时，可能会遇到不可预期的延迟和不稳定性这些问题。但是多媒体数据的传输恰恰需要精确的时间控制，以保证多媒体内容最终能够正常地回放。RTP 正是在这种需求下产生的协议，它在数据传输的时间上制定了特别的机制。下面具体讨论一下 RTP 协议是如何工作的。

(1)RTP 数据包

RTP 数据包中包括 4 项基本内容，如图 11-12 所示。

RTP 数据包由固定包头(RTP Header)和有效载荷(RTP Payload)两部分组成。其中，固定包头又包括时间戳、顺序号、同步源标识、贡献源标识等；有效载荷类型就是传输的音频或视频等多媒体数据。

①时间戳(Time Stamping)：这是实时应用中的一个重要概念。发送端会在数据包中插入

一个即时的时间标记,即“时间戳”。时间戳会随着时间的推移而增加。当数据包抵达接收端后,接收端根据时间戳重新建立原始音频或视频的时序,以此去除由网络引起的数据包的抖动。时间戳也可以用于同步多个不同的数据流,帮助接收方确定数据到达时间的一致性。

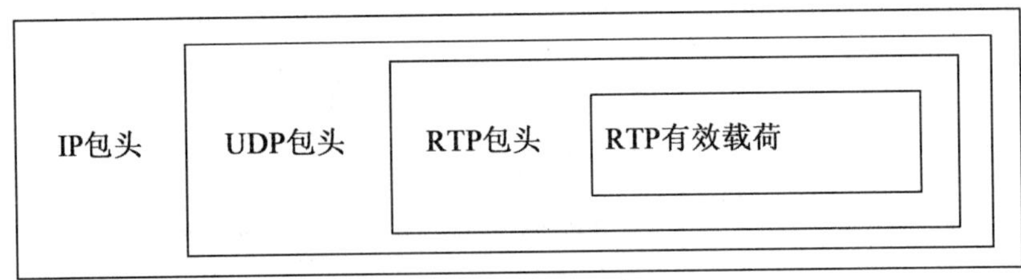

图 11-12 RTP 数据包

②顺序号(Sequence Number,SN):由于 UDP 协议发送数据包时无时间顺序,因此,人们就使用“顺序号”对抵达的数据包进行重新排序。同时,接收端可以用“顺序号”来检查数据包是否丢失。

③同步源标识(Synchroniration Source Identifier,SSRC):可以帮助接收端利用发送端生成的唯一数值来区分多个同时的数据流,得到数据的发送源。例如,在网络会议中通过同步源标识可以得知哪一个用户在讲话。

④有效载荷类型(Payload Type,PT):对传输的音频、视频等数据类型给以说明,并说明数据的编码方式,从而让接收端知道如何破译和播放负载数据。RTP 可以支持 128 种不同的有效载荷类型。

对于声音流,这个域用来指示声音使用的编码类型,例如,PCM、ADPCM 或 LPC 等;如果发送端在会话或者广播的中途决定改变编码方法,发送端可以通过这个域来通知接收端。

对于电视流,这个域用来指示电视编码的类型,例如,motion JPEG、MPEG-1、MPEG-2 或 H. 231 等;发送端也可以在会话期间随时改变电视的编码方法。

需要注意的是,在任意给定时间的传输中,RTP 发送端只能传输一种类型的负载。

(2)RTP 固定包头

RTP 固定包头的格式如图 11-13 所示。除了“CSRC”(贡献源标识)外,其他内容都会出现在每一个 RTP 固定包头中。

0~1	2	3	4~7	8	9~15	16~31
V	P	X	CC	M	PT	顺序号(Sequence Number, SN)
时间戳(Time Stamping)						
同步源标识(Synchronization Source Identifier, SSRC)						
贡献源标识(Contributing Source Identifier, CSRC)						

图 11-13 RTP 固定包头格式

①V:RTP 协议的版本号,占 2 位。当前的协议版本号为 2。

②P:填充标志,占 1 位,指明载荷区最后是否有填充数据。如果有填充数据,则载荷区的最后一字节中装载填充数据的长度。

③X:扩展标志,占 1 位,如果 X=1,则在 RTP 固定包头后跟有一个扩展报头。

④CC:CSRC 计数器,占 4 位,指示 CSRC 标识符的个数。

⑤M:标记,占 1 位,标识连续码流中的某些特殊事件,标记的具体解释则在轮廓文件中定义。

⑥PT:有效载荷类型,占 7 位,用于说明 RTP 固定包头中有效载荷的类型,接收端可以据此解释并播放 RTP 数据。

⑦顺序号:占 16 位,用于标识发送者所发送的 RTP 报文的顺序号,每发送一个报文,顺序号增 1。接收者通过顺序号来检测报文的丢失情况,重新排序报文,恢复数据。

⑧时间戳(Time Stamping):占 32 位,反映了该 RTP 固定包头的第一个字节的采样时刻。接收者使用时间戳来计算延时和延时抖动,并进行同步控制。

⑨同步源标识符(SSRC):占 32 位,用于标识同步源。该标识符是随机选择的,参加同一视频会议的两个同步源不能有相同的 SSRC。

⑩贡献源标识符(CSRC):每个 CSRC 标识符占 32 位,可以有 0~15 个,具体数目则由上面的 CC 字段给出。每个 CSRC 标识了包含在该 RTP 固定包头有效载荷中的所有贡献源。

(3)RTP 协议的特点

RTP 传输协议有以下一些特点。

①协议的灵活性。RTP 不具备传输层协议的完整功能,其本身也不提供任何机制来保证实时的数据传输,不支持资源预留,也不保证服务质量。另外,RTP 将部分运输层协议功能(如流量控制)上移到应用层完成,简化了运输层处理,提高了该层效率。

②数据流和控制流分离。RTP 的数据报文和控制报文使用相邻的不同端口,这样大大提高了协议的灵活性和处理的简单性。

③协议的可扩展性和适用性。RTP 通常为一个具体的应用来提供服务,通过一个具体的应用进程实现,而不作为 OSI 体系结构中单独的一层来实现。RTP 只提供协议框架,开发者可以根据应用的具体要求进行充分的扩展。

2. 实时传输控制协议(RTCP)

RTCP(Real-time Transport Control Protocol,实时传输控制协议)和 RTP 一起提供流量控制和拥塞控制服务。在 RTP 会话期间,RTCP 协议将控制包周期性地发送给所有连接者,各参与者周期性地传送 RTCP 包。RTCP 包中含有已发送的数据包的数量、丢失的数据包的数量等统计资料,因此,服务器可以利用这些信息动态地改变传输速率,甚至改变有效载荷类型。RTP 和 RTCP 配合使用,它们能以有效的反馈和最小的开销使传输效率最佳化,因而特别适合传送实时数据。

(1)RTCP 控制分组格式

RTCP 协议的功能是通过不同的 RTCP 控制分组实现的。RTCP 协议规范定义了五种不同类型的 RTCP 控制分组:SR (Sender Report)控制分组;RR (Receiver Report)控制分组;SDES (Source Description)控制分组;BYE (Goodbye)控制分组;APP (Application-defined)控制分组。

下面就分析一下不同类型的 RTCP 分组格式及其功能。

①SR 控制分组。SR 控制分组是由发送端发出的 SRTCP 控制分组,其分组类型代码是 200。所谓发送端是指发出音频或视频 RTP 数据分组的应用程序或终端。发送端也可以是接收端,即接收音频或视频 RTP 数据分组的应用程序或终端。SR 控制分组一般由三部分组成,在某

些情况下可能有第四部分，即特定框架扩展部分。SR 控制分组的格式如图 11-14 所示。

V=2	RC	PT=SR=200	长度
发送者SSRC			
NTP时间戳(字的高位部分)			
NTP时间戳(字的低位部分)			
RTP时间戳			
计数			
发送分组有效字节数			
第一个源SSRC			
	累计丢失数		
已接收到的扩展的最高序数			
分组间到达抖动			
上一个SR(LSR)			
上一个SR(DLSR)延迟			
第二个SSRC_2			

图 11-14 SR RTCP 控制分组格式

第一部分是 4 个字节的头部。其中 2bit 的 V 域表示该分组所用 RTP 协议的版本号，目前是 2；8bit 的 PT 域表示该 SRTCP 分组的类型；16bit 的 length 域表示 SRTCP 分组除去 32bit 头部后剩余的 A 字(32bit)数；SSRC 是该 SR 控制分组源端的同步资源标识符，指示该分组来自哪个媒体源。

第二部分是发送端信息，共 20 个字节，其中包含了该分组产生的绝对时间。RTP 时间戳、发送端发出的分组数和有效数据字节数(不包括 RTP 头部和填充域)。发送端信息域主要用于向接收端提供计算服务质量参数的基本信息。

第三部分是一个到多个接收端报告块。该报告块在 RR 控制分组中也存在，主要反映应用程序接收媒体数据流的服务质量统计信息。不同的报告块由不同数据源的 SSRC 标识符来区别。该报告块含有重要的应用程序服务质量参数，如累计分组丢失数，传输延迟抖动等。这些参数是服务质量监测和控制的重要依据。

第四部分是特定协议框架扩展部分。由于协议中并未具体定义该部分的格式，因此，这一部分给协议实现者提供了发挥的空间。可以认为，与特定应用程序有关的私有信息也可以包含在这一部分。在动态服务质量监控中，可以在这一部分包含会话成员感兴趣但 RTP 协议本身未涉及到的有关服务质量反馈信息。

②RR 控制分组格式。RR 控制分组是由接收端发出的 RTCP 控制分组，其分组类型是 201。这里所谓的接收端是指仅仅接收音、视频 RTP 数据分组而不发出数据分组的应用程序或终端。RR 控制分组与 SR 控制分组的格式基本相同，唯一的区别是 RR 控制分组没有发送端信息域。RR 控制分组的功能主要是向媒体发送端反馈服务质量监测参数，以使发送端进行相应

服务质量控制。

③SDES 控制分组。SDES 控制分组的主要功能是作为媒体会话成员有关标识信息的载体，例如，它可以包含用户名、电子函件地址等。此外，该控制分组还有向会话成员传达最小会话控制信息的功能。例如，在一个松弛控制会议中，该控制分组可以传达某用户加入或离开会议的控制信息。SDES 控制分组的类型代码是 202，它的分组格式如图 11-15 所示。

V=2	P	SC	PT=SDES=202	长度
SSRC/CSRC_1				
SDES项目				
SSRC/CSRC_2				
SDES项目				

图 11-15 SDES RTCP 控制分组格式

④BYE 控制分组。BYE 控制分组的主要功能是指示某一个或几个媒体源不再有效，即通知媒体会话的其他成员这些媒体源将离开会话。这也是一种不需要协商的松弛控制方式。在 BYE 控制分组中可以指明媒体离开的原因，会话成员或第三方监控器收到这一消息后即可诊断当前的会话状态。BYE 控制分组的类型代码是 203。

⑤APP 控制分组。APP 控制分组用于试验新开发的应用或特征。某一新的应用可以采用 APP 控制分组定义一种新的 RTCP 分组类型。经过广泛的测试和评估后，如果该类型的 RTCP 分组具有重要意义，就可向 IANA(Internet Assigned Numbers Authority)申请注册一个新的 RTCP 分组类型码，使该分组成为正式的 RTCP 控制分组。

(2)RTCP 的主要功能

RTCP 可以实现以下功能：

①服务质量动态监控和拥塞控制。RTCP 控制分组含有服务质量监控的必要信息。由于 RTCP 分组是多播的，所有会话成员都可以通过 RTCP 分组返回的控制信息了解其他参加者的状况。发送音视频流的应用程序周期性地产生发送端报告控制分组 SR。该 RTCP 控制分组含有不同媒体流间的同步信息以及已发送分组和字节的计数，接收端可以据此估计实际的数据传输速率。接收端向所有所知的发送端发送接收端报告控制分组 RR。该控制分组含有已接收数据分组的最大序列号、丢失分组数目、延时抖动和时间戳等重要信息。发送端应用程序收到这些分组后可以估计往返时延，还可以根据分组丢失数和时延抖动动态调整发送端的数据发送速率，以改善网络拥塞状况，实现公平带宽共享，并根据网络带宽状况平滑调整应用程序的服务质量。

②媒体流同步。RTCP 控制分组中的 NTP 时间戳和 RTP 时间戳可用于同步不同的媒体流，例如，音频和视频间的唇音同步。从本质上说，如果要同步来源于不同主机的媒体流，则必须同步它们的绝对时间基准。

③资源标识和传达最小控制信息。RTP 数据分组并没有提供有关自身来源的有效信息，而 RTCP 的 SDES 控制分组含有这些信息，且通常以文本文字的形式出现。例如，SDES 分组的 CNAME 项包含主机的规范名，这是一个会话中全局唯一的标识符。其他可能的 SDES 项可用于传达最小控制信息，如用户名、电子函件地址、电话号码、应用程序信息和警告信息等。其中，

用户名可以显示在接收端的屏幕上，其他的信息项可用于调试或出现问题时与相应用户联络。

在一个松弛控制的会话应用中，会话参加者加入或离开时并不需要与其他成员进行参数和控制协商。RTCP 提供了一个方便的途径传达有关参加者的状态信息和最小会话控制信息，这对松弛控制会议来说已经足够。

④会话规模估计和扩展。应用程序周期性地向媒体会话的其他成员发送 RTCP 控制分组。应用程序可以根据接收到的 RTCP 分组估计当前媒体会话的规模，即会话中究竟有多少活动的用户，并据此扩展会话规模。这对网络管理和服务质量监控都非常有意义。

3. 实时流协议(RTSP)

RTSP(Real Time Streaming Protocol，实时流协议)是由 RealNetworks 和 Netscape 共同提出的，该协议定义了一对多应用程序如何有效地通过 IP 网络传送多媒体数据。RTSP 在体系结构上位于 RTP 和 RTCP 之上，它使用 TCP 或 RTP 完成数据传输。HTTP 与 RTSP 相比，HTTP 传送 HTML，而 RTP 传送的是多媒体数据。HTTP 请求由客户机发出，服务器做出响应；使用 RTSP 时，客户机和服务器都可以发出请求，即 RTSP 可以是双向的。

RTSP 是应用级协议，控制实时数据的发送。RTSP 提供了一个可扩展框架，使实时数据，如音频与视频的受控、点播成为可能。数据源包括现场数据与存储在剪辑中数据。该协议目的在于控制多个数据发送连接，为选择发送通道如 UDP、组播 UDP 与 TCP 提供途径，并为选择基于 RTP 上的发送机制提供方法。

(1)RTSP 提供的操作

RTSP 提供的操作主要有以下 3 种：

①从媒体服务器上取得多媒体数据，客户端可以要求服务器建立会话并传送被请求的数据。

②要求媒体服务器加入会议，并回放或录制媒体。

③向已经存在的表达中加入媒体。当任何附加的媒体变为可用时，客户端和服务器之间要互相通报。

(2)RTSP 协议的特点

RTSP 协议具有以下几个特点：

①可扩展性：新方法和参数很容易加入 RTSP。

②易解析：RTSP 可由标准 HTTP 或 MIME 解吸器解析。

③安全：RTSP 使用网页安全机制。

④独立于传输：RTSP 可使用不可靠数据报协议(UDP)、可靠数据报协议(RDP)，如要实现应用级可靠，可使用可靠流协议。

⑤多服务器支持：每个流可放在不同服务器上，用户端自动同不同服务器建立几个并发控制连接，媒体同步在传输层执行。

⑥记录设备控制：协议可控制记录和回放设备。

⑦流控与会议开始分离：仅要求会议初始化协议提供，或可用来创建唯一会议标志号。特殊情况下，SIP 或 H. 323 可用来邀请服务器入会。

⑧适合专业应用：通过 SMPTE 时标，RTSP 支持帧级精度，允许远程数字编辑。

⑨演示描述中立：协议没有强加特殊演示或元文件，可传送所用格式类型；然而，演示描述至少必须包含一个 RTSP URI。

⑩代理与防火墙友好：协议可由应用和传输层防火墙处理。防火墙需要理解 SETUP 方法，为 UDP 媒体流打开一个“缺口”。

⑪HTTP 友好：此处，RTSP 明智的采用 HTTP 观念，使现在结构都可重用。结构包括 Internet 内容选择平台(PICS)。由于在大多数情况下控制连续媒体需要服务器状态，RTSP 不仅仅向 HTTP 添加方法。

⑫适当的服务器控制：如用户启动一个流，他必须也可以停止一个流。

⑬传输协调：实际处理连续媒体流前，用户可协调传输方法。

⑭性能协调：如基本特征无效，必须有一些清理机制让用户决定哪种方法没生效。这允许用户提出适合的用户界面。

4. 资源预留协议(RSVP)

资源预留协议 (Resource Reservation Protocol，RSVP)原本是为网络会议应用而开发的，后被互联网工程任务组(IETF)的 Integrated Services 工作组集成到通用的资源预留解决方案中。RSVP 协议是施乐公司的 Palo Alto 研究中心、麻省理工学院(MIT)以及美国加州大学信息科学学院等研究机构共同的成果。1994 年 11 月提交到互联网工程指导组(IESG)请求提议标准，1997 年 9 月 RSVP Version 功能规范成了 Internet 标准。

(1)RSVP 协议的工作原理

RSVP 协议是网络控制协议，它使 Internet 应用传输数据流时能够获得特殊服务质量(QoS)。RSVP 是非路由协议，它同路由协议协同工作，建立与路由协议计算出路由等价的动态访问列表。RSVP 协议属于 OSI 7 层协议栈中的传输层。RSVP 的组成元素有发送端、接收端和主机或路由器。发送端负责让接收端知道数据将要发送，以及需要什么样的 QoS；接收者负责发送一个通知到主机或路由器，这样它们就可以准备接收即将到来的数据；主机或路由器负责留出所有合适的资源。

RSVP 的工作原理大致是这样的：发送端首先向接收端发送一个 RSVP 信息，RSVP 信息同其他 IP 数据包一样通过各个路由器到达目的地。接收端在接收到发送端发送的信息之后。由接收端根据自身情况逆向发起资源预留请求，资源预留信息沿着与原来信息包相反的方向对沿途的路由器逐个进行资源预留。

在每个节点上能否建立预留需要进行判断，其判断是根据“Policy Control(策略控制)”和“Admission Control(接入控制)”两个条件决定的。策略控制主要用来判断该用户是否有建立预留的权限，而接入控制则用来判断是否有足够的资源满足该请求。RSVP 会逐个询问沿途的路由器检查这两个条件，如果其中任何一个条件不能满足，则 RSVP 程序会返回一个错误通知，应用无法进行。如果两个条件都满足，则 RSVP 会在“Packet Classifier(数据包分类器)”和“Packet Scheduler(数据包排程器)”中设定参数获得被请求的 QoS。同时，RSVP 也会与路由处理进行通信，决定传输预留请求的路径，如图 11-16 所示。

发送端与接收端之间传递的 RSVP 信息分为两种类型，即一种是“Path”信息，另一种是“RESV”信息。“Path”类型的信息是从发送端到接收端的，这类信息中包含发送方模板描述(数据格式、源地址、源端口)和通信特征描述等信息，该信息被用于接收端查找发送端的路径以及决定预留什么资源。“Path”信息会在路由器上建立路径软状态，“Path”信息抵达接收端后，如果接收端希望产生一个资源路由，则会向发送端反向传递一个“RESV”信息。

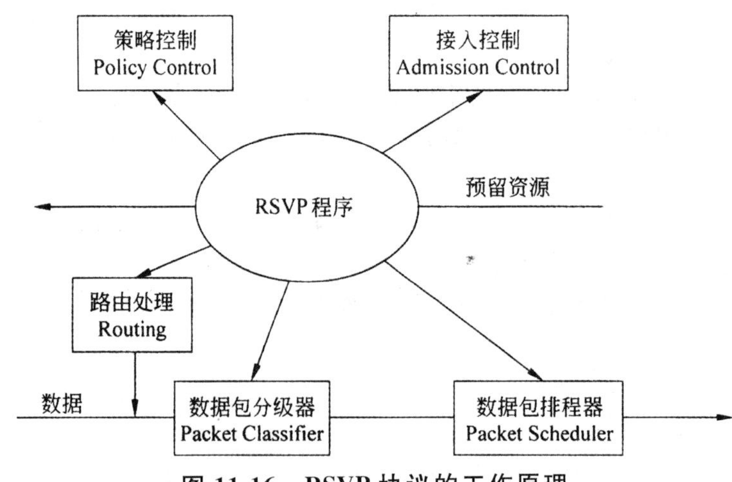

图 11-16 RSVP 协议的工作原理

"RESV"类型的信息是由接收端生成并向发送端传递的信息，包含"flow"和"filter"两个规范。"flow"参数用于数据包排程器中，其内容依服务而定，主要说明数据流所需的 QoS。"filter"规范指定哪些数据包被数据包分离器所使用，定义特定的流。依据"Path"信息在路由器上建立的路径软状态，"RSVP"信息会依次找回原来的发送端。在途中经过的路由器上，判断是否有可预留的资源，如果有就建立一个预留软状态，经过过滤合并，继续向上游转发。一旦"RESV"消息成功到达发送端，意味着一个端到端的资源预留被建立。

(2)RSVP 协议的特点

RSVP 协议具有以下特点：

①预留请求是由接收端发出的，并且支持各种不同结构的接收端。RSVP 既可以用于主机也可以用于路由器。

②RSVP 同时支持"unicast"(单址传送)和"multicast"(多址传送)的资源预留，并且它允许预留资源可以被多个发送者共享，也可以将同一个发送者的预留请求合并。

③RSVP 流是单向的，尽管在大多数情况下，一台主机既是发送端也是接收端，但资源预留是单向的。

④RSVP 具有很好的兼容性，它既可以运行在 IPv4 的网络中，也可以运行在 IPv6 的网络中。RSVP 协议中"Traffic Control(通信控制)"和"Policy Control(策略控制)"采用不透明传输，这主要是为了提高对新技术的兼容性。

11.3.3 典型的流媒体系统

1. RealSystem 系统

美国的 Real Networks 公司是世界上第一个推出流媒体的公司，它提供的媒体格式、制作软件、集成工具语言、媒体发布以及播放技术等也是现在完整、功能丰富的流媒体软件。

这一系列技术被称为 RealSystem 系列。属于该系列的流媒体软件格式有视频和声音文件".rm"、流式图片 RealPix 文件".rp"以及流式文件 Real Text 文件".rt"等。同时 RealSystem 也支持其他的媒体格式，例如，Flash 动画、图片文件 LPEG、GIF 等。

（1）RealSystem 系统组成

RealSystem IQ 由服务器端流播放引擎（RealServer）、内容制作、客户端播放三部分组成。

①制作端产品：RealProducer 有初级版和高级版两个版本。其作用是将普通格式的音频/视频或动画媒体文件，通过压缩转换为 RealServer 能进行流式传输的流格式文件，即是 RealSystem 的编码器。它能够提供两种编码格式选择：HTTP 和 Sure Stream，能充分利用 RealServer 服务器的服务能力。

②服务器端产品：服务器端软件 RealServer 用于提供流式服务。主要有 Basic、Plus、Internet、Professional 几种版本。代理软件 RealSystem Proxy 提供专用的、安全的流媒体服务代理，能够使因特网服务商有效降低带宽需求。

③客户端产品：客户端播放器 RealPlayer 分为 Basic 和 Plus 两种版本。RealPlayer 既能独立运行，也能作为插件在浏览器中运行。个人数字音乐控制中心 RealJukebox 能方便地将数字音乐以不同的格式在个人计算机中播放和管理。

（2）RealSystem 通信协议

RealServer 使用两种通道与客户端软件 RealPlayer 通信：一个是控制通道，使用 TCP 协议来传输“暂停”、“向前”等命令；另一个是数据通道，使用 UDP 协议，来传输多媒体数据。与客户端联系使用的主要两个协议是 RTSP（RealTime Streaming Protocol）和 PNA（Progressive Networks Audio）。RealSystem 中，通信的具体过程如图 11-17 所示。

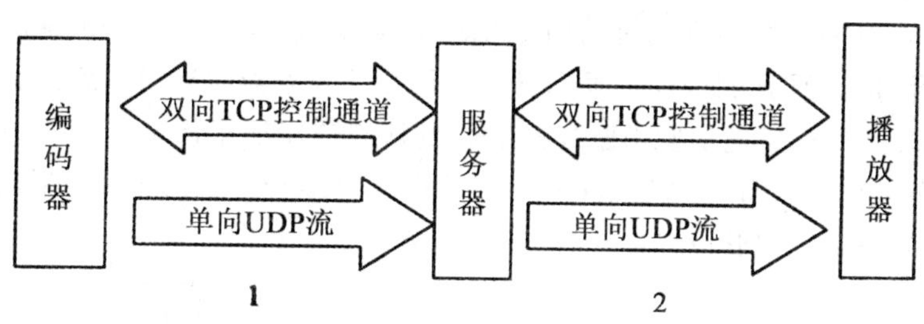

图 11-17　编码器、播放器和服务器之间的通信

（3）RealServer 服务

RealServer 通过相应的服务平台软件实现，它的功能非常丰富，应用也非常广泛，可以实现在网络上发布实时的或是预先制作好的流媒体文件。它的文件发布方式有以下几种。

①点播。将录制好的 RealSystem 系列的流媒体放在服务器上，由用户通过点击超链接向服务器发出数据发送的请求。服务器接到请求信息后，向用户发送相应的数据。点播方式通常在某一时间点上只针对一个用户，而且在任何时候都可以进行。用户还可以自由选择所需播放的某一片断。

②实时广播。将声音、视频采集设备实时采集的信号用编码压缩软件实时生成流媒体文件数据，传送到 RealServer，再由 RealServer 当场向预定的一组用户发送。广播方式通常在某一时间点上要针对多个用户，并且用户只能在特定的时间内接收服务器发送的数据，用户不能有任何选择。实时广播就是指服务器发送的是实时采集的现场实景，没有经过任何的加工。

③非实时广播。将制作好的并存放在服务器上的流媒体文件，由 RealServer 在特定的时间里向固定的用户组发送。与实时广播相比，除了 RealServe，发送的数据性质不同以外，其他的特性完全相同。

RealServer 和用户端的播放器，比如 RealPlayer，它们之间的通讯是相互的。即 RealServer

在发送数据的同时，也在接收着 RealPlayer 的反馈信息，根据反馈信息会及时调整数据的发送。比如，它接到 RealPlayer 播放某一片断的请求，它会及时发送相应的数据。

RealServer 采用的数据传输协议主要有两种，即 PNA（Progressive Network Audio）和 RTSP（Real Time Streaming Protocol）。当然，RealServer 也支持 HTTP 协议，但要完全体现 RealServer 流媒体服务器的功能，还是应该使用 RTSP 协议。

RealServer 也是唯一支持 Sure Stream 技术的流媒体服务器。它必须安装在 Windows NT server 的工作环境中，同时还必须安装相应的 Web 服务器软件，如 IIS(Internet Information Server)等。

RealServer 还提供了相当强大的安全认证系统以及文件保护装置。通过对其 Administrator 的设置，可以要求用户通过身份验证后才能进入点播或广播系统，也可以设置存储在它上面的媒体文件是否允许用户下载。这样既可以保证资源的共享，还可以保护媒体制作者的劳动成果。

（4）RealServer 的分流技术

RealServer 中是使用分流技术(Splitting)在服务器之间传输直播数据。Splitting 方法可以解决 RealServer 超负荷的问题，使得客户端可以就近访问 RealServer 服务器，获得更高的访问质量，并且减小带宽使用，服务更多用户。Splitting 技术可以采用 UDP 单播、UDP 组播和 TCP 三种方式进行通信。通过分流，一个或者多个 RealServer 服务器加入到发送服务器（Transmitter）中，来分散 Transmitter 的流数量，而不是所有的请求都到达一个 RealServer 服务器。

如图 11-18 所示，实况内容源处的 RealServer 就是发送服务器（Transmitter），它将实况播放给其他 RealServer 服务器接收，接收的 RealServer 服务器（Receiver）一般情况更靠近访问者。网页上的链接指向接收的 RealServer 服务器而不是发送服务器。当用户点击链接时，接收服务器识别出特定的 URL，然后把从发送服务器来的视频流转播给用户。当 Transmitter 开始播放实况流时，它将节目广播给所有的 Receiver。当用户从 Receiver 上请求一个播出节目时，Transmitter 和 Receiver 之间已经建立了一个连接，播出节目也就立即发送到用户。

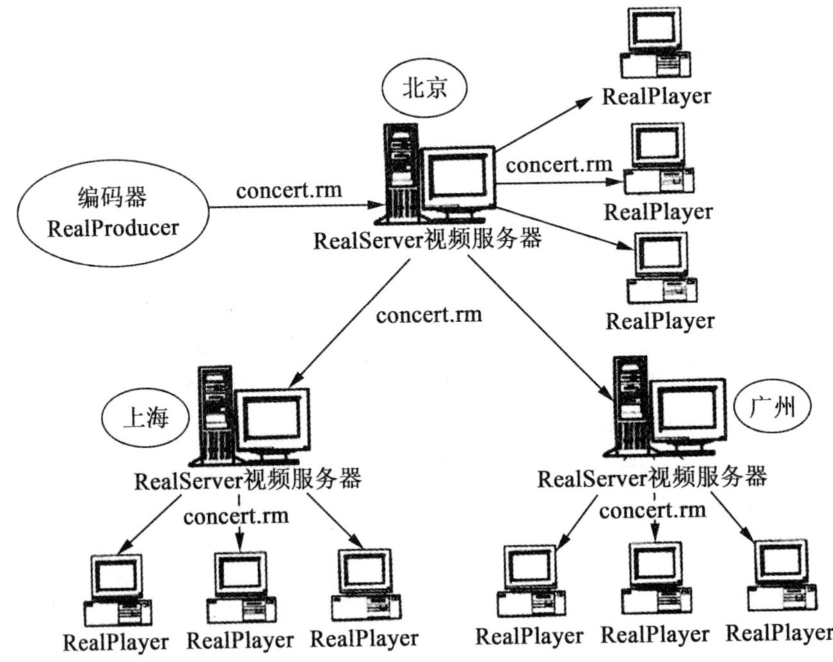

图 11-18 分流技术的应用实例图

RealSystem 8 中有两种分流方法：推(Push Splitting)和拉(Pull Splitting)。推模式要预先建立一个连接，所以第一个客户端的连接不用等待。在等待 Listen 的过程中要占用带宽，如果有另一个客户端请求一个媒体文件时，由于 Transmitter 和 Receiver 之间的连接已经建立，所以可以立即传送媒体流，这是 RealSystem 8 的默认方式。

拉模式则不需要预先建立一个连接，当第一个连接建立后就要保持该连接，除非编码器停止编码。第一个请求的客户端必须等待 30s 或更长才能建立一个连接。一个连接请求将列出包含该媒体文件的 Transmitter 和 Receiver 之间的名字，当一个 Receiver 收到一个传送文件的请求时，将向 Transmitter 请求打开一个媒体流，RealServer 将媒体流发送给 Splitter，Splitter 再将媒体流发送给客户端。这两种方法可以同时使用。

RealServer 与以前的版本有些不同，Transmitter 和 Receiver 之间可以通过组播通信，进而以节约宽带。

(5)RealServer 的系统需求

①支持的操作系统和硬件。RealServer 7.0 系统对操作系统及硬件需求见表 11-5。

表 11-5　支持的操作系统及硬件

微处理器	操作系统
Intel Pentium	Windows NT 4.0 or 2000 Workestation or Server，Linux 2.2，glib c6，SCO 7.0.1、7.1.0、7.1.1，FreeBSD 3.0
Sun SPARC	Solaris 2.6，2.7
IBM RS/6000 PowerPC	AIX 4.3
HR PA-RISC 2.0	HP-UX 11.x
R4000 running MIPS3 instruction set	HRIX 6.5

②内存需求。RealServer Basic 和 RealServer Plus 运行较好时最小内存需求 256MB。RealServer Professional 推荐使用 512MB，是用更多的内存可以增加同时服务的机器和用户数。同时服务 1000 或更多用户需要 768MB 或更多。常见算法的内存需求量见表 11-6。

表 11-6　常见算法的内存需求量

数据流速率	每流所需内存	最大流数	总共内存需求
20kb/s	240kB	60	64＋14.4＝78.4MB
80kb/s	960kB	100	64＋96＝160MB
20kb/s	240kB	2000	64＋480＝544MB

③带宽需求。所需带宽是根据以下方法来计算的：每 kb/s 数据速率 x 最大流数。表 11-7 是各种流量下的所需带宽。

表 11-7 带宽需求

数据速率流	最大流数	带宽需求	连接示例
20kb/s	60	1.2Mb/s	T1
60% 20kb/s,40% 80kb/s	100	4.4Mb/s	Fractional T3
80kb/s	100	8Mb/s	10Mb/s,Fractional T3
20kb/s	2000	402Mb/s	T3

④存储需求。RealServer 8.0 需要 14MB 硬盘空间外加媒体内容的存储空间。RealServer 7 本身大约需要 8MB 的存储空间和另外的媒体数据流所需空间,具体的存储需求见表 11-8。

表 11-8 存储需求

数据速率流	媒体所需时间	存储时间
20kb/s	180s	450kB
20kb/s 20kb/s rate 12kb/s rate 8kb/s rate	180s	900kB

⑤服务器需求。为了更好的利用 RealAudio 和 RealVideo,RealServer 8.0 需要安装在一个已注册的 Web 站点上。RealServer 8.0 与任何支持配置 MIME types 的 Web 服务器兼容,已经测试过的有:

- Apache 1.1.1
- CERN HTTPD version 3.0
- EMWC HTTPS version 0.96
- HTTPD4 Mac
- Mac HTTP
- Microsoft Internet Information Server
- NCSA HTTPD version 1.3 or 1.4
- Netscape Netsite and Netscape Enterprise Server
- 0′ Reilly Website NT
- Spinner version 1.0b12 through 1.0b15
- Webstar and Webstar PS

2. Windows Media 系统

Microsoft 公司是较晚涉足流媒体技术这个市场的,但它利用其 Windows 操作系统的便利性,将它的流媒体产品——Windows Media 捆绑在 Windows 操作系统这个平台上,免费提供流媒体服务以及相应的播放器,从而很快占据了相当的市场份额。

(1)Windows Media 的系统结构

Windows Media 的系统结构类似于 RealSystem,也是由三部分组成,包括 Windows Media Encoder、Windows Media Server 和 Windows Media Player。Encoder 用于将源音/视频数据转换成 Windows Media 使用的格式文件(* . asf、* . wma、* . wmv 等)并传送给 Media Server;Media Server 用于网络流媒体发布;Media Player 位于客户端,用于音/视频数据的解码。

Windows Media 的核心是高级流格式(Advanced Streaming Format,ASF),它既是一个独立于编码方式的、支持在 IP 网上实时传播多媒体数据的公开技术标准,也是一种数据格式,即微软定义为同步媒体的统一容器文件格式。ASF 可以使用任何一种底层传输协议,支持任意的压缩/解压缩编码方式,其在网络上传输的内容被称为 ASF 流。

音/视频、控制命令脚本等多媒体数据通过 ASF 技术编码成 ASF 格式,经网络传输,实现流式多媒体内容的发布。图 11-19 说明了通过 Windows Media 系统向用户提供流媒体内容的过程。

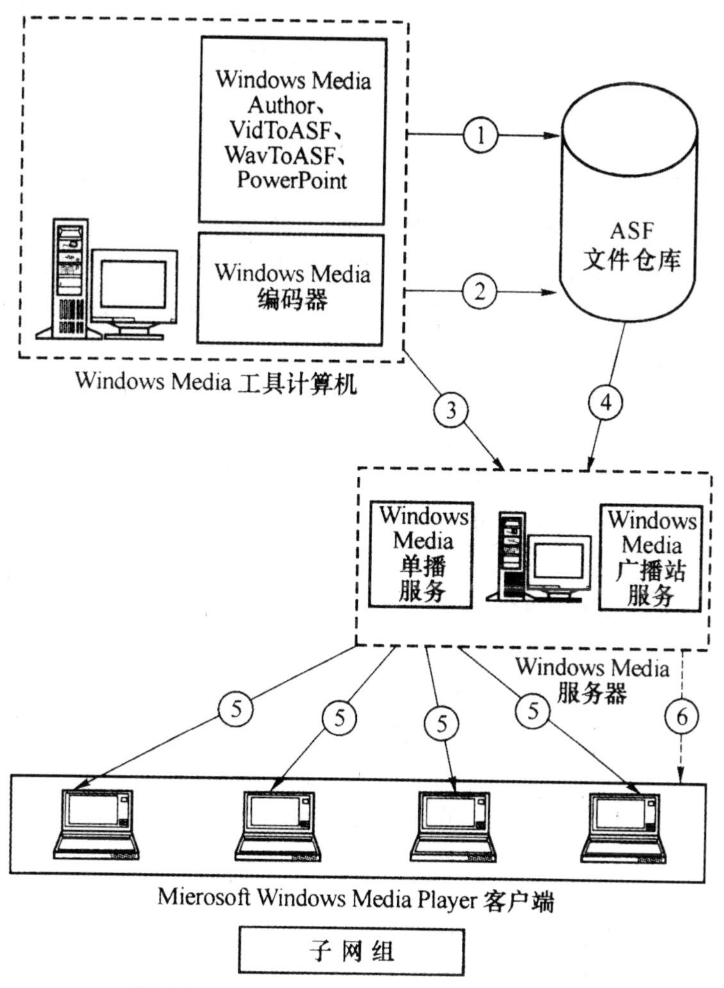

图 11-19　Windows Media 的系统结构

图 11-19 中:

①Windows Media 工具将其他格式的文件转换为 . asf 格式文件存入 ASF 文件仓库。

②Encoder 直接创建 .asf 文件放入 ASF 文件仓库(数据库)中存储起来。

③Encoder 将实时媒体内容(例如,一个摄像头实时捕捉到的信息)通过一个端口传送给 MediaServer。

④Media Server 可以使用 ASF 文件仓库中的非实时文件。

⑤Media Server 将其发布的媒体内容单播到客户端。

⑥Media Server 将其发布的媒体内容组播到客户端。

.asf 文件内容包括音/视频数据,后来微软公司将仅限于音频的 .asf 文件改为 .wma 扩展名,将仅限于视频的 .asf 文件改为 .wmv 扩展名。

(2)Windows Media 工作方式

Windows Media Service 系统能用于多种网络环境,基本的应用方式有如下几种:

①On-Demand Unicast(点播服务)。这种应用方式适合多媒体信息的点播服务。因为 ASF 技术支持任意的压缩解压缩编码方式,可以使用任何一种底层网络传输协议,使它既能在高速的局域网内使用,也可以在拨号方式连接的低带宽因特网环境下使用,并且对具体的网络环境进行优化。在点播服务方式下,用户相互之间互不干扰,可以对点播内容的播放进行控制,最为灵活,但是占用服务器、网络资源多。

②Broadcast Unicast/Multicast(单点或多点广播服务)。应用广播服务方式,用户只观看播放的内容,不进行控制。可以使用 ASF 文件作为媒体内容的来源,但实时的多媒体内容最适合使用广播服务方式。通过视频捕捉卡把摄像机、麦克风记录的内容输入到 Media Encoder,进行编码生成 ASF 流,然后送到 Media Server 上发布。在支持广播的网络中,可以使用 Station Service 节约网络带宽,减轻服务器负载,在不支持广播的网络中,可以使用 Broadcast Unicast Server,用 Unicast 的方式实现广播。

③Distribution(服务器扩展)。通过 Distribution 方式可以把一个 Media Server 输出的 ASF 流输出到另外一个 Media,再向用户提供服务。一种应用是,可以通过 Distribution 使 Media Server 跨越非广播的网络,提供广播服务。另外,Windows Media Service 还支持 HTTP Stream 方式,使用通用的 HTTP 协议,可以更好的工作在因特网上,如跨越防火墙进行媒体内容的传输。

(3)Windows Media 服务器组件

Windows Media 服务器组件由 Windows Media 组件服务和 Windows Media 管理器组成。Windows Media 组件服务是运行于 Microsoft Windows 2000 Server 上的一系列服务。这些服务通过单播和组播广播视频和音频内容给客户端。组件服务是指 Windows Media 监视器、节目、广播站和单播服务。

Windows Media 监视器服务(Windows Media Monitor Service)提供服务以监视客户端和服务器与 Windows Media 服务的连接。

Windows Media 节目服务(Windows Media Program Service)用于将 Windows Media 流组合至 Windows Media 广播站服务的连续节目内。

Windows Media 广播站服务(Windows Media Station Service)为传输 Windows Media 内容提供组播和分发服务。

Windows Media 单播服务(Windows Media Unicast Service)将 Windows Media 流点播内容提供给网络客户,为客户提供了点对点连接方式的服务。

Windows Media 管理器是一系列运行于 Microsoft Internet Exolorer 5 浏览器窗口的 Web 页，用来管理 Windows Media 组件服务。通过 Windows Media 管理器您可以控制本地服务器，也可以控制一个或多个远程 Windows Media 服务器。若要管理多个服务器，需将这些服务器添加到服务器清单，并连接到您想要管理的服务器。

Windows Media 管理器可运行于 Microsoft Windows 2000 Server、Microsoft Windows 2000 Professional、Microsoft Windows 98 或 Microsoft Windows NT 4 SP4 或以后版本。Windows Media 管理器运行于 Internet Explorer 4.01 或 Microsoft Windows 95 上是可能的，但不支持这些平台。

(4)Windows Media 文件格式

由 Microsoft 公司推出的 Advanced Streaming Format(ASF，高级流格式)，是一个独立于编码方式的，在 Internet 上实时传播多媒体的技术标准，Microsoft 公司希望用 ASF 取代 Ouick-Time 之类的技术标准以及 WAV、AVI 之类的文件扩展名，并打算将 ASF 用作将来的 Windows 版本中所有多媒体内容的标准文件格式。ASF 的主要优点有：本地或网络回放、可扩充的媒体类型、部件下载、可伸缩的媒体类型、流的优先级化、多语言支持、环境独立性、丰富的流间关系以及扩展性等。

ASF 文件是一个文本文件，最主要的目的是对流信息进行重定向，与 RPM(RM 的中转文件)相类似。在 ASF 中包含了媒体内容对应的 URL，当我们在 HTML 中让一个 HYPERLINK 与 ASF 联系时，浏览器会直接将 ASF 的内容送给 Media Player，Media Player 会根据 ASF 文件的信息用相应的协议去打开指定位置上的多媒体信息流或多媒体文件。利用 ASF 文件来重定向流信息的主要原因是：当前通用的浏览器都不能直接支持用于播放流信息的协议 MMS，因此，我们采用 ASF 文件。采用 ASF 文件以后，当浏览器发现一个连接与 ASF 有关的，就知道需要用 Media Player 来播放流信息，然后就会启动 Media Player，Media Player 就可以用 MMS 协议来播放流信息了。

(5)Windows Media 协议

①MMS(Microsoft Media Server Protocol)协议。MMS 是用来访问并进行流式接收 Windows Media 服务器中 .asf 文件的一种协议。

MMS 协议用于访问 Windows Media 发布点上的单播内容。MMS 是连接 Windows Media 单播服务的默认方法。若观众在 Windows Media Player 中键入一个 URL 地址来连接内容，而不是通过超级链接访问内容，则他们必须使用 MMS 协议引用该流。

当使用 MMS 协议连接到发布点时，使用协议翻转以获得最佳连接。“协议翻转”始于试图通过 MMSu 连接客户端。MMSu 是 MMS 协议结合 UDP 数据传送。如果 MMSu 连接不成功，则服务器试图使用 MMSt。MMSt 是 MMS 协议结合 TCP 数据的传送。

如果连接到编入索引的 .asf 文件，想要快进、后退、暂停、开始和停止流，则必须使用 MMS。不能用 UNC 路径快进或后退。

若您从独立的 Windows Media player 连接到发布点，则必须指定单播内容的 URL。若内容在主发布点点播发布，则 URL 由服务器名和 .asf 文件名组成。例如：

MMS://Windows Media Server/sample.asf

其中 Windows Media Server 是 Windows Media 服务器名，sample.asf 是你想要使之转化为流的 .asf 文件名。

当有实时内容要通过广播单播发布,则该 URL 由服务器名和发布点别名组成。例如:

MMS://Windows Media Server/Liveevents

这里 Windows Media Server 是 Windows Media 服务器名,而 Liveevents 是发布点名。

②MSBD 协议。MSBD(Media Stream Broadcast Distribution Protocol)协议是用于在 Windows Media 编码器和 Windows Media 服务器组件之间分发流,并在服务器间传递流。该协议还可以在从 Windows Media 广播站服务流向内容储存服务器时使用。另外,还可在服务器到服务器的分发。MSDB 是面向连接的协议,对流媒体最佳。MSDB 对于测试客户端、服务器连接和 .asf 内容品质很有用处,但不能作为接收 .asf 内容的主要方法。Windows Media 编辑器最多可支持 15 个 MSDB 客户端;而一个 Windows Media 服务器最多可支持 5 个 MSDB 客户端。而在 Windows Media 编辑器 7.1 版本中已不再支持 MSDB 协议,而改用 HTTP 协议了。

③HTTP 协议。可以配置 Windows Media 服务器使用 HTTP 协议将内容转化为流。使用 HTTP 流可以帮助克服防火墙障碍,因为大多数防火墙允许 HTTP 通过。HTTP 流可用来由 Windows Media 编码器通过防火墙到 Windows Media 服务器,并可以用以连接被防火墙隔离的 Windows Media 服务器。若以同一计算机既作为 Web 服务器又运行 Windows Media 服务,例如,Microsoft Internet 信息服务(IIS)时,则须确保在端口 80 无冲突。

④协议翻转。有时 Microsoft Windows Media Player 不能连接 Windows Media 服务器并访问单播,这是因为网络问题、服务器维护或其他原因。当使用 MMS 协议发布 .asf 文件,协议翻转自动从 UDP 的 MMS 协议跳转到 TCP 的 MMS 协议,最后到 HTTP。在试图连接到流源时,Windows Media Player 依次尝试每种协议直至连接完成。这确保 Windows Media Player 能访问到该数据。

在 .asf 文件中使用 REF 标记可显示协议翻转如何工作。REF 标记可用来指定访问同一来源的不同协议。例如,若第一个 REF 标记指定 MMS 协议,而第二个 REF 标记指定了 HTTP 链接,则无法用 MMS 连接的客户会自动尝试用 HTTP 连接。若在创建单播发布点时指定 MMS 协议,则 Windows Media Player 自动执行此类翻转。

URL 翻转也可用来指定包含同一内容的 Windows Media 服务器。例如,若第一个 REF 标记指定了服务器"Server"上的一个 .asf 文件,而第二个 REF 标记指定"Server 2"服务器上该文件的一个拷贝。Windows Media Player 可使用其中任一服务器取得该文件。若"hound1"正处于忙碌中或出错,Windows Media Player 自动连接"hound2"。

(6)Windows Media 关键技术

1)单播

单播是客户端与服务器之间的点到点连接。"点到点"是指每个客户端都从服务器接收远程流。仅当客户端发出请求时,服务器才发送单播流。Windows Media 可通过点播和广播两种方式有之一向客户端发布单播流。

在 Windows Media 服务中,使用单播发布点发布 ASF 文件,以 Windows Media 服务器传送流式化内容到 Microsoft Windows Media Player。有两种类型的单播发布点:点播发布点和广播发布点。点播单播发布点是指到 Windows Media 服务器上目录的指针。这些目录和子目录中的 .asf 文件可用于发布。安装好 Windows Media 服务器组件后,可以用于传送流式化点播内容。广播单播发布点用于发布由 Windows Media 编码器、远程 Windows Media 广播站或远程发布点生成的实况流。Windows Media Player 用于访问广播单播发布点以及实况流。

单播的步骤如下：

①使用 Windows Media 管理器流化单播。

②创建单播发布点。

③使用点播单播发布点。

④使用广播单播发布点。

2)组播

Windows Media 服务器组件可以配置为向客户端发送组播流，从而避免使用大量的网络带宽。广播站用来向客户端 Microsoft Windows Media Player 发送组播流。如果没有广播站，则只能通过单播发送流，这意味着接收 ASF 流的每个客户端都必须连接到服务器。组播站将 ASF 流传递到许多客户端，但只使用单个流的带宽。

广播站中包含用于将 ASF 流传递到 Windows Media Player 的所有必要信息，包括 IP 地址、端口、流格式、生存时间(TTL)值等。该信息存储在 .nsc 文件中。Windows Media Player 访问 .nsc 文件，定位广播站发送 ASF 内容流时使用的 IP 地址。.nsc 文件通常存储在共享的网络目录或 Web 服务器目录中，以便 Windows Media Player 使用。当 Windows Media Player 打开通过电子邮件消息收到的通知时，将通过 UNC 路径或 Web 页链接提取指向 .nsc 文件的 URL。

组播的步骤如下：

①Windows Media Player 访问组播 ASF 流的过程。

②创建组播广播站。

③配置组播文件传输。

3)分发播放

Windows Media 服务允许在 Windows Media 服务器间分发 ASF 流。Windows Media 服务器可以将流从单播服务器进行分发，由其他单播服务器、组播服务器或者这些服务器的组合所接收。Windows Media 中分发是将 ASF 流从一个服务器发送到另一个服务器。

Windows Media 服务器间分发 ASF 流要建立分发广播站，分发广播站是一个帮助作用的广播站，用于将 Windows Media 服务器 A 中的 ASF 流分发到 Windows Media 服务器 B 中的广播站，这样 Windows Media 服务器 B 可以组播 ASF 内容。其他广播站如果要访问分发广播站，需要使用 MSBD 协议创建与分发广播站 .nsc 文件的连接。

分发具有很多用途，例如，将流分发到其他服务器，然后单播该流，允许网络中那些未启用组播的客户接收该流；将流分发到启用 HTTP 流的服务器。允许防火墙后面的用户接收以其他方式无法接收的流；将流从一个 Windows Media 服务器分发到另一个 Windows Media 服务器，目的是创建多个单播流。例如，如果已经达到服务器单播流的最大数目，可以将流发送到其他的服务器，在那里再将该流单播给更多的客户端。

3. QuickTime 系统

QuickTime 流媒体系统是 Apple 公司 1991 年发布的产品，是一个面向专业视频编辑、Web 网站创建和 CD-ROM 内容制作领域开发的多媒体技术平台。它几乎支持所有主流的个人计算机平台，是数字媒体领域事实上的工业标准，是创建 3D 动画、实时效果、虚拟现实、A/V 和其他数字流媒体的重要基础。QuickTime 5. x 是 Apple 公司最新的流视频平台，对于使用 Mac OS

的用户是一个比较理想的视频流选择方案。当前，它是仅次于 RealPlayer、Windows Media Player 的流媒体播放器，支持开放标准 RTP、RTSP 协议及 HTTP 流。QuickTime 的一个最显著特点是支持转播功能和模块化 API，用户可以方便地通过 QTSS API 为服务器添加新的功能。

(1)QuickTime 5. x 的组成

QuickTime 5. x 主要由 3 个方面的产品组成，包括 Quiek Time Pro：客户端播放、编码和高级工具；QuickTime 5. x 播放器：客户端播放、编码、编辑工具；QuickTime Streaming Server：流视频服务器。

(2)QuickTime 文件格式

QuickTime 系列流媒体主要文件格式是 MOV 文件。当然，它也支持其他格式的媒体文件，例如，图片文件 JPEG、GIF 和 PNG，数字视频文件 AVI、MPEG，数字声音文件 WAV、MIDI 等。在新版本的 QuickTime 软件中，增加了许多新的特征同时也增加了许多新的功能。它可以支持多种的音频、视频与图像格式。其中包括了对于 Apple 公司的 Macintosh 和微软公司的 Windows 两种操作系统都适用的 MPEG-1 视频格式，和 AVI、AVR、H. 263、H. 264 等一些专属的视频格式。其中除了可以让使用者浏览 MPEG-1 压缩格式文件的内容外，还支持数据流的监视功能，同时，QuickTime 数据流服务器还提供了 MPEG-1 文件格式的传输功能。

Apple 公司的 QuickTime 电影文件早已成为数字媒体领域的工业标准。QuickTime 电影文件格式定义了存储数字媒体内容的标准方法，使用这种文件格式不仅可以存储单个的媒体内容(如视频帧或音频采样)，而且还能保存对该媒体作品的完整描述；QuickTime 文件格式被设计用来适应为与数字化媒体一同工作需要存储的各种数据。因为这种文件格式能用来描述几乎所有的媒体结构，所以它是应用程序间(不管运行平台如何)交换数据的理想格式。

QuickTime 文件格式中媒体描述和媒体数据都是分开存储的，媒体描述或元数据(Meta Data)称为电影(Movie)，包含轨道数目、视频压缩格式和时间信息。同时 Movie 包含媒体数据存储区域的索引。媒体数据是所有的采样数据，如视频帧和音频采样，媒体数据可以与 QuickTime Movie 存储在同一个文件中，也可以存储在一个单独的文件或者在几个文件中。

(3)QuickTime 协议

QuickTime 流媒体的传播是建立在 RTP(Real Transport Protocol)实时传输协议基础上的，RTP 协议类似于 HTTP 和 FTP 文件传输协议，但是它是符合流式数据传输特殊需要的。

那么流式数据是怎样被处理的呢？这个问题其实不难。当用户收听现场广播时，QuickTime 客户端比如 QuickTime Player 或者 QuickTime Plug-in 会向流式服务器发出一个信号，流式服务器以 SPD(Session Description Protocol)文件形式加以体现，当 SPD 文件被找到后，流式服务器就会以 RTP 为传输协议把多媒体传输到客户端。SPD 文件是有关将数据怎样流化的文本文件，QuickTime Player 或者 QuickTime Plug-in 在播放流媒体时会将 SPD 文件自动打开。

流媒体的传输协议 RTP 与 RTSP 协议是不同的，区分这两种协议的不同十分重要，当用户以单点传输方式对媒体进行传输时所使用的协议是 RTSP，RTSP 协议有两种传输方式：其一，用户可以和流式服务器相连接并且可以利用 Chapter 轨道把流式影片分成若干影片片断；其二，用户可以使用 QuickTime 对流式影片实行真正意义上的管理，具有交互功能。与之相对的 RTP 协议只能被用于从流式服务器向观众单方向地发送流式影片。

(4)制作技术

QuickTime 系列的媒体制作软件是 QuickTime Pro。通过这个软件，可以将其他格式的媒体文件转换成 QuickTime 系列的流媒体文件(MOV 文件),也可以将通过音、视频捕捉设备获得的实时信号直接转换成流媒体文件数据,用于实时广播或存储为 MOV 文件。

QuickTime Pro 还可以制作 Slide Show,这有点类似于 Real 系列的 RealPix 文件,也是将一组图片文件根据一定的播放次序、播放时间以及切换效果组合到一起。但和 RealPix 不同的是,它是将所有的图片集合在一起,生成一个 MOV 文件。由于采用了特殊的编码方式,这种类型的文件体积不算很大,还是适合于网络传输的。

QuickTime 还提供了一种制作全浸入式虚拟环境的工具软件叫 QuickTime VR。通过这个软件,可以模拟真实的或虚拟的物体和环境。和其他虚拟现实应用所不同的是,进入 QuickTime VR 的虚拟环境,不需要专用的手套和头盔,也不需要传统的 3D 插件。由于所生成的文件是 MOV 文件,所有支持 QuickTime 电影文件的媒体播放器都可以实现这个环境。

将一组经过横向和纵向校准拍摄而成的某个场所的照片,比如一个广场,通过 QuickTime VR 排列和融合在一起,生成 QuickTime VR Panorama 电影文件。用媒体播放器播放时,观众只要上下左右拖拽鼠标,就会产生本人置身其中,360 度环视以及 120 度仰视和俯视的感觉,通过点击缩放按钮,还可以产生在该场所中前进和后退的效果。这在网络教学、电子商务以及网上展示会等方面都会有较高的实用价值。QuickTime VR Object Movies 通过将某个物体的一组照片组合在一起,可以使用户通过拖拽鼠标,感受到搬动、旋转该物体,或从各个不同角度观察这个物体的感觉。

(5)发布技术

QuickTime Streaming Server 是 QuickTime 系列的流媒体服务器,它被包含在 Mac OS 系列的服务器软件中。它所采用的数据发布方式也是分三种,即点播、实时和非实时广播。它使用的数据传输协议为 RTP/RTSP 协议。同时也支持 HTTP 协议。但是和 Real Server 相比,它没有那么强大的流媒体发布功能,例如,它不支持 SureStream 技术。一般来讲,对于连接带宽较低的用户,比如 Modem 拨号用户,它采用 HTTP 协议,将整个媒体文件下载到用户端,对于高带宽用户,它才采用 RTP/RTSP 协议,让数据“流”到用户端。其实,它可以看成是 Web 服务器和流媒体服务器的组合体,只是两种功能都不那么强大。

(6)播放技术

QuickTime Player 是 QuickTime 系列的媒体播放器,目前最新的版本是 QuickTime 5。和 RealPlayer 一样,它既可以作为独立的应用程序播放媒体文件,也可以作为浏览器插件播放结合在 Web 页面中的媒体文件。它所支持播放的,除了 QuickTime 的 WOV 文件外,还包括 AVI、MPEG 等格式的视频文件,WAV、MP3 等声音文件以及几乎所有格式的图片文件等。

11.4　网络多媒体应用系统

信息系统的含义从广义上讲包含所有与信息获取、信息处理、信息分发、信息传输、信息接收以及信息显示等完整过程有关的设备和处理,也就是说,多媒体信息系统中也包括计算机设备、数据库系统、多媒体网络与通信、用户接口等部分。整个系统可划分为两部分:多媒体计算机系统和网络通信系统。

多媒体计算机系统作为网络终端进行多媒体信息的处理、显示和与网络通信系统的接口处理;网络通信系统则看作是支持信息系统的信息分发、信息传输的通道,这样的系统称为网络多媒体系统。

随着网络的普及和多媒体技术的迅速发展以及IT的大力推广，网络多媒体系统的应用日趋广泛，可以说它包含了所涉及到的信息、娱乐、生活、工作等各个方面，从亚洲到欧洲、大西洋洲、美洲等，甚至于远到太空宇宙、近在家庭厨房的菜谱等都应有尽有。

现在电子商务正在兴起，我们通过互联网就可以不出家门购买到我们所需要的东西。正如比尔·盖茨在《未来之路》中写道："在不远的将来会有那么一天，我们不用离开办公桌和扶手椅子，就可以工作、学习、探索世界及其文化、享受各种娱乐、交朋友、逛附近的商店以及给远方的亲戚看照片。在办公室和教室，人们离不开网络的互联。这不仅是携带的东西或者购买的器具，而是进入一种新的媒介生活方式的护照。"

11.4.1 多媒体视频会议系统

1. 视频会议系统概述

视频会议又称会议电视或视讯会议，是一种多媒体通信系统，它融计算机技术、通信网络技术、微电子技术等于一体，将各种媒体信息数字化，利用各种网络进行实时传输，并能与用户进行友好的信息交流。

视频会议的基本特征是可以在两个或多个地区的用户间实现双向全双工音频、视频的实时通信，并可附加静止图像等信号传输。通过视频会议系统，可以将远距离的多个会议室连接起来，使各方与会人员如同在面对面进行通信，使与会人员具有真实感和亲切感。一般来说，实现一个视频会议需要系统具备高质量的音频信息、高质量的实时视频编/解码图像、友好的人机交互界面、多种网络接口(ISDN、DDN、PSTN、Internet、卫星等接口)、明亮的会议室布局和设计。

2. 视频会议系统的组成

视频会议是两地或多地间的双向通信，它不仅传送语音、数据，而且还传送实时的活动图像。但由于活动图像是连续的数据流，多个信道间不能直接连接(否则来自不同地方的图像将重叠在一起，无法分辨)，因此，一个完整的视频会议网不仅要有视频会议系统、传输网络，而且应设置多点控制设备(MCU)，以进行图像的切换、语音的混合切换及数据的分流。电视会议系统由网络、终端设备、多点控制单元三部分组成。

(1)网络

传输网络是视频会议信息传输的通道，目前视频会议业务可以在多种通信网络中展开，例如，SDH数字通信网、ISDN、LAN、Internet、ATM、DDN、PSTN等，其传输介质可以采用光缆、电缆、微波以及卫星等数字信道，或者其他类型的传输通道。在用户接入网范围内，可以使用HDSL、ADSL、HFC网络等设备进行传输。

(2)终端设备

终端设备是指用户召开视频会议时所用的终端设施的总称。

①视频、音频的输入输出设备。视频输入设备包括摄像机及录像机。摄像机主要分为主摄像机、辅助摄像机和图文摄像机。它们将视频信号通过视频输入口送入编码器内进行处理，通常视频输入口不少于4个。参加会议人员通过控制器来控制主摄像机的上下、左右转动以及焦距的调节，也可以控制对方会场的主摄像机的转动。主摄像机主要用来摄取发言人的特写镜头。

辅助摄像机主要用来摄取会场全景图像或不同角度的部分场面镜头，或摄取白板上的内容。辅助摄像机由人工操作。图文摄像机一般固定在某一位置，用来摄取文件、图表等，其焦距已事先调好。录像机可播放事先已录制好的活动和静止图像。视频输入设备的信号都经终端设备的视频输入口，将视频信号送入编码器内进行处理。

视频输出设备主要包括监视器、投影机、电视墙、分画面视频处理器。监视器用于显示接收的图像；会场人数较多时，可采用投影机或电视墙。为了在监视器上既显示接收的图像，同时又显示本会场的画面，一般采用画中画的方式，即在监视器屏幕上的某个角落留出一个小窗口，用于显示本会场的画面，而在屏幕上的其余部分显示接收的图像。

音频输入、输出设备主要包括麦克风、扬声器、调音设备和回声抑制器。麦克风和扬声器主要用于参加会议人员的发言和收听对端会场的发言。调音设备为辅助设备，用于调节本会场麦克风的音色及音量。同声抑制器起抑制回声的作用。

②信息通信设备。信息通信设备包括白板、书写电话、传真机等。白板供本会场与会人员与对方会场人员讨论问题时写字、画图用，其上内容通过辅助摄像机的摄取而输入编码器，传送到对端，在对方会场的监视器上显示。书写电话为书本大小的电子写字板，供与会人员将要说的话写在此板上，变换成电信号输入到视频编/解码器，再传送到对方会场，并显示在监视器上。

(3)多点控制单元

视频会议业务是一种多点之间的双向通信业务，限于目前的网络，多点间视频会议信号的切换必须用专用的设备——多点控制单元(MCU)来完成。MCU 是整个会议电视网的控制中心。MCU 在一个会议电视网中可以有多个，但并不是无限增加的，也不是任意连接的，应根据相应的国际标准和传输控制协议设置。MCU 和终端的连接网结构呈星型，通常 MCU 放置在星型网络的中心处，即参加会议的各个终端都以双向通信的方式和 MCU 相连接。由于 MCU 端口数是有一定限制的，因此，在遇到会议点特别多的情况时，可以级联多个 MCU 来使用，但同一级的级联一般不多于两级。

处在上面一层的 MCU 是上层 MCU，处在下面一层的 MCU 为从 MCU，从 MCU 受控于上层 MCU。MCU 是一个数字处理单元，通常设置在网络节点(汇接局)处，可供多个地点的会议同时进行相互间的通信。MCU 应在数字域中实现音频、视频、数据信令等数字信号的混合和切换，但不得影响音频、视频等信号的质量。

MCU 主要由线路单元、控制处理单元、音频处理单元、视频处理单元等模块组成。

线路单元由网络接口单元、呼叫控制单元、多路复用和解复用单元组成，完成输入/输出码流的波形转换、输入码流的时钟同步、复合码流的分解及复接。

控制处理单元完成信息流进出 MCU 的控制，控制信息的提取和处理，控制各模块内部的操作，并协调各模块之间的动作。

音频处理单元提取与会各点的声音并进行混合，然后经编码与其他信息合起来发往各对应点；同时，提取与语音码相连的控制信息码送给控制层。完成相应的处理。该模块也可以与控制层一起根据声音电平的高低实现图像的自动切换。

视频处理单元提取各点传来的图像信息，根据 MCU 图像切换和选择准则的规定，完成视频图像的交换和发送，并进行相应处理后与其他信息合起来发往各对应点。该模块提供用户之间数据信息的交换。

3. 视频会议系统的分类

视频系统种类繁多，其分类根据不同的划分标准，有不同的种类。

根据会议节点数目不同，可将视频会议系统分为点对点视频会议系统和多点视频会议系统。其中，点对点视频会议系统应用于两个通信节点间。多点视频会议系统应用于两个以上节点之间的通信。

根据业务需求来分，有教学型的双向视频会议系统、会议型双向视频会议系统、商务型视频会议系统（即桌面型视频会议系统）；按使用频度分，又分为连续型视频会议系统、一般性会议系统；按设备结构分，可分为硬件视频会议系统和软件视频会议系统。

还有根据使用的信息流类型，可划分为音频图形会议系统、视频会议系统、数据会议系统和多媒体会议系统。这里基于网络环境来划分。

（1）电话网上的会议

目前应用最为广泛的传送媒介是标准的模拟电话系统。在传统的电话系统上，用 V.34 调制解调器，用户可以获得 28.8kb/s 的数据传输速率。以目前的 CPU 性能和数据压缩技术，这个带宽可以支持音频、视频和数据的会议通信。公共交换电话网（PSTN）上会议的能力相似于 N-ISDN。由于电话网的调制解调器的传输速率比 ISDN 小许多，故在视频方面的性能较低。

（2）ISDN 会议

这种方式的会议是大部分远程会议所采用的形式，主要应用于窄带 ISDN 上。窄带 ISDN 的基本速率带宽为 128kb/s，虽不足以提供电视质量的视频，但对于会议系统中的头部图像，还是可以接受的。与之相较的采用 ATM 交换技术的 B-ISDN 则可以提供广播级视频，由于 ATM 适合多媒体数据的传输，因此，广泛应用于要求较高的远程会议中。

（3）局域网（LAN）会议

现有的 LAN 具有足够的带宽，支持桌面会议连接。如果在广域连接上可以获得相应的带宽，那么局域网上的会议就可以在全世界的 LAN/WAN 环境上运行。然而局域网当初是为传送常规数据设计的，其资源争夺和缺乏等时性是个重要问题。在 LAN 环境中，每个呼叫者共享传输介质，当会议会话增多时，需要新的带宽管理机制。

（4）Internet 上的会议

由于 Internet 发展迅猛，近年来在 Internet 已可查看多媒体信息、打长途电话等。由于 Internet 基于的 TCP/IP 协议对多媒体数据的传输没有根本性的限制，通过协议的增强，Internet 适合作为广泛的远程多媒体通信介质。目前已有一些 Internet 上的会议系统推出。但限于各地 Internet 的传输速率不平衡，会议中的视频质量还不能保证较高。

4. 视频会议系统的发展趋势

视频会议作为交互式多媒体通信的先驱，已经有 20 多年的历史，顺应三网合一的发展趋势，势必要进入一个新的发展阶段。主要原因是：第一，交互式多媒体通信所依附的传输网络基础，由电路交换式的 ISDN 和专线网络向分组交换式的 IP 网络过渡；第二，其针对的市场目标将由大型公司、政府机构的会议室向小型化的工作组会议室、个人化的桌面延伸，最终发展到家庭；第三，功能已由原先单纯的视频会议功能发展成远程教学系统、远程监控系统、远程医疗系统等多方面的综合业务。尽管在此转型期间视频会议发展的势头强劲，但就目前这一阶段而言，视频会议的发展仍不会以一种形式取代另一种形式，而是同时存在着多种解决方案。值得注意的是，现在很多新的技术已经深入并逐渐应用到视频会议中，视频会议系统出现了一些新的发展趋势。

(1)基于软交换思想的媒体与信令分离技术

在传统的交换网络中，数据信息与控制信令一起传送，由交换机集中处理。而在下一代通信网络中的核心构件却是软交换(Softswitch)，其重要思想是采用数据信息与信令分离的架构，信令由软交换集中处理，数据信息则由分布于各地的媒体网关(MG)处理。相应地，传统的 MCU 也被分离成完成信令处理的 MC 和进行信息处理的 MP 两部分，MC 可以采用 H. 248 协议远程控制 MP。MC 处于网络中心，MP 则根据各地的带宽、业务流量分布等信息合理地分配信息数据的流向，从而实现“无人值守”的视频会议系统，还可以减少会议系统的维护成本和维护复杂度。

(2)分布式组网技术

这个技术是与信令媒体分离技术相关的。在典型的多级视频会议系统中，目前最常见的是采用 MCU 进行级联。这种方式的优点是简单易行，缺点是如果某个下层网络的 MCU 出现故障，则整个下层网络均无法参加会议。如果把信令和数据分离，那么对于数据量小但对可靠性要求高的信令可以由最高级中心进行集中处理，而对数据量大但对可靠性要求低的数据信息则可以交给各低级中心进行分布处理，这样既可提高可靠性又可减少对带宽的要求，对资源实现了优化使用。

(3)最新的视频压缩技术——H. 264/AVC

H. 264 具有统一 VLC 符号编码、高精度、多模式的运动估计以及整数变换和分层编码语法等优点。在相同的图像质量下，H. 264 所需的码率较低，大约为 MPEG-2 的 36%，H. 263 的 51%，MPEG-4 的 61%，优势很明显。所以可以预计：H. 264 必将会在视频会议系统中得到广泛的应用。

(4)交换式组播技术

传统的视频会议设备大多只能单向接收，采用交互式组播技术则可以把本地会场开放或上传给其他会场观看，从而实现极具真实感的“双向会场”。

11. 4. 2　多媒体视频点播系统

多媒体视频点播系统是分布式多媒体系统，主要应用于视频点播(Video On Demand, VOD)，这是一种随着计算机技术、网络通信技术和多媒体技术的发展而出现的新的应用，它集计算机技术、通信技术、多媒体技术于一身，彻底改变了过去被动收看电视节目的方式，利用 VOD 系统，用户可以按照自己的需要和兴趣选择服务内容，还可以控制其播放过程。还可以通过电话网络、有线电视网络、局域网、蜂窝电视系统(Cellular Telephone System)向用户提供质量较好的数字压缩 VOD 电视节目。

1. VOD 系统的组成

VOD 系统是由在分布式环境中具有不同功能的一些子系统组成。这些子系统包含一个 VOD 管理工作站、一个或多个控制器和多个数据源。控制器是系统的核心，主要作用是为优化视频流而完成复杂的算法、处理类似 VCR 的用户请求等。管理工作站完成所有管理功能，数据源提供视频信息内容的存储和提供高速的数据连接通道。只有管理工作站对外部用户是开放的,其他的子系统都因为安全原因而隐藏在防火墙之后,可见这是一个典型的分布式系统。

如图 11-20 所示,VOD 系统是由信源、信道及信宿组成的。它们分别对应于 CATV 系统的前端机房、传输网络和用户终端。用户根据电视机屏幕上的菜单提示,利用机顶盒选择出所喜爱的节目,并向前端发出点播请求指令。在具有双向传输功能的 CATV 系统中,利用频率分割方式将用户点播的请求信息通过系统的上行通道传输到前端子系统的控制系统。控制系统将点播的节目和主系统的电视信号混合后,由 CATV 系统的下行通道传送到用户终端,经机顶盒解调后观看。

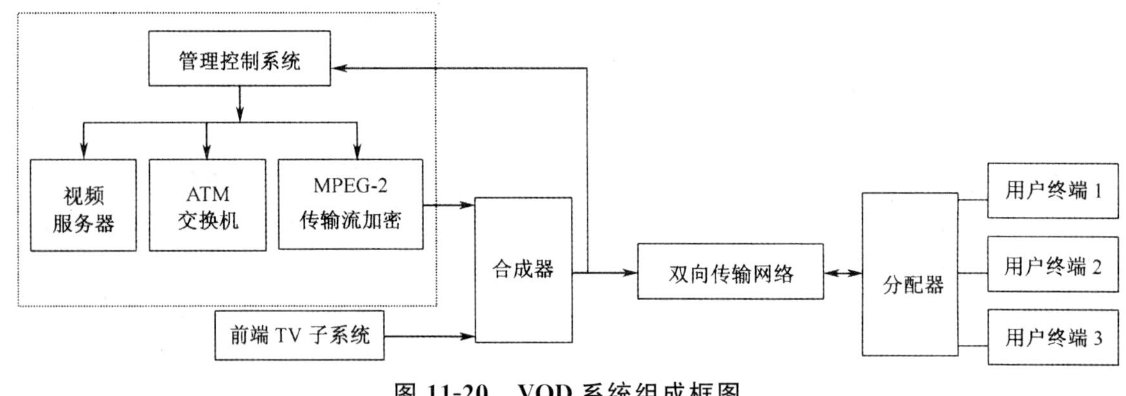

图 11-20　VOD 系统组成框图

图 11-21 所示为前端模拟信号的 VOD 子系统组成示意图。前端系统作为 VOD 点播系统的核心部分应该满足以下几个方面的要求:

①系统扩展方便灵活,能够根据用户需求平滑扩展,原有投资能够得到保护。

②高的系统稳定性能。作为 VOD 系统的核心前端系统,必须保证系统稳定性高,应该做到双机热备份、重要部分热插拔、媒体库采用容错备份技术和可热插拔硬盘等。

③支持多种媒体格式,支持常用的 MPEG-1、MPEG-2、MPEG-4、MP3、WMV、RM 等数字音、视频格式,能够方便快捷地制作流媒体节目。

④系统功能完整,应具有较强的新业务扩展能力。整个系统应具备节目采集、制作、存储点播、统计、计费等功能。在较大型的应用中,应具备分布功能和负载均衡功能。另外,前端系统要具有应用开发接口,便于系统应用的二次开发,适应不断出现的新业务。

⑤支持并发用户数量大。在 VOD 系统中,用户会同时点播相同或不同的节目,前端系统根据用户数量要满足几十甚至上百、上千的用户同时点播节目的需求,要求视频点播服务器和媒体库有较高的吞吐量。

⑥严格的用户认证和节目级别管理。在特殊应用环境中的 VOD 系统,例如,政府等部门中的 VOD 系统,对用户身份等级认证和相应节目权限级别有较为严格的管理。系统管理服务器应能够方便制定严格的用户认证和节目级别管理策略。

⑦完善的系统监控功能。前端系统是 VOD 系统的核心,要具备完善监控功能,系统运行情况要反映全面;要求管理界面友善,系统配置步骤简单;具备自诊断功能,能够帮助维护人员对系统故障做出迅速准确的判断;具备完善统计功能,使维护人员对系统运行、用户使用情况有清晰的了解。

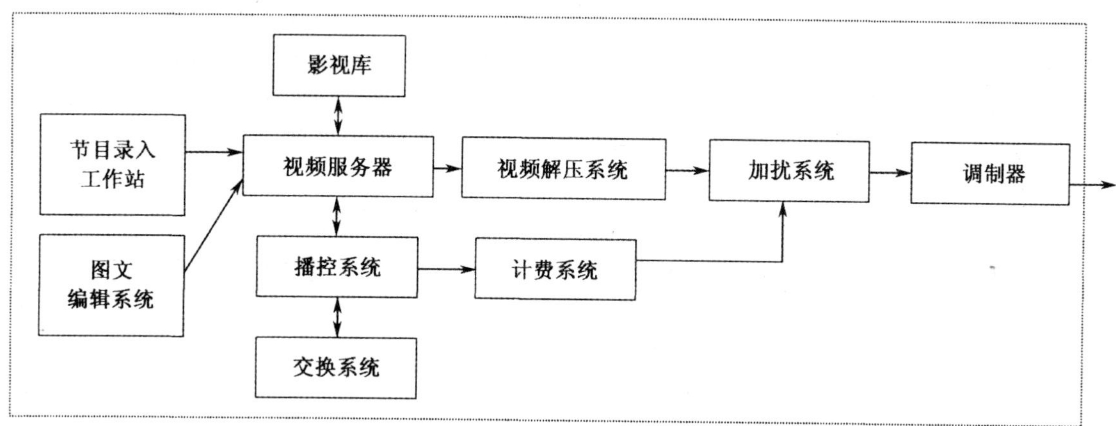

图 11-21　前端模拟信号的 VOD 子系统组成

2. VOD 系统的分类

(1)按业务的实现方式分

VOD 根据业务的实现方式可分为以下几种：

①交互式点播系统（Interactive Video-On-Demand，IVOD）。IVOD 不仅能够实现即点即放，用户又能在播放过程中对视频流进行控制，使用户真正掌握了主动权。

②最近式点播系统（Near Video-On-Demand，NVOD）。这种点播系统的工作方式是由多个频带同时用于同一个节目的播放，但是每个频带节目的起始时间不同，都间隔一定的时间，比如用 12 个频带每隔 10 分钟发送同样的两小时的节目，如果用户想要观看这个节目，最大等待时间不会超过 10 分钟。在这种方式下，每个频带内的视频流以广播的形式传输，可以为多个用户服务。

③真实点播系统（True Video-On-Demand，TVOD）。TVOD 支持即点即放，当用户提出请求时，视频服务器能够立即响应并传送用户所点播的节目。当有另一个用户提出相同的请求时，视频服务器能够响应新的用户并为新用户启用另一个同样内容的视频流。TVOD 没有控制功能，一旦视频开始播放，就会不受用户控制连续不断地播放下去，直到结束为止。TVOD 的每一个视频流只能为一个用户服务。

(2)按业务的承载网络分

VOD 根据业务的承载网络又可分为基于局域网络的 VOD 系统、基于广域网络的 VOD 系统和基于 HFC 网络的 VOD 系统。严格地说，HFC 也是一种宽带网络技术，但有其自身的特殊性，所以单独分为一类。

①基于局域网的 VOD。目前，机关、企业等大多建设了自己的内部局域网络，网络带宽达到 10Mb/s、100Mb/s，甚至更宽，完全可以满足 VOD 业务的带宽需求。

②基于广域网络的 VOD。电信运营企业经过近十年的快速发展，建设了分布全国的光纤干线网络，普遍采用 SDH 传输技术，数据业务多采用 ATM、帧中继等宽带交换技术以及吉比特路由器，骨干节点之间的带宽可达到 2.5Gb/s，省内节点之间带宽可达 622Mb/s 或更高，建成了连接各城市的宽带的传输和交换网络。经过近几年电信运营企业大规模的宽带 IP 城域网的建立，部分城市实现了 100M 到大楼、10M 到桌面的宽带接入网络。宽带网络用户的接入一般采用

FTTB+LAN 或 ADSL 技术。FTTB+LAN 方式采用光纤从局端路由器连接到小区或大楼的 100Mb/s 交换机，然后通过双绞线采用 10Base-T 技术到用户。在不具备光纤的地方，用户可以采用 ADSL 技术，ADSL 技术可以将用户连接到局端的路由器或 ATM 交换机。ADSL 下行速率可以达到 512kb/s～8Mb/s，根据用户距离的远近和线路质量，距离越近，线路质量越高，下行速率就越高。

基于电信网络的 VOD 系统可以为较大范围内的电信用户提供 VOD 业务，而且可以通过专线方式为酒店或小区等集团用户提供 VOD 业务。

③基于 HFC 网络的 VOD。HFC(Hybrid Fiber-Coaxial)是混合光纤同轴电缆网，是一种发展前景广阔的通信技术，主要用于有线电视广播的网络。HFC 通常由光纤干线、同轴电缆支线和用户配线网络三部分组成，HFC 网络采用光纤作为主干线，由同轴电缆构成树状的分配网络。从有线电视台出来的节目信号先变成光信号在干线上传输；到用户区域后把光信号转换成电信号，经分配器分配后通过同轴电缆送到用户。

从 20 世纪 90 年代初，全国各省相继建立了省内的有线电视传输网络，并对城市内部 HFC 网络进行双向改造。HFC 网络也可以利用已经铺设的光纤实现光纤到小区或大楼(FTTC，FTTB)，然后采用局域网技术接入用户。所以，借助 HFC 网络也可以方便地建成宽带 IP 城域网络。VOD 业务是 HFC 网络上的主要应用，可以为一个城市内的个人用户和集团用户提供 VOD 业务。

3. VOD 系统的关键技术

由于 VOD 系统所传输的是交互多媒体信息，尤其是视频信息，故需要大量的技术支持，其中主要的关键技术有网络支持环境、视频服务器、用户访问控制技术等。

(1)网络支持环境

VOD 系统是点对点实时多媒体应用系统并且是基于 C/S 结构，由于要通过传输网络实时传送大量的视频和音频信息，为获得较高的视频和音频质量，要求传输网络应当具有高带宽、低延时和对 QoS 传输特性的支持。VOD 系统所适用的网络环境可以是局域网(LAN)，也可以是广域网(WAN)，甚至是 Internet。在局域网环境中应用的 VOD 系统可以保证视频和音频信息的传送质量。而在广域网环境下，特别是在互联网环境中，难以保证质量。从发展的角度来看，互联网为 VOD 的发展提供了广阔的发展空间，但必须解决互联网对 QoS 支持的问题。利用有线电视网 CATV 可以较好地提供 VOD 业务，但也要解决两个问题：有线电视网的双向改造和使用适当的用户接入设备。用户接入设备一般就是机顶盒加电视机。利用 ADSL 接入设备也可以提供 VOD 业务，但要解决实时视频信息高质量的传输的问题。

(2)视频服务器

VOD 系统的核心部件——视频服务器中存储着大量的多媒体信息，此外，还要支持许多用户的并发访问。对视频服务器的性能要求主要体现在下面几个方面。

①存储容量问题。视频信息和音频信息经过压缩编码处理后存储在视频服务器中。即使经过压缩处理，视频信息和音频信息所占用的存储容量仍然很大。由于用户对存储节目的需求也具有突发性特点。如受欢迎的视频节目总是集中在若干个热门节目上，用户对热门节目的点播也总是集中在某个时间段。视频服务和音频服务实时性的特点，对多媒体信息的存储和传输提出了很高的要求。在视频服务器中多媒体信息的组织和磁盘的输入输出吞吐量会对整个 VOD

系统的响应时间造成很大的影响。

视频服务器承载视频节目的数量受服务器存储容量的限制。由于硬盘的存储容量有限，即使采用多盘和RAID技术，仍存在管理、成本等方面的问题，因此，扩展视频服务器的存储系统，建立层次结构的存储模型是扩展视频服务器存储容量的主要技术。

于是经过研究Zipf分布规律，得出视频服务器的层次存储结构模型，例如，按照节目的冷热门程度的不同，将热门节目放置在硬盘上，而冷门节目放置在外存储设备上，使大部分用户的点播直接通过硬盘得到服务，而少数点播冷门节目的用户需要一定的时间等待视频服务器将节目从外存储设备转到硬盘上，然后再观看节目。但这种模型仍存在问题，例如，如何确定冷、热门节目，节目在外存储设备与硬盘间切换的方式和时机等。可见层次结构存储模型的管理结构设计是影响视频服务器服务质量的关键因素，必须慎重考虑。

②信息获取机制。在保证服务质量QoS的前提下，视频服务器应当提供一系列优化机制，以使多媒体信息流的吞吐量达到最大程度。在客户端和服务器端对服务的要求有所不同。在客户端，用户从服务器获取多媒体信息的速度必须大于用户播放信息的速度；在服务器端，视频服务器必须为系统中的每个用户在服务质量QoS运行的范围内提供服务。为了实现这两点要求，通常采用两种机制来获取多媒体信息流：服务器“推”(Server-push)和客户“拉”(Client-pull)。

在服务器“推”机制中，服务器利用需要回放的多媒体流的连续性和周期性的特点，在个服务周期内为多个媒体流提供服务。服务器“推”机制允许服务器在一个服务周期内对并发的多个信息流作出批处理，并可以从整体上对批处理作出优化。对客户“拉”机制，服务器需要为用户提供的媒体单元只要满足突发性的要求。客户“拉”机制很适合对处理器和网络条件经常变化的环境。

(3)用户访问控制技术

由于是为了向众多用户提供视频服务功能，故视频服务器必须能够保证在很多用户想服务器提出请求时相互之间不会产生影响。为了实现这一点，视频服务器就需要采用适当的接纳控制算法。例如，确定型接纳控制算法、统计型接纳控制算法和测量型接纳控制算法等。

11.4.3 IPTV系统

1. IPTV的定义和需求

IPTV(Internet Protocol TV或Interactive Personal TV)也叫交互式网络电视，是一种基于互联网的多媒体技术。IPTV是一种以家用电视机或PC为显示终端，通过互联网络协议(IP)传送电视信号，提供包括电视节目在内的内容丰富的多种交互式多媒体服务。IPTV是计算机、通信、多媒体和家电产品新技术的融合。

IPTV业务利用IP网络(或者同时利用IP网络和DVB网络)，把来源于电视传媒、影视制片公司、新闻媒体机构、远程教育机构等各类内容提供商的内容，通过IPTV宽带业务应用平台(该平台往往不仅支持TV，也支持其他业务)整合，传送到用户的个人电脑、机顶盒+电视机、多媒体手机(用于移动IPTV)等终端，使用户得以享受IPTV所带来的丰富多彩的宽带多媒体业务内容。

目前，IPTV在全球范围内迅速发展。2006年6月30日，全球IPTV用户数达到300万，是

2005年同期的两倍，其中欧洲用户数最多并且在2006年发展最快，法国电信、意大利电信、英国电信都提供了IPTV业务。从相关咨询机构对IPTV的预测来看，IPTV业务的发展前景非常乐观。在中国，IPTV也在向积极的方向发展，中国电信和中国网通分别在6个地市获得了IPTV落地许可。

2. IPTV系统的组成

IPTV的工作原理是把源端的电视信号数据进行编码处理，转化成适合IP网络传输的数据形式，然后通过IP网络传送，最后在接收端进行解码，再通过电脑或是电视播放。由于数据的传输速度要求比较高，因此，要采用最新的高效视频压缩技术，例如，H.264、MPEG-4等。

IPTV系统主要包括了节目提供系统、内容管理系统、流媒体传送系统、接入系统和IPTV终端等。

(1)节目提供系统

该部分主要完成节目的数字化，使原始节目成为能够在IP网络上传输的数字节目。其主要功能是直播节目的编码压缩、转换和传送。

(2)内容管理系统

内容管理系统的主要功能是对IPTV的节目和内容进行管理，即主要进行内容管理和用户管理，功能包括内容审核、内容发布、内容下载、用户管理以及用户认证计费等。

(3)流媒体传送系统

流媒体传送系统主要包括的设备是存储分发网络和流媒体服务器。

存储分发网络可以由多个服务器组成，它们之间通过负载均衡来实现大规模组网，如CDN(Content Delivery Network，内容分发网络)。

流媒体服务器是提供流式传输的核心设备，要求有很高的稳定性，同时能满足支持多个并发流和商播流的应用需求。

(4)接入系统

接入系统主要为IPTV终端提供接入功能，使IPTV终端能够顺利接入到IP网络。目前常见的接入方式为xDSL和LAN方式；也可采用FTTC/FTTB的方式，结合ADSL、SDSL、Cable Modem等技术，使用FTTC+HFC的方式向用户提供宽带接入。

(5)IPTV终端

目前IPTV终端主要有三种形式，即PC、机顶盒+普通电视机和手机。其中，机顶盒+普通电视机是IPTV的用户最常见的消费终端。

3. IPTV系统的关键技术

IPTV作为一种流媒体技术，其主要的技术有：流媒体技术、视频编解码技术、VDN(Video Distribution Network)技术、数字版权管理技术和组播技术等。

(1)流媒体技术

流媒体技术能够大大缩短启动延时并降低对缓存容量的要求。它采用流式传输方式使音频、视频及三维动画等多媒体信息在互联网上传输。流媒体系统由前端的视频编码器和发布服务器以及客户端的播放器组成。

(2)视频编解码技术

国际上视频编解码标准的种类繁多,不同的标准适合于不同的环境。目前宽带网络环境下适用的编码标准有 MPEG-4、WMV、Real 和 H.264 等格式。

(3)VDN 技术

IPTV 的服务质量要求很高,要保证画面质感很好、播放流畅等,这些在 LAN 中易于实现,但在 WAN 中从客户端到流媒体服务器,其间经过了一个复杂的 IP 网后,其播放的流畅度即难以保证。

鉴于 IPTV 系统的特点,IPTV 必须采用视频内容分发技术来提高用户访问的响应速度及播放质量。通过布放边缘媒体服务器(Edge Serve)来实现最终用户的点播服务。人们通常将内容从中心媒体服务器分发到边缘服务器的网络体系,称为内容分发网络(Content Delivery Network,CDN)。由于 IPTV 系统中,分发的内容是视频,故 IPTV 系统中的 CDN 就是 VDN(视频分发网络)。

VDN 通过在现有的 Internet 中增加一层新的网络架构,将中心服务器的内容发布到最接近用户的网络"边缘",使用户可以就近取得所需的内容,提高用户访问视频的响应速度。可见,VDN 从技术上全面解决由于网络带宽不足、用户访问量大、网点分布不均等问题,可以提高 Internet 中视频信息流动的效率。

VDN 的基本要求如下:

①系统具有良好的伸缩性和兼容性。

②能够实现跨越网络地址转换部署,解决全局负载均衡不能跨越 NAT 转到私有网络的问题。

③完整的服务认证、计费体系,包括系统管理、用户管理、配置管理、监控统计、内容管理、ICP 管理和开通管理。

④管理中心、分发中心和缓存服务点呈层次化网络结构,多个分布式节点之间进行负载均衡和备份,方便地支持性能和功能的扩展。

⑤基于应用层方案,支持基于 RTSP、HTTP 协议的应用层重定向,将用户导向至边缘节点,并通过远程节点的媒体服务系统为最终用户提供流媒体服务。

(4)数字版权管理技术

数字版权管理(Digital Rights Management,DRM)是一项涉及技术、法律和商业各个层面的系统工程。DRM 是保护多媒体内容免受未经授权的播放和复制的一种方法。DRM 将使各个平台的内容提供商们,无论是因特网、流媒体还是交互数字电视,提供更多的内容,采取更灵活的节目销售方式,同时有效地保护知识产权。

DRM 技术的工作原理是:建立数字节目授权中心,编码压缩后的数字节目内容,利用密钥可以被加密保护,加密的数字节目头部存放着 KeyID 和节目授权中心的 URL。用户在点播时,根据节目头部的 KeyID 和 URL 信息,就可以通过数字节目授权中心的验证授权后送出相关的密钥解密,节目方可播放。需要保护的节目被加密,即使被用户下载保存,没有得到数字节目授权中心的验证授权也无法播放,从而保护了节目的版权。

(5)组播技术

分布式 IPTV 系统中,TV 节目源和 IPTV 系统只在中心平台有接口,而不会和每个边缘媒体服务器有接口。因此,用户收看 TV 节目的视频流是从 IPTV 中心媒体服务器穿透宽带网络到达用户。若通过点播来传输，则随着用户数量的增加，骨干网上的带宽消耗也随之增加。而组播技术则可以解决该问题，组播技术是 TCP/IP 协议的扩展，是 TCP/IP 传送方式的一种。它允许一个或多个发送者（组播源）一次、同时发送单一的数据包到多个接收者的网络技术。组播源把数据包发送到特定组播组，而只有属于该组播组的地址才能接收到数据包。在 IPTV 里，组播源的个数就是 TV 的频道数。在网络的任何一条主干链路上一个 TV 频道只传送单一视频流，即所谓“一次发送，组内广播”。

组播技术提高了数据传送效率，降低了主干网出现拥塞的可能性即使用户数量成倍增长，主干带宽不需要随之增加。

11.4.4 IP 电话系统

1. IP 电话的概念

IP 电话（IP Telephony）、Internet 电话（Internet Telephony）和 VoIP（Voice over IP）都是在 IP 网络即信息包交换网络上进行的呼叫和通话，而不是在传统的公众交换电话网络上进行的。当前，IP 电话用于长途通信时的价格比传统的 PSNT 电话的价格便宜得多，但质量比较低。尽管质量并不理想，但 IP 电话仍然是最近几年来全球多媒体通信中的一个热点技术。

在信息包交换网络上传输声音的研究始于 20 世纪 70 年代末和 80 年代初，而真正开发 IP 电话市场始于 1995 年，VocalTec（www. vocaltec. com）公司率先使用 PC 软件在 IP 网络上的两台 PC 之间实现通话。1996 年科技人员在 IP 网络和 PSTN 网络之间的用户做了第一次通话尝试。1997 年出现具有电话服务功能的网关，1998 年出现具有电话会议服务功能的会务器，1999 年是开始应用 IP 电话之年。千禧年 IP 电话开始使用在移动 IP 网络上，例如，通用信息包交换无线服务（General Packet Radio Service，GPRS）或者通用移动电话系统（Universal Mobile Telecommunications System，UMTS）。

IP 电话允许在使用 TCP/IP 的 Internet、内联网或者专用 LAN 和 WAN 上进行电话交谈。内联网和专用网络可提供比较好的通话质量，可与公用交换电话网提供的声音质量媲美；在 Internet 上目前还不能提供与专用网络或者 PSTN 相同的通话质量，但支持保证服务质量（QoS）的协议有望改善这种状况。在 Internet 上的 IP 电话又叫做 Internet 电话（Internet Telephony），它意味着只要收发双方使用同样的专有软件或者使用与 H. 323 标准兼容的软件就可以进行自由通话。通过 Internet 电话服务提供者（Internet Telephony Service Providers，ITSP），用户可以在 PC 与普通电话（或可视电话）之间或者普通电话（或可视电话）之间通过 IP 网络进行通话。从技术上看，VoIP 比较侧重于声音媒体的压缩编码和网络协议，而 IP Telephony 比较侧重于各种软件包、工具和服务。

2. IP 电话工作原理

网络电话主要有 3 种工作方式：PC 到 PC、PC 到电话机和电话机到电话机。

（1）PC 与 PC 之间通过 IP 通话

通话双方都拥有连接 Internet 的计算机，安装好声卡及相关软件，双方约定时间通过计算机与调制解调器上网，彼此通过相关软件进行联系，当双方都在线时，即可以通过 Microphone 和扬声器进行通话交谈。

在这一阶段，双方只有在通过相关软件联系后，均在线，才能实现点对点的通话。这种方式的网络电话在普通的商务领域中没有实用价值，因而，不能商用化或进入公众通信领域。

(2)PC与普通电话之间通过IP通话

计算机一方，一般是能上网的普通PC，同样也应该装有声卡和Microphone及扬声器，并且要安装IP电话的软件。电话机用户方，应当具备拨号上本地网IP电话的网关(Gateway)的功能。

PC方呼叫远端电话的过程是：先通过Internet登录到网关，进行账号确认，提交被叫电话号码，然后由网关完成呼叫，双方通话。

电话方呼叫远端PC的过程是：PC应当拥有Internet上的一个固定IP地址，并且在电话所在网关上进行登记。电话向网关呼叫时，网关接收此呼叫，并自动呼叫被叫计算机(当然计算机不能关机)，如果双方联系成功，即可通话。

这一类网络电话，拥有电话机的一方，可以不必安装计算机及相关软件与设备。目前，国内有些计算机客户与国外进行IP电话的通话已可以采用这种方式。但是，这种方式仍旧十分不方便，无法满足公众随时需要的通话方式。

(3)普通电话与普通电话之间通过IP通话

普通电话客户通过本地电话拨号上本地的Internet电话的网关(Gateway)，输入账号和密码，确认后键入被叫号码，这样本地与远端的网络电话通过网关透过Internet进行连接，远端的Internet网关通过当地的电话网呼叫被叫用户，从而完成普通电话客户之间的电话通信。

作为网络电话的网关，一定要有专线与Internet相连，即是Internet上的一台主机，目前双方的网关必须用一家公司的相同产品。

这种通过Internet从普通电话到普通电话的通话方式就是人们通常讲的IP电话，也是目前发展得最快且最有商用化前途的电话。

3. IP电话标准

开通IP电话服务需要使用的一个重要标准是信号传输协议(Signalling Protocol)。信号传输协议是用来建立和控制多媒体会话或者呼叫的一种协议，数据传输(Data Transmission)不属于信号传输协议。这些会话包括多媒体会议、电话、远距离学习和类似的应用。IP信号传输协议(IP Signalling Protocol)用来创建网络上客户的软件和硬件之间的连接。多媒体会话的呼叫建立和控制的主要功能包括用户地址查找、地址转换、连接建立、服务特性磋商、呼叫终止和呼叫参与者的管理等。附加的信号传输协议包括账单管理、安全管理、目录服务等。

广泛使用IP电话的最关键问题之一是建立一套国际标准，这样可使不同厂商开发和生产的设备能够正确地一起工作。当前开发IP电话标准的组织主要有ITU-T、IETF和欧洲电信标准学会(European Telecommunications Standards Institute，ETSI)等。人们认为两个比较值得注意的可用于IP电话信号传输的标准是ITU的H.323系列标准和IETF的入会协议(Session Initiation Protocol，SIP)。SIP是由IETF的MMUSIC(Multiparty Multimedia Session Control)工作组正在开发的协议，它是在HTML语言基础上开发的，并且比H.323简便的一种协议。该协议原来是为在Internet上召开多媒体会议开发的协议。H.323和SIP这两种协议代表解决相同问题(多媒体会议的信号传输和控制)的两种不同的解决方法。此外，还有两个信号传输协议被考虑为SIP结构的一部分。这两个协议是：会话说明协议(Session Description Protocol,SDP)和会话通告协议(Session Announcement Protocol,SAP)。

4. IP电话与传统电话的区别

IP电话与传统电话的区别可见表11-9。

表11-9　IP电话与传统电话的区别

品种 性能	IP电话	传统电话
传输媒体	互联网(Internet)	公众电话网(PSTN)
交换方式	分组交换	电路交换
带宽利用率	高	低
使用费	低	高
话音质量	低	高

IP电话与传统电话存在很多差异:首先二者语音传输的媒介完全不同,IP电话的传输媒介为Internet网络,而传统电话的传输媒介为公众电话交换网(PSTN)。其次,二者交换方式也完全不同,IP电话主要是分组交换技术,信息根据IP协议分成一个一个的分组进行传输,每个分组上都有目的地址与分组序号,到目的地后再还原成原来的信号,而且分组可以沿不同的途径到达目的地,而传统电话用的是电路交换的方式,没有IP电话交换功能。

从占用信道或带宽上来看,IP电话有信息才传送,否则不传送,可见,其语音信息不占用固定信道,并且通过压缩技术,IP电话的话音信息可以压缩到8kb/s。而传统电话则要占用64kb/s的固定信道,且只要不挂机,始终占用这一信道。

从成本上看,IP电话的费用组成是:Internet通信资费+市内电话通话资费+IP电话相关设备费用。我国Internet资费和市话费普通较低,加上IP电话所占带宽比较低,所以与传统的国际长途电话费的成本比较相对较低。并且有些国家或地区对传统的国际长话还要加收一定的税金。所以费用上,IP电话要比普通电话便宜得多。

11.4.5　多媒体远程教育系统

远程教育(Distance Education)是指处于不同地点的知识提供者和学习者之间通过适当的手段进行交互的教育行为。从最早的函授教育到广播电视教育,再到今天以计算机网络和多媒体技术为基础的现代远程教学系统,远程教育已经经历了很长的发展历史。

1. 远程教育系统的类型

远程教学采用的各种方式和教学资源构成了远程教学系统。现代远程教学系统包括非实时教学系统和实时教学系统。

(1)非实时教学系统

非实时教学系统又可称为异步多媒体远程教学系统,由教师预先将所讲的内容制作成课件,放在网络的课件服务器中，并能够随时在网上发布。学生在原地只要具备基本的上网的条件以及基本的设备，就可以通过网络下载服务器中的课件教材，在本地运行，这种异步教学系统就像学生在远地阅读一本好书一样，用户可以反复阅读，学习进度自己掌控，例如，针对具体某一章节仔细推敲，也不影响别人。用户可以通过该系统，点播授课录像，登录课件库自学或通过电子邮件向教师提交作业和问题。这种方式特别灵活，造价也低，不受任何限制。典型的非实时教学系统一般包括教学教务管理系统、WWW 系统、FTP 系统、E-mail 系统、BBS 系统、广播和点播系统以及课件库系统等。图 11-22 所示为异步多媒体远程教学系统。

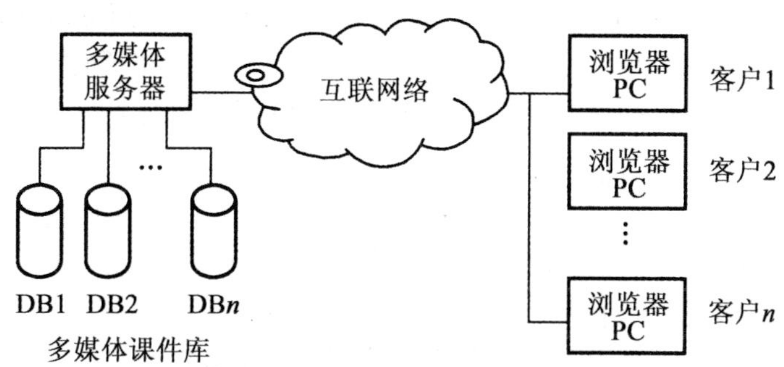

图 11-22 异步多媒体远程教学系统

(2)实时教学系统

实时教学系统又可称为同步多媒体远程教学系统。所谓实时教学，是指实时地进行网络教与学。利用不同的带宽高速网络基础设施，将现场正在教学的教学过程、教学内容实时播放出去，从某种意义上来说就是把教学的课堂通过网络扩大到网络所能达到的地方，图 11-23 所示为同步多媒体远程教学系统。

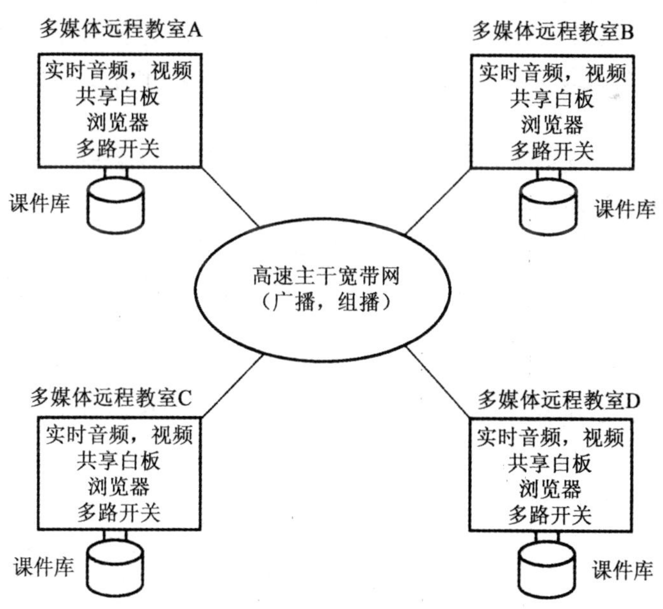

图 11-23 同步多媒体远程教学系统

同步多媒体远程教学具有以下特点：

①实时音频、视频传输。教师讲课的声音要同步传输到网络的端点，可以是多媒体教室，也可以是个人网络上多媒体的终端，通过大屏幕教室的投影设备或显示器，可以基本上达到和教师面对面交流的教学环境。

②共享白板功能。通过共享白板，教师在黑板上写的教学内容通过白板功能不但可以看到，还可以达到相互交流意见的目的。

③共享浏览器。当教师在选择教学课程内容以及各种图表时，学生可以在本地浏览器共享空间同步地看到。

当学生有问题可以向主控节点(教师为主控节点)提出问题，教师可以看到听到学生的意见(通过多路开关)。教师也可以有效地转播某节点广播到各节点或组播到相关的节点上。可见这种方式突出教学的临场感和交互性，教学效果比较好，但易受时间限制。

2. 远程教育系统的构架模型

图 11-24 所示的是层次框架构造的现代远程教育系统图。

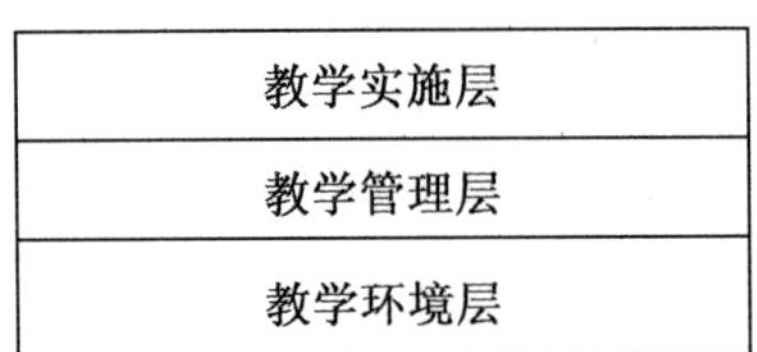

图 11-24　现代远程教育系统的框架模型

教学环境层主要包括构成系统的硬件、软件环境，远程网络的接入，远程站点的组织以及多媒体信息的运用等。这一层不但为教学提供环境，还为学生进一步学习和自学的条件提供必要的保证，是远程教育系统提供必要的技术基础和应用环境。

教学管理层是提供远程教育系统中的教学组织与管理，包括教学计划安排、学生学籍管理、课程考试组织、学生成绩管理以及网络教学平台建设、教学方法探讨、教学内容和手段改进等。

教学实施层在网络的支持下，通过多媒体化知识表现形式以多种交互手段完成教与学的任务。主要作用是实现知识的传授和共享。

上述框架中，教学环境是基础，教学管理是核心，教学实施是目标。各层次相互独立并有一定的联系，不同角色人员通过分工和协作，共同实现面向特定目标的现代远程教育系统。

3. 远程教育系统的关键技术

远程教育系统是以高速宽带网络为基础，以多媒体技术为核心，以课件制作为主线，以学生为主的教学模式。

(1)高性能课件服务器

高性能的课件服务器在远程教育系统中是极其重要的，教学内容在传输以前都要经过压缩处理并存入发送的服务器当中。因此，发送端服务器的处理能力、检索速度、吞吐能力、内存空间、CPU 速度和 I/O 处理能力都会对整个教学系统产生决定性影响。因为在实施教学过程中，会发生相当数量的用户同时登录实时课程教学活动；会出现同时点播相同或不同的课件。此时各种请求会在服务器端排队等候处理。如果服务器性能差，在任何一个环节上出现瓶颈，即使网络拥有足够的带宽，其传输速率也上不去，很可能就是因为服务器的缘故。

(2)构建高速宽带的网络教学环境

基于网络的远程教育系统，目前最广泛的是由 Internet 服务器、远端客户和 Internet 网络组成。该系统采用浏览器/服务器(B/S)模型，综合运用 Web、FTP、E-mail、BBS 等多种 Internet 服务实现一种全新的教学模式。教学系统可提供网上课件、虚拟教室、视频点播等多种形式的教学服务。通常要求 1000Mb/s 以太网或者光纤网提供高速宽带和 QoS 保障，提供双向实时、交互式教学环境，支持一点到多点和组播的支持环境。

(3)多媒体教学课件的制作技术

运行在网络上的多媒体课件应制做成 HTML 网页的形式，以 Web 网页的方式在 Internet 和 Intranet 上发布。常用的制作技术有：

①制作图形文件。利用数码相机或扫描仪将外部图形录入计算机制成图形文件，或者利用计算机屏幕抓取软件将计算机屏幕图制成图形文件。然后利用图形处理软件(例如，Adobe 公司的 Photoshop)进行处理，再加工成所需要的形式，转换成 JPEG 格式的图形文件，以便在网上传输。

②制作动画。由 Macromedia 公司推出的 Flash 动画制作软件，是目前制作网络交互式动画的最有效的制作工具。它支持动画、声音以及交互功能，具有强大的交互式多媒体编辑能力，并且可以直接生成主页代码。用 Flash 制作的动画文件非常小，适合于网上远程教学使用。

③制作音频视频文件。可以利用计算机视频输入设备(视频头)将现场实况录入计算机并制成视频文件(如 MPEG)。

可利用屏幕捕捉软件将连续动作的计算机屏幕操作以及通过传声器录入的实时讲解同步制成 AVI 视频文件。这种方法特别适合于制作计算机类的教学课件。

利用 Premiere 及 After Effect 等视频编辑软件可以将多个分离的图像、声音文件组合在一起，并可以加入特级效果，从而生成最终的视频文件。

11.4.6　多媒体远程监控系统

随着 Internet 网络技术和多媒体通信技术的发展，一种以数字化、智能化为特点的多媒体远程监控系统应运而生，它实现了由模拟监控到数字监控的质的飞跃，能将监控信息从监控中心释放出来，监控的视频、音频、现场告警与控制信号可传至网络所及的每一个节点，人们可以利用计算机网络在不向地点同时监视、控制远程某一或某些场所，同时控制云台、镜头等设备并获得各种报警信号，进行远程指挥。

远程监控系统主要采用点对点和多址广播两种传输技术，多数情况下以点对点方式为主。它的主要特点是实时性要求高，延迟小，而且往往要求可控制、可切换视频源。另外，因被监控的对象运动幅度不同，所以要求的图像质量也不一样。一般像道路监控这样的场合，被监控的对象是高速运动的车辆，而且要求至少能看清车牌，因而要求的图像质量相当高，采用 MPEG-1 格式还难以满足要求，必须采用高码流的 MPEG-2 格式才行；而对楼宇监控这样的场合，在多数情况下被监控的对象是静止不动的，因而图像质量可适当降低些，一般采用 MPEG-1 格式就能满足要求。

1. 远程监控系统的结构

图 11-25 是远程监控系统的结构示意图。

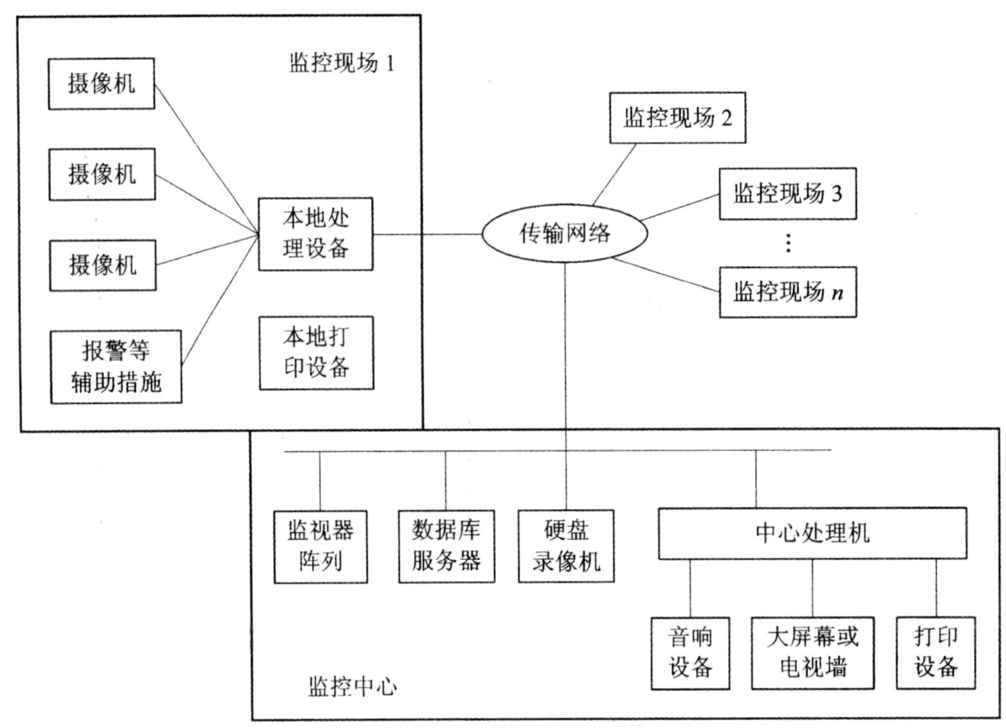

图 11-25 远程监控系统的结构

(1)监控现场

监控现场的核心是本地处理设备，是监控远端必配的设备，其主要功能是对摄像机采集到的图像信息和声音信息进行 A/D 变换和压缩编码。

监控现场的工作方式有两种：

第一种工作方式是由本地的主机对所设置的不同地点进行实时监控，适合于近距离监控。摄像机捕获的视频信号既可以实时存储到本地的硬盘中，也可以只供观察，一旦有报警触发，便自动将高质量的画面记录到硬盘中。本地端的主机可以无需外加画面分割器，同时监视多个流动画面(根据需要设置其数量)。录制在硬盘中的视频画而有较高的清晰度，图像的压缩比可调。硬盘中的数据循环存放，硬盘满后可覆盖最开始的记录，这样可以保证存储的数据是最新的。

存储在硬盘中的画面可供工作人员随时回放、搜索、图像调整(局部放大、调光等)等，同时可接打印机打印视频画面，也可以按照数据库方式查询检索。用户在软件中可设置捕捉图像的时间和长度，以及在无人值守时可分不同情况、时段进行不同的系统设置，并采取不同的处理措施。本地主机装有摄像机控制器，其主要作用是调控摄像机参数，如上、下、左、右地摇镜头，拉近、拉远镜头，调整光圈大小，聚焦等。云台的转动及可变焦镜头的控制也可由摄像机控制器通过本地主处理设备接收监控中心的指令来控制。

报警探头可根据现场需要配置不同的类型以满足多种监测需求，如红外、烟雾、门禁等。报警采集器将报警探头传来的报警信号收集起来并上传至本地处理设备，本地处理设备接到报警信号后按照用户设置采取一系列措施，如拨打报警电话、录像、灯光指示、关闭大门、开灯等。

第二种工作方式是由本地处理设备将采集的图像通过线路接口送入通信链路并传至监控中心，同时把本地端报警采集器采集到的报警信息打包成一定格式的数据流，通过传输网络传到监控中心；监控现场则把监控中心传来的控制信令抽取出来，进行命令格式分析，并按照命令内容执行相应的操作。

(2)监控中心

监控中心的核心设备是中心主处理机，其任务是将监控远端传来的经过压缩的图像码流解码并输出至监视器，选择接收任意一个远端的声音解码输出到扬声器，并把监控中心下行的声音编码传送给所选择的任意一个远端，也可用广播方式把声音传送给多个远端，同时它还能接收远端上传的报警信息，下达控制指令给远端处理设备，控制远端的各种设备。由于系统需要存储大量的视频信息，因此，专门建立了一个硬盘录像机，用来存储现场传输过来的各摄像机拍摄的视频信号。系统中使用了大量的数据库表，包括摄像头信息表、地图和子地图信息表、报警器信息表、报警器预设信息表、视频通道的设置信息表、硬盘录像机的信息设置表、硬盘录像的定时时段设置表、操作日志记录表、硬盘录像存放位置表等。为了方便用户对这些数据进行操作和管理，专门增加了一台数据库服务器。

通过地理信息系统，监控中心可以显示监控地点信息的地图，在需要时也可以随时将某地点的图像信息传送过来。

监控中心的显示设备包括监视器阵列和大屏幕监视器。监视器阵列用以显示各个监控远端的图像，在条件允许的情况下，可使用与监控远端数目相同数量的监视器；当监视器数量少于监控远端的数目时，可在后台通过软件设置轮询功能，定时在各个监视器上轮流播放所有远端的图像。如果某个远端传来报警信号，监控中心就把整个带宽都分配给该远端用于图像传输，这样会得到高速率的图像传输，监控人员可以立即采取相应的措施。在事件发生后，监控中心还可以将存储在该远端处理设备硬盘上的视频图像文件上载过来，回放高质量的监控图像。在监控中心，大屏幕监视器用以显示当前最为关心的一路视频。它主要有两种情况：一种是操作人员在当前想观看的视频画面；另一种是当远端发生告警时，大屏幕上的画面自动切换到报警现场，并自动产生一系列动作，如记录报警时间、地点、场所、类型等参量，启动警铃，遥控远端切换图像至报警源，显示闪烁告警标志等。

2. 远程监控系统的特点

远程监控系统与传统的模拟监控系统相比，有无可比拟的优势，主要表现在以下几个方面：

(1)音频和视频数字化

能够实现活动多画面视窗，完成任意分割，静态存盘及视频捕捉；能够实现长时间大容量、多通道硬盘录像，完成单路/多路回放及检索；能够实现多路视频报警、动态跟踪、图像识别，并能适应各种条件；能够支持多种视频压缩标准，满足各种不同层次的需要。

(2)监控网络化

由于多媒体远程监控系统的传输网络是基于LAN/WAN的数字通信网络，因此，系统可以实现点对点、一点对多点、多点对多点的任意网络监控组合。并能通过建立网络间不同级别的安全权限，满足大型网络监控的需求。

(3)管理智能化

由于系统模块化强，便于扩展，方便维护，能根据需要生成与之相匹配的多级监控系统，并辅助以强大的软件控制，因此，系统能自动跟踪、记录在监控中发生的一切信息并存储起来，进行统计分类，定时完成输出打印工作，实现全自动化管理。

参考文献

[1]郭秋萍.计算机网络技术.北京:清华大学出版社,2008.

[2]刘玉军.现代网络系统原理与技术.北京:清华大学出版社;北京交通大学出版社,2007.

[3]蔡开裕等.计算机网络(第2版).北京:机械工业出版社,2008.

[4]龚尚福.计算机网络技术.北京:中国铁道出版社,2007.

[5]刘有珠,罗少彬.计算机网络技术基础.北京:清华大学出版社,2007.

[6]黄云森.计算机网络与多媒体网络应用基础.北京:清华大学出版社,2008.

[7]王相林.计算机网络.北京:机械工业出版社,2008.

[8]邓亚平,尚凤军,苏畅.计算机网络.北京:科学出版社,2009.

[9]马海英.计算机网络及应用.北京:化学工业出版社,2007.

[10]陈代武.计算机网络技术.北京:北京大学出版社,2009.

[11]宋一兵,魏宾,高静.局域网技术.北京:人民邮电出版社,2011.

[12]张蒲生.局域网技术.北京:人民邮电出版社,2007.

[13](美)拉克利著;吴怡,朱晓荣,宋铁成等译.无线网络技术原理与应用.北京:电子工业出版社,2008.

[14]葛彦强,汪向征.计算机网络安全实用技术.北京:中国水利水电出版社,2010.

[15]杜晓通.无线传感器网络技术与工程应用.北京:机械工业出版社,2010.

[16]许力.无线传感器网络的安全和优化.北京:电子工业出版社,2010.

[17]刘海疆,周培祥等.网络多媒体应用技术.北京:清华大学出版社,2005.

[18]彭波,孙一林.多媒体技术及应用.北京:机械工业出版社,2006.

[19]郑淼,郑成增等.多媒体技术原理与实践.北京:中国电力出版社,2005.

[20]马武.多媒体技术及应用.北京:清华大学出版社,2008.

[21]马华东.多媒体技术原理及应用(第2版).北京:清华大学出版社,2008.

[22]胡泽,赵新梅.流媒体技术与应用.北京:中国广播电视出版社,2006.

[23]张晓燕,刘振霞,马志强.网络多媒体技术.西安:西安电子科技大学出版社,2009.

[24]赵士滨.多媒体技术应用.北京:人民邮电出版社,2009.

[25]赵英良,董雪平.多媒体技术及应用.西安:西安交通大学出版社,2009.

[26]钟玉琢,沈洪等.多媒体技术基础及应用.北京:清华大学出版社,2006.

[27]李显军,徐玮等.多媒体技术与应用.北京:人民邮电出版社,2006.

[28]张虹,夏士雄等.计算机网络多媒体技术与应用.北京:机械工业出版社,2003.